李智 尹灿斌 方宇强 编著

空间目标
雷达特性
原理与应用

U0197867

清华大学出版社
北京

内 容 简 介

本书主要围绕空间目标雷达特性的测量原理及智能识别等应用问题论述,主要包括空间目标雷达特性测量原理和基于人工智能的空间目标智能识别两大部分。其中,空间目标雷达特性原理部分为第1~5章,主要论述了空间目标雷达特性测量基础、逆合成孔径雷达的基本概念、ISAR 距离-多普勒成像原理、ISAR 成像的运动补偿原理、ISAR 距离-瞬时多普勒成像原理等关键的空间目标雷达特性原理。基于人工智能的空间目标智能识别为第6~8章,主要论述了基于雷达散射截面积特性测量的目标智能识别、基于高分辨距离像的目标智能识别,以及基于高分辨 ISAR 复图像的目标智能识别。其中,第 6 章主要基于窄带雷达 RCS 特性测量数据实施目标智能识别;第 7 章和第 8 章主要利用宽带雷达特性测量数据实施目标智能识别。第 7 章论述了基于一维高分辨距离像的空间目标智能识别,第 8 章论述了基于二维高分辨复图像的空间目标智能识别。

本书可供学习空间目标雷达特性测量原理、空间目标探测与识别、空间目标智能识别的高校师生阅读,对于从事相关专业领域研究的学者也具有较高的参考价值。

图书在版编目(CIP)数据

空间目标雷达特性原理与应用 / 李智,尹灿斌,方宇强编著. -- 北京:清华大学出版社,2024. 6.
ISBN 978-7-302-66493-2

Ⅰ. TN959. 6

中国国家版本馆 CIP 数据核字第 20242XL457 号

责任编辑:戚　亚
封面设计:常雪影
责任校对:王淑云
责任印制:刘　菲

出版发行:清华大学出版社
    网　　　址:https://www.tup.com.cn,https://www.wqxuetang.com
    地　　　址:北京清华大学学研大厦 A 座 邮　　编:100084
    社 总 机:010-83470000   邮　　购:010-62786544
    投稿与读者服务:010-62776969,c-service@tup.tsinghua.edu.cn
    质量反馈:010-62772015,zhiliang@tup.tsinghua.edu.cn
印 装 者:天津鑫丰华印务有限公司
经　　销:全国新华书店
开　　本:170mm×240mm 印　张:30.5   字　　数:612 千字
版　　次:2024 年 8 月第 1 版   印　　次:2024 年 8 月第 1 次印刷
定　　价:169.00 元

产品编号:091996-01

前言

PREFACE

空间目标雷达特性获取及应用是空间态势感知的重要内容之一,而逆合成孔径雷达(inverse synthetic aperture radar,ISAR)是实现空间目标雷达特性测量与应用的极其重要的遥感工具。逆合成孔径雷达能够实现非合作空间运动目标的高分辨率成像,是空间态势感知中测量空间目标雷达特性不可或缺的重要装备,在空间目标探测与识别领域地位重要、作用突出。

逆合成孔径雷达技术与合成孔径雷达(synthetic aperture radar,SAR)技术共同起源于 20 世纪 50 年代被提出的多普勒分析理论。然而,不同于 SAR 技术的蓬勃发展,ISAR 技术曾长期受困于观测目标的非合作运动,高分辨率成像技术的发展较为缓慢。直至 20 世纪 60 年代,美国密歇根大学 Willow Run 实验室的 Brown 等提出了转台模型等效理论,ISAR 成像理论的研究才逐渐获得突破。此后,美国麻省理工学院的林肯实验室,以及德国的弗劳恩霍夫高频物理和雷达技术研究所(Fraunhofer Institute for High Frequency Physics and Radar Techniques,FHR)在 ISAR 技术的发展中发挥了重要作用。当前,用于空间目标监视、特性测量与目标识别的微波探测工具首推 ISAR。

ISAR 早期的研究主要针对合作目标,目标的运动信息已知或较易获得,成像场景较为简单,如已知轨道或轨道可精确预测的空间目标;而对于非合作目标的一般化成像处理直至 1978 年才由 Chen 等给出相应的解决方案。Chen 和 Andrews 等利用信号处理技术对 ISAR 实测数据中存在的距离弯曲、距离对齐和相位补偿等问题进行了系统的分析研究,最终实现了对未知航迹的非合作飞机的成像,ISAR 由此真正进入实用阶段。随后,对于空间目标成像的研究蓬勃发展,多种型号飞机的 ISAR 图像陆续获得,对舰船目标的成像研究也相继开展。20 世纪 90 年代末,针对机动目标运动补偿困难的问题,Chen 等采用联合时频分析(joint time-frequency transform,JTF)的方法获得了机动目标的图像。Chen 和 Li 等针对非刚体目标游动部件在成像中产生的微多普勒效应也进行了研究。进入 21 世纪后,ISAR 技术与超宽带高分辨率成像技术、多功能相控阵雷达技术、分布式雷达组网技术、量子雷达技术、太赫兹成像技术、激光成像技术,以及群目标成像技术等相结合,力图快速获取特殊场景构型下的高分辨率目标图像。

本书主要包括空间目标雷达特性测量原理和基于人工智能(artificial

intelligence，AI)的空间目标智能识别应用两大部分。其中，第一部分系统论述了空间目标雷达特性测量相关的 ISAR 成像处理技术和方法。第二部分聚焦基于人工智能的空间目标智能识别问题，重点论述了基于雷达 RCS 特性测量数据的目标智能识别、基于高分辨率雷达距离像(high resolution range profile，HRRP)的目标智能识别，以及基于高分辨率 ISAR 复图像的目标智能识别等典型应用问题，取得了可喜的成果。本书共 8 章。其中，空间目标雷达特性原理部分主要为第 1～5 章，分别论述了空间目标雷达特性测量基础、逆合成孔径雷达的基本概念、ISAR 距离-多普勒成像原理、ISAR 成像的运动补偿原理、ISAR 距离-瞬时多普勒成像原理等关键的空间目标雷达特性测量原理。基于人工智能的空间目标智能识别主要为第 6～8 章，分别论述了基于 RCS 特性测量的目标智能识别、基于高分辨率距离像的目标智能识别和基于高分辨率 ISAR 复图像的目标智能识别。其中，第 6 章主要基于窄带雷达 RCS 特性测量数据实施目标智能识别；第 7 章和第 8 章则主要利用宽带雷达特性测量数据实施目标智能识别。第 7 章论述了基于一维高分辨率距离像的空间目标智能识别，第 8 章论述了基于二维高分辨率复图像的空间目标智能识别。

　　本书由李智、尹灿斌负责统稿，尹灿斌等撰写了空间目标雷达特性测量原理部分的第 1～5 章主要内容，方宇强等撰写了基于人工智能的空间目标智能识别部分的第 6～8 章主要内容，博士生曾创展、卢旺、杨虹、劳国超、阮航等参与了书稿相关内容的撰写和资料整理工作。作者在书稿撰写期间得到了诸多同行的关心和帮助，在此一并表示感谢。本书成稿之际正值因病居家隔离期间，许多爱心人士不计辛劳为我们提供餐食、医疗检测、物资采购与递送等服务，在此深表感激！祖国因你们而更加精彩，世界因你们而更加可爱！书稿编辑出版工作得到了清华大学出版社戚亚等编辑老师的悉心指导和帮助，在此一并表示感谢！

　　空间目标雷达特性测量以及应用技术发展迅速，新技术、新方法层出不穷，限于作者的经验和水平，书中难免存在描述不当和疏漏的地方，敬请读者批评指正。作者将根据反馈，适时调整和修订书中的相关内容。

作　者

2024 年 2 月于北京

目 录

CONTENTS

第 1 章

空间目标雷达特性测量基础

1.1 雷达散射截面积

雷达散射截面积(radar cross section,RCS)是反映空间目标对雷达入射电磁波的电磁散射能力强弱的重要特性。当前对于 RCS 的定义有两种,分别是从电磁散射理论的角度和雷达测量的角度给出的。从本质含义上看,这两种角度的解释非常相似,都表示单位立体角内目标向电磁波入射方向的散射功率与目标表面电磁波功率密度之比的 4π 倍,这种定义实质反映的是目标的后向雷达散射截面积。

根据电磁散射理论中目标在平面电磁波照射下散射波各向同性的假设,目标的散射功率可以由入射波的功率密度与受照射等效面积的乘积表示。平面电磁波的入射功率密度可以定义为

$$\boldsymbol{W}_i = \frac{1}{2}\boldsymbol{E}_i \times \boldsymbol{H}_i^* = \frac{|\boldsymbol{E}_i|^2}{2\eta_0}\hat{e}_i \times h_i^*, \quad |\boldsymbol{W}_i| = \frac{|\boldsymbol{E}_i|^2}{2\eta_0} \tag{1.1}$$

其中,$\boldsymbol{E}_i$ 为入射电场强度,$\boldsymbol{H}_i$ 为磁场强度,"$*$"号表示复共轭,$\hat{e}_i = \boldsymbol{E}_i/|\boldsymbol{E}_i|$,$h_i = \boldsymbol{H}_i/|\boldsymbol{H}_i|$,$\eta_0$ 为自由空间中的波阻抗。

由天线接收发射电磁波的有关理论可知,雷达目标获取的电磁波总功率可以表示为入射功率密度与等效面积的乘积,目标获取电磁波的总功率为

$$P = \sigma|\boldsymbol{W}_i| = \frac{\sigma}{2\eta_0}|\boldsymbol{E}_i|^2 \tag{1.2}$$

根据目标散射电磁波具有各向同性的假设,目标在距离 R 处的散射电磁波功率密度为

$$|\boldsymbol{W}_s| = \frac{P}{4\pi R^2} = \frac{\sigma|\boldsymbol{E}_i|^2}{8\pi\eta_0 R^2} \tag{1.3}$$

参照式(1.1),目标的散射功率密度也可以由散射电场强度 $\boldsymbol{E}_s$ 计算:

$$|\boldsymbol{W}_s| = \frac{1}{2\eta_0}|\boldsymbol{E}_s|^2 \tag{1.4}$$

由式(1.3)和式(1.4)可得雷达散射截面积 σ 为

$$\sigma = 4\pi R^2 \frac{|\boldsymbol{E}_s|^2}{|\boldsymbol{E}_i|^2} \tag{1.5}$$

当定义远程 RCS 时,由于距离 R 足够大,照射目标的入射电磁波可以近似为平面波,雷达散射截面积 σ 与距离 R 无关。

在雷达测量理论中,忽略雷达内部传播途径的各种损耗,基于雷达方程式可以得到 RCS 的定义:

$$\sigma = 4\pi \cdot \frac{P_r}{A_r/r_r^2} \cdot \frac{1}{\dfrac{P_t G_t}{4\pi r_t^2}} \tag{1.6}$$

其中,P_r 和 P_t 分别表示接收机和发射机的功率,$A_r = G_r \lambda_0^2/4\pi$ 为接收天线的有效面积,G_r 和 G_t 分别表示天线的接收增益和发射增益,r_r 和 r_t 分别表示目标与接收、发射天线间的距离。式(1.5)与式(1.6)对 RCS 的定义是一致的,区别在于式(1.5)用于理论计算,而式(1.6)用于实际测量。

一般雷达目标的 RCS 变化范围较大,为了方便表示,常用其相对 $1\mathrm{m}^2$ 的分贝数来表示,即

$$\sigma(\mathrm{dBsm}) = 10\lg\left[\frac{\sigma(\mathrm{m}^2)}{1(\mathrm{m}^2)}\right] \tag{1.7}$$

根据雷达波带宽、场区和雷达信号收发位置等影响因素可以将 RCS 分为许多类。按照雷达波带宽可以分成窄带 RCS 和宽带 RCS,这里结合空间态势感知的需要,为提高窄带雷达数据的利用率,选用窄带 RCS 作为研究对象;按照场区可以分成近场 RCS 和远场 RCS,其中近场 RCS 是距离的因变量,而远场 RCS 基本不受距离影响;按雷达信号收发位置可以分成单站 RCS 和双站 RCS,其中单站 RCS 与目标的后向散射特性相关,双站 RCS 受入射方向、散射方向,以及信号频率等因素的共同影响,本书主要讨论的是单站 RCS 的特性测量数据。

除上述影响因素外,雷达波长是影响目标 RCS 的重要因素,因此下文介绍基于雷达波长的 RCS 分类方法。

为表示经雷达波长归一化后的目标尺寸,引入一个物理量 ka:

$$ka = 2\pi \frac{a}{\lambda} \tag{1.8}$$

其中,k 为波数;a 表示目标特征尺寸。根据 ka 的不同可以将散射区间一分为三。

(1) 瑞利区

当 $ka < 0.5$ 时,为瑞利区,该区的目标特征尺寸小于波长,RCS 一般与雷达工作波长的四次方成反比,主要受波长归一化的物体体积影响。

(2) 谐振区

当 $0.5 \leqslant ka \leqslant 20$ 时,为谐振区,该区目标的 RCS 受不同散射分量间相互干涉的影响,会随频率变化振荡性起伏,导致 RCS 的理论计算非常困难,只有通过对矢

量波动方程进行精确求解,才能对处于该区的散射场准确分析。

(3) 光学区

当 $ka > 20$ 时,为光学区,该区目标的 RCS 主要受目标形状和表面粗糙度影响。光滑凸形导电目标的 RCS 可以近似视为雷达视线方向垂直平面的最大横截面积;而带有拐角、凹腔或棱边等因素的目标的 RCS 的相对物理横截面会明显增大。

综上所述,在瑞利区,以波长归一化的物体体积决定了目标 RCS 的数值大小,姿态变化难以对其造成实质影响;在谐振区,计算 RCS 较为困难,需要对矢量波动方程精确求解,条件较为严苛;在光学区,RCS 的数值大小主要受目标被观测表面的形状尺寸和结构材质影响,姿态变化会导致被观测表面变化,因此光学区的 RCS 蕴含目标姿态变化的信息,适用于检测姿态异常。

1.2 雷达测距

雷达的英文原始名称是"radio detection and ranging",简写为"RADAR",其本质上反映了雷达最基本的功能——无线电探测和测距。雷达测距的基本过程就是利用目标对于雷达发射的电磁波的散射效应实现的。当雷达发射的脉冲信号与目标相遇时会被目标散射,散射的回波脉冲经过传输到达雷达接收天线,被雷达接收天线接收,如图 1.1 所示。

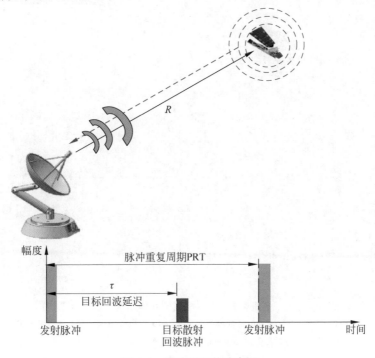

图 1.1 雷达测距的示意图

在自发自收的单基地雷达配置下,由于电磁波在自由空间中的传播速度是光速 c,目标和雷达之间的距离 R 与回波延迟 τ 之间满足关系:

$$\tau = \frac{2R}{c} \tag{1.9}$$

因此,目标距离雷达的距离 R 可以描述为

$$R = \frac{c\tau}{2} \tag{1.10}$$

1.3　距离与距离分辨率

如图 1.2 所示,假设雷达波束指向矢量的俯仰角为 φ,它是从本地竖直线到雷达波束指向矢量的角度。俯仰角在图像扫描带内是变化的,在远距离处角度大,在近距离处角度小。对于天底点,俯仰角等于 0°。在地面,也定义有类似的角度。本地入射角 θ 定义为雷达波束与地面本地垂线之间的夹角;对于水平地面,本地入射角就等于雷达视角($\theta = \varphi$)。本地入射角的余角定义为擦地角,把它记为 γ。斜距定义为天线与地面或目标的视线距离。地面距离定义为地面轨迹(天底点)到目标的水平地面距离。在雷达主波束与地面相交的点中,离地面轨迹最近的点定义为近距点,离地面轨迹最远的点定义为远距点。

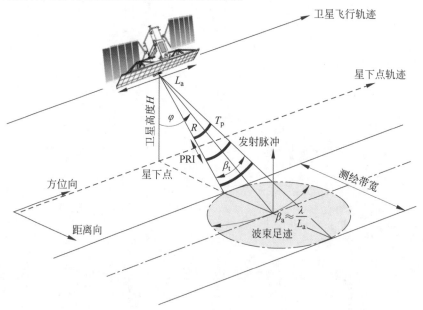

图 1.2　雷达探测的几何示意

L_a 为天线方位向尺寸,T_p 为雷达发射脉冲的时间宽度,PRI 为脉冲重复间隔,β_t 为雷达天线的距离向主波束宽度,β_a 为雷达天线的方位向主波束宽度,λ 为雷达的工作载波波长

雷达的斜距离通常定义为雷达波束指向的视线方向,地面距离通常定义为斜距在地面的投影。一般斜距方向的距离分辨率是由天线发射的雷达脉冲的物理长度,即脉冲长度决定的。脉冲长度等于脉冲持续时间 τ 乘以光速 $c(3\times10^8\,\mathrm{m/s})$:

$$脉冲长度 = c\tau \tag{1.11}$$

如果雷达系统要辨别沿距离向上的两个不同目标,目标反射信号的所有部分就都必须在不同的时间被雷达天线所接收,否则就将显示为一个合成的脉冲回波,在图像上表现为一个点。斜距之差小于等于 $\dfrac{c\tau}{2}$ 的不同物体所产生的反射波将连续抵达天线,即它们会被当作一个大物体,而不是不同的物体。如果斜距之差大于 $\dfrac{c\tau}{2}$,不同目标反射的脉冲回波就不会相互重叠,它们的信号将会被单独记录。因此,雷达在距离方向的斜距分辨率通常取决于发射脉冲长度的一半:

$$R_{\mathrm{sr}} = \frac{c\tau}{2} \tag{1.12}$$

若将 R_{sr} 转换为地面距离分辨率 R_{gr},则有:

$$R_{\mathrm{gr}} = \frac{c\tau}{2\sin\theta} \tag{1.13}$$

其中,τ 表示脉冲长度,c 为光速,θ 等于天线本地入射角。注意,雷达图像可以按斜距处理,也可按地面距离处理。这是一个技术选择问题,在一定程度上需根据具体问题而定。从公式上可以看出,当地面距离增加时,地面距离分辨率会改善(在远距的地面距离分辨率要优于近距,因为远距的 θ 更大)。缩短脉冲长度,可改善分辨率。但是,当大幅缩短脉冲到一定程度时,脉冲信号的能量就不够,导致目标反射回波无法有效地被雷达接收器探测。因此,在实际操作中,最短脉冲长度为几微秒,对应的距离分辨率为数百米。

一直以来,提升雷达对目标的分辨能力基本上都是围绕雷达脉冲的时间长度开展研究的。但是,实际应用中往往需要在信号功率和距离分辨率之间进行平衡或折衷。这个问题在需要同时保证远距离探测和高分辨率的应用场合尤其突出。由于远距离探测需要较大的脉冲能量,往往需要长脉冲;但是脉冲越长,距离分辨率就越低。这时,探测距离和距离分辨率就互相矛盾了。

1.4　信号的带宽方程和时宽方程

解决探测距离和距离分辨率之间的矛盾最有效的方法就是使用脉冲调制。为了后续行文的方便,这里首先引入信号的时宽方程和信号的带宽方程的相关概念。

根据物理意义,频率反映信号波形起伏的快慢,因此定义频率算子为

$$W = \frac{\mathrm{d}}{\mathrm{j}\mathrm{d}t} \tag{1.14}$$

利用该算子,由信号波形可以方便地计算信号的频谱特征。例如:

$$\boldsymbol{W}[\exp(\mathrm{j}\omega_0 t)]=\frac{\mathrm{d}}{\mathrm{j}\mathrm{d}t}[\exp(\mathrm{j}\omega_0 t)]=\omega_0\exp(\mathrm{j}\omega_0 t) \tag{1.15}$$

设给定信号为 $s(t)$，将能量归一化信号 $s(t)$ 用调幅和调相两部分表示为

$$s(t)=A(t)\exp[\mathrm{j}\phi(t)] \tag{1.16}$$

其中，$\int|A(t)|^2\mathrm{d}t=1$。利用频率算子，其中心频率可以描述为

$$\langle\omega\rangle=\frac{1}{2\pi}\int s^*(t)\boldsymbol{W}[s(t)]\mathrm{d}t \tag{1.17}$$

事实上，设 $s(t)$ 的傅里叶变换为 $S(\omega)$，由中心频率的定义和傅里叶变换的定义，得

$$\langle\omega\rangle=\int\omega S(\omega)S^*(\omega)=\left(\frac{1}{2\pi}\right)^2\iiint\omega s^*(t)s(t')\exp[\mathrm{j}\omega(t-t')]\mathrm{d}\omega\mathrm{d}t\mathrm{d}t'$$

$$\Rightarrow\langle\omega\rangle=\left(\frac{1}{2\pi}\right)^2\frac{1}{\mathrm{j}}\iint s^*(t)s(t')\mathrm{d}t\mathrm{d}t'\int\frac{\mathrm{d}}{\mathrm{d}t}\{\exp[\mathrm{j}\omega(t-t')]\}\mathrm{d}\omega$$

$$=\frac{1}{2\pi\mathrm{j}}\iint s^*(t)s(t')\frac{\mathrm{d}}{\mathrm{d}t}\delta(t-t')\mathrm{d}t\mathrm{d}t'$$

$$=\frac{1}{2\pi}\int s^*(t)\left[\int s(t')\frac{\mathrm{d}}{\mathrm{j}\mathrm{d}t}\delta(t-t')\mathrm{d}t'\right]\mathrm{d}t$$

$$=\frac{1}{2\pi}\int s^*(t)\frac{\mathrm{d}}{\mathrm{j}\mathrm{d}t}s(t)\mathrm{d}t$$

$$=\frac{1}{2\pi}\int s^*(t)\boldsymbol{W}[s(t)]\mathrm{d}t \tag{1.18}$$

要得到指定带宽的信号，可以有多种方式，其中最基本的方式是调幅和调频，它们对带宽的贡献满足带宽方程。根据信号理论，能量归一化信号 $s(t)$ 的带宽为 B，则

$$B^2=B_{\mathrm{AM}}^2+B_{\mathrm{AF}}^2 \tag{1.19}$$

这就是信号 $s(t)$ 的带宽方程，其中

$$B_{\mathrm{AM}}^2=\int[A'(t)]^2\mathrm{d}t \tag{1.20}$$

$$B_{\mathrm{AF}}^2=\int[\phi'(t)-\langle\omega\rangle]^2A^2(t)\mathrm{d}t \tag{1.21}$$

分别反映调幅（amplitude modulation，AM）和调频（amplitude frequency，AF）成分对信号带宽的贡献，称为"调幅带宽"和"调频带宽"。相应地，

$$r_{\mathrm{AM}}=\frac{B_{\mathrm{AM}}}{B} \tag{1.22}$$

$$r_{\mathrm{AF}}=\frac{B_{\mathrm{AF}}}{B} \tag{1.23}$$

分别称为"调幅带宽系数"和"调频带宽系数"。

带宽方程表明，可以通过调整信号幅度或相位的变化得到某一指定带宽：既可以让信号幅度快速变化、相位缓慢变化，也可以让幅度缓慢变化、相位快速变化。显然，获得大带宽的方式有两种。其一，利用相位调制，通过足够长的时间获得大

带宽。其二,利用幅度调制,当幅度变化很缓慢时,通过延长持续时间获得大带宽;反之,可以令幅度变化极快,在短时间内获得大带宽。

类似于上述讨论,设信号的归一化复频谱为

$$S(\omega) = B(\omega)\exp[\mathrm{j}\psi(\omega)] \tag{1.24}$$

其中,$\int |B(\omega)|^2 \mathrm{d}\omega = 1$,则信号的波形特征可以用时间算子直接由 $S(\omega)$ 求得。

类似于频率算子,定义时间算子:$\boldsymbol{T} = \mathrm{j}\dfrac{\mathrm{d}}{\mathrm{d}\omega}$,利用该算子,由信号复频谱 $S(\omega)$ 可以方便地计算信号的波形特征。

设给定信号的复频谱为 $S(\omega)$,则其波形中心为

$$\langle t \rangle = \frac{1}{2\pi}\int S^*(\omega)\boldsymbol{T}S(\omega)\mathrm{d}\omega \tag{1.25}$$

事实上,设 $S(\omega)$ 对应的能量归一化信号为 $s(t)$,由信号波形中心的定义和信号的傅里叶展开式,得:

$$
\begin{aligned}
\langle t \rangle &= \int t\,|s(t)|^2 \mathrm{d}t = \int t s^*(t)s(t)\mathrm{d}t \\
&= \left(\frac{1}{2\pi}\right)^2 \iiint S(\omega)S^*(\omega')t\,\mathrm{e}^{\mathrm{j}(\omega-\omega')t}\mathrm{d}t\,\mathrm{d}\omega\,\mathrm{d}\omega' \\
&= \left(\frac{1}{2\pi}\right)^2 \iint S(\omega)S^*(\omega')\mathrm{d}\omega\,\mathrm{d}\omega'\int t\,\mathrm{e}^{\mathrm{j}(\omega-\omega')t}\mathrm{d}t \\
&= \frac{\mathrm{j}}{2\pi}\iint S(\omega)S^*(\omega')\delta'(\omega-\omega')\mathrm{d}\omega\,\mathrm{d}\omega' \\
&= \frac{\mathrm{j}}{2\pi}\int S^*(\omega')\int S(\omega)\delta'(\omega-\omega')\mathrm{d}\omega\,\mathrm{d}\omega' \\
&= \frac{1}{2\pi}\int S^*(\omega)\boldsymbol{T}S(\omega)\mathrm{d}\omega
\end{aligned}
\tag{1.26}
$$

利用信号理论可以得到信号的时宽方程:

$$\boldsymbol{T}^2 = T_{\mathrm{SAM}}^2 + T_{\mathrm{SPM}}^2 \tag{1.27a}$$

其中,

$$T_{\mathrm{SAM}}^2 = \int [B'(\omega)]^2 \mathrm{d}\omega \tag{1.27b}$$

$$T_{\mathrm{SPM}}^2 = \int [\psi'(\omega) + \langle t \rangle]^2 B^2(\omega)\mathrm{d}\omega \tag{1.27c}$$

分别称为"频谱调幅时宽"和"频谱调相时宽",反映信号频谱的调幅和调相成分对信号时宽的贡献。

1.5 频率调制、信号带宽与距离分辨率

根据信号的时宽方程和带宽方程可知,信号在时域中的波形形状与其在频域中的频率分布之间存在明显的联系。图1.3给出了信号的一些基本特征和相关概

念。不失一般性,以单频信号为例,其基本情况是,如果脉冲极短,则意味着信号时域波形的幅度变化剧烈,信号将具有较大的带宽,即较宽的频谱分布;反之,连续波单频信号意味着极长的脉冲,信号时域波形的幅度变化几乎不存在,那么信号具有极窄的带宽,即极窄的频谱分布。

利用简单的傅里叶分析理论可以得出这些关系中的关键点。具体地说,矩形脉冲的频谱是一个 SINC 函数。脉冲的带宽(频谱分布的宽度)就等于脉冲时间宽度的倒数,如图 1.3 的下半部分所示。注意,经过单频载波调制的矩形脉冲,尽管频率的中心发生了偏移,但是频谱函数的形状并没有改变。

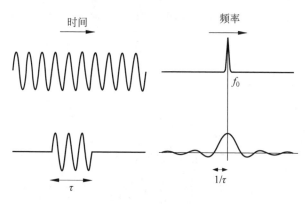

图 1.3　脉冲时域与频域的关系

根据脉冲带宽(频谱分布的宽度)与脉冲时宽的倒数关系,雷达距离分辨率就有了稍微不同的定义:

$$\Delta = c\tau/2 = c/2B \tag{1.28}$$

其中,τ 为脉冲长度,带宽 B 为 τ 的倒数,c 为光速。这个定义看上去纯粹是形式上的,但是更便于对后续内容的理解。显然,距离分辨率取决于信号的带宽,信号带宽越大,距离分辨率越高。但是通过幅度调制来获取大信号带宽只能使用极窄的脉冲信号,这是不可取的,因为雷达同时还有远距离探测的高能量需求,极窄的短脉冲很难携载足够的能量。根据信号带宽方程,获取大信号带宽的途径有两种,即调幅和调频(相)。显然,可以通过长时间调频的信号来同时兼容雷达对于大带宽(高分辨率)和远距离探测的需求。

对雷达脉冲进行频率调制(现在叫作"FM 脉冲")是雷达科学家 Suntharalingam Gnanalingam 于 1954 年在剑桥大学提出的。当时开发这个技术是为了进行电离层研究。对雷达脉冲进行频率调制的最基本信号样式就是线性调频(linear frequency modulation,LFM),线性调频脉冲采用随时间线性变化的频率对脉冲进行调制,它的带宽取决于调制的频率范围,频率变化的范围越大,信号的带宽也越大。图 1.4 显示了线性调频脉冲的概念。线性调频脉冲调制的价值在于,因为频率调制带来的大带宽,哪怕不同物体的反射回波在时域发生了严重重叠,被雷达脉冲照射的物体仍然可以被有效识别并区分。与恒定频率的有限长脉冲相比，线性调频脉冲用扫频范围代替带宽。于是，有效距离分辨率等于：

$$\Delta_{距离} = \frac{c}{2\Delta f} \tag{1.29}$$

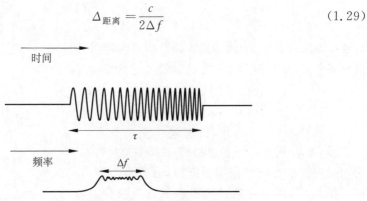

图1.4　线性调频脉冲的概念及其时域、频域关系

　　由于相同时间长度的线性调频脉冲可以根据不同的扫频范围获得大信号带宽，且这一带宽比脉冲宽度的倒数大得多，使用线性调频脉冲可以大大改善雷达的距离分辨率。例如，美国搭载于航天飞机上的成像遥感用 SIR-C X 波段雷达，其载波频率 9.61GHz 上的线性调频脉冲信号具有 9.5MHz 的信号带宽，可以获得约 15m 的距离分辨率；若线性调频脉冲信号具有更大的信号带宽，如 95MHz，则可以获得约 1.5m 的距离分辨率。

1.6　脉冲压缩与高分辨率距离像

　　1.5 节阐明了频率调制、信号带宽与距离分辨率之间的关系。根据这一关系，可以采用线性调频脉冲信号兼容雷达对于大带宽（高分辨率）和远距离探测的需求。线性调频脉冲信号究竟是通过怎样的过程实现高分辨率的呢？

　　当雷达采用宽频带信号后，距离分辨率被大大提高。根据散射点模型，设目标的散射点为理想的几何点，若发射信号为 $p(t)$，对不同距离的多个散射点目标，其回波可以写为

$$s_r(t) = \sum_i A_i p\left(t - \frac{2R_i}{c}\right) e^{-j\frac{2\pi f_c}{c}R_i} \tag{1.30}$$

其中，A_i 和 R_i 分别为第 i 个散射点回波的幅度和距离；$p(\cdot)$ 为归一化的回波包络。对于线性调频信号而言，$p(t) = \mathrm{rect}\left(\frac{t}{T_p}\right)\exp(j\pi\gamma t^2)$，其中 T_p 为脉冲宽度，γ 为调频斜率；f_c 为载波频率，c 为光速。若以单频脉冲发射，则脉冲越窄，信号带宽越宽。但发射很窄的脉冲，要有很高的峰值功率，实际困难较大，通常都采用大时宽的宽频带信号（例如线性调频信号），并在接收后通过信号处理得到窄脉冲，从

而实现目标的分辨。

将回波信号换到频域来讨论如何处理，有：

$$S_r(f) = \sum_i A_i P(f) \exp\left[-j\frac{2\pi(f_c+f)}{c}R_i\right] \tag{1.31}$$

对于理想的点目标，当然希望重建其响应为冲激脉冲，如果 $P(f)$ 在所有频率上均没有零分量，则冲激脉冲信号可以通过逆滤波得到，即

$$F_{(\omega)}^{-1}\left[\frac{S_r(f)}{P(f)}\right] = \sum_i A_i \exp\left[-j\frac{2\pi f_c}{c}R_i\right]\delta\left(t-\frac{2R_i}{c}\right) \tag{1.32}$$

$P(f)$ 的频带虽然较宽，但总是带宽有限的信号，考虑到 $P(f)$ 本身的带通特性，上式采用的逆滤波在频域使用了除法，会带来很多棘手的问题，例如导致带外噪声的放大效应，因而逆滤波并不是最佳的处理方式，如图 1.5 所示。

根据信噪比最大化准则，雷达接收机通常采用一种实用的方法来实现目标分辨，即匹配滤波。匹配滤波通过参考信号的频谱相乘，对回波信号各频率分量的相位进行补偿，再经过逆傅里叶变换实现最终响应的输出。匹配滤波的过程及其输出为

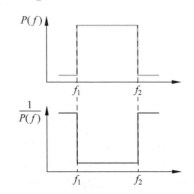

图 1.5　逆滤波的带外噪声放大效应

$$
\begin{aligned}
S_{rM}(t) &= F_{(f)}^{-1}\left[S_r(f)P^*(f)\right]\\
&= F_{(f)}^{-1}\left[\sum_i A_i P(f)P^*(f)e^{-j\frac{2\pi(f_c+f)}{c}R_i}\right]\\
&= \sum_i A_i e^{-j\frac{2\pi f_c}{c}R_i}F_{(f)}^{-1}\left[|P(f)|^2 e^{-j\frac{2\pi f}{c}R_i}\right]\\
&= \sum_i A_i e^{-j\frac{2\pi f_c}{c}R_i}\operatorname{psf}\left(t-\frac{2R_i}{c}\right)
\end{aligned} \tag{1.33}
$$

这里 $P^*(\cdot)$ 为 $P(\cdot)$ 的复共轭，而

$$\operatorname{psf}(t) = F_{(f)}^{-1}\left[|P(f)|^2\right] \tag{1.34}$$

其中，$\operatorname{psf}(t)$ 为时域点散布函数。对于线性调频脉冲信号而言，$\operatorname{psf}(t)$ 具有 SINC 函数的形状。在时域上看，匹配滤波相当于信号与滤波器冲激响应的卷积。对一已知波形的信号作匹配滤波，其滤波器冲激响应为该波形的共轭反转（时间倒置）。当波形的时间长度为 T_p 时，卷积输出信号的时间长度为 $2T_p$。

根据信号的时宽方程，信号在时域的时间宽度是频谱调幅时宽和频谱调相时宽的和。匹配滤波的操作过程相当于在频域通过频谱共轭相乘消除了回波信号频谱的相位调制项，因此直接导致经过匹配滤波后输出的时域信号的时间宽度损失

了频谱调相时宽,直接压缩了信号的时间宽度。因此,在雷达领域又将匹配滤波的处理过程称为"脉冲压缩"。经过匹配滤波的雷达信号的时间宽度约等于时域点散布函数的主瓣宽度。

实际上,匹配滤波后输出信号的主瓣宽度近似等于频谱调幅时宽,主要由信号频谱的带宽决定,其取值约为 $\frac{1}{B}$(B 为信号的带宽),因此距离分辨率为 $\frac{c}{2B}$。由于调频信号的带宽 B 通常较大,而且时宽和带宽积 $BT \gg 1$,匹配滤波之后输出的时域点散布函数的主瓣宽度是很窄的,在整个时宽为 $2T_p$ 的输出中,绝大部分区域为幅度很低的副瓣。此时,通过检测时域点散布函数的主瓣来发现并测量目标的距离信息。

当目标是静止的离散点时,其雷达回波为一系列不同延时和复振幅的已知波形之和,对这样的信号用发射波形作匹配滤波时,由于滤波是线性过程,可等效为分别处理后迭加。如果目标长度对应的回波距离段为 Δr,时间段为 ΔT($\Delta T = 2\Delta r/c$),并考虑到发射信号的时宽为 T_p,则目标所对应的回波时间长度为 $\Delta T + T_p$,因此匹配滤波后的输出信号长度为 $\Delta T + 2T_p$。虽然如此,具有离散主瓣的时间段仍只有 ΔT,两端的部分只是副瓣区,不含目标的主要信息。需要指出的是,通过卷积作匹配滤波的运算量相对较大,因此通常在频域通过频谱共轭相乘再作逆傅里叶变换的方式实现雷达回波的脉冲压缩,如图 1.6 所示。

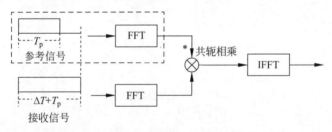

图 1.6 匹配滤波实现雷达脉冲压缩的示意图

在实际处理中,为了压低副瓣,通常会将匹配函数加窗,然后补零,延伸为 $\Delta T + T_p$ 的时间长度,作傅里叶变换后作共轭,再与回波信号的傅里叶变换相乘后,作傅里叶逆变换,并取前 ΔT 时间段的有效数据段作为最终的输出。通过匹配滤波实现雷达脉冲压缩后,其距离分辨率为 $\frac{c}{2B}$,距离采样率为 $\frac{c}{2f_s}$。其中,f_s 为采样频率,$T_s = \frac{1}{f_s}$ 为采样周期,距离采样周期通常要求小于或等于距离分辨单元长度。

注意,通过匹配滤波实现脉冲压缩的过程适用于任意形式的信号波形,只要该波形的调制方式具有大带宽、大时宽,就可以兼顾雷达探测的远距离和高分辨率需求。其中主要的区别在于匹配滤波输出点散布函数的具体形状和旁瓣特性是不同的。由于线性调频脉冲信号的包络通常是矩形,且其频谱幅度也与宽度为信号带宽的矩形近似,因此,其脉冲压缩的点散布函数的形状是 SINC 函数。

线性调频信号脉冲压缩的实现过程在实际中是通过色散延迟线来实现的。即令接收信号经过一条与发射的线性调频信号调频斜率相反的延迟线,使得到达时间上有先有后的不同频率成分通过延迟线后产生不同的延迟。这种延迟对于先出现的频率分量较大,对于后出现的频率分量较小,确保不同的频率分量同时到达延迟线的输出端,可以实现能量累积,由于每个频率分量的持续时间相对于发射脉冲的长度极短,所以实现脉冲的压缩处理,如图 1.7 所示。

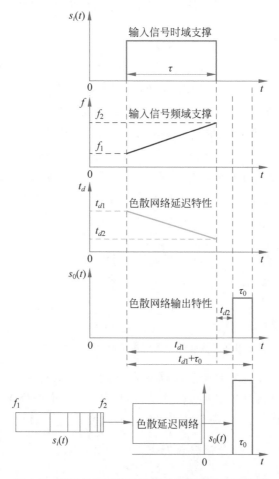

图 1.7　基于色散延迟线的线性调频信号脉冲压缩

利用色散延迟线实现脉冲压缩的过程可以简单描述为,雷达发射频率线性变化的脉冲,在接收端设置压缩网络,引入与发射信号频率变化相反的时延,线性调制的不同频率经过色散延迟线后,先进入延迟线的频率分量延迟量长,后进入延迟线的频率分量延迟量短,不同频率分量的能量在同一时刻到达延迟线输出端,从而输出窄脉冲，实现脉冲压缩。

宽带信号为雷达目标识别提供了较好的实现基础。现代雷达，特别是军用雷达常常希望能对非合作目标进行特性测量和识别。常规窄带雷达由于距离分辨率很低，一般目标（如飞机、卫星、舰船等）都将呈现为"点"目标，其波形虽然也包含一定的目标信息，但十分粗糙。信号带宽为几百兆赫兹甚至上千吉赫兹的雷达，目标回波为高分辨率（high resolution，HR）信号，分辨率可达亚米级，这使得一般目标的高分辨率回波呈现为一维高分辨率距离像（high resolution range profile，HRRP）。

虽然目标的散射模型随视角变化缓慢，但一维高分辨率距离像的变化却快得多。一维高分辨率距离像是三维分布的目标散射中心的回波之和，在远场平面波前的假设条件下，相当于三维回波以向量和的方式在雷达视线上投影并叠加，即相同距离分辨率单元里的回波作向量相加。雷达对目标视角的微小变化会使位于同一距离分辨率单元内、横向位置不同散射点的径向距离差发生改变，从而使两者对应散射中心的回波相位差产生显著变化。因此，目标的一维高分辨率距离像中尖峰的位置随视角缓慢变化（由于散射模型缓变），而尖峰的振幅则可能是快速变化的，当对应的距离分辨单元中有多个散射中心时更是如此。图1.8是某雷达实测的某目标的一维高分辨率距离像，图中不同脉冲序号对应的探测视角发生了变化，因此所得的一维高分辨率距离像变化剧烈。一维高分辨率距离像随视角变化而具有的峰值位置缓变性和峰值幅度快变性可作为目标特性识别的基础。

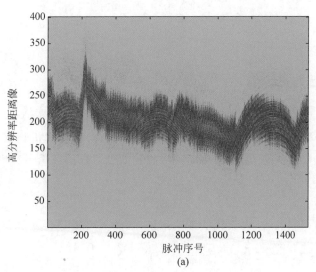

图 1.8 某目标的实测一维高分辨率距离像

（a）1356 个脉冲对应的一维高分辨距离像；（b）第 1 个脉冲的距离像；（c）第 2 个脉冲的距离像；
（d）第 100 个脉冲的距离像；（e）第 351 个脉冲的距离像

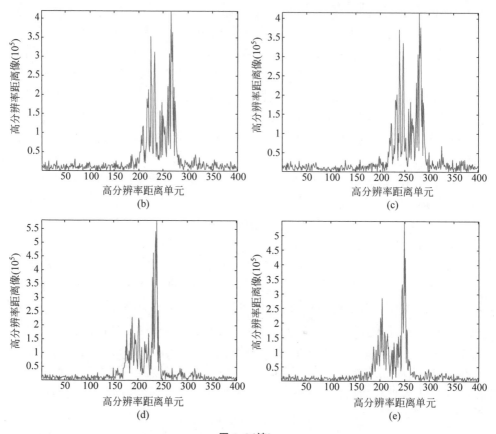

图 1.8（续）

1.7   雷达方程

如图 1.9 所示,假设点目标的雷达散射截面积为 σ,目标距离雷达的距离为 R,雷达辐射的功率为 P_t,雷达发射天线的增益为 G_t,雷达天线接收信号的等效接收面积为 A_r,则根据雷达方程,雷达能够接收到的点目标回波信号功率可以表示为

$$S_1 = \frac{P_t G_t}{4\pi R^2} \sigma \, \frac{A_r}{4\pi R^2} \tag{1.35}$$

对于使用相同的收、发天线的雷达系统,接收天线增益与发射天线增益是相同的,根据天线增益与等效接收面积之间的关系 $A_r = \dfrac{G_t \lambda^2}{4\pi}$,点目标的回波信号功率可以表示为

$$S_1 = \frac{P_t G_t^2 \lambda^2 \sigma}{(4\pi)^3 R^4} \tag{1.36}$$

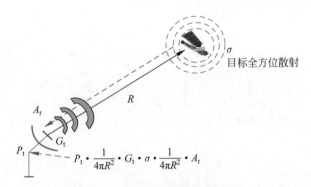

图 1.9　雷达对目标的探测几何

考虑各种损耗因素,引入一个系统损耗因子 $l_s(l_s>1)$,于是上式可改写为

$$S_1 = \frac{P_t G_t^2 \lambda^2 \sigma}{(4\pi)^3 R^4 l_s} \tag{1.37}$$

就具有高分辨率的雷达而言,至少需要考虑两个特点,一是明确分布式目标雷达截面积 σ 的表达式;二是需要考虑回波信号在探测的脉冲积累时间内的相干效应。根据目标散射理论,有

$$\sigma = \sigma^0 A \tag{1.38}$$

式中,σ^0 是地面分布目标的归一化后向散射系数;A 是目标散射单元的有效面积。如果高分辨率雷达的方位向分辨率为 ρ_a,距离向分辨率为 ρ_r,则有

$$A = \rho_a \rho_r \tag{1.39}$$

因此有:

$$\sigma = \sigma^0 \rho_a \rho_r \tag{1.40}$$

故通过单个脉冲获得的目标的回波信号功率可以表示为

$$S_1 = \frac{P_t G_t^2 \lambda^2 \sigma^0 \rho_a \rho_g}{(4\pi)^3 R^4 l_s} \tag{1.41}$$

如果雷达的脉冲重复频率为 F_r,探测目标的积累时间为 T_a,则一个探测积累时间内雷达可以获取的脉冲数为 $F_r T_a$。因此,在探测目标的积累时间内,目标回波的信号强度可以表示为

$$S_1 = \frac{P_t G_t^2 \lambda^2 \sigma^0 \rho_a \rho_r}{(4\pi)^3 R^4 l_s} F_r T_a \tag{1.42}$$

考虑与回波信号同时存在的雷达系统热噪声,其功率为

$$N = k T_s B_s \tag{1.43}$$

其中,$k = 1.38054 \times 10^{-23} \text{J/K}$,为玻耳兹曼常数;$T_s$ 为系统等效噪声温度,单位为 K;B_s 为系统接收带宽,单位为 Hz。

因此,单个脉冲回波的信号-噪声功率比为

$$\left(\frac{S}{N}\right)_1 = \frac{P_t G_t^2 \lambda^2 \sigma^0 \rho_a \rho_r}{(4\pi)^3 R^4 l_s k T_s B_s} \tag{1.44}$$

探测目标的积累时间内的信号-噪声功率比为

$$\left(\frac{S}{N}\right)_{T_a} = \frac{P_t G_t^2 \lambda^2 \sigma^0 \rho_a \rho_r}{(4\pi)^3 R^4 l_s k T_s B_s} F_r T_a \tag{1.45}$$

上式即雷达中决定检测前信噪比的雷达方程。雷达的平均功率 P_{av} 与峰值功率 P_t 的关系为

$$P_{av} = P_t T_p F_r = E_t F_r \tag{1.46}$$

其中，E_t 为单个脉冲的发射信号的能量。探测目标的积累时间内的信号-噪声功率比可通过平均功率 P_{av} 表示为

$$\left(\frac{S}{N}\right)_{T_a} = \frac{P_{av} G_t^2 \lambda^2 \sigma^0 \rho_a \rho_r}{(4\pi)^3 R^4 l_s k T_s B_s T_p} T_a = \frac{E_t G_t^2 \lambda^2 \sigma^0 \rho_a \rho_r}{(4\pi)^3 R^4 l_s k T_s B_s T_p} F_r T_a \tag{1.47}$$

注意到线性调频信号脉冲压缩后的脉冲宽度 $\tau_{pc} \approx \frac{1}{B_s}$，根据能量守恒定律，脉冲压缩增益为 $n_r = T_p B_s$，故脉冲压缩后的信号-噪声功率比为

$$\left(\frac{S}{N}\right)_{T_a} = \frac{P_{av} G_t^2 \lambda^2 \sigma^0 \rho_a \rho_r}{(4\pi)^3 R^4 l_s k T_s} T_a = \frac{E_t G_t^2 \lambda^2 \sigma^0 \rho_a \rho_r}{(4\pi)^3 R^4 l_s k T_s} F_r T_a \tag{1.48}$$

通常情况下，雷达在探测目标的积累时间内的脉冲累积可以理解为方位向的脉冲压缩过程，类似于对单个脉冲回波的脉冲压缩过程，其脉冲压缩增益为 $n_a \approx T_a B_a$。其中，B_a 为雷达在探测目标的积累时间内形成的多普勒带宽，通常为 $B_a \approx F_r$，于是经过二维相干处理的信号-噪声功率比可改写为

$$\left(\frac{S}{N}\right)_{T_a} = \left[\frac{P_t G_t^2 \lambda^2 \sigma^0 \rho_a \rho_r}{(4\pi)^3 R^4 l_s k T_s B_s}\right] \cdot (n_r n_a) \tag{1.49}$$

其中，等号右侧第 1 项对应常规的非脉冲压缩雷达的一次脉冲探测的信号-噪声功率比，因此二维脉冲压缩雷达的信号-噪声功率比 $\left(\frac{S}{N}\right)_{PC}$ 与常规的非脉冲压缩雷达信号-噪声功率比 $\left(\frac{S}{N}\right)_{con}$ 之间的关系为

$$\left(\frac{S}{N}\right)_{PC} = \left(\frac{S}{N}\right)_{con} \cdot (n_r n_a) \tag{1.50}$$

由于 $n_r \gg 1, n_a \gg 1$，在进行二维脉冲压缩的相干处理后，雷达的信号-噪声功率比得到了极大改善，与常规非脉冲压缩雷达相比，脉冲压缩雷达的抗干扰能力大大增强了。

在二维脉冲压缩等成像雷达的目标探测过程中，为了进一步改善图像的质量，抑制噪声干扰的影响，通常会进行多视处理。独立视数为 M 的多视处理就是把整个探测时间分为 M 个子片断，对 M 个子片断时间内的信号分别进行二维脉冲压

缩相干处理,即子孔径处理;再将获得的子图像非相干叠加,达到降低合成图像噪声干扰电平的目的。由于子孔径处理的方位多普勒信号带宽只有整个探测时间(全孔径)内方位多普勒信号带宽的 $\frac{1}{M}$,子孔径处理的方位压缩增益为 $n_{\mathrm{asub}} \approx \frac{T_{\mathrm{a}}B_{\mathrm{a}}}{M}$,同时还应该注意到,子孔径处理能够获得的方位可分辨单元尺寸增大为全孔径时的 M 倍,且 M 个子图像非相干叠加是在信号检测后进行的,已经丢失了相位信息,是一种非相干累积,对信噪比的改善为 $\sqrt{M}$ 倍。因此多视处理后的信号-噪声比为

$$\left(\frac{S}{N}\right)_{T_{\mathrm{a}},M} = \left[\frac{P_{\mathrm{t}}G_{\mathrm{t}}^2\lambda^2\sigma^0 M\rho_{\mathrm{a}}\rho_{\mathrm{r}}}{(4\pi)^3 R^4 l_{\mathrm{s}}kT_{\mathrm{s}}B_{\mathrm{s}}}\right] \cdot \left(\frac{n_{\mathrm{r}}n_{\mathrm{a}}}{M}\right) \cdot \sqrt{M} = \sqrt{M} \cdot \left(\frac{S}{N}\right)_{T_{\mathrm{a}}} \tag{1.51}$$

可见,多视处理确实能够改善图像的信噪比,但是是以二维探测图像的分辨率的降低为代价的。在设计阶段,雷达的作用距离是作为一个指标给定的,此时必须决定达到图像质量要求的信噪比时需要的发射功率。根据前面的推导,可以比较容易地得到以下雷达方程:

$$P_{\mathrm{t}} = \frac{(4\pi)^3 R^4 l_{\mathrm{s}}kT_{\mathrm{s}}B_{\mathrm{s}}}{G_{\mathrm{t}}^2\lambda^2\sigma^0\rho_{\mathrm{a}}\rho_{\mathrm{r}} \cdot (n_{\mathrm{r}}n_{\mathrm{a}}) \cdot \sqrt{M}} \cdot \left(\frac{S}{N}\right)_{T_{\mathrm{a}},M} \tag{1.52}$$

在某些情况下会用到雷达的噪声等效后向散射系数 $NE\sigma^0$ 的概念,该值通常作为雷达任务的一个指标加以提出,需要在设计时予以考虑。$NE\sigma^0$ 定义为单视信号-噪声比等于 1 时目标的归一化后向散射系数,于是有:

$$NE\sigma^0 = \frac{(4\pi)^3 R^4 l_{\mathrm{s}}kT_{\mathrm{s}}B_{\mathrm{s}}}{P_{\mathrm{t}}G_{\mathrm{t}}^2\lambda^2\rho_{\mathrm{a}}\rho_{\mathrm{r}} \cdot n_{\mathrm{r}}n_{\mathrm{a}}} \tag{1.53}$$

1.8　线性调频信号及其脉冲压缩

假设单基地雷达探测的空间几何如图 1.10 所示。以场景中心点 O 为原点,建立直角坐标系 $Oxyz$,雷达沿航线 y' 方向以速度 v 匀速运动(y' 轴与 y 平行)。场景中存在一点目标 p,其位置矢量为 $\boldsymbol{r}_p$,散射系数为 σ_p,雷达平台 O' 到场景中心点 O 和目标 p 的距离矢量分别为 $\boldsymbol{r}_0$ 和 $\boldsymbol{r}_{p0}$。其中,$\boldsymbol{r}_0$ 的擦地角与方位角分别为 $\varphi_{\eta 0}$ 和 $\theta_{\eta 0}$,其大小随方位慢时间 η 变化。

雷达采用线性调频信号,且发射信号为

$$s_{\mathrm{t}}(t') = \mathrm{rect}(t'/T_{\mathrm{p}}) \cdot \exp[\mathrm{j}(2\pi f_{\mathrm{c}}t' + \pi K_{\mathrm{r}}t'^2)] \tag{1.54}$$

其中,t' 代表快时间,T_{p} 为脉冲时间宽度,K_{r} 为信号调频率,f_{c} 为载波中心频率,$\mathrm{rect}(\bullet)$ 为窗函数,$\mathrm{rect}(t'/T_{\mathrm{p}}) = \begin{cases} 1, & -T_{\mathrm{p}}/2 \leqslant t' \leqslant T_{\mathrm{p}}/2 \\ 0, & \text{其他} \end{cases}$。发射信号经目标 p

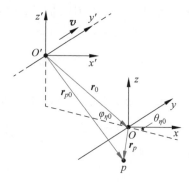

图 1.10　单基地 SAR 成像空间几何示意图

散射后被雷达接收的回波信号 $s_r(t',\eta)$ 可表示为

$$s_r(t',\eta)=\sigma_p \cdot \text{rect}\big[(t'-\tau_p)/T_p\big]\exp\big[\text{j}\pi K_r(t'-\tau_p)^2\big]\exp\big[\text{j}2\pi f_c(t-\tau_p)\big]$$

$$(1.55)$$

其中，η 代表慢时间，t 为全时间，且有 $t=t'+\eta$，τ_p 为目标 p 对应的信号双程时延。

LFM 信号的脉冲压缩方式有匹配滤波处理和解线调处理两种，下面分别予以介绍。

1.8.1　匹配滤波处理

匹配滤波处理是指寻找一个参考函数，使得系统在信号经过匹配滤波处理后获得的信噪比最大。由于快速傅里叶逆变换（inverse fast fourier transform，IFFT）的高效运算性能，匹配滤波处理一般在频域进行。设回波信号 $s_r(t',\eta)$ 的匹配滤波参考信号 $s_{\text{ref}}^{(\text{MF})}(t')$ 为

$$s_{\text{ref}}^{(\text{MF})}(t')=\text{rect}(t'/T_p) \cdot \exp(\text{j}\pi K_r t'^2)$$

$$(1.56)$$

将 $s_r(t',\eta)$ 解调到基带并做距离向快速傅里叶变换，然后与参考信号 $s_{\text{ref}}^{(\text{MF})}(t')$ 的频域形式共轭相乘，有：

$$s_{\text{MF}}(f,\eta)=s_r(f,\eta) \cdot \big[s_{\text{ref}}^{(\text{MF})}(f)\big]^*$$

$$=\sigma_p \cdot \big[\text{rect}(f/B_r)\big]^2 \exp(-\text{j}2\pi f\tau_p)\exp(-\text{j}2\pi f_c\tau_p) \quad (1.57)$$

做距离向快速逆傅里叶变换，有：

$$s_{\text{MF}}(t',\eta)=\sigma_p B_r \cdot \text{sinc}\big[B_r(t-\tau_p)\big]\exp(-\text{j}2\pi f_c\tau_p)$$

$$(1.58)$$

其中，$\text{sinc}(x)=\sin(\pi x)/(\pi x)$，$B_r=K_r T_p$ 为信号带宽。

1.8.2　解线调处理

解线调处理是针对 LFM 信号提出的一种特殊处理方法，通过将回波信号和一个时延固定、且与其载波频率和调频率相同的 LFM 参考信号在时域做差频处理，实现 LFM 信号在距离向（频域）能量的累积。

以场景中心点 O 为参考点，解线调处理的参考信号 $s_{\text{ref}}^{(\text{DC})}(t')$ 可以表示为

$$s_{\text{ref}}^{(\text{DC})}(t') = \text{rect}[(t'-\tau_0)/T_{\text{ref}}]\exp[\mathrm{j}\pi K_{\text{r}}(t'-\tau_0)^2]\exp[\mathrm{j}2\pi f_{\text{c}}(t-\tau_0)]$$

$$(1.59)$$

其中，T_{ref} 为参考信号宽度，T_{ref} 略大于 T_{p}，$\tau_0 = \dfrac{2R_{\text{ref}}}{c}$ 为合成孔径时间内雷达平台 O' 与场景中心点 O 之间的最近斜距 $R_{\text{ref}} = \min(|\boldsymbol{r}_0|)$ 对应的信号双程时延。将回波信号 $s_{\text{r}}(t',\eta)$ 与 $s_{\text{ref}}^{(\text{DC})}(t')$ 的共轭相乘，差频信号 $s_{\text{DC}}(t',\eta)$ 可表示为

$$\begin{aligned}
s_{\text{DC}}(t',\eta) &= s_{\text{r}}(t',\eta) \cdot [s_{\text{ref}}^{(\text{DC})}(t')]^* \\
&= \sigma_{\text{p}} \cdot \text{rect}[(t'-\tau_{\text{p}})/T_{\text{p}}]\exp[-\mathrm{j}2\pi K_{\text{r}}(\tau_{\text{p}}-\tau_0)(t'-\tau_0)] \cdot \\
&\quad \exp[-\mathrm{j}2\pi f_{\text{c}}(\tau_{\text{p}}-\tau_0)] \cdot \exp[\mathrm{j}\pi K_{\text{r}}(\tau_{\text{p}}-\tau_0)^2]
\end{aligned}$$

$$(1.60)$$

其中，$[\,\cdot\,]^*$ 为取共轭操作。信号基带延迟 τ_0 与信号包络延迟 τ_{p} 存在明显的差异。为避免上述差异对成像结果的影响，在后续信号处理前需要首先完成对回波信号的包络对齐处理。因此，$s_{\text{DC}}(t',\eta)$ 可改写为

$$\begin{aligned}
s_{\text{DC}}(t',\eta) &= \sigma_{\text{p}} \cdot \text{rect}[(t'-\tau_{\text{p}})/T_{\text{p}}]\exp[-\mathrm{j}2\pi K_{\text{r}}(\tau_{\text{p}}-\tau_0)(t'-\tau_{\text{p}}+\tau_{\text{p}}-\tau_0)] \cdot \\
&\quad \exp[-\mathrm{j}2\pi f_{\text{c}}(\tau_{\text{p}}-\tau_0)] \cdot \exp[\mathrm{j}\pi K_{\text{r}}(\tau_{\text{p}}-\tau_0)^2] \\
&= \sigma_{\text{p}} \cdot \text{rect}[(t'-\tau_{\text{p}})/T_{\text{p}}]\exp[-\mathrm{j}2\pi K_{\text{r}}(\tau_{\text{p}}-\tau_0)(t'-\tau_{\text{p}})] \cdot \\
&\quad \exp[-\mathrm{j}2\pi f_{\text{c}}(\tau_{\text{p}}-\tau_0)] \cdot \exp[-\mathrm{j}\pi K_{\text{r}}(\tau_{\text{p}}-\tau_0)^2]
\end{aligned}$$

$$(1.61)$$

将其变换到频域，有：

$$\begin{aligned}
s_{\text{DC}}(f,\eta) &= \sigma_{\text{p}}T_{\text{p}} \cdot \text{sinc}\{T_{\text{p}}[f+K_{\text{r}}(\tau_{\text{p}}-\tau_0)]\} \cdot \exp[-\mathrm{j}2\pi f_{\text{c}}(\tau_{\text{p}}-\tau_0)] \cdot \\
&\quad \exp[-\mathrm{j}\pi K_{\text{r}}(\tau_{\text{p}}-\tau_0)^2] \cdot \exp(-\mathrm{j}2\pi f\tau_{\text{p}})
\end{aligned}$$

$$(1.62)$$

可见回波信号 $s_{\text{r}}(t',\eta)$ 解线调处理后的频域形式为频点在 $f = -K_{\text{r}}(\tau_{\text{p}}-\tau_0)$ 处的 sinc 状窄脉冲。乘以相位因子 $\exp(\mathrm{j}2\pi f\tau_0)$，有：

$$\begin{aligned}
S_{\text{DC}}(f,\eta) &= \sigma_{\text{p}}T_{\text{p}} \cdot \text{sinc}\{T_{\text{p}}[f+K_{\text{r}}(\tau_{\text{p}}-\tau_0)]\} \cdot \exp[-\mathrm{j}2\pi f_{\text{c}}(\tau_{\text{p}}-\tau_0)] \cdot \\
&\quad \exp[-\mathrm{j}\pi K_{\text{r}}(\tau_{\text{p}}-\tau_0)^2] \cdot \exp[-\mathrm{j}2\pi f(\tau_{\text{p}}-\tau_0)]
\end{aligned}$$

$$(1.63)$$

式中第二个相位项为解线调处理特有的相位——剩余视频相位（residual video phase，RVP），最后一个相位项为包络斜置相位，上述两个相位均会给成像结果带来不利影响，必须消除。由于 $f = -K_{\text{r}}(\tau_{\text{p}}-\tau_0)$，式中后两个相位项可合并为

$$\exp(\mathrm{j}\Phi_{\text{RVP}}) = \exp[-\mathrm{j}\pi K_{\text{r}}(\tau_{\text{p}}-\tau_0)^2 - \mathrm{j}2\pi f(\tau_{\text{p}}-\tau_0)] = \exp(\mathrm{j}\pi f^2/K_{\text{r}})$$

$$(1.64)$$

由上式可知，通过乘以 $S_{\text{RVP}}(f) = \exp(-\mathrm{j}\Phi_{\text{RVP}})$，可以去除 RVP 和包络斜置相位。在此基础上，利用 IFFT 将其变回频域，即可得到 RVP 补偿和包络斜置校正后回波信号的解线调处理结果，有：

$$S_{\text{DC}}(f,\eta) = \sigma_{\text{p}}T_{\text{p}} \cdot \text{sinc}\{T_{\text{p}}[f+K_{\text{r}}(\tau_{\text{p}}-\tau_0)]\} \cdot \exp[-\mathrm{j}2\pi f_{\text{c}}(\tau_{\text{p}}-\tau_0)]$$

$$(1.65)$$

　　对比上述公式可以看出,匹配滤波处理和解线调处理均可实现回波信号能量在距离向的有效累积,不同的是前者的信号能量累积在时域,而后者的信号能量累积在频域。图 1.11 给出了同一 LFM 信号匹配滤波处理和解线调处理后的距离向脉冲压缩结果。由图 1.11 可以看出,匹配滤波和解线调两种处理方式均能实现对 LFM 信号的能量累积。

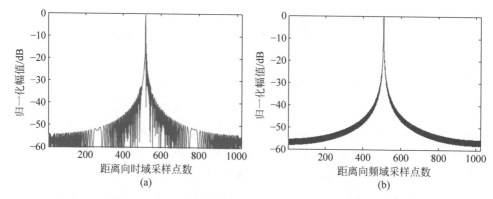

图 1.11　LFM 信号匹配滤波处理与解线调处理结果对比

(a) 匹配滤波处理结果;(b) 解线调压缩处理结果

第 ② 章

逆合成孔径雷达基础

2.1 合成孔径的基本概念

2.1.1 孔径的基本概念

所谓"孔径",即一种信号通道。这种信号通道在光学照相机里就是光学镜头;在雷达里就是雷达天线。所谓"合成孔径"的"合成"之意即"虚拟、人工",特指获取信号的通道是虚拟的,人工合成的。"合成孔径"联合起来理解就是虚拟的、人工合成的一种信号通道。这种信号通道对光学照相机来说就是虚拟的、人工合成的光学镜头;对雷达来说就是虚拟的、人工合成的雷达天线。

为什么会是这样呢? 带着这个问题,首先介绍合成孔径的基本概念。

2.1.2 合成孔径的基本概念

合成孔径的基本概念源于合成孔径雷达(synthetic aperture radar,SAR)。合成孔径雷达是一种利用搭载于运动平台上的小天线对静止目标成像的高分辨率成像雷达。其基本原理基于两种关键技术,一是脉冲压缩技术,二是合成孔径技术。关于脉冲压缩技术,第 1 章已经进行了详细介绍,它可以确保雷达获得距离向的高分辨能力,而合成孔径技术则可以确保雷达获得方位向的高分辨能力,拥有这样的二维高分辨率使得雷达可以像光学照相机一样获取目标区域的直观、可视的高分辨率图像。

合成孔径实际上是由雷达实际的物理小天线通过运动而人工合成的虚拟大型天线阵列。现代雷达的天线阵列常用许多阵元排列组成,如图 2.1 所示为用许多阵元构成的线性阵列,阵列的孔径 L 可以比阵元孔径 D 长得多。

图 2.1 的阵列可以是实际的,也可以是"合成"的。所谓合成是指不是同时具

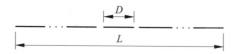

图 2.1　由阵元构成的线性阵列

有所有阵元,而是一般只有一个阵元,该物理阵元首先在第一个阵元位置发射和接收目标回波,然后移动到第二个阵元位置同样发射和接收目标回波,如此逐步移动,直到到达最后一个阵元位置并完成信号的发射和目标回波接收。如果原阵列发射天线的方向图与单个阵元相同,则用一个阵元逐步移动得到的一系列远场固定目标(场景)信号与原阵列各个阵元的在形式上基本相同。当然,为保证"合成"的可行性,雷达发射载波频率必须在整个过程中十分稳定。

根据上文的描述,假设雷达发射载波信号为 $\exp[\mathrm{j}(2\pi f_{\mathrm{c}}t+\varphi_0)]$,$\varphi_0$ 是载波的起始相位。定义 3 种时间概念,即全时间 t、慢时间 t_m 和快时间 $\hat{t}$。其中,慢时间 t_m 为雷达物理小天线发射脉冲的时刻构成的时间序列,其间隔为雷达脉冲重复周期 PRT;快时间 $\hat{t}$ 为在任意一个脉冲回波接收过程中,在对回波信号采样时以采样间隔为基本单元的时间序列,其起始时刻为雷达接收回波最近距离对应的延迟时间 t_{n},其终止时刻为雷达接收回波最远距离对应的延迟时间 t_{f};全时间等于慢时间 t_m 和快时间 $\hat{t}$ 之和。设在 t_m 时刻在第 m 个阵元发射包络为 $p(\hat{t})$ 的信号,则发射信号为

$$s_{\mathrm{t}}(\hat{t},t_m) = \mathrm{rect}\left(\frac{\hat{t}}{T_{\mathrm{p}}}\right)\exp[\mathrm{j}(2\pi f_{\mathrm{c}}t+\varphi_0)] \tag{2.1}$$

其中,快时间 $\hat{t}=t-t_m$,$\mathrm{rect}\left(\dfrac{\hat{t}}{T_{\mathrm{p}}}\right)$ 表示信号包络为宽度为 T_{p} 的矩形脉冲。

若在雷达的目标场景中有众多的散射点,假设它们到第 m 个阵元相位中心的距离分别为 R_{mi},子回波幅度为 $A_i(i=1,2,\cdots)$,则第 m 个阵元的接收信号为

$$s_{\mathrm{r}}(\hat{t},t_m) = \sum_i A_i \cdot \mathrm{rect}\left[\frac{\hat{t}-\dfrac{2R_{mi}}{c}}{T_{\mathrm{p}}}\right]\exp\left\{\mathrm{j}\left[2\pi f_{\mathrm{c}}\left(t-\frac{2R_{mi}}{c}\right)+\varphi_0\right]\right\} \tag{2.2}$$

若用发射的载波 $s_0(t)=\exp[\mathrm{j}(2\pi f_{\mathrm{c}}t+\varphi_0)]$ 与接收信号作相干检波,即去载波,可得基带信号为

$$s_{\mathrm{b}}(\hat{t},t_m) = s_{\mathrm{r}}(\hat{t},t_m)s_0^*(t)$$

$$= \sum_i A_i \cdot \mathrm{rect}\left[\frac{\hat{t}-\dfrac{2R_{mi}}{c}}{T_{\mathrm{p}}}\right]\exp\left(-\mathrm{j}\frac{4\pi f_{\mathrm{c}}R_{mi}}{c}\right) \tag{2.3}$$

注意,上式并不包含全时间 t。

假设目标是固定的,不随慢时间 t_m 变化,所以只要阵元位置准确,哪一个快时间时刻测量所得的回波都是一样的。当然,前提是发射载波在全过程必须十分

稳定。

　　合成孔径的工作方式与实际阵列是有区别的,它不像实际阵列那样作为整体工作,而是各个阵元自发自收。从合成的方向图、波束宽度等可以对比实际阵列与合成孔径的特性差异。假设各阵元等强度辐射,则实际天线的收或发的单程方向图为$\dfrac{\sin x}{x}$,其收发双程方向图为$\left(\dfrac{\sin x}{x}\right)^2$,它们的 3dB 波束宽度分别约为$0.88\dfrac{\lambda}{L}$和$0.64\dfrac{\lambda}{L}$,其中 L 为实际阵列的长度。为了对场景成像,须作广域观测(窄波束的阵列接收天线要用数字波束形成覆盖全域),并采用宽波束发射、多个窄波束接收的方式(实际阵列天线的波束由接收单程波束决定)。而合成孔径则不一样,阵元是宽波束的,阵元为收发双程,分时工作。阵元间的相位差由双程传输延迟决定,为单程时的两倍,因此其方向图为$\dfrac{\sin 2x}{2x}$,其 3dB 波束宽度为$0.44\dfrac{\lambda}{L}$,即合成孔径的有效阵列长度比实际阵列大一倍,而波束宽度只有实际阵列的一半,如图 2.2 所示。

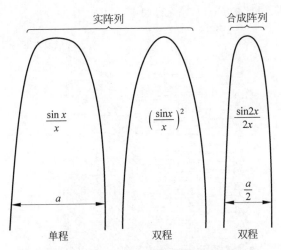

图 2.2　合成孔径与实际阵列的特性对比

　　合成孔径雷达利用飞机、卫星等运动载体实现合成孔径,雷达的物理小天线在飞行过程中以脉冲重复周期 T_{p} 发射和接收回波信号,即可在空间形成很长的虚拟的人工合成阵列,即合成孔径。相比真实的小物理孔径,合成孔径可以大大改善雷达的方位分辨能力。

　　如图 2.3 所示,假设雷达工作的载波波长为 λ,实际尺寸为 D 的物理天线的波束宽度为

$$\theta_{3\mathrm{dB}} \approx \frac{\lambda}{D} \qquad (2.4)$$

如果雷达探测的目标场景与雷达的距离为 R,则雷达的波束足迹覆盖沿方位

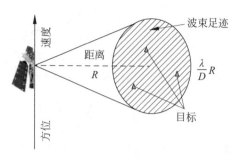

图 2.3　实际小物理天线的波束足迹覆盖情况

方向的尺寸为

$$Az = \frac{\lambda}{D}R \tag{2.5}$$

此时,处于同一个波束足迹内的不同目标将难以从方位向区分。注意到波束足迹覆盖沿方位方向的尺寸与距离 R 成正比,因此对于实孔径雷达而言,其方位向的目标分辨能力将随距离的增加而变差,具有"近视"的毛病。

与之形成鲜明对比的是合成孔径,如图 2.4 所示。

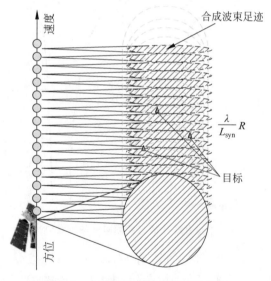

图 2.4　合成孔径及其合成波束足迹

利用目标与雷达之间的相对运动,小孔径物理天线在不同的空间位置周期性地发射和接收目标散射回波,通过对回波进行合成处理得到可以媲美大阵列天线同时收发信号的效果。对于目标场景上的任意一个点目标,其产生回波的时间长度是由其被小孔径物理天线波束照射的时间决定的。对于物理尺寸为 D 的小天线而言,其在距离 R 处的波束足迹覆盖沿方位方向的尺寸约为 $\frac{\lambda}{D}R$,这就是任意一

个点目标产生回波信号的虚拟大孔径范围,即虚拟的人工合成孔径尺寸满足

$$L_{\text{syn}} \approx \frac{\lambda}{D} R \tag{2.6}$$

利用阵列尺寸与波束宽度的约束关系可知,合成孔径对应的合成波束足迹沿方位向的尺寸近似为

$$Az_{\text{syn}} \approx \frac{\lambda}{L_{\text{syn}}} R = D \tag{2.7}$$

很显然,合成孔径对应的合成波束足迹沿方位向的尺寸取决于小物理天线的孔径大小。由于小物理天线的孔径尺寸通常很小(在米级),此时,处于不同的合成波束足迹内的不同目标将很容易地以很高的分辨能力从方位向区分。注意到合成波束足迹覆盖沿方位方向的尺寸与距离 R 无关,因此对合成孔径雷达而言,其方位向的目标分辨能力与距离无关,很好地改善了实孔径雷达"近视"的问题,这是合成孔径的极其重要的一个特性。

从本质上讲,合成孔径是利用雷达与目标之间的相对运动来实现方位高分辨率的关键技术。上文在描述其概念和原理时,假设目标是静止的,而雷达是运动的。实际上,合成孔径也可以通过静止的雷达对运动的目标的跟踪测量来形成,如图 2.5 所示。

图 2.5　静止的雷达跟踪运动的目标形成合成孔径

为了区别两种合成孔径,通常把利用运动雷达对静止目标探测的雷达称为"合成孔径雷达";而把利用雷达对非合作运动目标实施跟踪并成像探测的雷达称为"逆合成孔径雷达"。

2.2　方位分辨率与方位压缩

2.2.1　方位分辨率

上文提到,合成孔径由于阵元自发自收,其波束宽度为实际阵列尺寸对应波束宽度的一半,近似为

$$\theta_{3\text{dB}} = \frac{\lambda}{2L_{\text{syn}}} \tag{2.8}$$

由此可算出其对应的方位向分辨单元长度 ρ_a:

$$\rho_a = \theta_{3\text{dB}} R = \frac{\lambda}{2L_{\text{syn}}} R = \frac{D}{2} \tag{2.9}$$

为提高方位向分辨率,即减小 ρ_a,应加大合成孔径长度 L_{syn},但 L_{syn} 的加长是有限制的,它严格受到实际物理天线尺寸的控制。若实际物理天线在方位向孔径尺寸为 D,则在距离 R 处的照射宽度为

$$L_R = \frac{\lambda}{D}R \qquad\qquad (2.10)$$

对于场景上的任意一点 A，只有在实际天线波束照射期间才有回波产生。虽然雷达可以一直沿直线飞行下去，但对任意一个目标点而言，其有效的最大合成孔径只有 L_R，因此最小方位向分辨单元长度就是 ρ_a。

合成孔径的方位分辨能力与目标距离无关，这是比较容易理解的。由于距离越远，有效合成孔径越长，从而形成的合成波束也越窄，它正好与因距离加长而使方位向分辨单元变宽的效应相抵消，因此合成孔径保持了方位向分辨单元的大小不变。

如上所述，为了提高方位向分辨率，应减小天线方位向的孔径。但天线孔径取多大，还要考虑雷达的其他应用因素。由于孔径减小会使天线增益随之降低，雷达实际物理天线的尺寸是不可能任意小的，通常是有限制的。

注意，上述方位向分辨率是在天线视线方向不变的情况下得到的，此时，雷达的观测区域是与雷达航线平行的条带，故这种模式在 SAR 中又被称为"条带模式"（stripmap mode）。这时，雷达视线对目标的转角受天线波束宽度的限制。如果天线波束的指向可以改变，雷达可以在飞行过程中不断调控天线波束在较长时间内始终指向感兴趣的地区，这可显著增大对目标的观测角，实现更细致的观测，而不受雷达天线波束宽度的限制，这种模式在 SAR 中被称为"聚束模式"（spotlight mode）。

2.2.2　方位压缩

如何更好地理解使用合成孔径天线的雷达的方位分辨能力呢？不失一般性，下面以 SAR 为例进行信号域的分析，并引入方位压缩的概念。

实际的 SAR 是搭载在运动载体上的，载体平台平稳地以速度 V 直线飞行，而雷达以一定的脉冲重复周期 PRT 发射脉冲，并在飞行过程中在空间形成了间隔为 $d = V \cdot \text{PRT}$ 的均匀直线阵列，雷达依次接收到的回波数据即相应顺序阵元的信号。因此，可用二维时间信号，即快时间信号和慢时间信号分别表示雷达接收的脉冲回波信号和随雷达天线相位中心移动而调制的多普勒信号。严格地说，雷达运动形成的阵列和物理小天线逐次移位形成的合成阵列还是有区别的，前者为"一步一停"的工作，而后者为连续工作，即在发射脉冲到接收回波期间，阵元也是不断运动着的。不过，由于雷达发射脉冲的时间宽度通常很窄，这一影响是很小的。因为快时间对应于电磁波速度（光速），而慢时间对应雷达平台速度，两者相差很远。在以快时间计的时间里，雷达平台的移动量很小，由此引起的合成阵列上的位置变化可以忽略。为此采用"一步一停"的方式，用快、慢时间分析二维回波是比较合理的。

简单起见，假设雷达载体以理想的速度匀速直线飞行，雷达在空间形成的阵列

为均匀线阵,且不存在误差,则合成孔径雷达的二维时间信号接收模型如图 2.6
所示。

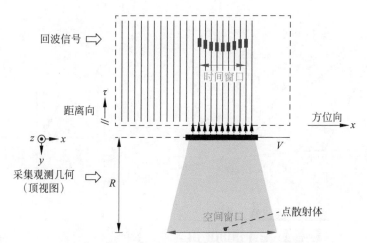

图 2.6　合成孔径雷达的二维时间信号接收模型

合成孔径雷达通常周期性发射线性调频脉冲,由于要对接收回波在较长的相干时间(以秒计)内做相干处理,发射载频信号 $\exp[\mathrm{j}2\pi f_c t]$ 在全过程必须十分稳定,t 为全时间,而第 m 个周期发射的信号为

$$s(\hat{t}, t_m) = \mathrm{rect}\left[\frac{\hat{t}}{T_{\mathrm{p}}}\right] \exp\left[\mathrm{j}\left(2\pi f_c t + \frac{1}{2}\gamma \hat{t}^2\right)\right] \tag{2.11}$$

其中,$\mathrm{rect}[u] = \begin{cases} 1, & |u| \leqslant \dfrac{1}{2} \\ 0, & |u| > \dfrac{1}{2} \end{cases}$,$T_{\mathrm{p}}$ 为发射脉冲的时间宽度,γ 为线性调频信号的调频率,t_m 和 $\hat{t}$ 分别为慢时间和快时间,$\hat{t} = t - m \cdot \mathrm{PRT}$,信号带宽 $B = \gamma T_{\mathrm{p}}$。

在时域内,每一个脉冲的 SAR 雷达回波信号记录为一条线,该记录包含发射脉冲的脉内特征。该脉冲的频谱宽度(通常在几十兆至几百兆甚至上千兆赫兹)决定雷达的距离分辨率。对该脉冲距离的处理是将每一散射源压缩成一个距离可分辨单元。在航路上与合成孔径单元的位置相对应的后续雷达回波记录为相邻线,在该线簇中的任意距离可分辨单元内包含该单元内任意目标的相位变化。脉冲间的载波相位变化是雷达回波产生脉间多普勒频率的根源,其频谱(通常在千赫兹数量级)分布于 $\pm\dfrac{\mathrm{PRF}}{2}$ 范围内。脉间多普勒频率的范围即多普勒带宽,决定了横向距离分辨能力,即方位分辨率。

SAR 的信号是二维的,发射的线性调频信号被距离不同的目标散射并被雷达接收,基本过程如图 2.7 所示。由于受到雷达天线方向图不同增益的调制,不同空间位置的目标雷达回波强度是不同的。这种回波强度的调制效应在沿飞行方向

（方位向）最为明显。距离向回波基本都处于雷达主波束内，因此距离向调制效应不如方位向调制效应明显。这一现象如图 2.8 所示。

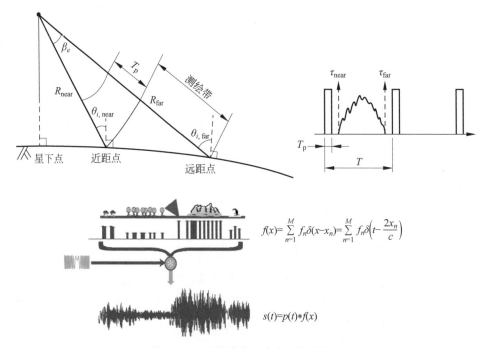

图 2.7　SAR 回波信号产生几何及原理

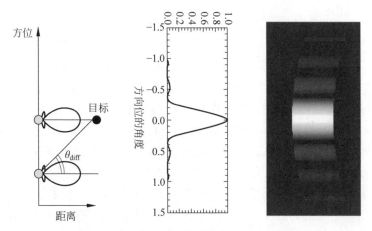

图 2.8　SAR 回波信号的方向图调制效应

　　考虑到雷达天线方向图的主瓣增益远远大于旁瓣，这种强度调制的效应可以简化为仅考虑主瓣接收的情形。因此，可以理解为目标有效的回波是在被雷达天线主瓣照射的这段时间内产生的。这一过程开始于天线主瓣照射目标之时，结束于天线主瓣离开目标之时。距离向被天线主瓣照射的目标的回波延迟受距离远近的控制,距离远的目标,对应的回波延迟时间长;距离近的目标,对应的回波延迟距离短。

目标回波信号被雷达天线接收,并通过 ADC 采样记录下来。一个脉冲回波对应为一行(或一列)离散的采样数据,若干脉冲回波存储在一起,就形成了一个二维的、离散的回波数据矩阵。

SAR 雷达对回波数据的采样通常是正交双通道采样,如图 2.9 所示。

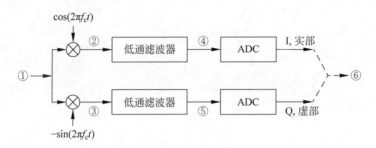

图 2.9　回波数据的采样

其中,各关键节点的信号的表达式为

(1) $\cos\left[2\pi f_c t - \dfrac{4\pi R(t_m)}{\lambda} + \pi\gamma\left(\hat{t} - \dfrac{2R(t_m)}{c}\right)^2\right] = \cos\left[2\pi f_c t + \phi(\hat{t})\right]$

(2) $\dfrac{1}{2}\cos[\phi(\hat{t})] + \dfrac{1}{2}\cos[4\pi f_c t + \phi(\hat{t})]$

(3) $\dfrac{1}{2}\sin[\phi(\hat{t})] + \dfrac{1}{2}\sin[4\pi f_c t + \phi(\hat{t})]$

(4) $\dfrac{1}{2}\cos[\phi(\hat{t})]$

(5) $\dfrac{1}{2}\sin[\phi(\hat{t})]$

(6) $\dfrac{1}{2}\exp[\mathrm{j}\phi(\hat{t})] = \dfrac{1}{2}\exp\left\{-\mathrm{j}\,\dfrac{4\pi R(t_m)}{\lambda} + \pi\gamma\left[\hat{t} - \dfrac{2R(t_m)}{c}\right]^2\right\}$　　　(2.12)

最终所得的二维回波可以表达为

$$s(\hat{t}, t_m) = A \cdot g_a(t_m) \cdot \mathrm{rect}\left[\dfrac{\hat{t} - \dfrac{2R(t_m)}{c}}{T_p}\right]\exp\left\{-\mathrm{j}\,\dfrac{4\pi R(t_m)}{\lambda} + \pi\gamma\left[\hat{t} - \dfrac{2R(t_m)}{c}\right]^2\right\}$$

(2.13)

其中,$g_a(t_m)$ 为不同慢时间时刻的雷达接收天线增益。由于在不同脉冲周期内,目标和雷达之间的距离 $R(t_m)$ 是不同的,同一目标在不同脉冲周期的回波是不同的;不仅距离延迟不同,载波相位的调制也不同。同一目标的回波距离延迟在不同脉冲周期的变化引起的回波距离向包络变化称为目标的“距离徙动”,如图 2.11 所示。

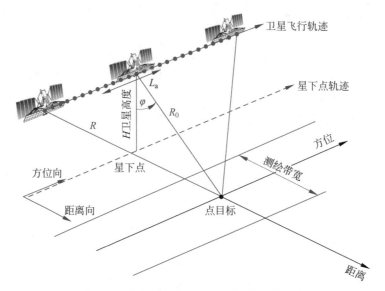

图 2.10   理想点目标 SAR 回波数据录取几何

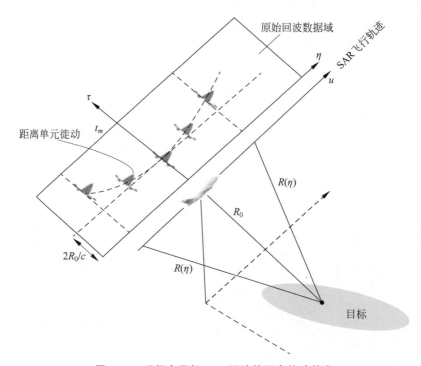

图 2.11   理想点目标 SAR 回波的距离徙动效应

由于距离 $R(t_m)$ 的表达式可以描述为

$$R(\eta) = \sqrt{R_0^2 + V^2(\eta - \eta_0)^2} \qquad (2.14)$$

令 $t = \eta - \eta_0$，则有

$$R(t) = \sqrt{R_0^2 + V^2 t^2} \tag{2.15}$$

对上式进行泰勒展开，保留二阶项，近似有

$$R(t) \approx R_0 + \frac{V^2 t^2}{2R_0} \tag{2.16}$$

由于回波的载波相位延迟与 $R(\eta)$ 密切相关，该相位项可单独写为

$$\phi(t) = -\frac{4\pi R(t)}{\lambda} \tag{2.17}$$

将近似表达式代入，有

$$\phi(t) = -\frac{4\pi R(t)}{\lambda} = -\frac{4\pi R_0}{\lambda} - \frac{2\pi}{\lambda}\frac{V^2 t^2}{R_0} \tag{2.18}$$

由于载波相位的变化导致多普勒调制，所以该目标沿飞行方向的多普勒调制可写为

$$F_d(t) = \frac{1}{2\pi}\frac{\mathrm{d}\phi(t)}{\mathrm{d}t} = \frac{-2V^2}{\lambda R_0}t \tag{2.19}$$

可见，SAR 目标回波的多普勒调制也是线性调频信号，其持续的时间为雷达主瓣照射目标的时间宽度。随雷达的运动，不同方位位置的目标只是产生回波的时间先后不同，调制的特征都是相似的。

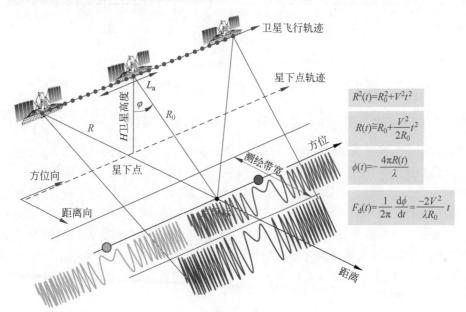

图 2.12　SAR 回波数据的多普勒调制

因此，一个理想的点目标的 SAR 回波数据的特征总结起来如图 2.13 所示。雷达系统的热噪声经雷达射频前端滤波，进入处理器的合成带宽等于雷达的

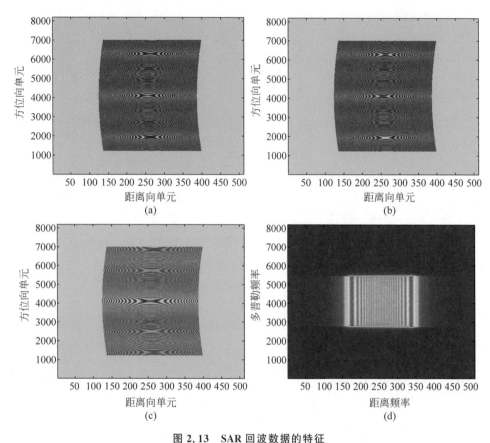

图 2.13　SAR 回波数据的特征

（a）二维回波数据-实部；（b）二维回波数据-虚部；（c）二维回波数据-相位；（d）二维频谱

测距带宽,即信号带宽。而在多普勒频域,热噪声则被限制在$\pm\dfrac{\text{PRF}}{2}$范围内。当脉冲具有最小脉冲重频时,热噪声分布的多普勒带宽与雷达信号的多普勒带宽相同。

从原理上讲,SAR 这种离散化的数据存储格式就像一个二维的数据矩阵,其中的每个元素就是一个脉冲的一个离散采样点对应的数据。不同目标的距离和有效数据支撑区是不同的。其每一个回波脉冲,沿距离向看,是发射信号经过不同的延迟和调幅之后叠加而成的,远、中、近不同目标的回波数据沿方位向的支撑区是不同的,因为主波束覆盖的范围在远处、近处的宽度是不同的,从波束前沿照射到目标开始,到波束后沿离开目标为止,一个点目标在此期间会持续产生回波信号,如图 2.14 所示。

如何提取不同目标的延迟信息,即距离参数呢? 显然,利用雷达测距的脉冲压缩技术可以解决这个问题。这一原理如图 2.15 所示,具体过程在第 1 章中已有论述,这里不再赘述。

经过距离向脉冲压缩,所有目标的距离参数都已准确得到。在距离压缩后,目

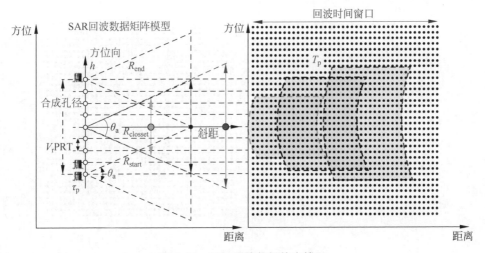

图 2.14　SAR 回波数据的支撑区

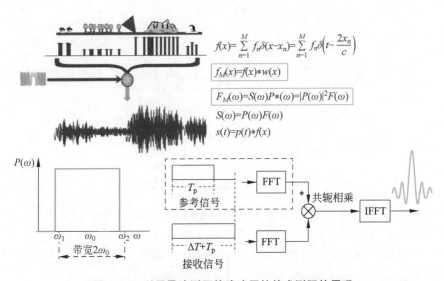

图 2.15　利用雷达测距的脉冲压缩技术测距的原理

标能量在距离向完成累积,回波能量清晰地呈现出目标的距离徙动轨迹,如图 2.16 所示。

　　注意,距离信息的获取——距离向匹配滤波或脉冲压缩带来了回波强度的剧烈变化。根据能量守恒定理,脉冲压缩之后的信号强度将发生巨大变化,由于时间宽度被压缩了,所以脉压后信号强度增强了。这种处理的增益到底有多大呢? 距离向匹配滤波或脉冲压缩使雷达回波获得的处理增益是非常大的,该增益通常等于雷达信号的"时宽-带宽积",如图 2.17 所示。

　　对于一个典型的雷达信号而言,脉冲宽度为 $40\,\mu s$,信号带宽为 $100 MHz$,处理

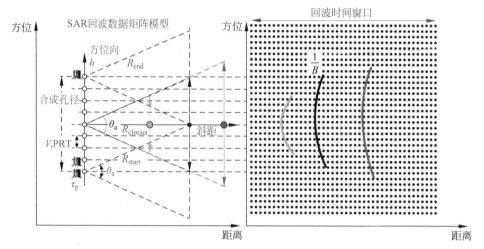

图 2.16　距离压缩的效果示意

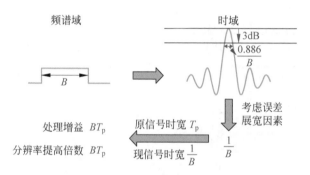

图 2.17　距离向脉冲压缩的增益效应

增益接近 4000 倍,约 36dB。而随雷达带宽的不断提高,这种处理增益将更加巨大;若带宽达到 8GHz,脉宽不变,则处理增益近 320000 倍,约 55dB。这对于微弱的雷达回波信号而言是非常可观的。所以,SAR 的距离压缩处理不仅实现了目标距离参数的批量自动估计,而且大大提高了有用信号的强度。

那么,成像所需的另一个位置参数——方位参数,又该如何估计呢? 方位向的能量累积又如何实现呢? 这种处理能否带来同样可观的处理增益呢?

从距离压缩后的回波信号表达式出发,我们发现方位向信号参数与距离 R 的历史和载波信号密切相关。注意到对同一个目标而言,其不同脉冲的回波信号距离时延不同,而这种时延的不同使得回波脉冲之间出现了多普勒调制。由于距离的变化产生调频的多普勒信号,且其呈线性调频变化,不同方位位置的目标对应的多普勒信号仅存在时间先后的不同,波形参数几乎相同,类似于距离向的一个脉冲对应的回波。

因此,与雷达最近距离相同的所有目标的多普勒信号也是同一信号经过不同的延迟和调幅后叠加而成的,类似于雷达发射线性调频信号之后收集的目标回波。故同样地,可以通过对多普勒信号进行"脉冲压缩"完成目标方位位置信息的提取。

但是,不同距离单元的方位向多普勒调制是有显著区别的,导致 SAR 对多普勒信号的脉冲压缩要复杂得多。主要体现在:①距离不同的目标被雷达波束照射的时间是不同的,近距小,远距大,导致不同距离单元的目标的回波的支撑时间不同;②距离不同的目标多普勒信号的调制斜率也是不同的,近距大,远距小,导致多普勒调制的斜率是不同的。这一规律从式(2.20)、式(2.21)可以明确看出:

$$T_d = \frac{\lambda R_0}{DV} \tag{2.20}$$

$$K_d = \frac{-2V^2}{\lambda R_0} \tag{2.21}$$

但是,有趣的是,所有目标的多普勒带宽却是相同的,主要因为

$$B_d = K_d T_d = \frac{-2V^2}{\lambda R_0} \cdot \frac{\lambda R_0}{DV} = \frac{2V}{D} \tag{2.22}$$

上述规律如图 2.18 所示。

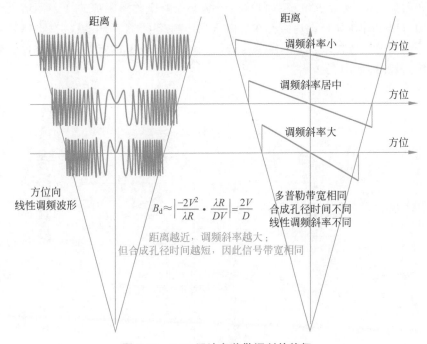

$$B_d \approx \left| \frac{-2V^2}{\lambda R} \cdot \frac{\lambda R}{DV} \right| = \frac{2V}{D}$$

距离越近,调频斜率越大;
但合成孔径时间越短,因此信号带宽相同

图 2.18　SAR 回波多普勒调制的特征

综上所述,实施方位多普勒脉冲压缩,需要雷达对不同的距离单元给出不同的多普勒参考函数。经过多普勒脉冲压缩后,目标图像初步呈现,如图 2.19 所示。

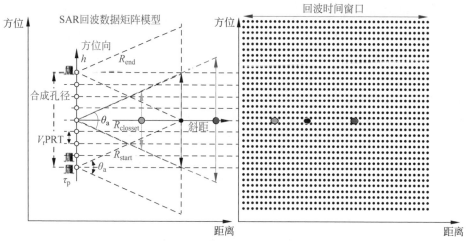

图 2.19 SAR 回波多普勒脉冲压缩的效果

同距离向的脉冲压缩处理一样,方位多普勒脉冲的压缩处理也会产生较大的信号处理增益。由于线性调频信号的处理增益等于"时宽-带宽积",而多普勒信号在远距时宽更大,所以方位多普勒脉冲压缩处理的增益随距离的增大而增大。这一现象可以很好地弥补雷达回波在自由空间传输产生的信号衰减。这也是最终人们看到的雷达图像在矫正方向图增益等因素后,并无明显的远距弱、近距强的感觉的原因,该原理如图 2.20、图 2.21 所示。

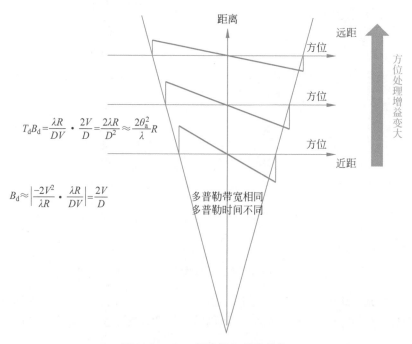

图 2.20 SAR 回波的多普勒特性

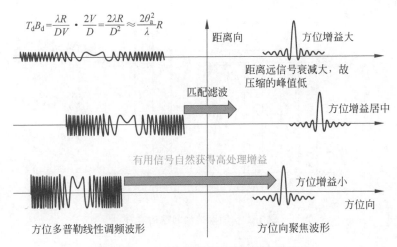

$$T_d B_d = \frac{\lambda R}{DV} \cdot \frac{2V}{D} = \frac{2\lambda R}{D^2} \approx \frac{2\theta_a^2}{\lambda} R$$

图 2.21　SAR 多普勒脉冲压缩的增益效应

总结起来,SAR 成像处理过程如图 2.22 所示。

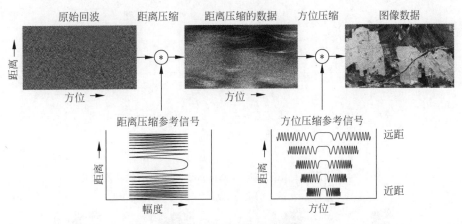

图 2.22　SAR 成像处理过程

　　实际的 SAR 成像处理过程复杂得多。由于目标回波存在距离徙动(其产生原因是目标与雷达之间的距离在不同脉冲周期不断变化),直接导致方位的"多普勒脉冲压缩"操作必须沿距离徙动的曲线进行。这是非常不方便的,如图 2.23 所示。由于不同目标的距离徙动轨迹并不重合,这种曲线积分只能逐点实施,效率非常低下,必须找到一种快速高效的处理方法。

　　注意到,与雷达之间最近距离相同的不同目标点 A 和 B,其产生回波的历程基本相同,只是时间先后不同,在产生回波的过程中具有相同的距离历程和多普勒调制历程,如图 2.24 和图 2.25 所示。

　　因此,目标的距离徙动曲线在多普勒频域看,应该是重合的。于是,人们通过方位向时域信号的傅里叶变换,将信号从距离-方位二维时域转换到距离-方位多

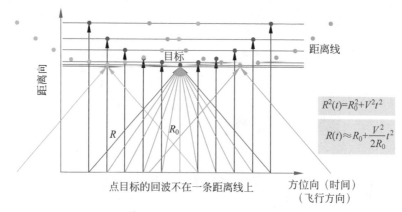

图 2.23 距离徙动问题的本质

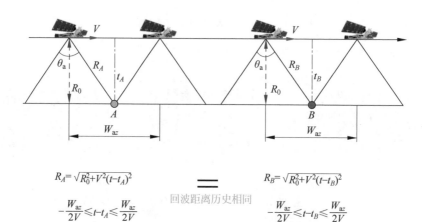

$$R_A=\sqrt{R_0^2+V^2(t-t_A)^2}$$

$$=$$ 回波距离历史相同 $$R_B=\sqrt{R_0^2+V^2(t-t_B)^2}$$

$$-\frac{W_{az}}{2V}\leqslant t-t_A\leqslant\frac{W_{az}}{2V}$$

$$-\frac{W_{az}}{2V}\leqslant t-t_B\leqslant\frac{W_{az}}{2V}$$

图 2.24 相同距离单元不同方位位置理想点目标的距离历史

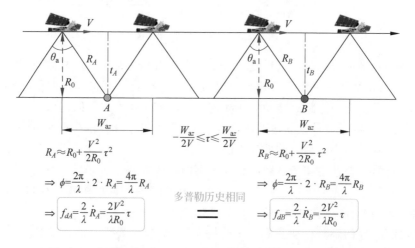

$$-\frac{W_{az}}{2V}\leqslant\tau\leqslant\frac{W_{az}}{2V}$$

$$R_A\approx R_0+\frac{V^2}{2R_0}\tau^2$$

$$R_B\approx R_0+\frac{V^2}{2R_0}\tau^2$$

$$\Rightarrow\phi=\frac{2\pi}{\lambda}\cdot 2\cdot R_A=\frac{4\pi}{\lambda}R_A$$

$$\Rightarrow\phi=\frac{2\pi}{\lambda}\cdot 2\cdot R_B=\frac{4\pi}{\lambda}R_B$$

多普勒历史相同

$$\Rightarrow f_{dA}=\frac{2}{\lambda}\dot{R}_A=\frac{2V^2}{\lambda R_0}\tau$$

$$=$$

$$\Rightarrow f_{dB}=\frac{2}{\lambda}\dot{R}_B=\frac{2V^2}{\lambda R_0}\tau$$

图 2.25 相同距离单元不同方位位置理想点目标的多普勒历史

普勒频域,此时,同一距离单元的不同目标的距离徙动轨迹将重合为一条轨迹,于是可以在距离-多普勒域将弯曲的距离徙动曲线校正为平行于飞行方向的直线,然后沿直线实施批量的多普勒脉冲压缩处理。该原理如图 2.26 所示。

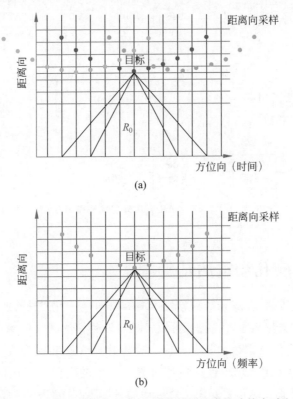

图 2.26　距离-方位域与距离-多普勒域的距离徙动效应对比

采样网格——实际采样间隔是固定的

(a) 距离-方位域的距离徙动效应;(b) 距离-多普勒域的距离徙动效应

沿飞行方向,不同方位上的目标的距离徙动可以在方位多普勒频域统一校正,主要得益于雷达系统可以近似在多普勒域推算每个脉冲回波响应的距离徙动量:

$$R(f) = \frac{\lambda^2 R_0}{8V_r^2} f^2 \tag{2.23}$$

基于该距离徙动量,距离徙动校正的基本过程可以在距离-多普勒域利用 SINC 插值实现,用到的信号处理基本工具是采样-插值的基本原理和公式。

综上所述,SAR 成像处理的完整流程如图 2.27 所示。

根据上述信号处理流程,SAR 可以以"批处理"的方式完成所有目标点的"二维参数估计",将不同目标点的回波能量正确聚焦于目标距离和方位参数对应的位置,就可以看到目标的图像。

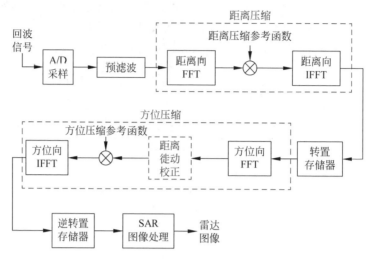

图 2.27　SAR 成像处理的完整流程

2.3　逆合成孔径雷达基础

　　显然,距离压缩、合成孔径和方位压缩等技术,使雷达"脱胎换骨",拥有了完全超越"无线电探测与测距"的功能,可以轻松获取目标的高分辨率二维图像。目前,用于目标成像探测的雷达主要有合成孔径雷达(SAR)和逆合成孔径雷达(ISAR)两种。其中,SAR 主要用于运动雷达对静止目标的高分辨率成像,适用于对地侦察遥感等场合;而 ISAR 主要用于对机动的目标跟踪探测、目标雷达特性测量和机动目标高分辨率成像。ISAR 的普及程度不如 SAR。但是,由于 ISAR 可以轻松实现对非合作机动目标的跟踪探测和雷达特性测量,历来受到各国的重视,已经成为空间目标雷达特性测量与识别领域不可或缺的重要工具。

　　ISAR 的主要成像对象为空间、空中及海上的非合作目标,如卫星、导弹、飞机和舰船等。进入 21 世纪,空间技术迅猛发展,空间竞争日益激烈,利用 ISAR 等成像雷达对运动目标进行监视识别,可协助建立早期预警体系。

2.3.1　多普勒效应

　　ISAR 能够实现高分辨率目标成像,主要得益于 3 个关键技术,即脉冲压缩技术、合成孔径技术和信号处理技术。脉冲压缩技术使雷达可以通过单一脉冲在兼顾探测距离和分辨率需求的同时,获得目标眼雷达波束视线的一维高分辨率距离像;合成孔径技术和信号处理技术则确保雷达可以利用目标与雷达的相对运动产生的多普勒效应实现距离正交的方位向的高分辨率,从而获得对目标的二维高分辨率,进而获得目标图像。其中,多普勒效应是 ISAR 成像的物理基础。

雷达向目标发送信号,并从目标接收回波信号,可以根据接收信号的时延来测量目标的距离。如果目标移动,接收信号的频率相对于发射信号的频率将产生偏移,这就是所谓的多普勒频率。多普勒频率是由运动目标的径向速度决定的,它通常在频域内通过对接收信号进行傅里叶分析来测量。

在雷达探测场景中,目标的运动速度 v 通常远远小于光速 c,即 $v \ll c$。假设雷达系统的收发共用同一天线,当电磁波从雷达到目标并返回雷达天线时,目标相对于雷达的径向速度引发的多普勒频率可以表示为

$$f_{D}(t) = \frac{f_c}{c} \cdot 2v(t) = \frac{2v(t)}{\lambda} \tag{2.24}$$

式中,f_c 为发射载波频率,$v(t)$ 为目标相对于雷达的径向速度。当目标远离雷达时,其速度定义为正,反之则为负。于是,雷达接收信号的模型如下:

$$\begin{aligned}
s_{R}(t) &= A\cos[2\pi f_c(t - \tau_d)] \\
&= A\cos\left\{2\pi f_c\left[t - \frac{\left(2R_0 + 2\int_{\tau} v(\tau)d\tau\right)}{c}\right]\right\} \\
&= A\cos\left\{2\pi f_c t - \frac{4\pi R_0}{\lambda} - 2\pi \frac{2\int_{\tau} v(\tau)d\tau}{\lambda}\right\} \\
&= A\cos\left[2\pi f_c t - \frac{4\pi R_0}{\lambda} + 2\pi f_D t\right] \\
&= A\cos\left[2\pi f_c t - \frac{4\pi R_0}{\lambda} + \varphi(t)\right]
\end{aligned} \tag{2.25}$$

其中,A 为接收信号的振幅,$\varphi(t) = 2\pi f_D t$ 为由于目标运动的多普勒效应引起的相移。一般雷达接收机通过同相 I 和正交 Q 双通道接收的方式采集回波信号,并从信号中获得所有信号的相位信息。通过将接收信号与参考载波信号 $\cos(2\pi f_c t)$ 混频,得到同相 I 和正交 Q 的双通道基带信号,其操作描述如下:

$$\begin{aligned}
s_{R}(t)s_{T}(t) &= A\cos\left[2\pi f_c t - \frac{4\pi R_0}{\lambda} + \varphi(t)\right]\cos(2\pi f_c t) \\
&= \frac{A}{2}\cos\left[-\frac{4\pi R_0}{\lambda} + \varphi(t)\right] + \frac{A}{2}\cos\left[4\pi f_c t - \frac{4\pi R_0}{\lambda} + \varphi(t)\right]
\end{aligned} \tag{2.26}$$

$$\begin{aligned}
s_{R}(t)s_{T}^{90°}(t) &= A\cos\left[2\pi f_c t - \frac{4\pi R_0}{\lambda} + \varphi(t)\right]\sin(2\pi f_c t) \\
&= -\frac{A}{2}\sin\left[-\frac{4\pi R_0}{\lambda} + \varphi(t)\right] + \frac{A}{2}\sin\left[4\pi f_c t - \frac{4\pi R_0}{\lambda} + \varphi(t)\right]
\end{aligned} \tag{2.27}$$

在低通滤波后，I 通道的输出变为

$$I(t) = \frac{A}{2}\cos\left[-\frac{4\pi R_0}{\lambda} + \varphi(t)\right] \tag{2.28}$$

在低通滤波后，Q 通道的输出变为

$$Q(t) = \frac{A}{2}\sin\left[-\frac{4\pi R_0}{\lambda} + \varphi(t)\right] \tag{2.29}$$

将两通道的输出相结合，可以形成解析复信号：

$$s_D(t) = I(t) + jQ(t) = \frac{A}{2}\exp\left\{-j\left[\varphi(t) - \frac{4\pi R_0}{\lambda}\right]\right\} = \frac{A}{2}\exp\left\{-j\left[2\pi f_D t - \frac{4\pi R_0}{\lambda}\right]\right\} \tag{2.30}$$

因此，通过使用频率测量工具，可以从复信号 $s_D(t)$ 中估计多普勒频率 f_D。

脉冲雷达的多普勒调制往往包含于不同脉冲的目标回波信号的载波相位变化之中，为了准确地跟踪并测量雷达回波的相位信息，雷达发射机必须使用一个高度稳定的频率源，以确保不同脉冲回波的相干性。由于频率是由相位函数的时间导数决定的，利用接收信号和发射信号之间的相位差来估计接收信号的多普勒频率 f_D：

$$f_D = \frac{1}{2\pi}\frac{d\varphi(t)}{dt} \tag{2.31}$$

2.3.2　运动目标的二维高分辨率成像原理

考虑一个相对简单的探测场景，假设目标在与雷达一定距离的空间某点围绕某个旋转轴在相对雷达旋转，如图 2.28 所示，为了方便后文描述，图 2.28 只在二维平面刻画了雷达对旋转目标的探测几何。

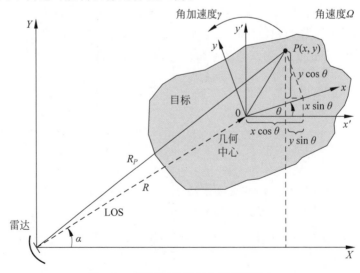

图 2.28　雷达对旋转目标的探测几何

假设雷达位于坐标原点,目标的旋转轴穿过其几何中心垂直于纸面,目标的旋转角速度等于 $\Omega(t)=\Omega+\gamma \cdot t$,其中 Ω 为转动角速度,γ 为转动的角加速度,并假设角加速度恒定。为了便于描述目标的旋转,引入另一个平行于坐标系 (x,y) 的参考坐标系 (x',y'),两个坐标系的原点重合,且均位于目标几何中心。假设目标几何中心距离雷达为 R,通过简单的几何计算,可以得到雷达到目标上不同的散射中心点 $P(x,y)$ 的距离近似为

$$R_P(t) \approx R + x\cos[\theta(t)-\alpha] - y\sin[\theta(t)-\alpha] \qquad (2.32)$$

利用泰勒展开式,$\theta(t)$ 可近似为

$$\theta(t) = \theta_0 + \Omega t + \frac{1}{2}\gamma t^2 \qquad (2.33)$$

其中,θ_0 为参考 (x',y') 系统的初始旋转角,α 为目标几何中心相对于雷达的方位角。根据回波信号表达式,来自散射点 P 的雷达基带信号可以描述为

$$s_P(t) = \rho(x_P, y_P)\exp\left[-\mathrm{j}\frac{4\pi f_c R_P(t)}{c}\right] \qquad (2.34)$$

其中,$\rho(x_P, y_P)$ 是点散射体的反射率密度函数,$R_P(t)$ 是时间的函数。根据多普勒频率等于相位对时间取导数的计算方法,将旋转角度 $\theta(t)$ 的泰勒展开式代入 $R_P(t)$ 的表达式,得到目标旋转引起散射点 P 的多普勒频率为

$$f_D(t) = \frac{2}{\lambda}\frac{\mathrm{d}R_P(t)}{\mathrm{d}t}$$

$$= \frac{2}{\lambda}\{-[x\sin(\theta_0-\alpha) + y\cos(\theta_0-\alpha)]\Omega - [x\cos(\theta_0-\alpha) + y\sin(\theta_0-\alpha)]\Omega^2 t\}$$

$$\qquad (2.35)$$

当旋转角速率 Ω 为常数时,多普勒频率的一次项是确定的,但二次项是随时间变化的。

同理,基于单散射点的回波信号,可以将目标上所有散射点的回波信号表示为属于目标的所有散射点的回波信号的积分:

$$s_R(t) = \iint_{X,Y} \rho(x,y)\exp\left[-\mathrm{j}\frac{4\pi f_c R_P(t)}{c}\right]\mathrm{d}x\,\mathrm{d}y \qquad (2.36)$$

现在进一步假设目标质心同时存在平移运动,且其相对于雷达的距离历史为 $R(t)$,假设方位角 α 为 0,(x,y) 处的单一散射点的距离变为

$$R_P(t) \approx R(t) + x\cos\theta(t) - y\sin\theta(t) \qquad (2.37)$$

则雷达回波信号可以改写为

$$s_R(t) = \iint_{X,Y} \rho(x,y)\exp\left[-\mathrm{j}\frac{4\pi f_c R_P(t)}{c}\right]\mathrm{d}x\,\mathrm{d}y$$

$$= \exp\left[-\mathrm{j}\frac{4\pi f_c R(t)}{c}\right]\iint_{X,Y} \rho(x,y)\exp\{-\mathrm{j}2\pi[xf_x(t) - yf_y(t)]\}\mathrm{d}x\,\mathrm{d}y$$

$$\qquad (2.38)$$

其中，$f_x(t)$ 和 $f_y(t)$ 可以看作沿两个坐标方向的频率分量，且满足

$$f_x(t) = \frac{2\cos\theta(t)}{\lambda} \qquad (2.39)$$

$$f_y(t) = \frac{2\sin\theta(t)}{\lambda} \qquad (2.40)$$

利用波数 $\left(k = \dfrac{2\pi}{\lambda}\right)$ 的概念，雷达的回波信号可以表示为

$$s_R(t) = \iint\limits_{X,Y} \rho(x,y)\exp\left[-j\,\frac{4\pi f_c R_P(t)}{c}\right]dx\,dy$$

$$= \exp\left[-j\,\frac{4\pi f_c R(t)}{c}\right]\iint\limits_{X,Y} \rho(x,y)\exp\{-j2[xk_x(t) - yk_y(t)]\}dx\,dy$$

$$(2.41)$$

两个波数分量为

$$k_x(t) = \frac{2\pi}{\lambda}\cos\theta(t) = k\cos\theta(t) \qquad (2.42)$$

$$k_x(t) = \frac{2\pi}{\lambda}\cos\theta(t) = k\cos\theta(t) \qquad (2.43)$$

如果在整个雷达探测期间或相干处理间隔内目标的运动规律已知，即如果准确地知道目标质心的距离函数 $R(t)$，则可以通过将接收信号乘以 $\exp\left[j\,\dfrac{4\pi f_c R(t)}{c}\right]$ 来完美地去除由于目标运动而产生的相位项 $\exp\left[-j\,\dfrac{4\pi f_c R(t)}{c}\right]$。该操作通常被称为"径向运动补偿"或"平动补偿"，经过平动补偿得到的信号通常称为"运动补偿信号"。因此，对运动补偿基带信号进行二维的傅里叶反变换即可得到目标的散射点的反射率密度函数 $\rho(x,y)$，即目标的二维高分辨率雷达图像：

$$\rho(x,y) = \mathrm{IFT}\left\{s_R(t)\exp\left[j\,\frac{4\pi f_c R(t)}{c}\right]\right\} \qquad (2.44)$$

当雷达发射 N 个脉冲信号时，每个发射信号的回波信号有 M 个时间采样，则雷达采集的原始回波数据可以排列为 $M \times N$ 维的矩阵。估计目标运动并去除与目标径向运动相关的相位项的过程称为"包络对齐"或"距离跟踪"。这是 ISAR 成像过程中的一个基本步骤，也称为"粗运动补偿"。在去除相位项后，则可以利用傅里叶逆变换重建目标的反射率密度函数，即可得到目标的雷达图像。可见，ISAR 实现二维高分辨率成像的基本原理如图 2.29 所示。

2.3.3　ISAR 图像的二维分辨率

ISAR 的图像分辨率是指对 ISAR 图像中分离的散射点进行有效分辨的能力。

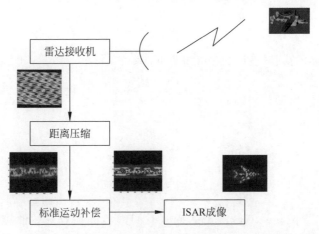

图 2.29 ISAR 实现二维高分辨率成像的基本原理

ISAR 图像的二维分辨率将分两个维度进行描述,即距离分辨率、多普勒和方位分辨率。

1. 距离分辨率

根据脉冲压缩雷达的理论,ISAR 采用脉冲压缩信号来获取目标的一维高分辨率距离像。距离压缩的概念被用来实现远距离宽脉冲情况下的高距离分辨率。根据第 1 章的相关理论,距离分辨率取决于 ISAR 发射信号的带宽 B,满足

$$\rho_r = \frac{c}{2B} \tag{2.45}$$

2. 多普勒分辨率和方位分辨率

多普勒分辨率是指在多普勒频域内区分两个正弦频率分量的能力。根据信号频谱分析的基本理论,如果观测到两个正弦信号的时间长度为有限值 T,则其频谱分析的频率分辨率为 $\rho_f = \frac{1}{T}$。这个概念可以直接应用到多普勒分辨率:

$$\rho_{f_D} = \frac{1}{T} \tag{2.46}$$

因此,方位分辨率也可以转换得到。

假设在雷达探测时间内,目标相对于雷达视线的角度变化非常小,即接近于 0,此时的回波信号可以近似为

$$s_R(t) = \iint_{X,Y} \rho(x,y) \exp\left[-\mathrm{j}\frac{4\pi f_c R_P(t)}{c}\right] \mathrm{d}x\,\mathrm{d}y$$

$$= \exp\left[-\mathrm{j}\frac{4\pi f_c R(t)}{c}\right] \iint_{X,Y} \rho(x,y) \exp\{-\mathrm{j}2\pi[x f_x(t) - y f_y(t)]\}\mathrm{d}x\,\mathrm{d}y$$

$$= \exp\left[-\mathrm{j}\frac{4\pi f_c R(t)}{c}\right] \iint_{X,Y} \rho(x,y) \exp\left\{-\mathrm{j}2\pi\left[x\frac{2\cos\theta(t)}{\lambda} - y\frac{2\sin\theta(t)}{\lambda}\right]\right\}\mathrm{d}x\,\mathrm{d}y$$

$$\approx \exp\left[-\mathrm{j}\,\frac{4\pi f_c R(t)}{c}\right]\iint\limits_{X,Y}\rho(x,y)\exp\left\{-\mathrm{j}\,\frac{4\pi}{\lambda}[x-y\Omega t]\right\}\mathrm{d}x\,\mathrm{d}y \quad (2.47)$$

由于方位向的频域表示的是多普勒频率，可见

$$f_D \approx \frac{2\Omega y}{\lambda} \quad (2.48)$$

于是有

$$f'_D = \frac{2\Omega y'}{\lambda} \Rightarrow \rho_{f_D} = \frac{2\Omega}{\lambda}\rho_y = \frac{1}{T}$$

$$\Rightarrow \rho_y = \frac{\lambda}{2\Omega}\rho_{f_D} = \frac{\lambda}{2\Omega T} = \frac{\lambda}{2\Delta\theta} \quad (2.49)$$

可见，ISAR 的方位分辨率是由雷达探测时间内目标相对雷达的旋转角 $\Delta\theta$ 决定的。旋转角越大，分辨能力越高。根据分辨率公式，较长的积分时间可能提供较高的分辨率，但需要注意的是，这也会导致相位跟踪误差和多普勒模糊，因此，成像分辨率和旋转角度之间也存在一种矛盾。由于多普勒分辨率与图像积分时间 T 成反比，方位分辨率与多普勒分辨率成正比，其比例因子为 $\frac{\lambda}{2\Omega}$。

还应该指出，ISAR 图像的方位分辨率取决于目标通过参数 Ω 的运动。但是，对于非合作的运动目标而言，该值是未知的。这是一个典型的问题，因为 ISAR 的方位分辨率并不是完全可以预测的，并且依赖于雷达和目标的相对运动，通常是不可控的。

2.4　逆合成孔径雷达的历史及现状

ISAR 技术与 SAR 技术一同起源于 20 世纪 50 年代的多普勒分析理论，然而不同于 SAR 技术的蓬勃发展，ISAR 技术受困于观测目标的非合作运动特性，相关发展较为缓慢。直至 20 世纪 60 年代，美国密歇根大学 Willow Run 实验室的 Brown 等提出了转台模型等效理论，ISAR 成像理论的研究才逐渐起步。而后，美国麻省理工学院(Massachusetts Institute of Technology,MIT)的林肯实验室与德国弗劳恩霍夫高频物理和雷达技术研究所在 ISAR 技术的发展中发挥了重要作用。当前，用于空间目标监视和特性测量的微波技术首推 ISAR。

2.4.1　夸贾林导弹靶场的基尔南再入测量站

美国高级研究计划局(Advanced Research Projects Agency,ARPA)最早在 20 世纪 50 年代初开始研究 ISAR 技术，到 20 世纪 60 年代进入技术验证阶段。1952 年 2 月，美国陆军在夸贾林岛建立了美国五大靶场之一的夸贾林导弹靶场。该靶场在当时被认为是世界上"唯一适合远程洲际弹道导弹试验"的靶场，建有美国最

先进的空间目标特性测量雷达系统。位于夸贾林导弹靶场的里根试验场(图 2.30)拥有美国最先进且最重要的宽带雷达探测中心。

图 2.30 夸贾林靶场的里根试验场

美国于 1959 年在夸贾林导弹靶场建立了"基尔南再入测量站"(Kiernan Reentry Measurement,KREMS),主要用于太平洋靶场电磁特征(Pacific Range Electronmagnetic Scatterring Stigma,PRESS)项目的研究。KREMS 由林肯实验室代表美国陆军弹道导弹防御系统司令部进行维护和操作,拥有美国最先进的宽带雷达探测中心,部署了多部目标特性测量雷达系统,目前该试验场主要的雷达是由林肯实验室负责的目标分辨和判别实验系统(target resolution and discrimination experiment system,TRADEX)、ARPA 远程跟踪和测量雷达(ARPA long-range tracking and instrumentation radar,ALTAIR)、阿尔康雷达(ARPA Lincoln Laboratory C-band observation radar,ALCOR)和毫米波雷达(millimeter wave radar,MMW)。其中,ALCOR 与 MMW 为逆合成孔径雷达,能够实现宽带成像,获得目标的高分辨率图像,为目标识别和监视提供重要支撑。

美国的 ISAR 成像技术及应用水平在世界范围内一直处于领先地位,能够获取大多数运动目标(如飞机、舰船、导弹、卫星等)的精细雷达图像,已成为美国战略防御系统和太空监视网络中极其重要的目标探测和识别手段。

自 20 世纪 50 年代 ISAR 首次提出以来,美国在 ISAR 成像雷达研制方面开展了卓有成效的工作。20 世纪 60 年代初,美国密西根大学 Willow Run 实验室的 Brown 等开展了对旋转目标的成像研究,研制出对空间轨道目标成像的雷达,迈出了 ISAR 成像系统发展中关键的第一步。20 世纪 70 年代初,美国林肯实验室首先获得了高质量近地空间目标的 ISAR 图像,尽管其使用的 ALCOR 雷达不是成像雷达,但是通过相关数据记录和 ISAR 成像技术处理,获得了 50cm 的有效分辨率。

20世纪70年代末,美国林肯实验室建成的"干草堆"远距离成像雷达,分辨率可达0.24m,最远可对40000km处的目标进行跟踪成像,是第一部具有实用价值的高分辨率ISAR成像系统。服务于美国战区导弹防御系统的GBR成像雷达的距离像分辨率达到了0.12m,能对来袭的导弹、诱饵等目标进行成像。美国的高分辨率ISAR成像系统已获得实际应用,并取得了很好的效果。

经过多次扩建和设备升级,夸贾林导弹靶场的里根试验场已经成为世界级的远程导弹防御和太空目标监视技术测试基地。截至2016年,该试验场对RTS光学套件进行了若干次升级,目前已经可以实现远程操控。

1. TRADEX

TRADEX(图2.31)是美国在夸贾林导弹靶场为PRESS项目建造的第一个微波雷达系统。该雷达于1962年投入运行,同年第一位林肯实验室的工作人员抵达夸贾林岛。TRADEX早期被用于跟踪和收集导弹的测试任务数据;1995年,对雷达的升级改造使TRADEX还能够用于评估低纬度地区的空间碎片数量,为NASA收集空间碎片数据。1998年,TRADEX成为美国太空监视网的一个具有特殊贡献的传感器,主要用于跟踪外国发射、近地轨道卫星和深空卫星,提供重要的轨道测量数据。近年来,TRADEX每周工作10h进行太空监视任务。

1972年,林肯实验室将位于KREMS的TRADEX由UHF波段改造成S波段。TRADEX是林肯实验室的第二个宽带成像雷达系统,它通过发射步进频信号来实现距离向的高分辨率,信号综合带宽为250MHz,能达到的理论分辨率为0.6m。

图2.31　TRADEX

2. ALTAIR

ALTAIR(图2.32)的工作波段为VHF和UHF,该雷达具有口径大、灵敏度高、跟踪距离远等特点。ALTAIR于1969年投入使用。1998年,ALTAIR和

TRADEX 被用于对英仙座和狮子座流星雨进行首次测量,以了解流星如何影响航天器。ALTAIR 于 1982 年加入太空监视网络。与 TRADEX 一样,ALTAIR 负责跟踪外国发射、近地轨道卫星和深空卫星。今天,ALTAIR 每周花费 128h 进行太空监视任务,通常每周提供 1000 多个深空轨道数据。

图 2.32 ALTAIR

ALTAIR 自 1970 年投入运行后进行了多次技术改造,除了执行常规的深空和近地空间目标的探测和跟踪任务外,主要用于为 ALCOR、TRADEX、MMW 等窄波束宽带成像雷达提供重要的跟踪数据,为其提供目标轨道预测等保障。

3. ALCOR(主要的 ISAR 成像雷达)

ALCOR(图 2.33)在 ALTAIR 之后一年(1970 年)开始运行,这是第一部利用宽带波形的高功率微波雷达。建立 ALCOR 的目的是其能够生成和处理宽带信号,并研究宽带数据在再入飞行器识别和空间态势感知方面的应用。ALCOR 的

图 2.33 ALCOR

宽带能力不仅能够有效地获取导弹的高分辨率数据,而且对于确定轨道近地卫星的大小和形状也非常有用。ALCOR 适用于卫星成像,从而促进了林肯实验室在开发用于生成和解释雷达图像的技术和算法方面的开创性工作。

ALCOR 是世界第一部获得空间目标图像的宽带雷达,它工作在 C 波段,载频为 5.672GHz,信号带宽 512MHz,距离分辨率达 0.5m。1973 年,林肯实验室利用 ALCOR 对出现故障的 Skylab 轨道实验室进行成像,并分析得到太阳能帆板失效的结论。

图 2.34 仅给出了仿真的 Skylab 空间站的 ISAR 图像。ALCOR 对空间目标成像的成功,极大促进了地基 ISAR 雷达系统的发展。在 ALCOR 成功的技术经验上,美国相继成功研制了多套高分辨率的 ISAR 成像雷达系统。

图 2.34　Skylab 光学图像和 ISAR 仿真图像

4. MMW

在林肯实验室的建议下,美国分别于 1983 年和 1985 年在 KREMS 建成了两部 MMW(图 2.35)。MMW 大大扩展了 ALCOR 的跟踪和成像能力,其最初是作

图 2.35　MMW

为 ALCOR 的附属雷达设计的,后来发展为一个完整的、自给自足的系统。MMW 具有 Kwajalein 雷达体系中的最佳分辨率,能够生成近地卫星的高分辨率图像。ALCOR 和 MMW 分别工作在 Ka 波段(35GHz)和 W 波段(95.48GHz),初始带宽均为 1GHz,径向分辨率为 28cm,脉冲重复频率可达 2000Hz,MMW 的精度更高、带宽更大和多普勒分辨能力更强。多年来,MMW 经历了一系列升级,包括 20 世纪 80 年代末,林肯实验室将 Ka 波段 MMW 的带宽提升至 2GHz,距离分辨率达 12cm,极大地提高了该雷达对空间弱小目标的成像能力,从而具备跟踪太空垃圾和空间碎片的能力;20 世纪 90 年代早期进行的部件更换工作,也使发射机的功率水平更高。2012 年的进一步升级使 MMW 成为当时运行的分辨率最高的相干成像雷达。经过改造升级,MMW 雷达的带宽为 4GHz,距离分辨率为 6cm。

2.4.2　林肯空间监视组合体

1987 年,Wehner 对 SAR 和 ISAR 的基本理论和现存问题给出了较为明确的论述。同年,美国海军实验室的科学家研制成功的 ISAR 技术已经可使机载雷达获取海面上舰船目标的雷达图像,并可用于识别其类型和威胁等级。20 世纪 80 年代,美国的战略防御计划(Strategic Defense Initiative,SDI)将陆基成像(又称“终端成像”)雷达列入计划之中。该雷达是一部 X 波段雷达,能在足够高的空间同时捕获多个目标,并能实时区分和诱捕真正的目标。林肯实验室作为主要研究单位负责建立了一个新的雷达试验场区——林肯空间监视组合体(Lincoln Space Surveillance Complex,LSSC),如图 2.36 所示。在此期间,美国研发了多个成功的雷达产品,标志着美国此时已经取得了重大技术突破,ISAR 技术进入应用阶段。

图 2.36　林肯空间监视组合体

LSSC 是美国除 KREMS 外一处非常重要的雷达系统组合体,该组合体能够对空间碎片进行监测编目,为空间环境监测发挥了重要作用。LSSC 的空间目标监视雷达外场距离林肯实验室 32km,主要用于空间目标探测和弹道目标监视。美国在该雷达试验场建造和部署了多部宽带测量雷达,主要包括磨石山雷达(Millstone

Hill radar)、干草堆超宽带卫星成像雷达(haystack ultrawideband satellite imaging radar,HUSIR)、干草堆辅助雷达(haystack auxiliary radar,HAX)和火池激光雷达(firepond laser radar)4部大型雷达配套形成的空间目标监视系统。其中,HUSIR雷达是世界上第一部具有实用价值的高分辨率成像雷达。

1. 磨石山雷达

磨石山雷达(图2.37)主要用于跟踪太空飞行器和太空碎片。该雷达自1957年成功探测到苏联人造卫星以来一直在运行。它是美国太空监视网络中的一个具有重要贡献的传感器,其光学和雷达传感器网络,可以探测、跟踪和表征绕地球运行的物体。因此,该雷达在美国国家深空监视计划中发挥着关键作用。高功率的L波段传感器每年提供大约18000个深空卫星轨道,支持美国几乎所有深空卫星的发射,主要用于数据获取及可能影响发射的太空活动探测。此外,它也用于大气科学研究。

图 2.37 磨石山雷达

2. HUSIR

该雷达于1978年由林肯实验室在干草堆雷达的基础上改造而成。干草堆雷达工作在X波段,带宽为1GHz,距离分辨率为0.25m,最远可实现对40000km处地球轨道卫星的ISAR成像。改造后的HUSIR脉冲重复频率高达1200Hz,能够消除目标快速旋转带来的多普勒模糊。为进一步提高成像分辨率,2010年5月开始,林肯实验室再次着手对干草堆雷达进行升级改造,增加了一个W波段92~100GHz的高功率毫米波天线。升级改造后的X、W双波段干草堆雷达被统一称为"干草堆超宽带卫星成像雷达"(HUSIR)。HUSIR同时工作在X波段(载频为

10GHz 频率,带宽为 1GHz)和 W 波段(频率为 96GHz,带宽为 8GHz),是目前世界上距离分辨率最高的地面监视雷达,距离分辨率可达 0.0187m,其 W 波段在升级的同时开发和建造了新的直径为 120ft(1ft＝0.3048m)的天线。

HUSIR 是美国太空监视网络中的另一个重要传感器。它还用于收集数据以协助 NASA 开发轨道空间碎片模型。HUSIR 天线精确对准的表面还使其成为了射电天文学的重要工具。MIT 的海斯塔克天文台使用 HUSIR 作为射电望远镜进行射电天文学和甚长基线干涉测量试验。

图 2.38 HUSIR

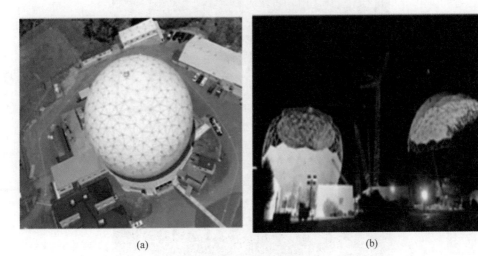

(a)   (b)

图 2.39 HUSIR 和 HAX

(a) HUSIR；(b) HAX

　　图 2.40 中的卫星仿真数据成像结果显示了带宽和分辨率提高带来的好处。从图中可以看出,随分辨率的提高,成像结果能够展现目标更加丰富的细节,为后续目标特征的提取和识别提供了更为有利的支撑。

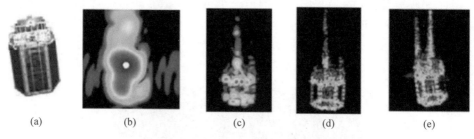

(a)　　　　　　(b)　　　　　　(c)　　　　　　(d)　　　　　　(e)

图 2.40　HUSIR 不断升级的空间分辨能力

(a) 目标模型;(b) 带宽为 1GHz 的成像结果;(c) 带宽为 2GHz 的成像结果;
(d) 带宽为 4GHz 的成像结果;(e) 带宽为 8GHz 的成像结果

3. HAX

　　1993 年,在 HUSIR 附近,林肯实验室又建成了 HAX(图 2.41)。HAX 工作在 Ku 波段,是继升级完的 Ka 波段 MMW 后的又一部带宽达到 2GHz 的 ISAR 成像雷达,其距离分辨率达到 0.12m。与 HUSIR 相比,HAX 能获取质量更高的卫星图像,并可为美国国家航空航天局(National Aeronautics and Space Administration,NASA)提供有效的空间碎片信息。

图 2.41　HAX

HAX 主要用于增强卫星成像和空间碎片数据收集。该雷达工作在 Ku 波段，其配备的 40ft 天线位于右侧较小的天线罩中。

2.4.3 美国的舰载、海基和机载 ISAR

21 世纪以来，美国 ISAR 技术进入初步成熟阶段。这一阶段各种 ISAR 雷达产品经过多次技术迭代，向多平台方向发展。在海基舰载雷达方面，林肯实验室还与雷声公司协商研制了眼镜蛇系列雷达："丹麦眼镜蛇"(Cobra Dane)、"朱迪眼镜蛇"(Cobra Judy)和"双子座眼镜蛇"(Cobra Gemini)，并最终发展至"眼镜王蛇"(Cobra King)，主要用于收集各国弹道导弹数据；在机载雷达方面，由 AN/APS-137 经过 AN/APS-143 和 AN/APS-147 两代产品发展至 AN/APS-153 雷达。

1. 海基和舰载 ISAR 雷达系统

除了地基雷达，搭载于舰船等移动平台的对空 ISAR 成像系统日渐成为空间监视的一个新的发展思路。由于空间监视雷达通常尺寸较大，其搭载的移动平台主要分为海基和舰载两种，相比于地基雷达，移动式雷达的部署更为灵活、观测范围更广、战时生存能力更强。比较典型的舰载 ISAR 系统是 1981 年开始服役的"朱迪眼镜蛇"(图 2.42(a))，它装载于美国军舰"瞭望号"，是美国战区导弹防御体系中最重要的雷达之一。经过 1984 年的改装，"朱迪眼镜蛇"具备了宽带成像功能，主要用于对弹道导弹的监视与预警。

1996 年，林肯实验室开始着手研制陆海两用可移动"双子座眼镜蛇"(图 2.42(b))，用于更方便地收集世界各国的弹道导弹数据。"双子座眼镜蛇"于 1999 年 3 月完成在"无敌号"军舰上的安装并投入使用。

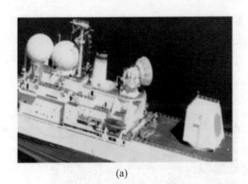 

(a) (b)

图 2.42 美国的海基舰载 ISAR

(a) Cobra Judy 雷达；(b) Cobra Gemini 雷达

该雷达工作在 S 和 X 两个波段，其中 S 波段的带宽为 300MHz，实际分辨率为 0.8m，X 波段的带宽为 1GHz，实际分辨率为 0.25m。

2004 年，美国海军公布了"朱迪眼镜蛇"替换项目的新舰设计要求，该舰将替代"瞭望号"，成为 CJR 项目的支持平台。新的舰船将装备 Cobra Judy II 改进型舰载雷达组,包括 S 波段雷达和 X 波段雷达,是美国第一部全智能、双波段舰载相控阵雷达系统。该项目于 2011 年 10 月 7 日正式完成,并于 2013 年 4 月 2 日成功对 Atlas V 火箭发射进行了获取和跟踪任务。

　　为收集国外弹道导弹数据,充实 SDI 计划的目标识别数据库,需要将空间监视雷达抵近部署,为此美国研制了"朱迪眼镜蛇"和"双子座眼镜蛇"。这两部雷达均可部署到舰船上,从而使舰船的可观测范围更广、战时生存能力更强。此外,带宽外推(bandwidth extrapolation,BWE)、子频带内插和外推连接技术的发展使得原有雷达的带宽更宽,从而所成图像也更加清晰。如"朱迪眼镜蛇"为 S 波段有源相控阵和 X 波段蝶形天线组成的双基雷达系统,通过对两个波段回波信号进行稀疏频带合成,可获得超分辨率成像(图 2.43)。

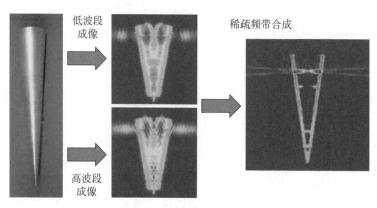

图 2.43　"朱迪眼镜蛇"稀疏频带融合高分辨率成像

2. 海基 X 波段宽带相控阵雷达

　　2005 年 11 月,随着重型起重船"MV 蓝枪鱼"(MV Blue Marlin)半潜在墨西哥湾内,由美国波音公司和雷神综合防务系统公司设计并建造的海基 X 波段宽带相控阵雷达(sea-based X-band radar,SBX)正式入海使用(图 2.44)。

图 2.44　海基 X 波段宽带相控阵雷达

(a) SBX 雷达组装场景;(b) SBX 雷达海面漂浮场景

SBX 雷达由宙斯盾战斗系统使用的雷达变化而来,是美国导弹防御局(Missile Defense Agency,MDA)为防御弹道导弹而部署的。SBX 雷达作为对地基雷达的补充,具备宽带成像功能,能够对来袭的远程弹道导弹进行跟踪、识别和评估。

3. 机载 AN/APS-153 雷达

AN/APS-153(V)是 AN/APS-147 的后继产品,旨在满足美国海军苛刻的任务要求,在所有天气条件下提供全天候可靠的海域监视。该雷达具备自动检测识别潜望镜功能(automatic radar periscope detection discrimination,ARPDD),可以将潜望镜与海洋上的雷达杂波区分开来。由人工最终确认的方式在很大程度上提高了 AN/APS-153(V)的反潜能力,此外该雷达还具有小目标检测、ISAR 成像和完全集成的敌友识别(identification friend or foe,IFF)等功能。该雷达具备的工作模式有:大范围搜索模式、ISAR 成像模式、小目标/潜望镜检测模式、近距离SAR 成像模式、导航模式。AN/APS-153 ISAR 的夜间成像图如图 2.45 所示。

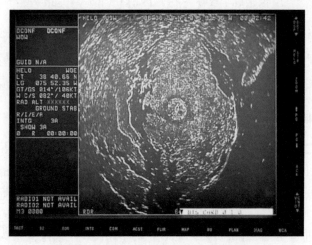

图 2.45　AN/APS-153 ISAR 夜间成像图

MH-60R 航电系统的集成度极高,AN/APS-153(V)完全集成在 MH-60R 的航空电子设备套件中(图 2.46)。机载计算机通过飞机任务系统控制 AN/APS-153(V)雷达并将显示结果反馈到 8×10in(1in=2.54cm)的多功能显示器,为船员提供独立的雷达数据视图。

MH-60R 与 AN/APS-153(V)相结合,是航空母舰-直升机系统中的关键要素。通过飞机的 C 波段数据链,舰上人员可以获得几乎与机组人员相同的雷达图像。

纵观美国 ISAR 成像雷达系统和技术的发展历程可以看出:每次技术进步都紧紧围绕着进一步提高雷达探测能力和雷达分辨性能展开,在提高目标轨道信息获取能力的同时,更加注重获取目标的电磁散射特性,实现了空间碎片等微小目标、同步轨道卫星等超远距离目标的宽带高分辨率成像观测。随着现代微小卫星的发展和应用,空间目标的尺寸越来越小,对雷达的目标探测能力和成像分辨率的

图 2.46　搭载了 AN/APS-153(V)的 MH-60R

要求越来越高。ISAR 成像雷达将围绕超远距离探测和高分辨率精细成像两大技术主题快速展开,而高分辨率精细成像在实现目标检测和准确识别中显得尤为重要。

2.4.4　德国高分辨率 ISAR

　　德国的弗劳恩霍夫高频物理和雷达技术研究所(FHR)在 ISAR 技术研究领域与林肯实验室同负盛名,其负责的地基跟踪与成像雷达(tracking and imaging radar,TIRA)是当前世界最强大的空间观测雷达之一。TIRA 建造于 20 世纪 60 年代,由 FHR 管理和运行,部署于德国的瓦特贝格,已有效运行超过 50 年(图 2.47)。TIRA 为单脉冲雷达,其抛物面天线的直径为 34m,工作频段分别为 L 频段(中心频率为 1.333GHz,波长 22.5cm)和 Ku 频段(中心频率 16.7GHz,波长 1.8cm)。L 波段的波束宽度为 0.45°,峰值功率为 1MW,可跟踪太空中的碎片。雷达可测量单个目标的方位、距离和速度等轨道参数,可探测到 1000km 内大小为 2cm 的目标。Ku 波段用于 ISAR 成像,峰值功率为 13kW,成像分辨率优于 7cm。雷达方位角的探测范围为 0°～360°,转速达 24°/s,俯仰角的探测范围为 0°～90°。天线罩的直径为 47.5m。从天线罩内看 TIRA 如图 2.48 所示。

　　TIRA 的主要工作频段为 L 波段(1.333GHz)和 Ku 波段(16.7GHz)。其中,L 波段为窄带、全相参高功率跟踪雷达;Ku 波段为宽带成像雷达。需要说明的是,TIRA 建造之初的带宽为 800MHz,距离分辨率为 25cm。经过多次升级改造,TIRA 的带宽由 800MHz 提高到 2.1GHz,距离分辨率可达 12.5cm。TIRA 除可对空间碎片进行精确测量外,还能协助完成卫星故障检测、卫星操纵分析和失控物体成像。

图 2.47 TIRA 雷达站全景图

图 2.48 从天线罩内看 TIRA

1991 年和 1992 年，TIRA 成功对苏联"礼炮-7"空间站和"和平号"空间站进行 ISAR 成像（图 2.49）。2012 年 4 月，欧洲航天局（简称"欧空局"，European Space Agency，ESA）的对地观测卫星 ENVISAT 突然失联，为确定失联原因并对故障进行分析，FHR 利用 TIRA 获取的 ENVISAR 失联前后的 ISAR 图像进行比对分析，如图 2.50 和图 2.51 所示，为欧洲航天局最终放弃 ENVISAT 提供了技术支撑。2018 年，TIRA 对再入大气层前的某航天器进行了跟踪观测（图 2.52），并预测了其再入的时间和降落地点。

在双基地模式下，TIRA 雷达作为发射站，埃费尔斯贝格转动抛物面射电望远镜作为接收站，系统可探测到的 1000km 内的目标大小可精确为 1cm（图 2.53）。

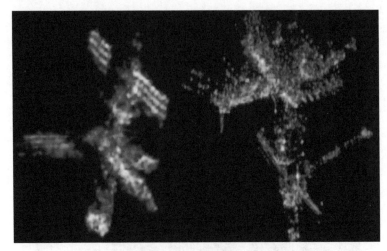

图 2.49　"礼炮-7"空间站(左)和"和平号"空间站(右)的成像结果

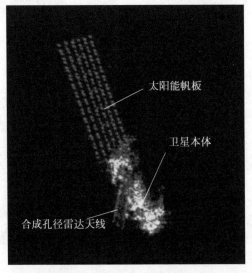

图 2.50　ENVISAT 卫星的 ISAR 像

图 2.51　ENVISAT 卫星(左)及其姿态正常(中)、姿态失稳(右)时的 ISAR 图像

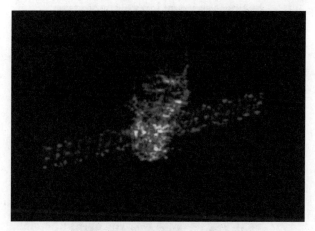

图 2.52 某航天器的 ISAR 图像

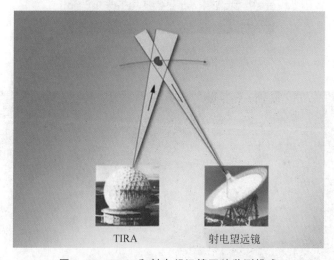

TIRA   射电望远镜

图 2.53 TIRA 和射电望远镜双站监测模式

经过 2002 年的升级改造,该雷达的成像带宽已达 2.1GHz,分辨率优于 12.5cm。带宽升级后,TIRA 对航天飞机(图 2.54)和欧空局的 ATV-4 货运飞船进行了成像(图 2.55)。可以看出,随着带宽的增加,雷达对目标细节的成像能力进一步提高。

TIRA 作为一套配属于研究机构的雷达,其测量数据对许多国家的空间机构是公开的。雷达为这些机构提供了高精度的轨道测量数据和高分辨率的卫星目标雷达图像。这些数据在空间碎片精确测量、卫星碰撞预警、目标图像结构分析等方面发挥着重要作用。

ISAR 的早期研究主要针对合作目标,目标的运动信息已知或较易获得,成像场景较为简单,如已知轨道或轨道可精确预测的空间目标。而对于非合作目标的一般化成像处理直至 1978 年才由 Chen 等给出相应的解决方案。Chen 和 Andrews 等利用信号处理技术对 ISAR 飞机实测数据中存在的距离弯曲、距离对齐和相位补

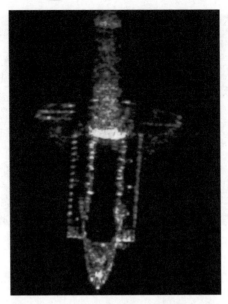

图 2.54   航天飞机 ISAR 图像

距离为 655km

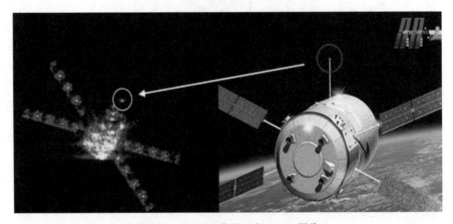

图 2.55   ATV-4 货运飞船 ISAR 图像

偿等问题进行了分析研究,最终实现了对未知航迹飞机的成像,ISAR 真正进入了
实用阶段。随后,对于空中目标成像的研究蓬勃发展,多种型号飞机的 ISAR 图像
陆续获得,对舰船目标的成像研究也相继开展。20 世纪 90 年代末,针对机动目标
运动补偿困难的问题,Chen 等采用联合时频分析(joint time-frequency transform,
JTF)的方法获得了机动目标的图像。Chen 和 Li 等针对非刚体目标游动部件在成
像中产生的微多普勒效应也进行了研究。进入 21 世纪后,ISAR 技术与超宽带高
分辨成像技术、多功能相控阵雷达技术、分布式雷达组网技术、量子雷达技术、太赫
兹成像技术、激光成像技术及群目标成像技术等逐步结合,力图快速获取特殊场景
构型下的高分辨率目标图像。

2.5　逆合成孔径雷达成像的基本问题

2.5.1　成像的数学模型

为了实现高距离分辨率和远距离探测,雷达系统发射脉冲应具有非常高的发射能量和非常大的信号带宽,ISAR 采用频率调制的脉冲压缩技术来实现这一目的。ISAR 回波信号通过匹配滤波器进行处理,压缩距离向脉冲宽度及方位向多普勒调制,实现对目标的二维高分辨率探测。

任意雷达成像系统的数学模型都可以描述为一个基于二维回波数据重建目标空间散射分布的二维映射,这个映射过程可以通过二维反卷积来实现。设 $\rho(u,v)$ 为被探测目标反射率密度函数的空间分布,将反射率密度函数与脉冲响应函数进行二维卷积得到系统的期望输出 $I(x,y)$:

$$I(x,y)=\iint\rho(u,v)h(x-u,y-v)\mathrm{d}u\,\mathrm{d}v \tag{2.50}$$

如果成像系统的脉冲响应函数是理想的二维冲激函数,即 $h(x,y)=\delta(x,y)$,则图像 $I(x,y)$ 就是理想的目标反射率密度函数。然而,成像系统的脉冲响应函数往往是非理想的,存在很多退化和模糊。因此,必须对其进行适当处理以确保能够实现对目标反射率的精确重建。

2.5.2　成像的点散布函数

在 ISAR 成像中,二维图像以距离和方位距离(多普勒频率)表示。方位距离位于垂直于距离向的方向上,包含于雷达与目标之间的相对运动。ISAR 成像的点散布函数(point spread function,PSF)的形状和性能完全取决于雷达获取的经过平动补偿的回波信号。

根据 2.3.2 节的结论,有

$$\rho(x,y)=\mathrm{IFT}\left\{s_{\mathrm{R}}(t)\exp\left[\mathrm{j}\frac{4\pi f_{\mathrm{c}}R(t)}{c}\right]\right\} \tag{2.51}$$

事实上,$s_{\mathrm{R}}(t)$ 可以写为快时间 $\hat{t}$ 和慢时间 t_m 的二维函数 $s_{\mathrm{R}}(f,t_m)$。其中,f 是对应快时间 $\hat{t}$ 的频率域,即发射信号的傅里叶变换域。显然,ISAR 成像的点散布函数形状和性能主要取决于二维函数 $s_{\mathrm{R}}(f,t_m)$ 的形状和性能。如果 $s_{\mathrm{R}}(f,t_m)$ 的支撑区无穷大,那么,ISAR 成像的点散布函数将无限逼近理想的二维冲激函数。但是,$s_{\mathrm{R}}(f,t_m)$ 是有限区域支撑的二维函数,其支撑区间在快时间 $\hat{t}$ 的频域和慢时间 t_m 上都是有限的。因此,ISAR 成像的点散布函数总是在距离维和方位维都存在主瓣和旁瓣,而且还受到非理想因素的影响,会产生主瓣展宽或者旁瓣抬高的恶化情况。

由于 ISAR 通常采用宽带信号,其图像点散布函数的距离维切片的主瓣宽度由雷达发射信号的带宽决定;由于 ISAR 通过傅里叶变换实现方位向分辨,且分辨率取决于相干积累时间,所以脉冲积累时间的长度直接决定了其图像点散布函数的方位维切片的主瓣宽度。

实际中,ISAR 成像过程中的各种非理想因素可以定义为一个新的加权函数 $W(f,t_m)$,它对 ISAR 成像质量的影响可以描述为:

$$\hat{\rho}(x,y) = \text{IFT}\{s_R(f,t_m)W(f,t_m)\} \tag{2.52}$$

需要注意的是,加权函数 $W(f,t_m)$ 是有频带和时间限制的,还必须指出的是 $W(f,t_m)$ 也真实反映了雷达接收信号的时频特性。ISAR 成像的目标就是想方设法估计各种非理想因素导致的加权函数 $W(f,t_m)$,并对其想方设法地进行补偿,以实现理想的成像,得到理想的点散布函数性能。

2.5.3 目标的未知机动造成的成像难题

现实中,目标是分布在三维空间中的,但 ISAR 图像却是距离-方位(多普勒频率)二维的,因此,相关问题的实质是将三位目标信息投影到二维距离-多普勒平面上。对于给定的目标和已知的目标运动参数,ISAR 图像由成像投影平面(imaging projection plane,IPP)决定。

现实中的机动目标可以看作具有 6 个自由度的刚体,在沿 X、Y、Z 方向进行 3 次平移,围绕局部坐标 $(X、Y、Z)$ 进行 3 次横滚、俯仰和偏航的旋转 $(\Omega_r,\Omega_p,\Omega_y)$,如图 2.56 所示。

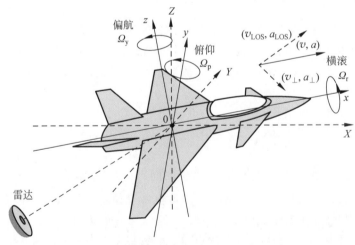

图 2.56　机动目标的 6 个自由度

通常,目标的平动运动用速度和加速度 (v,a) 来描述,可分解为一个 LOS 分量 $(v_{\text{LOS}},a_{\text{LOS}})$ 和一个垂直于 LOS 的分量。沿视距的运动分量将产生多普勒频率。另一方面,平移也可以改变雷达对目标的视角。视角的变化是目标相对雷达旋转的结果。在短时间内,目标的旋转可以用一个恒定的旋转速率来描述。目标中的不同散射点产生不同的多普勒频率,从而形成目标的距离-多普勒频率图像。但是,目标相对雷达的视线旋转与目标自身的旋转并不是简单的线性向量和。对于具有复杂横滚、俯仰和偏航运动的目标,目标的机动会产生更高的复杂性。在这种情况下,恒定旋转速度的假设只在很短的时间内有效。ISAR 图像是由雷达接收到的信号进行相干处理而形成的。由于目标与雷达的相对运动,在位置矢量 $r(t)$ 处的散射点与雷达的距离将是时变的,可以描述为

$$c \frac{\tau(t)}{2} = | r(t) - \boldsymbol{R}_0 | + v_r \frac{\tau(t)}{2} + \frac{1}{2} a_r \left[\frac{\tau(t)}{2} \right]^2 \qquad (2.53)$$

其中,$\boldsymbol{R}_0$ 为目标中心到雷达的矢量距离。

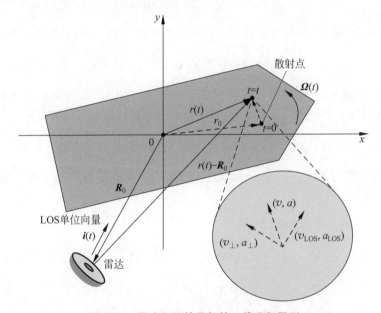

图 2.57 雷达和旋转目标的二维几何图形

在大多数情况下,二阶项比一阶项小得多,则可近似有

$$c \frac{\tau(t)}{2} = | r(t) - \boldsymbol{R}_0 | + v_r \frac{\tau(t)}{2} \qquad (2.54)$$

因此,散射点的回波时延变为

$$\tau(t) = \frac{2 | r(t) - \boldsymbol{R}_0 |}{c - v_r} \approx \frac{2 | r(t) - \boldsymbol{R}_0 |}{c} \qquad (2.55)$$

其中,t 时刻散射点的位置向量 $\boldsymbol{r}(t)$ 由 t_0 时刻散射体的位置向量 $\boldsymbol{r}(t_0)$ 和一个旋转矩阵 $\mathfrak{R}(\theta_r, \theta_p, \theta_y)$ 描述:

$$r(t) = \mathfrak{R}(\theta_r, \theta_p, \theta_y) r(t_0) \qquad (2.56)$$

其中,横摇角为 $\theta_r = \Omega_r t$,俯仰角为 $\theta_p = \Omega_p t$,偏航角为 $\theta_y = \Omega_y t$。

根据 2.3 节的原理,回波信号的相位函数是 $\varphi(t) = 4\pi f_{c}R(t)/c$。如果目标从初始距离沿视距方向移动,则相位函数可表示为

$$\varphi(t) = 4\pi \frac{f_c}{c}\left[R_0 \quad \int v_{\text{LOS}}(t)\mathrm{d}t\right] \tag{2.57}$$

其中,c 为波的传播速度;f_c 为雷达载频;R_0 为旋转中心的初始距离;$v_{\text{LOS}}(t)$ 为决定目标多普勒频率的目标径向速度,它是目标运动速度在径向方向 $i(t)$ 上的投影:

$$v_{\text{LOS}}(t) = v(t) \cdot i(t) \tag{2.58}$$

ISAR 图像在二维距离-多普勒平面上显示,其多普勒频率满足

$$f_{\text{D}}(t) = \frac{2f_c}{c} \mid v(t) \cdot i(t) \mid \tag{2.59}$$

如果 r 是从旋转中心测量的散射点的位置矢量,则散射点的多普勒频率变为

$$f_{\text{D}}(t) = \frac{2f_c}{c}[\boldsymbol{\Omega}(t) \times r] \cdot i(t) \tag{2.60}$$

其中,$\boldsymbol{\Omega}(t)$ 为目标的实际旋转速度向量。假设在 t 时刻,实际旋转向量 $\boldsymbol{\Omega}(t)$ 与 LOS 单位向量 $i(t)$ 的夹角 ζ 如图 2.58 所示,则多普勒频率可以重写为

$$f_{\text{D}}(t) = \frac{2f_c}{c}\boldsymbol{\Omega}(t)r_{\text{cr}}\sin\xi = \frac{2f_c}{c}[\boldsymbol{\Omega}(t)\sin\zeta]r_{\text{cr}} = \frac{2f_c}{c}\boldsymbol{\Omega}_{\text{eff}}(t)r_{\text{cr}} \tag{2.61}$$

其中,有效旋转向量 $\boldsymbol{\Omega}_{\text{eff}}(t)$ 的大小为 $\boldsymbol{\Omega}(t)\sin\xi$,$r_{\text{cr}}$ 为散射点垂直于视线方向的实际方位位移。

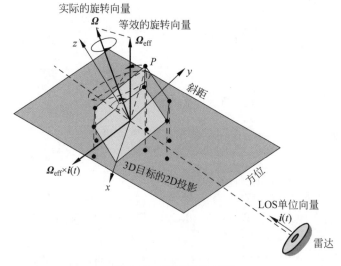

图 2.58　图像投影平面

当目标有横滚、俯仰和偏航运动时,实际旋转矢量 $\boldsymbol{\Omega}$ 决定了目标中给定散射点的多普勒频率。有效旋转向量 $\boldsymbol{\Omega}_{\text{eff}}$ 是一个垂直于 LOS 单位向量 i,且位于旋转矢

量 $\boldsymbol{\Omega}$ 和 $\boldsymbol{i}$ 所在平面的向量。因此,将成像投影平面定义为垂直于 $\boldsymbol{\Omega}_{\mathrm{eff}}$ 且平行于 $\boldsymbol{i}$ 的平面。当目标的横摇、俯仰和偏航运动随时间发生变化时,有效旋转向量 $\boldsymbol{\Omega}_{\mathrm{eff}}$ 可能随时间发生变化。因此,目标的 ISAR 图像以时变距离-多普勒图像的形式出现在一个不断变化的二维成像投影平面上。

如果目标有横滚、俯仰和偏航运动,则目标的回波信号可以表示为

$$s_{\mathrm{R}}(t) == \rho(r)\exp\iiint\left\{-\mathrm{j}\frac{4\pi f_{\mathrm{c}}}{c}\boldsymbol{r}\boldsymbol{\cdot}\boldsymbol{i}\right\}\mathrm{d}\boldsymbol{r} \tag{2.62}$$

其中,平移运动已补偿, $\boldsymbol{r}$ 为目标内散射点的位置矢量, $\boldsymbol{i}$ 为沿雷达视距方向的单位向量, $\rho(\boldsymbol{r})$ 为目标在 $\boldsymbol{r}$ 处的反射率。重建图像可以表示为

$$\rho(r) = \mathrm{IFT}\left[s_{\mathrm{R}}(t)\exp\left\{\mathrm{j}\frac{4\pi f_{\mathrm{c}}}{c}\boldsymbol{r}\boldsymbol{\cdot}\boldsymbol{i}\right\}\right] \tag{2.63}$$

当目标旋转时, $\boldsymbol{r}$ 可以表示为

$$\boldsymbol{r} = \mathfrak{R}(\theta_{\mathrm{r}},\theta_{\mathrm{p}},\theta_{\mathrm{y}})\boldsymbol{r}_{0} \tag{2.64}$$

其中, r_0 为旋转前的位置向量。于是

$$\rho(r) = \mathrm{IFT}\left[s_{\mathrm{R}}(t)\exp\left\{\mathrm{j}\frac{4\pi f_{\mathrm{c}}}{c}\left[\mathfrak{R}(\theta_{\mathrm{r}},\theta_{\mathrm{p}},\theta_{\mathrm{y}})\boldsymbol{r}_{0}\right]\boldsymbol{\cdot}\boldsymbol{i}\right\}\right] \tag{2.65}$$

多普勒频率变成

$$f_{\mathrm{D}} = \frac{2f_{\mathrm{c}}}{c}\frac{\mathrm{d}}{\mathrm{d}t}\left[\mathfrak{R}(\theta_{\mathrm{r}},\theta_{\mathrm{p}},\theta_{\mathrm{y}})\boldsymbol{r}_{0}\right]\boldsymbol{\cdot}I \tag{2.66}$$

其中, $\dfrac{\mathrm{d}}{\mathrm{d}t}\left[\mathfrak{R}(\theta_{\mathrm{r}},\theta_{\mathrm{p}},\theta_{\mathrm{y}})\boldsymbol{r}_{0}\right]$ 确定了位置矢量 $\boldsymbol{r}_{0}=(x_{0},y_{0})$ 处的散射点的横摇、俯仰和偏航对其多普勒频率的影响。注意,由于目标的运动往往是未知的,所以 $\mathfrak{R}(\theta_{\mathrm{r}},\theta_{\mathrm{p}},\theta_{\mathrm{y}})$ 通常无法预知,对回波信号补偿是非常困难的。当目标的运动完全无法正确估计时,很有可能导致成像失败。

2.5.4　成像步骤

ISAR 可以生成高分辨率的距离-多普勒图像。利用距离分辨能力,可以将从目标不同散射中心返回的信号分解到不同的距离单元。同一距离单元中的目标散射体可能具有不同的方位位置。方位距离方向垂直于视距方向,也垂直于等效旋转矢量 $\boldsymbol{\Omega}_{\mathrm{eff}}$ 。利用不同的多普勒频率对不同方位距离的目标散射点进行了分辨。

ISAR 成像处理包括预处理、距离处理和方位处理 3 个步骤。

（1）预处理

预处理包括对接收到的原始 ISAR 数据进行处理,去除数据采集过程中引入的振幅和相位误差,过滤不需要的调制和干扰,补偿成像不需要的目标运动的影响。

（2）距离处理

距离处理包括平动补偿和相位校正。平动补偿包括粗补偿和精补偿。实现补

偿的一种简单方法是利用两个连续距离像之间的相互关系。在平动补偿之后,距离像对齐,但目标散射点的相位函数可能会变成非线性,无法直接进行傅里叶分析并成像。因此,必须进行相位校正。经过相位校正处理后,对每个距离单元进行脉冲间的傅里叶变换,形成目标的 ISAR 图像。

但是,如果目标有快速的横滚、俯仰和偏航旋转,ISAR 图像仍然会严重散焦。由于目标的运动是未知的,所以 $\Re(\theta_r, \theta_p, \theta_y)$ 无法准确预估,导致回波信号的补偿不理想。

（3）方位处理

距离处理只能补偿目标中心平动。如果目标绕其旋转中心旋转,可能会导致时变的多普勒频率,从而引起额外的散焦。有效旋转速率 Ω_{eff} 随时间的变化也会引起方位散焦。因此,方位压缩处理的主要目标是估计这两个引起图像散焦的时变函数,并进行适当的补偿。

方位处理的另一个核心问题是方位定标。实际上,为了将目标的几何投影叠加到图像投影平面,需要将多普勒频率（Hz）转换为方位尺度（m）。

经过 ISAR 距离处理后,目标的散射点将保持在固定的距离单元内。因此,后续工作主要聚焦在方位处理上。如果目标有多个特显点位于同一个特定的距离单元内,当多普勒频率为 0、有效旋转速率为 0 时,这些散射点的多普勒历程不随时间变化。因此,这个特定的距离单元接收到的信号处于聚焦状态。但当存在多普勒频率时,目标上散射点的所有多普勒历程都呈现相同的变化。在这种情况下,ISAR 图像上的所有散射点都将产生相同程度的散焦。如果目标具有时变的旋转速率 $\Omega_{eff}(t)$,目标上散射点的多普勒历史具有不同的变化规律（其取决于散射点到旋转中心的距离）,在这种情况下,ISAR 图像上的所有散射点都将产生散焦,但散焦的程度各不相同。

在方位处理中,补偿多普勒频率的一种方法是估计多普勒频率函数 $\Phi(t) = f_D(t)$。然而,对时变转速 $\Omega_{eff}(t)$ 导致的多普勒频率进行补偿的方法非常复杂。

一般来说,ISAR 成像和自动聚焦算法可以实现方位聚焦,常用的方法包括距离-多普勒算法、最小方差算法、相位差算法、特显点算法、相位梯度算法、最小熵算法、对比度优化算法和距离-瞬时多普勒算法等,这些算法的原理将在后文介绍。

第 3 章

距离-多普勒ISAR成像原理

为了提高雷达图像的方位分辨率,需要利用合成孔径技术。合成孔径可以通过待成像目标与雷达的相对运动或旋转来实现。从合成孔径的角度来看,对于静止雷达和旋转目标,目标的逆合成孔径雷达(ISAR)成像相当于静止目标的聚束合成孔径雷达(SAR)成像(图 3.1)。如果目标的旋转足够,在保持相同的距离分辨率的情况下,ISAR 的相干处理时间(coherent processing interval,CPI)明显短于 SAR。

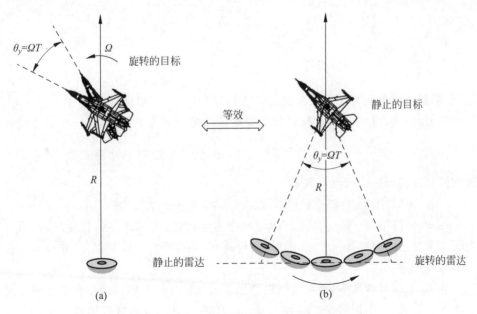

图 3.1　ISAR 成像与聚束 SAR 成像的等效

(a) 静止雷达对旋转目标成像;(b) 静止目标的聚束 SAR 成像

通常,运动目标相对于雷达的运动可以分解为平动和转动两个分量,如能对平动分量补偿,将目标上某特定的参考点移至转台轴心,则对运动目标的成像就简化为转台目标成像。当目标在较远距离处平稳运动时,它相当于匀速转动的转台目标,此时可以利用最基础的 ISAR 成像方法——距离-多普勒方法,实现目标成像。本章将重点介绍这一最基本的 ISAR 成像方法及其原理,它适用于旋转目标产生的、具有时频平稳特性的多普勒场合。为了更好地呈现目标的二维高分辨率 ISAR 图像,可以使用有效的加窗和补零操作来抑制点散布函数的旁瓣,还可以使用相干斑滤波来抑制类似"椒盐散粒"的相干斑噪声。

3.1 ISAR 距离-多普勒成像

根据 2.3 节所述,ISAR 的接收信号可以表示为

$$s_R(t) = \exp\left[-j4\pi f \frac{R(t)}{c}\right] \iint_{-\infty}^{\infty} \rho(x,y) \exp\{-j2[xk_x(t) - yk_y(t)]\} \mathrm{d}x\,\mathrm{d}y$$

(3.1)

其中,

$$k_x(t) = k\cos\theta(t) \tag{3.2}$$

$$k_y(t) = k\sin\theta(t) \tag{3.3}$$

瞬时距离和旋转角度可以用目标的运动历史来表示:

$$\begin{cases} R(t) = R_0 + v_0 t + \dfrac{1}{2}a_0 t^2 + \cdots \\ \theta(t) = \theta_0 + \Omega_0 t + \dfrac{1}{2}\gamma_0 t^2 + \cdots \end{cases} \tag{3.4}$$

其中,平移运动参数为初始距离 R_0、速度 v_0、加速度 a_0,角旋转参数为初始角 θ_0、角速度 Ω_0、角加速度 γ_0。如果目标的平移运动参数可以准确地估计,则无关的相位项 $\exp\left[-j4\pi f \dfrac{R(t)}{c}\right]$ 可以完全移除。因此,通过二维傅里叶逆变换,可以精确地重构目标的反射率密度函数 $\rho(x,y)$。

因此,ISAR 距离-多普勒成像首先需要进行平移运动补偿(translational motion compensation,TMC)。通过估计目标的平移运动参数,去掉额外的相位项,使目标的距离不再随时间变化。然后,沿脉冲(慢时间)域进行傅里叶变换,重建目标的距离-多普勒图像。

然而,在许多情况下,目标也可以绕轴非匀速旋转。旋转运动使多普勒频率随时间变化。因此,利用傅里叶变换重建 ISAR 图像会产生多普勒模糊。在这种情况下,必须执行转动补偿(rotational motion compensation,RMC)来纠正旋转运动。经过 TMC 和 RMC 后,通过二维傅里叶变换可以精确地重建 ISAR 距离-多普勒图像。这就是 ISAR 成像处理的最基本方法——距离-多普勒法的主要原理。

3.2 转台目标的 ISAR 回波信号模型

由前文可知,如果目标的平移运动参数可以准确地估计,无关的相位项 $\exp\left[-\mathrm{j}4\pi f\dfrac{R(t)}{c}\right]$ 就可以完全移除,此时空间目标在 ISAR 雷达坐标系下的运动可转化为目标相对于雷达的径向运动(平动分量)和目标相对于雷达的旋转运动(转动分量)。为便于分析,建立如图 3.2 所示的转台模型。其中,XOY 为固定于目标上的直角坐标系,O 为目标质心。

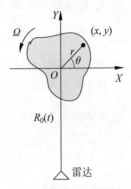

假设 $R_0(t)$ 为目标质心点 O 在时刻 t 到雷达的距离。同时,目标绕质心点 O 按逆时针转动,角速度为 Ω。ISAR 通过发射超大带宽的线性调频信号实现距离向的高分辨率,其发射信号可表示为

图 3.2 转台模型示意图

$$s_{\mathrm{t}}(t_k, t_m) = \mathrm{rect}\left(\frac{t_k}{T_{\mathrm{p}}}\right)\exp(\mathrm{j}2\pi f_c t + \mathrm{j}\pi k_{\mathrm{r}} t_k^2) \tag{3.5}$$

其中,$\mathrm{rect}(t_k/T_{\mathrm{p}}) = \begin{cases} 1, & |t_k| \leqslant T_{\mathrm{p}}/2 \\ 0, & |t_k| > T_{\mathrm{p}}/2 \end{cases}$;$T_{\mathrm{p}}$ 为脉冲宽度;f_c 为发射信号载频;k_{r} 为调频斜率;t_k 为快时间,也即脉冲内时间;t_m 为慢时间,也即脉冲间时间,其中 $m = 1, 2, \cdots, M$,且满足全时间 $t = t_k + t_m$。

设 r 为目标上任意点到质心 O 的距离。在满足远场近似条件,即 $R_0(t) \gg r$ 时,若考虑快时间内目标的运动,则在 $t = t_k + t_m$ 时刻目标上该点到雷达的距离为

$$R(t_k, t_m) \approx R_0(t_k, t_m) + x\sin\theta(t) + y\cos\theta(t) \tag{3.6}$$

其中,(x, y) 为目标点的坐标。由于脉冲持续时间很短且转动角速度较小,忽略了转动分量在快时间的变化,且有:

$$R_0(t_k, t_m) = R_0 + v_0(t_k + t_m) + \frac{1}{2!}a(t_k + t_m)^2 + \cdots \tag{3.7}$$

其中,R_0 为雷达到目标质心 O 的初始距离;v_0 为径向初始速度;a 为加速度。由第 2 章可知,在天基 ISAL 对空间目标成像时,可只考虑目标相对雷达的二阶径向运动,即式(3.7)可重写为

$$R_0(t_k, t_m) = R_0(t_m) + v(t_m)t_k + \frac{1}{2}at_k^2 \tag{3.8}$$

其中,$v(t_m) = v_0 + at_m$,$R_0(t_m) = R_0 + v_0 t_m + \dfrac{1}{2}at_m^2$。

因此,式(3.6)可重写为

$$R(t_k, t_m) = \widetilde{R}(t_m) + v(t_m)t_k + \frac{1}{2}at_k^2 \qquad (3.9)$$

其中,

$$\widetilde{R}(t_m) = R_0(t_m) + x\sin\theta(t) + y\cos\theta(t) \qquad (3.10)$$

因此,点目标的回波信号可表示为

$$s_r(t_k, t_m) = \sigma \text{rect}\left(\frac{t_k - \tau}{T_p}\right) \exp[j2\pi f_c(t - \tau) + j\pi k_r(t_k - \tau)^2] \qquad (3.11)$$

其中,σ 为回波信号幅度;延时 $\tau = 2R(t_k, t_m)/c$,c 为光速。

当 ISAR 采用外差相干探测接收回波信号时,距离像合成的实质是"去斜"处理。假设参考距离为 R_{ref},其对应的延时 $\tau_{\text{ref}} = \dfrac{2R_{\text{ref}}}{c}$,则参考信号为

$$s_{\text{ref}}(t_k, t_m) = \text{rect}\left(\frac{t_k - \tau_{\text{ref}}}{T_p}\right) \exp[j2\pi f_c(t - \tau_{\text{ref}}) + j\pi k_r(t_k - \tau_{\text{ref}})^2]$$
$$\qquad (3.12)$$

经过外差探测"去斜"后的信号为

$$s(t_k, t_m) = s_r(t_k, t_m) \cdot s_{\text{ref}}^*(t_k, t_m)$$
$$= \sigma \text{rect}\left(\frac{t_k - \tau}{T_p}\right) \exp[j2\pi f_c(\tau_{\text{ref}} - \tau)] \cdot$$
$$\exp[j2\pi k_r(\tau_{\text{ref}} - \tau)t_k] \exp[-j\pi k_r(\tau_{\text{ref}}^2 - \tau^2)] \qquad (3.13)$$

将式(3.11)、式(3.12)代入式(3.13),可得:

$$s(t_k, t_m) = \sigma \text{rect}\left[\frac{t_k - \tau}{T_p}\right] \exp[j2\pi(P_0 + P_1 t_k + P_2 t_k^2 + P_3 t_k^3 + P_4 t_k^4)]$$
$$\qquad (3.14)$$

其中,P_0、P_1、P_2、P_3 和 P_4 分别为

$$P_0 = -2f_c \frac{\widetilde{R}(t_m) - R_{\text{ref}}}{c} + 2k_r \frac{\widetilde{R}(t_m)^2 - R_{\text{ref}}^2}{c^2} \qquad (3.15)$$

$$P_1 = -2f_c \frac{v(t_m)}{c} + 4k_r \frac{\widetilde{R}(t_m)v(t_m)}{c^2} - 2k_r \frac{\widetilde{R}(t_m) - R_{\text{ref}}}{c} \qquad (3.16)$$

$$P_2 = -\frac{af_c}{c} + 2ak_r \frac{\widetilde{R}(t_m)}{c^2} + 2k_r \frac{v(t_m)^2}{c^2} - 2k_r \frac{v(t_m)}{c} \qquad (3.17)$$

$$P_3 = 2ak_r \frac{v(t_m)}{c^2} - \frac{ak_r}{c} \qquad (3.18)$$

$$P_4 = \frac{k_r a^2}{2c^2} \qquad (3.19)$$

P_0 的第一项包含了方位多普勒信息,是实现方位高分辨成像所必需的;第二

项为剩余视频相位,对于 ISAR 成像没有贡献,可通过补偿去除。P_1 的第一项是由发射信号的超高载频产生的脉内多普勒频率,对于匀加速运动目标,它与第二项共同作用将产生随方位时间变化的多普勒耦合时移,使包络沿方位慢时间产生斜置,在成像过程中经包络对齐可消除。第三项表征了目标相对参考点的距离,是实现距离成像的基础。P_2 会产生距离色散效应,即距离像展宽、散焦。其前两项为加速度产生的二次相位项,后两项为速度产生的二次相位项,它们将使距离像产生谱峰分裂和展宽,并影响成像质量,需要在成像中进行补偿。P_2 对于运动速度较低的目标而言可以忽略,但对于高速运动的目标而言,必须予以补偿。P_3 为目标速度和加速度引起的三次相位项。P_4 为加速度引起的四次相位项。

假设目标的运动速度 v 带来的影响均被补偿,此时的 ISAR 成像处理主要考虑以下几种情形。

(1) 小转角条件下的 ISAR 成像

在小转角条件下,经过运动补偿的 ISAR 接收信号可以表示为

$$s_R(t) = \iint_{-\infty}^{\infty} \rho(x,y) \exp\{-j2[xk_x(t) - yk_y(t)]\} dx dy \tag{3.20}$$

其中,

$$k_x(t) = k\cos\theta(t) \tag{3.21}$$

$$k_y(t) = k\sin\theta(t) \tag{3.22}$$

由于转角很小,近似有

$$\cos\theta(t) = 1 \tag{3.23}$$

$$\sin\theta(t) = \theta(t) \tag{3.24}$$

于是有

$$s_R(t) = s_R(k,\theta) = \iint_{-\infty}^{\infty} \rho(x,y) \exp\{-j2[kx - yk\theta(t)]\} dx dy \tag{3.25}$$

当信号带宽与载波频率之比远远小于 $0.25 \left(\dfrac{B}{f_c} \ll 0.25 \right)$ 且目标转角范围不大时,可以忽略目标旋转加速度的影响,有

$$k = \frac{2\pi f}{c} \approx \frac{2\pi f_c}{c} = \frac{2\pi}{\lambda} \tag{3.26}$$

$$\theta(t) = \theta_0 + \Omega_0 t \tag{3.27}$$

因此有

$$s_R(k,\theta) = \iint_{-\infty}^{\infty} \rho(x,y) \exp\{-j2[kx - yk\theta_0 - yk\Omega_0 t]\} dx dy \tag{3.28}$$

由于目标散射点的多普勒频率满足

$$f_D \approx \frac{2\Omega_0 y}{\lambda} \tag{3.29}$$

此时目标的二维距离-多普勒图像可以直接通过对 $s_R(k,\theta)$ 作二维逆傅里叶变换得到。

(2) 大转角条件下的 ISAR 成像

当目标转角范围很大时,目标旋转加速度的影响不可忽略,且电磁波的平面波假设也不再成立,ISAR 成像算法必须考虑波前的弯曲效应。尽管可以采用子孔径技术将大转角范围划分为若干个小转角,但是这种方法会降低方位分辨率。通常采用两种方法来解决大转角的 ISAR 成像问题。一种是数值积分法,另一种则是极坐标格式算法(polar format algorithm,PFA)。数值积分法可以获得较好的距离和分辨率,但是计算量较大。极坐标格式算法通过将采集的数据插值投影到一个空间均匀的矩形网格,借助快速傅里叶变换实现成像处理。

3.3　SAR 和 ISAR 距离-多普勒算法的区别与联系

在 SAR 成像时,有一种距离-多普勒算法(range-doppler algorithm,RDA)与 ISAR 的距离-多普勒成像方法不同。在这里,首先介绍 SAR 的 RDA,为理解 ISAR 的距离-多普勒成像方法提供基础。

SAR 通常用于对静止目标成像。为了实现高方位分辨率,SAR 通过雷达平台沿轨道方向的运动来合成大尺寸天线孔径。对于目标上的每一个散射点而言,SAR 从目标空间采集数据,在数据空间中进行数据转换,最终在图像空间中形成 SAR 图像。而 ISAR 通过雷达与目标的相对旋转来合成大的天线孔径,且在成像过程中,雷达是静止的,目标是机动的。在静止平台的 ISAR 成像中,移动目标的雷达图像是通过目标相对于雷达的旋转生成的。在动平台的 ISAR 成像中,运动目标的雷达图像是通过目标和雷达运动的相对旋转产生的,如图 3.3 所示。SAR 和 ISAR 采集到的原始数据相似,两者都可以看作二维的随机数据矩阵,其中一维代表每个脉冲回波的快时间采样序列,另一维代表不同脉冲的慢时间采样序列,如图 3.4 所示。

SAR 中的平台运动与 ISAR 中的目标运动的不同之处在于,尽管雷达平台运动引起的方位角的时变变化与目标运动引起的视场角度的时变变化相互对应,但意义完全不同,一个是雷达已知的变化规律(SAR),而另一个却是雷达未知的变化规律(ISAR)。

原始 SAR 数据按距离单元(快时间)和脉冲数(慢时间)排列,如图 3.4 和图 3.5 所示。在距离域使用匹配滤波器进行距离压缩。由于距离-多普勒算法工作在距离域和方位频率(多普勒)域,必须对方位域进行傅里叶变换,使其转换为多普勒域。再在距离和多普勒域进行距离单元迁移校正(range cell migration correction,RCMC),以补偿距离单元的迁移。在 RCMC 后,应用方位匹配滤波,在方位域进行快速傅里叶反变换(inverse fast Fourier transform,IFFT),形成 SAR 图像。静止点目标 SAR 成像的空间几何关系及成像处理过程如图 3.5 所示。

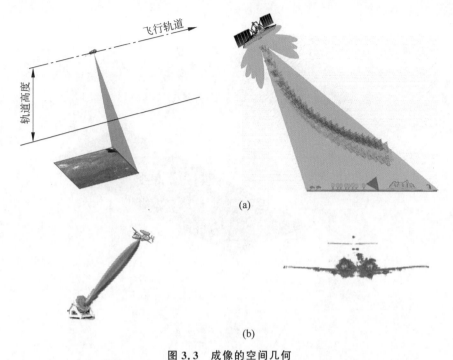

图 3.3　成像的空间几何

（a）静止目标的 SAR 成像；（b）距离-多普勒域运动目标的 ISAR 成像

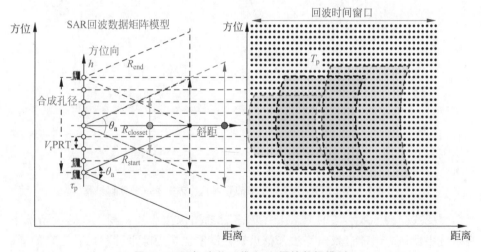

图 3.4　距离-方位二维 SAR 原始数据排列

原始 ISAR 数据按距离单元（快时间）和脉冲数（慢时间）排列。为了重建 ISAR 距离-多普勒图像，首先必须进行距离压缩得到一维高分辨距离像，然后应用 TMC 去除目标的距离像平移运动。TMC 的一般过程包括距离包络对齐和相位校正两个阶段。如果目标在相干处理时间有更加明显的旋转运动，则旋转引发的多

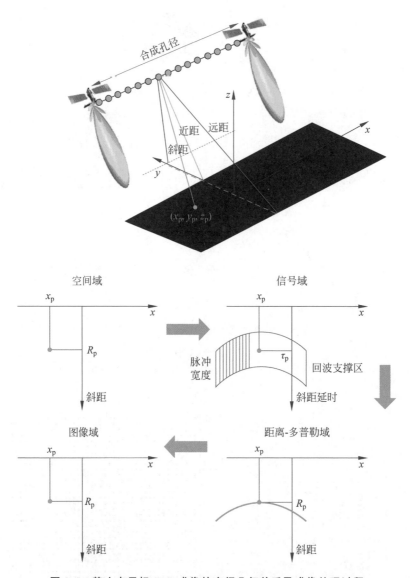

图 3.5　静止点目标 SAR 成像的空间几何关系及成像处理过程

普勒时变效应会导致形成的 ISAR 距离-多普勒图像散焦和模糊。在这种情况下，必须应用额外的图像自聚焦算法来校正旋转误差。在去除平移和旋转运动的影响后，沿脉冲序号维度进行傅里叶变换，最终可生成 ISAR 距离-多普勒图像。为了在距离-方位域显示 ISAR 图像，还需要对多普勒频率进行定标操作，将多普勒频率转换为方位距离。在 ISAR 的距离-多普勒成像中，运动补偿是最重要的步骤。第 4 章将详细讨论 ISAR 的运动补偿方法和相关算法。

3.4　ISAR 的一维高分辨率距离像

原始 ISAR 数据按距离单元（快时间）和脉冲数（慢时间）排列。为了重建 ISAR 距离-多普勒图像，首先必须进行距离压缩得到一维高分辨率距离像。通过距离压缩得到高分辨率距离像的基本过程如图 3.6 所示。

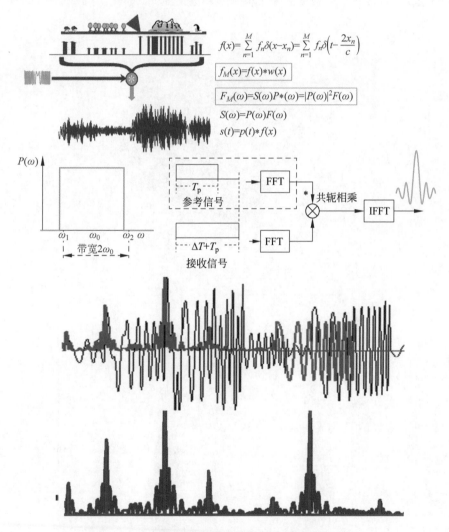

$$f(x)=\sum_{n=1}^{M} f_n \delta(x-x_n)=\sum_{n=1}^{M} f_n \delta\left(t-\frac{2x_n}{c}\right)$$

$$f_M(x)=f(x)*w(x)$$

$$F_M(\omega)=S(\omega)P*(\omega)=|P(\omega)|^2 F(\omega)$$

$$S(\omega)=P(\omega)F(\omega)$$

$$s(t)=p(t)*f(x)$$

$P(\omega)$

ω_1　ω_0　ω_2　ω

带宽 $2\omega_0$

T_p

参考信号

$\Delta T+T_p$

接收信号

FFT

FFT

*　共轭相乘

IFFT

图 3.6　通过距离压缩得到高分辨率距离像的基本过程

一般来说，对于给定的信号波形，必须应用匹配滤波来生成脉冲压缩的一维高分辨率距离像。图 3.7(a)显示了一个 ISAR 距离像的例子，信号的幅度峰值表明了主要散射点的距离位置。图 3.7(b)是对应某一距离单元的相位函数（沿脉冲序号方向）。距离压缩后信号的动态范围（dynamic range，DR）是雷达接收机的一个重要指标。它由信号强度的最大值和最小值之比来定义，并用公式表示为

$$DR = 20\log_{10} A_{\max} - 20\log_{10} A_{\min} = 20\log_{10}\left(\frac{A_{\max}}{A_{\min}}\right) \tag{3.30}$$

其中，$A_{\max}$ 和 $A_{\min}$ 分别为线性尺度下的强度最大值和最小值。例如，要获得 60dB 的动态范围，可接收信号强度的最大值和最小值之比 $\frac{A_{\max}}{A_{\min}}$ 必须为 1000。

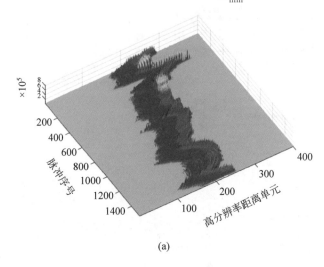

(a)

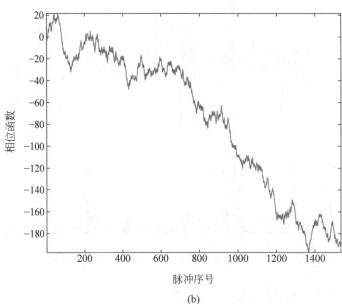

(b)

图 3.7　ISAR 二维数据距离压缩后的距离像

（a）高分辨率距离像；（b）距离单元 231 的相位函数

3.5　距离包络对齐-粗平移运动补偿

在 ISAR 数据中,目标平移运动的影响通常可以通过对不同脉冲回波所得的高分辨率距离像的包络进行对齐来补偿,补偿的效果使得来自同一散射点的雷达回波信号始终保持在同一距离单元内。距离包络对齐又被称为"粗平移运动补偿"。ISAR 距离-多普勒算法框图如图 3.8 所示。

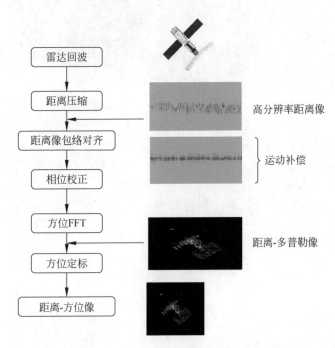

图 3.8　ISAR 距离-多普勒算法框图

距离包络对齐过程通常通过对准每个距离像中最强的幅度峰值来实现。两个不同脉冲回波对应的距离像之间的包络互相关方法通常用于估计两个距离像包络之间的距离单元偏移。图 3.9(a)显示,在距离包络对齐之后,图 3.7 中的 ISAR 不同脉冲回波对应的距离像对齐了。图 3.9(b)是距离校准后与图 3.7 中相同的距离单元的相位函数,它仍然是非线性的。由于方位成像基于傅里叶变换,显然,只有线性变化的相位函数才有可能经过傅里叶变换而聚焦。因此,在完成方位成像之前,还需要进行相位校正,将各距离单元的相位函数校正为随脉冲序号线性变化的函数。

距离包络对齐要求较高的信噪比,在低信噪比和目标转角较小的条件下,可以直接利用楔石形变换(keystone transform)实现平动补偿。

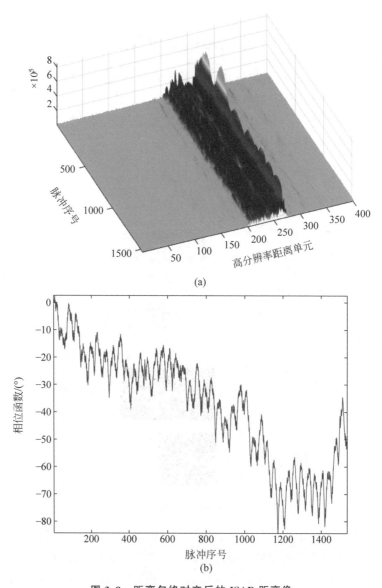

图 3.9　距离包络对齐后的 ISAR 距离像

（a）包络对齐的高分辨距离像；（b）包络对齐后距离单元 231 的相位函数

3.6　相位校正——精细平移运动补偿

　　距离包络对齐也会导致相位偏移。图 3.10(a)显示了距离包络对齐过程在选定距离单元上产生的非线性相位函数。为了消除相位偏移，并在目标能量占据的距离单元处建立线性相位函数，必须应用一种称为"精细运动补偿"的相位校正处理。相位校正方法的一种典型算法是最小方差法,将在第 4 章详细介绍。理想的相位校正结果是使校正后的相位函数为线性函数。

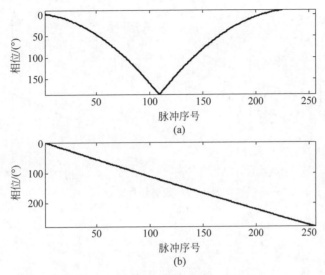

图 3.10　理想的相位函数校正结果

(a) 相位校正前;(b) 相位校正后

3.7　旋转运动补偿

在 ISAR 距离-多普勒图像中,多普勒频率是由目标的旋转引起的。如果目标旋转太快或雷达探测的相干累积时间太长,在距离包络对齐和相位校正后,多普勒频率仍然是随时间变化的。在这种情况下,最终重建的 ISAR 距离-多普勒图像仍然可能散焦或模糊。因此,必须校正由于目标快速旋转而导致的影响。

极坐标格式算法是一种常用的补偿旋转运动的技术,其基于医学成像的 CT 扫描技术,该技术已用于重建空间物体的图像。根据投影切片定理,雷达观测数据是空间物体电磁散射 $f(x,y)$ 在空间角度的雷达视线方向的一条线上的投影的傅里叶变换,如图 3.11 左侧所示;而雷达观测数据在雷达视线方向的傅里叶变换实质上构成了如图 3.12 右侧所示的空间谱(目标雷达响应的二维傅里叶变换)切片。于是,将二维傅里叶变换应用于雷达在一系列观测角上获取的观测值(图 3.12 左侧),可以重建物体的二维电磁散射图像。

空间物体电磁散射 $f(x,y)$ 的二维傅里叶变换的定义为

$$F(u,v) = \iint_{-\infty}^{\infty} f(x,y)\exp\{-\mathrm{j}2\pi(ux+vy)\}\mathrm{d}x\mathrm{d}y \tag{3.31}$$

空间物体电磁散射 $f(x,y)$ 沿角度为 θ 的直线的投影距离像对应的傅里叶变换是 $F(u,v)$ 沿角度为 θ 的一条空间谱切片,如图 3.11 右侧所示。

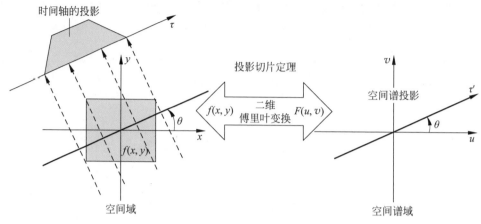

图 3.11　投影切片定理

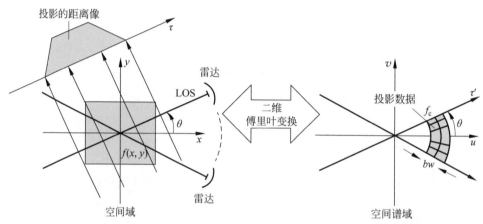

图 3.12　空间域 $f(x,y)$ 投影距离像和傅里叶域空间谱 $F(u,v)$ 切片之间的关系

　　由于雷达接收到的回波信号可被看作物体电磁散射在雷达视线上的投影的傅里叶变换,极坐标格式算法适用于雷达成像。在图 3.12 中,如果雷达视线的角度是 θ,那么目标电磁散射 $f(x,y)$ 在沿角度为 θ 的直线 τ 上的投影就成为一个投影距离像。与此同时,在傅里叶域中,其傅里叶变换 $F(u,v)$ 将产生一个切片线段,该线段的起点位于离原点 $(u=0,v=0)$ 半径为信号起始频率的圆上,且具有与雷达视线相同的方位角 θ;切片线段的长度由雷达信号的带宽决定。当雷达视角扫描时,投影距离像的傅里叶变换 $F(u,v)$ 在不同角度方向都产生切片,这些切片构成了 $f(x,y)$ 在傅里叶域的一个二维空间谱。图 3.12 显示了空间域雷达投影距离像和傅里叶域空间谱切片之间的关系。

　　原则上,ISAR 极坐标格式算法类似于聚束 SAR 极坐标格式算法。然而,在ISAR 成像中,目标的方向角会随目标的运动而改变,这种变化是未知的和不可控的。在聚束 SAR 中,雷达运动决定了方位角。因为波数方向的变化定义了波数数据平面,所以在 ISAR 应用 PFA 之前必须估计目标旋转。为了在 ISAR 使用极坐标格式算法,雷达必须从接收到的回波数据中测量目标运动参数,以便对波数数据曲面进行建模,将数据投影到成像平面上,并插值为均匀采样,利用傅里叶逆变换实现成像。

关于 ISAR 的极坐标格式算法的细节总结如下。

极坐标格式算法的基本思路是将目标回波在波数域按极坐标格式进行存储,由于波数域与目标位置的空间域会构成傅里叶变换对,通过插值将回波数据由先前的扇形圆环谱域转换成相应的矩形网格,最后做一个二维的逆傅里叶变换便可得到目标在空域的位置分布。使用极坐标格式算法时存在两个前提,首先是假设发射信号为平面波,这对 ISAR 成像而言是非常合理的,因为其成像的目标尺寸通常不是特别大,而且雷达与目标的距离通常比较远:

$$X_{\max} = 4\delta_a \sqrt{\frac{R_{\mathrm{ref}}}{\lambda}} \tag{3.32}$$

$$Y_{\max} = 2\delta_a \sqrt{\frac{2R_{\mathrm{ref}}}{\lambda}} \tag{3.33}$$

其中,$X_{\max}$、$Y_{\max}$ 分别为成像目标的方位向与距离向的最大值,δ_a 为方位分辨率,R_{ref} 为合成孔径中心时刻雷达与目标中心之间的距离。

假设雷达接收机使用去调频(dechirp)技术来完成回波信号的解调,下面介绍算法的推导过程。

图 3.13(a) 为目标聚焦平面(focused target plane)内雷达的成像几何,目标坐标系中 (X_t, Y_t) 处存在一点目标 P,雷达在合成孔径时间内的方位向采样点数为 N_a,慢时间 $t_m = \dfrac{n}{\mathrm{PRF}}(n=0,1,\cdots,N_a-1)$。$R_0(t_m)$、$R_t(t_m)$ 分别表示雷达至场景中心与目标点 P 的瞬时斜距向量的模值。此外,$\theta_a(t_m)$ 表示雷达向量 $R_0(t_m)$ 的极角,图 3.13(b)中的 $\theta_c=\theta_a(t_c)$,t_c 指的是合成孔径中心时刻。根据上述几何关系,不难得出目标 P 的回波表达式为

$$s_{\mathrm{r}}(\hat{t},t_m) = \sigma_t \exp\left[\mathrm{j}2\pi f_c\left(\hat{t}-\frac{2R_t(t_m)}{c}\right)+\mathrm{j}\pi k_{\mathrm{r}}\left(\hat{t}-\frac{2R_t(t_m)}{c}\right)^2\right] \tag{3.34}$$

其中,σ_t 为目标 P 的复散射强度。

在距离向 A/D 采样前使用去调频技术解调,具体使用如下参考函数:

$$s_{\mathrm{ref}}(\hat{t},t_m) = \exp\left[\mathrm{j}2\pi f_c\left(\hat{t}-\frac{2R_0(t_m)}{c}\right)+\mathrm{j}\pi k_{\mathrm{r}}\left(\hat{t}-\frac{2R_0(t_m)}{c}\right)^2\right] \tag{3.35}$$

此处参考信号中的参考距离 $R_0(t_m)$ 是回波录取过程中雷达与目标中心之间的时变距离,这会同时实现二维回波信号在距离向和方位向的去调频,极坐标格式算法的这种去调频技术使信号的方位向多普勒带宽大大降低,从而降低了对雷达 PRF 的要求。

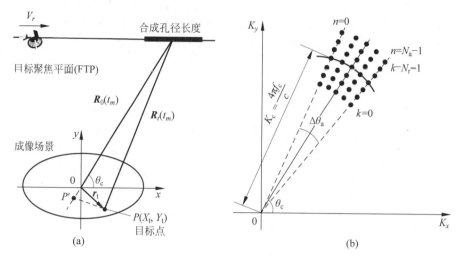

图 3.13　目标聚焦平面内雷达的成像几何及波数域数据存储格式

(a) 雷达的成像几何；(b) 波数域数据存储格式

将式(3.34)与式(3.35)共轭相乘,得到去调频解调后的信号:

$$s_{\mathrm{o}}(\hat{t}, t_m) = \sigma_t \exp[-\mathrm{j} K_{\mathrm{R}}(\hat{t}, t_m) R_\Delta(t_m)] \exp\left[\mathrm{j}\frac{4\pi k_{\mathrm{r}}}{c^2} R_\Delta(t_m)^2\right] \quad (3.36)$$

$$K_{\mathrm{R}}(\hat{t}, t_m) = \frac{4\pi[f_{\mathrm{c}} + k_{\mathrm{r}}(\hat{t} - 2R_0(t_m)/c)]}{c} \quad (3.37)$$

$$R_\Delta(t_m) = R_t(t_m) - R_0(t_m) \quad (3.38)$$

其中,式(3.36)中的第二个指数项通常被称为"残余视频相位",它会使目标的多普勒频率产生少许改变,在成像过程中应该去除。

式(3.37)中的 $K_{\mathrm{R}}(\hat{t}, t_m)$ 表示波数向量 $\boldsymbol{K}_{\mathrm{R}}(\hat{t}, t_m)$ 的模值,该向量的方向与 $R_0(t_m)$ 相同,能用前文介绍的极角 $\theta_{\mathrm{a}}(t_m)$ 进行表示,故波数 $K_{\mathrm{R}}(\hat{t}, t_m)$ 可以表示成如下的直角坐标:

$$K_{\mathrm{R}}(\hat{t}, t_m) = [K_{\mathrm{R}}(\hat{t}, t_m)\cos(\theta_{\mathrm{a}}(t_m)), K_{\mathrm{R}}(\hat{t}, t_m)\sin(\theta_{\mathrm{a}}(t_m))] \quad (3.39)$$

当 $R_\Delta(t_m) \ll R_0(t_m)$ 时,使用泰勒级数展开并忽略高次项可以得到:

$$R_\Delta(t_m) \approx -\frac{R_0(t_m) \cdot r_t}{R_0(t_m)} + (R_\Delta)_{\mathrm{rc}} \quad (3.40)$$

$$(R_\Delta)_{\mathrm{rc}} = \frac{r_t^2}{2R_0(\hat{t}, t_m)} - \frac{[R_0(\hat{t}, t_m) \cdot r_t]^2}{2R_0(\hat{t}, t_m)^3} \quad (3.41)$$

式(3.40)中 $R_0(t_m) \cdot r_t$ 表示向量 $\boldsymbol{R}_0(t_m)$ 与 $\boldsymbol{r}_t$ 的内积,$(R_\Delta)_{\mathrm{rc}}$ 指的是非平面波引起的距离弯曲(range curvature,RC)。当发射信号的平面波假设条件成立时,$(R_\Delta)_{\mathrm{rc}}$ 可以忽略,式(3.39)可以改写为

$$R_\Delta(t_m) \approx -\frac{[R_0(t_m) \cdot r_t]}{R_0(t_m)} = -(X_t\cos\theta_a + Y_t\sin\theta_a) \qquad (3.42)$$

综合考虑式(3.36)～式(3.42),并忽略残余视频相位后,可以得到:

$$s_o(\hat{t}, t_m) = \sigma_t\exp[-jK_R(\hat{t}, t_m) \cdot R_\Delta(t_m)]$$

$$= \sigma_t\exp\{j[K_x(\hat{t}, t_m)X_t + K_y(\hat{t}, t_m)Y_t]\} \qquad (3.43)$$

由上式可得,波数域与目标的空间分布构成了傅里叶变换对,理论上只需要进行一次 IFFT 便能实现成像。图 3.13(b)给出了与图 3.13(a)成像几何相对应的数据存储格式,要想完成 IFFT 必须将图中的扇形圆环谱域插值成矩形网格。

　直接进行二维插值的运算量很大,通常分两步进行,即距离向和方位向的两个一维插值,插值的基本方法可以使用 FIR 滤波器与输入数据进行卷积实现采样位置变换。图 3.14 对该过程进行了示意,其中图 3.14(a)表示距离向的插值过程,由于输出数据的距离网格间距固定,通常使用以输入为中心的卷积方式,插值完后数据成为楔形,故该插值也称为"楔石形采样"(keystone sampling)。图 3.14(b)表示的是方位向的插值过程,其输入数据位于同一距离单元,此时采用以输出为中心的卷积方式更为合适,对于方位向的插值,还可以使用一种基于 Chirp-Z 变换的插值方式,能够很好地提高运算效率和插值精度。

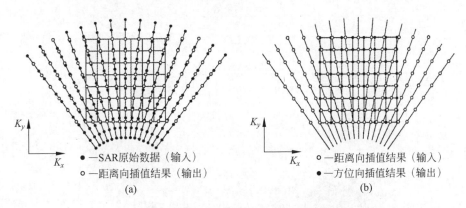

图 3.14　PFA 二维插值的实现过程
(a) 距离向插值；(b) 方位向插值

　实际上,上述插值过程也可以选择在其他的成像平面进行。对于运行平稳的空间目标(例如 LEO 轨道上的卫星),在雷达成像探测的短时间内其姿态通常比较稳定,极坐标格式算法可以起到非常好的成像效果,而且通过选择不同的成像投影面,可以一次性获得目标在选定的成像平面的成像结果,具有非常好的应用前景。算法的流程图如图 3.15 所示。

　下面举例说明。

假设待成像空间目标在目标坐标系 XYZ 内的姿态和雷达观测几何如图 3.16 所示。

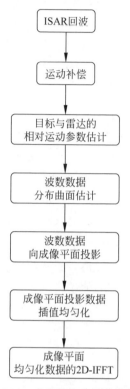

图 3.15　ISAR 成像的极坐标格式算法流程

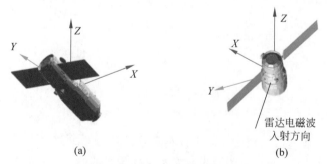

(a)　　　　　　　　　　　　(b)

图 3.16　目标的姿态和雷达观测几何

(a) 目标的姿态；(b) 雷达观测几何

所得空间目标 ISAR 回波经过运动补偿的结果如图 3.17(a)所示，其在空间坐标系 XYZ 中的空间波数分布曲面如图 3.17(b)所示。

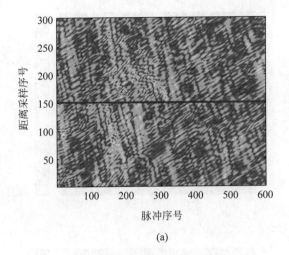

(a)

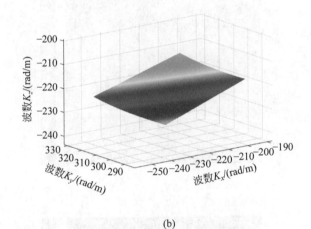

(b)

图 3.17　ISAR 回波数据及其空间波数分布曲面

（a）ISAR 回波数据；（b）空间波数分布曲面

　　根据观测几何,各脉冲雷达 LOS 在空间坐标系 XYZ 中 3 个正交的投影平面的方位角分布如图 3.18 所示。

　　空间波数在 3 个投影面的支撑区和投影分布如图 3.19 所示。

　　采用极坐标格式算法,ISAR 回波数据转换为空间波数并投影在成像平面,经插值后作二维逆傅里叶变换,可以得到目标在选定的成像平面的图像。其中 3 个典型且互为正交的成像平面是 XOY、XOZ、YOZ,此时可获得 3 个不同的成像结果,其成像结果及与经典距离-多普勒算法所得图像的对比如图 3.20 所示。

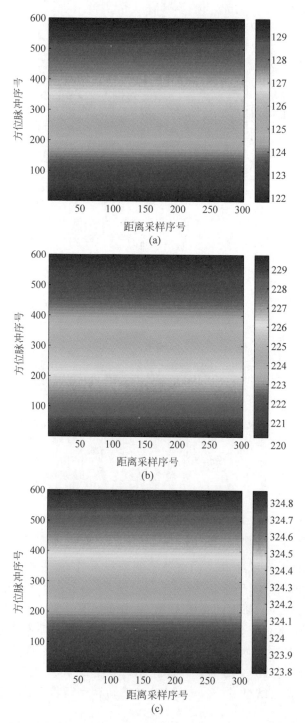

图 3.18　ISAR 雷达视线在成像投影面上的方位角度分布

(a) XOY；(b) XOZ；(c) YOZ

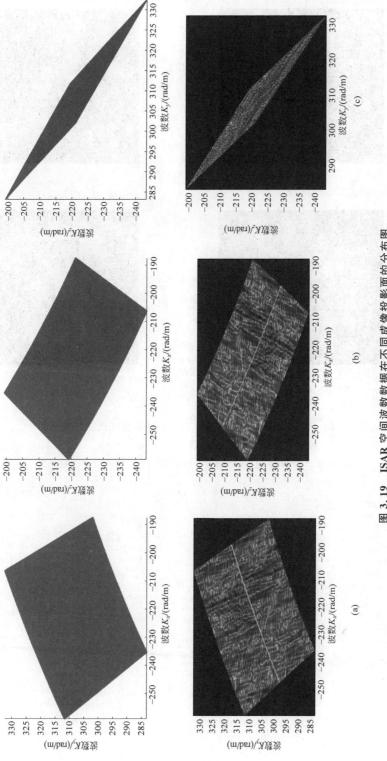

图 3.19 ISAR 空间波数数据在不同成像投影面的分布图

(a) *XOY*; (b) *XOZ*; (c) *YOZ*

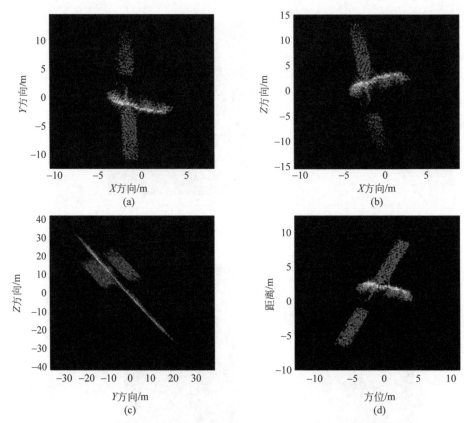

**图 3.20　目标在不同成像投影面的极坐标格式算法成像结果及其与
经典距离-多普勒像的对比**

（a）XOY 图像；（b）XOZ 图像；（c）YOZ 图像；（d）经典距离-多普勒像

第 4 章

ISAR成像的运动补偿原理

4.1 运动目标的距离像色散效应

空间目标在 ISAR 雷达坐标系下的运动可转化为目标相对雷达的径向运动（平动分量）和目标相对雷达的转动运动（转动分量）。为便于分析，建立如图 4.1 所示的转台模型，其中 XOY 为固定于目标上的直角坐标系，O 为目标质心。

假设 $R_0(t)$ 为目标质心点 O 在时刻 t 到雷达的距离，目标绕质心 O 按逆时针转动，角速度为 ω。ISAR 通过发射超大带宽的线性调频信号实现距离向的高分辨率成像，其发射信号可以表示为

$$s_t(t_k, t_m) = \text{rect}\left(\frac{t_k}{T_p}\right) \exp(\text{j}2\pi f_c t + \text{j}\pi k_r t_k^2)$$

$$(4.1)$$

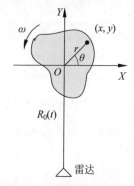

图 4.1　转台模型示意图

其中，$\text{rect}(t_k/T_p) = \begin{cases} 1, & |t_k| \leqslant T_p/2 \\ 0, & |t_k| > T_p/2 \end{cases}$；$T_p$ 为脉冲宽度；f_c 为发射信号载频；k_r 为调频斜率；t_k 为快时间，也即脉冲内时间；t_m 为慢时间，也即脉冲间时间，其中 $m = 1, 2, \cdots, M$，且满足全时间 $t = t_k + t_m$。

设 r 为目标上任意一点到质心 O 的距离。在满足远场近似条件，即 $R_0(t) \gg r$ 时，若考虑快时间内目标的运动，则在 $t = t_k + t_m$ 时刻目标上该点到雷达的距离为

$$R(t_k, t_m) \approx R_0(t_k, t_m) + x\sin\omega t_m + y\cos\omega t_m \tag{4.2}$$

其中，(x, y) 为目标点的坐标。由于脉冲持续时间很短且转动角速度较小，忽略转动分量在快时间的变化，且有

$$R_0(t_k, t_m) = R_0 + v_0(t_k + t_m) + \frac{1}{2!}a(t_k + t_m)^2 + \cdots \tag{4.3}$$

其中，R_0 为雷达到目标质心 O 的初始距离；v_0 为径向初始速度；a 为加速度。由第 2 章可知，在 ISAR 对空间目标成像时，可只考虑目标相对雷达的二阶径向运动，即式(4.3)可以重写为

$$\bar{R}_0(t_k, t_m) = R_0(t_m) + v(t_m)t_k + \frac{1}{2}at_k^2 \qquad (4.4)$$

其中，$v(t_m) = v_0 + at_m$，$R_0(t_m) = R_0 + v_0t_m + \frac{1}{2}at_m^2$。

因此，式(4.2)可重写为

$$R(t_k, t_m) = \widetilde{R}(t_m) + v(t_m)t_k + \frac{1}{2}at_k^2 \qquad (4.5)$$

其中，

$$\widetilde{R}(t_m) = R_0(t_m) + x\sin\omega t_m + y\cos\omega t_m \qquad (4.6)$$

因此，点目标的回波信号可以表示为

$$s_r(t_k, t_m) = \sigma \operatorname{rect}\left(\frac{t_k - \tau}{T_p}\right) \exp[\mathrm{j}2\pi f_c(t - \tau) + \mathrm{j}\pi k_r(t_k - \tau)^2] \qquad (4.7)$$

其中，σ 为回波信号幅度；延时 $\tau = \dfrac{2R(t_k, t_m)}{c}$，$c$ 为光速。

假设 ISAR 采用外差相干探测接收回波信号，参考距离 R_{ref}，对应的时延 $\tau_{\mathrm{ref}} = \dfrac{2R_{\mathrm{ref}}}{c}$，则参考信号为

$$s_{\mathrm{ref}}(t_k, t_m) = \operatorname{rect}\left(\frac{t_k - \tau_{\mathrm{ref}}}{T_p}\right) \exp[\mathrm{j}2\pi f_c(t - \tau_{\mathrm{ref}}) + \mathrm{j}\pi k_r(t_k - \tau_{\mathrm{ref}})^2] \qquad (4.8)$$

经过外差探测后的信号为

$$\begin{aligned}
s(t_k, t_m) &= s_r(t_k, t_m) \cdot s_{\mathrm{ref}}^*(t_k, t_m) \\
&= \sigma \operatorname{rect}\left(\frac{t_k - \tau}{T_p}\right) \exp[\mathrm{j}2\pi f_c(\tau_{\mathrm{ref}} - \tau)] \cdot \\
&\quad \exp[\mathrm{j}2\pi k_r(\tau_{\mathrm{ref}} - \tau)t_k] \exp[-\mathrm{j}\pi k_r(\tau_{\mathrm{ref}}^2 - \tau^2)]
\end{aligned} \qquad (4.9)$$

将式(4.7)、式(4.8)代入式(4.9)，可得：

$$s(t_k, t_m) = \sigma \operatorname{rect}\left[\frac{t_k - \tau}{T_p}\right] \exp[\mathrm{j}2\pi(P_0 + P_1 t_k + P_2 t_k^2 + P_3 t_k^3 + P_4 t_k^4)] \qquad (4.10)$$

需要说明的是，在式(4.10)中的包络将出现时间上的伸缩和展宽，因其不影响对距离色散的分析，在此忽略不计。P_0、P_1、P_2、P_3 和 P_4 分别为

$$P_0 = -2f_c \frac{\widetilde{R}(t_m) - R_{\mathrm{ref}}}{c} + 2k_r \frac{\widetilde{R}(t_m)^2 - R_{\mathrm{ref}}^2}{c^2} \qquad (4.11)$$

$$P_1 = -2f_c \frac{v(t_m)}{c} + 4k_r \frac{\widetilde{R}(t_m)v(t_m)}{c^2} - 2k_r \frac{\widetilde{R}(t_m) - R_{\text{ref}}}{c} \qquad (4.12)$$

$$P_2 = -\frac{af_c}{c} + 2ak_r \frac{\widetilde{R}(t_m)}{c^2} + 2k_r \frac{v(t_m)^2}{c^2} - 2k_r \frac{v(t_m)}{c} \qquad (4.13)$$

$$P_3 = 2ak_r \frac{v(t_m)}{c^2} - \frac{ak_r}{c} \qquad (4.14)$$

$$P_4 = \frac{k_r a^2}{2c^2} \qquad (4.15)$$

P_0 的第一项包含了方位多普勒信息,是实现方位高分辨成像所必需的;第二项为剩余视频相位,对于 ISAR 成像没有贡献,可通过补偿去除。P_1 的第一项是由发射信号的超高载频产生的脉内多普勒频率,对于匀加速运动目标,它与第二项共同作用将产生随方位时间变化的多普勒耦合时移,使包络沿方位慢时间产生斜置,在成像过程中经包络对齐可消除。第三项表征了目标相对参考点的距离,是实现距离成像的基础。P_2 为产生距离色散的最主要根源,其前两项为加速度产生的二次相位项,后两项为速度产生的二次相位项,它们将使距离像产生谱峰分裂和展宽,并影响成像质量,需要在成像中进行补偿。P_3 为目标速度和加速度引起的三次相位项。P_4 为加速度引起的四次相位项。

当空间目标相对 ISAR 的径向运动可近似为二阶运动时,经外差探测后的 ISAR 回波信号存在距离色散效应,利用传统傅里叶变换进行距离压缩将使距离像产生谱峰分裂和展宽,下面针对这一现象进行分析。

将式(4.10)的相位项对快时间求导,可得 ISAR 回波脉内的多普勒频率为

$$f_d(t_k, t_m) = -\frac{1}{2\pi} \frac{\mathrm{d}\varphi(t_k, t_m)}{\mathrm{d}t_k} = -[P_1 + 2P_2 t_k + 3P_3 t_k^2 + 4P_4 t_k^3]$$

$$(4.16)$$

可见,对第 m 个回波脉冲,目标回波的脉内多普勒频率由固定频率 P_1、线性调频项 P_2、高次非线性调频项 P_3 和 P_4 组成。其中,P_2、P_3 和 P_4 将使距离像产生谱峰分裂和展宽。假设脉冲持续时间为 T_p,则对应的距离向频谱分辨率为 $\frac{1}{T_p}$。因而脉冲内多普勒效应产生的频谱展宽可表示为

$$\Delta f_d = \Delta f_{d2} + \Delta f_{d3} + \Delta f_{d4} = 2P_2 T_p + 3P_3 T_p^2 + 4P_4 T_p^3 \qquad (4.17)$$

假设发射信号带宽 $B = k_r T_p$,距离向分辨率 $\delta_r = \frac{c}{2B}$,由此产生的频谱单元展宽量为

$$\begin{aligned}
\Delta N &= |\Delta f_d T_p| \\
&= |2P_2 T_p^2 + 3P_3 T_p^3 + 4P_4 T_p^4| \\
&= |\Delta N_2 + \Delta N_3 + \Delta N_4| \qquad (4.18)
\end{aligned}$$

其中,

$$\Delta N_2 = 2P_2 T_p^2 = \frac{T_p}{\delta_r}\left[\frac{-af_c}{k_r} - 2v(t_m) + \frac{2a\widetilde{R}(t_m)}{c} + \frac{2v(t_m)^2}{c}\right] \quad (4.19)$$

$$\Delta N_3 = 3P_3 T_p^3 = \frac{3T_p^2}{\delta_r}\left[\frac{av(t_m)}{c} - \frac{a}{2}\right] \quad (4.20)$$

$$\Delta N_4 = 4P_4 T_p^4 = \frac{T_p^3 a^2}{\delta_r c} \quad (4.21)$$

当目标相对 ISAR 的径向运动近似为匀速运动时,回波信号的调频斜率可以重写为

$$P_2 = 2k_r \frac{v_0^2}{c^2} - 2k_r \frac{v_0}{c} \quad (4.22)$$

二次项的频谱展宽量为

$$|\Delta N_2| = |2P_2 T_p^2| = \left|\frac{T_p}{\delta_r}\left[-2v_0 + \frac{2v_0^2}{c}\right]\right| \quad (4.23)$$

其中,v_0 为目标的径向运动速度。

图 4.2 给出了二次项频谱展宽量随径向速度的变化曲线,为了清晰展示相关现象,假设雷达工作在频率极高的激光频段,发射信号带宽 $B = 150\text{GHz}$,脉宽 $T_p = 400\mu\text{s}$,波长 $\lambda = 1.55\mu\text{m}$,此时距离分辨率 $\delta_r = 0.001\text{m}$。可见,即使在目标的相对径向速度较小的情况下,距离色散产生的频谱展宽也不可忽视,这也表明,频段越高、分辨率越高的雷达对目标的运动速度更为敏感,同时在进行工作频段和分辨率极高的 ISAR 回波信号建模和成像时有必要考虑脉冲持续时间内目标运动的影响。

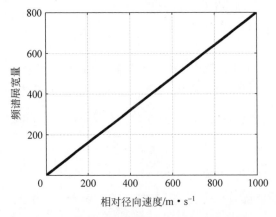

图 4.2　频谱展宽量随径向速度的变化曲线

由于目标回波信号是由调频斜率相同的多分量 LFM 信号组成的,且对于匀速运动目标,多分量 LFM 信号的调频斜率在成像积累时间内都是恒定的,在成像中可只估计一次目标的径向运动速度,并通过构造相同的补偿函数实现对所有回波

脉冲距离色散的补偿,达到简化处理过程、提高成像效率的目的。

当目标匀加速运动时,情况又有所不同。这里仍以带宽 $B=150\mathrm{GHz}$、脉宽 $T_\mathrm{p}=400\mu\mathrm{s}$、波长 $\lambda=1.55\mu\mathrm{m}$ 的激光频段 ISAR 为例进行分析。

(1)式(4.19)中的加速度(第一项)和速度(第二项)对频谱展宽有影响,速度对频谱展宽量的影响与图 4.2 相同,加速度对频谱展宽量的影响如图 4.3 所示。其中,当加速度 $a>4.844\mathrm{m/s}^2$ 时,就能产生 1 个单元的频谱展宽,在空间目标 ISAR 成像中的影响较为明显,需在成像中进行补偿。此外,在式(4.19)中,第二项中的 $v(t_m)$ 是随慢时间变化的,因而 ΔN_2 也随慢时间变化,这表明当加速度足够大时,需对每个回波脉冲逐一进行补偿,相比于匀速时的情况更复杂。

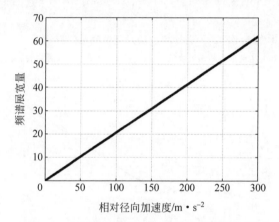

图 4.3 频谱展宽量随径向加速度的变化曲线

(2)对于大多数目标,在式(4.20)中,由于 $c\gg av(t_m)$ 且 $T_\mathrm{p}^2\ll\delta_\mathrm{r}$,$\Delta N_3$ 的第一项可以忽略。第二项只有当 $a>4167\mathrm{m/s}^2$ 时才会有影响,而绝大多数情况在成像时不满足该条件。因此可认为三次非线性调频分量对频谱展宽的影响可以忽略。

(3)由于 $T_\mathrm{p}^3a^2\ll\delta_\mathrm{r}c$,式(4.21)中的 ΔN_4 可以忽略。

图 4.4 给出了各阶次分量对频谱展宽的影响,其中假设目标趋近雷达运动,其径向初始速度为 1000 m/s,加速度为 $100\mathrm{m/s}^2$。可见,当目标匀加速运动时,二次相位项产生的频谱展宽很大,需要在成像中进行补偿;而高次相位项产生的频谱展宽很小,可以忽略不计。此时,经过外差探测后的空间目标 ISAR 回波信号也可近似为调频斜率相同的多分量线性调频信号。但值得注意的是,当目标匀加速运动时,式(4.24)中 LFM 信号的调频斜率是随慢时间变化的,如图 4.5 所示,其中目标径向运动参数与图 4.4 相同。此时,需对回波脉冲逐一进行速度估计和补偿。综合上述分析,当目标径向运动为匀速运动或匀加速运动时,外差探测后的距离向回波信号都可以近似为调频斜率相同的多分量线性调频信号。因此,式(4.10)可以简写为

$$s(t_k,t_m)\approx\sigma\mathrm{rect}\left(\frac{t_k-\tau}{T_\mathrm{p}}\right)\exp\left[\mathrm{j}2\pi(P_0+P_1t_k+P_2t_k^2)\right] \quad (4.24)$$

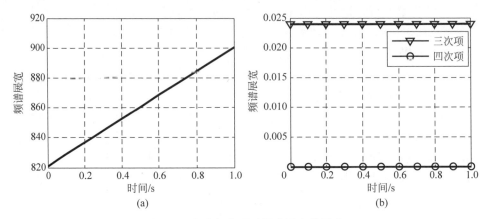

图 4.4　各次相位项对频谱展宽的影响

（a）二次项对频谱展宽的影响；（b）高次项对频谱展宽的影响

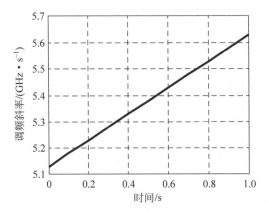

图 4.5　调频斜率随慢时间的变化

4.2　基于 FrFT 的距离像速度补偿

4.2.1　补偿原理

经过外差探测后,空间目标的 ISAR 回波信号为调频斜率相同的多分量 LFM 信号,其在时频平面上呈现为多条平行的斜线。传统的傅里叶变换是一种线性算子,它可看作从时间轴逆时针旋转 $\frac{\pi}{2}$ 到频率轴的变换,即信号的时频分布在频率轴上的投影,因此利用 DFT 进行距离压缩将出现距离像展宽和畸变。而分数阶傅里叶变换(fractural fourier transform,FrFT)是将时间轴旋转任意角度的算子,因此可认为 FrFT 是一种广义的傅里叶变换。对于 FrFT,如果选取合适的旋转角度 α,就可将线性调频信号的能量在分数阶变换域高度聚集,其原理如图 4.6 所示。

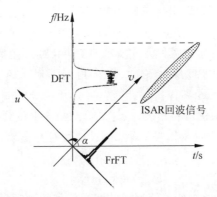

图 4.6　DFT 与 FrFT 实现距离压缩原理图

分数阶傅里叶变换的定义为

$$X_\alpha(u) = \int_{-\infty}^{+\infty} x(t) K_\alpha(u,t) \mathrm{d}t \tag{4.25}$$

$$K_\alpha(u,t) = \begin{cases} \sqrt{1-\mathrm{j}\cot\alpha}\,\exp[\mathrm{j}\pi(t^2+u^2)\cot\alpha - 2ut\csc\alpha], & \alpha \neq n\pi \\ \delta(u-t), & \alpha = 2n\pi \\ \delta(u+t), & \alpha = (2n\pm1)\pi \end{cases} \tag{4.26}$$

其中，$n=1,2,\cdots$。当角度旋转 $\dfrac{\pi}{2}$ 时，FrFT 就褪变为传统的傅里叶变换。

对式(4.24)中经过外差探测后的 ISAR 回波信号做 FrFT，可得：

$$S_\alpha(u,t_m) = \sigma A(u) \cdot \exp(\mathrm{j}2\pi P_0) \int_{-\infty}^{\infty} \mathrm{rect}\left(\frac{t_k - \tau}{T_\mathrm{p}}\right) \exp[\mathrm{j}2\pi(P_1 - u\csc\alpha)t_k] \cdot$$

$$\exp[\mathrm{j}\pi(2P_2 + \cot\alpha)t_k^2]\mathrm{d}t_k \tag{4.27}$$

其中，$A(u) = \sqrt{1-\mathrm{j}\cot\alpha}\,\exp(\mathrm{j}\pi u^2 \cot\alpha)$。当旋转角度 $\alpha = -\mathrm{arccot}(2P_2)$ 时，可得回波信号能量高度聚集的分数阶傅里叶分布：

$$S_\alpha(u,t_m) = \sigma T_\mathrm{p} A(u) \exp(\mathrm{j}2\pi P_0)\,\mathrm{sinc}\left[T_\mathrm{p}\left(\frac{u}{\sin\alpha} - P_1\right)\right] \tag{4.28}$$

其中，$A(u) = \sqrt{1+\mathrm{j}2P_2}\,\exp(-\mathrm{j}2\pi P_2 u^2)$，且将 $\alpha = -\mathrm{arccot}(2P_2)$ 时的角度称为"最优旋转角"。

在已知最优旋转角度 α 后，便可求出 LFM 信号的调频斜率 K：

$$K = 2P_2 = -\cot\alpha \tag{4.29}$$

实际中，ISAR 的回波信号是经过采样和离散化的，因此在计算 FrFT 的过程中，可采用 Ozaktas 等提出的分解型离散算法，该算法可借助 FFT 实现快速计算。同时，FrFT 是一种线性变换，不存在交叉项的影响，且具有很高的时频联合分辨率。因此，利用 FrFT 实现 ISAR 回波信号的速度补偿具有巨大的优势。

从上述分析可见,当 α 取最优旋转角时,利用 FrFT 既能够使回波信号的能量在分数阶傅里叶分布域高度聚集,又可通过最优旋转角得到 LFM 信号的调频斜率。因此,利用 FrFT 可通过两种方式实现对 ISAR 回波距离向的聚焦:

(1)估计 FrFT 的最优旋转角度,在该角度下对 ISAR 距离向回波信号做 FrFT 以直接获取聚焦的距离像。

(2)估计 FrFT 的最优旋转角度,通过式(4.29)求出调频斜率,构造如式(4.30)的补偿函数,并与 ISAR 回波信号共轭相乘,接着对补偿后的信号作 FFT 获取距离像:

$$H_c = \exp(\mathrm{j}\pi K t_k^2) \tag{4.30}$$

由于匀速运动的目标在外差探测后的回波信号的调频斜率在成像过程中保持不变,所以当用第二种方法进行补偿时,可只估计某次回波脉冲 LFM 信号的调频斜率,构造统一的补偿函数并对回波信号进行补偿,之后便可直接用 FFT 实现快速成像。而如果采用第一种方法,虽然也能够对所有回波脉冲用统一的旋转角度做 FrFT 实现距离成像,但 FrFT 的运算复杂度比 FFT 高,因而其效率相对较低。对于匀加速运动目标,当加速度较大时,其回波脉冲 LFM 信号的调频斜率是随慢时间变化的,因而需对各次回波脉冲逐一估计最优旋转角度,这一过程对于上述两种基于 FrFT 的距离向聚焦方法都是必需的。此时采用第一种方法,在估计获得最优旋转角的同时即已实现距离压缩,相比于第二种方法,它避免了速度补偿的步骤,简化了处理流程。为实现处理流程的统一,这里对匀速运动目标和匀加速运动目标都采用第一种方法实现对 ISAR 回波距离向的聚焦。

4.2.2　基于最小熵分级搜索的最优参数确定方法

FrFT 旋转角度的取值是实现速度补偿和距离向聚焦的关键。由于实际中目标运动参数是未知的,所以需通过搜索获取最优旋转角。经过外差接收后的 ISAR 回波信号为调频斜率相同的多分量 LFM 信号,且对于高分辨率的 ISAR 而言,距离向的散射点数目众多,相邻散射点的 LFM 子回波分量的起始频率也较为接近,在 FrFT 变换后,各子分量之间存在严重的叠加干扰。此时,若采用 FrFT 变换后的包络幅度最大准则进行最优旋转角度的估计,将存在较大误差。在同一脉冲内,所有散射点回波信号的调频斜率都是相同的,当用最优旋转角度做 FrFT 时,可同时实现对所有 LFM 子分量的聚焦。因此,可利用包络波形熵这一指标对最优旋转角进行估计。FrFT 变换的旋转角度越接近最优旋转角,目标各散射点的回波能量聚集性越好,距离像的波形锐化度也越高,包络波形熵也越小。为此,可在旋转角度区间 $[0,\pi)$ 以步长 $\Delta\alpha$ 进行搜索,获取 ISAR 回波在各个取值角度的 FrFT 包络波形熵,以熵值最小作为最优旋转角取值的标准。

假设某次回波在旋转角度 α_i 的 FrFT 变换后的实包络序列可以表示为

$$|S_{\alpha_i}(u)| = |S_{\alpha_i}(1), S_{\alpha_i}(2), \cdots, S_{\alpha_i}(N)| \tag{4.31}$$

其中，N 为距离采样点数。则包络波形熵定义为

$$H_{\alpha_i}(n) = -\sum_{n=1}^{N} p_{\alpha_i}(n)\ln[p_{\alpha_i}(n)] \tag{4.32}$$

其中，$p_{\alpha_i}(n) = \dfrac{|S_{\alpha_i}(n)|}{\displaystyle\sum_{n=1}^{N}|S_{\alpha_i}(n)|}$。

最优旋转角的取值为

$$\{\alpha\} = \underset{\alpha}{\arg\min}[H_{\alpha_i}(n)] \tag{4.33}$$

要获取高精度的最优旋转角，就必须减小搜索步长，这必然增加计算量，降低算法效率。为此，可采用分级搜索的方法对最优旋转角度进行估计，即先采用大步长搜索获取粗值，再在以粗值为中心的相邻区间内进行精细搜索。具体步骤如下：

步骤 1 根据初始搜索范围 $[0,\pi)$，确定初始搜索步进 $\Delta\alpha_0$ 和结束搜索步进 $\Delta\alpha_{\text{end}}$，其中 $\Delta\alpha_0$ 的取值稍大（如取 0.1π）。

步骤 2 获取步长为 $\Delta\alpha_0$ 时 FrFT 距离压缩后的包络波形熵最小值 H_0 及其对应的最优旋转角度取值 α_i。

步骤 3 以步骤 2 中获取的角度 α_i 为初始值，进行如下参数更新：

$$\begin{cases} \alpha_{i+1,\min} = \alpha_i - \Delta\alpha_i \\ \alpha_{i+1,\max} = \alpha_i + \Delta\alpha_i \\ \Delta\alpha_{i+1} = \Delta\alpha_i/10 \end{cases} \tag{4.34}$$

其中，$[\alpha_{i+1,\min}, \alpha_{i+1,\max}]$ 为第 $i+1$ 次搜索的范围；$\Delta\alpha_{i+1}$ 为第 $i+1$ 次的搜索步长；$\Delta\alpha_i$ 为第 i 次的搜索步长。

步骤 4 当 $\Delta\alpha_{i+1} \geqslant \Delta\alpha_{\text{end}}$ 时，计算回波 FrFT 后的包络波形熵，取最小熵值对应的最优旋转角度 α_{i+1} 并按式（4.34）更新参数；否则，将 α_i 作为最终的最优旋转角。

对于加速度较大的匀加速运动目标，需逐个估计各次回波脉冲的调频斜率，才能获得最佳的成像效果。考虑到空间目标沿轨道运动，在很短的成像时间内，目标相对雷达的径向速度变化具有连续性和平稳性的特点，因而相邻回波信号调频斜率的变化也是连续的。为此，可先利用本节所提方法对其中一次回波脉冲进行最优旋转角的估计，然后以该估计角度为基准，根据由二者轨道参数计算出的径向加速度粗值设置合理的搜索区间，对下一次回波脉冲进行最优旋转角的估计，以提高运算效率。

4.2.3 回波预相干化处理及对 MTRC 的校正

在式（4.28）中，通常认为 P_1 在方位向的变化小于一个距离单元，即不存在越

距离单元徙动(migration though resolution cell,MTRC),之后可利用 DFT 实现方位成像。该近似需要满足以下条件：

$$L_a < \frac{4\rho_a\rho_r}{\lambda}, \quad L_r < \frac{4\rho_a^2}{\lambda} \tag{4.35}$$

其中，L_a 为目标的横向最大尺寸；L_r 为纵向最大尺寸；ρ_r 为距离分辨率；ρ_a 为方位分辨率，这里假设 $\rho_r = \rho_a$。然而，由于 ISAR 具有很高的空间分辨率，尺寸较大的空间目标(如卫星等)难以满足式(4.35)中的条件，因此在距离压缩后很容易出现 MTRC，此时可利用楔石形变换进行补偿。

实际中，参考距离 R_{ref} 的取值是对目标的测距结果，与真实值存在一定的误差，由于雷达载波波长极短，即便微小的测距误差也可能产生巨大的相位误差，使得距离压缩后的信号变得非相干，因而在楔石形变换前需要将回波信号进行预相干化处理。

假设参考信号实际使用的参考距离为 $\hat{R}_{ref}(t_m)$，而准确值为 $R_{ref}(t_m)$，二者的误差 $\Delta R_{ref}(t_m) = R_{ref}(t_m) - \hat{R}_{ref}(t_m)$。因此，式(4.28)可重写为

$$\hat{S}_a(u,t_m) = \sigma T_p A(u) \exp(j2\pi\hat{P}_0) \text{sinc}\left[T_p\left(\frac{u}{\sin\alpha} - \hat{P}_1\right)\right] \tag{4.36}$$

$$\hat{P}_0 = -2f_c \frac{\widetilde{R}(t_m) - \hat{R}_{ref}(t_m)}{c} + 2k_r \frac{\widetilde{R}(t_m)^2 - \hat{R}_{ref}(t_m)^2}{c^2} \tag{4.37}$$

$$\hat{P}_1 = -2k_r \frac{\widetilde{R}(t_m) - \hat{R}_{ref}(t_m)}{c} \tag{4.38}$$

其中，$\hat{P}_1$ 忽略了式(4.12)中的第一项和第二项(在估计出调频斜率后可补偿第一项，而第二项可近似为常数项)。通过包络对齐可以将式(4.36)中的 $\hat{P}_1$ 补偿为 P_1，从而获取比较精确的误差 $\Delta R_{ref}(t_m)$，因此，在包络对齐后的相干化补偿因子为

$$H_1(t_m) = \exp[j2\pi(P_0 - \hat{P}_0)]$$

$$= \exp\left[j4\pi f_c \frac{\Delta R_{ref}(t_m)}{c}\right] \exp\left[j4\pi k_r \frac{\hat{R}_{ref}(t_m)^2 - (\hat{R}_{ref}(t_m) + \Delta R_{ref}(t_m))^2}{c^2}\right] \tag{4.39}$$

经过包络对齐及预相干处理后的 ISAR 回波信号即式(4.28)。在此，将式(4.28)重写：

$$S_a(u,t_m) = \sigma T_p A(u) \exp(j2\pi P_0) \text{sinc}\left[T_p\left(\frac{u}{\sin\alpha} - P_1\right)\right] \tag{4.40}$$

假设满足 $R_{ref}(t_m) = R_0(t_m)$，即选取的参考距离将模型补偿为以图 4.1 中 O 点为参考点的转台模型，且成像过程中满足小转角近似：

$$\begin{cases} \sin\omega t_m \approx \omega t_m \\ \cos\omega t_m \approx 1 \end{cases} \tag{4.41}$$

因此,式(4.6)的 $\widetilde{R}(t_m)$ 可简化为

$$\widetilde{R}(t_m) = R_0(t_m) + x\sin\omega t_m + y\cos\omega t_m \approx R_0(t_m) + y + x\omega t_m \quad (4.42)$$

此时,式(4.40)中的 P_0 和 P_1 可重写为

$$P_0 = -\frac{2f_c}{c}(x\sin\omega t_m + y\cos\omega t_m) + 2k_r\frac{\widetilde{R}(t_m)^2 - R_{\mathrm{ref}}(t_m)^2}{c^2}$$

$$\approx -\frac{2f_c}{c}(x\sin\omega t_m + y\cos\omega t_m)$$

$$\approx -\frac{2f_c}{c}(x\omega t_m + y) \quad (4.43)$$

$$P_1 = -2k_r\frac{\widetilde{R}(t_m) - R_{\mathrm{ref}}(t_m)}{c} = -\frac{2k_r}{c}(x\sin\omega t_m + y\cos\omega t_m) \approx -\frac{2k_r}{c}(y + x\omega t_m)$$

$$(4.44)$$

其中,$2k_r\dfrac{\widetilde{R}(t_m)^2 - R_{\mathrm{ref}}(t_m)^2}{c^2}$ 在成像时间内的变化量极小,可视为恒值,在此忽略其影响。

在此基础上,式(4.40)可简化为

$$S_a(u,t_m) = \sigma T_p A(u)\exp\left[-\mathrm{j}\frac{4\pi f_c}{c}(x\sin\omega t_m + y\cos\omega t_m)\right]\cdot$$

$$\mathrm{sinc}\left[T_p\left(\frac{u}{\sin\alpha} + \frac{2k_r}{c}(x\sin\omega t_m + y\cos\omega t_m)\right)\right]$$

$$\approx \sigma T_p A(u)\exp\left(-\mathrm{j}\frac{4\pi f_c y}{c}\right)\exp\left(-\mathrm{j}\frac{4\pi f_c\omega x}{c}t_m\right)\cdot$$

$$\mathrm{sinc}\left[T_p\left(\frac{u}{\sin\alpha} + \frac{2k_r y}{c} + \frac{2k_r\omega x}{c}t_m\right)\right] \quad (4.45)$$

对式(4.45)做关于 u 的逆傅里叶变换,可得:

$$s_a(\tilde{t},t_m) = \sigma A(\tilde{t})\exp\left(-\mathrm{j}\frac{4\pi f_c y}{c}\right)\otimes \mathrm{rect}\left(\frac{\tilde{t}}{T_p}\right)\exp\left[-\mathrm{j}\sin\alpha\left(\frac{4\pi k_r y}{c}\right)\tilde{t}\right]\cdot$$

$$\exp\left[-\mathrm{j}4\pi(f_c + k_r\tilde{t}\sin\alpha)\frac{\omega x}{c}t_m\right] \quad (4.46)$$

楔石形变换就是对回波的慢时间做如下尺度变换:

$$(f_c + k_r\tilde{t}\sin\alpha)t_m = f_c\tau_m \quad (4.47)$$

因此,式(4.46)变为

$$s_a(\tilde{t},\tau_m) = \sigma A(\tilde{t})\exp\left[-\mathrm{j}\frac{4\pi f_c y}{c}\right]\otimes \mathrm{rect}\left(\frac{\tilde{t}}{T_p}\right)\exp\left[-\mathrm{j}\sin\alpha\left(\frac{4\pi k_r y}{c}\right)\tilde{t}\right]\cdot$$

$$\exp\left[-\mathrm{j}\frac{4\pi f_c\omega x}{c}\tau_m\right] \quad (4.48)$$

对式(4.48)的距离向快时间做傅里叶变换就可以得到无 MTRC 的散射点距离像：

$$S'_\alpha(u,\tau_m) = \sigma T_p A(u) \exp\left[-\mathrm{j}\,\frac{4\pi f_c y}{\iota}\right] \exp\left(-\mathrm{j}\,\frac{4\pi f_c \omega x}{c}\tau_m\right) \cdot$$

$$\mathrm{sinc}\left[T_p\left(\frac{u}{\sin\alpha} + \frac{4\pi k_r y}{c}\right)\right] \tag{4.49}$$

在此之后，经过方位 FFT 就可得到最终的二维 ISAR 成像结果。

至此，可以得出平稳运动空间目标 ISAR 成像的流程图如图 4.7 所示。

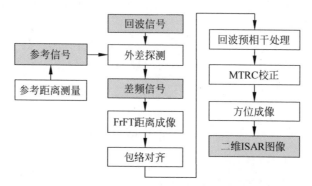

图 4.7　平稳运动空间目标 ISAR 成像流程图

4.2.4　距离像速度补偿的 ISAR 成像原理及流程

实质上，FrFT 与离散 Chirp 变换具有相似性，考虑到实际的 ISAR 回波是离散的数据矩阵，实际包含距离像速度补偿的 ISAR 成像原理及算法流程可以描述为如下基本步骤。

步骤 1　读取数据，假设数据为一个矩阵 $\mathbf{Data}(m,n)$

其中，m 为各脉冲距离像的采样点序号，n 为脉冲序号，假设成像子孔径使用的脉冲数为 N，每个脉冲的采样点数为 M，即 m 的取值满足 $m=1,2,\cdots,M$，n 的取值满足 $n=1,2,\cdots,N$。

步骤 2　对数据 $\mathbf{Data}(m,n)$ 沿距离向作傅里叶变换，得到初始的距离像；

$$\mathrm{Profile}_{rgc}(:,n) = \mathrm{FFT}_{rg}[\mathbf{Data}(:,n)]$$

$\mathrm{FFT}_{rg}[\mathbf{Data}(:,n)]$ 表示对第 n 个脉冲回波数据（数据矩阵 $\mathbf{Data}$ 的第 n 列）进行傅里叶变换操作，即沿数据矩阵 $\mathbf{Data}$ 的行进行逐列的傅里叶变换。

步骤 3　计算初始距离像峰值 $\mathrm{Profile}_{rg}|_{\max}$ 并存储

$$\mathrm{Profile}_{rg}(m,n) = \mathrm{Profile}_{rgc}(m,n) \times \cos(\pi m), \quad m=0,1,\cdots,M-1$$

$$\mathrm{Profile}_{rg}|_{\max} = \max[\mathrm{abs}(\mathrm{Profile}_{rg}(:,n))]$$

其中，$\mathrm{abs}(\cdot)$ 表示取模运算，$\max[\cdot]$ 表示取最大值的运算。

步骤 4　利用改进的离散 Chirp 变换或分数阶傅里叶变换进行脉冲内的运动

补偿,具体步骤如下。

当应用改进的离散 Chirp 变换时:

(1) 构造参考函数:

$$\mathrm{expr}(m,i)=\exp\left(-\mathrm{j}2\pi\frac{m^2}{M}\frac{i}{M}\right),m=0,1,\cdots,M-1,\quad i=0,1,\cdots,M-1$$

(2) 遍历所有 i,计算经过补偿的数据矩阵及其补偿后的距离像:

$$\mathbf{Data}_{\mathrm{pc}}(m,n)=\mathbf{Data}(m,n)\times\mathrm{expr}(m,i)$$

$$\mathrm{Profile}_{\mathrm{pcrgc}}(:,n)=\mathrm{FFT}_{\mathrm{rg}}[\mathbf{Data}_{\mathrm{pc}}(:,\mathrm{n})]$$

(3) 计算补偿距离像峰值 $\mathrm{Profile}_{\mathrm{pcrg}}|_{\max}$ 并存储

$$\mathrm{Profile}_{\mathrm{pcrg}}(m,n)=\mathrm{Profile}_{\mathrm{pcrgc}}(m,n)\times\cos(\pi m),\quad m=0,1,\cdots,M-1$$

$$\mathrm{Profile}_{\mathrm{pcrg}}|_{\max}=\max[\mathrm{abs}(\mathrm{Profile}_{\mathrm{pcrg}}(:,n))]$$

(4) 比较 $\mathrm{Profile}_{\mathrm{pcrg}}|_{\max}$ 与 $\mathrm{Profile}_{\mathrm{rg}}|_{\max}$:

若 $\mathrm{Profile}_{\mathrm{pcrg}}|_{\max}>\mathrm{Profile}_{\mathrm{rg}}|_{\max}$,则记录取得当前最大值的 i 及峰值在补偿距离像中的位置 p,并将 $\mathrm{Profile}_{\mathrm{rg}}|_{\max}$ 的取值替换为 $\mathrm{Profile}_{\mathrm{pcrg}}|_{\max}$。

(5) 遍历 i,重复 2)~4),不断更新取得最大值的 i 及峰值在补偿距离像中的位置 p,同时更新 $\mathrm{Profile}_{\mathrm{rg}}|_{\max}$,直至所有 i 都遍历完。

(6) 输出运动补偿参数 $p_e=2p$。

(7) 遍历所有的脉冲回波,令 $n=1,2,\cdots,N$,重复步骤 1~步骤 5,得到整个数据各脉冲的运动补偿参数 $p_e(n)=2p(n),n=1,2,\cdots,N$。

(8) 根据运动补偿参数 $p_e(n),n=1,2,\cdots,N$,进行多项式拟合,得到精估计的运动补偿参数 $p_{ep}(n),n=1,2,\cdots,N$。

$$p_{ep}=\mathrm{polyfit}(n,p_e,k)$$

其中,$\mathrm{polyfit}(n,p_e,k)$ 表示对初始补偿参数 p_e 以 n 为自变量进行 k 阶的多项式拟合,p_{ep} 为根据拟合多项式所得的运动补偿参数。

(9) 根据运动补偿参数 $p_e(n),n=1,2,\cdots,N$,构造参考函数 $\mathrm{expr}(m,n)$,对回波数据矩阵 $\mathbf{Data}$ 进行脉内的运动补偿。

构造参考函数:

$$\mathrm{expr}(m,n)=\exp\left[-\mathrm{j}\pi\left(\frac{m}{M}\right)^2 p_e(n)\right],\quad m=0,1,\cdots,M-1$$

实施运动补偿:

$$\mathbf{Data}_{\mathrm{pc}}(m,n)=\mathbf{Data}(m,n)\times\mathrm{expr}(m,n)$$

(10) 对数据 $\mathbf{Data}_{\mathrm{pc}}(m,n)$ 沿距离向作傅里叶变换,得到脉冲内运动补偿后的距离像;

$$\mathrm{Profile}_{\mathrm{rgc}}(:,n)=\mathrm{FFT}_{\mathrm{rg}}[\mathbf{Data}_{\mathrm{pc}}(:,n)]$$

$\mathrm{FFT}_{\mathrm{rg}}[\mathbf{Data}_{\mathrm{pc}}(:,n)]$ 表示对第 n 个脉冲回波数据(数据矩阵 $\mathbf{Data}_{\mathrm{pc}}$ 的第 n 列)进行傅里叶变换,即沿数据矩阵 $\mathbf{Data}_{\mathrm{pc}}$ 的行进行逐列的傅里叶变换。

当应用分数傅里叶变换时,操作如下:

(1) 取出数据矩阵的任意一个脉冲 $\mathbf{Data}(:,n),n=1,2,\cdots,N$,对其实施阶数搜索的分数阶傅里叶变换。假设起始阶数为 α_{start},终止阶数为 α_{end},初始搜索步长为 α_{steps},终止搜索步长为 α_{stepend},则初始搜索的阶数为

$$\alpha = [\alpha_{\text{start}} \quad \alpha_{\text{start}}+\alpha_{\text{steps}} \quad \alpha_{\text{start}}+2\alpha_{\text{steps}} \quad \cdots \quad \alpha_{\text{end}}]$$

(2) 逐一阶数对任意一个脉冲回波 $\mathbf{Data}(:,n),n=1,2,\cdots,N$,实施分数阶傅里叶变换:

$$\text{Profile}_{\text{frft}}(:,n) = \text{FrFT}[\mathbf{Data}(:,n),\beta]$$

其中,$\text{FrFT}[:,\beta]$ 表示对数据进行 β 阶的分数阶傅里叶变换,β 的取值依次取 α 序列中的值。

利用 FrFT 可通过两种方式实现对 ISAR 回波距离向的聚焦:一是估计 FrFT 的最优旋转角度,在该角度下对 ISAR 距离向回波信号做 FrFT 以直接获取聚焦的距离像;二是估计 FrFT 的最优旋转角度(如本节最优参数确定方法所述),通过求出调频斜率,构造补偿函数,并与回波信号共轭相乘,再对补偿后的信号作 FFT 获取距离像。

(3) 对 β 阶的分数阶傅里叶变换结果取模平方,并对其求和取值归一化:

$$P_\beta(m) = \frac{\text{abs}[\text{Profile}_{\text{frft}}(m,n)]^2}{\sum_m \text{abs}[\text{Profile}_{\text{frft}}(m,n)]^2}, \quad m=1,2,\cdots,M$$

计算其熵值:

$$\text{EP}_\beta = \sum_m -P_\beta(m)\log P_\beta(m), \quad m=1,2,\cdots,M$$

(4) 遍历阶数序列 $\alpha = [\alpha_{\text{start}} \quad \alpha_{\text{start}}+\alpha_{\text{steps}} \quad \alpha_{\text{start}}+2\alpha_{\text{steps}} \quad \cdots \quad \alpha_{\text{end}}]$,重复 (2)~(3),得到一个对应于各阶数的熵值序列 EP_β。

(5) 找到最小熵取值对应的序号及其对应的阶数 $\alpha_{\min}$,其中,

$$\alpha_{\min} \in [\alpha_{\text{start}} \quad \alpha_{\text{start}}+\alpha_{\text{steps}} \quad \alpha_{\text{start}}+2\alpha_{\text{steps}} \quad \cdots \quad \alpha_{\text{end}}]$$

(6) 更新阶数序列 α 和搜索步长 α_{step}。每完成一次阶数序列搜索就将起始阶数更新为 $\alpha_{\text{start}}=\alpha_{\min}-10\alpha_{\text{steps}}$,终止阶数更新为 $\alpha_{\text{end}}=\alpha_{\min}+10\alpha_{\text{steps}}$,搜索步长更新为 $\alpha_{\text{step}}=\dfrac{\alpha_{\text{steps}}}{10}$。于是新的阶数搜索序列更新为

$$\alpha = [\alpha_{\text{start}} \quad \alpha_{\text{start}}+\alpha_{\text{step}} \quad \alpha_{\text{start}}+2\alpha_{\text{step}} \quad \cdots \quad \alpha_{\text{end}}]$$

(7) 重复 (2)~(6),直至 $\alpha_{\text{step}} < \alpha_{\text{stepend}}$。

(8) 当搜索步长 α_{step} 小于终止步长 α_{stepend} 时,输出最小熵取值对应的序号及其对应的阶数 $\alpha_{\min}$,作为初始估计的分数傅里叶变换阶数。

(9) 遍历所有脉冲,重复 (1)~(8),得到各脉冲对应的分数阶变换阶数序列 $\alpha_{\min}(n),n=1,2,\cdots,N$。

(10) 根据运动补偿参数 $\alpha_{\min}(n),n=1,2,\cdots,N$,进行多项式拟合,得到精估

计的运动补偿参数 $\alpha_{\mathrm{min}p}(n),n=1,2,\cdots,N$。

$$\alpha_{\mathrm{min}p}=\mathrm{polyfit}(n,\alpha_{\mathrm{min}},k)$$

其中,$\mathrm{polyfit}(n,\alpha_{\mathrm{min}},k)$ 表示对初始补偿参数 α_{min} 以 n 为自变量进行 k 阶的多项式拟合,$\alpha_{\mathrm{min}p}$ 为根据拟合多项式所得的运动补偿参数。

(11) 以最终输出的分数阶数 $\alpha_{\mathrm{min}p}$,对原始回波数据 **Data**$(:,n),n=1,2,\cdots,$ N,实施阶数为 $\alpha_{\mathrm{min}p}(n)$ 的分数阶傅里叶变换,作为脉内运动补偿后的距离像输出。

步骤 5 对完成脉内运动补偿的距离像实施脉冲之间的包络对齐处理,可以采用后文描述的最小熵包络对齐方法、互相关包络对齐方法等。

步骤 6 对完成包络对齐处理的回波数据进行相位校正,相位校正方法可以采用后文描述的相位梯度自聚焦算法(phase gradient autofocus,PGA)等。

步骤 7 对完成相位校正的回波数据实施方位向傅里叶变换,得到目标的输出图像。

4.2.5 距离像速度补偿与成像仿真实验

本节首先开展对点目标距离向的成像仿真实验,验证基于 FrFT 的距离成像算法的有效性,之后结合特定轨道参数,给出一个 ISAR 对平稳运动空间目标成像的二维成像仿真实例,以验证所提出成像算法对平稳运动空间目标成像的有效性。为便于观察相关的色散效应和补偿效果,仿真参数如下所述:雷达离目标的初始距离为 100km,ISAR 的发射波长为 1.55μm 的激光频段电磁波,带宽为 150GHz,脉宽为 100μs,距离向采样点数为 512。目标相对雷达的径向速度为 100m/s,加速度为 30m/s^2。仿真中采用 Ozaktas 提出的分解型 FrFT 数值计算方法,设最优旋转角度的初始搜索范围为 $[0,\pi)$,初始搜索步长为 0.1π,结束步长为 10.5π。仿真的目标散射点模型如图 4.8 所示,所用计算机处理器为 Intel Core2 Quad CPU 2.50GHz,内存 4GB。

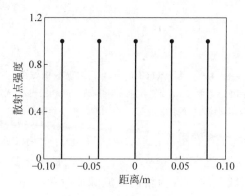

图 4.8 目标点散射模型

如图 4.9 所示为输入信噪比 SNR＝10dB 时的基于 FrFT 的一维距离向成像结果。

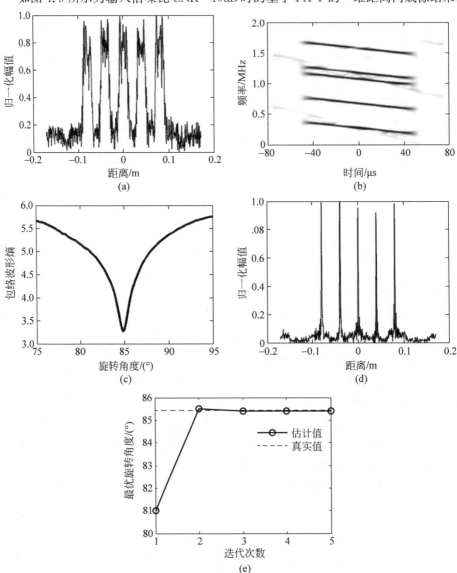

图 4.9　基于 FrFT 的一维距离像成像结果

（a）未补偿距离色散时的一维距离像；（b）回波脉冲时频分布（smoothed pseudo Wigner-Ville distribution，
SPWVD）；（c）包络波形熵随旋转角度的变化曲线；（d）补偿后的一维距离像；（e）最优旋转角度估计过程

在图 4.9(a)中，由于存在距离色散，用 DFT 进行距离压缩出现了严重的距离
像谱峰分裂和展宽，实际上 DFT 可等效为 $\alpha=90°$ 时的 FrFT。如图 4.9(b)所示为
回波脉冲信号在时频域上的平滑伪随机回波脉冲时频分布。可见，外差探测后的
ISAR 回波信号在时频域呈现为相互平行的斜线，说明回波信号为调频斜率相同的
多分量 LFM 信号。如图 4.9(c)所示为包络波形熵随 FrFT 旋转角度的变化曲线，

其中,当旋转角度 $\alpha = 84.88°$ 时,FrFT 距离成像后的包络波形熵最小,此时可获得聚焦良好的一维距离像,如图 4.9(d)所示,因此估计出的最优旋转角为 84.88°。图 4.9(e)给出了采用基于最小熵和分级搜索的估计方法对最优旋转角的搜索过程,该方法经过 4 次迭代就可获得精度符合要求的最优旋转角估计值,运算时间只需 0.1913s;而传统的等间隔搜索方法在满足同样搜索步长的条件下需要约 10^4 次搜索,运算时间为 23.3124s。可见基于最小熵和分级搜索的参数估计方法在有效获取最优旋转角的同时,还具有很高的运算效率。

由于 FrFT 距离成像方法的核心在于最优旋转角的估计,为验证其在不同信噪比(signal to noise ratio,SNR)下的性能,进行了蒙特卡罗仿真实验。对某个特定的输入信噪比,进行 100 次蒙特卡罗仿真实验来获取最优旋转角的估计值,而用式(4.13)和式(4.29)求出的最优旋转角的真实值为 85.4334°,由此可获取最优旋转角的估计均值和均方根误差,其结果如表 4.1 所示。由表 4.1 可见,当 SNR 大于 0dB 时,基于最小熵和分级搜索的估计方法,可获得比较精确的最优旋转角,进而利用 FrFT 可实现对距离色散的补偿,且随信噪比的增加,上述方法的估计精度也稳步提高。

表 4.1　不同信噪比下对最优旋转角度的估计性能

SNR/dB	-10	-5	0	5	10	15
均值/(°)	82.6064	82.7138	85.3799	85.3817	85.3900	85.3965
均方根误差/(°)	2.8272	2.7750	0.0593	0.0529	0.0442	0.0371

仿真中用到的 ISAR 与空间目标轨道参数如表 4.2 所示。

表 4.2　仿真中的空间目标与 ISAR 轨道参数

轨 道 参 数	空 间 目 标	ISAR
近地点高度/km	800	700
轨道倾角/(°)	87.5	97.5
升交点赤经/(°)	0	0
近地点幅角/(°)	0	0
真近点角/(°)	2	0.8
偏心率	0	0

仿真中用到的其他参数如下所述:ISAR 的发射波长为 10μm,带宽为 150GHz,脉宽为 200μs,距离向采样点数为 512,成像时间为 0.6936s,共积累 1734 个脉冲,总积累角为 0.005rad,对应的方位分辨率为 0.001m。成像中的平动补偿采用最小熵包络对齐法。目标点散射模型如图 4.10 所示,其中,用箭头指出的两散射点的距离向间隔为 0.002m,即 2 个距离分辨单元。

图 4.11(a)~(c)分别为成像期间空间目标到 ISAR 的相对距离、径向速度和姿态转角变化曲线。可见,在成像期间目标相对雷达的径向速度是近似线性变化

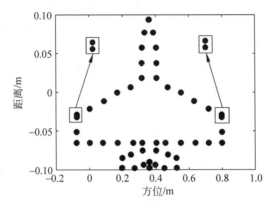

图 4.10　目标散射点模型

的,可认为是匀加速运动。同时,目标相对 ISAR 的姿态转角也近似为线性变化,即可认为目标的等效转动是匀速的,因此可直接用 DFT 实现方位成像。

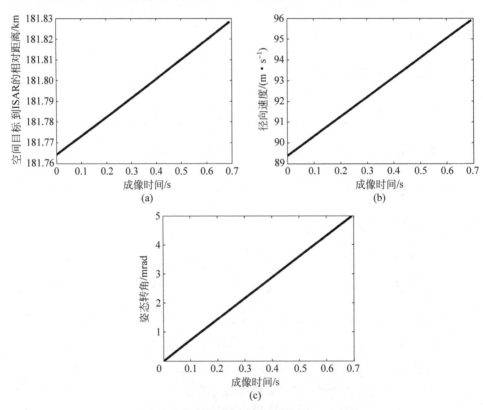

图 4.11　成像期间目标相对 ISAR 的运动曲线

(a) 相对距离变化曲线;(b) 径向速度变化曲线;(c) 姿态转角变化曲线

当仿真中的信噪比 SNR=10dB 且为外差接收时,加入了 0.1m/s 的速度误差和随机变化的测量误差,测量误差的变化范围为±20 个距离单元。图 4.12 为对目标的距离成像仿真结果,其中,图 4.12(a)为外差接收后的二维距离像,图 4.12(b)为第 867 个回波脉冲的一维距离像。可见,由于径向运动的影响,目标存在严重的距离像展宽和谱峰分裂。图 4.12(c)为利用基于 FrFT 的距离成像方法并经包络对齐后的二维像,图 4.12(d)为第 867 个回波脉冲的一维距离像,此时距离像展宽和谱峰分裂的现象已被有效补偿。

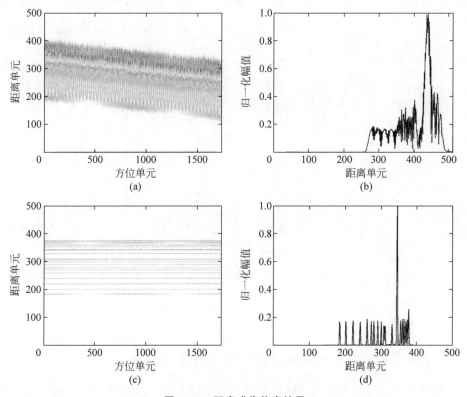

图 4.12　距离成像仿真结果

(a) 外差接收后的二维距离像;(b) DFT 压缩后的一维距离像;(c) FrFT 压缩及包络对齐处理后的二维距离像;(d) FrFT 压缩后的一维距离像

图 4.13 为二维成像结果。其中,图 4.13(a)为利用传统距离-多普勒(RD)算法的成像结果,图中目标距离像存在严重的展宽,可见传统 RD 算法无法适用;图 4.13(b)采用了 FrFT 进行距离压缩,但没有校正 MTRC,可见处于横向最右侧的两个目标点重合,无法分辨;图 4.13(c)为利用本节方法进行距离压缩,并用楔石形变换校正 MTRC 后的图像,图中最右侧的两个点已明显分离,说明 MTRC 得到了很好的补偿。可见,采用本节所提方法,可消除空间目标运动带来的色散效应,并能够补偿 MTRC,最终实现对目标的二维 ISAR 高分辨率成像。

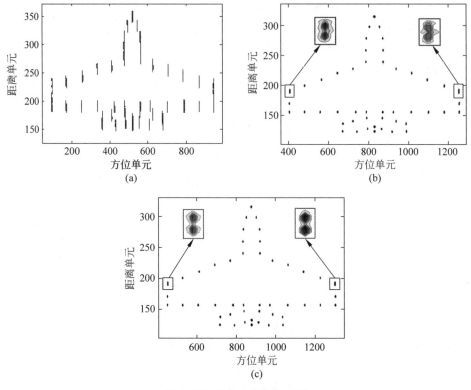

图 4.13　二维成像仿真结果
(a) RD 二维成像结果；(b) FrFT 距离成像，未补偿 MTRC；
(c) FrFT 距离成像，采用楔石形变换补偿 MTRC

4.2.6　实测数据距离像速度补偿与成像试验

利用某频段空间目标的 ISAR 实测数据，进一步验证了相关距离像速度补偿方法的有效性。该频段空间目标的 ISAR 特性测量雷达信号带宽大，探测的目标运动速度快，测量所得的宽带目标特性数据具有如下特点：

（1）探测距离远，回波信噪比低；

（2）目标运动速度快，雷达带宽大、工作频段高，回波信号距离像色散效应明显，距离像散焦严重；

（3）空间目标姿态运动复杂，回波强度动态变化明显，动态范围大。

数据处理的关键主要集中在高精度运动参数估计和高精度运动补偿处理两方面。针对相关问题，利用基于 FrFT 的距离像速度补偿方法，完成了回波数据的高精度补偿处理，获得了清晰的目标 ISAR 影像。其中，利用 FrFT 估计所得的各脉冲回波的分数阶数分布如图 4.14 所示，距离像速度补偿前后的对比见图 4.15。

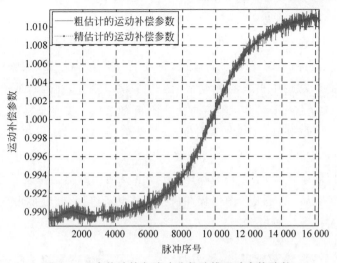

图 4.14 盲估计的各脉冲分数阶傅里叶变换阶数

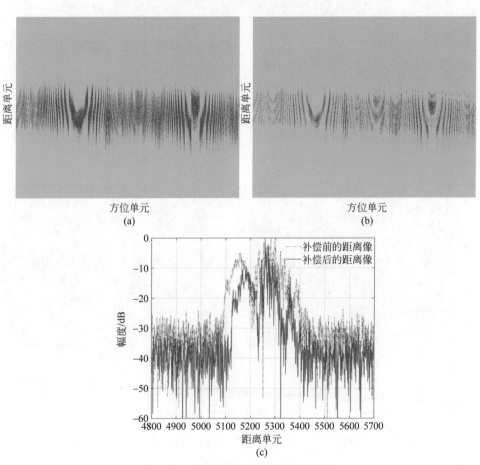

图 4.15 距离像速度补偿前后的对比

(a) 速度补偿前距离像；(b) 速度补偿后距离像；(c) 速度补偿前后的距离像对比

由图 4.15 可知,速度补偿前,雷达回波的距离像(竖向)存在明显的展宽效应,而且能量散布严重,目标散射中心并未完全聚焦(表现为图像上竖向的模糊),相互之间能量混淆、叠掩严重;经过多普勒展宽补偿后,雷达回波的距离像(图 4.15(c))存在的能量散布、散射中心散焦、能量混淆等现象明显消失,补偿效果较好。

图 4.16 表明经过运动补偿,不同脉冲的距离像(竖向)完全实现了对齐(横向看),处于同一个距离单元(竖向不同位置)的散射中心雷达响应实现了对齐,便于方位向(横向)对其实施统一的聚焦处理。图 4.17 的 ISAR 成像结果正确地反映了目标的结构信息,成像结果比较清晰,目标主要结构的雷达散射特性清楚,随观测角度的变化明显,部分视角图像存在目标本体自身遮挡,部分视角雷达图像存在比较明显的多径散射效应。

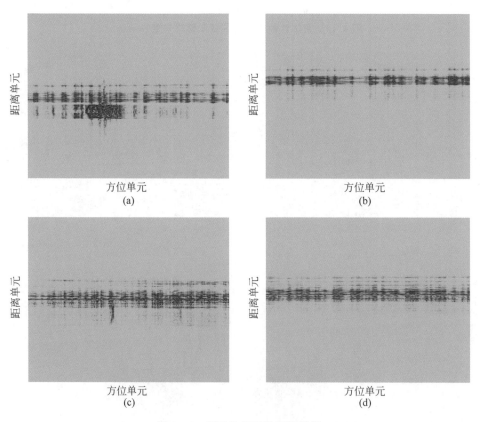

图 4.16　运动补偿后的回波数据

(a) 回波时段 1;(b) 回波时段 2;(c) 回波时段 3;(d) 回波时段 4

采用相同的技术思路,某空间目标 4 个子孔径(时段)的 ISAR 成像结果如图 4.18 所示,进一步证明了处理方法的有效性。

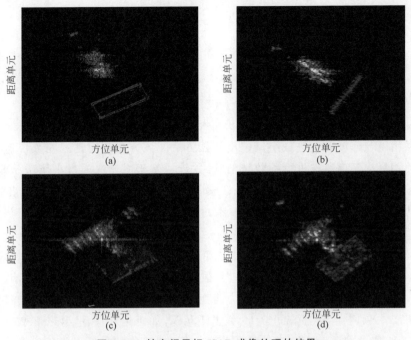

图 4.17 某空间目标 ISAR 成像处理的结果

（a）回波时段 1；（b）回波时段 2；（c）回波时段 3；（d）回波时段 4

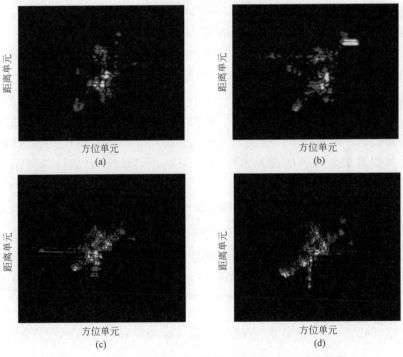

图 4.18 某空间目标 4 个子孔径（时段）的 ISAR 成像结果

（a）回波时段 1；（b）回波时段 2；（c）回波时段 3；（d）回波时段 4

4.3　基于频谱最小熵的距离像速度补偿

4.3.1　补偿原理

针对速度补偿方法的高估计精度和大数据处理能力的需求,本节提出一种兼顾补偿精度与速度的改进最小熵速度补偿方法。该方法利用延迟相乘快速定位,而后使用最小频谱熵法进行参数精估计,并针对基于牛顿法的最小熵法易收敛至局部最小熵的问题,提出了基于二分搜索-牛顿法的改进方法。研究结果表明:所提方法的补偿精度接近小步长 FrFT 法,且耗时更短,能够满足大带宽高速目标运动补偿的要求。

速度补偿是 ISAR 成像的重要组成部分,其通过将运动调制回波视为线性调频信号,利用接收的回波估计调频率,并根据估计的调频率构造相位补偿函数进行补偿。常用的调频率估计方法可分为两大类。①相关法,其基本原理为通过相关处理将二次项降阶,从而转化为频率估计问题,如延迟相关法、Radon-Wigner 变换、修正维格纳准概率变换等。相关法通过降阶处理有效降低了估计的复杂度,但其同时也引入了交叉项问题。吕变换是 Lv Xiaolei 于 2011 年提出的一种相关变换,其将线性调频信号投射到中心频率-调频率域 (centroid frequency-chirp rate, CFCR),从而得到调频率的估计值。该方法所产生的交叉项幅值不仅受自项的影响,还受自项位置的影响,因而可以有效抑制交叉项,提高估计精度。②匹配法,通过匹配二次项相位获得最小代价函数,如匹配傅里叶变换、调频傅里叶变换和二次相位函数法等,常用的代价函数包括峰值、熵和对比度等。匹配法是一种线性处理,不会引入交叉项,但代价函数的优化通常计算量较大,且受所搜范围、搜索步长的影响较大。分数阶傅里叶变换是一种线性时频分析方法,不存在交叉项,且具有极强的能量聚集性。随着其离散算法研究的不断深入,其计算复杂度不断降低。

高速目标运动模型如图 4.19 所示,假设雷达坐标为 $(U_r, V_r, 0)$,目标参考点初始坐标为 (U_t, V_t, h),目标速度为 $\boldsymbol{v}$,$|\boldsymbol{v}| = v$,其径向分量为 $\boldsymbol{v}_s$,$|\boldsymbol{v}_s| = v_s$。令目标参考点与雷达的初始距离为 $\boldsymbol{R}_0$,则 $|\boldsymbol{R}_0| = \sqrt{(U_t - U_r)^2 + (V_t - V_r)^2 + h^2}$,$t$ 时刻目标运动过程中参考点与雷达的瞬时距离为 $\boldsymbol{R}$,$|\boldsymbol{R}| = |\boldsymbol{R}_0| + v_s t$。不失一般性地假设雷达位于坐标原点,即 $U_r = V_r = 0$,则 $|\boldsymbol{R}_0| = \sqrt{U_t^2 + V_t^2 + h^2}$,$|\boldsymbol{R}| = \sqrt{U_t^2 + V_t^2 + h^2} + v_s t$。以参考点为原点构造目标坐标系 Oxy,则散射点 $p_i(x_i, y_i)$ 与雷达的瞬时距离为 $|\boldsymbol{R}_i(t)| = \sqrt{U_t^2 + V_t^2 + h^2} + v_s t + y_i \cos\theta(t) - x_i \sin\theta(t)$。

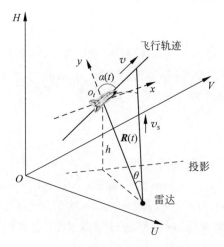

图 4.19　高速目标运动的三维示意图

通常,利用解调频方式处理得到的散射点 $p_i(x_i,y_i)$ 的回波信号为

$$s_c(t,t_m)=\mathrm{rect}\left(\frac{t-\tau_i}{T_\mathrm{p}}\right)\exp(\mathrm{j}\pi\gamma\tau_\Delta^2)\exp(-\mathrm{j}2\pi f_c\tau_\Delta)\exp\left[-\mathrm{j}2\pi\gamma\tau_\Delta(t-\tau_\mathrm{ref})\right]$$

$$(4.50)$$

其中,$\tau_i=2R_i(t_m)/c$ 为散射点回波时延,$R_i(t_m)$ 为散射点与雷达的距离,τ_ref 为参考时延。

当目标相对于雷达的径向速度 v_s 较大时,即满足 $v_s t_\mathrm{p}>\rho_\mathrm{r}$ 时(ρ_r 为距离分辨率),回波在一个脉冲持续时间内的走动距离无法忽略,此时 $R_i(t_m,\hat{t})=\sqrt{U_t^2+V_t^2+h^2}+y_i+v_s t_m+v_s t-x_i\omega t_m$,将其代入式(4.50),并令 $\bar{t}=t-\tau_\mathrm{ref}$ 可得

$$s_c(\bar{t},t_m)\approx\mathrm{rect}\left(\frac{\bar{t}-(\tau_{i\Delta}+\mu\tau_\mathrm{ref})}{T_\mathrm{p}}\right)\exp\left[-\mathrm{j}2\pi(\phi_1\bar{t}^2+\phi_2\bar{t}+\phi_3+\phi_4)\right]$$

$$(4.51)$$

其中,$\tau_{i\Delta}=\tau_{im}-\tau_\mathrm{ref}$ 为时延差慢时间项;$\tau_{im}=\tau_i-\mu t$ 为回波时延慢时间项,$\mu=2v_s/c$,且

$$\begin{cases}\phi_1=\gamma\mu(1-\mu/2)\\\phi_2=\gamma(1-\mu)(\tau_{i\Delta}+\mu\tau_\mathrm{ref})+\mu f_c\\\phi_3=f_c(\tau_{i\Delta}+\mu\tau_\mathrm{ref})\\\phi_4=-\gamma(\tau_{i\Delta}+\mu\tau_\mathrm{ref})^2/2\end{cases}$$

$$(4.52)$$

其中,二次相位项 $\phi_1\bar{t}^2$ 会产生脉内调制,展宽一维距离像;而 $\phi_2\bar{t}$ 为线性相位项,在距离频域上表现为距离像的"走动";ϕ_3 和 ϕ_4 与一维距离像无关,但会影响之后二维成像的多普勒分析过程,其中 ϕ_3 为方位成像所需的多普勒项,ϕ_4 为剩余视频

相位项。

　　为获取清晰的一维距离像,需要对二次相位项进行补偿,由式(4.51)可知,解调频处理后的目标回波信号为多个初始频率不同、调频率相同的线性调频信号之和,其调频率为$\gamma'-2\phi_1$。令目标的飞行速度为v,其与雷达初始视线夹角为α_0,则目标的等效转动角速度为

$$\omega = \frac{\boldsymbol{v} \times \boldsymbol{R}_0}{|\boldsymbol{R}_0|} = \frac{v\sin\alpha_0}{\sqrt{U_t^2 + V_t^2 + h^2}} \tag{4.53}$$

　　因而,目标相对雷达的径向速度为

$$v_s = v\cos\alpha(t) = v\cos(\alpha_0 - \omega t_m) \approx v\cos\alpha_0 + v\omega t_m \sin\alpha_0 \tag{4.54}$$

　　固定目标投影在$(U_t, V_t) = (20\text{km}, 20\text{km})$,假设$\alpha = 60°$,$B = 600\text{MHz}$,$t_p = 200\mu s$,$t_m = 0.02s$,由此可得,调频率随目标高度、速度和信号带宽的变化曲线如图4.20所示。

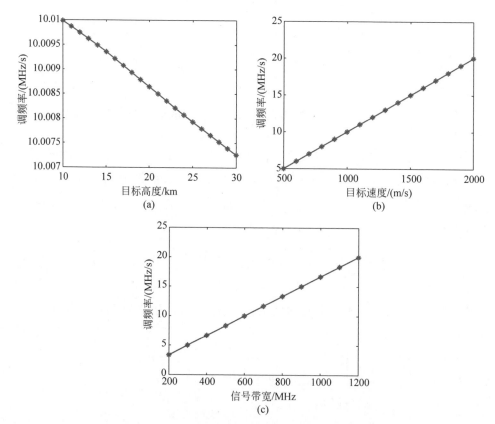

图4.20　调频率随目标高度和速度、信号带宽的变化曲线

(a) 调频率随目标高度的变化曲线;(b) 调频率随速度的变化曲线;

(c) 调频率随信号带宽的变化曲线

由式(4.52)可知,ϕ_1 在 $v_s \in (0, c/2]$ 内为递增函数。随着目标高度 h 的增大,目标等效转动角速度 ω 减小,目标相对雷达的径向速度 v_s 减小,调频率 γ' 也随之减小;而当目标高度 h 不变时,增大目标速度 v 可以增大其径向速度 v_s,从而增大调频率 γ'。又有 ϕ_1 正比于 $\gamma = \dfrac{B}{t_p}$,故随着信号带宽的增大,调频率 γ' 增大。

为补偿二次相位项,构造相位补偿函数 $s_{cmp} = \exp(j\pi\hat{\gamma}' \cdot \bar{t}^2)$,其中 $\hat{\gamma}'$ 为 γ' 的估计值,由相位补偿可得:

$$s'_c(\bar{t}, t_m) \approx \text{rect}\left[\frac{\bar{t} - (\tau_{i\Delta} + \mu\tau_{ref})}{T_p}\right]\exp[-j2\pi(\phi_2\bar{t} + \phi_3 + \phi_4)] \quad (4.55)$$

又有 $\tau_{i\Delta} \approx 2(\sqrt{U_t^2 + V_t^2 + h^2} - R_{ref} + vt_m + x_i\omega t_m + y_i)/c$,故 $s'_c(\bar{t}, t_m)$ 经快时间傅里叶变换、RVP 项补偿、包络对齐和初相校正、慢时间傅里叶变换后并忽略无关项,可得

$$s'_c(f_j, f_d) = \text{sinc}[T_p(f_j + \phi_{20})] \cdot \text{sinc}\left[T_m\left(f_d + \frac{x_i\omega}{2\lambda}\right)\right] \quad (4.56)$$

其中,ϕ_{20} 为 $t_m = 0$ 时刻 ϕ_2 的值。

综上可知,高速目标 ISAR 成像的关键在于对高速运动产生的二次相位项进行补偿。

4.3.2　基于频谱最小熵的补偿方法

高速目标回波可建模为多分量线性调频信号之和,这些分量的初始频率不同、调频率相同,故回波可简化为

$$s_{target}(t, t_m) = \sum_{i=1}^{P} \exp(j2\pi f_{0i}t + j\pi\gamma t^2) \cdot \exp[j\theta(i, t_m)] \quad (4.57)$$

其中,P 为分量个数,f_{0i} 为各分量初始频率,γ 为调频率,$\exp[j\theta(i, t_m)]$ 为慢时间多普勒相位。为得到目标的一维距离像,需补偿 s_{target} 中快时间 t 的二次项,而后沿 t 做傅里叶变换,即

$$S_{profile}(f_j, t_m) = \int s_{target}(t, t_m) \cdot \exp(-j\pi\hat{\gamma}t^2)\exp(-j2\pi f_j t)dt$$

$$= \sum_{i=1}^{P} \exp[j\theta(i, t_m)]\int \{\exp[-j2\pi(f_j - f_{0i})t + j\pi(\gamma - \hat{\gamma})t^2]\}dt \quad (4.58)$$

其中,$\hat{\gamma}$ 为 γ 的估计值。

当 $\hat{\gamma} = \gamma$ 时,式(4.58)可简化为

$$S_{profile}(f_j, t_m) = \sum_{i=1}^{P} \exp[j\theta(i, t_m)]\delta(f_j - f_{0i}) \quad (4.59)$$

对于 γ 的估计,相关法快速简单,但会引入交叉项,影响估计精度;匹配法为

线性处理方法,不会引入交叉项,但代价函数的优化通常计算量较大,且受所搜范围、搜索补偿的影响较大。后文将两者相结合,利用延迟相乘快速定位,再使用最小频谱熵法进行精估计,能够有效提高估计精度和估计速度。

1. 粗补偿：延迟相乘

离散化式(4.57),得

$$s_{\text{target}}(n,m) = \sum_{i=1}^{P} \exp(j2\pi f_{0i}nT_s + j\pi\gamma n^2 T_s^2) \cdot \exp[j\theta(i,mT_{\text{PRF}})] \tag{4.60}$$

其中,T_{PRF} 为脉冲重复间隔。

将信号与延迟共轭相乘,可得

$$
\begin{aligned}
s_{\text{NEW}}(n,\tau_0,m) &= s_{\text{target}}(n,m) \cdot s_{\text{target}}^*(n,\tau_0,m) \\
&= \sum_{i=1}^{P}\sum_{l=1}^{P}\left\{
\begin{array}{l}
\exp[j2\pi(f_{0i}-f_{0l})nT_s + j2\pi\gamma n\tau_0 T_s^2] \times \\
\exp(j2\pi f_{0l}\tau_0 T_s - j\pi\gamma\tau_0^2 T_s^2) \times \\
\exp[-j\theta(l,mT_{\text{PRF}})]\exp[j\theta(i,mT_{\text{PRF}})]
\end{array}
\right\}
\end{aligned}
\tag{4.61}
$$

其中,τ_0 为延迟点数。

对 $s_{\text{NEW}}(n,\tau_0,m)$ 沿 n 做傅里叶变换,由辛格函数的 3dB 带宽可知,谱线为 $k_{\text{peak}} = N(f_{0i}-f_{0l})T_s$(假谱峰)或 $k_{\text{peak}} = N\gamma\tau_0 T_s^2$(真谱峰)。令 $\hat{\gamma} = \dfrac{k_{\text{peak}}}{N\tau_0 T_s^2}$,代入相位补偿函数 $s_{\text{cmp}}(n) = \exp(-j\pi\hat{\gamma}n^2 T_s^2) = \exp[-j\pi n^2 k_{\text{peak}}/(N\tau_0)]$ 得：

$$s'_{\text{target}}(n,m) = \sum_{i=1}^{P}\exp\left[j2\pi f_{0i}nT_s + j\pi n^2\left(\gamma T_s^2 - \frac{k_{\text{peak}}}{N\tau_0}\right)\right] \cdot \exp[j\theta(i,mT_{\text{PRF}})] \tag{4.62}$$

当 $k_{\text{peak}}/(N\tau_0) = \gamma T_s^2$ 时,$s'_{\text{target}}(n,m)$ 的频谱熵最小；当 $k_{\text{peak}} = N(f_{0i}-f_{0l})T_s$ 时,$s'_{\text{target}}(n,m)$ 的频谱熵较大；故由频谱熵可以区分真假谱线。

由谱线 $k_{\text{peak}} = Nb\tau_0 T_s^2$ 可知,信号的调频率估计值 $\hat{b} = k_{\text{peak}}/(N\tau_0 T_s^2)$,又 $k = -N/2:1:N/2-1$,故该方法的估计范围为 $\Delta\hat{b} = [-1/(2\tau_0 T_s^2), 1/(2\tau_0 T_s^2)]$,估计分辨率为 $\rho\hat{b} = 1/(N\tau_0 T_s^2)$,平均估计误差为 $\delta\hat{b} = \dfrac{1}{4N\tau_0 T_s^2}$。$\tau_0$ 越小,估计范围 $\Delta\hat{b}$ 越大,但估计分辨率 $\rho\hat{b}$ 及估计误差 $\delta\hat{b}$ 也同时增大；τ_0 越大,越易获得较优的估计分辨率 $\rho\hat{b}$ 和估计误差 $\delta\hat{b}$,但可估计范围 $\Delta\hat{b}$ 也随之变小。常用的 τ_0 取 $0.4N$。

由于相位补偿项 $s_{\text{cmp}}(n)$ 仅与信号长度 N、信号谱线位置 k_{peak} 和所设延迟点数 τ_0 有关,无须信号采样率、载频、带宽等先验信息,此方法为盲补偿方法。由前文分析可知,该方法的估计分辨率为 $\rho\hat{b}=\dfrac{1}{N\tau_0 T_s^2}$,为获得较大的估计范围,$\tau_0$ 通常取值较小,此时误差较大。为此,可采用最小熵准则法进行精补偿。

2. 精补偿:最小熵法

对 $s_{\mathrm{LFM}}(t)$ 能量归一化后做傅里叶变换,得到的信号频谱为

$$S_{\mathrm{LFM}}(f) \approx \sqrt{\frac{1}{BT_{\mathrm p}}}\,\mathrm{rect}\!\left(\frac{f-a}{B}\right)\exp\!\left[-\mathrm j\pi\,\frac{(f-a)^2}{b}+\mathrm j\,\frac{\pi}{4}\right], \quad BT_{\mathrm p}\gg 1$$

$$(4.63)$$

信号频谱熵的定义为

$$H = -\sum_f \frac{|S_{\mathrm{LFM}}(f)|^2}{I}\log\frac{|S_{\mathrm{LFM}}(f)|^2}{I}$$

$$= -\frac{1}{I}\sum_f |S_{\mathrm{LFM}}(f)|^2\log|S_{\mathrm{LFM}}(f)|^2 + \log I \qquad (4.64)$$

其中,$I = \sum_f |S_{\mathrm{LFM}}(f)|^2 = \sum_t |s_{\mathrm{LFM}}(t)|^2$ 为信号能量,为常量。

故上式可简化为

$$H' = -\sum_f |S_{\mathrm{LFM}}(f)|^2\log[|S_{\mathrm{LFM}}(f)|^2] \qquad (4.65)$$

得到

$$H' = \sum_f \mathrm{rect}\!\left(\frac{f-a}{B}\right)\frac{1}{BT_{\mathrm p}}\log(BT_{\mathrm p}) \approx \frac{1}{T_{\mathrm p}}\log(|b|\cdot T_{\mathrm p}^2) \qquad (4.66)$$

当 $T_{\mathrm p}$ 一定时,H' 随着 $|b|$ 的增大而增大,如图 4.21 所示,b 越趋近于 0,熵越小。当 $\hat{\gamma}$ 趋近于 γ 时,$b=(\gamma-\hat{\gamma})$ 趋近于 0,熵趋近于最小值,故可通过最小熵准则来估计 γ。

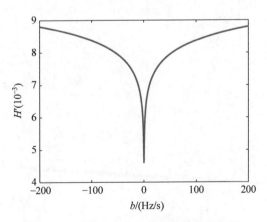

图 4.21 调频率与信号频谱熵的关系曲线

由于单分量线性调频信号的频谱熵为凸函数,可以利用牛顿迭代搜索法得到

频谱熵函数的极小值。

令 $d = \gamma T_s^2$ 并忽略无关项，则可得

$$s_{\text{target}}(n,m) = \sum_{i=1}^{P} \exp(j2\pi f_{0i} n T_s + j\pi d n^2) \tag{4.67}$$

构建相位补偿函数 $s_{\text{cmp}}(n) = \exp(-j\pi \hat{d} n^2)$，可得

$$z(n) = \sum_{i=1}^{P} \exp[j2\pi f_{0i} n T_s + j\pi(d - \hat{d})n^2] \tag{4.68}$$

计算得 $z(n)$ 的频谱熵为

$$
\begin{aligned}
H'|_{z(n)} &= -\sum_{k=0}^{N-1} |Z(k)|^2 \log[|Z(k)|^2] \\
&= -\sum_{k=0}^{N-1} Z(k)Z^*(k) \log[Z(k)Z^*(k)]
\end{aligned} \tag{4.69}
$$

其中，$Z(k)$ 为 $z(n)$ 的频谱。

以频谱熵为代价函数，使用牛顿法进行精估计，其迭代公式为

$$\hat{d}_{r+1} = \hat{d}_r - F(\hat{d}_r)^{-1} G(\hat{d}_r) \tag{4.70}$$

其中，r 为迭代次数；$F(\hat{d}_r)$ 为二阶导数；$G(\hat{d}_r)$ 为一阶导数，且

$$G(\hat{d}_r) = \frac{dH'}{d\hat{d}}\Big|_{\hat{d}=\hat{d}_r} = -\sum_{k=0}^{N-1} 2\mathrm{Re}\left\{\frac{\partial Z(k)}{\partial \hat{d}} Z^*(k)\right\} \{1 + \ln[Z(k)Z^*(k)]\}\Big|_{\hat{d}=\hat{d}_r} \tag{4.71}$$

$$
\begin{aligned}
F(\hat{d}_r) &= \frac{d^2 H'}{d\hat{d}^2}\Big|_{\hat{d}=\hat{d}_r} \\
&= -\sum_{k=0}^{N-1} \left\{ \frac{4\left[\mathrm{Re}\left\{\frac{\partial Z(k)}{\partial \hat{d}} Z^*(k)\right\}\right]^2}{|Z(k)|^2} + \{1 + \ln[Z(k)Z^*(k)]\} \cdot 2\mathrm{Re}\left\{\left|\frac{\partial Z(k)}{\partial \hat{d}}\right|^2 + \frac{\partial^2 Z(k)}{\partial \hat{d}^2} Z^*(k)\right\} \right\}\Big|_{\hat{d}=\hat{d}_r}
\end{aligned} \tag{4.72}
$$

其中，

$$\frac{\partial Z(k)}{\partial \hat{d}} = \sum_{n=0}^{N-1} (-j\pi n^2) z(n) \exp\left(\frac{-j2\pi nk}{N}\right) \tag{4.73}$$

$$\frac{\partial^2 Z(k)}{\partial \hat{d}^2} = \sum_{n=0}^{N-1} (-\pi^2 n^4) z(n) \exp\left(\frac{-j2\pi nk}{N}\right) \tag{4.74}$$

以粗补偿中的估计值为初始值，利用牛顿迭代算法，可以有效收敛至频谱熵的极小值点，从而达到精补偿的效果。

3. 局部最小值陷阱

由式(4.71)和式(4.73)可得精补偿过程中的频谱熵一阶导数为

$$\frac{\mathrm{d}H'}{\mathrm{d}\hat{d}} = -2\mathrm{Im}\left\{\sum_{n=0}^{N-1}\pi n^2 z(n)\sum_{k=0}^{N-1}\{1+\ln[Z(k)Z^*(k)]\}Z^*(k)\exp\left(\frac{-\mathrm{j}2\pi nk}{N}\right)\right\}$$

$$(4.75)$$

令 $\mathrm{d}H'/\mathrm{d}\hat{d}=0$，可得

$$\sum_{k=0}^{N-1}[1+\ln|Z(k)|^2]\mathrm{Im}\left\{\begin{array}{l}\left[\sum_{n=0}^{N-1}n^2\sum_{i=1}^{P}\exp\left[\mathrm{j}\pi\left(2f_{0i}T_s n-\frac{2k}{N}n+(d-\hat{d})n^2\right)\right]\right]\times\\ \left[\sum_{l=0}^{N-1}\sum_{i=1}^{P}\exp\left[-\mathrm{j}\pi\left(2f_{0i}T_s I-\frac{2k}{N}I+(d-\hat{d})I^2\right)\right]\right]\end{array}\right\}=0$$

$$(4.76)$$

可见，精补偿过程中的频谱熵存在多个极小值点，因而在利用牛顿法迭代收敛时，若粗补偿估计值落入非最小值点所在的波谷中，则需将其收敛到局部最小值点，如图 4.22 所示。

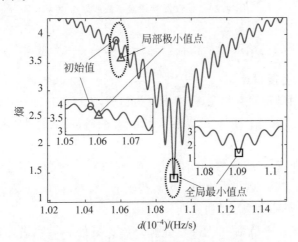

图 4.22　信号频谱熵的极小值点与最小值点

为此，提出一种二分搜索-牛顿法(binary search-Newton method, BSNM)，该方法利用粗补偿估计得到初始点，以粗补偿估计分辨率为搜索范围，利用二分法，以牛顿迭代得到的极小值点作为梯度方向，线性搜索频谱熵曲线的最小点，如图 4.23 所示。

综上所述，基于最小熵准则的高速目标 ISAR 成像运动补偿方法的步骤如下。

第 1 步，设定合理延迟量 τ_0，利用补偿后的频谱熵判断含调频率的真实谱峰 k_{peak}，得到 d 的粗估计值 $d=\dfrac{k_{\text{peak}}}{N\tau_0}$；

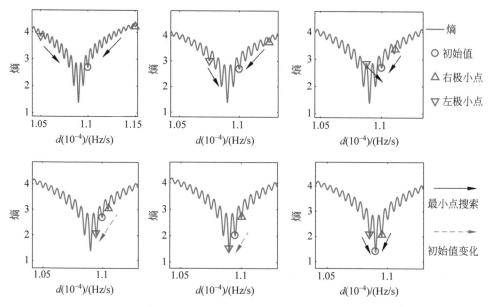

图 4.23　线性搜索频谱熵曲线最小点

第 2 步，以 d 为初始点 d_{ini}，粗补偿估计分辨率 $\dfrac{1}{N\tau_0}$ 为搜索范围 r_d，取左搜索点 $d_{\text{left}}=d-r_d$，右搜索点 $d_{\text{right}}=d+r_d$；

第 3 步，分别以初始点和左、右搜索点为初值，进行牛顿法迭代，分别获得局部最小值点 d'_{ini}、d'_{left}、d'_{right}，按照公式推导构造相应补偿函数并计算补偿后的频谱熵 E'_{ini}、E'_{left}、E'_{right}；

第 4 步，判断 E'_{ini}、E'_{left}、E'_{right} 的大小，若 E'_{ini} 最小，初始点 d_{ini} 不变，搜索范围 $r_d=\lambda r_d(0.5\leqslant\lambda<1)$；若 E'_{left} 最小，搜索范围 r_d 不变，初始点 $d_{\text{ini}}=d_{\text{ini}}-r_d$；若 E'_{right} 最小，搜索范围 r_d 不变，初始点 $d_{\text{ini}}=d_{\text{ini}}+r_d$；

第 5 步，判断搜索范围 r_d 是否满足循环终止条件 $r_d<\xi$，若不满足，则循环执行第 2～5 步；若满足，则输出 d'_{ini}；

第 6 步，将 d'_{ini} 代入公式进行运动补偿。

4.3.3　实验验证与分析

为验证所提补偿方法的有效性，从线性调频信号参数的估计性能和高速目标 ISAR 成像运动补偿效果两方面进行仿真实验。

1. 仿真 1：线性调频信号的参数估计

假设信号的初始频率分别为 90Hz、100Hz、101Hz、105Hz 和 110Hz，持续时长为 2s，调频率为 50Hz，采样频率为 400Hz，幅度 $A=1$，同时加入均值为 0、方差为

σ^2 的高斯白噪声,信噪比为 $\mathrm{SNR} = 10\lg\left(\dfrac{A^2}{\sigma^2}\right)$。在不同信噪比下,所提算法与分数阶傅里叶变换(FrFT)、吕变换(LVT)、最小熵等传统算法的性能对比如图 4.24 所示。为衡量估计值与真值的偏差,常使用均方根误差(RMSE),其定义为

$$\mathrm{RMSE} = \sqrt{\frac{1}{N}\sum_{t=1}^{N}(\hat{d}_t - d)^2} \tag{4.77}$$

其中,$\hat{d}_t$ 为 d 的估计值。

图 4.24 为不同算法的 RMSE 和耗时变化曲线,蒙特卡罗仿真次数为 500 次。最小熵准则的估计方法为有偏估计,当 $\mathrm{SNR} > -5\mathrm{dB}$ 时,其 RMSE 估计性能优于克拉美罗界(cramer-rao lower bound,CRLB)。

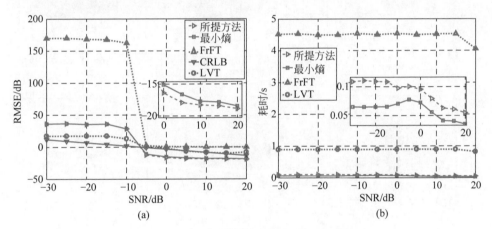

图 4.24　不同估计算法的 RMSE 和耗时变化曲线
(a) RMSE 曲线;(b) 耗时曲线

2. 仿真 2:高速目标 ISAR 成像运动补偿

经过多年的研究发展,高速目标运动补偿方法的估计精度都已接近克劳美罗界,在处理一般数据时性能相差不大。但随着高频段微波成像技术的发展,大带宽信号在提高分辨率的同时也面临高精度参数估计和大数据量处理的难题。

为验证所提方法在兼顾补偿精度与速度方面的有效性,利用实测数据进行了对比试验。该数据矩阵的大小为 300×10020(脉冲数×距离单元数),且未提供相关参数先验知识,即信号采样率、载频、带宽和雷达工作参数均未知,目标运行速度大约为第一宇宙速度 7900m/s。利用 FrFT(不同搜索步长 10.2、10.3、10.4)、LVT、最小熵法(不同收敛阈值 10.4、10.5、10.6)及所提方法(不同收敛阈值 10.6、10.7、10.8)对数据进行处理后,所成图像如图 4.25 所示。图像的各项指标如表 4.3 所示。

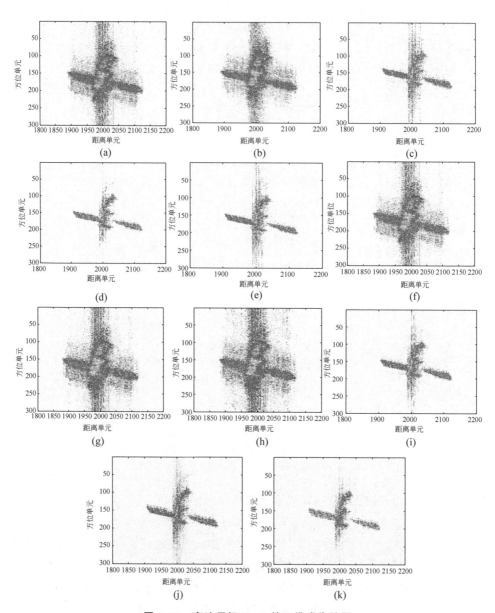

图 4.25　高速目标 ISAR 的二维成像结果

（a）RD；（b）FrFT（步长：10.2）；（c）FrFT（步长：10.3）；（d）FrFT（步长：10.4）；（e）LVT；（f）最小熵法（阈值：10.4）；（g）最小熵法（阈值：10.5）；（h）最小熵法（阈值：10.6）；（i）所提方法（阈值：10.6）；（j）所提方法（阈值：10.7）；（k）所提方法（阈值：10.8）

表 4.3 不同补偿方法所成图像的图像指标

方 法		图像熵	等效视数	平均梯度	距离向峰值旁瓣比/dB	方位向峰值旁瓣比/dB	补偿耗时/min
FrFT	RD	9.9244	0.0480	1658	1.85	3.74	
	10.2	9.9024	0.0471	1686	1.85	6.09	24.32
	步长 10.3	9.1827	0.0229	1846	7.23	8.16	243.6
	10.4	**8.9953**	**0.0193**	**1987**	**11.27**	10.24	2350
最小熵法	LVT	*9.0959*	*0.0206*	*1930*	10.09	2.95	504.5
	10.4	9.9245	0.0480	1658	3.75	6.31	0.13
	阈值 10.5	9.9149	0.0482	1662	2.70	4.70	2.41
	10.6	10.0106	0.0494	1676	4.72	2.06	5.31
所提方法	10.6	9.2825	0.0331	1859	9.33	3.93	4.72
	阈值 10.7	9.2680	0.0322	1880	9.78	4.75	7.11
	10.8	9.1915	0.0257	1914	*10.26*	*9.97*	9.10

注：黑体表示最优值，黑斜体表示次优值

由结果可知，由于处理数据急剧增大，小步长的 FrFT 和 LVT 虽然补偿效果较好，但补偿耗时难以接受。最小熵法耗时最短，但收敛至局部最小值，补偿效果较差。本节所提方法能够在较短时间内完成高速目标的速度补偿，获得清晰的目标图像。

4.4 距离像包络对齐的基本方法和原理

运动目标相对于雷达的运动可以分解为平动和转动两个分量，如能设法补偿平动分量，将目标上某一特定参考点移至转台轴心，则对运动目标成像就简化为转台目标成像。当目标在较远距离平稳飞行时，即相当于进行匀速平台转动的转台目标。

平动补偿是将运动目标上的某一特定参考点通过平动补偿移到转台的轴心，这一参考点可以是真实的，也可以是虚拟的。若发射信号为 $s(\hat{t})\mathrm{e}^{\mathrm{j}2\pi f_0 t}$（其中，$s(\hat{t})$ 为复包络，f_0 为载波频率），则参考点的子回波为 $s_r(\hat{t}-\tau)\mathrm{e}^{\mathrm{j}2\pi f_0(t-\tau)}$（其中，$\tau$ 为回波延时），$s_r(t)$ 与 $s(t)$ 相比，仅仅是复幅度产生了变化。将该子回波转换到基频，其基带信号为 $s_r(\hat{t}-\tau)\mathrm{e}^{\mathrm{j}2\pi f_0\tau}$。因此，平动补偿可以分两步进行：第一步是包络对齐，即把移动目标的复包络（复距离像）对齐排列成以慢时间为横坐标的矩形平面；第二步是初相校正，即把变化的初相 $2\pi f_0\tau$ 校正为 0 或某一常数。下面分别介绍两大步骤的关键原理。

4.4.1 距离质心跟踪法

对于离散信号 $S=[s_1,s_2,\cdots,s_k]$，质心由下式定义：

$$\text{Centroid} = \frac{\sum_{k=1}^{K} k \cdot s_k}{\sum_{k=1}^{K} s_k} \qquad (4.78)$$

其中,信号由一系列(K 个)样本表示。

当使用距离质心跟踪法时,首先需要确定距离像是否集中。如果不集中,则应循环移位,使其集中。

根据各脉冲的距离像的质心距离可估计距离随时间的变化历程,估计的距离是时间的函数 $R(t)$。该距离函数用于补偿 $s_R(t)$ 中从一个脉冲到另一个脉冲的距离偏移,使得目标运动导致的无关相位项 $\exp\left[-\mathrm{j}4\pi f\dfrac{R(t)}{c}\right]$ 可以被精确去除。因此,目标的 ISAR 图像可以简单地通过对距离补偿信号进行傅里叶逆变换来获得:

$$\text{IM} = \text{IFT}\left\{ s_R(t) \cdot \exp\left[\mathrm{j}4\pi f\frac{R(t)}{c}\right] \right\} \qquad (4.79)$$

4.4.2　相邻相关法

包络对齐是对整个目标进行的,一般要求对齐误差不大于 $\dfrac{1}{8}$ 个分辨单元。包络对齐既可以用目标的复包络,也可用目标的实包络,实包络应用更多。

实际目标的距离像包络沿方位(相当于慢时间)的变化相对缓慢。对相邻两次回波,目标的转角一般小于 $0.01°$,由此引起的散射点走动是很小的,即相邻两次回波中的距离像变化也很小,它们的实包络十分相似(其互相关系数一般达 0.95 以上)。可以想像,采用互相关法以其峰值相对应的延迟作补偿,可使相邻实包络实现很好的对齐。若相邻两次回波的实包络分别为 $u_1(t)$ 和 $u_2(t)$,则互相关函数为

$$R_{12}(\tau) = \int u_1(\hat{t}) u_2(\hat{t}-\tau)\mathrm{d}\tau \qquad (4.80)$$

对 τ 进行搜索,计算其峰值相对应的延迟即可实现两个脉冲对应的距离像包络的对齐。

需要指出的是,上式是以连续时间描述的,而实际雷达信号是以离散时间采样的,采样间隔一般稍小于脉冲压缩后的脉冲宽度。包络对齐精度要求达到 $\dfrac{1}{8}$ 个距离分辨单元,所以在求互相关函数时,通常将时间离散值作 8 倍的插值处理。然后,将目标距离像的实包络序列用上述相邻相关法逐个对齐,并作横向排列。利用相邻相关法对齐,在多数情况下可以获得好的结果。但是相邻相关法也存在一些问题,主要有两个方面:一是会产生包络漂移,虽然相邻相关法误差很小,但用以成像的回波数通常达数百次(如 256 次),很小的误差通过积累有可能出现大的漂移;二是会产生突跳误差,在正常情况下,相邻回波的实包络是十分相似的,但在

实测数据中多次发现突然有一次或两三次回波发生异常,实包络波形明显变化,虽然后续回波又恢复正常,但相邻相关法只是以当前回波脉冲的前一次回波为基准,此时由相邻相关法得到的延迟补偿会有较大误差,从而造成包络突跳。

4.4.3　基准距离像相关法

包络对齐是 ISAR 成像的基础,容许约 $\frac{1}{8}$ 个距离分辨单元误差是对整个成像孔径内所有回波脉冲而言的。可见,只追求相邻包络对齐最好的相邻相关法不是一种整体最优的方法,距离像包络对齐更应保证整体距离像的对齐精度满足高精度成像的要求。

基于上述思想,各次脉冲的距离像如果能对一个统一的基准(例如成像孔径时段内所有脉冲回波实包络的平均距离像)作对齐处理,则整体对齐精度会明显提高。这时,即使有一两次异常回波也不会影响太大(当用数百次回波通过傅氏积分处理,一两次不正常不会产生大的影响)。但是,统一的距离像对齐基准很难得到,前文所述的平均距离像在包络对齐后才能得到,而不可能在对齐之前凭空产生。这里介绍的基准距离像相关法是一种较简易的方法,其距离像包络对齐的成功率较相邻相关法大大提高。

基准距离像相关法对某次包络作对齐时避免只用它前面相邻的一次脉冲回波作为基准,而是对它前面的许多次已对齐的所有包络加权求和。可以想象,当前面已有许多次回波作了对齐处理,用这种求和基准相关时,各次的相关基准基本相同,包络漂移现象可基本消除。即使出现一两次异常回波,只要前面的回波足够多,对求和基准的影响也是不大的。

为了避免在对齐操作开始不久即出现异常回波而对最终结果产生大的影响,通常可在对齐完成后再反向进行一次对齐操作,即以第一次全部回波的求和为基准对最后一次回波作相关延迟补偿,用求和基准相关逐个向前推,直至反向对齐至第一个回波。当然,在实际应用中,通常不需要反向对齐操作,对齐完成后已能得到较好的结果。

如果对对齐结果不够满意,还可对所得对齐结果取平均值,以该平均像为基准对各次回波再次作对齐处理,结果会明显改善。

4.4.4　距离像包络对齐的其他准则

1. 模-2 准则

实际上,实包络对齐还可以用其他准则。首先,将相关对齐法用信号向量空间加以说明。设能包容实包络距离像并略有余度到一定长度的距离窗,窗内有 N 个离散值,则可以将其看作一列向量:

$$U = [u_1, u_2, \cdots, u_N]^T \qquad (4.81)$$

窗所取的起点不同,向量会随之变化。

相邻两次回波实包络分别为 U_1 和 U_2,用 $U_{2\tau}$ 表示第二次回波但起点较 U_2 延迟时间 τ 的向量。于是,实包络对齐可以用信号空间两信号端点最接近时的 τ 来衡量。对 U_1 和 U_2 两向量改变 τ,比较 U_1 和 $U_{2\tau}$ 端点的空间距离,对 τ 进行搜索,以二者最接近时的 τ 作为对齐的延迟补偿。两个向量端点的空间距离显然与向量长度(信号幅值)有关,应对向量长度取归一化。若以信号空间的欧氏距离(模-2 距离)为准,则对长度归一化后的 U_1 和 $U_{2\tau}$,其欧氏距离为

$$
\begin{aligned}
|U_1 - U_{2\tau}|_2 &= \sum_{i=1}^{N} (u_{1i} - u_{2\tau i})^2 \\
&= \sum_{i=1}^{N} u_{1i}^2 + \sum_{i=1}^{N} u_{2\tau i}^2 - 2\sum_{i=1}^{N} u_{1i} u_{2\tau i} \\
&= 2(1 - u_1^T u_{2\tau}) \\
&= 2(1 - \rho_{12}(\tau))
\end{aligned}
\qquad (4.82)
$$

其中,$u_i (i=1,2,\cdots,N)$ 为向量 U 各个元素的值,$\rho_{12}(\tau)$ 为 U_1 和 $U_{2\tau}$ 的相关系数。由此可知,向量空间欧氏距离最小和相关系(函)数最大是等价的。

2. 模-1 准则

前文介绍了用模-2 距离作为延迟补偿准则,那么,是否可以用模-1 距离作为延迟补偿准则呢?因为模-1 距离的计算更加简单,这是可以考虑的,用模-1 距离较之模-2 距离在某些情况下,还能得到更好的结果。比较两种距离可知,模-2 距离有平方,大的元素在总的计算中起更大作用。有些目标,如螺旋桨飞机,除机体外还有快速转动的螺旋桨,对于螺旋桨的子回波,即使是相邻回波,其相关性也很弱。由于螺旋桨子回波只存在于向量的少数几个元素里,其扰动作用会影响对齐,但通常不会破坏成像。但如果螺旋桨回波很强,就会使包络对齐产生很大的误差。此时,若将准则由模-2 距离改为模-1 距离,则扰动分量的作用会小得多。

3. 最小熵法

最小熵法也是包络对齐的一种常用准则。这里仍以相邻回波实包络对齐为例,先将实包络信号幅度取归一化,设第一次回波和延迟 τ 后的第二次回波实包络向量分别为 $U_1 = [u_{11}, u_{12}, \cdots, u_{1N}]^T$ 和 $U_{2\tau} = [u_{2\tau 1}, u_{2\tau 2}, \cdots, u_{2\tau N}]^T$,将二者相加得到合成向量,合成向量的形状是随 τ 的改变而变化的。可以想像,当二者未对齐时,合成向量因波形的"峰"和"谷"错位相加,使合成波形"钝化"。因此,用合成向量波形的"锐化度"最大作为包络对齐的准则是一种合理的选择。

在 ISAR 中,熵函数可以用作距离对齐和相位校正的代价函数。在统计热力学中,熵是不可预测性的量度。设 S 为离散随机变量,$S = [s_1, s_2, \cdots, s_N]$,其概率分布函数为 $p(s_n) \geqslant 0$,平均值为 $E(S) = \sum_{n=1}^{N} s_n p(s_n)$。$S$ 的香农熵 $H(S)$ 的定义为

$$H(S) = -\sum_{n=1}^{N} p(s_n)\log p(s_n) \tag{4.83}$$

熵函数量化了概率分布函数 $p(s_n)$ 的不均匀性。当 $p(s_n)$ 是确定的或不可能的,即 $p(s_n)=1$ 或 0 时,香农熵最小。当所有随机变量概率相等,即 $p(s_n)=\dfrac{1}{N}=C$ 时,香农熵最大。

熵可用于评估距离像包络对齐的效果。如果距离像精确对准,所有距离像包络的求和函数应该在主要散射中心处具有尖峰。换句话说,熵函数应该达到最小值。设 S_n 为第 n 个距离像, S_{n+1} 为连续的第 $(n+1)$ 个距离像。那么香农熵函数可以改写为

$$H(S_n,S_{n+1}) = -\sum_{m=1}^{M} p(k,m) \cdot \log\{p(k,m)\} \tag{4.84}$$

其中, M 是距离剖面中距离像元的总数,概率分布函数 $p(k,m)$ 的定义为

$$p(k,m) = \frac{|S_n(m)|+|S_{n+1}(m-k)|}{\sum_{m=0}^{M-1}[|S_n(m)|+|S_{n+1}(m-k)|]} \tag{4.85}$$

其中, m 是距离单元的索引, k 是两个距离像之间的相对距离单元偏移量。因此,两个距离像之间的相对距离单元偏移 k 可以通过下式估计:

$$\hat{k} = \arg\min\{H(S_n,S_{n+1})\} \tag{4.86}$$

最小熵法允许找到这样一个最小化熵函数的 $\hat{k}$;通过移动 $\hat{k}$ 个距离单元,第 n 个距离像将与第 $(n+1)$ 个距离像对齐。为了减小距离像对齐时的累积误差,应用时可以使用平均距离像包络。

用最小熵法作包络对齐处理,同样可以获得好的效果。但是,如果只是将相邻两次回波逐个处理,其结果与相邻相关法相似,也可能出现包络漂移和突跳误差。对相关处理法的改进方法同样也适用于最小熵法。

4.5 相位校正的基本方法和原理

4.5.1 多普勒质心跟踪法

在包络对齐之后,距离像分布也更加对齐。然而,各距离单元的散射点的多普勒频率仍然没有对齐,仍然可能随方位慢时间的变化而变化,即散射点的多普勒频率是时变的,导致散射点之间的多普勒频率不是常数。因此,应该在多普勒域进行多普勒质心处理,使各距离单元之间的多普勒频率为常数。只有不同脉冲之间的多普勒频率为常数,才能保证目标成像后散射点的相对位置不发生变化,不出现散焦现象。

可在各距离单元的多普勒频域进行多普勒质心跟踪,通过多普勒质心对齐处理,使各距离单元之间的多普勒频率近似为常数。具体操作方法是对距离对齐后的各距离单元进行多普勒频域分析,得到其多普勒频谱,跟踪各距离单元的多普勒频谱质心,使其对齐在多普勒频谱中心位置。

然而,在多普勒质心处理后,距离像分布又可能变得不对齐。因此,可能需要进一步的细化处理来重新对准距离像并保持多普勒质心也对准。

4.5.2 单特显点法

通过包络对齐处理,各次脉冲回波对应的距离像各距离单元已基本对齐,但对于载波频率较高的微波雷达而言,即使厘米级的误差也会对雷达回波造成很大的相位误差。因此,经过距离像包络对齐后,虽然各距离单元的回波序列的幅度已基本准确,但其相位沿脉冲序列方向(方位向)仍然是混乱的。

以第 n 个距离单元为例,经过距离像包络对齐后其回波的复包络可写为

$$s_n(m) = \mathrm{e}^{\mathrm{j}\gamma_m} \left[\sum_{i=1}^{L_n} \sigma_{in} \mathrm{e}^{\mathrm{j}\psi_{in}} \mathrm{e}^{\mathrm{j}\frac{4\pi}{\lambda}m\chi_{in}} + \omega_n(m) \right], \quad m = 0, 1, \cdots, M-1 \quad (4.87)$$

其中,中括号内为该距离单元里的 L_n 个散射点子回波,其幅度、起始相位和横向距离分别为 σ_{in}、ψ_{in} 和 χ_{in};$\omega_n(m)$ 为该距离单元内的噪声。此外,包络对齐还有剩余误差,会主要影响各次回波的初相,式中以 $\gamma_m(m=0,1,\cdots,M-1)$ 表示各次回波的初相误差。

式(4.87)表明,若能准确估计初相误差 $\gamma_m(m=0,1,\cdots,M-1)$,并分别对各次回波序列加以校正,就可通过傅里叶变换得到各距离单元里散射点的横向分布,将各距离单元综合起来就成为目标的二维图像,即 ISAR 像。

式(4.87)表明,初相误差对各距离单元都相同,即与 n 无关,它可以利用任意一个距离单元回波序列估计得到。为叙述简单,假设回波的信噪比足够强,噪声可以忽略不计。如果某距离单元(设为第 p 个单元)只有一个孤立的散射点,则第 p 个距离单元的子回波复包络可简写为

$$s_p(m) = \sigma_{1p} \exp\left(\varphi_{1p0} + \frac{4\pi}{\lambda}m\chi_{1p} + \gamma_m \right), \quad m = 0, 1, \cdots, M-1 \quad (4.88)$$

这是一等幅的复正弦波,其相位历程为

$$\Phi_p(m) = \varphi_{1p0} + \frac{4\pi}{\lambda}m\chi_{1p} + \gamma_m, \quad m = 0, 1, \cdots, M-1 \quad (4.89)$$

式中的起始相位 $\varphi_{1p0}(m=0$ 时刻的相位)是未知的。为了去除它的影响,可利用相邻两次回波的相位差 $\Delta\Phi_p(m) = \Phi_p(m) - \Phi_p(m-1)$,于是

$$\Delta\Phi(m) = \frac{4\pi}{\lambda}\chi_{1p} + \Delta\gamma_m, \quad m = 1, \cdots, M-1 \quad (4.90)$$

其中,$\Delta\gamma_m = \gamma_m - \gamma_{m-1}$ 为第 m 次和第 $m-1$ 次回波的初相差。

如果将该孤立散射点的位置作为转台的轴心($\chi_{1p}=0$),则该散射点子回波的相位应不随 m 改变,它的相邻相位差为 0,这时相位差是由初相误差 $\Delta\gamma_m$ 造成的。于是,将实测回波序列用该 $\Delta\gamma_m$ 逐个校正,便可将初相误差去除,使该单元各次子回波的相位均为 φ_{1p0}。

实际上,所有初相为同一数值 φ_{1p0} 或所有初相为 0 对成像结果并没有大的影响。因此,初相校正可简化为将各次回波序列里所有距离单元的相位减去该孤立散射点距离单元同一次回波的实测相位 $\Phi_p(m)(m=0,1,\cdots,M-1)$。

初相误差使 ISAR 图像散焦,基于数据消除初相误差的方法通常称为"自聚焦"。其实质是将图像中的某一孤立点作为自聚焦的参考,从而实现整个图像的自聚焦。实际上,理想的孤立散射点单元几乎是不存在的,但在某些距离单元里只有一个特强的散射点(特显点),其余还有众多的小散射点(杂波)和噪声。杂波和噪声之和的强度远小于特显点强度的情况是很普遍的,因此,可以借助这些特显点的回波数据,采用自聚焦方法作初相校正。如此,可基本消除初相误差。但需要注意的是,这一操作也会带来另外的误差,且信杂(噪)比越小,影响越大。下面对此进行讨论。

若第 p 个距离单元为特显点单元,这时该单元子回波的表示式相似,只是小杂波和噪声会对该回波的幅度和相位产生小的调制,即

$$s_p(m)=\sigma_{1p}(m)\mathrm{e}^{\mathrm{j}\left(\varphi_{1p0}+\frac{4\pi}{\lambda}m\chi_{1p}+\psi_{1p}(m)+\gamma_m\right)}, \quad m=0,1,\cdots,M-1 \quad (4.91)$$

其中,$\sigma_{1p}(m)$ 和 $\psi_{1p}(m)$ 表示小杂波和噪声产生的幅度和相位调制。

若以该特显点的位置作为转台轴心($\chi_{1p}=0$),则上述子回波的相位历程为

$$\Phi_p(m)=\varphi_{1p0}+\gamma(m)+\psi_{1p}(m), \quad m=0,1,\cdots,M-1 \quad (4.92)$$

如果仍采用孤立散射点的方法作初相校正,即将各次回波所有距离单元数据的相位分别减去特显点的实测相位 $\Phi_p(m)$,则从式(4.92)可知,初相误差 $\gamma(m)$ 被正确消除的同时还要减去 φ_{1p0},φ_{1p0} 为常数,对成像结果没有影响;但上述操作会引进相位 $\psi_{1p}(m)$,相当于将已校正的各距离单元的回波序列乘以序列 $\mathrm{e}^{\mathrm{j}\psi_{1p}(m)}$。因此,它对各距离单元方位像的影响相当于正确校正了方位像与 $\mathrm{IDFT}[\mathrm{e}^{\mathrm{j}\psi_p(m)}]$ 的卷积。由于 $\psi_p(m)$ 是一个小的变化量,所以 $\mathrm{IDFT}[\mathrm{e}^{\mathrm{j}\psi_p(m)}]$ 呈现为展宽了的尖峰,同时有一定的小副瓣,它与横向像卷积的结果将会降低图像波形的锐化度,而副瓣会使原图像产生小的模糊。

可见,特显点单元是一个特例。通过上述处理,该单元数据序列的相位均为 0,杂波和噪声产生的小的相位调制也会被补偿。但幅度调制没有被补偿,这一距离单元的杂噪比只是略有下降,且由于纯幅度调制为双边谱,在原干扰相对于图像中心的另一侧会出现新的干扰(成对回波效应)。

综上可知,如果目标回波序列中存在信杂(噪)比很强的特显点单元,用上述特显点法可以得到很好的效果。在完成距离像的包络对齐后,虽然各距离单元子回

波序列的相位历程仍然混乱,但幅度变化已基本正确,可挑选幅度变化起伏小(幅度方差或标准差较小)的距离单元作为特显点单元。Steinberg 提出用归一化幅度方差来衡量并选择特显点单元,其定义为

$$\overline{\sigma_{un}^2} = 1 - \overline{u}_n^2 / \overline{u_n^2} \tag{4.93}$$

其中,符号上的横线表示取平均值,$\overline{u}_n$ 是第 n 个距离单元回波幅度的平均值,$\overline{u_n^2}$ 是其均方值。

Steinberg 指出,当归一化幅度方差 $\overline{\sigma_{un}^2}$ 小于 0.12 时,特显点法一般可获得较好的成像结果。$\overline{\sigma_{un}^2}$ 小于 0.12 相当于该单元特显点的回波功率比杂波、噪声之和大 4dB 以上。但是,外场实测数据的处理证明,在实测数据里找不到满足上述条件的特显点单元的情况很常见,因此仍需要寻找其他更加有效的相位校正方法。

4.5.3　多特显点法

由单特显点法可知,在同一批次的雷达回波里,所有距离单元的数据具有同样的初相误差序列 $\gamma(m)$($m = 0, 1, \cdots, M-1$)。只要选用一个特显点单元估计出 $\gamma(m)$,就可对全部数据作误差校正。实际上,在雷达数据里,信杂(噪)比不太强的特显点单元一般有很多个,若将它们作综合处理,可以提高等效信杂(噪)比和初相误差的估计精度。多特显点法就是基于该思想提出的。

将多个数据综合处理来提高信杂(噪)比是信号处理里常用的方法,当杂波和噪声呈高斯分布时,宜采用最大似然(maximum likelihood,ML)法;而当杂波和噪声满足其他不规则分布时,宜采用加权最小二乘(weighted least square,WLS)法。在这些方法里,都必须设法将各个数据的信号分量调整成同相相加。

设某一雷达数据可以挑选出 L 个特显点单元,即它们满足 $\overline{\sigma_{un}^2} < 0.12$ 的条件,且还可以表示为式(4.88)的形式。为了使 L 个信号同相相加,首先应去除式中因多普勒频率不同而产生的随慢时间变化的相位分量 $\left(\dfrac{4\pi}{\lambda} m \chi_{1p}\right)$,这可以通过将各距离单元的横向像中的峰值移至图像中心(相当于转台轴心,这时 $\chi_{1p} = 0$)来实现。因为图像作圆平移,相当于数据序列的相位增加了一个线性项 $\left(-\dfrac{4\pi}{\lambda} m \chi_{1p}\right)$。此外,由于特显点回波的起始相位 φ_{1p0} 是随机的,为实现不同距离单元数据中的信号分量同相相加,也要把该相位估计出来并加以补偿。通过这样的预处理,L 个特显点单元的回波复包络可表示为

$$s_p'(m) = e^{-j\left(\varphi_{1p0} + \frac{4\pi}{\lambda} m \chi_{1p}\right)} s_p(m)$$

$$= \sigma_{1p}(m) e^{j(\psi_{1p}(m) + \gamma_m)}, \quad p = 1, 2, \cdots, L \tag{4.94}$$

上述子回波的相位历程为

$$\Phi'_p(m) = \psi_{1p}(m) + \gamma_m, \quad p = 1, 2, \cdots, L \quad (4.95)$$

其中，$\psi_{1p}(m)$是杂波、噪声调制引起的小的相位调制。

为了能较精确地从式(4.95)的L个关于$\Phi'_p(m)$的方程估计初相误差γ_m，最好采用加权最小二乘法，即将式(4.95)的L个方程作加权和：起伏分量小的，予以大的权重；反之，予以小的权重。

上述方法在理论上可以得到较好的效果，但由于要通过烦琐的预处理，运算量大。特别是当多普勒中心和起始相位估计不准时，很难达到预期效果。实际使用得更多的是初相相位差估计法。将式(4.88)的第m次回波与第$m-1$次回波作共轭相乘：

$$s_p(m)s_p^*(m-1) = \sigma_{1p}(m)\sigma_{1p}(m-1)e^{j\left(\frac{4\pi}{\lambda}\chi_{1p} + \Delta\psi_{1p}(m) + \Delta\gamma_m\right)}, \quad m = 1, 2, \cdots, M-1 \quad (4.96)$$

其中，$\Delta\gamma_m = \gamma_m - \gamma_{m-1}$是相邻的初相误差相位差，$\Delta\psi_{1p}(m) = \psi_{1p}(m) - \psi_{1p}(m-1)$是相邻相位起伏分量之差。

从式(4.96)可见，特显点回波的起始相位ψ_{1p0}被除去，而多普勒相位变为与m无关的常量$\left(\frac{4\pi}{\pi}\chi_{1p}\right)$。

不过，相邻单元数据相乘，除信号和杂噪分量各自相乘外，还有二者交叉相乘的交叉项，会导致信杂(噪)比损失，这种损失与幅度(或相位)检波带来的损失相类似。由于原信杂(噪)比越高，检波损失越小，还要使用迭代法提高信杂(噪)比，尽量克服信杂(噪)比损失的不利影响(因为多次迭代可提高信杂(噪)比)。

将各距离单元方位像的峰值移至(圆位移)图像中心，作式(4.96)的共轭相乘，即

$$R_p(m) = s_p(m)s_p^*(m-1)e^{-j\frac{4\pi}{\lambda}\chi_{1p}}$$
$$= \sigma_{1p}(m)\sigma_{1p}(m-1)e^{j(\Delta\psi_{1p}(m) + \Delta\gamma_m)}, \quad p = 1, 2, \cdots, L \quad (4.97)$$

其相位差历程为

$$\Delta\Phi'(m) = \Delta\psi_{1p}(m) + \Delta\gamma_m, \quad p = 1, 2, \cdots, L \quad (4.98)$$

式(4.98)与式(4.95)类似，只是用相位差替代原式中的相位，因此也可用加权最小二乘法估计$\Delta\bar{\gamma}_m$，用$\gamma(i) = \sum_{m=1}^{i}\Delta\tilde{\gamma}_m$计算第$i$次回波各距离单元回波数据所需校正的相位$\gamma(i)$。

不过，用加权最小二乘法必须知道各个$\Delta\psi_{1p}(m)(p = 1, 2, \cdots, L)$的起伏方差，而在初相正确校正前，这一起伏方差是未知的。有学者通过幅度方差对其进行了近似推算，但过程较为烦琐。实际上，如果杂波和噪声满足高斯分布，则综合的初相相位差估计可以用最大似然法直接估计：

$$\Delta\tilde{\gamma}_m = \arg\left[\sum_{p=1}^{L}s_p(m)s_p^*(m-1)e^{-j\frac{4\pi}{\lambda}\chi_{1p}}\right] \quad (4.99)$$

这样做虽然估计精度差一些,但运算简单。不过直接用式(4.99)估计得到的初相相位误差作校正,通常难以获得好的效果,因为在信杂(噪)比不是很高的情况下,多普勒圆位移很难对准,这会影响综合估计精度。因此,上述过程往往通过多次迭代来提高补偿精度。

多特显点的多次迭代算法就是在上述初相校正的基础上进行的。通过上述初相校正,经傅里叶变换得到的各特显点单元的方位像中的特显点峰值会比原来尖锐,因此可重新对多普勒像作圆位移补偿以提高补偿精度。方位像中特显点峰值的锐化,也有可能在方位像里将特显点和分布的杂波、噪声区分开,因此可在峰中心附近加窗,只选取特显点信号部分,而将与信号非重合部分的杂波和噪声滤除。需要指出的是,经过初步的初相校正,特显点信号还不是很尖锐,所以一开始的窗函数应适当宽一些,以免削弱信号。

将窗函数所包含部分的方位像(应为复数像)通过逆傅里叶变换变到数据域,得到 L 个特显点单元的初相误差已初步校正、信杂(噪)比得到一定提高的数据序列。再次从这一组数据序列出发,重复上述步骤,作新的初相误差估计和校正。很显然,这时多普勒圆位移的对准可以更准确,随着特显点峰值的锐化,窗函数的宽度可进一步缩窄,从而使新一次估计得到的初相精度进一步提高。

通过上述迭代,窗函数的宽度越来越窄,当窗宽缩窄到 3～5 个多普勒单元时,迭代过程结束。在一般情况下,3～5 次迭代就可以满足要求,运算过程并不是很烦琐。这种多特显点综合初相校正法也被称为"相位梯度自聚焦"(phase gradient autofocus,PGA)法。

综上所述,PGA 法主要有 4 个关键的处理步骤。

(1) 中心圆周移位。对图像的每个多普勒像执行圆周移位,将多普勒像的最强散射点置于图像中心(图 4.26(a))。

(2) 加窗截断。对圆周移位的图像的每一行进行加窗截断。该操作保留图像中心点附近的能量,并丢弃其他对相位误差估计贡献较小的杂波或噪声干扰(图 4.26(b))。移位和加窗一起可以提高信噪比,以确保相位误差估计的精度。

(3) 相位梯度估计。这是一种线性无偏最小方差估计。通过对估计的相位梯度进行积分来获得相位误差估计。在对每个多普勒像进行相位校正之前,有必要从估计的相位误差中去除线性相位分量,以防止相位校正引起的任何图像偏移。

(4) 迭代相位校正。重复(1)～(3),直到均方根相位误差变得足够小或达到收敛条件。最后,将所有估计的相位误差相加,得到从原始图像中去除的总相位误差。

图 4.27 是用不同初相校正法对 Yak-42 飞机实施 ISAR 成像的例子。在此例中最好的单特显点单元的 $\overline{\sigma_{un}^2}=0$,比标准值 0.12 小许多,说明特显点不显著,使得基于特显点法的聚焦效果较差。图 4.27(c)则是用 PGA 法迭代的聚焦结果,成像结果明显得到了改善。

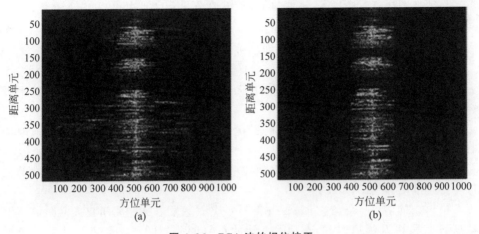

图 4.26 PGA 法的相位校正

(a) 圆周移位；(b) 加窗截断的图像

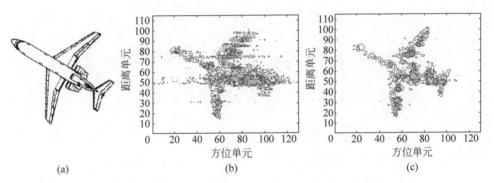

图 4.27 Yak-42 飞机用不同初相校正方法时的成像结果

(a) 平面图；(b) 单特显点法校正；(c) 多特显点综合的 PGA 法校正

4.5.4 图像对比度法

图像对比法旨在通过最大化图像对比度来实现相位校正,获得聚焦良好的 ISAR 图像。图像对比度是衡量图像质量的指标,以图像对比法实现相位校正不同于其他技术。

当目标相对雷达规则运动时,从目标原点到雷达的距离 $R_0(t)$ 可以通过泰勒多项式在中心时刻 t_0 附近展开:

$$R_0(t) \cong \widetilde{R}_0(t) = \sum_{n=0}^{N} \frac{\alpha_n t^n}{n!} \qquad (4.100)$$

其中,$\alpha_n = d^n R_0(t)/dt^n$。由于 $R_0(t)$ 必须被估计和补偿,ISAR 图像的聚焦问题归结为系数的估计问题。通常,二阶或三阶多项式足以描述短积分时间间隔内的目标径向运动,这通常足以确保 C 波段或更高频率的高分辨率 ISAR 成像。

必须特别注意零阶项 α_0。事实上,与零阶分量相关联的相位项是常数,等于 $\exp(-j4\pi f\alpha_0/c)$。该项是恒定的相位项,不会产生任何图像散焦效应,可以忽略,因此,问题简化为仅估计剩余系数,即一阶、二阶、三阶系数。

图像对比度法分两步实现。

1) 聚焦参数的初步估计,通过使用 Radon 变换和半穷举搜索的初始化技术来完成;

2) 聚焦参数的精细估计,通过解最优化问题而实现,其中的代价函数是图像对比度。

为了简化描述,这里给出二阶多项式系数的估计过程,更高阶多项式系数的估计可由此推广得到。

(1) α_1 的估计。设 $S_R(\tau,k\Delta T)$ 为第 k 次雷达发射脉冲期间收集的距离压缩数据,τ 代表往返延迟时间,ΔT 代表脉冲重复间隔。图 4.28(a) 是某实测数据 $S_R(\tau,k\Delta T)$ 的距离像。值得注意的是,距离 $r=\dfrac{c\tau}{2}$。由于主散射体的距离偏移,条纹几乎是线性的。每个条纹代表一个散射体的距离 $R_s(k\Delta T)$ 历程。为了估计 α_1 的值,假设:

① 第 i 个散射体的距离 $R_{si}(k\Delta T)$ 历程以 α_1 斜率线性变化,即 $R_{si}(k\Delta T)\approx R_{si}(0)+\alpha_1 k\Delta T$。

② 目标上每个散射体距离 $R_0(k\Delta T)$ 具有大致相同的准线性行为,即 $R_0(k\Delta T)\approx\alpha_1 k\Delta T$。

如果条件①和条件②大致满足,则可以通过计算散射体距离轨迹的平均斜率来获得 α_1 的初步估计。设 $\alpha_1=\tan(\phi)$,角度 ϕ 可以通过 $S_R(\tau,k\Delta T)$ 的 Radon 变换估算如下:

$$\hat{\phi}=\arg\{\max_{\phi}[\mathrm{RT}_{S_R}(r,\phi)]\}-\frac{\pi}{2} \tag{4.101}$$

其中,$\mathrm{RT}_{S_R}(r,\phi)$ 是 $S_R(\tau,k\Delta T)$ 的 Radon 变换。因此,$\hat{a}_1^{(\mathrm{in})}$ 的估计值是通过将 $\hat{a}_1^{(\mathrm{in})}=\tan(\hat{\phi})$ 得到的。

$S_R(\tau,k\Delta T)$ 的 Radon 变换如图 4.28(b) 所示,在信噪比较弱的情况下,用一个阈值屏蔽 $S_R(\tau,k\Delta T)$ 的距离像,将低于阈值的所有值置零。图 4.28(c) 示出了应用该阈值处理后获得的结果,图 4.28(d) 示出了应用该阈值处理后获得的 Radon 变换。该图中,阈值等于 $S_R(\tau,k\Delta T)$ 峰值的 80%。因此,上述方法的实质是选择目标上的主要散射体的距离轨迹实施参数估计。

(2) α_2 的估计。$I(\tau,v;\alpha_1,\alpha_2)$ 是使用两个初始值 (α_1,α_2) 补偿接收信号后获得的复图像的绝对值。图像对比度 IC 的定义如下:

$$\mathrm{IC}(\tilde{\alpha}_1,\tilde{\alpha}_2)=\sqrt{A\{[I(\tau,v;\tilde{\alpha}_1,\tilde{\alpha}_2)-A\{I(\tau,v;\tilde{\alpha}_1,\tilde{\alpha}_2)\}]^2\}}/A\{I(\tau,v;\tilde{\alpha}_1,\tilde{\alpha}_2)\} \tag{4.102}$$

其中,$A\{\cdot\}$ 表示坐标 (τ,v) 上的图像空间平均值。函数 $\mathrm{IC}(\alpha_1,\alpha_2)$ 代表图像强度

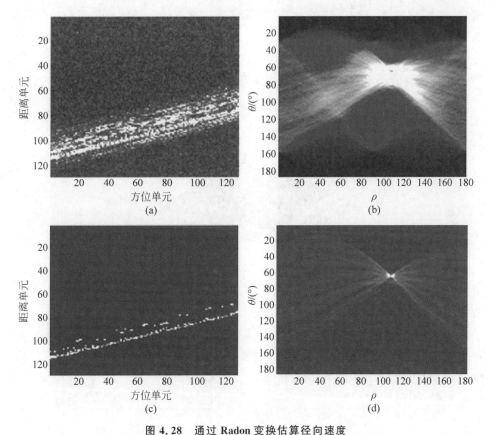

图 4.28　通过 Radon 变换估算径向速度

（a）距离像；（b）距离像的 Radon 变换；（c）阈值处理的距离像；（d）阈值处理距离像的 Radon 变换

$I(\tau,v;\alpha_1,\alpha_2)$ 的归一化有效功率，用于图像聚焦的度量。事实上，当误差被正确补偿时，图像对比度较强。当误差未被正确补偿时，图像对比度较弱。参数 α_1 和 α_2 的最终估计是通过最大化 IC 获得的。因此，必须解决以下优化问题：

$$(\widetilde{\alpha}_1,\widetilde{\alpha}_2) = \arg(\max_{\widetilde{\alpha}_1,\widetilde{\alpha}_2}[\mathrm{IC}(\widetilde{\alpha}_1,\widetilde{\alpha}_2)]) \tag{4.103}$$

通过在预设区间 $[\alpha_2^{(\min)},\alpha_2^{(\max)}]$ 对变量 α_2 上图像对比度的最大值 $\mathrm{IC}(\hat{\alpha}_1^{(\mathrm{in})},\widetilde{\alpha}_2)$ 进行穷尽线性搜索，获得 α_2 的初步估计值 $\hat{\alpha}_2^{(\mathrm{in})}$，其中 $\hat{\alpha}_1^{(\mathrm{in})}$ 在前一步由 Radon 变换获得：

$$\hat{\alpha}_2^{(\mathrm{in})} = \arg(\max_{\widetilde{\alpha}_2}[\mathrm{IC}(\hat{\alpha}_1^{(\mathrm{in})},\widetilde{\alpha}_2)]) \tag{4.104}$$

通过在预设区间 $[\alpha_2^{(\min)},\alpha_2^{(\max)}]$ 的穷举搜索，获得求解优化问题的迭代数值搜索初始估计；如果目标发生强烈加速，并且发现该值接近其中一个边界，则定义新的搜索间隔来进一步估计 α_2。

基于初步估计 $(\hat{\alpha}_1^{(\mathrm{in})},\hat{\alpha}_2^{(\mathrm{in})})$ 获取最优估计 $(\hat{\alpha}_1,\hat{\alpha}_2)$ 是通过使用经典优化算法最大化图像对比度而获得的。最优化问题的数值解可以基于确定性方法获得，例如奈尔德-米德(Nelder-Mead)算法或遗传算法等随机方法。算法收敛到全局最大值的速度取决于初始估计的准确程度,因为 IC 具有接近全局最大值$(\hat{\alpha}_1,\hat{\alpha}_2)$时的良好峰值特性和远离全局最大值$(\hat{\alpha}_1,\hat{\alpha}_2)$时的多峰特性。图 4.29(a)提供了一个 IC 的例子,图 4.29(b)和图 4.29(c)分别显示了对应于全局最大值的 α_1 和 α_2 截面。

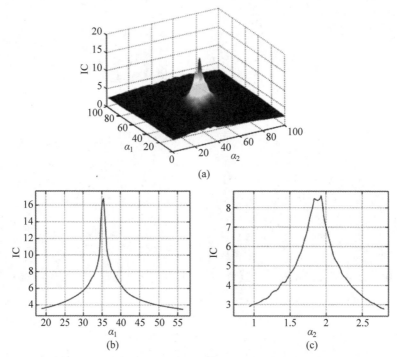

图 4.29 利用图像对比度法进行参数搜索的二维图及其一维切片

(a) 图像对比度;(b) 沿 α_1 的 IC 截面;(c) 与峰值相对应的沿 α_2 的 IC 截面

为了表述更加清晰,图像对比度法的流程图如图 4.30 所示。

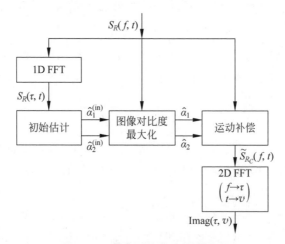

图 4.30 图像对比度法的流程图

图像对比度法精确估计的两个参数 $\hat{a}_1$ 和 $\hat{a}_2$ 有特定的物理意义,它们代表目标的物理径向速度和加速度。与单特显点法和多特显点(PGA)法不同,图像对比度法的目标是聚焦整个图像,而不仅聚焦一个或几个主要散射点,并且不需要数据存在稳定的特显散射体来确保良好的性能。但是,作为一种参数化技术,它基于相干累积时间内目标规则运动的假设,并且优化过程的运算量比较大。

4.5.5 图像最小熵法

图像聚焦性能的度量还可以使用图像熵。下面介绍基于最小熵的相位校正方法。该方法与图像对比度法几乎是等效的。最小熵法是 ISAR 相位补偿和自聚焦典型算法之一。

在许多实际情况下,特显散射体很难被很好地分离;因此,很难精确估计这些散射体的相位历史。由于旋转相位误差和残余平移相位误差,ISAR 图像可能散焦。因此,基于特显散射体假设的相位补偿和自聚焦技术可能无法有效工作。在这些情况下,基于最小熵的相位补偿和自聚焦算法有助于 ISAR 成像。

熵函数可以用来度量图像聚焦的质量,它以 ISAR 图像的二维熵作为代价函数。

设一个 $M \times N$ 维的图像矩阵 $\mathbf{S}_{mn}\{m=1,2,\cdots,M; n=1,2,\cdots,N\}$,那么熵函数为

$$H(\mathbf{S}_{mn}) = -\sum_{m=1}^{M}\sum_{n=1}^{N} p(k,m) \cdot \log\{p(k,m)\} \tag{4.105}$$

其概率分布函数为

$$\rho(m,n) = \frac{\mathbf{S}_{mn}}{\sum_{m=1}^{M}\sum_{n=1}^{N}\mathbf{S}_{mn}} \tag{4.106}$$

二维熵方法通过以下方式估计 m 和 n:

$$(\hat{m},\hat{n}) = \mathrm{argmin}\{H(\mathbf{S}_{mn})\} \tag{4.107}$$

因为 ISAR 图像中的相位函数控制图像的聚焦性能,所以可以使用最小熵法来实施相位校正。

基于最小熵法的相位校正和自聚焦算法能够获得最小化熵函数的最佳相位函数 $\hat{\Phi}$:

$$\hat{\Phi} = \mathrm{argmin}_{\Phi}\{H(\mathbf{S}_{mn})\} \tag{4.108}$$

其中,$\mathbf{S}_{mn}(m=1,2,\cdots,M; n=1,2,\cdots,N)$ 是 $M \times N$ 维的图像矩阵。

最小熵法相位校正和自聚焦的流程如图 4.31 所示。

为了有效搜索最佳相位函数,选择合适的模型来表示相位函数(例如多项式函数)、搜索参数(不超过两个)并合理设置参数的搜索范围。在使用最小熵法之前,首先使用参数化方法来估计目标的速度和加速度。如果估计的参数不正确,ISAR 图像

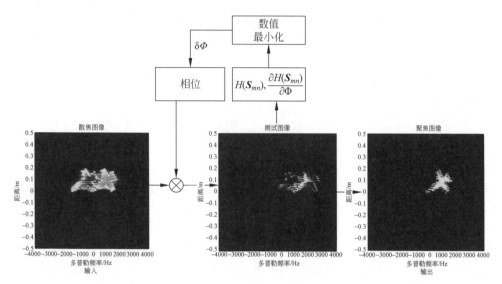

图 4.31　最小熵法自动聚焦的流程

的聚焦效果不好,二维熵最小化方法可以帮助估计最正确的参数。根据估计的目标运动参数(速度 v 和加速度 a),由目标运动引起的相位函数可以通过下式计算:

$$R(t) = vt + \frac{1}{2}at^2 \tag{4.109}$$

然后,将相位调整项 $\exp[-\mathrm{j}4\pi fR(t)/c]$ 应用于对齐的距离像。在进行二维傅里叶变换之后,可以生成相位校正的 ISAR 图像。

4.6　目标转动时散射点的走动补偿

前文介绍的运动目标平动补偿即将运动目标补偿成为转台目标,散射点回波的多普勒频率与其相对于轴心的横坐标成正比,通过傅里叶变换,可从各距离单元的回波序列得到散射点的方位分布,综合各个距离单元的结果,得到目标的 ISAR 二维图像。

上述内容隐含了一个假设,即转台目标上的散射点回波在转动过程中只发生了相位变化(以区分不同的多普勒频率),没有包络走动。实际上,若某散射点由于目标转动而产生的径向距离变化为 $\Delta R(t_m)$(t_m 为慢时间),则当慢时间为 t_m 时的子回波复包络可写为

$$r_s(t, t_m) = s\left(t - \frac{\Delta R(t_m)}{c}\right) \mathrm{e}^{-\mathrm{j}2\pi f_e \frac{\Delta R(t_m)}{c}} \tag{4.110}$$

其中,c 为光速,且忽略了上式包络的延迟项。将式(4.110)的序列作傅里叶变换相当对该序列作加权(乘以相应的相位旋转因子)和。$s(t)$ 为窄脉冲,其宽度与一个距离单元相当。如果在成像的相干积累时间里,散射点总的径向走动量远小于

一个距离单元的宽度,将其忽略是合理的;但实际上这一条件并不总是成立。

如果散射点走动较大,就会发生越距离单元走动。这时,对式(4.110)的序列作傅里叶变换的加权和时,包络的走动不能忽略。设式(4.110)中的相位变化恰好被傅里叶变换中某频率分量的相位旋转因子抵消,若在整个相干积累过程中,总的径向走动为 ΔR_T,总回波次数为 M,$t_m = mT$,则此时的输出为

$$\frac{1}{M}\sum_{m=0}^{M-1}\gamma_s(t,t_m) = \frac{1}{M}\sum_{m=0}^{M-1}s\left(t - \frac{\Delta R_T}{M-1}m\right) \tag{4.111}$$

显然,径向距离走动会使输出包络钝化(峰值降低和宽度增加)。在成像系统里,为了衡量系统的性能,常设目标为一几何点,通过信号录取和处理重构得到的函数称为"点散布函数",因为雷达信号为带限信号,点散布函数会有一定的宽度。散射点距离走动使点散布函数进一步展宽。

点散布函数展宽相当于分辨率降低。当用离散值表示时,单个点会延伸为相连的几个点。若以 $\Delta R_R \leqslant \rho_a$ 为容许分辨率降低的界限,则目标离转台轴心的最大横距(L_m)就会有所限制。因为当成像相干角为 $\Delta\theta$ 时,上述条件规定最大横距 $L_m \leqslant \frac{\rho_a}{\Delta\theta}$,考虑到 ρ_a 与 $\Delta\theta$ 的关系,可得 $L_m \leqslant \frac{2\rho_a^2}{\lambda}$。若要求的 ρ_a 减小或增大,则 L_m 也成比例地减增。

实际上,散射点径向走动造成的点目标包络展宽可加以补偿。当散射点以某恒定的径向速度走动时,设 $\Delta R(t_m) = V_r t_m$,则式(4.110)可写为

$$r_s(t,t_m) = s\left(t - \frac{V_r t_m}{c}\right)e^{-j2\pi f_c\frac{V_r t_m}{c}} \tag{4.112}$$

对上述快时间 t 作傅里叶变换,其频谱随慢时间 t_m 的变化式为

$$R_s(f,t_m) = s(f)e^{-j2\pi(f_c+f)\frac{V_r}{c}t_m} \tag{4.113}$$

其中,$S(f)$ 为 $s(t)$ 的傅里叶变换。

上式中的线性相位项 $2\pi\frac{V_r}{c}t_m f$ 表示信号有与 t_m 成正比的延迟,这就是包络走动。同时可以看出,信号的各频率分量 $f_c + f$ 的多普勒频率为 $2(f_c+f)\frac{V_r}{c}$,即与 f 呈线性关系,这是造成包络走动的原因。如果定义一虚拟慢时间 τ_m,令

$$f_c\tau_m = (f_c+f)t_m \tag{4.114}$$

将上述内容代入式(4.114),并逆变换回到时间域,得

$$r(t,\tau_m) = s(t)e^{-j2\pi f_c\frac{V_R}{c}\tau_m} \tag{4.115}$$

即以虚拟慢时间 τ_m 为准,信号只有相位变化,呈现为多普勒频率,而包络走动被消除。图 4.32 为用此方法校正散射点包络走动的例子,数据是用 B-52 飞机模型在微波暗室转台获得的,图 4.32 为未作走动校正和校正后的成像结果,可以明

显看到校正对分辨率的改进是比较明显的。

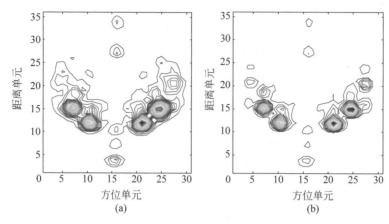

图 4.32　散射点径向走动校正

(a) 校正前；(b) 校正后

目标在转动过程中，其散射点不仅有径向距离单元走动，还有方位单元走动，或称"多普勒走动"。因为散射点横距的改变，其回波多普勒随之变化。多普勒走动主要发生在转台目标的上下两侧，多普勒走动与散射点离目标转台轴心的径向距离成正比。

多普勒走动完全可用公式表示，对转台目标采用近似后，回波的多普勒走动只与散射点的横距有关。如果在采用近似时严格一些，令 $\cos\delta\theta \approx 1 - \dfrac{\delta\theta^2}{2}$，则有

$$\Delta\varphi_p = \frac{4\pi}{\lambda}\left(\chi_p\delta\theta + \frac{y_p\delta\theta^2}{2}\right) \tag{4.116}$$

上式表示子回波相位变化为二次型，即回波为线性调频波。

多普勒走动的影响与距离走动类似，只是后者的影响是使点散布函数沿纵向距离展宽，影响纵向距离分辨率；而前者的影响是使点散布函数沿方位（多普勒频率）展宽，影响方位（多普勒频率）分辨率。两者都与散射点离轴心的径向距离有关，如果散射点位于图像的四角，则两者的影响都比较大，点散布函数在二维同时展宽。

多普勒走动也可通过补偿校正，方法是对线性调频实施相干积分。在对机动目标成像、散射点作等加速运动时，回波的多普勒走动为线性调频，相关数据的目标重构问题将在后文讨论。

基于转动可以对目标作 ISAR 成像，也是由于转动产生的散射点走动会造成目标图像的分辨率下降。因此，对于 SAR 和 ISAR，运动是成像的基础，也是产生问题的根源。不规则的随机运动常常会破坏散射点子回波相位历程的规律，从而产生散焦，严重时甚至会影响包络对齐，对图像质量造成明显失真，这一问题对非合作目标的 ISAR 成像尤为突出，后文将进一步讨论。

第 5 章

距离-瞬时多普勒ISAR成像原理

对于 SAR 和 ISAR,运动是成像的基础,也是产生问题的根源。不规则的随机运动常常会破坏散射点回波相位历程的规律性,从而产生散焦,严重时甚至影响包络对齐,使图像质量明显下降,成像结果严重失真,这一问题在非合作目标的 ISAR 成像时尤为突出。

前文讨论了 ISAR 的距离-多普勒成像方法和对目标运动的补偿方法。如果将 ISAR 的转台目标成像和 SAR 聚束式成像相比较,可以发现二者在原理上是相同的。转台目标成像是雷达不动,目标绕转轴转动。这等效于目标不动,雷达反向地绕转台轴心转动,也即聚束式 SAR 的工作方式。但二者也有区别,主要是聚束式 SAR 的成像场景较大,通常为几百米到几千米,虽然相干积累角很小,但目标散射点的越距离单元和越多普勒单元走动要严重得多。故 SAR 一般采用极坐标格式算法(PFA),即相对于场景中的某一参考点以极坐标格式录取数据,并在波数域作直角坐标插值,再得到场景图像。对 ISAR 而言,目标尺寸要小得多,散射点的越分辨单元走动通常不明显,而距离-多普勒算法则简单得多。但是,简单的距离-多普勒算法在 ISAR 里只适用于平稳运动的目标,不能直接应用于机动目标,本章从更广泛的意义来讨论 ISAR 成像算法,它既适于机动目标,也适用于平稳运动的目标。

5.1 机动目标运动类型及其等效转动特性

对机动目标作 ISAR 成像,可将其运动分为 3 种类型:①平稳匀速直线飞行;②等加(或减)速直线飞行;③姿态有变化的机动飞行,即飞机除偏航外,还有俯仰和(或)横滚。这 3 种类型的运动均可通过平动补偿等效为转台目标,而且平动补偿的方法基本相同,因为在任何情况下,微波雷达 ISAR 成像的相干积累角一般不超过 3°~5°,这样小范围的视角变化,目标散射点模型基本不变,因而在此期间接收到的目标距离像具有强相关性,用前文介绍过的求和基准相关法可以实现良好的包络对齐效果。但是相位校正和自聚焦需要考虑后两种类型的散射点回波的多普勒走动通常不是一个常数,而是随时间变化的。一般主要考虑加速度的影响,即回波的相位历程为二次型的抛物线(多普勒频率的变化规律为线性调频)。

虽然上述 3 种运动均可变换为转台目标,但是运动类型不同,转台的转动情况也有区别。当目标作匀速平稳飞行时,转台为平面等速转动;当目标有一定的加速度时,转台仍为平面转动,只是转动为加速的或减速的。机动目标的情况就不一样了,同时存在偏航、俯仰和横滚等三维转动,其等效的转台转动也是三维的。综上所述,机动目标的三维转动具有一般意义,前两种情况只是它的特例。

聚束 SAR 的极坐标格式算法基于层析成像,它所采用的主要是近似平面波假设。ISAR 的目标要小得多,平面波假设依然完全适用。若以目标为基准且将其视为固定时,目标因转动产生的姿态变化就等价于雷达从不同视角照射目标,即雷达围绕目标运动。其视线(LOS)在目标空间 (x,y,z) 形成以转台轴心为锥点的曲面。若目标的散射点分布函数为 $g(x,y,z)$,其傅里叶变换 $G(k_x,k_y,k_z)$ 为波数谱,根据投影切片定理,$g(x,y,z)$ 在某径向视线上的投影的傅里叶变换为波数谱在同样的径向上的分布。由于 $g(x,y,z)$ 在某径向视线上的投影,相当于雷达视线位于该方向时目标回波的一维复距离像(以一定的距离分辨率)。于是,通过目标转动过程中录取的数据,可以得到 $G(k_x,k_y,k_z)$ 在相应曲面上的分布,利用这些信息能够以一定的分辨率重构目标 $g(x,y,z)$ 的三维空间分布,即得到目标的三维像。

实际上,由于 ISAR 成像的目标尺寸较小,在成像的转动过程发生越距离单元走动的情况通常可以忽略,加之雷达在空间的扫描曲面比较简单,上述成像算法可以简化。

如果以雷达视线的某一指向为准,并以该指向为 x 轴,y 轴为方位向,z 轴为俯仰向,那么波数空间里的扫描曲面被限制在以目标旋转轴心为顶点,以 x 为轴的小圆锥体内。

若方位角范围为 $\left[-\dfrac{\Delta\theta}{2},\dfrac{\Delta\theta}{2}\right]$,俯仰角范围为 $\left[-\dfrac{\Delta\psi}{2},\dfrac{\Delta\psi}{2}\right]$,信号中心频率为 f_c,频带为 B,则在波数空间 (k_x,k_y,k_z) 里的扫描曲面限制在 $\left[4\pi\left(f_c-\dfrac{B}{2}\right)/c,\right.$ $\left.4\pi\left(f_c+\dfrac{B}{2}\right)/c\right]$、$\left[-\pi\Delta\dfrac{\theta}{\lambda},\pi\Delta\dfrac{\theta}{\lambda}\right]$、$\left[-\pi\dfrac{\Delta\psi}{\lambda},\pi\dfrac{\Delta\psi}{\lambda}\right]$ 的楔形里。由于 $B\ll f_c$,$\Delta\theta$ 和 $\Delta\psi$ 又很小,这一楔形可以近似为长方体。因此,这一长方体包含的扫描曲面可视为与 x 无关的柱面,即在该长方体范围内,任意 x 横截柱面的扫描线均相同。于是可将该曲面上的 $G(k_x,k_y,k_z)$ 对 k_x 作逆傅里叶变换 $\mathcal{F}_{k_x}^{-1}\left[G(k_x,k_y,k_z)\right]=$ $G_x(x,k_x,k_z)$。这意味着,对一定的 x 值,波数谱只是二维函数,且扫描线的形状

均相同,而与 x 无关。由此计算得到各距离单元的目标二维像就可拼接成所需的三维像。可以看出,这里的情况只是前面介绍的距离-多普勒算法的推广,所不同的是此处距离单元里的散射点还可能有二维运动。

还有一点需要指出,ISAR 成像的目标,如飞机,具有较大的惯性,即使在机动情况下,在成像所需的小转角里,姿态的变化也并不复杂,故上述扫描曲面一般比较平稳,即在 $k_x - k_z$ 平面里的扫描线一般为平缓的曲线或直线。

因为所有距离单元的扫描线均相同,可以用任意一个距离单元为例进行讨论。若扫描线的形状和波数谱 $G(k_y, k_z)$ 已知,则可以通过傅里叶变换重构在该距离单元的二维像。应当指出的是,目标在某方向的分辨率与扫描线在波数域所对应的孔径长度有关,当扫描线为平缓曲线时,只在其延伸方向上具有高分辨率。

实际上,扫描线和其上面的波数谱都是未知的,因为非合作目标的姿态变化往往难以精确测量,而雷达所能得到的只是一系列回波数据,通过平动补偿可以得到各个距离单元的回波序列,与回波序列对应的是扫描线,但扫描线的形状不确知。

为了将接收到的回波序列和扫描线上的波数谱相联系,还需用散射点模型进行研究。假设所讨论的距离单元里有许多散射点,它们的回波序列线性相加。设第 p 个散射点的空间坐标为 (y_p, z_p),其散射函数为 $g(x, y) = A_p(y - y_p, z - z_p)$,其中 A_p 为散射系数。与 $g(y, z)$ 对应的波数谱 $G(k_y, k_z)$ 的相位函数 $\Phi(k_y, k_z) = -(k_y y_p + k_z z_p)$,在波数平面 $k_y - k_z$ 里,该函数的等相位数为一组平行等距的直线,如图 5.1 中的虚线所示。

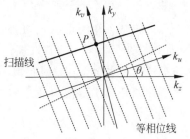

图 5.1　一维转动时 $k_y - k_z$ 平面的扫描线举例

由图 5.1 可见,所接收到的回波序列相当于沿扫描线扫描,它通过切割等相位线表现出该散射点回波的相位历程 $\varphi(t)$。$\varphi(t)$ 蕴含在接收到的回波中(上面的例子是一个散射点,若有多个散射点,则每一点对应一组等相位线)。从回波序列确定散射点的位置的关键在于扫描线的形状,以及各次回波在扫描线上的分布。

下面分 3 类情况来讨论。

(1) 目标以匀角速度作平面转动

此时,在 $k_y - k_z$ 平面里的扫描线为直线,但直线的斜率未知(若已知目标为平稳飞行,则扫描线为水平线),可设扫描线为新的坐标轴 k_u。设目标的有效匀角速为 Ω_e(有效角速度的概念将在后文说明),则 $k_u = (4\pi/\lambda)\Omega_e t$,即 k_u 与 t 呈线性关系,各次回波数据在 k_u 轴上均匀分布,但角速度 Ω_e 未知,所以分布间隔是未知的。尽管如此,仍然可以通过傅里叶变换得到该距离单元散射点的横向分布,但真实尺度是未知的(因 Ω_e 未知)。

至于 k_u 的实际方向,也只有在成像后才能估计出来。应当指出的是,此时所成的平面像并非雷达"看到"的平面像,而是从这一段期间目标转动轴方向的视入像,即像的横轴为雷达视线向量与目标转轴向量外积的方向。实际上,这就是普通的距离-多普勒算法,即分距离单元按其回波序列得到多普勒像,不需要将数据变换到波数域。

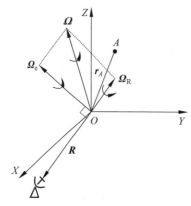

图 5.2 三维物体转动示意图

这里再补充说明一下有效角速度 Ω_e 的问题。当目标作三维转动时,其转轴向量 Ω 相对于雷达视线向量 R 的方向可以是任意的,如图 5.2 所示。可以将向量 Ω 分解成两个分量,其一与向量 R 垂直。可以看出,与向量 R 同向的分量只是使目标绕向量 R 转动,目标上的所有散射点至雷达天线相位中心的距离不会发生变化,也不会产生多普勒效应,对成像没有贡献,所以有效的转动分量为 Ω_e。

(2)目标以非匀角速平面旋转

在这种情况下,在 $k_y - k_z$ 平面里的扫描线仍然是斜率未知的直线 k_u,但回波序列数据不以等间隔在 k_u 上排列,k_u 是时间 t 的非线性函数。对于飞机等惯性较大的目标,其转动角可以用起始有效角速度 Ω 和角加速度 α 表示。在这种情况下,上述距离单元内第 p 个回波序列为线性调频,设其起始频率为 f_d,调频率为 γ_p 与 Ω、α 有下列关系:

$$\frac{2}{\lambda} L_p (\Omega + \alpha t) = f_d + \gamma_p t \tag{5.1}$$

其中,L_p 为该散射点的横距,由上式得

$$\gamma_p / f_p = \alpha / \Omega \overset{\Delta}{=} \eta \tag{5.2}$$

$$f_p + \gamma_p t = f_p (1 + \eta t) \tag{5.3}$$

其中,η 是常数,它可以从回波信号序列估计得到。再定义一个新的时间变量 $t' = \left(1 + \frac{1}{2}\eta t\right) t$,则第 p 个散射点子回波的相位函数可写为 $\Phi(t) = \phi_0 + 2\pi f_p \left(1 + \frac{1}{2}\eta t\right) t = \phi_0 + 2\pi f_p t'$。因此,对于新变量 t',目标为匀速旋转。如上所述,按离散时间 t 所录取的一系列回波数据,在 $k_y - k_z$ 平面里沿 k_u 轴非均匀分布。但如果按 $t' = (1 + \eta t) t$ 的关系式通过插值得到一系列以 t' 为变量的离散数据,这些数据点沿 k_u 轴均匀分布,则可以通过离散傅里叶变换得到该距离单元目标沿 k_u 方向的横向像。与前文的匀速转动情况相同,k_u 的方向和横向实际尺度也是未知的。

根据起始时刻的某散射点回波的多普勒频率 f_d 及其调频率 γ_p,就可计算 $\eta (= \gamma_p / f_d)$,利用 η 可以对各种起始频率的散射点回波作解线调处理,从而将时

频分布变为各自频率等于其起始频率的一组单频信号,对变换后的信号作傅里叶变换,得到该距离单元的目标的横向像。应当指出,这种处理只限于平面转动的理想情况,当转动有一定偏离时,效果明显下降,但用一般的时频分析方法仍能得到较好的效果。式(5.2)、式(5.3)关于目标转动与回波关系的描述很容易推广到更高阶角加(减)速转动的情况,只是新变量要以更高阶的多项式表示,需要估计的参数也要多一些。实际成像处理是采用时频方法实现的,即对各距离单元回波序列时域分析得到时频分布,则任意时刻的多普勒频率分布即该时刻的瞬时像。图 5.3(a)、(b)是某一实测空间目标数据平动补偿前后的高分辨距离像;图 5.3(c)、(d)是其中两个距离单元回波的时频分布,可见同一距离单元的多普勒频率分布有所不同,将 $t_1 \sim t_4$ 时刻各个距离单元时频分布的切片拼接成二维像,如图 5.3(e)~(h)所示。在相同动态范围条件下,目标图像明显不同,这是由运动导致的散射特性变化和多普勒时变共同导致的。

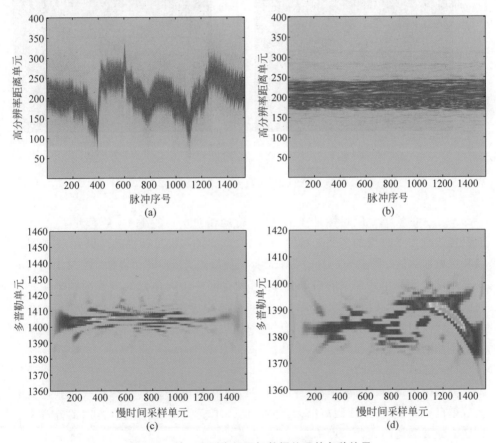

图 5.3　某一实测空间目标数据处理的各种结果

(a) 平动补偿前的高分辨率距离像;(b) 平动补偿后的高分辨率距离像;(c) 某距离单元的多普勒时频分布;(d) 另一距离单元的多普勒时频分布;(e) t_1 时刻距离-瞬时多普勒像;(f) t_2 时刻距离-瞬时多普勒像;(g) t_3 时刻距离-瞬时多普勒像;(h) t_4 时刻距离-瞬时多普勒像

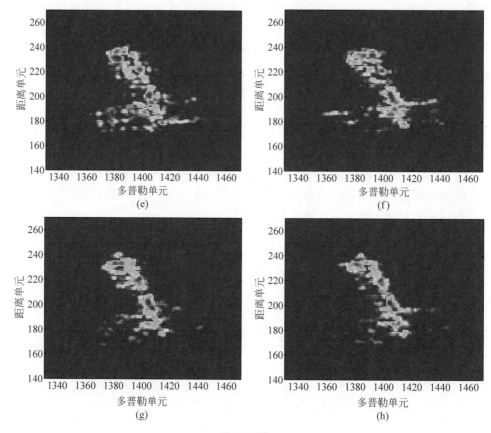

图 5.3(续)

　　图 5.3 的实测空间目标是在 LEO 运行的相对平稳的卫星,尽管机动性不大,但已经表现出了时变的多普勒特性。图 5.4 给出的飞机目标机动性更大,多普勒时变特性更加明显。图 5.3(a)、(b)是平动补偿前后的高分辨率距离像;图 5.3(c)、(d)是其中两个距离单元回波的时频分布,可见在同一距离单元的多普勒频率明显随时间变化,将 t_1、t_2 时刻各个距离单元时频分布的切片拼接成二维像,如图 5.3(e)、(f)所示,在相同动态范围条件下,目标图像的方位尺度明显不同,这是由多普勒频率的剧烈时变导致的。

　　(3) 目标三维转动

　　当目标以偏航、俯仰、横滚三维转动时,扫描线为曲线,如果扫描线及其上面的波数谱已知,则可得到该距离单元散射点的二维横截面分布,各个方向的分辨率由相应方向波数谱的孔径长度确定。

　　前文提到,对飞机这类惯性大的目标,在成像的小相干积累角范围内,扫描线是平缓的。在图 5.5 中,以扫描线的主要延伸方向 k_u 及其垂直方向 k_v 为新的波数域坐标,则二维横截面像只在 k_u 方向有较高分辨率,k_v 方向由于波数谱孔径很

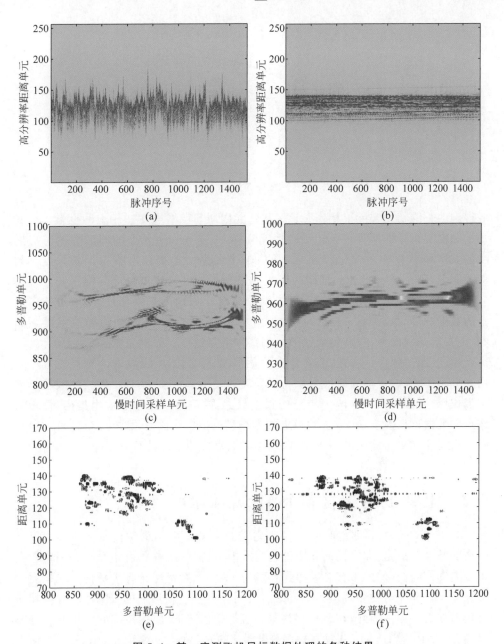

图5.4　某一实测飞机目标数据处理的各种结果

（a）平动补偿前的高分辨率距离像；（b）平动补偿后的高分辨率距离像；（c）某距离单元的多普勒时频分布；（d）另一距离单元的多普勒时频分布；（e）t_1 时刻距离-瞬时多普勒像；（f）t_2 时刻距离-瞬时多普勒像

小，分辨率是很差的。

根据投影切片定理，目标波数谱在 k_u 轴上投影的傅里叶变换为在 u-v 平面二维散射点分布横截面在 u 方向的一维切片。已知 v 方向的分辨率很差，用上述方

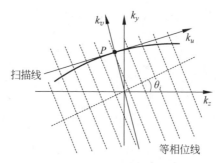

图 5.5 三维转动时 k_y-k_z 平面的扫描线举例

法得到的一维切片实际上相当于该距离单元内所有散射点在 u 轴上的投影。

　　和前文讨论的两种平面转动的情况一样,扫描线和所录取的回波数据与扫描线的关系都是未知的,k_u 是 t 的未知的非线性函数。若要获得图 5.5 中 p 点时刻的瞬时像,则可在 p 点作扫描线的切线并作为 k_u 方向,这是目标二维图像具有高分辨率的主要方向。为得到散射点二维分布在 u 方向的一维切片,应求得扫描线上的数据(实录数据)在 k_u 上的投影。由于扫描线未知,准确的投影值是得不到的,但在扫描线曲率很小时,投影值可用实录数据近似。显然,这是有误差的,且离 p 点越远,误差越大。为此,若要使上述近似基本成立,从波数谱计算目标像可采用高分辨率算法,以缩短对波数域孔径长度的要求;同时,在对波数域的数据作锥削加权(如采用海明权),即 p 点处的权重最大,两侧逐步减小。应当指出,将扫描线上的数据近似为它在 k_u 上的投影的方法只在扫描线曲率很小,即目标机动较小时才可行。如果目标机动十分剧烈,是不可能直接通过回波数据成像的。

5.2　距离-瞬时多普勒 ISAR 成像原理

　　在 ISAR 成像中,傅里叶变换通常用于获取多普勒频率的信息。应用傅里叶变换的基本前提是,在雷达的相干处理时间内,目标的所有散射体没有发生跨距离单元走动,并且它们的多普勒频率保持恒定,即多普勒特性具有平稳性。如果由于目标的运动存在时变多普勒频率,那么,使用傅里叶变换形成的 ISAR 图像将在多普勒域变得模糊。因此,在目标存在未知机动的情况下,应用传统的傅里叶变换难以确保 ISAR 成像质量。机动目标多普勒频率的时变性与非平稳性如图 5.6 所示。

　　对于任意机动目标的 ISAR 成像,只有通过时频分析方法才能确保成像质量,这种时频分析的成像方法被称为 ISAR 成像的"距离-瞬时多普勒方法"。时频分析是信号分析中一种有用的工具。通过对信号进行时频变换,可以深入了解信号中与时间相关的频率变化特征。在联合时间域和频率域呈现的特征比单独在时间域或频率域呈现的特征信息更丰富、更优越。在雷达距离像、目标特征提取、ISAR 运动补偿和 ISAR 成像中使用时频分析的优势是显著的。雷达距离像是目标反射

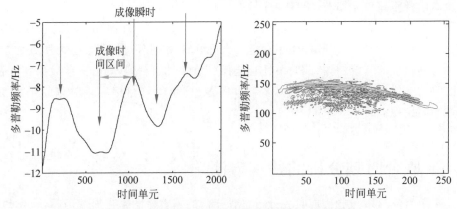

图 5.6　机动目标多普勒频率的时变性与非平稳性

率空间分布在雷达距离视线方向的投影。典型的距离像分布由对应于目标散射中心的不同距离单元中的多个峰值组成。这些特征可用于识别目标。然而,在现实世界中,电磁色散效应经常存在。时变散射特征不仅能在时域或频域中观察,还可以联合时频分布呈现。联合时频分析已成为评估色散现象的有力技术。除了来自固定目标的散射之外,机动目标的雷达回波信号包含了与未知的振动或旋转相关的时变多普勒(微多普勒频率)特征。微多普勒频率的特征是目标运动结构的独特特征,从而为目标识别提供有用的信息。为了利用目标的时变多普勒特征,傅里叶分析不再适用。相反,应该应用联合时频分析。通过联合时频变换将平动补偿后的二维距离-脉冲数据转变成三维的距离-慢时间-瞬时多普勒三维数据立方。此时,可以基于距离-慢时间-瞬时多普勒三维数据立方取时间切片,通过确定任意慢时间的某一时刻,有效地获得每个瞬时时刻 ISAR 的二维距离-瞬时多普勒图像,从而消除距离漂移和多普勒时变效应对成像的不利影响。

　　ISAR 成像的距离-瞬时多普勒原理如图 5.7 所示。完成平动补偿的 ISAR 距离像回波序列按脉冲序号组成二维数据矩阵,此时各脉冲的距离像已经实现对齐。

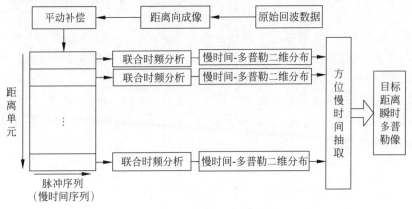

图 5.7　ISAR 成像的距离-瞬时多普勒原理

对距离向各距离单元回波(沿脉冲序号先后顺序排列的同一距离单元的复数据)实施联合时频分析,得到相应距离单元的慢时间-多普勒二维时频分布,将这些时频联合分布按距离单元的先后顺序存储,形成距离-慢时间-多普勒三维数据立方。为了得到目标的二维图像,此时可任意选择一个慢时间时刻,取出三维数据立方在该时刻的二维切片——距离-瞬时多普勒图像,即可得到目标在该时刻的距离-多普勒瞬时图像。

5.3　联合时频分析的基本方法

本节首先介绍一些构成时频分析背景知识的基本概念。在简短回顾信号时域和频域表示之后,介绍时间和频率定位的相关问题及时宽-带宽积、时宽-带宽积约束(海森堡-加博尔不等式,Heisenberg-Gabor inequality)等概念。然后,从时间和频率定位问题的第一解决方案——瞬时频率和群延迟出发,从"非平稳性"的反面——"平稳性"切入,定义"非平稳性",并展示如何使用时-频分析工具。由于瞬时频率和群延迟等适用于单分量信号的函数并不能有效应用于分析多分量信号,需要更加严格和有效的时间-频率二维联合分布——时间-频率联合分布。本节从信号的原子分解出发,依次介绍 ISAR 成像处理可用的线性时频分布、双线性时频分布、科恩类时频分布及重排类时频分布。

5.3.1　非平稳信号

5.3.1.1　时域和频域表示

时域表示是最常用,也是最简单的信号表示,其原因是很明显的,几乎所有物理信号都是通过接收机记录相关变量随时间变化的波形而获得的。通过傅里叶变换,可以得到信号的频域表示:

$$x(v) = \int_{-\infty}^{\infty} x(t) e^{-j2\pi vt} \, dt \tag{5.4}$$

傅里叶变换是一个非常强大的信号表示方式,人们对频率的相关概念已经非常熟悉,而且它已经应用在物理学、天文学、经济学、生物学等诸多个领域。如果仔细研究信号的频谱 $x(v)$,可以将其看作将信号 $x(t)$ 通过基函数 $e^{-j2\pi vt}$ 展开得到的一系列系数。这些系数在时间上完全无法定位,因为基函数 $e^{-j2\pi vt}$ 的时间持续无限长。因此,频谱本质上只能告诉人们信号中存在哪些频率分量,以及相应频率分量的振幅和相位,但并不能告诉人们这些频率出现的时间或消失的时间。

5.3.1.2　时间及频率定位与海森堡-加博尔不等式

一个简单的描述信号时间和频率分布的方法是考察该信号在时域和频域的平均值及方差。通过把 $|x(t)|^2$ 和 $|x(v)|^2$ 作为可能的概率分布,并研究它们的平

均值和标准差,可以得到如下定义:

$$t_m = \frac{1}{E_x} \int_{-\infty}^{+\infty} t \mid x(t) \mid^2 \mathrm{d}t$$

$$v_m = \frac{1}{E_x} \int_{-\infty}^{+\infty} v \mid X(v) \mid^2 \mathrm{d}v$$

$$T^2 = \frac{4\pi}{E_x} \int_{-\infty}^{+\infty} (t - t_m) \mid x(t) \mid^2 \mathrm{d}t$$

$$B^2 = \frac{4\pi}{E_x} \int_{-\infty}^{+\infty} (v - v_m) \mid X(v) \mid^2 \mathrm{d}v \tag{5.5}$$

其中,E_x 是信号的能量,是取值有限的(有界的):

$$E_x = \int_{-\infty}^{+\infty} \mid x(t) \mid^2 \mathrm{d}t < +\infty \tag{5.6}$$

于是,一个信号就可以通过它在时间-频率平面的平均位置(t_m, v_m)及由时宽-带宽积 $T \times B$ 决定的主要能量区域来描述。注意,$T \times B$ 的取值不可能是无穷小的,它是有下界的,通常而言:

$$T \times B \geqslant 1 \tag{5.7}$$

这个约束条件即海森堡-加博尔不等式。这个不等式说明了一个信号不能同时在时间和频率上都占据最小宽度的区间。这一性质本质上也是由傅里叶变换的性质决定的,因为时间持续宽度往往决定频率分辨单元的大小,且它们呈倒数关系。这里有一个重要的结论,即满足 $T \times B = 1$ 条件的信号只能是高斯信号,其表达式为

$$x(t) = C\exp[-\alpha(t - t_m)^2 + \mathrm{j}2\pi(t - t_m)] \tag{5.8}$$

其中,$C \in R, \alpha \in R^+$。根据海森堡-加博尔不等式,高斯信号是具有最小时宽-带宽积的信号(图5.8)。

5.3.1.3 瞬时频率

同时在时间和频率二维平面上描述信号的一种方式是利用瞬时频率并绘制其瞬时频率特性曲线。为了介绍这一函数,首先需要用到解析信号的概念。

对于任意实数信号 $x(t)$,将其关联一个复值信号,该复值信号定义为

$$x_a(t) = x(t) + \mathrm{j}HT(x(t)) \tag{5.9}$$

其中,$HT(x)$是信号 x 的希尔伯特变换。$x_a(t)$ 被称为 $x(t)$ 的"解析信号"。$x_a(t)$ 具有去除负频率分量的单边频谱,其正频率分量幅度是原实信号的 2 倍,直流分量保持不变,即

$$\begin{cases} X_a(v) = 0, & v < 0 \\ X_a(v) = X(0), & v = 0 \\ X_a(v) = 2X(v), & v > 0 \end{cases} \tag{5.10}$$

其中,X 是 x 的傅里叶变换,X_a 是 x_a 的傅里叶变换。因此,解析信号可以通过强

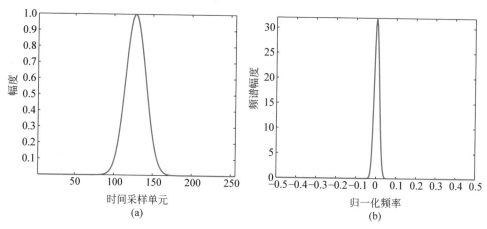

图 5.8 高斯信号：具有最小的时宽-带宽积

（a）时域；（b）频域

制将实信号负频率分量置为 0 的方式获得,这种方式对实信号来说不会改变信号内容。从该信号可以看出,可以用独特的方式定义瞬时振幅、瞬时频率的概念：

$$\begin{cases} a(t) = | x_a(t) | \\ f(t) = \dfrac{1}{2\pi} \dfrac{\mathrm{d}\arg x_a(t)}{\mathrm{d}t} \end{cases} \qquad (5.11)$$

如图 5.9 所示,瞬时频率估计成功给出了线性调频信号频率随时间线性变化的规律。

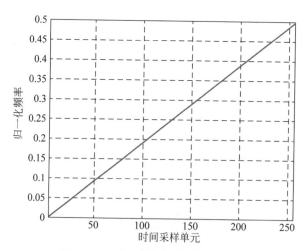

图 5.9 线性调频信号瞬时频率估计

5.3.1.4 群延迟

瞬时频率刻画了信号频率随时间变化的规律。同理,可以定义局部时间随频率变化的函数,即群延迟：

$$t_x(v) = -\frac{1}{2\pi}\frac{\mathrm{darg}x_a(v)}{\mathrm{d}v} \qquad (5.12)$$

群延迟刻画了信号频率变化到某一特定值 v 所需的平均时间,线性调频信号的群延迟估计如图 5.10 所示。

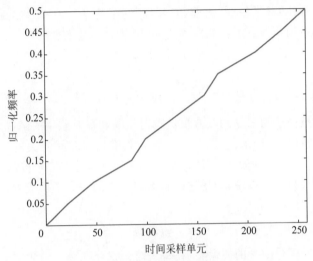

图 5.10 线性调频信号的群延迟估计

一般情况下,瞬时频率和群延迟在时频平面定义为两条不同的曲线。它们只有在信号时宽-带宽积相当大的情况下才近似重合。为了说明这一点,考虑一个简单的例子:计算两个信号的瞬时频率和群延迟,第 1 个信号具有较大的时宽-带宽积,第 2 个信号具有较小的时宽-带宽积(图 5.11):

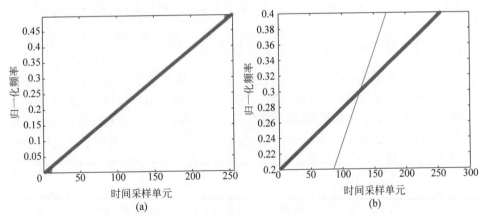

图 5.11 不同幅度调制的不同调频信号瞬时频率(星号表示)和群延迟(线形表示)估计

(a) 大时宽-带宽积信号;(b) 小时宽-带宽积信号

显然,图 5.11(a)中的两条曲线几乎完全重叠(瞬时频率是群延迟的逆变换或反函数);而图 5.11(b)中的两条曲线明显不同。可见,当时宽-带宽积较大时,瞬时频率曲线与群延迟曲线近似重合。这一特性是非常有用的,在工程上经常会利用该结论设计一些实用的信号形式,比如非线性调频信号(non-linear frequency modulation,NLFM)。

5.3.1.5　平稳性

在讨论信号的"非平稳性"之前,必须定义"平稳性"。一个确定的信号如果可以被表示为一系列不连续的正弦序列之和,则认为它是平稳的:

$$\begin{cases} x(t) = \sum_{k \in N} A_k \cos[2\pi v_k t + \Phi_k] \\ x(t) = \sum_{k \in N} A_k \exp[j(2\pi v_k t + \Phi_k)] \end{cases} \quad (5.13)$$

即该信号可以被描述为一系列具有恒定瞬时振幅和瞬时频率的函数之和。

在一般的情况下,如果信号 $x(t)$ 的数学期望是与时间无关的,并且它的自相关函数 $E[x(t_1)x^*(t_2)]$ 仅依赖于时间差 $t_2 - t_1$,则该信号被认为是广义平稳的(或二阶平稳的)。所以说,如果这些基本假设中的一个不再成立,那么信号就是是非平稳的。

5.3.1.6　多分量非平稳信号带来的问题

瞬时频率的概念隐含的假设是,在每一时刻仅存在单一的频率分量,而这种限制同样也适用于群时延,即上述两个物理量能够使用的隐含假设是,一个给定的频率只集中在一个单一的时刻。满足这种假设的信号通常称为"单分量信号"。如果上述假设不再成立,则称为"多分量信号"。对大多数多分量信号使用瞬时频率或群时延所得到的结果是毫无意义的。联合时间、频率的二维信号表示提供了一种信息更完善的结构,它可以更加清晰地表示信号的结构和构成,清晰呈现多分量信号的若干个频率分量,因此,多分量信号必须实施非平稳信号的时频联合分析。

5.3.2　基于原子分解的线性时频表示

傅里叶变换不适用于对非平稳信号的分析,因为其信号分解的基函数投影在时间域上是完全不受限制的无限长波形(正弦波)。瞬时频率和群时延的概念本身也不适用于大多数非平稳信号,即那些含有多个分量的信号。因此,必须考虑使用以时间和频率为变量的二维函数——时频分布。第一类时频分布是由原子分解(也称"线性时频表示")给出的。为了引入这一概念,首先讨论短时傅里叶变换。

5.3.2.1　短时傅里叶变换

在傅里叶变换中引入时间与频率的相关性,一种简单而直观的解决方案是在一个特定的时间段内对信号 $x(u)$ 进行预加窗处理,并计算其傅里叶变换,然后滑动窗函数并在每一时刻 t 都重复这操作。将所得的变换结果按时间顺序存储下来,所得的二维结果称为信号的"短时傅里叶变换"(short-time Fourier transform,STFT):

$$F_x(t,v;h) = \int_{-\infty}^{+\infty} x(u)h^*(u-t)\exp(-\mathrm{j}2\pi vu)\mathrm{d}u \qquad (5.14)$$

其中，$h(t)$ 是在 $t=0$ 和 $v=0$ 处的一个短时窗函数。因为乘以相对较短的窗函数 $h^*(u-t)$ 能有效地抑制分析时间点 $u=t$ 邻域(该邻域的宽度由窗函数的宽度决定)以外的信号，短时傅里叶变换便是信号 $x(u)$ 围绕时间 t 的"局域"谱。假设短时窗的能量有限，则短时傅里叶变换是可逆的：

$$x(t) = \frac{1}{E_h}\int_{-\infty}^{+\infty}\int_{-\infty}^{+\infty} F_x(u,\xi;h)h(t-u)\exp(\mathrm{j}2\pi t\xi)\mathrm{d}u\,\mathrm{d}\xi \qquad (5.15)$$

其中，$E_h = \int_{-\infty}^{+\infty}|h(t)|^2\mathrm{d}t$。该关系式表示，信号总可以分解为各个基本波形的加权求和。$h_{t,v}(u) = h(u-t)\exp(\mathrm{j}2\pi vu)$ 可以称为"原子"。每个原子都是从窗函数 $h(t)$ 经过时间变换和频率变换(调制)而得到的。

短时傅里叶变换也可以表示为信号和窗函数频谱的形式：

$$F_x(t,v;h) = \int_{-\infty}^{+\infty} x(\xi)H^*(\xi-v)\exp[\mathrm{j}2\pi(\xi-v)t]\mathrm{d}\xi \qquad (5.16)$$

其中，X 和 H 分别是 x 和 h 的傅里叶变换。该式表明，短时傅里叶变换是所分析信号在短时窗函数这种时频域分布良好的原子上的投影。$F_x(t,v;h)$ 也可以认为是信号 $x(u)$ 通过频率响应为 $H^*(\xi-v)$ 的带通滤波器的输出，此带通滤波器可以通过对一个频响为 $H(\xi)$ 的母滤波器进行频率 v 的搬移而得到。因此，STFT 类似于具有恒定带宽的一组带通滤波器组。

短时傅里叶变换具有一些有用的性质。

(1) 短时傅里叶变换的频移和时移特性：

$$\begin{cases} y(t) = x(t)\exp(\mathrm{j}2\pi v_0 t) \Rightarrow F_y(t,v;h) = F_x(t,v-v_0;h) \\ y(t) = x(t-t_0) \Rightarrow F_y(t,v;h) = F_x(t-t_0,v;h)\exp(\mathrm{j}2\pi t_0 v) \end{cases} \qquad (5.17)$$

(2) 信号 $x(t)$ 可通过其短时傅里叶变换和合成窗函数 $g(t)$ 来重构，$g(t)$ 不同于分析窗函数 $h(t)$：

$$x(t) = \int_{-\infty}^{+\infty}\int_{-\infty}^{+\infty} F_x(u,\xi;h)g(t-u)\mathrm{e}^{\mathrm{j}2\pi t\xi}\mathrm{d}u\,\mathrm{d}\xi \qquad (5.18)$$

窗函数 $g(t)$ 和 $h(t)$ 满足约束关系：

$$\int_{-\infty}^{+\infty} g(t)h^*(t)\mathrm{d}t = 1 \qquad (5.19)$$

短时傅里叶变换的时间分辨率可以通过狄拉克脉冲来计算：

$$x(t) = \delta(t-t_0) \Rightarrow F_x(t,v;h) = \exp(-\mathrm{j}2\pi t_0 v)h(t-t_0) \qquad (5.20)$$

因此，短时傅里叶变换的时间分辨率是与分析窗函数的有效持续时间成正比的。同样，为了计算频率分辨率，要考虑的是一个复正弦波(频率域中的狄拉克脉冲)：

$$x(t) = \exp(\mathrm{j}2\pi t_0 v) \Rightarrow F_x(t,v;h) = \exp(-2\mathrm{j}\pi t v_0)H(v-v_0) \qquad (5.21)$$

　　因此,短时傅里叶变换的频率分辨率是与分析窗函数的有效带宽成正比的。因而,对于 STFT,要在时间分辨率和频率分辨率之间权衡:一方面,良好的时间分辨率需要很短的窗函数;另一方面,良好的频率分辨率则要求窄带滤波器即长窗口函数,二者无法同时满足。这个限制是使用海森堡-加博尔不等式(Heisenberg-Gabor inequality)的结果。以下两个特例清晰地展示了这一矛盾:

　　(1) 完美的时间分辨率。其窗函数 $h(t)$ 选择狄拉克脉冲函数:

$$h(t) = \delta(t) \Rightarrow F_x(t,v;h) = x(t)\exp(-\mathrm{j}2\pi vt) \tag{5.22}$$

该信号的 STFT 在时域是完美定位,但不提供任何的频域分辨率(图 5.12)。

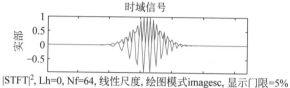

时域信号

$|STFT|^2$, Lh=0, Nf=64, 线性尺度, 绘图模式imagesc, 显示门限=5%

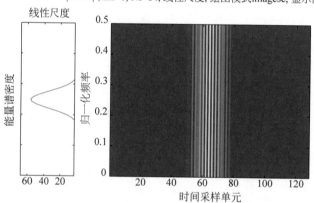

图 5.12　STFT 完美的时间分辨率

没有频率分辨率,以狄拉克脉冲函数为窗函数 $h(t)$; Lh 为短时傅里叶变换的窗口长度,Nf 为傅里叶变换点数

　　信号在时域上是完美定位的(一个给定频率的短时傅里叶变换的模截面正好对应于信号的模),但没有频率分辨率可言。

　　(2) 完美的频率分辨率。其通过一个常数窗来获得:

$$h(t) = 1(H(v) = \delta(v)) \Rightarrow F_x(t,v;h) = x(v) \tag{5.23}$$

这里的 STFT 相当于直接对 $x(t)$ 的傅里叶变换,因而不提供任何时间分辨率(图 5.13)。

5.3.2.2　离散短时傅里叶变换

　　为了减少连续 STFT 的冗余,可以在时频面上采样。由于所用的原子可以通过在时域和频域上对窗函数 $h(t)$ 的变换推导获得,很自然就可以在矩形栅格上对 STFT 采样:

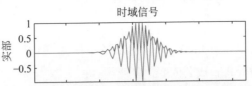

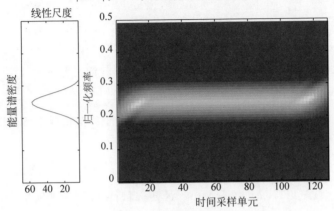

图5.13 STFT完美的频率分辨率
窗函数 $h(t)$ 为常数

$$F_x[n,m;h] = F_x(nt_0,mv_0;h) = \int_{-\infty}^{+\infty} x(u)h^*(u-nt_0)\exp(-\mathrm{j}2\pi mv_0 u)\mathrm{d}u$$

(5.24)

其中，$m,n \in \mathbf{Z}$。那么现在的问题便是选择 t_0 和 v_0，以在不丢失任何信息的情况下减小冗余。为此，必须使

$$t_0 \times v_0 \leqslant 1$$

(5.25)

原子簇 h_{nt_0,mv_0} 构成一个离散的非正交的过采样簇。当 $t_0 \times v_0 > 1$ 时，原子簇 h_{nt_0,mv_0} 将不足以"覆盖"时频平面，即相邻原子之间有"空隙"。当 $t_0 \times v_0 = 1$ 时，原子簇 h_{nt_0,mv_0} 能够组成标准正交基。但可以证明，想同时获得一个在时域和频域上都有良好分辨特性的窗函数 $h(t)$ 是不可能的。因此，对于有良好分布的窗（例如高斯窗），其重建公式往往处于数值不稳定的状态。

在离散的情况下，从 STFT 信号重建（合成）信号的公式为

$$x(t) = \sum_n \sum_m F_x[n,m;h]g_{n,m}(t)$$

(5.26)

此处 $g_{n,m}(t) = g(t-nt_0)\exp(\mathrm{j}2\pi mv_0 t)$。

采样周期 t_0 和 v_0、分析窗函数 $h(t)$ 和合成窗函数 $g(t)$ 需满足

$$\frac{1}{v_0}\sum_n g\left(t+\frac{k}{v_0}-nt_0\right)h^*(t-nt_0) = \delta_k, \quad \forall t$$

(5.27)

且 δ_k 需满足 $\delta_k = \begin{cases} 1, & k=0 \\ 0, & k \neq 0 \end{cases}$。 这个条件远比连续情况所要求的条件

$$\int_{-\infty}^{+\infty} g(t)h^*(t)\mathrm{d}t = 1 \text{ 严格。}$$

假设一个离散采样信号 $x(n)$ 的采样周期为 T，必须选择 t_0 使 $t_0 = kT, k \in \mathbf{N}^*$，且有以下分析和合成公式：

$$F_x[n,m\,;\,h] = \sum_k x[k]h^*(k-n)\exp(-\mathrm{j}2\pi mk), \quad -\frac{1}{2} \leqslant m \leqslant \frac{1}{2} \quad (5.28)$$

$$x[k] = \sum_n \sum_m F_x[n,m\,;\,h]g[k-n]\exp(\mathrm{j}2\pi mk) \quad (5.29)$$

这两种关系可以使用快速傅里叶变换（FFT）算法来高效实现。

5.3.2.3　加博尔表示

加博尔表示（Gabor representation，GR）的定义基于离散情况下 STFT 的信号重构（合成）公式：

$$x(t) = \sum_n \sum_m F_x[n,m\,;\,h]g_{n,m}(t) \quad (5.30)$$

其中，$g_{n,m}(t) = g(t-nt_0)\exp(\mathrm{j}2\pi mv_0 t)$。最初，高斯窗被选为加博尔表示的合成窗 $g(t)$。但现在，可将任意归一化窗用于加博尔表示。原子簇 $g_{n,m}(t)$ 被称为"加博尔基"，系数 $F_x[n,m\,;\,h]$ 之后记为 $G[n,m]$，被称为"加博尔系数"。每个系数包含与时频面 (nt_0, mv_0) 附近的信号原子时频内容相关的信息。基 $g_{n,m}$ 与时频面上中心为 (nt_0, mv_0) 的矩形单位面积相关联。

5.3.2.4　时间-尺度分析和小波变换

连续小波变换（continuous wavelet transform，CWT）将信号投影于一组零均值函数（小波），它们都是由一个基本函数（母函数）通过平移和伸缩而来的，其定义为

$$T_x(t,a\,;\,\Psi) = \int_{-\infty}^{+\infty} x(s)\Psi_{t,a}^*(s)\mathrm{d}s \quad (5.31)$$

其中，$\Psi_{t,a}(s) = |a|^{-1/2}\Psi\left(\dfrac{s-t}{a}\right)$。此处的变量 a 对应一个尺度因子，这意味着 $|a|>1$ 表示将母小波 Ψ 伸长，而 $|a|<1$ 表示将母小波 Ψ 压缩。根据定义，小波变换比时频分析多一个尺度维度。但是，对于那些以尺度 $a=1$ 分布在非 0 频率 v_0 附近的小波，由于频率和尺度之间满足关系式 $v = \dfrac{v_0}{a}$，根据小波变换进行时频分析是可能的。

小波变换和短时傅里叶变换之间的基本差别如下：当比例因子 a 发生变化时，信号的持续时间和小波带宽都产生变化，但其形状保持一致。相对于 STFT 使用不变的分析窗，CWT 在高频时使用短窗、在低频时使用长窗，这能够有效克服短时傅里叶变换的分辨率限制。小波的带宽 B 是正比于频率 v 的，满足"恒 Q"的特性，即

$$\frac{B}{v} = Q \quad (5.32)$$

其中，Q 是一个恒定常数。因此，也把小波变换称为信号的"恒 Q 分析"，CWT 也

可以看作由一个相对带宽恒定的滤波器组所构成的系统(也即时间尺度原子,如图 5.14 所示)。

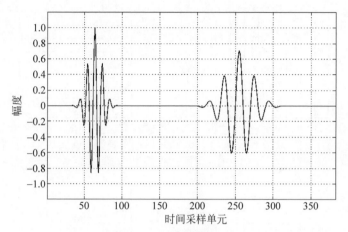

图 5.14 时间尺度原子

CWT 是所分析信号在这一类原子上的投影,其持续时间反比于中心频率

小波变换具有一些有用的性质。

(1) 小波变换是通过时间平移和尺度伸缩实现的,这意味着变换

$$y(t) = \sqrt{|a_0|}\, x(a_0(t-t_0)) \Rightarrow T_y(t,a\,;\,\Psi) = T_x(a_0^*(t-t_0), a/a_0\,;\,\Psi) \tag{5.33}$$

(2) 信号 $x(t)$ 可以根据下式从它的连续小波变换来重构:

$$x(t) = \int_{-\infty}^{+\infty}\int_{-\infty}^{+\infty} T_x(s,a\,;\,\Phi)\Psi_{s,a}(t)\mathrm{d}s\,\frac{\mathrm{d}a}{a^2} \tag{5.34}$$

此处 Φ 是合成小波,满足以下由 Φ 和 Ψ 构成的约束条件:

$$\int_{-\infty}^{+\infty} \Psi(v)\Phi^*(v)\,\frac{\mathrm{d}v}{|v|} = 1 \tag{5.35}$$

在 STFT 的情况下,时间分辨率和频率分辨率是由海森堡-加博尔不等式约束的。然而,在小波变换情况下,这两个分辨率取决于频率,随频率增加,频率分辨率(或时间分辨率)变差(或变好)。

5.3.2.5 离散小波变换

在小波变换中,对时频面进行采样是在由下式限定的非均匀网格上进行的:

$$(t,a) = (nt_0 a_0^{-m}, a_0^{-m})\,; \quad t_0 > 0, a_0 > 0\,; \quad m,n \in \mathbf{Z} \tag{5.36}$$

离散小波变换(discrete wavelet transform,DWT)的定义为

$$T_x[n,m\,;\,\Psi] = a_0^{m/2}\int_{-\infty}^{+\infty} x(u)\Psi_{n,m}^*(u)\mathrm{d}u\,; \quad m,n \in \mathbf{Z} \tag{5.37}$$

其中,$\Psi_{n,m}(u) = \Psi(a_0^m u - nt_0)$。当 $a_0 = 2, t_0 = 1$ 时,对应于时频面上的一个二进制采样(图 5.15)。

至此,信号的时域香农采样(Shannon sampling)、频域傅里叶采样、加博尔变换、小波变换(wavelet transform)的对比如图 5.15 所示。

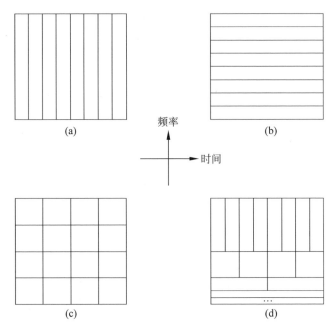

图 5.15　时频面上的二进制采样

(a) 时域香农采样;(b) 频域傅里叶采样;(c) 加博尔变换;(d) 小波变换

5.3.3　谱图与尺度图

前文介绍的时频表示都是将信号分解为基本分量,即原子簇。它们在时域和频域上都有良好的分布,这些表示都是信号的线性时频变换。后文还会介绍另一种方法,包括时域和频域上的信号能量分布,即能量型的时频分布,它们是信号天然的二次变换。本节首先介绍这两种方法间的过渡方法——谱图和尺度图。

5.3.3.1　谱图

将 STFT 变换取模平方,可以得到局部加窗信号 $x(u)h^*(u-t)$ 的频谱能量密度分布:

$$S_x(t,v) = \left| \int_{-\infty}^{+\infty} x(u)h^*(u-t)\exp(-\mathrm{j}2\pi vu)\mathrm{d}u \right|^2 \tag{5.38}$$

这就是谱图,它是一个取值为非负实数的分布。由于窗 h 通常假设是单位能量的,谱图满足能量守恒特性,即

$$\int_{-\infty}^{+\infty}\int_{-\infty}^{+\infty} S_x(t,v)\mathrm{d}t\,\mathrm{d}v = E_x \tag{5.39}$$

可以将谱图理解为信号在时频域上中心为点(t,v)附近的能量度量,它的形状与分布独立。

谱图具有以下性质。

(1) 时间和频率的协变特性。

谱图保留了时间和频率的偏移特性:

$$\begin{cases} y(t)=x(t-t_0)\Rightarrow S_y(t,v)=S_x(t-t_0,v) \\ y(t)=x(t)\exp(\text{j}2\pi v_0 t)\Rightarrow S_y(t,v)=S_x(t,v-v_0) \end{cases} \tag{5.40}$$

谱图是 STFT 幅度的平方,显而易见的是,与 STFT 一样,谱图的时间-频率分辨率是明确受限的。特别是,它仍然存在时间分辨率和频率分辨率之间的矛盾。这个特点是这种时频分布的主要缺点。谱图是二次时频分布中的一员,这类时频分布通常被称为"科恩类"。

(2) 因为谱图是一个二次(或双线性)时频表示,两个信号之和的谱图并不是两个信号各自谱图之和(二次叠加原理),而是会产生交叉项,即

$$y(t)=x_1(t)+x_2(t)\Rightarrow S_y(t,v)=S_{x_1}(t,v)+S_{x_2}(t,v)+2\Re\{S_{x_1,x_2}(t,v)\}$$

$$\tag{5.41}$$

其中,$S_{x_1,x_2}(t,v)=F_{x_1}(t,v)F_{x_2}^*(t,v)$ 是交叉项,$\Re$ 代表取实部。作为一个二次型分布,谱图将受到 $S_{x_1,x_2}(t,v)$ 带来的交叉干扰项影响。研究表明,这些干扰项严格分布于时频面上 $S_{x_1}(t,v)$ 和 $S_{x_2}(t,v)$ 支撑域重叠的区域。因此,如果信号分量 $x_1(t)$ 和 $x_2(t)$ 在时频平面上相距足够远以至于它们各自的谱图不再显著重叠,则交叉干扰项将几乎恒为 0。这一属性是谱图的实用优势之一,但同时也是以牺牲谱图的分辨率为代价的。为了说明谱图分辨率的折中和它的交叉干扰项特点,考虑一个由两个平行的线性调频脉冲构成的双分量信号,分析其采用不同窗函数的谱图(图 5.16 和图 5.17)。

在这两种情况下,无论如何设置窗的长度,该信号的两个 FM 分量都不够远。因此,存在交叉干扰项且其扰乱了时频表示的清晰度。如果考虑相距更远的分量(图 5.18 和图 5.19),则两个谱图都没有出现重叠和干扰项,还可以看到短窗(h_1)和长窗(h_2)对时间-频率分辨率的影响。长窗 h_2 更好是因为频率变化不是很快,在准平稳的假设下使用 h_2 是正确的(在这种情况下频率分辨率比时间分辨率更重要)且频率分辨率会比较好;而当窗为短窗(h_1)时,时间分辨率较好,但这并不是很有用,其频率分辨率较差。

5.3.3.2　尺度图

一个与谱图相似的分布可以由小波变换定义。由于连续小波变换具有正交基分解的性质,这表明它保留了信号的能量:

$$\int_{-\infty}^{+\infty}\int_{-\infty}^{+\infty}|T_x(t,a\,;\,\Psi)|^2\,\text{d}t\,\frac{\text{d}a}{a^2}=E_x \tag{5.42}$$

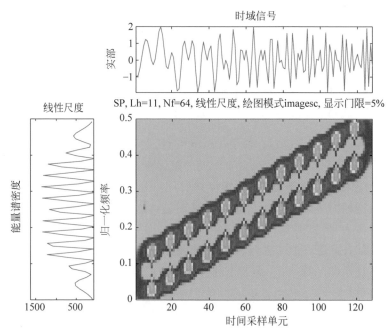

图 5.16　两个平行的线性调频信号的谱图

使用短高斯分析窗：存在交叉项

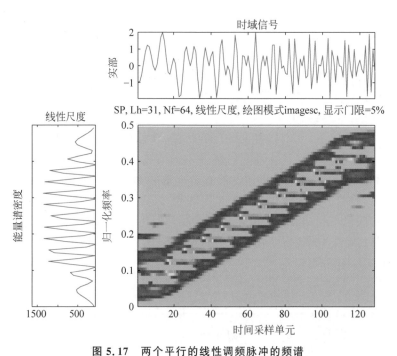

图 5.17　两个平行的线性调频脉冲的频谱

使用长高斯分析窗时交叉项仍然存在，因为时频图上 FM 分量间的距离过小

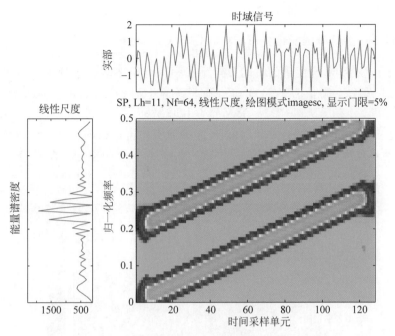

图 5.18　两个相距更远的平行线性调频信号的谱图

使用短高斯分析窗

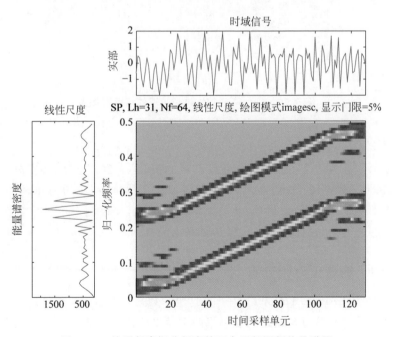

图 5.19　使用长高斯分析窗的两个平行调频信号谱图

其中，E_x 是 x 的能量。将 x 的尺度谱图定义为其连续小波变换的模平方。它是时间尺度平面上信号的能量分布，与 $dt \dfrac{da}{a^2}$ 有关。

对于小波变换，尺度谱的时间分辨率和频率分辨率取决于频率。为了说明这一点，展示两个不同信号的尺度谱。所选择的小波为 12 点的莫莱小波（Morlet wavelet），第 1 个信号为时刻 $t_0 = 64$ 处的狄拉克脉冲。图 5.20 表明，在 $t = t_0$ 时刻，信号行为产生的影响被限定在了时间-尺度平面上的锥形区域：它是"非常"局限在 t_0 附近的小尺度（大频率），而随着尺度的增大（或随着频率的下降），分布的能量减少。

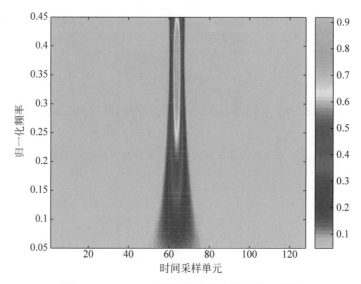

图 5.20　$t_0 = 64$ 时的狄拉克脉冲的莫莱尺度图

时间分辨率与频率（或尺度）有关；Nh0 = 6，$N = 128$，线性尺度，调色板，显示门限 = 5%；Nh0 为窗口长度，N 为变换点数

第 2 个信号为两个不同频率的正弦信号的和（图 5.21），显然，频率分辨率是尺度的函数；它随频率的增大而变差。该尺度谱的干扰项，同谱图一样，也被限定在时频面上那些自尺度谱（信号项）重叠的区域。因此，如果两个信号分量在时频面上距离足够远的话，它们的交叉尺度谱将基本为 0。

5.3.4　能量型时频分布

与把信号分解为基本分量（原子）的线性时频表示相比，能量型时频分布的目的在于把信号的能量分布在时间和频率两个变量描述的平面上。其基础在于信号 x 的能量既可以从其时域波形求得，也可以从其傅里叶变换求得，分别取时域波形或频域频谱的模平方即可推导出信号的能量：

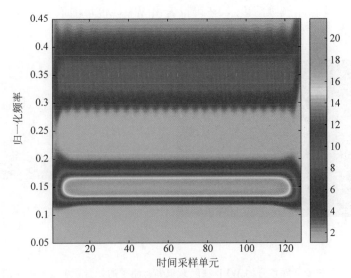

图 5.21　两个同步复正弦信号莫莱尺度图

频率分辨率取决于频率(或尺度),Nh0=6,N=128,线性尺度,调色板,显示门限=5%

$$E_x = \int_{-\infty}^{+\infty} |x(t)|^2 \, dt = \int_{-\infty}^{+\infty} |x(v)|^2 \, dv \qquad (5.43)$$

分别把$|x(t)|^2$与$|x(v)|^2$解释为信号在时域与频域的能量密度,之后便自然能够想到一个时间-频率联合密度函数$\rho_x(t,v)$,使其满足:

$$E_x = \int_{-\infty}^{+\infty}\int_{-\infty}^{+\infty} \rho_x(t,v) \, dt \, dv \qquad (5.44)$$

由于能量是信号的二次函数,时频能量分布通常也称"二次型时频表示"。通常,还期望该能量密度函数满足两个边缘特性,即

$$\int_{-\infty}^{+\infty} \rho_x(t,v) \, dt = |x(v)|^2 \qquad (5.45)$$

$$\int_{-\infty}^{+\infty} \rho_x(t,v) \, dv = |x(t)|^2 \qquad (5.46)$$

5.3.4.1　维格纳-维利分布

维格纳-维利分布(Wigner-Ville distribution,WVD)可以定义为

$$W_x(t,v) = \int_{-\infty}^{+\infty} x(t+\tau/2) x^*(t-\tau/2) \exp(-j2\pi vt) \, d\tau \qquad (5.47)$$

或

$$W_x(t,v) = \int_{-\infty}^{+\infty} X(v+\xi/2) X^*(v-\xi/2) \exp(j2\pi\xi t) \, d\xi \qquad (5.48)$$

这种分布满足大部分期望的数学性质。WVD 总是实数,具有时间和频率的偏移特性且满足边缘特性。

对于经典的线性调频信号,WVD 在时频域具有精确的定位特性和最佳的分辨能力。如果选择用三维图表示,还可以看出 WVD 也可能取负值,但其时频域能量聚集性和时频定位性几乎是完美的(图 5.22)。

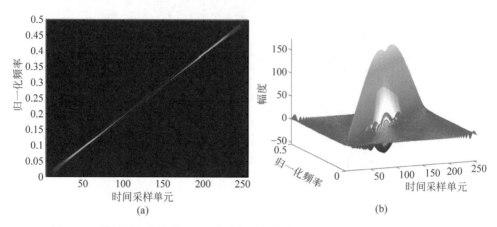

(a)

(b)

图 5.22 线性调频信号的 WVD 在时频域具有精确的能量聚集性和时频定位性

(a) 二维平面图,线性尺度,绘图模式 imagesc,显示门限=5%;(b) 三维立体图,线性尺度,绘图模式 mesh,显示门限=5%

但是对于频率时变且非线性变化的多普勒信号(例如,当一辆车在观察者前方以稳定的速度行驶时,观察者获得的引擎信号随时间变化,其多普勒频率由一个值变为另一个值,且频率变化是非线性的),WVD 分布将出现严重的交叉项干扰,如图 5.23 所示。

线性尺度,绘图模式imagesc,显示门限=5%

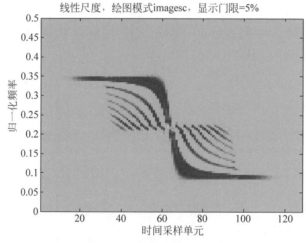

图 5.23 多普勒信号的 WVD

由于分布的非线性,干扰项很多

观察以上时频分布,注意到时变的多普勒信号能量并没有预期分布。虽然信号项很好地分布在时频域上,但是大量其他项(由于 WVD 的双线性生成)出现在了本该没有能量分布的位置,即产生了干扰项。

在深入探讨怎样消除干扰项之前,首先讨论一下 WVD 的主要特性:

(1) 能量守恒:

$$E_x = \int_{-\infty}^{+\infty} \int_{-\infty}^{+\infty} W_x(t,v) \mathrm{d}t\,\mathrm{d}v \tag{5.49}$$

(2) 边缘特性:能量谱密度和瞬时功率可以由 WVD 的边缘分布获得:

$$\int_{-\infty}^{+\infty} W_x(t,v)\mathrm{d}t = |X(v)|^2 \tag{5.50}$$

$$\int_{-\infty}^{+\infty} W_x(t,v)\mathrm{d}v = |X(t)|^2 \tag{5.51}$$

(3) 实值性:

$$W_x(t,v) \in \mathbf{R}, \qquad \forall\, t,v \tag{5.52}$$

(4) 移不变性:WVD 满足时-频移不变特性:

$$\begin{cases} y(t) = x(t-t_0) \Rightarrow W_y(t,v) = W_x(t-t_0,v) \\ y(t) = x(t)\mathrm{e}^{\mathrm{j}2\pi v_0 t} \Rightarrow W_y(t,v) = W_x(t,v-v_0) \end{cases} \tag{5.53}$$

(5) 伸缩不变性:WVD 也能保持尺度特性:

$$y(t) = \sqrt{k}\,x(kt); \quad k \succ 0 \Rightarrow W_y(t,v) = W_x(kt,v/k) \tag{5.54}$$

(6) 时域卷积特性:如果信号 y 是 x 和 h 的时域卷积,则 y 的 WVD 是 h 和 x 的 WVD 的时域卷积:

$$y(t) = \int_{-\infty}^{+\infty} h(t-s)x(s)\mathrm{d}s \Rightarrow W_y(t,v) = \int_{-\infty}^{+\infty} W_h(t-s,h)W_x(s,v)\mathrm{d}s \tag{5.55}$$

(7) 频域卷积特性:这是前一特性的对称特性:如果 y 是 x 和 m 的时域乘积,那么 y 的 WVD 等于 x 和 m 的 WVD 在频域的卷积:

$$y(t) = m(t)x(t) \Rightarrow W_y(t,v) = \int_{-\infty}^{+\infty} W_m(t,v-\zeta)W_x(s,\xi)\mathrm{d}\xi \tag{5.56}$$

(8) 广义时间-频率支撑:如果一个信号在时域有限支撑(相对的在频域也是一样的),其 WVD 在时域也是有限支撑的,且支撑域相同(相对的在频域也一样)。

$$\begin{cases} X(t) = 0, |t| > T \Rightarrow W_x(t,v) = 0, |t| > T \\ X(v) = 0, |v| > B \Rightarrow W_x(t,v) = 0, |v| > B \end{cases} \tag{5.57}$$

(9) 一致性:信号时域与时-频域的能量一致性:

$$\left| \int_{-\infty}^{+\infty} x(t)y^*(t)\mathrm{d}t \right|^2 = \int_{-\infty}^{+\infty} \int_{-\infty}^{+\infty} W_x(t,v)W_y^*(t,v)\mathrm{d}t\,\mathrm{d}v \tag{5.58}$$

(10) 瞬时频率:信号 x 的瞬时频率可以视作从 WVD 频域上的一阶原点矩获得:

$$f_x(t) = \frac{\displaystyle\int_{-\infty}^{+\infty} v W_{x_a}(t,v)\mathrm{d}v}{\displaystyle\int_{-\infty}^{+\infty} W_{x_a}(t,v)\mathrm{d}v} \tag{5.59}$$

上式也可以称为"重心公式"。

(11) 群延迟：信号 x 的群延迟可以通过 WVD 时域上的一阶原点矩获得：

$$t_x(v) = \frac{\int_{-\infty}^{+\infty} t W_{x_a}(t,v)\mathrm{d}t}{\int_{-\infty}^{+\infty} W_{x_a}(t,v)\mathrm{d}t} \tag{5.60}$$

(12) 对线性调频信号的精确定位和最优能量聚积性：

$$x(t) = \exp[\mathrm{j}2\pi v_x(t)t], \quad v_x(t) = v_0 + 2\beta t \Rightarrow W_x(t,v) = \delta(v - (v_0 + \beta t)) \tag{5.61}$$

由于 WVD 是信号 x 的双线性变换，这意味着

$$W_{x+y}(t,v) = W_x(t,v) + W_y(t,v) + 2R\{W_{x,y}(t,v)\} \tag{5.62}$$

其中，

$$W_{x,y}(t,v) = \int_{-\infty}^{+\infty} x(t+\tau/2)y^*(t-\tau/2)\exp(-\mathrm{j}2\pi v\tau)\mathrm{d}\tau \tag{5.63}$$

它是信号 x 与信号 y 的交叉项。对于多份量信号而言，任意两个信号之间都会产生相应的交叉项，但为了清晰地描述，这里只考虑两个信号分量的情况。

不同于谱图中的交叉项，WVD 的交叉项永远是非 0 的，无论这两个信号的时频距离是多少。这些干扰项很麻烦，它们可能会重叠在有用的信号项上，使得在 WVD 图像上有效识别信号变得很难。不过，这些交叉项的出现似乎也是必不可少的，因为没有交叉项就不能保证 WVD 的一些特性。实际上，WVD 的优良特性与其交叉项之间存在一种很有意思的折中。

WVD 的交叉项存在一些显著的几何特征：时间-频率平面上两个点的交叉项位于两点的几何中心，而且这些交叉项沿垂直于两点连线的方向振荡，振荡频率与这两个点之间的距离成比例。

计算信号的 WVD 需要计算信号的瞬时自相关函数：

$$q_x(t,\tau) = x(t+\tau/2)x^*(t-\tau/2) \tag{5.64}$$

其中，τ 为 $-\infty \sim +\infty$，这在实际操作中可能是个问题。通常使用一个窗函数来截断 $q_x(t,\tau)$，从而得到一个新的分布，即伪 WVD(pseudo WVD，PWRD)：

$$PW_x(t,v) = \int_{-\infty}^{+\infty} h(\tau)x(t-\tau/2)x^*(t-\tau/2)\exp(-\mathrm{j}2\pi v\tau)\mathrm{d}\tau \tag{5.65}$$

其中，$h(\tau)$ 是个普通的窗函数。

根据频域卷积定理，加窗的操作等效于 WVD 在频率的平滑处理(卷积)。由于

$$PW_x(t,v) = \int_{-\infty}^{+\infty} H(v-\xi)W_x(t,\xi)\mathrm{d}\xi \tag{5.66}$$

其中，$H(v)$ 是 $h(t)$ 的傅里叶变换。由于交叉项具有振荡特性，与 WVD 相比，PWVD 的交叉项会有所抑制。然而，这种改进的后果是使 PWVD 的许多特性丢失，比如边缘特性、一致性、频率支撑性等，信号自项的频率域聚积程度也会变差。

由于 WVD 的二次性,对它的离散采样必须十分小心。

$$W_x(t,v) = 2\int_{-\infty}^{+\infty} x(t-\tau)x^*(t-\tau)\exp(-\mathrm{j}4\pi v\tau)\mathrm{d}\tau \qquad (5.67)$$

如果以周期 T_e 采样信号 x,采样结果记为 $x[n]=x(nT_e)$,评估 WVD 在时间上的采样效果,可以获得离散时间、连续频率的表达式:

$$W(n,v) = 2T_e\sum_k x[n+k]x^*[n-k]\mathrm{e}^{-\mathrm{j}4\pi vk} \qquad (5.68)$$

该表达式在频域具有周期性,周期为 $\dfrac{1}{2T_e}$。

可见,WVD 的离散形式可能会受到频谱混叠的影响,特别是对于以奈奎斯特速率采样的实信号 x,主要原因是实信号是双边谱,而 WVD 的交叉项会出现在任意两个自项之间,这包含正频率分量与负频率分量,于是实信号的 WVD 将出现严重的交叉项和频谱混叠。有两个方法可以解决这一问题:①将信号的过采样因子至少调整为 2;②使用解析信号计算 WVD。由于解析信号的带宽是实值信号的一半,频谱混叠不会发生在信号有用频域之内。方法②存在诸多优势:由于频域分量减少了一半,在时频平面的信号项数量也将减少一半。因此,交叉项的数量会有大幅减少(图 5.24)。

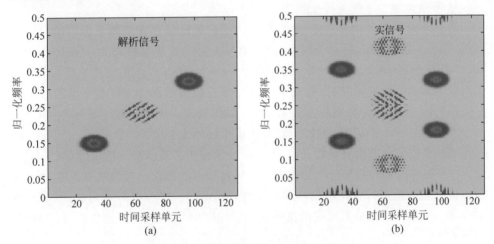

图 5.24　使用解析信号构建 WVD 的优势

(a) 解析信号 WVD;(b) 实信号 WVD

线性尺度,绘图模式 imagesc,显示门限=5%

5.3.4.2　科恩类时频分布

科恩类时频分布提供了分析非平稳信号的一系列强大的工具,其基本思想是设计一个时间和频率的联合函数,同时在时域和频域描述信号的能量密度或强度。最重要的科恩类时频分布是维格纳-维利分布,该分布满足许多理想特性。因为它是二次型分布,所以在时频平面会引入交叉项,交叉项会干扰结果的判读。抑制这些交叉项的一种方法是根据它们的结构对时间和频率分别做平滑处理或联合平滑处理。但这样做的结果是降低了时间和频率的分辨率,会带来理论性能的损失。由科恩提出的一般化公式有助于理解现有解决方法和现有分布与模糊函数之间的联系。

在能量型时频分布的期望特性中,有两个特性特别重要:即时间与频率的移位不变性。这些特性可以保证信号的时间延迟或调制,会在时频分布上有所体现。已经证明的结论是,满足这种特性的能量型时频分布具有以下一般表达式:

$$C_x(t,v;f) = \iiint_{-\infty}^{+\infty} \mathrm{e}^{\mathrm{j}2\pi\xi(s-t)} f(\xi,\tau) x(s+\tau/2) x^*(s-\tau/2) \mathrm{e}^{-\mathrm{j}2\pi v\tau} \mathrm{d}\xi \mathrm{d}s \mathrm{d}\tau$$

(5.69)

其中,$f(\xi,\tau)$是一个二维的参数化函数。

这类分布被称为"科恩类时频分布"(Cohen time-frequency distribution),也可以将其定义为

$$C_x(t,v;\Pi) = \int_{-\infty}^{+\infty}\int_{-\infty}^{+\infty} \Pi(s-t,\xi-v) W_x(s,\xi) \mathrm{e}^{-\mathrm{j}2\pi(v\tau+\xi t)} \mathrm{d}t \mathrm{d}v \quad (5.70)$$

其中,

$$\Pi(t,v) = \int_{-\infty}^{+\infty}\int_{-\infty}^{+\infty} f(\xi,\tau) \mathrm{e}^{-\mathrm{j}2\pi(v\tau+\xi t)} \mathrm{d}t \mathrm{d}v \quad\quad (5.71)$$

是参数函数 f 的二维傅里叶变换。

科恩类时频分布非常重要,因为它包含了大量已经存在的能量型时频分布。当然,作为一种典型的科恩类时频分布,WVD 奠定了其他科恩类时频分布的基础。WVD 是 Π 函数取双狄拉克函数:$\Pi(t,v) = \delta(t)\delta(v)$,$f(\xi,\tau) \equiv 1$ 的结果。当 Π 函数是其他函数的情况下,科恩类时频分布可以理解为 WVD 的平滑形式。显然,这种分布将以一种特别的方式衰减 WVD 的交叉项干扰。

在考虑各种不同的 Π 函数之前,首先指出这种统一定义的优势:

(1) 通过任意地指定参数函数 f,有可能获得大多数已知的能量分布;

(2) 很容易将对时频分布的期望特性转换为对参数化函数的约束条件。

根据经典理论的克拉默斯-莫亚尔方程(Kramers-Moyal equation),可以轻松地将前文的线性时频分布对应的谱图表示为时间和频率二维均经过平滑的 WVD 的形式:

$$S_x(t,v) = \int_{-\infty}^{+\infty}\int_{-\infty}^{+\infty} W_h(s-t,\xi-v) W_x(s,\xi) \mathrm{d}s \mathrm{d}\xi \quad\quad (5.72)$$

这个新公式提供了另一种在谱图上产生时间与频率分辨率之间矛盾的原因,即短窗在时域上是窄的,但在频域是宽的,导致时间分辨率较好,但是频率分辨率较差;反之也如此。

前一个平滑函数 $\Pi(s,\xi) = W_h(s,\xi)$ 的问题在于它仅仅受短时间窗 $h(t)$ 控制。通过考虑时间和频率可分离的平滑函数来增加自由度,即使用

$$\Pi(t,v) = g(t)h(-v) \quad\quad (5.73)$$

其中,$H(v)$ 是平滑窗 $h(t)$ 的傅里叶变换,对 WVD 在时间和频率上应用平滑函

数,获得分布:

$$\mathrm{SPW}_x(t,v)=\int_{-\infty}^{+\infty}h(\tau)\int_{-\infty}^{+\infty}g(s-t)x(s+\tau/2)x^*(s-\tau/2)\mathrm{d}s\,\mathrm{e}^{-\mathrm{j}2\pi v\tau}\,\mathrm{d}\tau$$

$$(5.74)$$

这就是平滑伪 WVD 的定义。谱图上时间和频率分辨率之间的矛盾被联合时频分辨率和交叉项之间的折中取而代之:时域或频域越平滑,对应的域分辨率就越糟糕,但交叉项的能量就越小。

注意,如果只考虑对信号 WVD 实施频域的平滑处理,平滑的伪 WVD 就退化为伪 WVD。

从图 5.25 所示的 WVD 中可以看到两个信号位于时间-频率平面上的位置,以及它们之间的交叉项。如图 5.26 所示的伪 WVD 通过频率平滑降低频率分辨率,但并没有真正地衰减交叉项,因为其交叉项的振荡方向平行于时间轴,垂直于频率轴。不同的是,如图 5.27 所示的平滑伪 WVD 的时间平滑大大减少了交叉项。当时间分辨率不是很重要时,平滑伪 WVD 对信号还是很适合的。

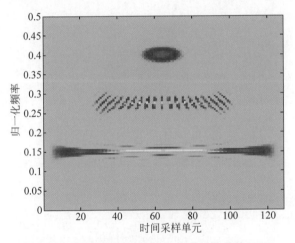

图 5.25　由高斯原子和复正弦组成的信号的 WVD

交叉项明显,线性尺度,绘图模式 imagesc,显示门限=5%

平滑伪 WVD 的一个有趣的特性是它提供了直接从谱图得到 WVD 的方法,如图 5.28 所示。当平滑函数 g 和 h 都是高斯函数时,时宽-带宽积从 1(谱图)减小到 0(WVD),这就实现了谱图到 WVD 的演化。

对比可知,WVD 给出了最佳分辨率(在时间和频率上),但是存在大量交叉项,谱图有最差的分辨率,但是几乎无干扰项存在。平滑伪 WVD 在两个极端之间进行了折中。

5.3.4.3　科恩类时频分布与窄带模糊函数的联系

窄带模糊函数在雷达信号处理领域特别有用,它定义为

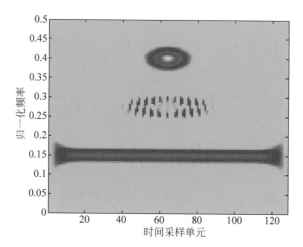

图 5.26 同一个信号的伪 WVD

频率平滑降低了频率分辨率但仍然存在交叉项,Lh=16,Nf=128,线性尺度,
绘图模式 imagesc,显示门限=5%

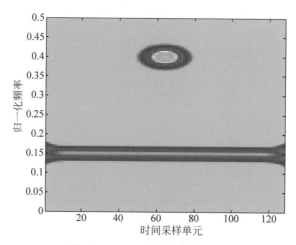

图 5.27 同一信号平滑伪 WVD

时间平滑明显减少了交叉项,Lg=6,Lh=16,Nf=128,线性尺度,绘图模式 imagesc,显示门限=5%

$$A_{\xi}(\xi,\tau) = \int_{-\infty}^{+\infty} x\left(s + \frac{\tau}{2}\right) x^*\left(s - \frac{\tau}{2}\right) \exp(-\mathrm{j}2\pi\xi s)\,\mathrm{d}s \tag{5.75}$$

模糊函数是对信号时频相关性的一种度量,反应信号与其本身在时频平面移位后的信号分量之间的相似性。不像变量 t 与 v 是绝对的时间与频率坐标,变量 τ 和 ξ 表示相对坐标,分别为延迟坐标和多普勒坐标。

模糊函数通常是复数并满足厄米特偶对称:

$$A_x(\xi,\tau) = A_{\xi}^*(-\xi, -\tau) \tag{5.76}$$

窄带模糊函数与 WVD 之间存在重要的联系,即模糊函数是 WVD 的二维傅里叶变换:

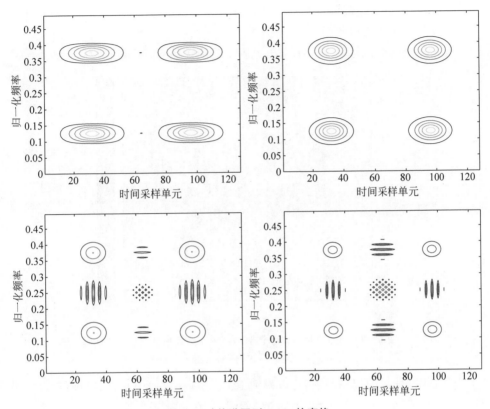

图 5.28　从谱图到 WVD 的变换

使用平滑伪 WVD，信号由 4 个高斯原子组成

$$A_x(\xi,\tau) = \int_{-\infty}^{+\infty}\int_{-\infty}^{+\infty} W_x(t,v)\exp[\mathrm{j}2\pi(v\tau-\xi t)]\mathrm{d}t\,\mathrm{d}v \qquad (5.77)$$

因此，模糊函数是傅里叶变换意义上的 WVD。所以，对于模糊函数，其特性几乎接近于 WVD 的特性。在这些特性中，只重点论述以下 3 个。

（1）边缘特性

时域与频域自相关是模糊函数沿着 τ 与 ξ 的切片：

$$r_x(\tau) = A_x(0,\tau), \quad R_x(\tau) = A_x(\xi,0) \qquad (5.78)$$

x 的能量是模糊函数在 (ξ,τ) 平面原点的值，也是最大值：

$$|A_x(\xi,\tau)| \leqslant A_x(0,0) = E_x, \quad \forall\,\xi,\tau \qquad (5.79)$$

（2）平移不变性

一个信号在时频平面平移后，其模糊函数形状不变，只是引入一个相位因子（调制）：

$$y(t) = x(t-t_0)\exp(\mathrm{j}2\pi v_0 t) \Rightarrow A_y(\xi,\tau) = A_x(\xi,\tau)\exp[\mathrm{j}2\pi(v_0\tau-\xi t_0)]$$

$$(5.80)$$

在多分量信号的情况下，干扰几何对应于信号分量的模糊函数主要分布在原点附近,与信号分量之间的交叉项对应的能量则出现在与原点有一定距离的地方并与涉及分量之间的时频距离成正比。

首先分析两个信号的 WVD,可以见到交叉项在信号之间振荡(图 5.29)。

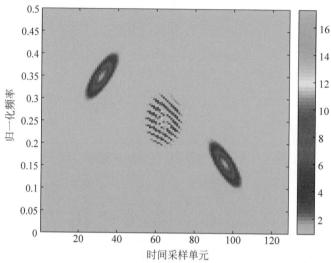

图 5.29 具有高斯幅度和调频斜率的两个调频信号的 WVD
线性尺度,绘图模式 imagesc,显示门限=5%

通过相同信号的模糊函数,可以得到围绕原点(在图像中间)的模糊信号项,模糊干扰项位于远离原点的区域(图 5.30)。因此,在模糊函数原点周围加一个二维的低通滤波器,并通过二维傅里叶变换得到 WVD,即可以抑制交叉项。实际上,这个二维滤波器操作在科恩类的通常表达式下,是通过参数函数 f 来实现的。

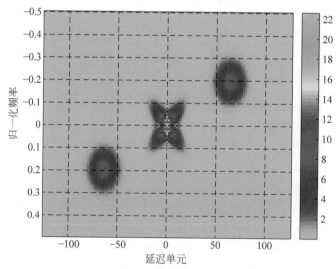

图 5.30 前一个信号的窄带模糊函数
模糊函数信号项在原点周围,模糊函数干扰项位置远离原点

科恩类时频分布具有多重表达形式,由模糊函数表达的形式可以写为

$$C_x(t,v;f) = \int_{-\infty}^{+\infty} \int_{-\infty}^{+\infty} f(\xi,\tau) A_x(\xi,\tau) \exp(-\mathrm{j}2\pi(v\tau + \xi t)) \mathrm{d}\xi \mathrm{d}\tau \quad (5.81)$$

其中,$f(\xi,\tau)$ 是 Π 函数的二维傅里叶变换。这个表达式很好地说明了参数函数 $f(\xi,\tau)$ 所起的作用。确实,$f(\xi,\tau)$ 使信号项保持不变,并抑制了干扰项。实际上,从时频平面到模糊函数的变化允许对函数 $f(\xi,\tau)$ 做精确的表征,因此也就可以得到精确的平滑函数 $\Pi(t,v)$。可见,WVD 对应一个恒值的参数函数 $f(\xi,\tau)=1$,$\forall \xi,\tau$,即模糊函数并不进行滤波操作。对于谱图来说,$f(\xi,\tau)=A_h^*(\xi,\tau)$,即窗 h 的模糊函数决定了模糊函数平面的加权函数形状。对于平滑伪 WVD 来说,$f(\xi,\tau)=G(\xi)h(\tau)$,即加权函数在时间和频率可分离,可以独立地进行控制,这对于设计合适的加权函数以适应模糊函数平面信号项的形状是非常有用的。

5.3.4.4　其他重要的科恩类时频分布

下面讨论其他重要的科恩类时频分布。

(1) 里哈切克时频分布和马尔格纳-希尔分布

如果考虑信号 x 仅限于在以 t 为中心的一个极小区间 δ_T,它通过一个中心为 v 的无穷小带通滤波器 δ_B 的输出可以近似地表示为

$$\delta_T \delta_B [x(t) X^*(v) \exp(-\mathrm{j}2\pi vt)] \quad (5.82)$$

上式给出了一种新的时频分布计算方法:

$$R_x(t,v) = x(t) X^*(v) \exp(-\mathrm{j}2\pi vt) \quad (5.83)$$

上式称作"里哈切克分布"(Rihaczek distribution,RD)。它是科恩类时频分布的一种,其中 $f(\xi,\tau)=\exp(\mathrm{j}\pi\xi r)$。里哈切克分布具有许多良好的性能。里哈切克分布的实部也是一种科恩类时频分布,其中 $f(\xi,\tau)=\cos(\pi\xi\tau)$,称为"马尔格纳-希尔分布"(Margenau-Hill distribution,MHD)。它同 WVD 一样,具有很多有趣的特性,可以定义平滑的里哈切克分布与马尔格纳-希尔分布。

里哈切克分布与马尔格纳-希尔分布的交叉项特征与 WVD 不同:定位于 (t_1,v_1) 与 (t_2,v_2) 的两个信号分量对应的干扰项位于坐标 (t_1,v_2) 与 (t_2,v_1)。这可由图 5.31 看出。

可见,对于由时域或频域处于同一位置的多分量组成的信号使用马尔格纳-希尔分布进行分析是不明智的,因为干扰项很可能压制了信号项。

(2) 佩奇分布

佩奇分布(Page distribution,PD)的定义为

$$P_x(t,v) = \frac{\mathrm{d}}{\mathrm{d}t} \left\{ \left| \int_{-\infty}^{t} x(u) \exp(-\mathrm{j}2\pi vu) \mathrm{d}u \right|^2 \right\}$$

$$= 2R \left\{ x(t) \left(\int_{-\infty}^{t} x(u) \exp(-\mathrm{j}2\pi vu) \mathrm{d}u \right)^* \exp(-\mathrm{j}2\pi vt) \right\} \quad (5.84)$$

PD 是 t 时刻前的信号能量谱密度的导数。它是参数函数 $f(\xi,\tau)=\exp(-\mathrm{j}\xi\pi|\tau|)$

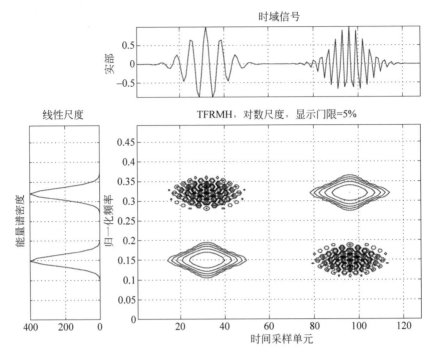

图 5.31　两个原子的马尔格纳-希尔分布
干扰项的位置与 WVD 有很大不同

的一种科恩类时频分布。实际上,它是连续因果的、一致的、调制兼容且保留时间支撑的唯一分布。频率平滑的 PD,称为"伪 PD"。

(3) WVD 的联合平滑

有一类特殊的科恩类时频分布,其参数函数与变量 ξ 和 τ 的积有关,即

$$f(\xi,\tau) = \Phi(\tau\xi) \tag{5.85}$$

其中,Φ 是递减函数且 $\Phi(0)=1$(RD 与 MHD 是此类特殊情况)。此类分布将兼顾所有边缘特性。除此之外,由于 Φ 是递减函数,f 是低通函数,根据式(5.8),参数函数将减小干扰。这就是此类分布被称为"减小干扰分布"的原因。

一种 Φ 的自然选择是高斯函数:

$$f(\xi,\tau) = \exp\left[-\frac{(\pi\xi\tau)^2}{2\sigma^2}\right] \tag{5.86}$$

此时对应的分布为

$$\mathrm{CW}_x(t,v) = \sqrt{\frac{2}{\pi}}\iint_{-\infty}^{+\infty}\frac{\sigma}{|\tau|}\mathrm{e}^{-2\sigma^2(s-t)^2/\tau^2}x(s+\tau/2)x^*(s-\tau/2)\mathrm{e}^{-\mathrm{j}2\pi v\tau}\,\mathrm{d}s\,\mathrm{d}\tau \tag{5.87}$$

上式为乔伊-威廉姆斯分布(Choi-Williams distribution,CWD)。注意到当 $\sigma \to +\infty$ 时,该分布将退化为 WVD。相反地,更小的 σ 会有更好的干扰抑制效果。

如果通过给时频分布进一步加条件去保证时-频支撑特性,最简单的选择是:

$$f(\xi,\tau) = \frac{\sin(\pi\xi\tau)}{\pi\xi\tau} \tag{5.88}$$

波恩-乔丹分布(Born-Jordan distribution,BJD)就满足上述特性,其定义为

$$BJ_x(t,v) = \int_{-\infty}^{+\infty} \frac{1}{|\tau|} \int_{t-|\tau|/2}^{t+|\tau|/2} x(s+\tau/2)x^*(s-\tau/2)\mathrm{d}s\,\mathrm{e}^{-\mathrm{j}2\pi v\tau}\,\mathrm{d}\tau \tag{5.89}$$

如果沿着频率轴平滑波恩-乔丹分布,将获得赵-阿特拉斯-马克斯分布(Zhao-Atlas-Marks distribution,ZAMD),也称为"锥形核分布"(cone-shaped kernel distribution),其定义为

$$ZAM_x(t,v) = \int_{-\infty}^{+\infty}\left[h(\tau)\int_{t-|\tau|/2}^{t+|\tau|/2} x(s+\tau/2)x^*(s-\tau/2)\mathrm{d}s\right]\mathrm{e}^{-\mathrm{j}2\pi v\tau}\,\mathrm{d}\tau \tag{5.90}$$

为了说明各种分布的不同,将其对应的加权函数画在模糊函数平面上,并把它们应用于加白噪声的两分量信号,这个信号是两个线性调频信号的和,第一个频率为 0.05~0.15,第二个频率为 0.2~0.5。信噪比约为 10dB。

在图 5.32(a)和图 5.33(a)中,参数函数以粗轮廓线表现出来(加权函数在这些线内是非 0 的),叠加到信号的模糊函数上。模糊函数的信号项在模糊平面的中部,而模糊函数的干扰项远离中部。图 5.32(b)和图 5.33(b)给出了对应的时频分布。

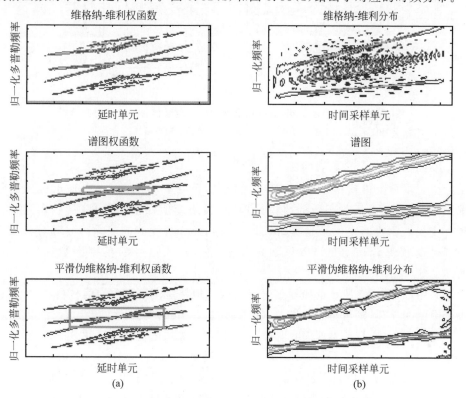

(a)　　　　　　　　　　　　　　(b)

图 5.32　两个调频信号叠加 1 个 10dB 白噪声的二次时频分析

(a) 参数函数和信号的模糊函数;(b) 对应的时频分布

可见,模糊函数加权对于多分量情况下的干扰抑制是非常有效的。注意到平滑伪 WVD 是方便且适宜的。因为可以独立地改变它的加权函数对应的时宽与频宽,从而得到最优的抑制交叉项结果。但在通常情况下,对特定的一类信号,只有少部分分布可以使用,因为并不是每一个分布都适用于所有的信号形式。除此之外,对于给定的信号,不同分布对应的交叉项干扰抑制效果不同,而这些不同的效果恰好提供了相同信号的时频分布的互补描述。

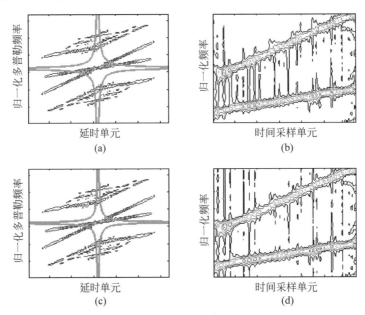

图 5.33　两个混合 10dB 高斯白噪声的线性调频信号的二次时频分析

(a) 波恩-乔丹权函数;(b) 波恩-乔丹分布;(c) 乔伊-威廉姆斯权函数;(d) 乔伊-威廉姆斯分布

5.3.4.5　抑制交叉项的组合时频分布

由于本质上模糊函数和 WVD 之间是傅里叶变换的关系,在追求极致的情况下,可以通过对模糊函数的掩模处理,最大限度地保留信号自项,然后通过傅里叶变换获得没有交叉项且具有最佳时频联合分辨性能的能量型时频分布。两个线性调频混合信号的 WVD 如图 5.34 所示,该信号的模糊函数如图 5.35所示。

采用如图 5.35 所示的掩模信号最大限度地保留模糊函数的信号自项,抑制模糊函数的交叉项,则可得到如图 5.36 所示的滤波后的模糊函数。

基于图 5.36,作二维傅里叶变换,得到抑制交叉项的能量型时频分布,如图 5.37所示。

综上可知,WVD 具有最佳的时频聚集性能,但是对于多分量信号却存在严重的交叉项干扰;而谱图和抑制交叉项的其他能量型时频分布又存在时频聚集性能差的问题。为了有效抑制交叉项干扰,同时保证较高的时频能量聚集性能(良好的

线性尺度，绘图模式imagesc，显示门限=5%

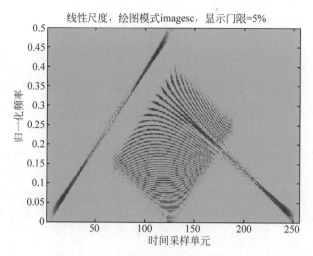

图5.34　两个线性调频混合信号的 WVD

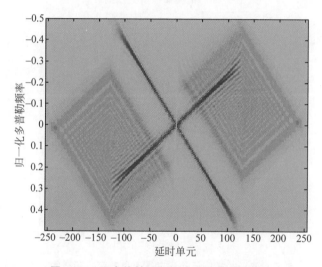

图5.35　两个线性调频混合信号的模糊函数

时频分辨能力)，在实际 ISAR 成像时，可以通过原始 WVD 及其抑制交叉项的科恩类时频分布组合构造具有较高时频分辨能力、较小交叉项干扰的组合型时频分布，构造的基本步骤如下。

(1) 对信号分别计算原始的 WVD 和抑制交叉项的科恩类时频分布(如谱图、平滑 WVD 等)。

(2) 由于只有原始 WVD 和抑制交叉项的科恩类时频分布的交叉项可能是负值，采取如下操作：

当原始 WVD 取值小于 0 时，令相应的取值等于 0；

当抑制交叉项的科恩类时频分布取值小于 0 时，令相应的取值等于 0；

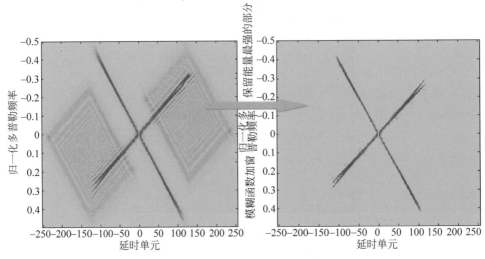

图 5.36　掩模滤波后的模糊函数

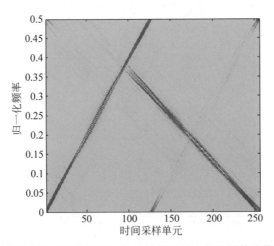

图 5.37　对掩模滤波后的模糊函数作二维傅里叶变换所得的能量型时频分布

显然,该分布具有类似 WVD 的时频分布性能

对原始 WVD 和抑制交叉项的科恩类时频分布分别用各自的最大值归一化处理。

(3) 对于时频平面的任意一点,令其组合时频分布的取值为原始 WVD 和抑制交叉项的科恩类时频分布取值的最小值。

这样就可以在保持原始 WVD 较高的时频分辨率的基础上,最大限度地抑制交叉项的干扰。采用如图 5.34 所示的两个线性调频混合信号,其原始 WVD、平滑 WVD,以及原始 WVD 与平滑 WVD 经组合处理的时频分布如图 5.38 所示。显然,组合时频分布具有较高的时频分辨能力、较小的交叉项干扰,更加适合成像应用。

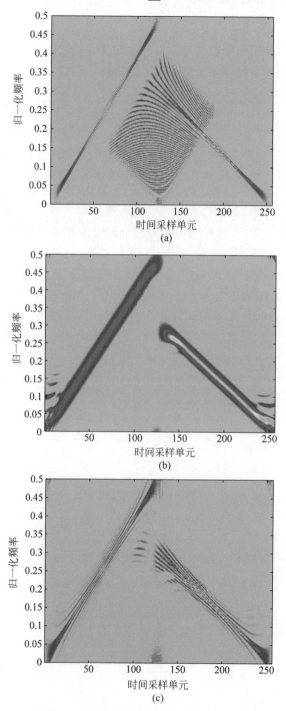

图 5.38　原始 WVD、平滑 WVD,以及原始 WVD 与平滑 WVD 经组合处理的时频分布
（a）原始 WVD；线性尺度,绘图模式 imagesc,显示门限＝5%；（b）平滑 WVD：Lg＝12,Lh＝
32,Nf＝256,线性尺度,绘图模式 imagesc,显示门限＝5%；（c）原始 WVD 与平滑 WVD 经组合
处理的时频分布

5.3.4.6　重排类方法

科恩类等时频分布很难兼具对信号分量的良好能量聚积性和对交叉项的干扰抑制性。本节讨论的重排类方法就是为了解决这一问题。

（1）谱图的重排

"重排"（rearrangement）最初的目的是改善谱图。正如其他双线性能量分布一样，谱图也面临信号分量的良好能量聚积性和交叉项的干扰抑制性之间的不可调和的矛盾。

回想一下通过维格纳-维利分布二维平滑得到谱图的公式：

$$S_x(t,v;h)=\int_{-\infty}^{+\infty}\int_{-\infty}^{+\infty}W_x(s,\xi)W_h(t-s,v-\xi)\,\mathrm{d}s\,\mathrm{d}\xi \tag{5.91}$$

谱图几乎完全抑制了 WVD 的干扰项，但代价是时间和频率分辨率的恶化。然而，仔细查看式（5.91）后发现，$W_h(t-s,v-\xi)$ 定义了一个在 (t,v) 点附近的时间-频率邻域，并对处于域内的 WVD 进行了加权平均处理。重排类方法的关键是，这些值没有理由都在 (t,v) 周围对称分布，即 (t,v) 没有理由一定是该邻域的几何中心。因此，加权平均处理的结果不应该赋值于该点，而是应该赋值于这一邻域的重心所在的点。作一个推理，局部能量分布 $W_x(s,\xi)W_h(t-s,v-\xi)$ 可以被视为一个质量分布，更准确的总质量（谱图值）应赋值于重心，而不是几何中心。

这正是重排类方法所做的，将谱图上的任意一点 (t,v) 赋值到另一点 $(\hat{t},\hat{v})$，而该点是点 (t,v) 附近邻域的能量重心：

$$\hat{t}(x;t,v)=\frac{\int_{-\infty}^{+\infty}\int_{-\infty}^{+\infty}sW_h(t-s,v-\xi)W_x(s,\xi)\,\mathrm{d}s\,\mathrm{d}\xi}{\int_{-\infty}^{+\infty}\int_{-\infty}^{+\infty}W_h(t-s,v-\xi)W_x(s,\xi)\,\mathrm{d}s\,\mathrm{d}\xi} \tag{5.92}$$

$$\hat{v}(x;t,v)=\frac{\int_{-\infty}^{+\infty}\int_{-\infty}^{+\infty}\xi W_h(t-s,v-\xi)W_x(s,\xi)\,\mathrm{d}s\,\mathrm{d}\xi}{\int_{-\infty}^{+\infty}\int_{-\infty}^{+\infty}W_h(t-s,v-\xi)W_x(s,\xi)\,\mathrm{d}s\,\mathrm{d}\xi} \tag{5.93}$$

重排的谱图的取值是所有谱图取值重新分配到能量重心的结果：

$$S_x^{(r)}(t',v';h)=\int_{-\infty}^{+\infty}\int_{-\infty}^{+\infty}S_x(t,v;h)\delta(t'-\hat{t}(x;t,v))\,\mathrm{d}t\,\mathrm{d}v \tag{5.94}$$

这一新分布最有趣的特性是，它不仅使用短时傅里叶变换的模平方信息，而且利用了其相位信息。从以下重排算子表达式可见：

$$\begin{cases}\hat{t}(x;t,v)=-\dfrac{\mathrm{d}\Phi_x(t,v;h)}{\mathrm{d}v}\\[2mm]\hat{v}(x;t,v)=v+\dfrac{\mathrm{d}\Phi_x(t,v;h)}{\mathrm{d}t}\end{cases} \tag{5.95}$$

其中，$\Phi_x(t,v;h)$ 是信号的短时傅里叶变换的相位，满足

$$\Phi_x(t,v;h)=\arg(F_x^*(t,v;h)) \tag{5.96}$$

但是,上述表达式并不能有效实现,故作如下替换:

$$\begin{cases} \hat{t}(x\,;\,t\,,v) = t - \Re\left\{\dfrac{F_x(t\,,v\,;\,T_h)F_x^*(t\,,v\,;\,h)}{|\,F_x(t\,,v\,;\,h)\,|^2}\right\} \\[4mm] \hat{v}(x\,;\,t\,,v) = v - \Im\left\{\dfrac{F_x(t\,,v\,;\,D_h)F_x^*(t\,,v\,;\,h)}{|\,F_x(t\,,v\,;\,h)\,|^2}\right\} \end{cases} \tag{5.97}$$

其中,$T_h(t) = t \times h(t)$ 和 $D_h(t) = \dfrac{\mathrm{d}h}{\mathrm{d}t}(t)$。重排的谱图是很容易实现的,并且不会急剧增加计算的复杂性。

最后,还应该强调的是,虽然重排的谱图不再是双线性的,但是正如 WVD 对线性调频信号和冲激脉冲具有最优的定位特性一样,重排的结果一样保持了这个特性:

$$x(t) = A\exp\left[\mathrm{j}\left(\left(v_0 t + \dfrac{\alpha t^2}{2}\right)\right)\right] \Rightarrow \hat{v} = v_0 + \alpha\hat{t}$$

$$x(t) = A\delta(t - t_0) \Rightarrow \hat{t} = t_0 \tag{5.98}$$

重排方法对时频分布的改进是很明显的,重排的时频分布具有更好的时频聚集性,同时交叉项很少。理想时频分布、经典谱图与重排谱图的对比如图 5.39 所示。

(2) 科恩类时频分布的重排

重排原则可直接扩展应用于任何时频分布。事实上,如果考虑科恩类时频分布的一般表达式:

$$C_x(t\,,v\,;\,\Pi) = \int_{-\infty}^{+\infty}\int_{-\infty}^{+\infty}\Pi(t-s\,,v-\xi)W_x(s\,,\xi)\mathrm{d}s\,\mathrm{d}\xi \tag{5.99}$$

那么其重排的分布为

$$\hat{t}(x\,;\,t\,,v) = \dfrac{\displaystyle\int_{-\infty}^{+\infty}\int_{-\infty}^{+\infty}s\Pi(t-s\,,v-\xi)W_x(s\,,\xi)\mathrm{d}s\,\mathrm{d}\xi}{\displaystyle\int_{-\infty}^{+\infty}\int_{-\infty}^{+\infty}\Pi(t-s\,,v-\xi)W_x(s\,,\xi)\mathrm{d}s\,\mathrm{d}\xi} \tag{5.100}$$

$$\begin{cases} \hat{v}(x\,;\,t\,,v) = \dfrac{\displaystyle\int_{-\infty}^{+\infty}\int_{-\infty}^{+\infty}\xi\Pi(t-s\,,v-\xi)W_x(s\,,\xi)\mathrm{d}s\,\mathrm{d}\xi}{\displaystyle\int_{-\infty}^{+\infty}\int_{-\infty}^{+\infty}\Pi(t-s\,,v-\xi)W_x(s\,,\xi)\mathrm{d}s\,\mathrm{d}\xi} \\[6mm] C_x^{(r)}(t'\,,v'\,;\,\Pi) = \displaystyle\int_{-\infty}^{+\infty}\int_{-\infty}^{+\infty}C_x(t\,,v\,;\,\Pi)\delta(v'-\hat{v}(x\,;\,t\,,v))\mathrm{d}t\,\mathrm{d}v \end{cases} \tag{5.101}$$

由此产生的重排分布有效地减少了交叉干扰项,同时又提供了良好的信号时频聚集性。从理论的角度来看,这些分布是时间-频率协变的,并且对线性调频信号和冲激脉冲具有最佳的时频聚集性。

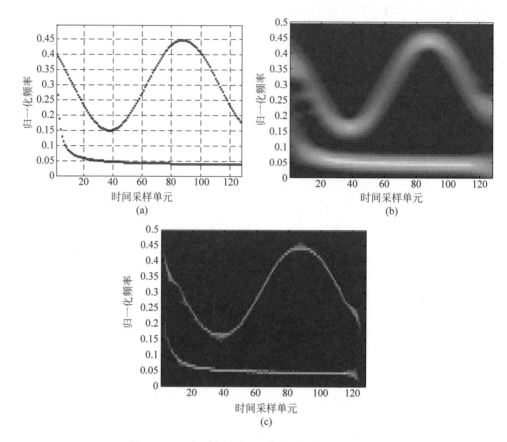

图 5.39 理想时频分布、经典谱图与重排谱图对比

(a) 理想时频分布；(b) 经典谱图；(c) 重排谱图；

(b)和(c)：Lh=16，Nf=64，线性尺度，绘图模式 imagesc，显示门限=5%

（3）数值实例

为了评估重排法在实际应用中的优势，通过时频表示分析一个由正弦频率调制的分量和线性调频脉冲组成的 128 点的信号。

首先绘制瞬时频率，然后计算 WVD，信号分量聚集性得到了改善，但许多交叉项也出现了。现在考虑平滑伪 WVD 及其重排版本。可以看到，SPWVD 几乎完全抑制了交叉项，但信号分量的时频聚集性变差了。对比重排类方法的结果可知（图 5.40），其改进是显而易见的：所有信号分量的时频聚集性均较好，几乎接近理想结果。

最后，展示伪佩奇分布、伪马尔格纳-希尔分布及其重排结果（图 5.41）。这些结果在重排前几乎是不可读的，因为一些交叉项叠加在信号分量上。重排改善了信号分量的时频聚集性。

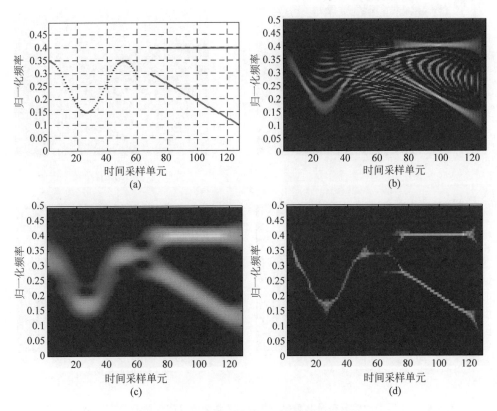

图5.40　不同的时频分布与重排结果比较

所分析的信号是由3个分量组成

（a）理想时频分布；（b）WVD，线性尺度，绘图模式 imagesc，显示门限＝5％；（c）SPWVD；（d）重排的
SPWVD；（c）和（d）：Lh＝16，Nf＝64，线性尺度，绘图模式 imagesc，显示门限＝5％

5.3.5　基于时频分析的线性调频信号检测和参数估计

正如前文所述，对于线性调频信号，WVD 能够实现在时频平面上最佳的聚集性。在时域中检测和估计这样的信号是不容易完成的，但在时间-频率平面，该问题转变为二维平面上的“线形”的检测问题。在模式识别中，这是一个众所周知的且易于解决的问题，可以通过使用专用于“线形”检测的霍夫变换（Hough transform）来完成。

5.3.5.1　霍夫变换

考虑直线的极坐标表示：

$$x\cos\theta + y\sin\theta = \rho \tag{5.102}$$

对于图像 I 的各点 (x,y)，它的霍夫变换是极坐标平面上的正弦波，其幅度等于该像素 (x,y) 的强度。所以，图像上所有点的霍夫变换是极坐标平面上相交的

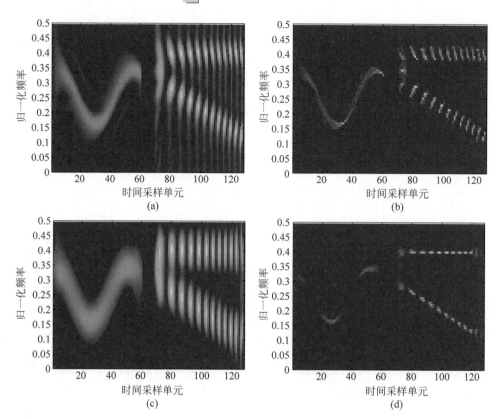

图 5.41　不同的时频分布及其重排结果比较：伪佩奇分布和伪马尔格纳-希尔分布

(a)伪佩奇分布；(b)重排的伪佩奇分布；(c)伪马尔格纳-希尔分布；(d)重排的伪马尔格纳-希尔分布；
(a)和(b)：Lh=16,Nf=64,线性尺度，绘图模式 imagesc,显示门限=5%；(c)和(d)：Lh=10,Nf=64,
线性尺度,绘图模式 imagesc,显示门限=5%

一簇正弦波。换句话说，霍夫变换完成了图像上沿直线的积分，积分的结果由图像上直线的参数决定。霍夫变换可以很容易地应用到其他参数的曲线，如双曲线。

5.3.5.2　维格纳-霍夫变换

假设信号为

$$x(t) = \exp\left[\mathrm{j}2\pi\left(v_{0t} + \frac{\beta}{2t^2}\right)\right] + n(t) \tag{5.103}$$

当霍夫变换应用于信号的维格纳-维利分布时，得到一个新的变换，称为"维格纳-霍夫变换"(Wigner-Hough transform,WHT),其表达式为

$$\begin{aligned}
\mathrm{WH}_x(v_0,\beta) &= \int_T W_x(t,v_0 + \beta t)\mathrm{d}t \\
&= \int_{-\infty}^{+\infty}\int_T x\left(t + \frac{T}{2}\right)x^*\left(t - \frac{T}{2}\right)\exp[-\mathrm{j}2\pi(v_0 + \beta t)]\mathrm{d}t\,\mathrm{d}T
\end{aligned}$$

$$\tag{5.104}$$

WHT与阈值比较的结果为检测的结果,通过检测变换峰值的位置可以实现信号参数的估计。而且估计结果是渐近有效的(它们渐近收敛于克拉美-罗下限)。这种方法具有以下优点:

(1) 估计结果和每个信号分量的幅度和初始相位无关;

(2) 不像广义似然比检测,其复杂性并不会随信号分量 N_c 的增加而增加。

这里举例说明。首先,考虑信噪比为1dB的线性调频信号,如果用WHT分析(图5.42和图5.43),线性调频脉冲的特征从时域波形上很难发现,但在WVD中却清楚地显示了出来。参数空间(ρ,θ)代表线性调频脉冲信号的峰值明显比对应的噪声能量高。检测过程非常简单:选定阈值,如果变换结果中的峰值高于阈值,则被认为是线性调频脉冲源,而且该峰值的坐标$(\hat{\rho},\hat{\theta})$提供了估计该线性调频脉冲信号参数的输入(利用从$(\hat{\rho},\hat{\theta})$到$(\hat{v}_0,\hat{\beta})$的变换关系)。

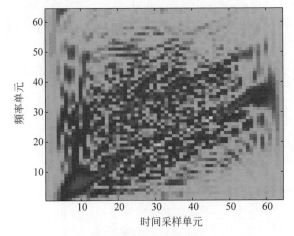

图 5.42　噪声线性调频信号

信噪比为 1dB 的 WVD

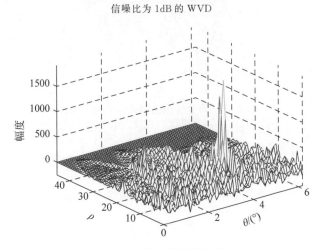

图 5.43　含噪声的线性调频信号的 WHT

峰值对应于线性调频信号,根据其坐标可估计线性调频参数在多分量信号情况下的主要问题是交叉项干扰的出现。然而,由于交叉项的振荡特征,霍夫变换将削弱交叉项对应的峰值。这可以通过图 5.44 和图 5.45 观察到:两个叠加的线性调频脉冲信号具有不同的初始频率和扫描速率:

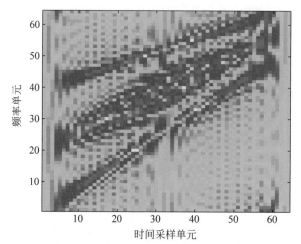

图 5.44　两个线性调频脉冲信号的 WVD

两个分量之间出现交叉项干扰

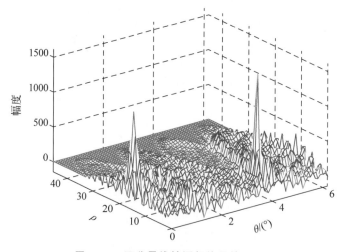

图 5.45　两分量线性调频信号的 WHT

存在两个主峰,表征两个线性调频脉冲分量,尽管 WVD 出现了交叉项,但在 WHT 中交叉项仅引入了较低的旁瓣

尽管由于 WVD 的非线性,其变换结果出现了难以避免的交叉项干扰,但是从经过霍夫变换后的结果中,还是可以看到两个线性调频信号很好地体现在了不同的参数空间上,两个峰值的坐标提供了不同信号分量的参数估计。

至此,已经讨论了在时间-频率平面上分析非平稳信号的一系列解决方案——时频联合分布。它们有效地描述了非平稳信号的频率随时间的变化关系。尽管有的时频分布因为交叉项干扰的存在而难以应用,但是总是可以找到有效的方法抑制交叉项干扰,并且在抑制交叉项干扰与最佳时频能量聚集性之间获得平衡,得到满意的时频分析结果。需要注意的是,抑制交叉项干扰总是要付出一定代价的。抑制交叉项的时频分布通常难以满足人们期望的所有性质,因此在应用时频分布解决具体的信号分析与处理问题时,需要具体问题具体分析。

5.4　距离-瞬时多普勒 ISAR 成像

5.4.1　非均匀转动空间目标的 ISAR 回波特性

根据第 4 章的介绍,在对空间目标距离向成像过程中存在距离色散和 MTRC 的问题,可以利用 FrFT 等方法消除距离色散以实现距离像的聚焦,并在对回波信号预相干化处理后采用楔石形变换补偿 MTRC。在此假设模型已完成距离压缩和平动补偿,并转换成以目标质心为参考点的平面转台模型,如图 5.46 所示。

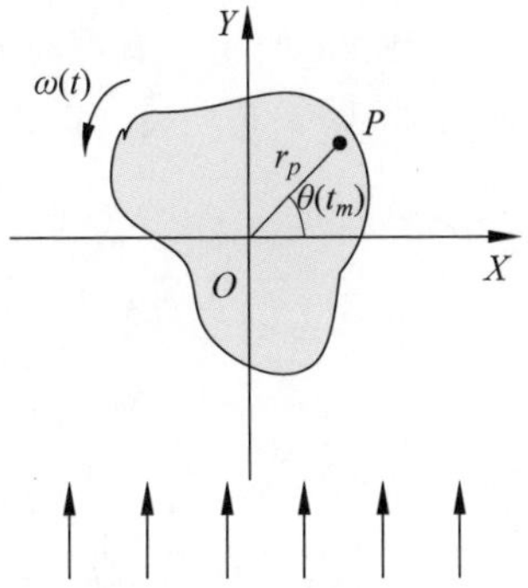

图 5.46　ISAR 成像转台模型

假设在距离单元 y 内的散射点在成像积累时间内未出现 MTRC,或 MTRC 已通过楔石形变换被补偿,则该距离单元内的方位回波信号可以表示为

$$s(t) = \sum_{i=1}^{l} \sigma_i \exp\left[-\mathrm{j}\frac{4\pi}{\lambda}(x_i \sin\theta(t) + y_i \cos\theta(t))\right]$$

(5.105)

其中,l 为该距离单元内散射点的总数;(x_i, y_i) 为第 i 个散射点的坐标,且有 $y_i = y, i = 1, 2, \cdots, l$;$\sigma_i$ 为第 i 个散射点的回波幅值;λ 为激光信号波长;$\theta(t)$ 为 t 时刻的旋转角度。

对于非均匀转动目标,$\theta(t)$ 可以展开为

$$\theta(t) = \omega t + \frac{1}{2}\Omega t^2 + \frac{1}{6}\omega'' t^3 + \cdots$$

(5.106)

其中,ω 为角速度,Ω 为角加速度,ω'' 为角加加速度。

事实上,ISAR 的成像时间很短,在通常情况下,目标的非均匀转动可以考虑到二阶转动分量,也即可近似为匀加速转动:

$$\theta(t) = \omega t + \frac{1}{2}\Omega t^2$$

(5.107)

由于 ISAR 成像所需的转动积累角通常满足以下小角度近似条件:

$$\sin\theta(t) = \sin\left(\omega t + \frac{1}{2}\Omega t^2\right) \approx \omega t + \frac{1}{2}\Omega t^2$$

(5.108)

$$\cos\theta(t) = \cos\left(\omega t + \frac{1}{2}\Omega t^2\right) \approx 1 \tag{5.109}$$

因而，对式(5.105)求导可得多普勒频率：

$$
\begin{aligned}
f_{\mathrm{da}}(t) &= -\frac{2}{\lambda}\left(x\cos\theta(t)\cdot\frac{\mathrm{d}\theta(t)}{\mathrm{d}t} - y\sin\theta(t)\cdot\frac{\mathrm{d}\theta(t)}{\mathrm{d}t}\right) \\
&\approx -\frac{2}{\lambda}(\omega + \Omega t)x + \frac{2}{\lambda}\left(\omega^2 t + \frac{3}{2}\omega\Omega t^2 + \frac{1}{2}\Omega^2 t^3\right)y \\
&= f_{\mathrm{da}}(x,t) + f_{\mathrm{da}}(y,t)
\end{aligned}
\tag{5.110}
$$

其中，

$$f_{\mathrm{da}}(x,t) = -\frac{2}{\lambda}(\omega + \Omega t)x \tag{5.111}$$

$$f_{\mathrm{da}}(y,t) = \frac{2}{\lambda}\left(\omega^2 t + \frac{3}{2}\omega\Omega t^2 + \frac{1}{2}\Omega^2 t^3\right)y \tag{5.112}$$

在 ISAR 的相干累积时间 T_{sa} 内，当角加速度引起的角速度变化量小于初始角速度时，即 $\Omega T_{\mathrm{sa}} < \omega$ 时，式(5.122)可近似为一阶曲线：

$$f_{\mathrm{da}}(y,t) \approx \frac{2}{\lambda}(K_{\mathrm{d}}t - \psi_0)y \tag{5.113}$$

$$K_{\mathrm{d}} = \omega^2 + \frac{3}{2}\Omega\omega T_{\mathrm{sa}} + \frac{3}{8}\Omega^2 T_{\mathrm{sa}}^2 \tag{5.114}$$

$$\psi_0 = \frac{\Omega\omega T_{\mathrm{sa}}^2}{16}\left(3 + \frac{\Omega}{\omega}T_{\mathrm{sa}}\right) \tag{5.115}$$

此时，式(5.110)可以简化为

$$f_{\mathrm{da}}(t) = k_a t + f_a \tag{5.116}$$

其中，

$$k_a = \frac{2}{\lambda}(K_{\mathrm{d}}y - \Omega x) \tag{5.117}$$

$$f_a = -\frac{2}{\lambda}(\omega x + \psi_0 y) \tag{5.118}$$

因此，二阶转动近似的空间目标 ISAR 的回波信号可以近似为调频斜率和起始频率都不相同的多分量线性调频(multicomponent linear frequency modulation，MLFM)信号：

$$s(t) = \sum_{i=1}^{l}\sigma_i \exp\left[\mathrm{j}2\pi\left(\phi_{0i} + f_{ai}t + \frac{1}{2}k_{ai}t^2\right)\right] \tag{5.119}$$

其中，ϕ_{0i} 为常数，k_{ai} 与 f_{ai} 分别满足式(5.117)和式(5.118)。

5.4.2 基于 FrFT-CLEAN 的方位成像算法

5.4.2.1 算法原理及步骤

由前分析可知，二阶转动近似的空间目标 ISAR 的回波信号可以近似为

MLFM 信号,如式(5.15)所示。为此,虽然可利用 ISAR 中现有 RID 算法如
STFT、WVD、Chirplet 等进行成像,但由于各方法的劣势明显(STFT 的时频分辨
性能较差;WVD 和 Chirplet 的运算量较大,且 WVD 需要在时频分辨率、交叉项
抑制和运算效率三者中平衡,同时 WVD 还是一种非线性变换,算法的相位保持性
较差),不利于后续可能开展的三维干涉成像研究。FrFT 不存在交叉项的影响,具
有很好的时频分辨率,且离散型 FrFT 可基于 FFT 实现,具有较高的运算效率。
此外,FrFT 是一种线性变换,具有很好的相位保持特性,因此,利用 FrFT 对非均
匀转动目标进行 ISAR 方位成像具有较大优势。在 ISAR 中,有学者提出在分数
阶傅里叶变换域用 CLEAN 技术逐个分离机动目标的各子回波的线性调频(linear
frequency modulation,LFM)信号,再对分离的每个单分量 LFM 信号做时频分析
获取瞬时切片,并将所有单分量 LFM 信号的瞬时切片线性叠加,最终获取目标的
RID 图像。该方法与基于 Radon-Wigner 变换(Radon-Wigner transform,RWT)
的 RID 成像方法类似。实际上,在利用 FrFT 对子回波 LFM 信号进行参数估计和
分离的过程中,子回波 LFM 信号会在分数阶傅里叶变换域上实现能量聚集而形成
峰值点,而该峰值点可视为目标在方位向的成像,这与利用 FrFT 直接实现距离向
成像的思想是一致的。因此,对方位向的处理仍可采用 FrFT 直接成像。然而与
距离向处理不同,由于不同散射点子回波信号的调频斜率不同,这里不能直接用
FrFT 同时获取所有目标的方位像,但可通过 FrFT 结合 CLEAN 技术(FrFT-
CLEAN)实现对所有散射点子回波信号的聚焦和分离。本节给出 FrFT-CLEAN
算法较为详细的推导过程和实现步骤,并将该算法应用于非均匀转动空间目标的
ISAR 成像,以验证其性能。

将式(5.15)重写如下:

$$s(t) = s(\phi_{01}, f_{al}, k_{al}, t) + \sum_{i=1}^{l, i \neq 1} s(\phi_{0i}, f_{ai}, k_{ai}, t) \tag{5.120}$$

其中,$s(\phi_{0i}, f_{ai}, k_{ai}, t)$ 表示第 i 个子回波分量。

分数阶傅里叶变换的定义为

$$X_\alpha(u) = F^\alpha[x(t)] = \int_{-\infty}^{+\infty} x(t) K_\alpha(u, t) \mathrm{d}t \tag{5.121}$$

$$K_\alpha(u, t) = \begin{cases} \sqrt{\dfrac{1 - \mathrm{j}\cot\alpha}{2\pi}} \exp\left(\mathrm{j}\dfrac{t^2 + u^2}{2}\cot\alpha - \mathrm{j}ut\csc\alpha\right), & \alpha \neq m\pi \\ \delta(u - t), & \alpha = 2n\pi \\ \delta(u + t), & \alpha = (2n \pm 1)\pi \end{cases}$$

$$\tag{5.122}$$

其中,$n = 1, 2, \cdots$。当旋转角度为 $\dfrac{\pi}{2}$ 时,FrFT 就变为传统的傅里叶变换。

当旋转角度 α 与第 1 个散射点子回波的调频斜率满足 $\alpha = -\mathrm{arccot}(k_{al})$ 时,对
回波做旋转角度为 $\alpha = -\mathrm{arccot}(k_{al})$ 的 FrFT,可得:

$$S_a(u) = S_{a,l}(u) + \sum_{i=1}^{l,i\neq l} S_{a,i}(u) \tag{5.123}$$

$$S_{a,l}(u) = A(u)\sigma_l \exp(\mathrm{j}2\pi\phi_{0l})\,\mathrm{sinc}\left[T_p\left(\frac{u}{\sin\alpha} - f_{al}\right)\right] \tag{5.124}$$

$$S_{a,i}(u) = A(u)\sigma_i \exp(\mathrm{j}2\pi\phi_{0i})\int_{-\infty}^{\infty} \exp[\mathrm{j}2\pi(f_{ai} - u\csc\alpha)t_m] \cdot$$
$$\exp[\mathrm{j}\pi(k_{ai} + \cot\alpha)t_m^2]\mathrm{d}t_m \tag{5.125}$$

其中，$A(u) = \sqrt{1-\mathrm{j}\cot\alpha}\,\exp(\mathrm{j}\pi u^2\cot\alpha)$。可见，只有第 1 个散射点的子回波分量可实现方位聚焦，其他子回波分量由于不是处于最优旋转角度下的变换而无法聚焦。聚焦后的子回波频谱峰值的位置为 $u = f_{al}\sin\alpha$，经 $u' = \dfrac{u}{\sin\alpha}$ 变标处理后，便可获得该散射点的方位像。

　　实际中，由于同一距离单元内各散射点的强度相差很大，强信号分量的存在会影响对弱信号分量的检测。这里可结合 CLEAN 技术在 FrFT 域从大到小实现对强、弱信号分量的分离，具体步骤如下。

　　步骤 1　当分离第 i 个分量时，以步长 $\Delta\alpha$ 对各旋转角度下的回波序列做 FrFT 并取模，形成在分数阶傅里叶分布平面 (α,u) 上的二维分布 $S_i(\alpha,u)$：

$$S_i(\alpha,u) = [\,|\,F^{\alpha_0}(s_i(t))\,|,\,|\,F^{\alpha_0+\Delta\alpha}(s_i(t))\,|,\cdots,|\,F^{\alpha_0+M\Delta\alpha}(s_i(t))\,|\,]^{\mathrm{T}} \tag{5.126}$$

其中，$s_i(t)$ 为已分离前 $i-1$ 个分量的回波信号，α_0 为起始旋转角，M 为搜索步长个数。

　　步骤 2　在二维分布平面 (α,u) 进行峰值搜索，用窄带滤波器将峰值点分离，并将该峰值点作为第 i 个分量的横向聚焦像 $S_{\alpha_k}^i(u)$：

$$\{\alpha_k,u_k\}_i = \underset{\alpha,u}{\mathrm{argmax}}[\,|\,S_i(\alpha,u)\,|\,] \tag{5.127}$$

$$S_{\alpha_k}^i(u) = S_i(\alpha_k,u)W_i(u) \tag{5.128}$$

其中，$W_i(u)$ 是以 u_k 为中心的窄带滤波器。

　　步骤 3　将步骤 2 中的滤波器带外部做旋转角度为 $-\alpha_k$ 的 FrFT，作为下一个目标分离的源信号，即

$$s_{i+1}(t) = \int_{-\infty}^{+\infty} S_i(\alpha_k,u)(1-W_i(u))K_{-\alpha_k}(u,t)\mathrm{d}u \tag{5.129}$$

　　步骤 4　重复以上步骤，直至当前距离单元内所有高于某一门限的峰值点被分离。

　　步骤 5　对分离的各散射点的横向像做变标处理 $u' = \dfrac{u}{\sin\alpha}$ 并进行线性叠加，得到方位像。

　　对所有距离单元都采用以上方法，并将结果按距离单元序号排列，便可获取二

维 ISAR 图像。需要指出的是,上述方法对回波方位向的成像是与 CLEAN 过程同步完成的,无需再用时频分析的方法对每个分离的 LFM 信号子回波进行 RID 成像,这在一定程度上降低了计算的复杂度。此外,上述方法是将子回波的大部分能量聚集在一起,相比于采用时频分析获取瞬时切片的方法,其图像信噪比和能量都大大提高,所成图像更易于判读和对目标的识别。图 5.47 为 FrFT-RID 算法与 FrFT-CLEAN 算法的成像流程图。

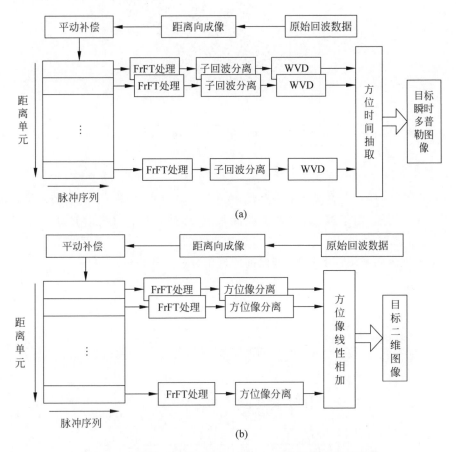

图 5.47 FrFT-RID 算法与 FrFT-CLEAN 算法的成像流程图
(a) FrFT-RID 算法成像流程图;(b) FrFT-CLEAN 算法成像流程图

5.4.2.2 成像实验及分析

为验证 FrFT-CLEAN 算法的有效性,在此进行仿真实验。假设当利用 ISAR 对空间目标成像时,距离压缩已完成,且经过平动补偿后成像可视为一转台模型。在此基础上设定仿真参数如下:ISAR 的发射波长为 $1.55\,\mu m$,带宽为 $150GHz$,脉宽为 $200\,\mu s$,距离采样点数为 256,脉冲积累时间为 $0.155s$,共积累 512 个脉冲,输入信噪比 SNR$=5dB$。目标的转动一方面由天基 ISAR 与空间目标的轨道运动产生；另一方面受空间目标自身姿态转动的影响。假设在上述两种因素共同作用下的目标转动参数如下：角速度为 0.005rad/s，角加速度为 0.01rad/s²，角加加速度为 0.006rad/s³。仿真中的目标散射点模型由 610 个散射点组成，如图 5.48 所示。

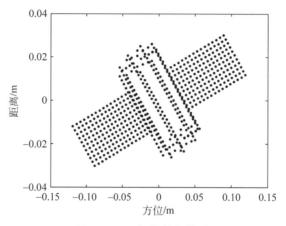

图 5.48　目标散射点模型

如图 5.49 所示为在第 154 个距离单元方位子回波数据的平滑伪随机维格纳-维利分布。可见，由于 ISAR 成像的时间很短，即使目标存在三阶转动分量（角加加速度），目标方位的子回波信号也可近似为调频斜率不同的 MLFM 信号，其在时频图上表现为斜率不同的斜线，与之前的理论分析一致。

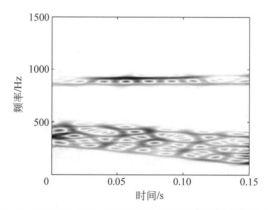

图 5.49　第 154 个距离单元方位子回波数据的平滑伪随机维格纳-维利分布

如图 5.50 所示为方位成像过程中，在分数阶傅里叶分布平面 (α, u) 对第 142 个距离单元的前 4 个最大峰值进行搜索及 CLEAN 处理的过程，其中旋转角度 $\alpha \in [0, \pi)$，搜索步长为 0.005π。在图 5.51(a)～(b)中，强信号分量淹没了弱信号分量，使得对弱信号分量的检测和提取存在很大困难。而在图 5.51(c)～(d)中，可以看到在采用 CLEAN 技术对强信号分量由强到弱逐个分离之后，对弱信号分量的检测能力显著提高。

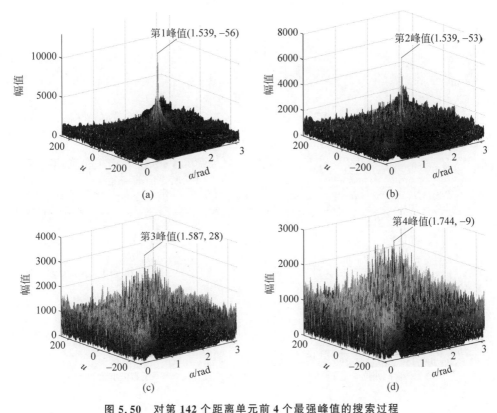

图 5.50　对第 142 个距离单元前 4 个最强峰值的搜索过程

（a）对第 1 峰值的搜索；（b）对第 2 峰值的搜索；（c）对第 3 峰值的搜索；（d）对第 4 峰值的搜索

如图 5.51 所示为二维 ISAR 的成像结果。图 5.51（a）为 RD 算法的成像结果，由于回波方位多普勒频率存在时变性，目标方位向出现了严重的散焦，且散射点在横向离中心越远，散焦越严重。图 5.51（b）为采用 FrFT 进行方位成像，在逐个分离子回波 LFM 信号后采用时频分析获取的 RID 图像。从图中可见，点目标聚焦良好，但图像中的点目标能量较低，不利于识别。图 5.51（c）为方位向采用 FrFT 直接成像，但未用 CLEAN 技术抑制强点干扰的结果。此时单个点目标聚焦良好，但强信号分量的旁瓣淹没了弱信号分量，使得图像存在散射点的大量缺失，且提取的信号中大部分是强信号分量的旁瓣，并不能正确反映目标上的散射点分布，无法对目标进行判读和识别。图 5.51（d）为采用 FrFT-CLEAN 方法的成像结果，其中将 CLEAN 处理的终止门限设置为当前距离单元中最强散射点幅值的 10%（−10dB），图中目标点聚焦良好，且图像对比度和能量相比图 5.51（b）的更高，更易于判读和识别。

表 5.1 是利用图像熵和对比度对上述几种方法的成像结果进行的定量评价，可见，FrFT-CLEAN 算法相比于 RD 算法具有更高的图像对比度及更低的图像熵，这与图 5.51 的直观效果一致。需要说明的是，由于 FrFT 在不使用 CLEAN

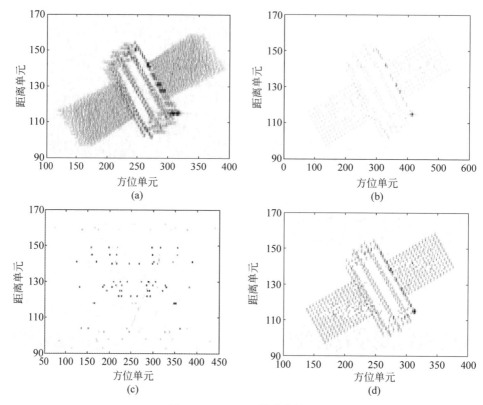

图 5.51 ISAR 二维成像结果

(a) RD 算法结果；(b) FrFT-RID 成像结果；(c) FrFT 成像结果，无 CLEAN；
(d) FrFT-CLEAN 成像结果

处理时只能输出强信号分量，且信号分量存在大量缺失，所得图像的对比度最高，图像熵最低。但这并不表明此时的图像质量是最好的，因为该方法所成图像无法正确反映目标散射点的分布情况，且存在大量信息的丢失。此外，FrFT-RID 算法的成像时间为 161.6131s，而 FrFT-CLEAN 算法的成像时间为 100.1962s，效率有所提高。

表 5.1 算法成像质量比较（Ⅰ）

	RD	FrFT-RID	FrFT-无 CLEAN	FrFT-CLEAN
图像熵	9.5938	7.1323	5.7464	7.4721
对比度	1.3465	5.8227	27.1384	6.9656

5.4.3 改进的 RWT 方位成像算法

5.4.3.1 算法原理及步骤

从 5.3.2 节的结果来看，相比 FrFT-RID 算法，FrFT-CLEAN 算法的成像效率虽然有所提高,但成像时间在百秒量级,效率仍然较低。为抑制 ISAR 多分量子回波信号在时频分析时产生的交叉项的影响,同时实现较高的时频分辨率,有学者提出了基于 Radon-Wigner 变换(RWT)的成像方法。由于 MLFM 信号在 Wigner 分布平面呈现为斜率不同的直线,其在 Radon 变换后在变换域上呈现为多个峰值点,但交叉项在变换域中会散布开。利用该特点可在 Radon 变换域里将二者分离,并在抑制交叉项后再变换回 Wigner 分布平面,在抽取同一方位时刻的瞬时图像后,便得到表征各散射点分量瞬时多普勒的变化图。RWT 可采用解线调(dechirping)和傅里叶变换快速实现。同时,考虑到多分量信号中存在强信号压制弱信号的问题,RWT 成像通常都采用逐次消去法(CLEAN)由强至弱依次检测信号,再转至 WVD 平面获取瞬时多普勒图像。

实际上,在对 MLFM 信号进行参数估计和分离的过程中,当解线调中参考信号的调频斜率与子回波中某一 LFM 信号调频斜率相匹配时,解线调后的该分量变为单频信号,对其作傅里叶变换便可对该子回波信号实现方位压缩,从而在变换域上形成峰值点,该峰值点可视为目标在方位向的成像,而无需再将信号转至 WVD 平面获取瞬时多普勒图像,这一思想与 FrFT-CLEAN 方位成像算法是一致的,在此将上述方法称为"改进的 RWT 成像算法"。该方法一方面简化了处理步骤,降低了运算量;另一方面,将子回波的大部分能量聚集在一起,相比于采用时频分析获取瞬时切片的方法,其图像信噪比和对比度都大为提高,所成图像更易于判读和识别目标。由于改进的 RWT 成像算法只需 1 次解线调处理(乘法运算)和 1 次傅里叶变换就可实现,相比于 FrFT 具有更高的运算效率,因此在理论上比 FrFT-CLEAN 算法更高效。

将式(5.120)重写如下:

$$s(t) = \sum_{i=1}^{l} s(\phi_{0i}, f_{ai}, k_{ai}, t) \tag{5.130}$$

其中,$s(\phi_{0i}, f_{ai}, k_{ai}, t)$ 表示第 i 个子回波分量,且 i 以信号强度由大到小排序。

假设信号 $s(t)$ 的 WVD 为 $W_s(t, \omega)$,则 $s(t)$ 的 RWT 可从平面沿直线 L 积分求得:

$$D_s(\omega_0, m) = \int_L W_s(t, \omega) ds = \sqrt{1+m^2} \int_{-\infty}^{\infty} W_s(t, \omega_0 + mt) dt \tag{5.131}$$

实际上,信号 $s(t)$ 的 RWT 可直接通过对 $s(t)$ 解线调求得,即

$$D_s(\omega_0, m) = \sqrt{1+m^2} \left| \int_{-\infty}^{\infty} s(t) \exp\left(-\mathrm{j}\left(\omega_0 t + \frac{1}{2} m t^2\right)\right) dt \right|^2 \tag{5.132}$$

当 $\omega_0 = 2\pi f_{ai}$、$m = 2\pi k_{ai}$ 时,在平面 $\omega_0 - m$ 的该坐标处存在峰值。

实际上,由于同一距离单元内存在众多散射点且各散射点之间的强度相差很大,强信号分量的存在会影响对弱信号分量的检测,从而造成部分信息的丢失。RWT 成像算法采用了逐次消去法由强至弱实现对各子回波信号分量的分离,从而大大削弱了强信号分量对弱信号分量的压制效应。

对式(5.130)作解线调处理,即

$$\hat{s}_k(t) = s(\phi_{01}, f_{al}, k_{al}, t)\exp(-\mathrm{j}\pi kt^2) + \sum_{i=2}^{1} s(\phi_{0i}, f_{ai}, k_{ai}, t)\exp(-\mathrm{j}\pi kt^2)$$

$$(5.133)$$

当 $k = k_{a1}$ 时,式(5.133)等号右侧的第一项就变为 $s(\phi_{0l}, f_{al}, t) = \sigma_1 \exp(\mathrm{j}2\pi(\phi_{01} + f_{a1}t))$,即一单频信号。而对于其他分量,由于是对线性相加的信号乘以 $\exp(-\mathrm{j}\pi k_{a1}t^2)$,仍然保持线性相加的特性,只是调频斜率的变化量相同。

经过式(5.133)的解线调处理后,对信号做傅里叶变换便可实现对第一个分量在频域的聚焦,而其他分量由于未能被正确解线调而呈现为散开的宽谱。此时,用带通滤波器滤出第一个分量及其附近的窄谱,便得到第一个子回波分量的聚焦像,剩余的分量经过傅里叶反变换并乘以 $\exp(\mathrm{j}\pi k_{a1}t^2)$,可得到第一个分量基本消除的残留信号。重复上述过程,逐一将各子回波分量聚焦后的像滤出,最后再将它们线性相加,便可实现方位成像。需要说明的是,在滤波过程中虽然会影响其他分量,但由于滤波器带宽很窄,且其他分量由于未被正确解线调而呈散开的宽谱,上述滤波过程对其他分量的影响很小。

改进的 RWT 算法进行方位成像的具体步骤如下。

步骤 1 当分离第 i 个分量时,按照式(5.133)以步长 Δk 对各调频斜率下的回波序列作解线调处理和傅里叶变换,形成在平面 $k-f$ 上的二维分布 $s_i(k,f)$,即

$$\hat{S}_i(k,f) = [\hat{S}_{k_0}(f), \hat{S}_{k_0+\Delta k}(f), \cdots, \hat{S}_{k_0+n\Delta k}(f), \cdots, \hat{S}_{k_0+N\Delta k}(f)]^{\mathrm{T}}$$

$$(5.134)$$

其中,$\hat{s}_k(f)$ 为式(5.133)中求得的信号 $\hat{s}_k(t)$ 的傅里叶变换,即 $\hat{s}_k(f) = F[\hat{s}_k(t)]$;$k_0$ 为起始调频斜率;N 为搜索步长个数;T 表示转置运算。

步骤 2 在二维平面 $k-f$ 上进行峰值搜索,假设平面上的最大峰值点坐标为 (k_l, f_l),用窄带滤波器将峰值点分离,并将该峰值点作为第 i 个分量的横向聚焦像 $S_{k_l}^i(f)$,即

$$\{k_l, f_l\}_i = \underset{k,f}{\mathrm{argmax}}[|\hat{S}_i(k,f)|]$$

$$(5.135)$$

$$S_{k_l}^i(f) = \hat{S}_i(k,f)W_i(f)$$

$$(5.136)$$

其中,$W_i(f)$ 是以 f_l 为中心的窄带滤波器。

步骤 3 将步骤 2 中的滤波器带外部分做傅里叶反变换并乘以 $\exp(\mathrm{j}\pi k_l t^2)$,作为下一个子回波分离的源信号,即

$$S_{i+1}(t) = F^{-1}[(1-W_i(f))\hat{S}_i(k,f)]\exp(\mathrm{j}\pi k_l t^2)$$

$$(5.137)$$

步骤 4 重复以上步骤,直至当前距离单元内所有高于某一门限的峰值被分离。

步骤 5 对分离的各散射点的横向像进行线性叠加,得到该距离单元的方位像。对所有距离单元都采用以上方法,并将结果按距离单元序号排列,便可获取二

维 ISAR 图像。需要指出的是,上述方法对回波方位向的成像是与 CLEAN 处理过程同步完成的,无需再对获取的 LFM 子回波进行时频分析并获取瞬时多普勒图像,从而简化了处理流程,降低了运算复杂度。图 5.52 为 RWT 法与改进的 RWT 法的成像流程图。

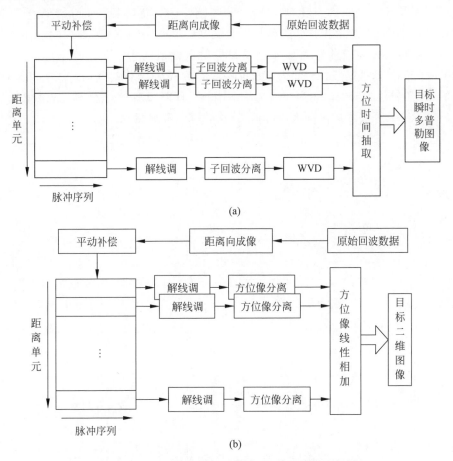

图 5.52 RWT 算法与改进的 RWT 算法成像流程图
(a)RWT 算法成像流程图;(b)改进的 RWT 算法成像流程图

5.4.3.2 仿真实验及分析

为验证所提算法的有效性,在此进行了仿真实验。其中,输入信噪比 SNR 同样设置为 5dB。仿真所用的计算机处理器为 Intel Core2 Quad CPU 2.50GHz,内存 5GB。

如图 5.53 所示为二维 ISAR 的成像结果。图 5.53(a)为 RD 算法的成像结果,图 5.53(b)为采用 RWT 算法获取的 RID 图像。与 5.3.2 节获取的 FrFT-RID 图像一样,图像中的点目标聚焦良好,但能量普遍较低,图像对比度很小,不利于对目标的判读和识别。图 5.53(c)为采用 FrFT-CLEAN 算法的成像结果,图 5.53(d)为采用改进的 RWT 算法的成像结果,图中的点目标都聚焦良好,相对于图 5.53(b) 的图像,上述两图的对比度更大,能量更高,更利于判读和识别。表 5.2 为利用图像熵和对比度对上述几种方法所成图像质量的定量评价。由表可知,FrFT-CLEAN 算法和改进的 RWT 算法所成图像的质量比较接近,且都比 RWT-RID 算法所成图像具有更高的对比度,更有利于识别,这与获取图像的直观效果一致。FrFT-CLEAN 算法、RWT 算法和改进的 RWT 算法在 CLEAN 处理的过程中,都将终止门限设置为当前距离单元中最强散射点幅值的 10%(-10dB)。仿真中,FrFT-CLEAN 算法的成像时间为 100.1962s,RWT-RID 成像时间为 113.4585s,而改进的 RWT 算法的成像时间为 29.0027s,相比于 FrFT-CLEAN 算法和 RWT-RID,改进后的 RWT 算法成像时间大大降低,算法效率明显提高。

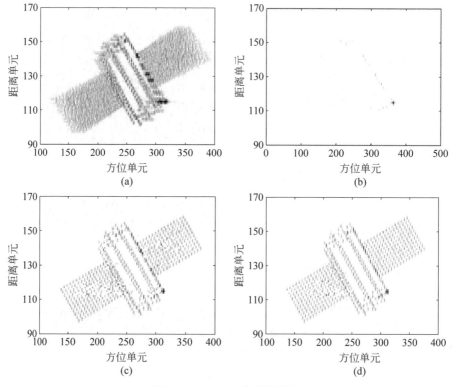

图 5.53   ISAR 二维成像结果

(a) RD 算法结果; (b) RWT-RID 成像结果; (c) FrFT-CLEAN 成像结果;
(d) 改进的 RWT 算法成像结果

表 5.2   算法成像质量比较(Ⅱ)

	RD	FrFT-CLEAN	RWT-RID	改进的 RWT
图像熵	9.5938	7.4721	6.3437	7.3205
对比度	1.3465	6.9656	5.7305	7.2076

综上,本节提出的改进的 RWT 算法相比于 FrFT-CLEAN 算法和传统的 RWT 算法具有更高的效率,更有利于对非均匀转动空间目标天基 ISAR 的快速成像和识别。

5.4.4　基于方位时频域楔石形变换的方位快速成像算法

非均匀转动空间目标的 ISAR 子回波可近似为 MLFM 信号,对于不同坐标的散射点,子回波 LFM 信号的调频斜率和起始频率也不相同。为此,本章研究了将 FrFT-CLEAN 算法应用于 ISAR 成像的效果,前文在现有 RWT 算法的基础上,提出了一种改进的 RWT 算法,获得了聚焦良好的图像,同时其运算效率比 FrFT-CLEAN 算法和 RWT 算法有很大提高。但同时注意到,改进的 RWT 算法由于使用了 CLEAN 技术,需对散射点子回波信号进行逐个估计和分离,其计算量仍较大,当 ISAR 分辨率很高且回波数据量巨大时,该方法的成像效率仍较为有限。研究表明,在满足一定条件时,子回波信号的调频斜率与起始频率的比值可近似为目标转动角加速度与转动角速度的比值,且该比值对所有散射点的 LFM 子回波信号都相同。基于该特征,有学者提出了一种基于离散匹配傅里叶变换(discrete matched Fourier transform,DMFT)的匀加速转动目标成像算法,可以直接完成横向聚焦且无须对子回波信号进行逐个估计和补偿,运算效率大大提高。但由于该算法只是采用传统的 LFM 信号检测和估计方法对调频斜率与起始频率的比值进行估计,不仅误差较大,而且效率较低,也并未讨论所提算法的适用条件。本节提出一种非均匀转动目标方位快速成像算法,通过在方位时频域做楔石形变换,将所有 MLFM 子回波同时转换为频率与散射点方位位置有关的多分量单频信号,之后再用 FFT 实现方位聚焦。该方法由于避免了对子回波分量的逐个估计和分离,大大缩短了成像时间,并且不存在交叉项的影响。此外,本节还提出了一种基于解线调和最小熵准则的 LFM 信号调频斜率和起始频率比值的快速估计方法,并分别分析了二阶转动近似、目标径向尺寸和比值估计误差对算法性能的影响,给出了相应的限制条件,最后通过 ISAR 仿真数据和波音 B727 飞机的 ISAR 仿真数据验证了算法的有效性。

成像几何关系及条件与 5.4.1 节相同,在此将式(5.105)和式(5.107)重写如下:

$$s(t) = \sum_{i=1}^{l} \sigma_i \exp\left(-\mathrm{j}\frac{4\pi}{\lambda}(x_i \sin\theta(t) + y_i \cos\theta(t))\right) \tag{5.138}$$

$$\theta(t) = \omega t + \frac{1}{2}\Omega t^2 \tag{5.139}$$

由于 ISAR 的波长在微米量级,若要实现毫米量级的成像分辨率,需要转动积累角在毫弧度量级,因此应满足以下小角度近似条件:

$$\sin\theta(t) = \sin\left(\omega t + \frac{1}{2}\Omega t^2\right) \approx \omega t + \frac{1}{2}\Omega t^2 \tag{5.140}$$

$$\cos\theta(t) = \cos\left(\omega t + \frac{1}{2}\Omega t^2\right) \approx 1 \tag{5.141}$$

将式(5.140)和式(5.141)代入式(5.138),可得:

$$s(t) \approx \sum_{i=1}^{l} \sigma_i \exp\left(-j\frac{4\pi}{\lambda}\left(x_i\omega t + \frac{1}{2}x_i\Omega t^2 + y_i\right)\right)$$

$$= \sum_{i=1}^{l} \sigma_i \exp\left(-j2\pi\left(f_i t + \frac{1}{2}k_i t^2\right)\right)\exp\left(-j\frac{4\pi y_i}{\lambda}\right) \tag{5.142}$$

其中,$f_i = \dfrac{2x_i\omega}{\lambda}$,$k_i = \dfrac{2x_i\Omega}{\lambda}$。需要说明的是,式(5.142)是直接从回波相位进行推导的,忽略了散射点径向坐标引起的多普勒频率。因此从理论上而言,FrFT-CLEAN 算法和改进的 RWT 算法基于更加精确的回波信号模型,散射点的方位聚焦效果比本节所提方法好,这一点将在后文详细讨论。式(5.142)说明,非均匀转动目标的 ISAR 子回波信号可视为 MLFM,且不难发现,子回波信号的调频斜率 k_i 与起始频率 f_i 的比值为

$$K_{\Omega\omega} = \frac{k_i}{f_i} = \frac{\Omega}{\omega} \tag{5.143}$$

该比值只与转动参数有关,与散射点的坐标无关。若目标上所有散射点的转动参数一致,则它们的子回波信号调频斜率和起始频率的比值也一致。

通过前文分析可知,如果目标上所有散射点的转动参数是一致的,则其子回波 MLFM 信号的调频斜率 k_i 与起始频率 f_i 之比 $K_{\Omega\omega}$ 也都相同,且 $K_{\Omega\omega}$ 只与转动参数有关,如式(5.143)所示。将式(5.143)代入式(5.142)可得:

$$s(t) = \sum_{i=1}^{l} \sigma_i \exp\left(-j2\pi f_i\left(1 + \frac{1}{2}K_{\Omega\omega}t\right)t\right)\exp\left(-j\frac{4\pi y_i}{\lambda}\right) \tag{5.144}$$

其中,第二个相位项为常数项,在之后的分析中可忽略。

目前,楔石形变换在 ISAR 中被用于越距离单元徙动的校正,其可去除距离向频率对方位多普勒频率的耦合。本节提出在方位时频域采用楔石形变换,以实现对二阶转动近似空间目标的方位快速成像。对式(5.144)做以下变换:

$$\left(1 + \frac{1}{2}K_{\Omega\omega}t\right)t = \tau \tag{5.145}$$

则式(5.144)变为

$$\bar{s}(\tau) = \sum_{i=1}^{l} \sigma_i \exp(-j2\pi f_i \tau) = \sum_{i=1}^{l} \sigma_i \exp\left(-j\frac{4\pi}{\lambda}\omega x_i \tau\right) \tag{5.146}$$

从式(5.146)可见,通过式(5.145)变换之后,式(5.144)的 MLFM 信号变为多分量单频信号,其信号频率为 $f_i = \dfrac{2x_i\omega}{\lambda}$,即与散射点的横向坐标和转动角速度有关。对于不同横向位置的散射点,由于变换之后单频信号的频率不同,可以通过 FFT 实现散射点的分离,即完成对目标的方位成像。式(5.145)变换的原理示意

图如图 5.54 所示。其中，纵轴 f 代表方位多普勒频率，横轴 t (或 τ) 代表方位慢时间 (或改变尺度后的方位慢时间)。图 5.54(a) 表示的是式 (5.144) 的 MLFM 信号在 $(f-t)$ 平面的时频分布，图 5.54(b) 为通过式 (5.41) 变换得到的多分量单频信号在 $(f-\tau)$ 平面的时频分布。在图 5.54(a) 中，信号采样点在 $(f-t)$ 平面是以矩形格式排列的，而在 $(f-\tau)$ 平面，原来的信号采样点将变为楔石形格式，通过插值成为矩形格式后，便可以使用 FFT 实现方位成像。值得注意的是，式 (5.145) 是在方位多普勒频率-方位慢时间平面进行的变换，因此称其为"方位时频域楔石形变换"。

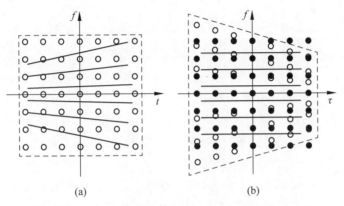

图 5.54　方位时频域楔石形变换在时频平面的示意图
(a) 变换前；(b) 变换后

值得注意的是，在相干累积时间区间 $[t_1, t_2]$，散射点多普勒频率 $f(t)$ 须满足以下条件，否则将影响式 (5.145) 的变换性能，并最终降低方位成像分辨率：

$$f(t) = f_i + k_i t \geqslant 0 \quad \text{或} \quad f(t) = f_i + k_i t \leqslant 0, \quad t \in [t_1, t_2] \quad (5.147)$$

式 (5.147) 表明，散射点的多普勒频率在相干累积时间内不能同时存在正多普勒频率和负多普勒频率的情况。该条件在实际情况中不一定能满足，如当目标转动角速度和转动角加速度方向相反，即 $K_{\Omega\omega} = k_i / f_i < 0$ 时，为满足要求可在变换前选取符合要求的回波脉冲数据串。

5.4.4.1　基于解线调和最小熵的子回波信号参数估计方法

由前文可知，式 (5.145) 的变换需要已知转动角加速度与转动角速度的比值 $K_{\Omega\omega}$，而该值在实际对非合作空间目标成像过程中是未知的，需要预先对其进行估计。由式 (5.143) 可知，该比值是 MLFM 信号的调频斜率 k_i 与起始频率 f_i 的比值。因此，可以通过估计子回波 LFM 信号的调频斜率与起始频率间接估计比值 $K_{\Omega\omega}$，无须对目标的转动参数进行估计，这在一定程度上降低了参数估计的难度。当目标为刚体时，可以认为目标上所有散射点的转动参数是一致的，因而理论上可只选取一个点估计比值 $K_{\Omega\omega}$。这里可采用解线调的方法实现对比值 $K_{\Omega\omega}$ 的快速估计。

为便于分析，假设式 (5.142) 的子回波序号 i 按散射点强度由强至弱排序，对其做解线调可得：

$$\hat{s}(t) = s(t)\exp(-\mathrm{j}\pi k t^2)$$

$$= \sum_{i=1}^{l} \sigma_i \exp\left(-\mathrm{j}2\pi\left(f_i t + \frac{1}{2}k_i t^2\right)\right)\exp\left(-\mathrm{j}\frac{4\pi y_i}{\lambda}\right)\exp(-\mathrm{j}\pi k t^2) \quad (5.148)$$

当 $k = -k_1$ 时,式(5.148)变为

$$\hat{s}(t) = s(t)\exp(-\mathrm{j}\pi k_1 t^2)$$

$$= \sigma_1\exp(-\mathrm{j}2\pi f_1 t)\exp\left(-\mathrm{j}\frac{4\pi y_1}{\lambda}\right) +$$

$$\sum_{i=2}^{l} \sigma_i \exp\left(-\mathrm{j}2\pi\left(f_i t + \frac{1}{2}(k_i - k_1)t^2\right)\right)\exp\left(-\mathrm{j}\frac{4\pi y_i}{\lambda}\right) \quad (5.149)$$

可见,当前距离单元中的最强散射点子回波信号变成了单频信号,在对其做傅里叶变换后在频域变为能量聚集的尖峰。由于对其他子回波信号的解线调处理是失配的,其在频域为能量分散的宽谱。对上述尖峰在二维平面($f-k$)进行搜索,并获取其位置(f_1, k_1),便可实现对最强散射点子回波信号的起始频率和调频斜率的估计。为了减小估计误差,可对多个距离单元中各自最强点子回波做参数估计,并对估计值取平均以提高估计精度。

由于 ISAR 的成像分辨率很高,同一距离单元内散射点数量众多,当相邻区间存在多个强度相差不大的最强点时,利用上述方法进行参数估计容易受到相邻强点旁瓣的干扰,其参数估计精度较低。为此,可利用解线调先对 $K_{\Omega\omega}$ 进行估计,再基于最小熵准则进行精细搜索,以获取更为准确的 $K_{\Omega\omega}$。

假设 $\widetilde{K}_{\Omega\omega}$ 为利用解线调方法获得的比值粗估计值,在此基础上设定一搜索区间 $[\widetilde{K}_{\Omega\omega} - K, \widetilde{K}_{\Omega\omega} + K]$,步长为 ΔK,共 L 个取值点。对第一个取值点 $K_{\Omega\omega}^l$,假设利用方位时频域楔石形变换获取的第 n 个距离单元的方位包络为 $|\tilde{s}_n(m)|_l$,则熵值为

$$H(l) = -\sum_n \sum_{m=1}^{M} p(n,m)_l \ln[p(n,m)_l] \quad (5.150)$$

$$p(n,m)_l = \frac{|\tilde{s}_n(m)|_l^2}{\sum_n \sum_{m=1}^{M} |\tilde{s}_n(m)|_l^2} \quad (5.151)$$

其中,M 表示方位采样点的总数。$K_{\Omega\omega}^l$ 越准确,经过式(5.145)变换后获得的方位像聚焦越好,因此,式(5.150)计算的熵值也就越小。最终的估计值为

$$K'_{\Omega\omega} = \underset{l}{\arg\min}[H(l)] \quad (5.152)$$

5.4.4.2　误差分析

1. 二阶转动近似条件分析

本节提出的成像算法基于目标二阶转动近似,而实际上空间目标相对天基

ISAR 的转动还存在高阶分量,当高阶转动分量足够大时,其对方位多普勒频率的影响不可忽视,此时也将对所提算法的性能产生影响。

对于非均匀转动目标,相对转角 $\theta(t)$ 可以展开为如下形式:

$$\theta(t) = \omega t + \frac{1}{2}\Omega t^2 + \frac{1}{6}\omega'' t^3 + \cdots \tag{5.153}$$

其中,ω 为角速度,Ω 为角加速度,ω'' 为角加加速度。这里只分析三阶转动分量的影响,因此当满足小角度近似条件时有:

$$\sin\theta(t) = \sin\left(\omega t + \frac{1}{2}\Omega t^2 + \frac{1}{6}\omega'' t^3\right) \approx \omega t + \frac{1}{2}\Omega t^2 + \frac{1}{6}\omega'' t^3 \tag{5.154}$$

$$\cos\theta(t) = \cos\left(\omega t + \frac{1}{2}\Omega t^2 + \frac{1}{6}\omega'' t^3\right) \approx 1 \tag{5.155}$$

此时回波信号可表示为

$$s(t) = \sum_{i=1}^{N} \sigma_i \exp\left(-j\frac{4\pi}{\lambda}(x_i \sin\theta(t) + y_i \cos\theta(t))\right)$$

$$\approx \sum_{i=1}^{N} \sigma_i \exp\left(-j\frac{4\pi}{\lambda}\left(x_i \omega t + \frac{1}{2}x_i \Omega t^2 + \frac{1}{6}x_i \omega'' t^3 + y_i\right)\right) \tag{5.156}$$

如果要忽略式(5.156)中三阶转动分量产生的相位分量,则其在相干累积时间内的变化应小于 2π,即

$$\frac{4\pi}{\lambda} \cdot \frac{1}{6}x\omega'' T_{\text{sa}}^3 < 2\pi \tag{5.157}$$

$$\omega'' < \frac{3\lambda}{x T_{\text{sa}}^3} \tag{5.158}$$

当满足式(5.158)的条件时,可以忽略三阶转动分量的影响。通过采用较大的波长激光信号或减少相干累积脉冲数从而缩短成像时间,即可满足式(5.158)的要求。

2. 目标径向尺寸条件分析

5.5.1 节对非均匀转动目标的 ISAR 回波信号进行了以下近似:

$$\cos\theta(t) = \cos\left(\omega t + \frac{1}{2}\Omega t^2\right) \approx 1 \tag{5.159}$$

$$s(t) = \sum_{i=1}^{N} \sigma_i \exp\left(-j\frac{4\pi}{\lambda}(x_i \sin\theta(t) + y_i \cos\theta(t))\right)$$

$$\approx \sum_{i=1}^{N} \sigma_i \exp\left(-j\frac{4\pi}{\lambda}\left(x_i \omega t + \frac{1}{2}x_i \Omega t^2 + y_i\right)\right) \tag{5.160}$$

实际上,当目标径向尺寸较大时,目标上散射点的径向坐标 y_i 会对回波信号产生影响。对方位回波信号的相位项求导可得多普勒频率为

$$f_{\text{da}}(t) = -\frac{2}{\lambda}\left(x\cos\theta(t) \cdot \frac{\mathrm{d}\theta(t)}{\mathrm{d}t} - y\sin\theta(t) \cdot \frac{\mathrm{d}\theta(t)}{\mathrm{d}t}\right)$$

$$\approx -\frac{2}{\lambda}(\omega + \Omega t)x + \frac{2}{\lambda}\left(\omega^2 t + \frac{3}{2}\omega\Omega t^2 + \frac{1}{2}\Omega^2 t^3\right)y$$

$$= f_{\mathrm{da}}(x,t) + f_{\mathrm{da}}(y,t) \tag{5.161}$$

其中,

$$f_{\mathrm{da}}(x,t) = -\frac{2}{\lambda}(\omega + \Omega t)x \tag{5.162}$$

$$f_{\mathrm{da}}(y,t) = \frac{2}{\lambda}\left(\omega^2 t + \frac{3}{2}\omega\Omega t^2 + \frac{1}{2}\Omega^2 t^3\right)y \tag{5.163}$$

式(5.163)中的多普勒频率由目标散射点的径向坐标产生,这部分多普勒频率在 FrFT-CLEAN 算法和改进的 RWT 算法中都简化为式(5.113)中的一次项形式, 而在本节所提算法中直接被忽略了。当目标径向尺寸较大时,该部分多普勒频率 将不可忽略,否则会影响图像方位向聚焦质量。假设 ISAR 相干成像的时间为 T_{sa},则相应的频谱分辨率为 $\frac{1}{T_{\mathrm{sa}}}$。如果要忽略式(5.163)中的多普勒频率,则目标 散射点径向坐标产生的最大多普勒频率不能超出一个频谱分辨单元:

$$f_{\mathrm{da}}(y,T_{\mathrm{sa}}) = \frac{2}{\lambda}\left(\omega^2 T_{\mathrm{sa}} + \frac{3}{2}\omega\Omega T_{\mathrm{sa}}^2 + \frac{1}{2}\Omega^2 T_{\mathrm{sa}}^3\right)y < \frac{1}{T_{\mathrm{sa}}} \tag{5.164}$$

考虑到 ISAR 的方位成像分辨率为

$$\sigma_a = \frac{\lambda}{2\Delta\theta} = \frac{\lambda}{2\omega T_{\mathrm{sa}} + \Omega T_{\mathrm{sa}}^2} \tag{5.165}$$

由式(5.164)和式(5.165)可得:

$$y < \frac{\lambda}{2\omega^2 T_{\mathrm{sa}}^2 + 3\omega\Omega T_{\mathrm{sa}}^3 + \Omega^2 T_{\mathrm{sa}}^4} = \frac{2\lambda}{(2\omega T_{\mathrm{sa}} + 2\Omega T_{\mathrm{sa}}^2)(2\omega T_{\mathrm{sa}} + \Omega T_{\mathrm{sa}}^2)} \tag{5.166}$$

假设当 $\omega\Omega > 0$ 时,也即转动角速度和角加速度的方向一致时,有:

$$|y| < \left|\frac{2\lambda}{(2\omega T_{\mathrm{sa}} + 2\Omega T_{\mathrm{sa}}^2)(2\omega T_{\mathrm{sa}} + \Omega T_{\mathrm{sa}}^2)}\right| < \frac{2\lambda}{(2\omega T_{\mathrm{sa}} + \Omega T_{\mathrm{sa}}^2)^2} = \frac{2\sigma_a^2}{\lambda} \tag{5.167}$$

因此,为保证散射点的成像质量,目标最大径向尺寸应满足:

$$y_{\max} < \frac{2\sigma_a^2}{\lambda} \tag{5.168}$$

值得说明的是,从式(5.167)的推导过程来看,式(5.168)中给出的条件并不严 格,但如果满足 $\omega > \Omega T_{\mathrm{sa}}$,则上述结果并不会影响对目标最大径向尺寸量级的判 断。图 5.55 给出了目标最大径向尺寸与方位分辨率的关系。由图可见,在同等条 件下,通过采用较小波长的激光信号或降低方位分辨率将有助于满足式(5.168)的 要求。当发射信号波长固定时,可通过减少参与相干累积的回波脉冲串数(从而降 低方位分辨率)来满足上述要求,这点与 5.5.3.1 节中二阶转动近似的限定条件 一致。

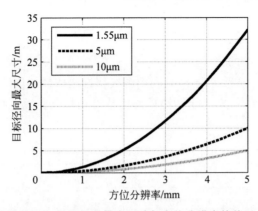

图 5.55　目标径向最大尺寸与方位分辨率的关系

3. 比值 $K_{\Omega\omega}$ 估计误差分析

由前文分析可知,比值 $K_{\Omega\omega}$ 的估计精度影响着所提算法的性能。而受搜索步长和噪声的限制,实际在利用 5.5.2 节的方法对 $K_{\Omega\omega}$ 进行估计的过程中仍然存在一定的估计误差。假设 $K_{\Omega\omega}$ 的估计误差为 $\Delta K_{\Omega\omega}$,则经过式(5.145)变换后的回波信号可表示为

$$\tilde{s}'(\tau) = \sum_{i=1}^{N} \sigma_i \exp\left(-\mathrm{j}\, \frac{4\pi\omega x_i}{\lambda}\left(\tau + \frac{1}{2}\Delta K_{\Omega\omega}t^2\right)\right) \qquad (5.169)$$

同理,在相干累积时间内,当比值估计误差引起的相位最大变化量小于 2π 时,比值的估计误差可以忽略,此时有:

$$\frac{4\pi\omega x}{\lambda} \cdot \frac{1}{2}\Delta K_{\Omega\omega}T_{\mathrm{sa}}^2 < 2\pi \qquad (5.170)$$

$$\Delta K_{\Omega\omega} < \frac{\lambda}{x\omega T_{\mathrm{sa}}^2} \qquad (5.171)$$

5.4.4.3　成像实验验证

1. ISAR 仿真数据验证

设定仿真参数如下:ISAR 发射波长为 $1.55\,\mu\mathrm{m}$,带宽为 150GHz,脉宽为 $200\,\mu\mathrm{s}$,距离采样点数为 256,脉冲积累时间为 0.155s,PRF 为 2000 Hz,共积累 310 个脉冲。目标的转动参数:角速度为 0.005rad/s,角加速度为 $0.01\mathrm{rad/s}^2$,角加加速度为 $0.006\mathrm{rad/s}^3$,因此比值 $K_{\Omega\omega}=2$。仿真所用计算机处理器为 Intel Core2 Quad CPU 2.50GHz,内存为 5G。

仿真中的回波信噪比 SNR＝5dB,且在利用解线调估计 $K_{\Omega\omega}$ 时,对归一化调频斜率的搜索步长设为 0.005,其中选择了 4 个距离单元的最强点分别进行估计。估计结果如表 5.3 所示,如图 5.56(a)所示为第 150 个距离单元在平面 $f-k$ 的分布情况,其中归一化调频斜率的取值范围为 $k \in [-0.5, 0.5]$,对应的调频斜率取

值范围为 $\dfrac{k \cdot f_{\text{PRF}}}{T_{\text{sa}}}$，$T_{\text{sa}}$ 为成像时间，f_{PRF} 为脉冲重复频率。从表 5.3 可见，对距离单元 98、129 和 135 的估计值较为准确，而在对第 150 个距离单元估计时，由于受到相邻强散射点子回波旁瓣的影响，利用解线调方法估计的比值 $K_{\Omega\omega}$ 为 1.8763，存在一定的误差。然而，在对 4 个距离单元的估计值取平均后，其值为 1.9971，精度大大提高。

表 5.3　解线调法参数估计结果

距离单元数	$\widetilde{k}_i/(\text{Hz}\cdot\text{s}^{-1})$	$\widetilde{f}_i/\text{Hz}$	$\widetilde{K}_{\Omega\omega}$
98	−1161.2689	−572.8155	2.0273
129	−451.6039	−223.3010	2.0224
135	−580.6476	−281.5534	2.0623
150	516.1343	275.0809	1.8763

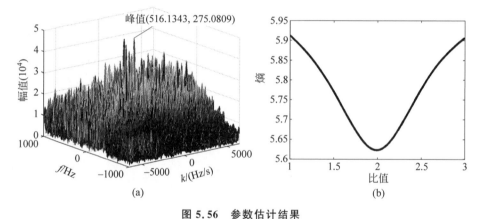

图 5.56　参数估计结果

（a）解线调后子回波在 $f-k$ 平面的二维分布；（b）熵值变化曲线

在实际成像中，由于无法获知比值 $K_{\Omega\omega}$ 的真实值，还需采用最小熵准则对解线调法估计的结果做进一步验证。在此基础上，将比值的搜索区间设置为 $[1.9971-1, 1.9971+1]$，步长设置为 0.02。图 5.56(b) 为获取的熵值变化曲线，其中最小熵对应的 $K_{\Omega\omega}$ 为 2.0171，该比值与真实值 $K_{\Omega\omega}=2$ 非常接近。

此外，为验证基于解线调和最小熵的参数估计方法在不同信噪比条件下的性能，进行了蒙特卡罗仿真实验。对于某个固定的输入信噪比，利用上述方法进行 100 次蒙特卡罗仿真实验，获得了对比值 $K_{\Omega\omega}$ 的估计性能参数，如表 5.4 所示。从表中可见，当 SNR>0dB 时，可以获得精确的比值 $K_{\Omega\omega}$ 的估计值，且当 SNR>5dB 时，该估计算法的性能趋于稳定。实际中，由于在距离向成像可获取较大的脉冲压缩增益，在方位成像时的信噪比通常能满足该方法的要求。综上所述，本节提出的基于解线调和最小熵的参数估计方法是有效的。

表 5.4　不同信噪比下比值 $K_{\Omega\omega}$ 的估计性能

SNR/dB	−10	−5	0	5	10	15
均值	−21.4489	26.3031	2.0124	1.9934	1.9949	1.9919
均方根误差	111.3424	105.8448	0.0620	0.0098	0.0105	0.0108

如图 5.57 所示为方位时频域楔石形变换前、后第 126 个距离单元子回波的时频分布图,其中采用了平滑伪随机 SPWVD 进行时频分析。图 5.57(a)为变换前的时频分布,子回波分量在图中表现为多条斜率不相同的斜线,表明其可近似为 MLFM 信号;图 5.57(b)为变换后的时频分布,此时子回波分量表现为多条与横轴平行的水平线。可见,经过方位时频域楔石形变换,MLFM 信号已同时转换为多分量单频信号。之后,在方位向采用 FFT 便可获取目标二维图像。

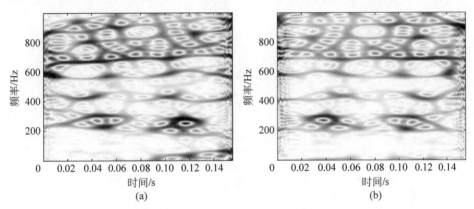

图 5.57　变换前、后第 126 个距离单元回波时频分布(SPWVD)

(a) 变换前时频分布;(b) 变换后时频分布

图 5.58 为对目标的 ISAR 成像结果,其中图 5.58(a)为 RD 成像的结果,图 5.58(b)为改进的 RWT 方法的成像结果,图 5.58(c)为本节所提的方位时频域楔石形变换法的成像结果。可见,当目标非均匀转动时,RD 成像的图像方位向存在严重散焦,且离参考中心横向距离越远的散射点,散焦越严重。相比于 RD 成像的结果,改进的 RWT 算法与本节所提算法都能获取方位聚焦良好的 ISAR 图像。表 5.5 为利用图像熵和对比度对上述几种方法的成像结果进行的定量评价。其中,方位时频域楔石形变换法的图像熵比改进的 RWT 算法的熵值高,图像对比度也小,这主要是由于本节所提算法保留了所有子回波分量,不存在弱分量的丢失,而改进的 RWT 算法采用了 CLEAN 技术,只保留了相对较强的子回波分量,因此,其在指标上占优。但这两种方法的评价指标都优于 RD 成像,这与图 5.58 中的直观效果是一致的。此外,对比图 5.58(b)和(c)可见,本节所提算法准确无误地还原了目标散射点的分布情况,而改进的 RWT 算法虽然采用了 CLEAN 技术对子回波分量进行逐个估计和分离,但当输入信噪比为 5dB 时,该算法存在少部分目标信息丢失和

散射点位置不正确的问题,尤其在散射点分布密集的地方,该问题相对严重,如图 5.58(b)和(c)中用虚线圈出的区域。

表 5.5　算法成像质量比较(Ⅲ)

	RD	改进的 RWT	方位时频域楔石形变换法
图像熵	8.4298	7.2115	7.5429
对比度	3.2051	6.0624	5.2467

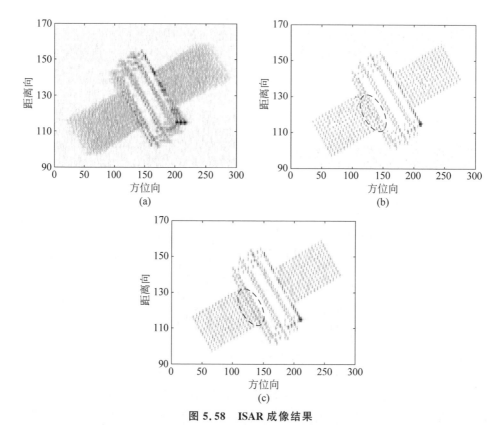

图 5.58　ISAR 成像结果

(a) RD 算法结果;(b) 改进的 RWT 算法结果;(c) 方位时频域楔石形变换法结果

此外,改进的 RWT 算法成像时间为 25.8045s,而方位时频域楔石形变换法的方位成像时间总共只需 3.9885s,其中利用解线调方法估计比值的时间为 0.2538s,最小熵法估计比值的时间为 2.8345s,方位时频域楔石形变换的时间为 0.9001s。

综上可见,本节所提出的基于方位时频域楔石形变换法在获取聚焦良好的 ISAR 图像的同时具有很高的运算效率,且能有效保留目标细节信息并正确还原散射点的位置分布情况,符合空间目标天基 ISAR 快速成像的要求。

2. 波音 B727 飞机 ISAR 仿真数据验证

由于没有相应的 ISAR 实测数据,只能基于仿真数据进行算法的验证。而实际上,ISAR 与 ISAR 成像算法研究追求的目标是一致的,即在实现图像更好聚焦的同时具备更高的成像效率。

在 ISAR 中对于机动目标的成像同样面临方位多普勒时变这一问题。本章所提的两种算法都是基于目标二阶转动近似这一条件,因此,从理论上而言,这两种算法也同样适用于对 ISAR 机动目标的成像。为进一步验证算法的有效性,在此再利用美国海军研究实验室的 V. C. Chen 公开提供的波音 B727 飞机的 ISAR 仿真数据进行验证。

该仿真数据由 256 个连续脉冲串组成,发射信号的载频为 9GHz,带宽为 150MHz,脉冲重复频率为 20kHz,且对数据的距离压缩和平动补偿已完成。

在利用解线调法估计 $K_{\Omega\omega}$ 时,对归一化调频斜率的搜索步长设为 0.005,获取的粗值为 79.04。之后再利用最小熵法对比值进行精确搜索,设置的搜索区间为 $[79.04-50, 79.04+50]$,搜索步长为 1,获取的熵值变化曲线如图 5.59 所示,其中最小熵对应的比值为 71.04。

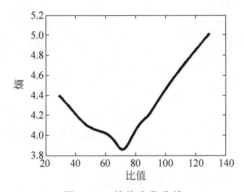

图 5.59　熵值变化曲线

如图 5.60 所示为成像结果,其中图 5.60(a)为 RD 算法的成像结果,图 5.60(b)为改进的 RWT 算法的成像结果,图 5.60(c)为方位时频域楔石形变换法的成像结果。对比图 5.60(b)和(c)可见,当等效散射点较少且分布较分散时,改进的 RWT 算法并不存在明显的目标信息丢失及散射点位置分布不正确的问题。此外,利用改进的 RWT 算法的成像时间为 10.866s,而利用方位时频域楔石形变换法的成像时间总共为 2.9523s,其中解线调法估计的时间为 0.2370s,最小熵法精确估计的时间为 2.4497s,方位时频域楔石形变换的时间为 0.2656s。

表 5.6 给出了上述几种方法成像结果的图像熵和对比度,从表可见,改进的 RWT 算法的成像效果比方位时频域楔石形变换法好,这一方面是由于前者只保留了相对较强的散射点,而后者保留了所有信息;另一方面更主要的原因是方位时频域楔石形变换法要实现理想聚焦需要满足以下两个条件:①方位子回波信号满足 LFM 信号近似;②散射点径向坐标引起的多普勒频率可以忽略。而改进的 RWT 算法只需满足条件①,其对回波模型的近似就会更加精确。然而,就视觉上

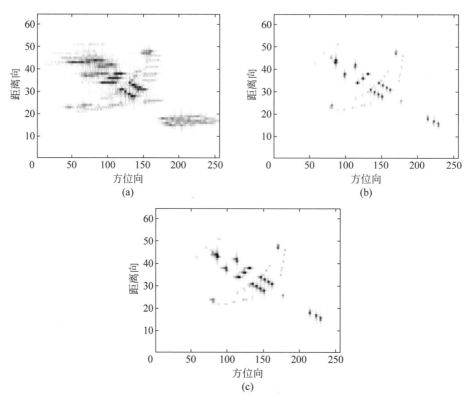

图 5.60　波音 B727 飞机 ISAR 仿真数据成像结果
（a）RD 算法结果；（b）改进的 RWT 算法结果；（c）方位时频域楔石形变换法结果

而言，在图 5.60 中，方位时频域楔石形变换法的成像质量比 RD 算法有很大提高，且与改进的 RWT 算法所成图像的差异并不明显，并不影响对目标的判读和识别。考虑到方位时频域楔石形变换法具有比改进的 RWT 算法高得多的成像效率，其在非均匀转动目标快速、实时成像中仍具有十分重要的实用价值和意义。

表 5.6　算法成像质量比较（Ⅳ）

	RD	改进的 RWT	方位时频域楔石形变换法
图像熵	6.6428	5.8922	5.6662
对比度	2.3968	7.0504	3.3962

5.4.5　机动目标 ISAR 成像的最小二乘 RELAX 算法

当目标平稳飞行时，其通过平动补偿（包络对齐和初相校正）等效于转台目标，且作平面匀速转动。当转角很小时，目标上的各个散射点作匀速的径向运动，也就是说可用复正弦作为散射点的运动模型，因而对各距离单元的回波序列作傅里叶变换就能得到散射点的横向分布，得到目标的 ISAR 像。

若目标作机动飞行,散射点的径向运动情况比较复杂,要用更复杂的运动模型加以描述,即各散射点回波的相位历程要用多项式表示。但在机动不大的情况下,用二次多项式已足够精确,即各子回波可以表示为 LFM 信号,但其初始频率和调频率各不相同,需要一一估计。

有许多估计初始频率和调频率的方法,这里介绍基于最小二乘的 RELAX 算法,这是一种高分辨率算法,在一定横向分辨率条件下可以缩短成像孔径长度,更适合三维转动的机动目标成像。

设第 n 个距离单元里有 K 个散射点回波,且为 LFM 信号,其初始频率($t=0$ 时的频率)和调频率分别为 f_k 和 γ_k,$k=1,2,\cdots,K$,则各 LFM 信号的转移向量可写为

$$\phi_k = \left\{ e^{j2\pi[f_k(-M/2)+\frac{1}{2}\gamma_k(-M/2)^2]}, \cdots, 1, \cdots, e^{j2\pi[f_k(M/2-1)+\frac{1}{2}\gamma_k(M/2-1)^2]} \right\}^T,$$
$$k=1,2,\cdots,K \tag{5.172}$$

其中,M(偶数)为相干处理脉冲数。

将式(5.172)的 K 个向量排列成下列矩阵:

$$\phi = [\phi_1, \phi_2, \cdots, \phi_k]_{M \times K} \tag{5.173}$$

并令 K 个 LFM 信号子回波的复振幅分别为 $\alpha_k(k=1,2,\cdots,K)$,它们可排成列向量 $\alpha = [\alpha_1, \alpha_2, \cdots, \alpha_k]^T$。同时用向量 $s = [s(-M/2), \cdots, s(0), \cdots, s(M/2+1)]^T$ 表示第 n 个距离单元录取的数据,有下列矩阵方程成立:

$$s = \phi \alpha + e \tag{5.174}$$

其中,e 为该距离单元的噪声向量。

若能估计得到所有 LFM 信号子回波的参数 $\{\alpha_k, f_k, \gamma_k\}_{k=1}^k$,则可基于 $\{\alpha_k, f_k\}_{k=1}^k$ 得到 $t=0$ 时刻的图像,而其他时刻的瞬时像可通过参数 $\{\gamma_k\}_{k=1}^k$ 求得。用加权最小二乘法可以估计各个参数,即使用下列代价函作多维搜索,可求得代价函数最小时的各参数值:

$$\min_{\{\alpha_k, f_k, \gamma_k\}_{k=1}^k} \left\| w\left(s - \sum_{k=1}^k \alpha_k \phi_k\right) \right\|^2 \tag{5.175}$$

其中,$w = \mathrm{diag}(\{w(m)\}_{m=-M/2}^{m=M/2-1})$ 是加权对角矩阵。

令 $g = ws$ 和 $b_k = w\phi_k$,则式(5.175)可写为

$$\min_{\{\alpha_k, f_k, \gamma_k\}_{k=1}^k} \left\| g - \sum_{k=1}^k \alpha_k b_k \right\|^2 \tag{5.176}$$

上式的多维搜索优化是十分复杂的,一般可采用 RELAX 算法逐维迭代搜索。

下面的实测数据处理证明了上述方法的正确性和有效性。该实测数据的雷达工作在 C 波段,发射 LFM 信号,频带宽为 400MHz,重复频率为 400Hz。目标为民航飞机 Yak-42,它的长、宽、高分别为 36.38m、35.88m、9.83m,尾翼较高。录取数据时飞机距雷达约为 33.5km,高度为 5000m。将整个历程中的 5 段分别成像,如

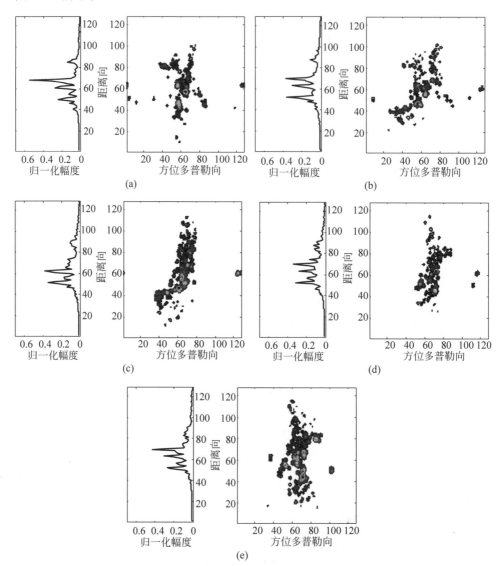

图 5.61 所示。

图 5.61 机动飞行的飞机的 ISAR 成像结果

（a）第 1 段成像结果；（b）第 2 段成像结果；（c）第 3 段成像结果；
（d）第 4 段成像结果；（e）第 5 段成像结果

第 6 章

基于RCS特性测量的目标智能识别

6.1 基于 RCS 特性的空间目标外形特征识别

6.1.1 基于窄带 RCS 的空间目标尺寸识别

对空间目标进行尺寸识别研究是空间态势感知的重要工作之一,对空间目标识别分类具有重要意义,是确定空间目标质量、体积乃至类别、功能甚至型号的有效依据。但是,由于空间目标的 RCS 受到目标的形状、姿态以及散射特性等多因素影响,空间目标 RCS 时间序列为非平稳信号,加大了数据处理的难度。此外,由于实际操作中的测量误差,提取空间目标的尺寸信息一直是一个难点、热点问题。

本节在生成空间目标动态 RCS 序列的基础之上,综合空间目标的轨道、姿态和地面雷达频率等特性,开展基于 RCS 仿真数据的空间目标尺寸识别研究,为目标识别和空间态势感知提供数据支撑。

6.1.1.1 空间目标尺寸识别模型

一般来说,空间目标在雷达视线的垂直平面上的横截面积越大,RCS 越大,可以尝试通过空间目标的 RCS 进行尺寸反演。以处于雷达高频光学区的圆柱目标为例,根据物理光学近似,其 RCS 为

$$\sigma = kaL^2\sin\theta\left[\frac{\sin(kL\cos\theta)}{kL\cos\theta}\right]^2 \tag{6.1}$$

其中,$k = \frac{2\pi}{\lambda}$,a 为圆柱体底面半径,L 为圆柱体母线长度,θ 为圆柱体母线与雷达波入射的夹角。可以看出,当空间目标尺寸较大,即 a 与 L 较大时,空间目标 RCS 也较大,因此可以利用 RCS 幅值对空间目标进行尺寸估计。但是由于空间目标的

RCS 序列与目标姿态等因素耦合，难以通过静态幅值直接获取空间目标尺寸信息，需要建立合适、有效的空间目标尺寸识别模型对其进行识别。

本节建立的空间目标尺寸识别模型由等效椭球体模型、尺寸映射模型、轴比估计模型和长轴估计方法组成。具体识别流程如下：①将空间目标等效为椭球体，通过对其长轴与短轴的长度进行识别，估计空间目标两个维度上的尺寸，以达到空间目标尺寸识别的目的；②利用长轴估计方法求出长轴对应的 RCS；③利用尺寸映射模型将②得到的 RCS 转化为等效球直径，代表空间目标长轴的尺寸；④利用轴比估计模型得到空间目标长轴与短轴的长度之比；⑤利用③和④得到的长轴尺寸与轴比，计算空间目标短轴的尺寸。

1. 等效椭球体模型

目前在工程中应用广泛的是由美国林肯实验室开发的等效球体模型（spherical equivalent model，SEM），最早应用在对空间碎片进行尺寸估计。其核心思想是将空间目标和碎片等效为球体，利用大量实测数据建立 RCS 幅值与等效球半径之间的映射关系，反演碎片的尺寸，为碎片形状与质量的估计提供依据。但是随着科研人员对空间碎片在大气中运动规律认识的不断加深，发现空间碎片的大气过滤性与金属球体的大气过滤性具有较大的差异性，所以将空间目标简单等效为球体具有一定识别误差。并且随着对空间态势感知能力要求的不断提高，仅仅反演空间目标的等效球半径这个一维尺寸无法满足相关需求，需要建立一种新的估计模型来反演空间目标更多维度的尺寸信息。

由于空间目标受到轨道动力学和姿态动力学的限制，并且为了完成特定的功能与任务，空间目标的外形与形态一般相对简单，可以将其等效为椭球体模型。

虽然将空间目标等效为椭球体会丢失空间目标的一些信息，但是经过工程应用验证，此简化模型具有实用价值，较 SEM 针对性更强，包含等效椭球体长轴与短轴二维的尺寸信息，对于之后的空间目标分类与识别具有重要意义。

2. 尺寸映射模型

本节利用动态 RCS 序列对空间目标的尺寸进行识别，其中确定 RCS 与空间目标特征尺寸的映射关系是需要解决的基础问题，需要建立空间目标尺寸映射模型，即空间目标 RCS 与尺寸的映射函数：

$$a = f(\sigma) \tag{6.2}$$

其中，a 为空间目标的尺寸，f 为映射函数，σ 为空间目标的 RCS。

由于空间目标的 RCS 与目标的形状、姿态等多因素相关，直接建立此映射函数十分困难。金属球的各个面在雷达视线中没有区别，具有各向同性，可选为标定体。并且 SEM 在实际工程中的成功应用表明，将金属球作为标定体具有一定的可行性。故本节选用金属球作为标定体建立映射函数模型。

略去时谐因子 $\exp(-\mathrm{j}\omega t)$ 后，金属导电球的后向 RCS 计算公式为

$$\sigma = \frac{\lambda^2}{\pi} \left| \sum_{n=1}^{\infty} (-1)^n (n+0.5)(b_n - a_n) \right|^2 \tag{6.3}$$

$$a_n = \frac{\mathrm{j}_n(ka)}{\mathrm{h}_n^{(1)}(ka)} \tag{6.4}$$

$$b_n = \frac{ka\mathrm{j}_{n-1}(ka) - n\mathrm{j}_n(ka)}{ka\mathrm{h}_{n-1}^{(1)}(ka) - n\mathrm{h}_n^{(1)}(ka)} \tag{6.5}$$

其中，$k = \frac{2\pi}{\lambda}$ 为波数，$\mathrm{h}_n^{(1)}(x) = \mathrm{j}_n(x) + \mathrm{j}y_n(x)$ 为第一类球汉开尔函数，$\mathrm{j}_n(x)$ 为第一类球贝塞尔函数，$y_n(x)$ 为第二类球贝塞尔函数。

无量纲 RCS 是以球面积 πa^2 进行归一化的结果，表示为 NRCS，又称"后向散射有效因子"：

$$\mathrm{NRCS} = \frac{\sigma}{\pi a^2} = \left(\frac{2}{ka}\right)^2 \left| \sum_{n=1}^{\infty} (-1)^n (n+0.5)(b_n - a_n) \right|^2 \tag{6.6}$$

由式(6.6)可以精确计算金属球的 NRCS 随 ka 的变化情况，如图 6.1 所示。

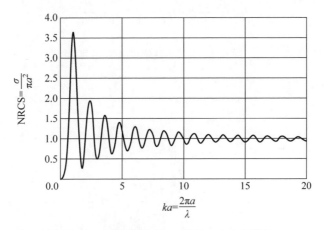

图 6.1 金属导电球 NRCS 随 ka 的变化情况

由图 6.1 可以看出，当 ka 足够大时($ka \geqslant 20$)，即当目标处于光学区时，目标的 NRCS 约等于 1，可作为有效标定数据，所以本节选用处于光学区的金属球作为标定物，建立空间目标尺寸映射模型。

为了与常用雷达频率相似，本节选择 L 波段(1.2GHz)的雷达信号对不同半径的金属标定球进行 RCS 序列仿真。利用三维建模软件建立半径为 0.5m、1m、2m、5m 和 10m 的球模型，导入 RCS 计算程序，生成 RCS 序列，如图 6.2 所示。

理论上球的 RCS 为定值，仿真数据出现波动是因为三维建模软件并不能生成完美的球体。其中，90°出现较大波动是因为 $x-y$ 平面处面元较少，分布稀疏，如图 6.3 所示，导致面元间不共面，而本节选用的 RCS 快速算法同样是将曲面近似平面处理后获取的，所以会出现误差。其中，半径为 5m 的球的 RCS 序列较其他球体数据不稳定是因为随着球表面积的增大，面元数不变导致对建模软件球体的描述变差。随着面元数的提高，大半径球体的 RCS 趋于稳定(如半径为 10m 的球体）。针对以上情况，本节选择 RCS 序列的均值作为球体的 RCS，如表 6.1 所示，利用插值逼近法建立如图 6.4 所示的尺寸映射模型。依据此模型由空间目标特征的 RCS 确定空间目标的特征尺寸。

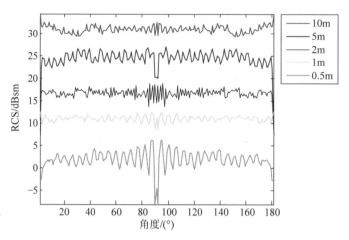

图 6.2　不同半径球体 RCS 序列

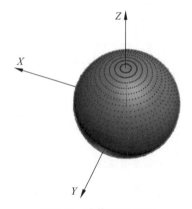

图 6.3　球体面元分布

表 6.1　特征尺寸-RCS 映射表

特征尺寸/m	RCS/dBsm
0.5	1.95
1	11.05
2	16.65
5	24.41
10	30.94

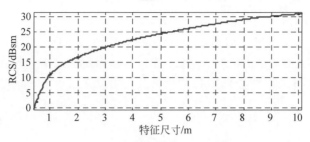

图 6.4 空间目标尺寸映射模型

3. 轴比估计模型

传统方法在划定门限区分 RCS 序列时,大值代表长轴,小值代表短轴。但是由于 RCS 的特性,一些特殊结构会造成 RCS 的缩减,如果直接利用小值代表短轴,会造成空间目标短轴尺寸识别的不精确。研究表明,动态 RCS 序列的标准差可以代表空间目标的轴比信息,因此本节采用求解轴比与长轴尺寸的方法,对空间目标尺寸进行识别,因此需要建立轴比估计模型。

有研究表明,在轴比一定的情况下,椭球体 RCS 序列的标准差基本不随长、短轴的尺寸变化而发生变化。本节将空间目标等效为椭球体,分别对长轴 4m 短轴 2m、长轴 2m 短轴 1m、长轴 1m 短轴 0.5m 的 3 种椭球体进行 RCS 数据仿真验证,雷达频率选择 1.2GHz。提取仿真数据标准差,如表 6.2 所示。

表 6.2 轴比为 2 的椭球体 RCS 序列标准差

长轴/短轴	标准差/dBsm
4/2	4.87
2/1	4.85
1/0.5	4.83

通过表 6.2 可以看出,椭球体 RCS 序列的标准差具有很强的稳定性,可以作为特征值代表空间目标的轴比。分别选取轴比为 1、2、3、4 的椭球体,进行 RCS 仿真与数据处理,结果如表 6.3 所示,利用插值逼近法建立如图 6.5 所示的轴比估计模型。

表 6.3 轴比-标准差差映射数据表

轴比	标准差/dBsm
1	1.24
2	4.85
3	6.14
4	7.67

4. 长轴估计方法

根据本节建立的空间目标尺寸识别模型,将空间目标等效为椭球体,通过处理空间目标动态 RCS 序列来识别目标轴比和长轴尺寸,进而获取目标的长、短轴尺寸,识别空间目标的尺寸。然而,空间目标的动态 RCS 序列有时会出现一些极大的峰值,这是目标大面积平面相干增强或者角反射器导致的,不利于尺寸估计,如图 6.6 中的圆圈所示,所以需要在 RCS 序列中将其去除。

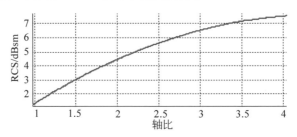

图 6.5　轴比-标准差映射模型

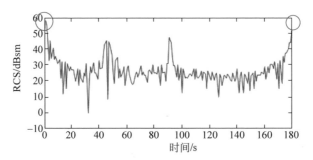

图 6.6　RCS 序列中的峰值现象

在前文分析的基础上,本章通过获取空间目标的长轴和轴比信息来反演其尺寸信息,因此对于长轴的估计尤为重要。目标特征尺寸越长,RCS 越大,因此在动态 RCS 序列中,大值可以代表目标的长轴。可以在 RCS 序列中划定一个门限,大于门限的部分求平均值代表长轴,因此划定门限对于估计长轴极为关键。最直接的方法是采用 RCS 序列的平均值作为门限,但经过验证,此方法误差较大。通过 3.1.3 节的分析,标准差与轴比有映射关系,并且与空间目标尺寸没有关系。空间目标动态 RCS 序列的标准差越大,目标轴比越大,在短轴相同的情况下,长轴越长,门限越高。所以,可以将标准差加入门限划定。由于在验证中出现的误差较大,引入权值进行门限划定。门限划定的方法如下所示:

$$\alpha = m + \beta S \tag{6.7}$$

其中,α 为门限,m 为空间目标动态 RCS 序列的平均值,β 为门限权值,S 为空间目标动态 RCS 序列的标准差。

6.1.1.2　门限权值的确定

通过前文的分析和 6.1.1.1 节建立的空间目标尺寸识别流程,划定门限是对空间目标 RCS 序列进行处理的第一步,也是奠定基础的一步。门限选取得大,长轴尺寸的估计就偏大;门限值选取得小,长轴尺寸的估计就偏小。而短轴尺寸是由长轴尺寸和轴比算出的,长轴估计不准,也会导致短轴估计不准。针对以往文献中门限划定方法的不足,有学者提出在传统门限划定方法中加入门限权值的思想,但是在其实际计算中将此值取 1,经验证发现误差较大,需要对其进行优化选择。门限权值的选择本质上是一个优化问题,由于粒子群优化(particle swarm optimization,PSO)算法具有收敛速度快的特点,并且本节是对一个参数进行优化,因此本节选用该算法对门限权值 β 进行优化。

1. 粒子群优化算法

在实际应用中,由于条件的多变与复杂,优化问题越发困难,仅仅使用传统的优化方法并不能解决实际问题。为了解决这一难题,智能优化算法应运而生并受到广泛关注。智能优化算法以生物行为或者物理化学现象为基础,是在解空间中随机搜索,找到问题最优解的一类算法的总称,主要有模拟退火算法、人工免疫算法、人工神经网络算法、遗传算法和群智能算法等。在众多智能优化算法中,以蚁群算法、蛙跳算法、蜂群算法、粒子群优化算法为代表的群智能算法因其模拟动物群体行为进行寻优的独特形式与思想,一直是研究的热点问题。群智能算法通过模拟动物的种群信息,尤其是种群中的信息交互与合作现象实现对实际问题的优化。

粒子群优化算法是群智能算粒子群算法的一种,其基本理念是模拟鱼群或鸟群等动物集体捕食的群体行为,最早由 Kennedy 和 Eberhart 在 1995 年提出,之后Eberhart 和 Shi 等将惯性权重引入此优化算法,即标准粒子群优化(standard particle swarm optimization,SPSO)算法。粒子群优化算法由于其概念简单,算法易于实现,并且稳定性与鲁棒性较好,广泛使用在参数优化、神经网络训练和大数据等不同领域。

在粒子群优化算法中,问题的解被等效为一个具有速度和位置的粒子,其中粒子的位置代表解的数值,粒子的速度代表解的更新。粒子都具有记忆功能,知道种群最优解和个体的最优解,并且以此为记忆调整自己的运动,不断朝最优解靠近。

标准粒子群优化算法首先随机生成一组具有位置和速度信息的粒子,随后粒子们通过不断调整自己的位置,找到最适宜的位置,即最优解。具体过程如下。

设问题的解为 d 维,第 i 个粒子的位置和速度分别为 $\boldsymbol{X}^i = (x_1^i, x_2^i, \cdots, x_d^i)$ 和 $\boldsymbol{V}^i = (v_1^i, v_2^i, \cdots, v_d^i)$,在寻找最优解的过程中,每个粒子利用两个依据来调整自身位置,第 1 个就是粒子自己的最佳位置 $\boldsymbol{P}^i = (p_1^i, p_2^i, \cdots, p_d^i)$,第 2 个是整个种群的最佳位置 $\boldsymbol{P}^g = (p_1^g, p_2^g, \cdots, p_d^g)$。对于第 i 个粒子的第 j 个元素,按照如下公式不断进行迭代:

$$v_j^i(t+1) = w v_j^i(t) + c_1 r_1 [p_j^i - x_j^i(t)] + c_2 r_2 [p_j^g - x_j^i(t)] \qquad (6.8)$$

$$x_j^i(t+1) = x_j^i(t) + v_j^i(t+1) \qquad (6.9)$$

其中,w 是惯性权重,c_1 和 c_2 是学习因子,r_1 和 r_2 随机生成。

2. 基于粒子群优化算法的门限划定方法

在使用粒子群优化算法寻优的过程中,惯性权重、学习因子和适应度等参数对寻优结果的影响较大,所以下文结合空间目标动态 RCS 数据特点和粒子群算法参数选取的原则,提出了相应的基于粒子群算法的门限划定方法,主要包括以下 7 个方面。

1)输入与输出

利用空间目标动态 RCS 序列作为原始数据,对门限权值进行优化,同时为了验证门限划定是否准确,借鉴监督学习的思想,输入是相应模型的动态 RCS 序列的一维数据和相应模型长轴的实际值,输出是门限权值 β。

2)粒子数

粒子数视具体情况而定,通过数据验证,针对常见的优化问题,设置 20~40 个粒子的优化效果较好,收敛较快。由于仅对一个参数寻优,即粒子的维度是一维,约束条件也相对简单,所以选取为 20 个粒子。

3)迭代次数

迭代次数取决于时间和精度。迭代次数少可以减少计算时间,但是精度可能不高;迭代次数多会增加计算时间,但是可以提高精度。考虑到以上因素,经过试验,选取 100 次迭代。

4)学习因子

学习因子 c_1 决定的是粒子向自身最优解飞行的速度,即找到局部最优解的速度。学习因子 c_2 决定的是粒子向种群最优解飞行的速度,即找到全局最优解的速度。因此要依据问题需求调整 c_1 和 c_2。此处选用异步变化的学习因子:

$$c_1 = c_{1\max} + \frac{c_{1\min} - c_{1\max}}{t} M \qquad (6.10)$$

$$c_2 = c_{2\min} + \frac{c_{2\max} - c_{2\min}}{t} M \qquad (6.11)$$

其中,t 为迭代总次数,本节取 100;M 为本次计算对应的迭代次数;$c_{1\min} = c_{2\min} = 0.5$;$c_{1\max} = c_{2\max} = 2.5$。

上述设置使 c_1 在优化的初期较大,便于粒子在整个解空间寻找局部最优解;使 c_2 在优化的后期较大,便于全体粒子向整个种群的最优解靠近,快速收敛。

5)惯性权重

惯性权重代表粒子对于自身速度改变量,合理的惯性权重使粒子兼具局部寻优和全局寻优的特性。惯性权重的取法一般有常数法、线性递减法、自适应法等。为了和异步变化的 c_1、c_2 相配合,此处选取线性递减法:

$$w = w_{\max} + \frac{w_{\min} - w_{\max}}{t} M \qquad (6.12)$$

其中,t 为迭代总次数,此处取 100;M 为本次计算对应的迭代次数;$w_{\min} = 0.3$;$w_{\max} = 0.7$

可以看出,在优化迭代的开始阶段,惯性权重较大,这样可以提高粒子的搜寻速度,便于粒子在整个解空间寻优,并且不易陷入局部最优解;在优化迭代的末尾,粒子搜寻的速度降低,便于粒子在全局最优解附近搜寻,快速收敛。

6)粒子的维度

粒子的维度取决于问题本身,问题的解有几个数组成,粒子的维度就是多少。利用粒子群优化算法对门限权值进行寻优,每个粒子的位置就是其对应的门限权值,粒子的维度是一维。

7)适应度函数

适应度指目标函数的值,是衡量粒子群算法优化出的解的好坏的标准。其公式如下:

$$\text{fitness} = |S - T| \tag{6.13}$$

其中,S 为输入模型长轴 RCS 的真实值,T 为输入模型经粒子群优化算法划定门限得到的输入模型长轴 RCS 的估计值。

使用粒子群优化算法进行门限权值寻优的流程图如图 6.7 所示。

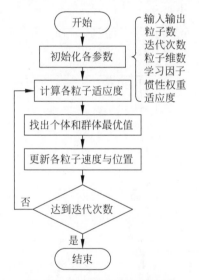

图 6.7 粒子群优算法流程图

根据前文的模型参数,此处选取半长轴为 3m、半短轴为 0.5m 和半长轴为 5m、半短轴为 1m 的椭球模型进行权值寻优,门限权值的寻优结果为 1.5,如图 6.8 所示。

6.1.1.3 仿真分析

对空间目标进行尺寸识别的仿真步骤如下:

(1)确定待仿真的空间目标外形与尺寸;按照其真实运动状态,通过 STK 姿轨模块设置其轨道、姿态等参数;设置雷达频率和部署位置。

(2)利用空间目标动态 RCS 的生成方法第(1)步的数据参数,生成仿真目标动态 RCS 序列。

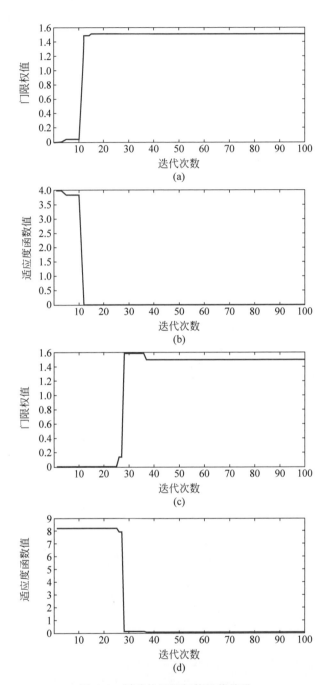

图 6.8 椭球体门限权值寻优结果

(a) 3/0.5 椭球体门限权值寻优过程；(b) 3/0.5 椭球体门限权值寻优适应度函数值变化过程；
(c) 5/1 椭球体门限权值寻优过程；(d) 5/1 椭球体门限权值寻优适应度函数值变化过程

（3）将仿真目标动态 RCS 序列代入空间目标尺寸识别模型，求得仿真目标等效椭球体的长轴、短轴尺寸。

具体流程图如图 6.9 所示。

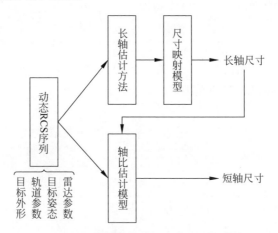

图 6.9　基于仿真数据的空间目标尺寸识别流程图

仿真场景参数设置如下：

（1）雷达参数：L 波段 1.2GHz 信号；雷达部署在 100°E、25°N。

（2）空间目标选取：如图 6.10 所示，

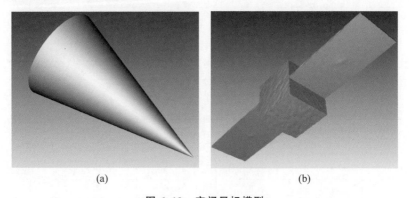

(a)　　　　　　　　　　　　　(b)

图 6.10　空间目标模型

(a) 目标 1；(b) 目标 2

（3）空间目标参数：如表 6.4 所示。

表 6.4　空间目标参数

目标编号	半长轴/m	半短轴/m	稳定方式	备　　注
目标 1	1.5	0.5	自旋稳定	旋转速率 20r/min，进动速率 3r/min，进动角为 5°
目标 2	5.0	1.0	三轴稳定	对地定向

（4）空间目标轨道参数：如表 6.5 所示。

表 6.5　空间目标轨道参数

半长轴 a	轨道倾角 i	升交点赤经 Ω	真近点幅角 f	偏心率 e	平近点角 M
7378.14km	65°	240°	0°	0	0°

（5）仿真场景时间：仿真场景的开始时间为 2018 年 5 月 15 日 22：22：22 UTCG，对 3 种空间目标进行仿真，仿真步长为 1s，选取 10 次过顶弧段进行数据处理。

根据上述条件，本节采用生成 RCS 序列的方法获取空间目标动态 RCS 序列的仿真数据，并用本节方法对其进行尺寸识别，具体结果如表 6.6、表 6.7 所示。

表 6.6　目标 1 识别结果

观 测 次 序	轴　　比	半长轴/m	半长轴误差/%	半短轴/m	半短轴误差/%
1	3.0	1.48	1.3	0.49	2.0
2	2.9	1.47	2.0	0.50	0.0
3	2.7	1.35	10.0	0.50	0.0
4	3.0	1.47	2.0	0.49	2.0
5	3.1	1.36	9.3	0.44	12.0
6	3.1	1.40	6.7	0.45	10.0
7	2.9	1.38	8.0	0.47	6.0
8	2.8	1.37	8.7	0.49	2.0
9	3.2	1.45	3.3	0.45	10.0
10	3.0	1.35	10.0	0.45	10.0

表 6.7　目标 2 识别结果

观 测 次 序	轴　　比	半长轴/m	半长轴误差/%	半短轴/m	半短轴误差/%
1	4.4	4.94	1.2	1.12	12.0
2	3.9	1.50	70.0	0.38	62.0
3	4.1	3.66	26.8	0.89	11.0
4	4.3	3.30	34.0	0.77	23.0
5	4.3	2.59	48.2	0.60	40.0
6	4.0	3.56	28.8	0.89	11.0
7	4.6	4.37	12.6	0.95	5.0
8	4.2	3.78	24.4	0.90	10.0
9	4.1	2.95	41.0	0.72	28.0
10	4.3	3.03	39.4	0.70	30.0

由以上结果可以看出，对于旋转的空间目标，由于自旋和进动，在雷达视线内可以看到其多个截面，使其动态 RCS 序列包含更多尺寸信息，更有利于尺寸识别，

利用本模型的识别正确率基本达到 90% 以上。由于 RCS 序列与空间目标姿态有很大关系,在一个观测周期内三轴稳定的空间目标姿态稳定,其动态 RCS 序列只能包含一部分尺寸信息,导致识别精度低。通过表 6.6 和表 6.7 可以看出,通过本节方法估计的长短轴相比于实际值较短,若门限权值选 1,则长短轴相比于本节方法会进一步降低,误差会进一步增大,故本节方法的精度比传统方法高。

6.1.2　基于深度神经网络的空间目标结构识别

对空间目标进行识别是空间态势感知能力的重要组成部分,是对空间目标进行分类的基础。目前,光学系统可以对低轨空间目标成像,但是无法实现全天时、全天候成像;宽带逆合成孔径雷达可以对空间目标成像,但普遍存在图像不直观、难以直接确定目标结构的问题。所以,对空间目标的直接成像受到观测条件和技术的限制。针对实际需求,需要找到快速、有效和稳健的方法对空间目标进行识别。空间目标 RCS 序列相比其他雷达数据简单,易于处理,一直是空间目标识别的重要依据。针对空间目标动态 RCS 序列为非平稳信号的特点,如何有效地处理动态 RCS 序列,并从中提取稳健的有效特征进而对其进行结构识别,是利用空间目标 RCS 序列进行识别的重点与难点。

目前,一些基于 RCS 序列的目标识别方法均存在不同程度的问题,并且都针对特定的目标和场景,即对合作目标进行识别,并不能应用于非合作目标。考虑到直接对空间目标,尤其是非合作目标进行识别难以实现,本节尝试对空间目标的外形轮廓进行识别,为下一步的目标识别提供依据。

针对以上问题,综合考虑 RCS 序列的特点,将深度神经网络算法引入空间目标结构识别,以获得更好的识别结果。为了提取稳健有效的特征,本章提出将分形特征和经过傅里叶-梅林变换(Fourier-Mellin transform,FMT)产生的序列新特征加入传统特征,并采用费舍尔判决率(Fisher's discriminant rate)对其进行选取。同时,为了进行识别效果对比,将深度神经网络算法与经典目标识别方法中的模糊分类进行了对比。

6.1.2.1　基于模糊分类理论的空间目标结构识别方法

为了验证深度神经网络的识别效果,同时给神经网络的特征提取提供借鉴,本节首先选取经典目标识别方法中的模糊分类进行研究并对神经网络识别结果进行对比。模糊分类这一方法在目标识别方面应用较广,本节将对其原理与流程进行简单介绍,并进行仿真分析。

1. 模糊分类识别

在 1965 年,Zadeh 提出了模糊集理论,引起了研究人员的广泛关注。该理论随即成为研究的热点领域,并且针对不同的问题,派生出一系列模糊数学的方法。其中,对于目标识别问题,由模糊数学构造分类器进行分类识别是十分经典的方法。在模糊分类识别的过程中,利用模糊集理论计算不同物体间的隶属度、相似度和模糊度等,以此代表不同物体间的模糊关系,并通过计算模糊关系构成的模糊评价进行分类器的构造。

根据统计学的相关定义,当提取的特征是一维数字特征时,其在模糊集中的隶属度服从正态型分布,即

$$f_{ij} = \exp\left[-\frac{(x_j - m_{ij})^2}{\sigma_{ij}^2}\right] \tag{6.14}$$

其中,m_{ij}、σ_{ij} 为第 i 类目标第 j 个特征的平均值和标准差。

根据目前常用的特征提取方法,本节对 RCS 序列进行傅里叶-梅林变换,分别提取原始 RCS 序列的平均值、方差和变换后序列的平均值、方差。

当计算出待识别物体的特征对数据的隶属度之以后,计算此物体的模糊评价 S_i:

$$\begin{cases} S_i = \sum w_j f_{ij} \\ \sum w_j = 1 \end{cases} \tag{6.15}$$

其中,w_j 为权重系数,由于本节有 4 个特征,所以 w_j 取 0.25。最大的模糊评价 S_i 对应的 i 即目标所属的类别。

具体流程图如图 6.11 所示。

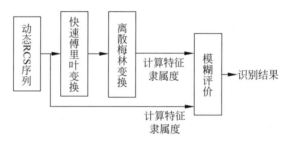

图 6.11　模糊分类识别流程图

2. 傅里叶-梅林变换

傅里叶变换具有的平移不变性和梅林变换具有的尺度不变性,使得傅里叶-梅林变换序列是目标识别的有效特征。并且,经过傅里叶-梅林变换之后,序列的统计参数相当稳定,也可作为目标识别的特征进行提取。

在信号处理领域,傅里叶变换一直是最基本、最经典的方法,首先在信号处理领域取到了突破性作用,也是目前众多科学的重要分析方法,傅里叶变换的公式如下:

$$X(\omega) = \int_{-\infty}^{+\infty} x(t) \mathrm{e}^{-\mathrm{j}\omega t} \mathrm{d}t \tag{6.16}$$

其逆变换为

$$x(t) = \frac{1}{2\pi} \int_{-\infty}^{+\infty} X(\omega) \mathrm{e}^{\mathrm{j}\omega t} \mathrm{d}\omega \tag{6.17}$$

但是,式(6.16)是一种积分变换,难以应用于实际,并且本节处理的信号是目标的

动态 RCS 序列,是一种非平稳信号,在时域与频域上都呈现离散状态,因此本节采用离散傅里叶变换对 RCS 序列进行处理,其表达式如下:

$$X(k) = \mathrm{DFT}[x(n)] = \sum_{n=0}^{N-1} x(n) \exp\left(-\mathrm{j}\frac{2\pi}{N}kn\right), \quad 0 \leqslant k \leqslant N-1 \quad (6.18)$$

其中,N 为 RCS 序列的长度。

对式(6.16)进行傅里叶级数展开:

$$X(k) = \sum_{n=0}^{N-1} x(n)\left(\cos 2\pi k\,\frac{n}{N} - \mathrm{j}\sin 2\pi k\,\frac{n}{N}\right), \quad 0 \leqslant k \leqslant N-1 \quad (6.19)$$

对于一个函数 $f(t)$,$t \geqslant 0$,其梅林变换的定义如下:

$$M(s) = \int_0^\infty f(t)t^{s-1}\,\mathrm{d}t \quad (6.20)$$

为了证明梅林变换具有尺度不变性,假设有一个函数 $g(t)$,$t \geqslant 0$ 且 $f(t) = g(kt)$,k 是非 0 常数,则有

$$M_f(s) = \int_0^\infty f(t)t^{s-1}\,\mathrm{d}t = \int_0^\infty g(kt)t^{s-1}\,\mathrm{d}t \quad (6.21)$$

令 $kt = \tau$,则有:

$$M_f(s) = \frac{1}{k}\int_0^\infty g(\tau)\left(\frac{\tau}{k}\right)^{s-1}\,\mathrm{d}\tau = k^{-s}\int_0^\infty g(\tau)\tau^{s-1}\,\mathrm{d}\tau = k^{-s}M_g(s) \quad (6.22)$$

令 $s = -\mathrm{j}w$,且存在 $|k^{-s}| = |\exp(-\mathrm{j}w\ln k)| = 1$,则有:

$$|M_f(s)| = |k^{-s}M_g(s)| = |M_g(s)| \quad (6.23)$$

可以看出,梅林变换具有尺度不变性。

由于动态 RCS 序列是一种离散的序列,并不能使用公式直接处理,本节采用离散梅林变换(discrete Mellin transform,DMT)对 RCS 序列进行处理。DMT 的实现过程如下。

对于(6.20)按积分间隔 T 展开:

$$M(s) = \int_0^T f(t)t^{s-1}\,\mathrm{d}t + \int_T^{2T} f(t)t^{s-1}\,\mathrm{d}t + \cdots + \int_{(N-1)T}^{NT} f(t)t^{s-1}\,\mathrm{d}t \quad (6.24)$$

当间隔 T 取值无限小时,$f(t)$ 在此积分区间内可以看作一个常数,即

$$M(s) = \frac{1}{s}f(0)t^s\Big|_0^T + \frac{1}{s}f(T)t^s\Big|_T^{2T} + \cdots + \frac{1}{s}f((N-1)T)t^s\Big|_{(N-1)T}^{NT}$$

$$(6.25)$$

将等号两边乘以 s,定义 $f(kT) = f_k$,$\Delta_k = f_{k-1} - f_k$,$k = 0, 1, \cdots, N-1$,则有:

$$sM(s) = \sum_{k=1}^{N-1} (kT)^s (f_{k-1} - f) + (NT)^s f_{N-1} = \sum_{k=1}^{N-1} (kT)^s \Delta_k + (NT)^s f_{N-1}$$

$$(6.26)$$

令 $s = -\mathrm{j}w$ 可得:

$$-\mathrm{j}wM(-\mathrm{j}w) = \sum_{k=1}^{N-1} \exp[-\mathrm{j}w\ln(kT)]\Delta_k + f_{N-1}\exp[-\mathrm{j}w\ln(NT)] \quad (6.27)$$

令:

$$w_i = 2\pi i/P, \quad i = 1,2,\cdots,P \quad (6.28)$$

$$\varphi_{ik} = \cos(w_i\ln(kT)) - \mathrm{j}\sin(w_i\ln(kT)), \quad k = 1,2,\cdots,N \quad (6.29)$$

则可以得到 DMT 的离散形式:

$$\begin{bmatrix} -\mathrm{j}w_1M(-\mathrm{j}w_1) \\ -\mathrm{j}w_2M(-\mathrm{j}w_2) \\ \vdots \\ -\mathrm{j}w_PM(-\mathrm{j}w_P) \end{bmatrix} = \begin{bmatrix} \varphi_{11} & \varphi_{12} & \cdots & \varphi_{1N-1} & \varphi_{1N} \\ \varphi_{21} & \varphi_{22} & \cdots & \varphi_{2N-1} & \varphi_{2N} \\ \vdots & \vdots & & \vdots & \vdots \\ \varphi_{P1} & \varphi_{P2} & \cdots & \varphi_{PN-1} & \varphi_{PN} \end{bmatrix} = \begin{bmatrix} \Delta_1 \\ \Delta_2 \\ \vdots \\ \Delta_{N-1} \\ \Delta_N \end{bmatrix} \quad (6.30)$$

其中,参数 P 为 DMT 的阶数,本节选取 16 作为梅林变换的阶数,为了便于表示,对梅林变换序列进行归一化处理($M(t) = M(t)/M_{\max}$)。

3. 仿真分析

为了验证深度神经网络算法对空间目标进行结构识别的可行性,也为了和模糊分类结果进行比较,需要建立统一的标准,并对不同方法在同一观测条件下相同空间目标的动态 RCS 序列的处理结果进行评估。为了统一标准,结合实际情况,利用空间目标动态 RCS 序列的生成方法,根据雷达参数与空间目标姿态轨道特征,建立标准数据集供后续处理。

仿真场景的参数设置如下。

(1)雷达参数:L 波段 1.2GHz 信号;雷达部署在 120°E、40°N;雷达的有效探测距离设置为 2000km。

(2)空间目标选取:如图 6.12 所示。

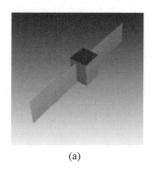 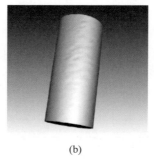 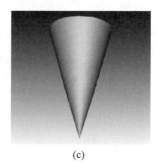

(a)　　　　　　　　　　(b)　　　　　　　　　　(c)

图 6.12　空间目标模型

(a) 目标 1; (b) 目标 2; (c) 目标 3

(3)空间目标参数:目标 1 为中心是边长 1m 的立方体,两侧帆板为长 3m 宽 1m 的矩形;目标 2 为底边半径 0.5m、高 1.5m 的圆柱;目标 3 为底边半径 0.5m、高 1.5m 的圆锥。姿态为对地定向。

（4）空间目标轨道参数：如表 6.8 所示。

表 6.8　空间目标轨道参数

半长轴 a	轨道倾角 i	升交点赤经 Ω	真近点幅角 f	偏心率 e	平近点角 M
7378.14km	60°	0°	0°	0	0°

（5）仿真场景时间：仿真场景开始时间为 2018 年 3 月 1 日 04：00：00 UTCG，仿真时长为 30 天。

根据以上相关参数设置，开展雷达可见性计算，得出目标被雷达观测到 127 次；利用空间目标动态 RCS 序列生成方法对 3 种结构目标进行动态 RCS 序列仿真，共得到 381 组动态 RCS 序列，记为数据集 1。

RCS 与目标与雷达的距离没有关系，空间目标不同圈次的过顶雷达对应空间目标在雷达视线内的不同姿态。由于空间目标要执行一定的任务（侦察、通信等），姿态变化相对简单，所以这样设计数据集可以代表空间目标的特性。

此处选用使用数据集 1 的数据进行处理。其中，目标 1 的第 1 次观测数据的傅里叶-梅林变换处理结果如图 6.13 所示。

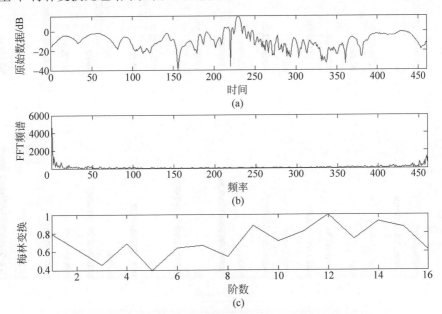

图 6.13　目标 1 的第 1 次观测数据的傅里叶-梅林变换处理结果

(a) 原始 RCS 序列；(b) 傅里叶变换；(c) 归一化梅林变换

本节在 127 次观测中随机选取 10 次（3 种结构共 30 组数据）作为测试数据。经过数据处理得到模糊评价 S_i，如图 6.14 所示。

根据模糊评价取最大的判决标准，结合图 6.14 的数据，比较每次测试的 S_1、

S_2、S_3：目标 1 识别正确 8 次、失败 2 次；目标 2 识别正确 8 次、失败 2 次；目标 3 识别正确 9 次、失败 1 次；在数据集 1 下整体识别率为 83.3%。

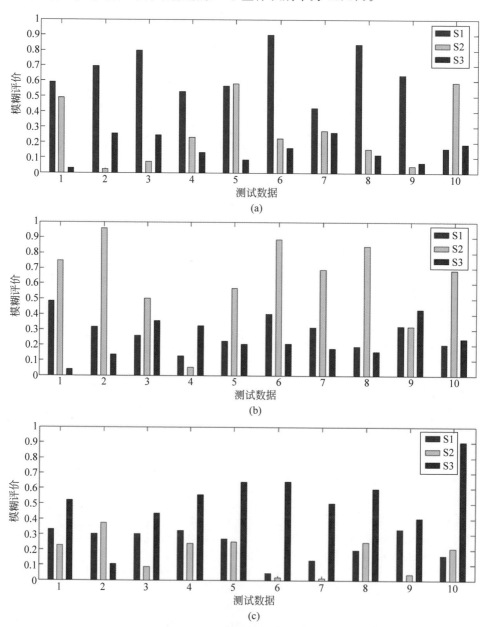

图 6.14　模糊分类识别结果

(a) 目标 1 识别结果；(b) 目标 2 识别结果；(c) 目标 3 识别结果

　　分类结果表明,RCS 序列经过傅里叶-梅林变换提取的同种特征之间的隶属度较高,特征类别差异表征能力较强,具有一定的区分度,可以作为序列特征提取的一种选择。

6.1.2.2　基于深度神经网络算法的空间目标结构识别方法

RCS序列受目标物理特性、姿态特性影响大,序列信号非平稳特征明显。传统数据处理方法虽然也能对空间目标进行结构识别,但是由于缺乏针对性,准确性较低;并且需要提前获取轨道参数等先验信息,导致其实际应用价值较低。为了充分利用RCS数据,增强我国态势感知能力,需要探索新的方法对RCS数据进行处理,使RCS数据真正应用于工程实际,同时提高识别的正确率与稳定性,为空间目标识别做出贡献。

随着计算机技术与性能的不断发展,大数据、机器学习等技术日益成熟,不断应用于人脸识别、语音识别等方面,并取得了良好效果。在雷达目标结构识别方面,研究人员已经开始利用机器学习的方法对RCS数据进行处理,以达到空间目标结构识别的目的。其稳定性与准确性相比传统方法有较大提升,但是也存在诸如过拟合等一系列问题。

本节利用深度神经网络算法进行空间目标结构特征识别,建立具有3个隐藏层的深度神经网络,并提出如下改进:①提出利用分形理论分析提取RCS序列的分形维数,并作为特征输入神经网络;②将经傅里叶-梅林变换后的新序列的统计特征引入深度神经网络;③针对特征提取不具区分度和输入特征过多造成过拟合的问题,利用费舍尔判决率进行选取,达到提高特征质量和识别正确率的目的。

1. 深度神经网络算法

深度神经网络算法是机器学习的一种算法,以人工神经网络(artificial neural networks,ANN)算法为基础。人工神经网络算法的学习过程就是模仿生物大脑的学习过程构建的,其原理如图6.15所示。

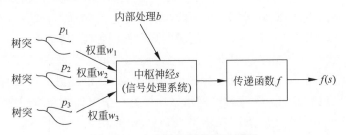

图 6.15　人工神经网络算法原理

人工神经网络分为3层:输入单元、隐藏单元、输出单元。其中,外界刺激首先通过输入单元进入神经网络,然后隐藏单元不可见层,最后由输出单元包含的各单元输出人工神经网络计算结果。网络各单元之间通过权值连接,通过大量贴有标签的数据训练,采用梯度下降法不断迭代权值的取值,由此改变神经网络内不同单元的计算关系,最终实现在一定程度上模拟人脑神经系统的信息处理功能。人工神经网络具有以下3个特征。

（1）非线性：非线性是大自然和人脑的一种特性，为了在一定程度上模拟人脑功能，人工神经网络采用激活函数激活网络单元，并加入阈值，将线性问题转化为非线性问题。

（2）非局限性：人工神经网络包含众多神经单元，神经单元之间通过权值连接，所以输出的最终结果并不取决于某个神经单元，而是由所有单元的相互作用决定。

（3）非定常性：人工神经网络由数据驱动，随着神经网络处理的数据和信息不断变化，网络单元间连接的权值不断迭代更新，具有自适应性与自学习能力。

相比于一般的人工神经网络，深度神经网络的突出特点在于其具备多个隐藏层，通常把含有两个以上隐含层的多层感知器称为"深度神经网络"。与深度神经网络相对的是浅层神经网络，如支撑向量机（support vector machines，SVM）、提升算法（Boosting）、逻辑回归（logistic regression，LR）等。浅层神经网络可分为具有一个隐藏层的算法（SVM、Boosting）和没有隐藏层的算法（最大熵方法）。由于隐藏层较少，浅层神经网络对于一些映射关系并不复杂的问题的处理结果较好。但是对于现实问题，其映射关系十分复杂，难以通过一层隐藏层进行表达。深度神经网络具有多个隐藏层，其经过多个隐藏层对上一层的非线性变换，并且随着隐藏层数的增加，网络单元间的每一条链路都是一条可学习训练的因果链。这意味着若使用相同的网络单元，深度神经网络有远超浅层网络的表达能力，对于复杂问题的处理能力更强。

由于空间目标 RCS 数据受轨道、姿态、外形等众多因素影响，难以通过原理推导求得 RCS 数据与目标结构的映射函数。对于浅层机器学习方法来说，需要计算的单元数量可能会呈指数级增长，导致浅层网络结构臃肿、复杂，表达能力下降。而对于深度网络结构来说，其结构特点为层与层之间的计算单元互联，同层的计算单元之间相互独立，因此数据信号只在层与层之间进行传递，且只能从输入端向输出端方向传递。以全连接结构为例，随着网络层次的加深，其每一条路径都是一条可学习的、连接数据和结果的因果链。

针对以上情况，此处选用深度神经网络算法对 RCS 数据进行处理，以到达空间目标结构识别的目的。深度神经网络结构模型在学习训练和应用中可以看作一个"黑箱"，它可以有多个输入端和输出端，其内部是层与层互联的多层计算单元。通过给定输入，"黑箱"经过提取输入数据的有效特征来完成从输入到输出的映射，但其学习过程并不可见。

2. 特征提取方法与费舍尔判决率

针对 RCS 序列非平稳的特点，对 RCS 序列进行有效的特征提取是后续有效分类的基础。目前，常用的特征是 RCS 的统计特征。同时，相关学者研究发现，分形特征也是一维曲线重要的特征。本节将采用上述两类特征作为待选特征，通过费舍尔判决率进行选取，达到选取的特征具有区分度的目的。

目前,利用 RCS 序列进行目标识别所提取的特征分为如下几类。

（1）位置特征参数

平均值：$C_1 = \dfrac{1}{N}\sum\limits_{i=1}^{N} x_i$；

中位数：$C_2 = y_{\left[\frac{N}{2}\right]}$，其中 y 为序列 x 从小到大排序得到的新序列；

切尾平均值：$C_3 = \dfrac{1}{N-2K}\sum\limits_{i=1}^{N-2K} z_i$，其中序列 z 为序列 x 去掉首尾 K 个数据；

调和平均值：$C_4 = \dfrac{n}{\sum\limits_{i=1}^{N} \dfrac{1}{x_i}}$；

（2）离散特征参数

极差：$C_5 = x_{\max} - x_{\min}$；

方差：$C_6 = \dfrac{1}{N}\sum\limits_{i=1}^{N}(x_i - C_1)^2$；

标准差：$C_7 = \sqrt{\dfrac{1}{N-1}\sum\limits_{i=1}^{N}(x_i - C_1)^2}$；

四分位极差：$C_8 = y_{\left[\frac{3N}{4}\right]} - y_{\left[\frac{N}{4}\right]}$；

平均偏差：$C_9 = \dfrac{1}{N}\sum\limits_{i=1}^{N}|x_i - C_1|$；

3 阶中心距：$C_{10} = \dfrac{1}{N}\sum\limits_{i=1}^{N}(x_i - C_1)^3$；

4 阶中心距：$C_{11} = \dfrac{1}{N}\sum\limits_{i=1}^{N}(x_i - C_1)^4$；

平滑度：$C_{12} = 1 - \dfrac{1}{1+C_7}$；

变异系数：$C_{13} = \dfrac{C_7}{C_1}$；

（3）分布特征参数

偏度系数：$C_{14} = \sqrt{\dfrac{1}{6N}\sum\limits_{i=1}^{N}(C_1 - x_i)^3}$；

偏度系数：$C_{15} = \sqrt{\dfrac{N}{N}\left[\dfrac{1}{N}\sum\limits_{i=1}^{N}\left(\dfrac{C_1 - x_i}{C_7}\right)^4 - 3\right]}$；

分形理论(fractal theory)是由数学家 Mandelbrot 提出的一门理论,最初是为了解决海岸线的测量问题。其以分形几何学为数学基础,不同于一般几何将线视为一维、面视为二维、立体视为三维的观点,利用分数维度研究问题,对自然界复杂多样的事物特点进行更加准确的表达。现实生活中,许多物体和现象都具有局部与整体的自相似性,即整体是局部的放大,如火苗、雪花、海岸线和石头等,具有自相似性的物体可称为"分形集",分形集都具有任意小尺度下的比例细节。分形理论又称为"自相似性分形"理论,以自相似原则和迭代生成原则为基础。

分形理论是现代数学的一个新分支,但其本质却是一种新的世界观和方法论。分形维数是描述物体外形的方法,将分数作为物体不规则度的计量单位。分形理论在图像处理和信号分析领域应用广泛,在机械故障诊断、电力线通信及海杂波检测等领域表现良好。此处将分形理论应用于空间目标结构识别,研究不同结构空间目标的分形特征。

为简化计算,采用数盒子法(box-counting method)估计数据分数维 F_d,得到数据的分形特征,具体过程如下。

设一维曲线 F,利用边长为 σ 的方形区域毗邻地包含 F,令 $N_\sigma(F)$ 代表能够包含 F 所需的最少区域数目,则:

$$F_d = \lim_{\sigma \to 0} \frac{\ln N_\sigma(F)}{-\ln(\sigma)} \tag{6.31}$$

经研究论证,$N_\sigma(F)$ 随方形区域边长 σ 选取的增大而减小,并满足指数关系:

$$N_\sigma(F) = C \cdot \sigma^{-F_d} \tag{6.32}$$

取对数得:

$$\ln N_\sigma(F) = \ln C - F_d \cdot \ln \sigma \tag{6.33}$$

令

$$\begin{cases} x_k = \ln \sigma \\ y_k = \ln N_\sigma(F) \end{cases} \tag{6.34}$$

为了计算分数维 F_d,将包含一维曲线 F 的平面尽可能细分为由方形区域组成的网格,即放大为 $k\sigma$ 网格($k=1,2,\cdots,K$,K 取充分大)。令 $N_\sigma(F)$ 为 $k\sigma$ 网格与曲线 F 交点的数目。通过最小二乘法求得此一次函数斜率,得到此曲线分数维 F_d:

$$F_d = -\frac{K \sum_{k=1}^{K} \ln k\sigma \cdot \ln N_{k\sigma}(F) - \sum_{k=1}^{K} \ln k\sigma \sum_{k=1}^{K} \ln N_{k\sigma}(F)}{K \sum_{k=1}^{K} \ln^2 k\sigma - \left(\sum_{k=1}^{K} \ln k\sigma \right)^2} \tag{6.35}$$

对数据集 1 中的数据进行处理,得到 3 类目标 RCS 序列的分形盒维数如图 6.16 所示。

由图 6.16 可以看出,不同结构的空间目标的分形盒维数有较大差别,表明空间目标具有分形特性,可以通过空间目标的 RCS 序列的分形维数进行结构识别。其中,目标 1 的分形维数与目标 2、目标 3 有较大区分度。利用此方法可有效识别目标 1,即带太阳能帆板的空间目标。目标 2 与目标 3 由于形状相似,其分形维数也比较相似,分形曲线存在交叉的地方,难以划定一个标准对其进行区分,因此不能仅通过 1 次观测就对其进行结构识别。由图 6.16 可以看出,目标 2 与目标 3 的分形维数的平均值具有一定的差异性,可以利用多次测量求平均值的方法对目标 2 与目标 3 进行区分。

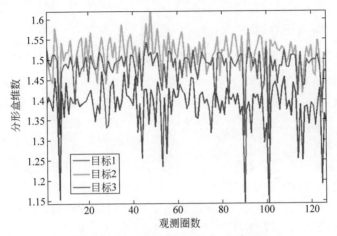

图 6.16　3 类目标 RCS 序列分形盒维数

虽然直接通过空间目标动态 RCS 序列的分形维数进行结构识别获得的结果并不稳定,尤其对于目标 2 与目标 3 错误率较高。但是通过仿真与分析,可以确定空间目标确实具有分形特性,其分形盒维数具有一定的区分度,因此可以考虑将其作为空间目标动态 RCS 序列的特征进行提取,可作为特征输入分类器中进行后续处理。原始 RCS 序列和经过傅里叶-梅林变换的新序列共获得 32 个特征,若都作为神经网络的输入,则神经网络的输入端需要 32 个神经元。由于神经网络分类器模型的复杂度和泛化能力与输入空间表征目标类别信息的特征向量息息相关,在输入层设置 32 个神经元使得特征向量维数较高且特征冗余信息较多,导致结构臃肿复杂、分类效率降低,并且弱化了分类网络对未知类别目标的泛化能力,导致无法训练出有效的神经网络分类器。同时,特征提取速度快、不同特征间差异明显、特征向量维度低是正确识别的关键条件。为了使提取的特征满足上述条件,需要对其进行筛选,本节采用费舍尔判决率对上述 32 个特征进行筛选。

费舍尔判决率是一种基于类内距离最小(稳定性)、类间距离最大(可分性)的特征选择准则,也是一种经典的特征评价准则。

设有 C 类目标 $w_i(i=1,2,\cdots,C)$,每类目标包含 K 个样本,$f_{ik}(n)$ 表示第 i 类目标的第 n 个特征分量的第 k 个样本,则第 n 个特征分量的费舍尔判决率定义为

$$\text{FDR}(n)=\sum_{i=1}^{c}\sum_{j\neq i}^{c}\frac{(\mu_i(n)-\mu_j(n))^2}{\sigma_i^2(n)+\sigma_j^2(n)} \tag{6.36}$$

其中,$\mu_i(n)$ 和 $\sigma_i^2(n)$ 分别表示第 i 类目标的第 n 个特征分量的平均值和方差,即

$$\mu_i(n) = \frac{1}{K} \sum_{k=1}^{K} f_{ik}(n) \tag{6.37}$$

$$\sigma_i^2(n) = \frac{1}{K} \sum_{k=1}^{K} (f_{ik}(n) - \mu_i(n))^2 \tag{6.38}$$

其中，μ 为特征的平均值，σ^2 为特征的方差。

3. 基于深度神经网络算法的空间目标结构识别建模

在深度神经网络的建模过程中，其内部如网络结构、损失函数、激活函数等部分是神经网络的训练和识别效果的基础，所以后文将根据 RCS 序列和深度神经网络的特点，对深度神经网络建模进行研究，主要包括 5 个方面。

1) 模型的输入

神经网络的输入是由数据集 1 中提取的特征组成的特征向量，此处选取分形盒维数特征等作为神经网络的待选特征，经过费舍尔判决率的筛选，确定特征向量组成和维数。同时作为分类器，需要给每组特征向量贴标签，即目标 1 的标签为 $[1,0,0]$，目标 2 的标签为 $[0,1,0]$，目标 3 的标签为 $[0,0,1]$。神经网络的输出为一个三维向量，即 3 种结构的预测向量 $\boldsymbol{f}_r$。

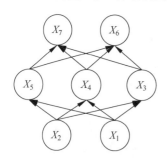

图 6.17　全连接结构

2) 模型的网络结构和计算单元规模

此处选择的神经网络结构为全连接结构，前一层每个神经元的输出都是下一层所有神经元的输入，如图 6.17 所示。全连接结构仅在相邻的隐含层之间互联，学习过程中将上一层的输出作为下一层的输入，逐层对数据特征进行抽象处理，借此模仿了人脑对事物特征的提取过程。

但是由于 RCS 数据为非平稳序列，特征向量并不能完美描述其对应的 RCS 数据，即需要大量数据对神经网络进行训练，并且需要保证足够的网络深度和计算单元数量。然而，隐藏层数目的增加会导致梯度消失等问题，造成构建的神经网络提取特征的能力下降，导致神经网络学习能力的降低。考虑到上述情况，根据前人的研究构建拥有 3 个隐含层的深度网络，每个隐含层的神经单元数目均为 12。

3) 损失函数和优化器

损失函数的作用就是比较深度神经网络预测值 $\boldsymbol{f}_r$ 与相同数据下实际标签的误差大小，二者误差越小，损失函数的取值就越小。此处使用均方误差作为损失函数，其表达式如下：

$$E = \frac{|\boldsymbol{f}_r - \boldsymbol{f}_0|^2}{|\boldsymbol{f}_0|^2} \tag{6.39}$$

其中，$\boldsymbol{f}_r$ 为深度神经网络的预测值，$\boldsymbol{f}_0$ 为标签值，E 为损失函数值。

优化器选用经典的梯度下降算法调整权值，权值的更新表达式如下：

$$\omega = \omega - \alpha \frac{\partial E}{\partial \omega} \qquad (6.40)$$

其中,ω 为层间权值;α 为学习速率,取 0.5。

4) 激活函数

此处使用的网络结构为全连接结构,此结构中每一层的计算都可以表示为权重矩阵 $\boldsymbol{W}$ 与计算单元组成向量 $\boldsymbol{x}$ 相乘、再与偏置向量 $\boldsymbol{b}$ 相加的形式:

$$\boldsymbol{y} = \boldsymbol{W}\boldsymbol{x} + \boldsymbol{b} \qquad (6.41)$$

式(6.41)能够进行线性映射的表达,却无法对非线性分布的数据进行有效建模。而激活函数的作用是为神经网络增加非线性因素,使其具备非线性映射的学习能力。

现有激活函数有很多种,如 Sigmoid、Softplus、ReLU 等,各有其优缺点。在深度神经网络的训练过程中,梯度弥散是一个影响网络训练效率的因素。梯度弥散是指在使用反向传播方法计算导数时,由于网络深度的增加,梯度反向传播的幅值会明显减小,导致整体损失函数在深度神经网络最初几层权重的导数很小,使其权值更新缓慢,造成网络学习能力下降。此外,本节神经网络的输入标签为[1,0,0]、[0,1,0]和[0,0,1],即向量元素恒大于或等于 0,为了保证神经网络快速收敛,需保证激活函数能够在函数值小于 0 时呈现抑制状态。

根据上述特点,此处选择 ReLU 函数作为建模的激活函数:

$$f(x) = \max(0, x) \qquad (6.42)$$

ReLU 函数的激活效果如图 6.18 所示。

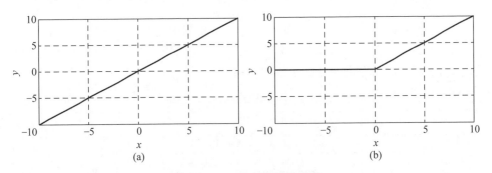

图 6.18　ReLU 函数激活效果

(a) $\boldsymbol{y} = \boldsymbol{W}\boldsymbol{x} + \boldsymbol{b}$;(b) $\boldsymbol{y} = \mathrm{ReLU}(\boldsymbol{W}\boldsymbol{x} + \boldsymbol{b})$

5) 数据分类

将输入神经网络的数据分为 3 种样本集,分别是训练集、验证集和测试集,3 种样本集相互独立,所占比例分别为 0.8、0.1、0.1。通过训练集进行神经网络的训练,调整神经元之间的权值;利用验证集对神经网络的误差进行验证,目的是防止过学习,在误差停止变化时停止训练;通过测试集对神经网络的识别能力进行验证。

利用深度神经网络算法进行空间目标结构识别的步骤如下。

(1) 将数据库中的空间目标 RCS 序列按照外形结构分类,并贴好标签。

(2) 对于训练数据 RCS 序列进行处理,获取代表这段 RCS 序列的特征向量 $M=(m_1, m_2, \cdots, m_3)$($n$ 为提取的特征数目)。

(3) 初始化神经网络,按照前文设置神经网络参数,包括输入参数个数、隐含层个数和输出层个数等。

(4) 为了确保神经网络收敛,将特征向量集 $\{M_i\}$($i=1, 2, \cdots N, N$ 为样本数)标准化,将标准化特征向量和相应标签输入神经网络,进行神经网络的训练与验证。

(5) 输出测试结果

具体流程图如图 6.19 所示。

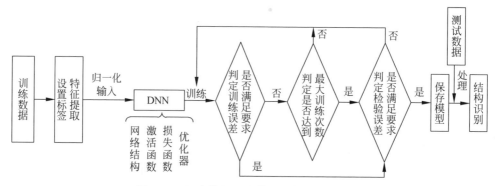

图 6.19　深度神经网络算法数据处理流程图

4. 仿真分析

为了验证深度神经网络对空间目标进行结构识别的有效性,并与模糊分类的方法进行对比,此处选用数据集 1 进行处理。首先利用费舍尔判别率对特征进行选取,各特征的费舍尔判决率如表 6.9 所示。

表 6.9　各特征费舍尔判决率

特　征　值	费舍尔判决率	特　征　值	费舍尔判决率
分形盒维数	9.6189	平均偏度	7.3662
中位数	12.2659	4 阶中心距	5.0820
调和平均数	0.9178	偏度系数	4.2750
方差	9.3266	平滑度	4.5341
四分位极差	4.4644	FT 分形盒维数	1.6495
3 阶中心距	0.2981	FT 中位数	17.7850
峰度系数	1.0533	FT 调和平均数	1.8657
变异系数	3.7958	FT 方差	5.0889
平均值	11.6083	FT 四分位极差	4.0681
切尾平均数	12.5733	FT 3 阶中心距	1.4342
极差	5.1882	FT 峰度系数	1.0017
标准差	8.0842	FT 变异系数	8.6986

特　征　值	费舍尔判决率	特　征　值	费舍尔判决率
FT 平均值	14.3272	FT 平均偏度	5.5902
FT 切尾平均数	15.0519	FT 4 阶中心距	3.5215
FT 极差	4.8964	FT 偏度系数	2.2764
FT 标准差	6.4310	FT 平滑度	5.6986

注：FT 代表经过傅里叶-梅林变换

由表 6.9 可以看出,在各个特征值中,空间目标 RCS 序列的分形盒维数、平均值、中位数、切尾平均数、方差、FT 平均值、FT 中位数和 FT 切尾平均数这 8 个特征的费舍尔判决率较高,都达到了 9 以上,说明相比于其他特征差异,这些特征的表征能力强,有利于对空间目标结构进行分类,可作为待选特征。故此处选取上述 8 个特征组成特征向量,作为神经网络输入。为了进行对比,此处设置了 3 种数据特征选取方式,其中不进行特征选择的神经网络记为未特征选择;选取分形盒维数、平均值、中位数、切尾平均数、方差这 5 个特征的神经网络记为特征选取 1;选取全部 8 个特征的神经网络记为特征选取 2。

将上述 3 种选取方式的特征输入构建的神经网络模型,识别结果如图 6.20 和图 6.21 所示。

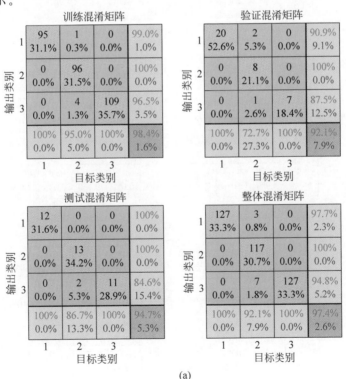

(a)

图 6.20　特征选择识别结果
(a) 特征选取 1;(b) 特征选取 2

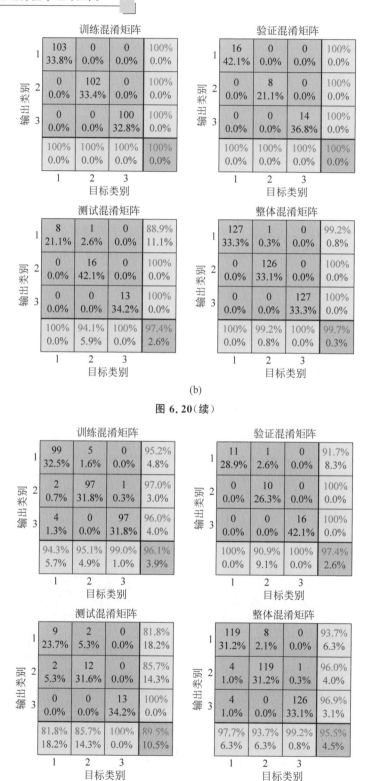

(b)

图 6.20(续)

图 6.21　未特征选择识别结果

　　由图 6.20 和图 6.21 可以看出,相比于模糊分类的方法,使用深度神经网络算法进行空间目标结构识别的正确率有较大提升。在未进行特征选择时,测试样本数据的识别率达到了 89.5%,所有样本数据的识别率为 95.5%。在进行特征选择及加入分形特征后,识别率有了明显提升,特征选择 1 的测试样本数据的识别率提高到 94.7%,所有样本数据的识别率为 97.4%。特征选择 2 的测试样本数据的识别率提高到 97.4%,所有样本数据的识别率为 99.7%。以上结果表明,利用深度神经网络算法进行空间目标结构识别具有可行性,并且相比于模糊分类的两种方法正确率更高、稳定性更强。同时,由以上结果可以看出,利用费舍尔判决率进行特征选择后,神经网络的识别率有了明显提升。

　　为了验证神经网络算法在噪声干扰下的表现,并且更贴近于实际,需要在仿真 RCS 数据中加入噪声。通常,雷达设备的信噪比在 10dB 以上,为了验证算法的稳定性,本节在数据集 1 的基础上分别加入信噪比为 10dB、5dB、0dB 的高斯白噪声,选取数据集 1 中目标 1 的第一次观测数据进行效果展示,为了便于观察,取前 100s 数据,如图 6.22 所示。

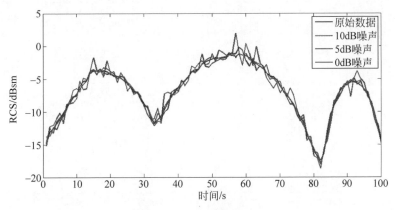

图 6.22　不同信噪比信号

　　利用深度神经网络对加入噪声的 RCS 数据进行识别,结果如图 6.23～图 6.25 所示。

　　加入噪声后,两种特征选取方式的神经网络识别正确率有所下降,这与实际相符。同时,由图 6.25 可以看出,虽然加入了噪声,但是在 3 种信噪比的情况下,验证数据的识别率在 94% 以上,整体识别率也在 96% 以上,识别率相比不加噪声下降较小,远远高于模糊分类的方法,说明利用神经网络算法进行空间目标结构识别这一方法具有较强的抗干扰能力。通过比较两种特征选取方法的识别结果,可以发现特征选取 2 的识别率明显高于特征选取 1,即加入傅里叶-梅林变换的序列特征有助于识别率的提升,如图 6.26 所示。

　　此外,为了验证本算法在不同轨道下的表现与稳定性,本节在数据集 1 的基础上将轨道高度分别改为 400km、450km、550km、600km,获得 3 种结构目标共 1911 组的 RCS 序列,如表 6.10 所示。

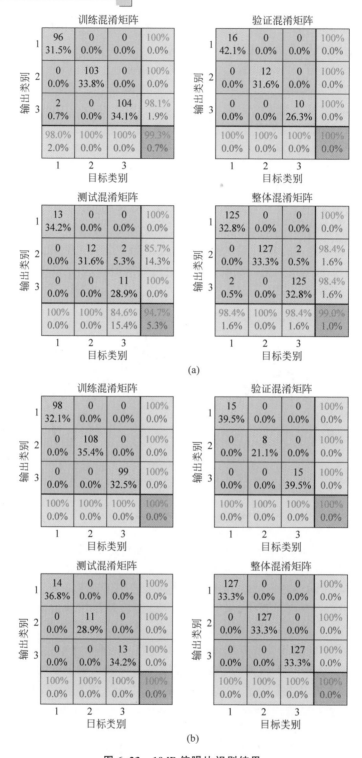

图 6.23　10dB 信噪比识别结果

(a) 特征选取 1；(b) 特征选取 2

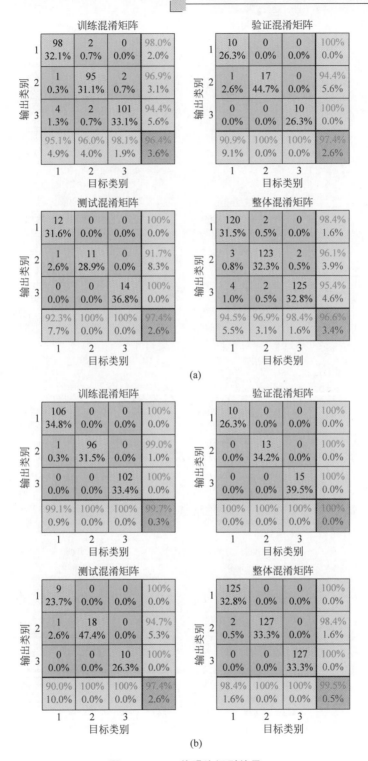

图 6.24　5dB 信噪比识别结果

（a）特征选取 1；（b）特征选取 2

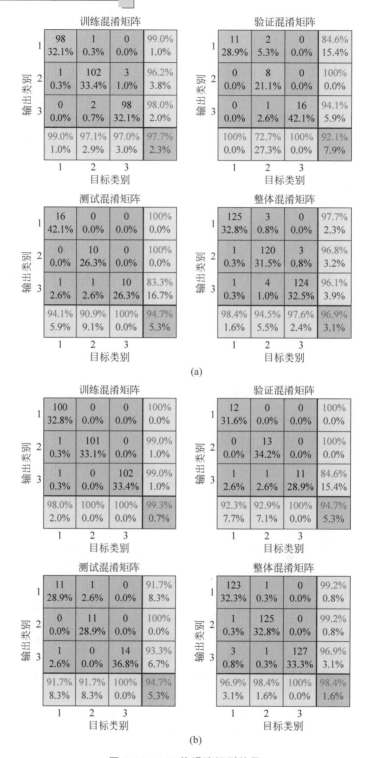

图 6.25　0dB 信噪比识别结果

（a）特征选取 1；（b）特征选取 2

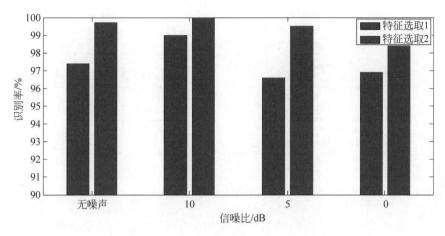

图 6.26 两种特征选取方式结果对比

表 6.10 3 种结构的目标在 5 个轨道高度下的数据个数

轨道高度/km	观测次数/次	3 种结构目标 RCS 序列个数/组
400	110	330
450	119	357
500	127	381
550	138	414
600	143	429

在仿真生成的 RCS 序列中加入 10dB 的高斯白噪声,采用特征选取 2 进行特征选取,并利用前文构建的深度神经网络模型对上述加入噪声的 RCS 数据进行识别,识别结果如图 6.27 所示。

训练混淆矩阵

	1	2	3	
1	508 33.2%	8 0.5%	0 0.0%	98.4% 1.6%
2	4 0.3%	513 33.6%	1 0.1%	99.0% 1.0%
3	1 0.1%	1 0.1%	493 32.2%	99.6% 0.4%
	99.0% 1.0%	98.3% 1.7%	99.8% 0.2%	99.0% 1.0%

验证混淆矩阵

	1	2	3	
1	62 32.5%	1 0.5%	0 0.0%	98.4% 1.6%
2	0 0.0%	54 28.3%	0 0.0%	100% 0.0%
3	0 0.0%	0 0.0%	74 38.7%	100% 0.0%
	100% 0.0%	98.2% 1.8%	100% 0.0%	99.5% 0.5%

输出类别 · 目标类别

图 6.27 5 条轨道数据识别结果

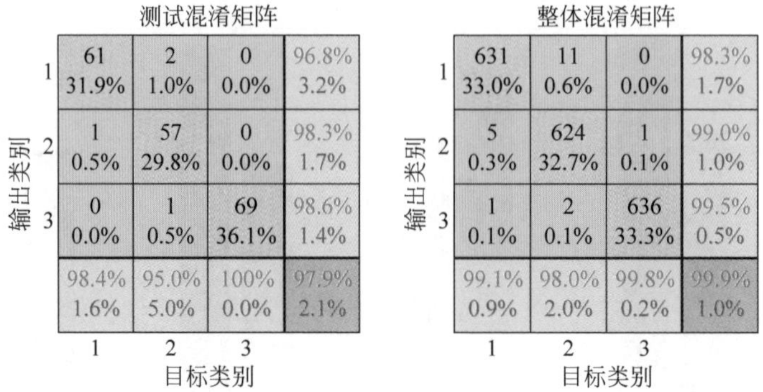

图 6.27（续）

可以看出,在加入了不同的轨道数据的情况下,本算法的验证数据识别率为97.9%、整体识别率为99.0%,验证了本算法的稳定性与鲁棒性,且说明本算法具有泛化能力,并不只针对特定情况适用,具有一定的实际应用价值。

6.1.3　基于动态时间规整算法的空间目标结构识别

相较于经典的空间目标识别手段,利用深度神经网络算法经进行空间目标结构识别在识别率与稳定性方面优势明显,具有可行性,体现了在大数据时代机器学习的优越性。但是这种方法在特征提取方面有一些不足。本节提取的特征是平均值、方差等统计特征和分形特征,这些特征是所有一维数据都可以提取的特征,并没有针对 RCS 序列特点进行特征提取,并不能直接体现不同结构目标 RCS 数据的本质区别。这就导致如果想要建立一个有效的神经网络分类器,就需要大量数据,通过数据驱动不断完善神经网络模型,从而带来待测数据量增大、模型训练时间加长等诸多问题。基于此,本节希望找到一种针对 RCS 序列自身特点而进行数据处理的机器学习方法。经过对不同结构目标 RCS 序列的比较,发现不同结构空间目标 RCS 序列的形状与趋势有一定的差别,故选用 DTW 算法对空间目标进行结构识别。

动态时间规整(dynamic time warping,DTW)是机器学习中一种经典的语音识别算法,通过对时序曲线趋势相似度的判断实现语音识别。DTW 算法具有孤立词识别和不等长序列识别的特点,对样本长度没有统一要求,对时序序列信号处理具有优势。空间目标 RCS 序列也是一类时序信号,也存在信号长度不一的问题。后文将借鉴交叉学科对时序信号的处理方法,结合 RCS 序列特征,开展目标结构识别研究,以探索 RCS 序列特征识别的新方法。

6.1.3.1　DTW 算法

DTW 算法是通过将时序序列进行时间上的规整,之后进行距离计算的一种时序曲线相似度判断算法。在语音识别中,不同人对于孤立单词的发音时长不同及说话语速的不均匀,造成了语音时间序列的不等长。为了解决这一问题,日本学者 Sakoe 提出了 DTW 算法,将动态规划思想应用于解决语音识别问题。由于 DTW 算法具有计算相对简单、硬件要求不高、识别效果好、鲁棒性好等特点,在语音识别领域应用广泛,是一种较为经典的算法。该算法由 Berndt 和 Clifford 应用于对时间序列的处理,此后,相关学者应用其解决了大量时序信号问题,比较有代表性的是歌曲匹配及电路异常检测等问题,展现了这种算法处理时序数据的良好效果。

不同结构目标的 RCS 序列趋势具有一定差别,本节将空间目标 RCS 序列视为一般的时序幅值曲线进行处理,利用 DTW 算法具有计算趋势相似性的能力进行空间目标结构识别。

设有两个时间序列 $\boldsymbol{X}=(x_1,\cdots,x_i,\cdots,x_n)$,$\boldsymbol{Y}=(y_1,\cdots,y_j,\cdots,y_m)$,长度分别为 n 和 m。设 n 行 m 列的 $\boldsymbol{M}$ 为距离矩阵,其中:

$$\boldsymbol{M}(i,j)=d(x_i,y_j) \tag{6.43}$$

其中,$d(x_i,y_j)$ 为 x_i 与 y_j 之间的基距离,本节取欧氏距离。

定义向量 $\boldsymbol{W}$ 为规整路径向量,则有

$$\begin{cases} \boldsymbol{W}=(w_1,\cdots,w_t,\cdots,w_T) \\ w_t=d(x_i,y_j) \end{cases} \tag{6.44}$$

其中,w_t 是规整路径 $\boldsymbol{W}$ 上的第 t 个元素,表示 x_i 与 y_j 建立的对应关系,规整路径向量 $\boldsymbol{W}$ 的长度 T 满足以下关系:

$$\max(n,m) \leqslant T \leqslant n+m-1 \tag{6.45}$$

规整路径向量 $\boldsymbol{W}$ 需要满足以下条件。

(1) 边界性:规整路径向量 $\boldsymbol{W}$ 要从点 (x_1,y_1) 开始,在点 (x_n,y_m) 结束,表明两个时序向量 $\boldsymbol{X}$、$\boldsymbol{Y}$ 首位点相对应:

$$\begin{cases} w_1=d(x_1,y_1) \\ w_T=d(x_n,y_m) \end{cases} \tag{6.46}$$

(2) 单调性:对于 $w_t=d(x_{i1},y_{j1})$,$w_{t-1}=d(x_{i2},y_{j2})$ 须满足:

$$\begin{cases} x_{i1}-x_{i2} \geqslant 0 \\ y_{i1}-y_{i2} \geqslant 0 \end{cases} \tag{6.47}$$

(3) 连续性:对于 $w_t=d(x_{i1},y_{j1})$,$w_{t-1}=d(x_{i2},y_{j2})$ 须满足:

$$\begin{cases} 0 \leqslant |x_{i1}-x_{i2}| \leqslant 1 \\ 0 \leqslant |y_{i1}-y_{i2}| \leqslant 1 \end{cases} \tag{6.48}$$

满足上述条件的规整路径向量 $\boldsymbol{W}$ 有很多,选出其中对应点基距离和的最小值作为 DTW 距离:

$$\mathrm{DTW}(\boldsymbol{X},\boldsymbol{Y})=\min\left\{\sum_{t=1}^{t=T} w_t\right\} \tag{6.49}$$

为了求解 DTW 距离,需要构建 n 行 m 列的积累距离矩阵 S,且满足:

$$\begin{cases} S(1,1) = d(x_1, y_1) \\ S(i,j) = d(x_i, y_j) + \min(S(i-1,j), S(i,j-1), S(i-1,j-1)) \end{cases}$$

(6.50)

从以上分析可以看出,DTW 距离不是简单的两个时间序列的一一对应关系,而是利用时间序列中的点复制之后进行对应,可以一对多,但是不能交叉(单调性),如图 6.28(b)时间序列 X 中的 x_i 对应时间序列 Y 中的 y_a 和 y_b,体现在规整路径中则如图 6.28(c)中的深色方块所示。由此便实现了时间序列上扭曲与延展,进而实现了对于不等长时间序列之间相似度的度量。DTW 距离是调整对齐之后新的等长时间序列之间的一一对应关系,如图 6.28(c)所示。

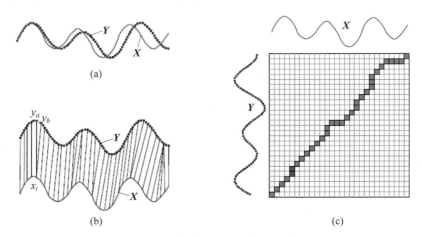

图 6.28　规整路径与时序点匹配结果

(a) 时间序列 X 和 Y;(b) 点匹配结果;(c) 规整路径

6.1.3.2　利用 DTW 算法处理 RCS 数据的优点

DTW 算法的特点与 RCS 数据及结构识别的特点相符,使得该算法在进行空间目标结构识别方面与其他方法相比更具针对性。

(1) 空间目标 RCS 受目标形状、姿态及散射特性等多因素影响,使得空间目标 RCS 的时间序列为非平稳信号,导致如时频变换、小波变换、特征提取等传统信号处理方法的效果不好。DTW 算法经 Berndt 和 Clifford 应用于时间序列处理,在实践中的效果极好,解决了大量问题,而动态 RCS 序列也是一种时间序列,可以尝试使用 DTW 算法处理。

(2) DTW 算法是为了解决不同人的发音时间与语速不同而产生的,也就是说 DTW 算法处理的是不等长时间序列之间的关系。空间目标由于其轨道特性,导致空间目标在不同时间、不同测站出现在雷达视野内的时间不同,即空间目标动态 RCS 序列为不等长时间序列,也可以用 DTW 算法来处理。与其他机器学习算法相比,

DTW算法无须将RCS序列按照一定长度截取,最大限度地保留了数据的完整性。

（3）DTW算法最初是为了识别单个词语而产生的,在对空间目标进行结构识别时,同样是对单个目标的结构进行识别,即为了识别一个未知目标的结构,将其RCS序列与数据库中的数据进行DTW距离计算。

（4）DTW算法的目的是进行时序曲线的趋势相似度比较,虽然空间目标RCS受目标形状、姿态等多因素影响变化剧烈,不易衡量,但是不同结构目标的RCS序列在整体趋势上有一定的差别,可以利用这一差别进行结构识别。

（5）DTW算法是一种机器学习算法,动态RCS序列是所有雷达都可以产生的信号数据,我国各类型号雷达众多,积累了大量实测RCS数据。随着RCS仿真技术的发展,大量RCS仿真数据的生成也相对简便。这就为利用DTW算法进行RCS序列处理奠定了良好的数据基础。

6.1.3.3　DTW算法识别空间目标结构的流程及数据集生成方法

针对DTW算法是对时序曲线进行趋势相似性比较的特点,本节提出一种新的训练数据集生成方法。

在某一纬度设置一排雷达,通过对一段轨道进行观测,获取目标不同姿态下的RCS序列。雷达间距的确定方法如下:确定目标典型尺寸,确定以目标为天线时天线半功率波束宽度,波束宽度地面覆盖距离。最大雷达间距可以按照雷达反射波波瓣宽度 $\theta = \dfrac{1.22\lambda}{D}$ 设置。

这样建立仿真数据集是因为空间目标运动具有特殊规律,一般沿惯性空间轨道运转,对于雷达短期观测而言,摄动、轨道维持等因素对雷达观测序列的影响较小。获取训练数据的原则是获取足量具有代表性的RCS序列,一种直接的方法是数据集1的仿真数据采集方式,即设置一个地面雷达站,对空间目标连续观测一段时间,如1个月、1年等,获取多组RCS序列。但是这种方法需要开展长时间的仿真,且由于轨道通常具有一定的回归周期,会造成数据冗余。由于空间目标的运动方式相对简单,并且需要完成对地观测、定向通信等功能,姿态相对稳定。此外,RCS与目标高度无关,因此同一结构、不同倾角轨道、不同轨道高度、目标RCS序列的趋势相似,本节选择3条轨道进行说明:轨道1(倾角为40°、高度为500km);轨道2(倾角为60°、高度为500km);轨道3(倾角为60°、高度为700km)。为了便于观察,此处对RCS进行归一化处理,结果如图6.29所示。由图6.29可以看出,一条轨道的RCS序列可以表征相近区域不同倾角、不同高度轨道RCS序列的趋势特征,具有一定的代表性。由于DTW算法是对序列趋势进行判断,结合空间目标的运动及DTW算法的特点,采用以空间换时间的策略,可以快速生成具有代表性的RCS训练数据。

利用雷达测量的空间目标动态RCS序列及DTW方法识别空间目标结构的步骤如下。

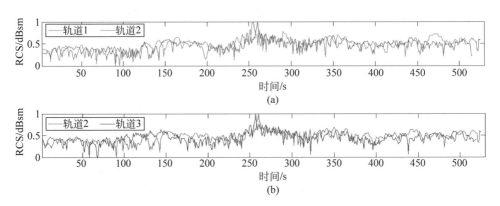

图 6.29　相近区域不同轨道的 RCS 趋势相似

(a) 倾角不同；(b) 轨道高度不同

（1）设置卫星轨道，在某一纬度设置一排雷达，设置雷达观测距离与雷达频率，得到不同结构空间目标的 RCS 数据样本集。

（2）为了消除尺寸的影响，将生成的每组 RCS 数据归一化处理。整理出训练样本集和测试样本集，并对训练样本集设置好标签。

（3）将测试样本输入 DTW 距离计算程序，计算与全部训练样本的 DTW 距离，将同一标签下的所有 DTW 距离求平均值作为此标签最终的 DTW 距离。

（4）比较不同标签的 DTW 距离，取 DTW 距离最小的标签作为本次结构识别的结果。

6.1.3.4　仿真分析

根据上述分析，利用 DTW 算法对数据集 2 进行处理，验证基于 DTW 算法的空间目标结构识别的可行性。

仿真场景设置如下。

（1）雷达参数：L 波段 1.2GHz 信号；雷达有效探测距离设置为 2000km。

（2）雷达位置：雷达部署在 40°N。90°E~180°E 每隔 0.6°(50km)布置一个雷达。

（3）空间目标选取：采用与数据集 1 相同的模型。

（4）空间目标轨道参数：如表 6.11 所示。

表 6.11　空间目标轨道参数

半长轴 a	轨道倾角 i	升交点赤经 Ω	真近点幅角 f	偏心率 e	平近点角 M
7378.14km	60°	0°	0°	0	45°

（5）仿真场景时间：仿真场景的开始时间为 2018 年 3 月 1 日 06：45：00 UTCG，仿真场景的结束时间为 2018 年 3 月 1 日 08：00：00 UTCG。

最终有 102 个雷达可以观测到目标，由西向东依次编号，每个雷达对 3 种结构的目标进行观测，共得到 306 组 RCS 序列，记为数据集 2。从每种结构中随机选出

10 组(共 30 组)数据作为测试数据,其余作为训练数据。

数据集 2 的 3 种目标的 30 组测试数据识别结果如表 6.12、表 6.13、表 6.14 所示。

表 6.12 目标 1 识别结果

雷达编号	目标 1DTW 距离	目标 2DTW 距离	目标 3DTW 距离	识别结果
1	26.1533	45.4356	45.6054	目标 1(正确)
20	32.2548	47.9772	50.9433	目标 1(正确)
26	45.6778	44.7041	43.8190	目标 3(错误)
36	34.7671	60.9199	62.5791	目标 1(正确)
43	42.4507	92.2057	76.9714	目标 1(正确)
55	32.5369	40.8014	39.9953	目标 1(正确)
62	39.4189	71.0019	67.1506	目标 1(正确)
73	31.0030	52.1365	49.0163	目标 1(正确)
88	30.6003	64.8858	58.0720	目标 1(正确)
99	31.9671	58.9474	58.5898	目标 1(正确)

表 6.13 目标 2 识别结果

雷达编号	目标 1DTW 距离	目标 2DTW 距离	目标 3DTW 距离	识别结果
3	32.6887	28.8964	35.7340	目标 2(正确)
12	40.6814	42.2796	45.8044	目标 1(错误)
24	74.4514	31.7688	39.3252	目标 2(正确)
32	78.1328	33.3229	45.5306	目标 2(正确)
48	79.0409	32.2095	42.9204	目标 2(正确)
58	67.6540	34.6805	47.6081	目标 2(正确)
66	67.1296	31.1816	39.3520	目标 2(正确)
77	68.1021	36.5237	37.7617	目标 2(正确)
88	35.5364	34.5461	36.5452	目标 2(正确)
98	33.3057	28.2274	34.5663	目标 2(正确)

表 6.14 目标 3 识别结果

雷达编号	目标 1DTW 距离	目标 2DTW 距离	目标 3DTW 距离	识别结果
5	48.8191	27.5804	33.2020	目标 2(错误)
12	54.2459	36.4622	35.3227	目标 3(正确)
25	66.5033	44.7229	38.1500	目标 3(正确)
32	73.1118	48.2123	42.0976	目标 3(正确)
48	58.9349	49.8613	45.1226	目标 3(正确)
50	63.5861	48.4004	44.1595	目标 3(正确)
64	62.9239	40.5493	36.7922	目标 3(正确)
72	61.3139	41.5421	35.8724	目标 3(正确)
88	49.4687	33.9596	32.3364	目标 3(正确)
95	49.1759	29.0964	31.6477	目标 2(错误)

将上述数据进行整理,得到利用 DTW 算法处理 3 种目标 RCS 数据的整体识

别率,如表 6.15 所示。

表 6.15　DTW 算法目标结构识别率

真实值	预测值			正确率
	目标 1	目标 2	目标 3	
目标 1	9	0	1	90.0%
目标 2	1	9	0	90.0%
目标 3	0	2	8	80.0%
正确率	90.0%	81.8%	88.9%	86.7%

　　由表 6.15 可以看出,DTW 算法对 3 种空间目标模型的总体识别率为 86.7%,相比于前文有所提升,但是不如神经网络算法。为了充分发挥 DTW 算法的特点,并且进一步提高算法的识别率,本节对表 6.12、表 6.13、表 6.14 中识别错误的数据(雷达 26 识别目标 1、雷达 12 识别目标 2、雷达 5 识别目标 3、雷达 95 识别目标 3)进行了分析,如图 6.30 所示。为了直观分析及方便对应,将测试数据集也加入此分析(图 6.30 中 DTW 距离为 0 的点)。

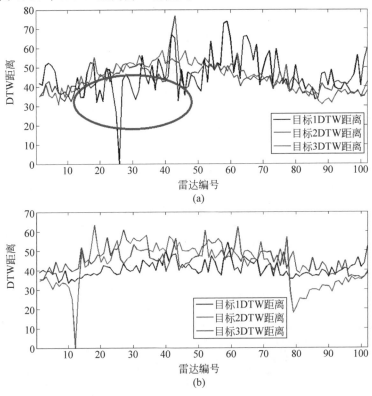

图 6.30　表 6.14 中识别错误数据的详细情况

(a) 雷达 26 观测目标 1 的 RCS 序列与数据库数据的 DTW 距离;(b) 雷达 12 观测目标 2 的 RCS 序列与数据库数据的 DTW 距离;(c) 雷达 5 观测目标 3 的 RCS 序列与数据库数据的 DTW 距离;(d) 雷达 95 观测目标 3 的 RCS 序列与数据库数据的 DTW 距离

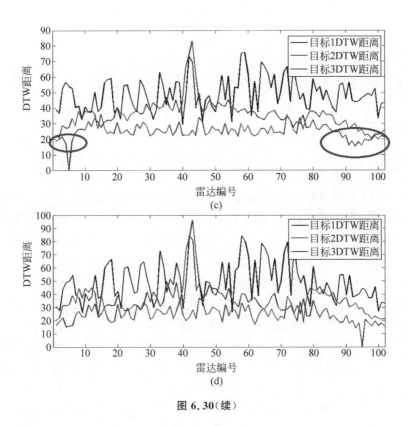

图 6.30（续）

　　可以看出，对于同一目标，不同雷达观测的 RCS 数据之间的 DTW 距离差别较大，存在一些极值，若直接按照求平均值的方法会加大识别的误差。为了解决这个问题，此处借鉴 K 近邻算法的思想，将所有 DTW 距离进行排序，并选取其中最小的 20 个，3 种结构的目标中哪个结构的 DTW 距离在这 20 个中占得最多，就识别为哪种结构，即在所有数据中找出和测试数据最相似的一些数据。对前文识别错误的数据进行识别（图 6.30 中的数据），结果如表 6.16 所示。对整体数据进行识别，结果如表 6.17 所示。

表 6.16　错误数据识别结果

测试数据	各目标 DTW 距离在前 20 个数据中所占个数			识别结果
	目标 1DTW 距离	目标 2DTW 距离	目标 3DTW 距离	
雷达 26 目标 1	12	8	0	目标 1（正确）
雷达 12 目标 2	0	20	0	目标 2（正确）
雷达 5 目标 3	0	4	16	目标 3（正确）
雷达 95 目标 3	0	5	15	目标 3（正确）

表 6.17　改进方法识别率

真实值	预测值			正确率
	目标 1	目标 2	目标 3	
目标 1	9	0	1	90.0%
目标 2	0	9	1	90.0%
目标 3	0	0	10	100.0%
正确率	100.0%	100.0%	83.3%	93.3%

由表 6.17 可知,在 DTW 算法中利用 K 近邻算法的思想进行分类识别可以提高识别率。同时,通过图 6.30 可以看出,对于目标 1,DTW 距离小的值集中在雷达 26 附近,如图 6.30(a)圆圈所示;对于目标 2 和目标 3,DTW 距离小的值除了在测试雷达附近外,也集中在对称区域,如图 6.30(c)圆圈所示。这是因为目标 2 和目标 3 为轴对称模型,在圆圈范围内目标与雷达姿态相似。前文已经介绍,雷达编号的不同代表目标在雷达视线下的姿态不同,因此利用此方法除了可以对目标结构进行识别外,还可以大致确定目标的姿态。

为了验证 DTW 算法的稳定性与鲁棒性,对数据集 2 分别加入信噪比为 10dB、5dB 和 0dB 的高斯噪声。训练数据集选取前文的 30 组测试数据,其中 10dB 信噪比的识别结果如图 6.31 所示。

由图 6.31 可以看出,在 30 组测试数据中,有 3 组测试数据识别错误,因此在 10dB 信噪比的情况下,改进 DTW 算法的识别率为 90.0%。信噪比为 5dB 和 0dB 的识别情况如表 6.18 和表 6.19 所示。

由统计表可以看出,虽然加入了噪声,但是利用改进 DTW 算法的整体识别率都在 90% 以上,表明本算法在噪声干扰下依然具有稳定的识别能力,抗干扰能力较强,在实际应用中具有一定可行性。

为了进一步验证 DTW 算法对于空间目标结构识别的能力和本章建立的数据库的合理性,此处使用数据集 2 作为训练数据,新增 4 条轨道数据作为测试数据。4 条轨道以数据集 2 的轨道参数为基础,更改其轨道高度和倾角生成 4 条新轨道,分别为轨道 1(轨道高度为 550km、倾角为 60°)、轨道 2(轨道高度为 450km、倾角为 60°)、轨道 3(轨道高度为 500km、倾角为 65°)、轨道 4(轨道高度为 500km、倾角为 55°),每条轨道分别对 3 种结构空间目标进行 RCS 仿真,获得 12 个不同轨道参数不同结构的空间目标 RCS 数据集,并加入 10dB 高斯白噪声,从中分别选取 8 条 RCS 序列作为测试数据,即 96 个测试序列。同时,由于此处采用 K 近邻算法进行分类(若要找出训练数据集中与测试数据最相似的序列,则 RCS 的幅值是很重要的特征),故不做归一化处理。经过仿真验证,4 条轨道的 96 组数据共有 88 组识别正确,识别正确率达到 91.7%,如图 6.32 所示。

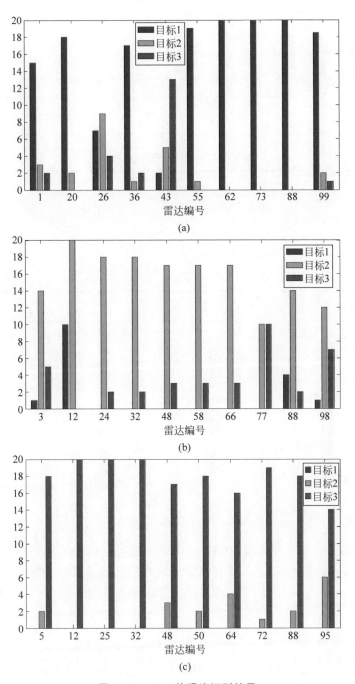

图 6.31 10dB 信噪比识别结果

（a）目标 1 各测试数据的 DTW 距离在前 20 中的占比；（b）目标 2 各测试数据的 DTW 距离在前
20 中的占比；（c）目标 3 各测试数据的 DTW 距离在前 20 中的占比

表 6.18　5dB 信噪比识别结果

真实值	预测值			正确率
	目标 1	目标 2	目标 3	
目标 1	9	0	1	90.0%
目标 2	0	9	1	90.0%
目标 3	0	0	10	100.0%
正确率	100.0%	100.0%	83.3%	93.3%

表 6.19　0dB 信噪比识别结果

真实值	预测值			正确率
	目标 1	目标 2	目标 3	
目标 1	8	0	2	80.0%
目标 2	0	9	1	90.0%
目标 3	0	0	10	100.0%
正确率	100.0%	100.0%	76.9%	90.0%

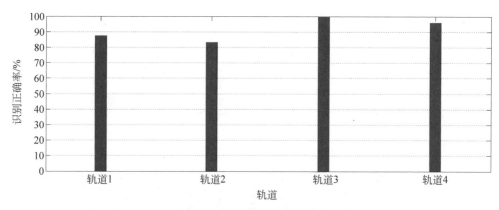

图 6.32　不同轨道识别结果

4 条轨道的测试结果表明,利用 DTW 算法进行空间目标结构识别具有较高的识别率,并且算法包容性较强,不仅可以处理特定的轨道数据,也具有一定的实际应用价值。此外,仿真结果表明,按照上述方法建立的数据库可以代表相近轨道的趋势相似性特征。

6.2　基于 RCS 特性的空间目标姿态运动研究

6.2.1　基于多重交叉残差的周期反演

本节针对传统频谱分析和自相关函数反演周期时常出现的虚假周期问题,提出多重交叉残差法处理空间旋转目标 RCS 时间序列。以空间跟踪与监视系统(space tracking and surveillance system,STSS)卫星为例仿真了空间目标的失稳旋转状态,对比了频谱分析法、自相关法和多重交叉残差法 3 种方法的处理结果。在此基础上,进一步研究了不同章动角时,多重交叉残差法对旋转周期的反演效果。

6.2.1.1 传统周期反演方法

1. 频谱分析法

频谱是一个时域信号在频域下的表示方式,频谱分析则是一种将复噪声信号分解为较简单信号的技术。一维时序信号可以被分解成不同频率谐波的叠加,找出该信号在不同频率下的信息(包括幅度、功率和相位)就是频谱分析法的主旨,可以通过傅里叶变换实现。

傅里叶变换能将满足一定条件的某个函数表示成三角函数(正弦或余弦函数)或者其积分的线性组合,其定义为,$f(t)$ 是 t 的周期函数,如果 t 满足狄利克雷条件(Dirichlet condition):在一个以 $2T$ 为周期内,$f(x)$ 连续或只有有限个第一类间断点,附 $f(x)$ 单调或可划分成有限个单调区间,则 $F(x)$ 以 $2T$ 为周期的傅里叶级数收敛,和函数 $S(x)$ 也是以 $2T$ 为周期的周期函数,且在这些间断点上,函数是有限值;在一个周期内具有有限个极值点;在一个周期内绝对可积。积分运算为 $f(t)$ 的傅里叶变换为

$$F(\omega) = \mathcal{F}[f(t)] = \int_{-\infty}^{\infty} f(t)\exp(-\mathrm{i}\omega t)\mathrm{d}t \tag{6.51}$$

其中,$F(\omega)$ 为 $f(t)$ 的象函数,$f(t)$ 为 $F(\omega)$ 的象原函数。

由于仿真所得的 RCS 序列均以离散状态呈现在时域和频域,采用离散傅里叶变换(DFT)对 RCS 序列进行频谱分析,DFT 的表达式为

$$X(k) = \mathrm{DFT}[x(n)] = \sum_{n=0}^{N-1} x(n)\mathrm{e}^{-\mathrm{j}2\pi kn/N}, \quad 0 \leqslant k \leqslant N-1 \tag{6.52}$$

其中,N 为离散傅里叶变换区间的长度。

频谱分析法适用于周期性显著的信号,但是 RCS 信号属于非平稳信号,受目标材质、尺寸、姿态和雷达参数等多方面影响,起伏波动较大。当利用频谱分析反演空间目标姿态运动周期时,容易使周期信号淹没在干扰信号中,导致周期反演不准确。

2. 自相关法

自相关代表了一个信号在自身不同时间点的互相关,也称为"序列相关",是两次观察之间的相似度对它们之间的时间差的函数。离散数据的自相关函数表示为

$$L(\Delta n) = \frac{1}{N}\sum_{n=0}^{N-1} x(n)x(n+\Delta n), (\Delta n \in [-(N-1), N-1]) \tag{6.53}$$

其中,N 为处理数据的长度,自相关函数 $L(\Delta n)$ 表示原数据 $x(n)$ 与时延 Δn 后的数据的乘积的平均值。

自相关法通过对周期信号进行自相关运算实现序列周期的提取。经过自相关处理后的 RCS 序列称为"自相关序列",其峰值间隔代表原始序列的周期或周期的整数倍。对于具有周期性特征的序列,在一个周期内进行自相关运算或在多个周期内进行自相关运算,所得结果是一致的。考虑到自相关序列应该体现原始序列至少 1 个完整周期,数据长度 N 应至少达到 2 个周期的长度;为了保证自相关序列中至少有 2 个同方向过零点,N 的长度应至少包括 3 个完整周期。

6.2.1.2 多重交叉残差法

1. 交叉残差的基本原理

2014 年,美国海军研究实验室的 Binz 等针对 GEO 轨道失效卫星的光度曲线,提出用交叉残差法分析卫星的旋转速率。计算公式如下:

$$\begin{cases} R(\Delta t) = \dfrac{1}{N}\sum_{t=0}^{t_{\max}/2}\left[I(t)-I(t+\Delta t)\right]^2 \\ \Delta t \in \left[0, t_{\max}/2\right] \end{cases} \quad (6.54)$$

其中,N 为测量数据总数,$t_{\max}$ 为时间序列的最大长度,$R(\Delta t)$ 为原信号 $I(t)$ 与其时延 Δt 后所得信号 $I(t+\Delta t)$ 之差的平方的平均值,Δt 可取值为 $\left[0,\dfrac{t_{\max}}{2}\right]$。

尽管 RCS 曲线相较于光度曲线受影响因素更多,起伏波动更大,但二者均属于一维时间序列,可通过原信号与时延信号的对比提取序列周期。因此,交叉残差法同样可用于 RCS 曲线的分析。在利用交叉残差法反演旋转周期时,对于那些具有宽包络和强尖峰且在某段时间内反复出现的 RCS 曲线来说,交叉残差法将在尖峰和整体包络重复性最好的位置取到 $R(\Delta t)$ 的最小值。其中,RCS 曲线整体包络反映了卫星雷达散射特性的整体演化趋势,尖峰反映了目标细小结构的周期性峰值。由上述理论可知,当 Δt 恰为卫星旋转周期或旋转周期的整数倍时,$R(\Delta t)$ 将取到极小值,$\dfrac{1}{R(\Delta t)}$ 取极大值。本节为了方便峰值的选取并显示更直观的结果,绘制了 $\dfrac{1}{R(\Delta t)}$ 的曲线。

2. 峰值选取的 3σ 准则

3σ 准则的基本思想:假设随机误差服从正态分布,因此误差的绝对值主要集中在均值 μ 附近,其公式表示为

$$p(|d|<3\sigma+\mu)=0.9974 \quad (6.55)$$

当误差大于 $3\sigma+\mu$ 时,有 99.74% 的概率为粗大误差。

对于经交叉残差处理后的序列,$|d|$ 为极大值,σ 为标准差,μ 为均值。对于序列中大于 $3\sigma+\mu$ 的幅值,根据 3σ 准则,可认为该处的幅值并非由干扰和噪声导致,而是由信号所携带的原始信息产生。因此,选取幅值大于 $3\sigma+\mu$ 的序列极大值点

作为序列的峰值点。

3. 处理步骤

尽管交叉残差法在反演目标旋转速率的同时能够考虑到目标 RCS 变化曲线的整体包络和细节峰值,但由于噪声干扰和 RCS 自身的起伏特性,周期反演的难度增加,RCS 序列在经过一次交叉残差处理后的周期性特征可能仍然不明显,主要表现为峰值间距离不等、主峰周围存在多个伴峰,如图 6.33、图 6.34 所示。

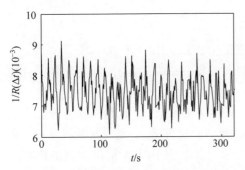 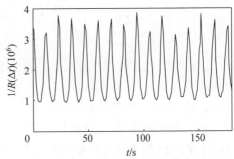

图 6.33　RCS 序列一次交叉残差处理结果　　图 6.34　RCS 序列二重交叉残差处理结果

根据 3σ 准则选取峰值,以峰值间隔的变异系数衡量序列的周期性。若峰值间隔的变异系数较小,则说明峰值间隔均匀,周期性良好;若峰值间隔的变异系数较大,则说明峰值间隔不等,对 RCS 起伏特性等干扰因素的抑制不充分或序列不具有周期特征。参考相关标准中对弱变异的规定,将变异系数的判决阈值设定为 0.1。经过多次实验证明,变异系数 0.1 的阈值设定对干扰因素的抑制效果明显,能有效消除伴峰,处理效果理想。

为此,本节提出了利用交叉残差对 RCS 序列进行多重处理的方法。实验证明,通常 2~3 次的交叉残差处理即可实现周期干扰项的充分抑制,使 RCS 序列的周期性特征明显增强,具体步骤如下。

(1) 对原始 RCS 序列 S_0 进行交叉残差处理,处理后的序列记为 S_1;

$$\begin{cases} R(\Delta t) = \dfrac{1}{N} \sum_{t=0}^{t_{\max}/2} \left[S_0(t) - S_0(t+\Delta t) \right]^2 \\ S_1 = \dfrac{1}{R(\Delta t)} \end{cases} \tag{6.56}$$

(2) 记录 S_1 中的所有极大值 $|d_i|(i=1,2,3,\cdots)$,并计算 S_1 的标准差 σ 和均值 μ;

(3) 依次比较 $|d_i|$ 与 $3\sigma+\mu$ 的大小,若 $|d_i|>3\sigma+\mu$,则该极大值为主峰值,并记录对应的横坐标,组成序列 X;

(4) 记 X 的一阶差分序列为 ΔX,计算 ΔX 的变异系数:

$$C = \sqrt{\frac{1}{N} \sum_{i=1}^{N} (\Delta x_i - \Delta \bar{x})^2} / \Delta \bar{x} \tag{6.57}$$

若 $C > 0.1$，将 S_1 作为原始序列返回步骤(1)；若 $C \leqslant 0.1$，将 S_1 作为最终处理结果，结束流程。

(5) 若上述步骤重复 3 次后依然无法达到步骤(4)中的终止条件，则可以认为原始 RCS 序列 S_0 不具有周期性。此时残差序列长度已过短(每一次交叉残差处理后，残差序列长度为原序列长度的一半，三重交叉残差后的残差序列长度仅仅为原始 RCS 序列 S_0 的 1/8)，而交叉残差处理的序列长度至少应该大于 2 个周期长度。

6.2.1.3　仿真实验

卫星工具箱(satellite tool kit, STK)是美国 Analytical Graphics 公司开发的一款广泛应用于航天领域任务分析与建模的商业化分析软件，功能涵盖了航天任务周期的全过程，分析结果可以通过图表和文本形式直观地展现给用户。该软件可定制矢量几何，创建任意的点、面、矢量、坐标轴和坐标系，并对航天器进行姿态建模。本节利用 STK 软件仿真地面雷达测站观测空间目标，生成观测时间段内空间目标本体坐标系下的雷达视线姿态角，为仿真计算动态 RCS 时间序列提供数据。

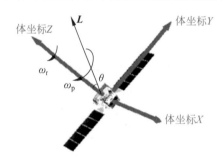

图 6.35　STSS 卫星模型

对多重交叉残差法反演空间目标周期的能力和章动角对周期反演效果的影响展开研究，STSS 卫星模型如图 6.35 所示。STSS 卫星模型的尺寸：长为 4.25m(Y 方向)，宽为 1.23m(X 方向)，高为 1.05m(Z 方向)。ω_r 为目标绕本体 Z 轴的转动角速率，即进动速率；ω_p 为目标自旋轴 Z 绕总角动量向量 L 的转动角速率。

在 STK 中的仿真地面雷达测站观测在轨 STSS 卫星失稳旋转的场景，相关参数设置如下：卫星轨道参数为 $a = 7721.14$km，$e = 0, i = 58°, \omega = 120°, \Omega = 110°, M = 0°$；雷达测站的地理位置设定为 29.6°N、100.5°E；观测时间为 2018 年 1 月 8 日 04:01:40.000—04:13:40.000UTC，采样频率为 1Hz。

航天器姿态动力学表明，卫星在旋转时，其内部储存的液态燃料和具有弹性的构件将发生振动，导致转动的动能逐渐减小。经过足够长的时间后，卫星的动能达到最小，即达到绕最大主惯量轴旋转的状态。当旋转轴与总角动量向量不重合时，旋转轴将绕总角动量向量转动，导致进进运动并形成章动角(旋转轴与总角动量向量的夹角)。对三轴稳定卫星而言，卫星的旋转即说明卫星处于失稳状态；对自旋稳定卫星与弹道导弹而言，姿态稳定并正常工作时的进动角范围一般控制在 3°～10°，当进动角超出这个范围，将严重影响卫星载荷的应用，使卫星处于失效状态。

根据上述理论，设置 STSS 卫星绕体坐标轴 Z 旋转，旋转速率 $\omega_r = 5$r/min(旋转周期 $T_r = 12$s)，Z 轴绕总角动量 L 转动，进动速率 $\omega_p = 2$r/min(进动周期 $T_p = 30$s)，章动角 θ 的变化范围为 0°～35°(步进间隔 5°)。采用基于改进戈登方法的

RCS快速算法仿真目标RCS序列,雷达采用S波段,雷达波频率为3GHz,并加入信噪比SNR为10dB的高斯白噪声。

1. 周期反演方法对比

在以上场景中分别设置章动角 θ 为 $0°$(卫星没有进动运动)、$5°$、$10°$ 和 $15°$,仿真生成的RCS序列如图6.36所示。

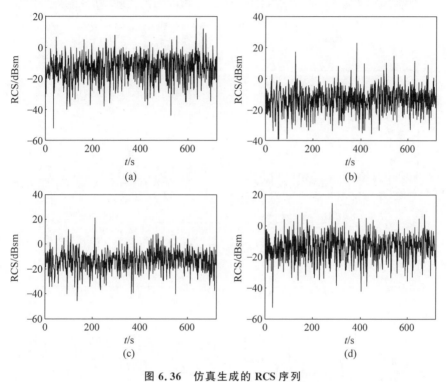

图 6.36　仿真生成的 RCS 序列

(a) $\theta=0°$; (b) $\theta=5°$; (c) $\theta=10°$; (d) $\theta=15°$

从图6.36可以看出,空间旋转目标的RCS序列的总体趋势稳定在均值附近,呈现出上下起伏的特征,且波动幅度较大,对于物理横截面积约 $5m^2$ 的目标,几秒时间内的幅值变化可达50dB。

分别采用频谱分析法、自相关法和多重交叉残差法处理仿真所得的RCS序列。针对频谱分析法,时域RCS信号经傅里叶变换到频域,较高能量的频率分量在频域中的幅度较大,在频域选取幅度最高的频率作为卫星旋转频率。自相关序列和多重交叉残差序列均为RCS信号在时域自运算的结果,由序列峰值表征信号的周期性规律。为减小随机误差的影响,本节根据 3σ 准则从0开始取 n 个主峰间隔,目标旋转周期取这 n 个峰值间隔的平均值。n 根据序列长度和真实周期的比值,在该比值附近适当选取。本节通过多次实验结果对比,对自相关序列和二重交叉残差序列取 $n=10$,对三重交叉残差序列取 $n=6$。结果如图6.37~图6.39所示。

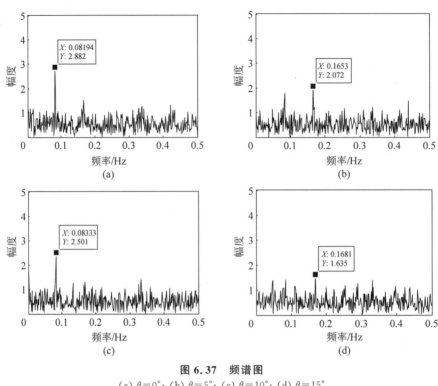

图 6.37　频谱图

(a) $\theta=0°$；(b) $\theta=5°$；(c) $\theta=10°$；(d) $\theta=15°$

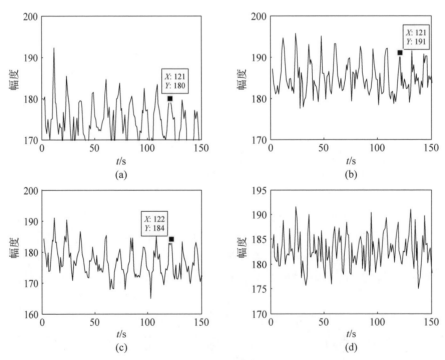

图 6.38　自相关序列

(a) $\theta=0°$；(b) $\theta=5°$；(c) $\theta=10°$；(d) $\theta=15°$

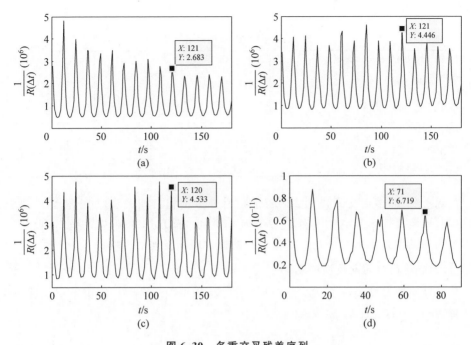

图 6.39 多重交叉残差序列

(a) $\theta=0°$；(b) $\theta=5°$；(c) $\theta=10°$；(d) $\theta=15°$

从图 6.37 可以看出，图 6.37(a)和(c)分别在频率为 0.08194Hz 和 0.08333Hz 处存在一个幅度明显较高的频率分量，该分量与卫星的旋转周期相对应；图 6.37(b)幅度最大值对应的频率为 0.1653Hz，约为卫星旋转频率的两倍，即出现了倍频现象；图 6.37(d)则存在多个幅度相近的频率分量，幅度最大值的频率为 0.1681Hz，同样出现了对周期的加倍误判。

从图 6.38 可以看出，图 6.38(a)~(c)中的主峰周围存在个别伴峰，但由于伴峰幅度较小，不影响 3σ 准则的峰值选取，最终得到的周期均在真实周期 12s 的附近；图 6.38(d)中伴峰的出现频数增加且幅度与主峰幅度接近，已经掩盖了序列的周期特征，无法用 3σ 准则筛选反应周期规律的主峰。

图 6.39(a)~(c)为二重交叉残差序列，主峰附近无伴峰存在，相比自相关序列，其周期性显著增强；图 6.39(d)为三重交叉残差序列，尽管第 4 个主峰处出现局部极小值将主峰一分为二，但不影响对主峰位置和周期趋势的判断。当章动角 θ 为 0°~15°时，多重交叉残差法均准确反演卫星旋转周期。

分析表 6.20 的结果，可以发现当章动角 $\theta=0°$（目标不存在进动运动）或 10° 时，上述 3 种方法都可以准确反演目标的旋转周期；频谱分析法在章动角 $\theta=5°$ 和 15°时，出现了倍频的现象，虚假周期为目标真实周期的两倍；自相关法在章动角 $\theta=15°$时，根据 3σ 准则选取的峰值不具有周期性，无法准确反演空间目标的旋转周期；多重交叉残差法在 4 种情况下均可以准确反演目标周期，受干扰周期项影响最小,精度最高。

表 6.20　3 种方法的反演结果

旋转周期/s　方法　章动角/(°)	0	5	10	15
频谱分析	12.2	6.0	12.0	5.9
自相关函数	12.1	12.1	12.2	无效
多重交叉残差法	12.1	12.1	12.0	11.8

综上所述,多重交叉残差法相较于频谱分析法和自相关法,抗干扰能力更强,对旋转周期反演结果更加准确,更适合反演进动空间目标的旋转周期。因此,本节将采用交叉残差法研究进动空间目标章动角对周期反演的影响。

2. 章动角对周期反演的影响

分别设置章动角 θ 为 $20°$、$25°$、$30°$、$35°$,并仿真 RCS 序列,用多重交叉残差法处理数据,结果如图 6.40 所示。

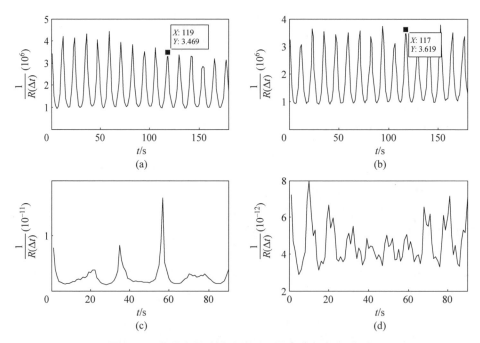

图 6.40　多重交叉残差法处理不同章动角 RCS 序列

(a) $\theta=20°$; (b) $\theta=25°$; (c) $\theta=30°$; (d) $\theta=35°$

从上述结果可以看出,当章动角 $\theta<25°$ 时,多重交叉残差法处理效果良好,伴峰被有效滤除且主峰的间隔均匀,有效排除了进动运动周期项的干扰,准确反演了

目标旋转周期;当章动角 $\theta=25°$ 时,从曲线处理结果来看,RCS序列的周期性特征明显,但由于进动运动幅度增大,与旋转运动的耦合对旋转周期反演产生干扰,周期反演误差明显增大;当章动角 $\theta\geqslant30°$ 时,RCS序列经过三重交叉残差法处理后,伴峰现象明显,无法提取周期特征,说明进动运动的幅度过大时,旋转运动的周期特征将淹没在耦合运动中,无法利用多重交叉残差法反演旋转周期。综合多重交叉残差法对不同章动角的周期反演结果如表6.21所示。

表6.21 不同章动角的周期反演结果

章动角/(°)	旋转周期/s	误差/%
0	12.1	0.83
5	12.1	0.83
10	12.0	0
20	11.9	0.83
25	11.7	2.50
30	无法反演	
35	无法反演	

为验证结论的正确性,除本节采用的STSS卫星模型外,还利用多重交叉残差法对其他卫星模型进行实验,场景与其他参数设置相同,所得结果(表6.22)与上述结论基本一致。

表6.22 其他卫星模型的实验结果

章动角/(°)	误差/%	
	天宫一号	立方星
0	0.83	0
5	1.67	0
10	0.83	0.83
20	3.33	2.50
25	无法反演	1.67
30	无法反演	2.50
35	无法反演	无法反演

6.2.2 基于变分模态分解与互信息的周期反演

本节针对失稳卫星通常同时存在旋转和进动两种运动周期,而传统周期估计方法只能对单一周期项进行估计的问题,将EMD和VMD两种信号分解方法进行分析对比,在此基础上提出一种基于VMD和互信息的双周期估计方法。首先对失稳卫星的RCS序列进行变分模态分解,得到若干本征模态分量和对应的中心频率;然后计算并比较每个模态分量与原始RCS序列的互信息,得到卫星的旋转周期与进动周期;最后将反演结果与频谱分析法、自相关法、经验模态分解进行了比较。

6.2.2.1 经验模态分解

经验模态分解(empirical mode decomposition,EMD)是由 Huang 等于 1998年提出的自适应的信号时频处理方法,非常适合非平稳非线性信号的分析。其本质与以谐波函数为基础的傅里叶分析和以小波函数为基础的小波分析不同,该方法对信号的分解无须依赖任何基函数,只与信号本身的时间尺度特征有关。由于这种特点,EMD 理论上适合任何类型信号的分解,被广泛应用于机械故障诊断、气象观测数据分析、地震监测数据分析等工程问题,在信号处理领域具有里程碑意义。

1. EMD 的基础理论

对实信号进行希尔伯特变换,可以将其转化为解析信号,为计算信号的瞬时频率、瞬时包络奠定基础。设 $f(t)$ 是一维时序信号,则它的希尔伯特变换定义为

$$H[f(t)] = \frac{1}{\pi} \text{P. V.} \int_{-\infty}^{\infty} \frac{f(\tau)}{t-\tau} d\tau \tag{6.58}$$

其中,$\text{P. V.} \int$ 表示取广义积分的柯西主值。在工程应用中,通常使用卷积形式:

$$H[f(t)] = f(t) * \frac{1}{\pi t} \tag{6.59}$$

希尔伯特变换可以视为一个线性时不变系统,且系统具有 $\frac{1}{\pi t}$ 的冲击响应。该系统的傅里叶变换为

$$H(f) = -j\,\text{sgn}(f) \tag{6.60}$$

其中,sgn 为符号函数,与自变量符号相同。由上式可知,希尔伯特变换相当于在信号频域,对频谱与频率的符号函数作乘积,再乘以单位负虚数。在频域乘以单位负虚数,等效于对信号相位进行 90°调整,可以认为希尔伯特变换对于信号而言是90°的调相器。

1) 解析函数与瞬时频率

解析函数是区域上处处可微分的复函数,又称"全纯函数"。设 $z(t)$ 是某区域 D 内的一个复变数的复值函数,若 D 内处处存在导数:

$$z'(a) = \lim_{h \to 0} \frac{z(a+h) - z(a)}{a} \tag{6.61}$$

则 $z(t)$ 为区域 D 内的解析函数,可以表示一个实函数与一个虚函数之和:

$$z(t) = f(t) + j\hat{f}(t) \tag{6.62}$$

其中,$f(t)$ 和 $\hat{f}(t)$ 均为满足柯西-黎曼方程的实函数且 $\hat{f}(t) = H[f(t)]$。$z(t)$ 可以表示为极坐标形式:

$$z(t) = a(t)\exp(-j\phi(t)) \tag{6.63}$$

其中，$a(t) = \sqrt{f(t)^2 + \hat{f}(t)^2}$，是信号的瞬时幅度，表示能量的变化；$\phi(t) = \arctan[\hat{f}(t)/f(t)]$，是信号的瞬时相位。

希尔伯特变换通过 $f(t)$ 与 $\dfrac{1}{\pi t}$ 的卷积确定信号的虚部，从而构造解析信号 $z(t)$，突出了原信号的局部特征，给定信号的极坐标的表达式是相位和幅值对原函数最佳局部逼近并且随时间变化的三角函数。希尔伯特变换将瞬时频率定义为

$$\omega(t) = \frac{1}{2\pi} \frac{\mathrm{d}\phi(t)}{\mathrm{d}t} \tag{6.64}$$

由上式可知，瞬时频率是时间 t 的函数，即在给定时刻，瞬时频率的值具有唯一性。而对于由多种谐波混合叠加而成的具有多个频率分量的信号而言，这种瞬时频率的定义方法不具有物理意义。针对这一问题，Cohen 引入了单分量函数的概念，即任意时刻只有一种振荡形式、只具有一个频率的函数。

2）本征模态函数

如果要使瞬时频率具有物理意义，函数必须满足以下 3 个条件：具有对称性、局部均值为 0、函数零点和极值点的数目相等。以此为基础，Huang 等提出了本征模态函数（intrinsic mode function，IMF）的概念。IMF 的定义源于对单分量信号的观察，必须满足以下 2 个条件。

(1) 在函数整个数据集中，零点的个数与极值点的个数相等或只相差 1 个。

(2) 函数的上包络由局部极大值点定义，下包络由局部极小值点定义。在任意时刻，两条包络线须关于时间轴对称，即函数上下包络的均值为 0。

其中，条件(1)基于高斯正态平稳过程中对窄带信号的要求，条件(2)将限制由全局范围缩小到局部，避免了由波形不对称导致的瞬时频率不稳定。

本征模态函数的实质是表征信号内部的振荡模式。根据 IMF 的定义，本征模态函数在每个振荡周期间仅存在单一的振荡模式，不存在其他骑波。对于一段非平稳的 RCS 信号，可以由若干 IMF 的组合表示；反之，将各 IMF 叠加也可以重构原始 RCS 信号。

2. EMD 算法

对于给定时序信号 $f(t)$，其 EMD 分解的具体步骤如下。

(1) 找出信号的所有局部极大值点与极小值点，利用三次样条插值法分别将局部极大值点连接起来形成上包络线，将局部极小值连接形成下包络线。

(2) 计算上下包络的平均值，记为 m_1。用原信号 $f(t)$ 与 m_1 作差，得到 h_1：

$$h_1 = f(t) - m_1 \tag{6.65}$$

(3) 判断 h_1 是否为第一个 IMF，若 h_1 不符合 IMF 的特征，则将 h_1 作为原信号重复步骤(1)和步骤(2)，循环 k 次的结果记为

$$h_{1k} = h_{1(k-1)} - m_{1k} \tag{6.66}$$

其中，判断准则为

$$T_z = \sum_{t=0}^{T} \left[\frac{\left| h_{1(k-1)}(t) - h_{1k}(t) \right|^2}{h_{1(k-1)}^2(t)} \right] \qquad (6.67)$$

当 T_z 在 $0.2 \sim 0.3$ 时,记 $c_1 = h_{1k}$,则 c_1 为信号的第一个 IMF 分量。

(4) 从 $f(t)$ 中分离出 c_1,得到

$$r_1 = f(t) - c_1 \qquad (6.68)$$

再将 r_1 作为新的信号重复以上步骤,得到原始信号的第 2 个,第 3 个,…,第 n 个 IMF 分量,直到第 n 个 IMF 信号 c_n 的余项 r_n 为单调函数,终止分解,记 r_n 为原始信号的残余分量。至此,原始信号 $f(t)$ 可以表示成若干本征模态函数与一个残余分量之和:

$$f(t) = \sum_{j=1}^{n} c_j + r_n \qquad (6.69)$$

其中,c_j 表征原始信号 $f(t)$ 中不同的频率成分,r_n 表征了 $f(t)$ 的整体趋势。

3. EMD 的缺陷

在 EMD 中,由于极大值和极小值不会同时出现在信号的端点处,对信号极值点进行三次样条插值得到的包络曲线在信号两端会发散。然而,每一次分离 IMF 分量时,都需要求解信号上下包络线的局部均值曲线,所以这种发散现象在信号每一次分解时都会逐步向信号的内侧转移,这种导致最终分解出的 IMF 在信号的端点周围出现失真的现象叫做"端点效应",严重的会让 IMF 失去物理意义。

EMD 的另一个主要缺陷就是模态混叠现象的频繁发生,包括两种情况:①在不同的 IMF 分量中包含相同尺度的振荡模式;②在一个单独的 IMF 分量存在不同尺度的振荡模式。模态混叠通常是由信号振荡的间歇性引发的。模态混叠会导致混淆时频分布,进而破坏 IMF 的物理意义。由于模态混叠的问题,其理论基础的完备性受到质疑,在工程实际中的应用也受到制约,而解决模态混叠问题可谓是 EMD 应用和发展的关键问题。

下面以一个仿真实例对说明模态混叠现象对信号分解的影响。

令 $f(t) = \sin(2\pi \cdot 50 \cdot t)$,$t$ 为 $0 \sim 0.25\mathrm{s}$,采样频率为 $1000\mathrm{Hz}$,加入信噪比为 $10\mathrm{dB}$ 的高斯白噪声。原始信号 $f(t)$ 加入高斯白噪声后的波形如图 6.41 所示。

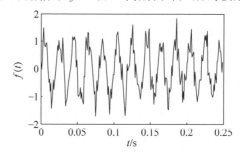

图 6.41 $f(t)$ 加入高斯白噪声后的波形图

将加入高斯白噪声后的信号进行 EMD,结果如图 6.42 所示。

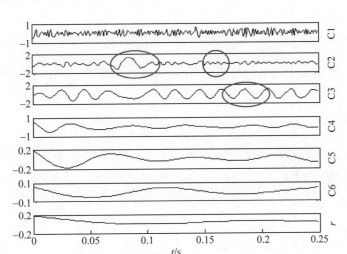

图 6.42　$f(t)$ 的 EMD 结果

从以上结果可以看出,正弦谐波的能量分布在 C2~C4,即该单分量信号的振荡模式出现在不同的模态分量中,属于上述模态混叠的情况①。此外,同一个模态分量中包含了不同的尺度,如 C2 中既有大幅的低频特征,也有小幅的高频特征,其中低频特征显然与 C2 中的其他尺度不一致,反而与 C3 中的尺度相似,属于上述模态混叠的情况②。由 $f(t)$ 的分解效果可知,该单分量信号被分解至不同的本征模态函数中,形成多个模态分量,破坏了 IMF 的物理意义。根据 EMD 的基础理论,在存在间断或噪声的信号中,极值点的位置被扰乱,按照极值点得出的包络线与平滑信号的包络存在较大差异,在将 EMD 应用于这类信号的分解时,模态混叠现象将难以避免地出现在模态分量中,以至于分解结果的信号失真。

6.2.2.2　变分模态分解

2014 年,Dragomiretskiy 等针对 EMD 存在的模态混叠、端点效应、缺乏完备的理论基础等问题,提出了一种完全非递归的信号分解方法——变分模态分解(variational mode decomposition,VMD)。该方法以经典维纳滤波、希尔伯特变换和频率混合为基础,通过迭代搜索约束变分模型的最优解,确定每个模态分量的中心频率和带宽,最终实现信号在变分框架内的自适应分解。VMD 可分为变分问题的构造与求解两部分。

1. VMD 的基础理论

假设每个模态具有中心频率和有限带宽,且各模态之和等于输入信号 f,在此约束下,求解 K 个本征模态函数,以使各本征模态 $u_k(t)$ 的估计带宽和为最小值。

1) 首先对输入信号进行希尔伯特变换,每个模态函数 $u_k(t)$ 的解析信号及对应的单边频谱可以表示为

$$\left[\delta(t) + \frac{\mathrm{j}}{\pi t}\right] u_k(t) \tag{6.70}$$

2) 在解析信号中加入指数项,以调整各模态函数中心频率的预估值,调制各模态频谱至对应的基频带:

$$\left[\left(\delta(t) + \frac{\mathrm{j}}{\pi t}\right) u_k(t)\right] \mathrm{e}^{-\mathrm{j}\omega_k t} \tag{6.71}$$

3) 计算上述解调信号的梯度的平方范数,得到各模态函数相应的带宽估计,该约束变分模型如下:

$$\begin{cases} \min\limits_{\{u_k,\omega_k\}} \left\{ \sum_k \left\| \partial_t \left[\left(\partial(t) + \dfrac{\mathrm{j}}{\pi t} \right) u_k(t) \right] \mathrm{e}^{-\mathrm{j}\omega_k t} \right\|_2^2 \right\} \\ \mathrm{s.\,t.}\ \sum_k u_k = f \end{cases} \tag{6.72}$$

其中,f 为输入信号;$\{u_k\} = \{u_1, u_2, \cdots, u_K\}$ 为 VMD 得到的 K 个模态分量;$\{\omega_k\} = \{\omega_1, \omega_2, \cdots, \omega_K\}$ 为各模态分量的中心频率。

为求取上述约束变分模型的最优解,引入二次惩罚因子 α 和拉格朗日乘法算子 $\lambda(t)$,实现变分问题从约束性到非约束性的转化。其中,二次惩罚因子在信号中存在高斯噪声时可以保证信号重构精度,拉格朗日乘法算子可以保持约束条件的严格性,扩展拉格朗日表达式:

$$L(\{u_k\}, \{\omega_k\}, \lambda) = \alpha \sum_k \left\| \partial_t \left[\left(\delta(t) + \frac{\mathrm{j}}{\pi t} \right) u_k(t) \right] \mathrm{e}^{-\mathrm{j}\omega_k t} \right\|_2^2 + \left\| f(t) - \sum_k u_k(t) \right\|_2^2 +$$

$$\left\langle \lambda(t), f(t) - \sum_k u_k(t) \right\rangle \tag{6.73}$$

采用乘法算子交替方向法(alternate direction method of multipliers, ADMM)交替更新 u_k^{n+1}、ω_k^{n+1}、λ^{n+1},以寻找扩展拉格朗日表达式的"鞍点"。其中,u_k^{n+1} 的迭代表达式为

$$u_k^{n+1} = \underset{u_k \in X}{\mathrm{argmin}} \left\{ \alpha \left\| \partial_t \left[\left(\delta(t) + \frac{\mathrm{j}}{\pi t} \right) u_k(t) \right] \mathrm{e}^{-\mathrm{j}\omega_k t} \right\|_2^2 + \left\| f(t) - \sum_i u_i(t) + \frac{\lambda(t)}{2} \right\|_2^2 \right\} \tag{6.74}$$

其中,ω_k 等同于 ω_k^{n+1},$\sum_i u_i(t)$ 等同于 $\sum_{i \neq k} u_i(t)^{n+1}$。

将上式通过帕塞瓦尔定理(Parseval's theorem)等距变换到频域,各模态函数在频域内的更新可以表示为

$$\hat{u}_k^{n+1}(\omega) = \frac{\hat{f}(\omega) - \sum\limits_{i \neq k} \hat{u}_i(\omega) + \dfrac{\hat{\lambda}(\omega)}{2}}{1 + 2\alpha(\omega - \omega_k)^2} \tag{6.75}$$

相同地,在频域内考虑各模态函数中心频率的取值,按如下公式对中心频率迭代更新:

$$\omega_k^{n+1} = \frac{\int_0^\infty \omega |\hat{u}_k(\omega)|^2 d\omega}{\int_0^\infty |\hat{u}_k(\omega)|^2 d\omega} \tag{6.76}$$

其中,$\hat{u}_k^{n+1}(\omega)$ 为当前剩余量 $\hat{f}(\omega) - \sum_{i \neq k} \hat{u}_i(\omega)$ 的维纳滤波;ω_k^{n+1} 表示当前模态函数的功率谱重心。

2. VMD 的流程

由 VMD 的基础理论可知,各模态分量在频域内迭代更新,最后通过傅里叶逆变换从频域转换到时域。VMD 的流程可分为以下几个步骤。

(1) 初始化 $\{\hat{u}_k^1\}$、$\{\omega_k^1\}$、λ^1、n 均为 0;

(2) 根据式(6.75)和式(6.76)更新 $\hat{u}_k$ 和 ω_k;

(3) 更新 λ:

$$\hat{\lambda}^{n+1}(\omega) = \hat{\lambda}^n(\omega) + \tau\left(\hat{f}(\omega) - \sum_k \hat{u}_k^{n+1}(\omega)\right) \tag{6.77}$$

(4) 对给定的判别精度 $\Delta > 0$,若满足条件:

$$\sum_k \|\hat{u}_k^{n+1} - \hat{u}_k^n\|_2^2 / \|\hat{u}_k^n\|_2^2 < \Delta \tag{6.78}$$

则迭代终止结束流程;否则,重复(2)~(4)。

迭代结束后,VMD 根据实际信号的频域特性可得到 K 个最终的窄带 IMF 分量,实现信号频带自适应分割,有效避免了模态混叠的现象。其中,K 个 IMF 分量对应不同周期,根据 VMD 的基础理论,K 个周期中包含卫星的运动周期。

3. 基于互信息的周期提取

信息是认识主体所感受和所表达的事物运动的状态和运动状态变化的方式。信息的度量方式有两种,一种是对消息或消息集合本身所含信息量多少的度量,一种是对消息之间或消息集合之间相互提供信息量多少的度量。前者用自信息和消息熵(自信息的平均值)来描述,后者用互信息和平均互信息来描述。

互信息表示两个变量之间共同包含信息的含量。设 X、Y 为两个信息系统,它们各自的边缘概率分布为 $p(x)$、$p(y)$,联合概率分布为 $p(x,y)$,相应的信息熵为

$$\begin{cases} H(X) = -\sum_x p(x) \log p(x) \\ H(Y) = -\sum_y p(y) \log p(y) \\ H(X,Y) = -\sum_x \sum_y p(x,y) \log p(x,y) \end{cases} \tag{6.79}$$

则信息系统 X 与 Y 的互信息定义为

$$I(X;Y) = H(X) + H(Y) - H(X,Y) = \sum_x \sum_y p(x,y)\log \frac{p(x,y)}{p(x)p(y)}$$

(6.80)

当 X、Y 完全相同时互信息值最大,当 X、Y 完全独立时互信息值为 0。

对于原始 RCS 序列 f,经变分模态分解得到 K 个 IMF 分量,分别计算每个分量与原始信号的互信息 $I(i,f)(i=1,2,\cdots,k)$。互信息最大的两个分量对应的周期为卫星的旋转周期与进动周期。由于进动运动的角速度小于旋转运动角速度,可认为较大的周期为进动周期,较小的周期为旋转周期。

6.2.2.3　仿真实验

仿真场景包括卫星模型、轨道参数、雷达测站地理位置、雷达波频段、观测时间、采样频率均与 6.2.1 节的设定一致。卫星绕本体坐标轴 Z 旋转,旋转速率 $\omega_r = 3.7\text{r/min}$(旋转周期 $T_r = 9.231\text{s}$),进动速率 $\omega_p = 6.5\text{r/min}$(进动周期 $T_p = 16.216\text{s}$),章动角 $\theta = 10°$。采用基于改进戈登方法的 RCS 快速算法仿真目标 RCS 序列,如图 6.43 所示。

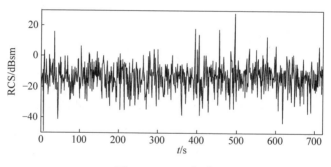

图 6.43　RCS 序列

1. EMD 与 VMD 的结果对比

分别用 EMD 和 VMD 对 RCS 序列进行处理。其中,VMD 需人为给定模态数量,若模态数设置太少,信号分解不完全,将无法得到所有真实的周期分量;若模态数设置太多,则会出现中心频率相近的模态分量,信号过度分解不仅增大运算量,还加大了下一步周期选取的难度。经过多次实验,发现当模态数取 $K=10$ 时,分解效果最佳。其他参数取 VMD 默认值:$\alpha = 2000$,$\tau = 0$。

图 6.44(a)为对 RCS 序列进行 EMD 后得到的 8 个 IMF 分量和 1 个残余分量,再对各分量分别进行频谱分析得到图 6.44(b)中的频谱。对比图 6.44 和图 6.45 可以发现,EMD 后存在严重的模态混叠现象,在第 1 个和第 2 个模态中表现最为明显;而 VMD 将频谱能量集中于各模态分量的中心频率附近,有效地改善了模态混叠,分解效果明显优于 EMD。

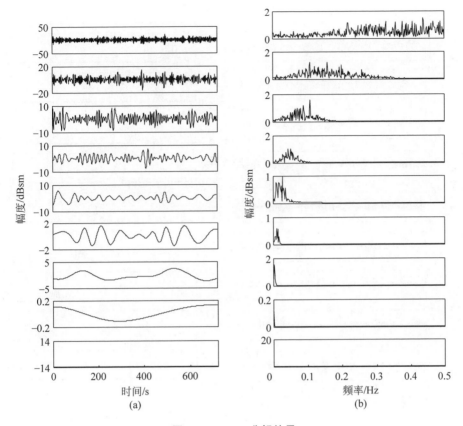

图 6.44 EMD 分解结果

（a）EMD 的模态；（b）EMD 的频谱

为进一步展现 EMD 与 VMD 的差异，根据两种方法得到的模态分量分别绘制希尔伯特谱，如图 6.46 所示。希尔伯特谱是在时间-频率平面上用等高线描述信号幅值分布的谱线。从图中可以看出，经过 EMD 后的希尔伯特谱幅值的频率分布非常分散杂乱，幅值点在 0.2Hz 以下较为密集，在 0.1～0.5Hz 的范围内没有形成明显的频率带，在 0.1Hz 以下有 4 条频率带，但频率带之间出现了交叉混叠的现象；而经过 VMD 后的希尔伯特谱有 10 个明显的频率带，每个模态分量对应 1 个频率带，各频率带之间存在一定的界限，没有明显的交叉混叠情况。由此可以说明，VMD 相较于 EMD 对模态混叠的现象抑制明显，分解效果更优。

2. 互信息计算

针对 VMD 得到的模态分量，计算各分量与原始 RCS 序列的周期与互信息，结果见表 6.23。

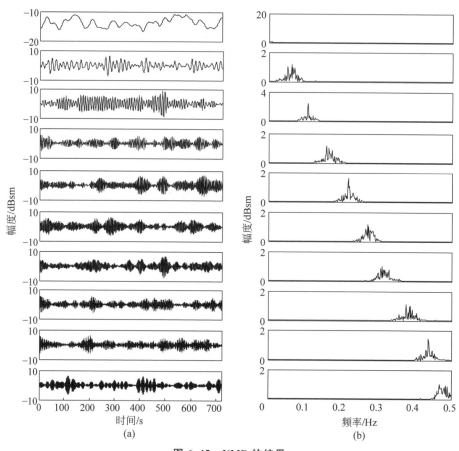

图 6.45 VMD 的结果

(a) VMD 的模态；(b) VMD 的频谱

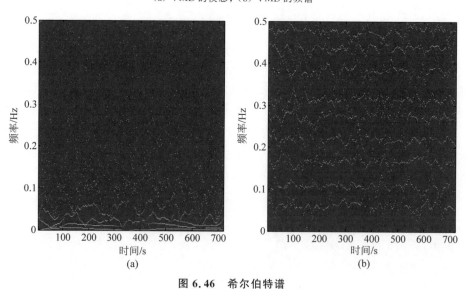

图 6.46 希尔伯特谱

(a) EMD 的希尔伯特谱；(b) VMD 的希尔伯特谱

表 6.23　VMD 的模态分量的周期与互信息

模态分量	中心频率 ω/Hz	周期 T/s	互信息 I
U_1	1.354×10^5	7.387×10^4	0.0635
U_2	**0.062**	**16.142**	**0.1222**
U_3	**0.108**	**9.260**	**0.1352**
U_4	0.167	6.001	0.0992
U_5	0.219	4.559	0.1041
U_6	0.274	3.647	0.1019
U_7	0.314	3.186	0.1036
U_8	0.383	2.609	0.0971
U_9	0.438	2.283	0.0940
U_{10}	0.476	2.100	0.0956

由表可知,与原始序列互信息最大的两个模态为 U_2 和 U_3(黑体表示)。则失稳卫星的进动周期估计结果 $T_2=16.142$s,误差为 0.456%;旋转周期的估计结果 $T_3=9.260$s,误差为 0.314%。

3. 结果对比与分析

与传统周期估计方法对比,采用频谱分析法和自相关函数处理原始 RCS 序列,结果如图 6.47 所示。

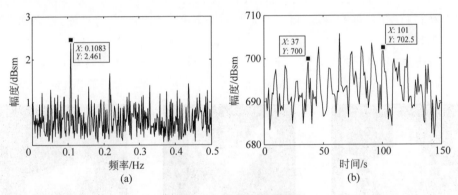

图 6.47　传统方法处理结果

(a) 频谱分析;(b) 自相关序列

为进一步验证本节所提方法在失稳卫星周期估计中的有效性,设置多组周期参数进行仿真实验,分别采用频谱分析法、自相关法、EMD 和 VMD 对每组 RCS 序列进行处理。根据表 6.24 可以看出:在第 1 组和第 4 组实验中,4 种方法均有效估计了旋转周期;在第 2 组实验中,频谱分析估计了旋转周期,EMD 估计了进动周期,自相关法也估计了进动周期但误差较大;在第 3 组实验中,频谱分析出现了倍频现象,自相关法估计了进动周期;VMD 在 4 组实验中均准确估计了旋转周期和进动周期,相较于其他 3 种方法优势明显。

表 6.24　不同方法的多组实验结果

实验序号	真实周期/s		估计周期/s				
	旋转周期	进动周期	频谱分析法	自相关法	EMD	VMD	
1	9.231	16.216	9.234	9.143	9.234	9.260	16.142
2	7.500	12.000	7.524	12.429	11.915	7.468	11.919
3	8.824	18.182	2.264	17.875	17.562	8.826	17.986
4	12.000	23.077	11.804	11.857	12.204	11.779	22.989

6.2.3　空间目标姿态运动模式识别

本节以空间目标的 RCS 序列为对象,研究 RCS 的统计参数特征及小波变换的统计特征与能量特征,提出应用基于 VMD 的归一化能量特征与盒维数特征两种特征提取方法识别空间目标。在频域对空间目标的 RCS 序列进行变分模态分解,得到若干本征模态分量,计算每个模态分量的归一化能量和盒维数以构造特征向量。采用前向反馈神经网络分类器验证识别效果,对比几种特征提取方法的特点和优劣,并讨论不同轨道高度对识别准确率的影响。

由于雷达探测距离的限制,通常只能观测低轨空间目标,因此本节限定研究对象的轨道高度为 200～2000km。考虑不同轨道高度和不同空间目标,建立如下两组数据样本。

样本 1:仿真对象为 3 个空间目标模型:模型 A、模型 B、模型 C,如图 6.48 所示。

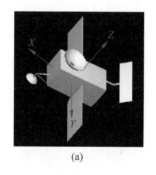 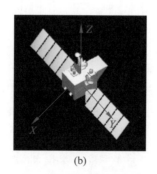 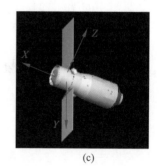

(a)　　　　　　　　　　(b)　　　　　　　　　　(c)

图 6.48　样本 1 的空间目标模型

(a) 模型 A;(b) 模型 B;(c) 模型 C

对每个模型仿真 6 种不同的运动姿态:

(1) 绕 Z 轴旋转,旋转速率为 0.5r/min。

(2) 绕 Z 轴旋转,旋转速率为 3.5r/min。

（3）绕 Z 轴旋转,旋转速率为 $6.5r/min$。

（4）本体坐标轴 Z 轴与天底方向对齐,X 轴由轨道面法向约束。

（5）本体坐标轴 X 轴与惯性速度方向对齐,Z 轴由天底方向约束。

（6）本体坐标轴 X 轴与太阳方向对齐,Z 轴由天底方向约束。

对每种运动姿态下的模型分别采集不同高度的 10 条轨道的数据,轨道根数如表 6.25 所示。

表 6.25 样本 1 的轨道根数

轨 道 根 数	参 数 值
半长轴 a	$(6378.14+x)km$ $(x=200,400,600,\cdots,2000)$
偏心率 e	0
轨道倾角 i	58°
近地点幅角 ω	120°
升交点赤经 Ω	110°
平近地点角 M	0°

雷达测站的地理位置设定为 $29.6°N$、$100.5°E$。

样本 2:仿真对象为 2 个空间目标模型:模型 D、模型 E,如图 6.49 所示。

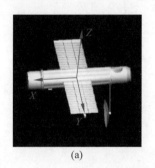 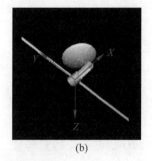

(a)　　　　　　　　　　　　　(b)

图 6.49 样本 2 的空间目标模型

(a) 模型 D;(b) 模型 E

对每个模型仿真 4 种不同的运动姿态:

（1）绕 Z 轴旋转,旋转速率为 $2.0r/min$;

（2）绕 Z 轴旋转,旋转速率为 $5.0r/min$;

（3）本体坐标轴 Z 轴与天底方向对齐,X 轴由轨道面法向约束。

（4）本体坐标轴 X 轴与惯性速度方向对齐,Z 轴由天底方向约束。

对每种运动姿态下的模型同样采集不同高度的 10 条轨道的数据,轨道参数如表 6.26 所示。

表 6.26　样本 2 的轨道根数

轨 道 根 数	参 数 值
半长轴 a	$(6378.14+x)$km　$(x=200,400,600,\cdots,2000)$
偏心率 e	0
轨道倾角 i	$30°$
近地点幅角 ω	$0°$
升交点赤经 Ω	$0°$
平近地点角 M	$0°$

雷达测站的地理位置设定为 $40°$N、$80°$E。

以上两个样本的观测均为 2018 年 1 月 1 日 00:00:00.000—2018 年 2 月 1 日 00:00:00.000UTC,采样频率为 1Hz,雷达可观测的最小高度角为 $15°$。由于空间目标每个圈次对地面测站的可探测时间长短不一,过短的 RCS 序列包含的姿态运动信息不完整,本节只保留序列长度大于 100s 的 RCS 序列。图 6.50 展示了一段旋转姿态下的 RCS 序列 σ_1 和一段三轴稳定姿态下的 RCS 序列 σ_2。

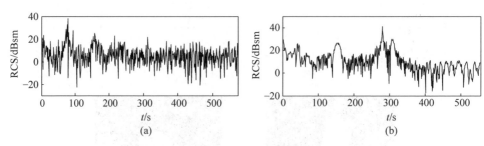

图 6.50　空间目标在不同姿态下的 RCS 序列

(a) 旋转姿态下的 RCS 序列 σ_1;(b) 三轴稳定姿态下的 RCS 序列 σ_2

6.2.3.1　特征提取方法

1. 基于 VMD 的归一化能量特征

基于变分模态分解与归一化能量的空间目标 RCS 特征提取步骤如下,流程如图 6.51 所示。

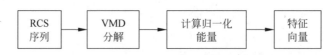

图 6.51　VMD 与归一化能量特征提取流程图

(1) 获取 RCS 序列,初始化 VMD 参数,包括模态数 K、惩罚因子 α 和带宽 τ。

(2) 根据步骤(1)设置的参数对 RCS 序列进行变分模态分解,得到 K 个 IMF 分量。

(3) 求每一个 IMF 分量对应的信号能量 E_i:

$$E_i = \sum_{n=1}^{N} |u_i(n)|^2, \quad i = 1, 2, \cdots, K \tag{6.81}$$

（4）采用 2-范数强度归一化法对 K 个 IMF 分量的能量归一化处理，消除幅度信息对于样本分类的影响：

$$\widetilde{E}_i = E_i / \left(\sum_{j=1}^{K} |E_j|^2 \right)^{1/2} \tag{6.82}$$

（5）将归一化后的能量依次放入向量 $\boldsymbol{E}$，得到 K 维的特征向量：

$$\boldsymbol{E} = [\widetilde{E}_1, \widetilde{E}_2, \cdots, \widetilde{E}_K] \tag{6.83}$$

2. 基于 VMD 的盒维数特征

设 F 是 R^n 的非空有界子集，记 N 表示最大直径为 ε 且能覆盖 F 的集的最少个数，则 F 的盒维数定义为

$$\dim(F) = \lim_{\delta \to 0} \frac{\ln N}{-\ln \varepsilon} \tag{6.84}$$

式中的极限无法根据定义求解，需要在计算时近似处理。设离散信号 $y(i) \subset Y, Y$ 是 n 维欧氏空间 R^n 上的闭集。用尽可能细的 ε 网格划分 R^n，$N_{k\varepsilon}$ 是集合 Y 的网格计数。以 ε 网格作为基准，逐步放大到 $k\varepsilon$ 网络，其中 $k \in Z^+$。这样，令 $N_{k\varepsilon}$ 为离散空间上的集合 Y 的网格计数，则可以计算得到：

$$P(k\varepsilon) = \sum_{i=1}^{N/k} |\max\{y_{k(i-1)+1}, y_{k(i-1)+2}, \cdots, y_{k(i-1)+k+1}\} -$$
$$\min\{y_{k(i-1)+1}, y_{k(i-1)+2}, \cdots, y_{k(i-1)+k+1}\}| \tag{6.85}$$

其中，$j = 1, 2, \cdots, N/k$；N 为采样点数。$k = 1, 2, \cdots, M, M < N$。

网络计数 $N_{k\varepsilon}$ 为

$$N_{k\varepsilon} = P(k\varepsilon)/(k\varepsilon) + 1 \tag{6.86}$$

其中，$N_{k\varepsilon} > 1$。

在 $\lg k\varepsilon - \lg N_{k\varepsilon}$ 图中确定线性较好的一段为无标度区，设无标度区的起点和终点分别为 k_1、k_2，则：

$$\lg N_{k\varepsilon} = a \lg k\varepsilon + b, \quad k_1 \leqslant k \leqslant k_2 \tag{6.87}$$

用最小二乘法确定该直线的斜率：

$$\hat{a} = -\frac{(k_2 - k_1 + 1) \sum \lg k \lg N_{k\varepsilon} - \sum \lg k \sum \lg N_{k\varepsilon}}{(k_2 - k_1 + 1) \sum \lg^2 k - (\sum \lg k)^2} \tag{6.88}$$

其中，盒维数 $D = \hat{a}$。

基于变分模态分解与盒维数的空间目标 RCS 特征提取步骤如下，流程如图 6.52 所示。

（1）获取 RCS 序列，初始化 VMD 参数，包括模态数 K、惩罚因子 α 和带宽 τ。

（2）根据步骤（1）设置的参数对 RCS 序列进行变分模态分解，得到 K 个 IMF

图 6.52   VMD 与盒维数特征提取流程图

分量。

(3) 对每一个 IMF 分量,参考信号长度选取适当的盒子大小。本节选取盒子的边长以 2 为底指数级递增,直到大于信号的最大长度。

(4) 在双对数坐标中对 $\lg k\varepsilon - \lg N_{k\varepsilon}$ 进行最小二乘的一次曲线拟合,得到的斜率即 IMF 分量的盒维数 D_i。

(5) 将 K 个盒维数依次放入向量 $\boldsymbol{D}$,得到 K 维的特征向量:

$$\boldsymbol{D} = [D_1, D_2, \cdots, D_K] \tag{6.89}$$

3. 小波变换特征

傅里叶变换是将信号整体变换到频域,用整个频域来描述信号,而不能进行局部的分析,难以表征信号中剧烈波动的细节特征。为打破傅里叶变换的局限,法国石油工程师 J. Morlet 提出了小波变换理论,其核心是小波函数构造与多尺度分析。利用小波分析信号时,可以像变焦距镜头一样观察信号的某个细节部分。

小波函数的定义为:设 $\psi(t)$ 为一平方可积函数,即 $\psi(t) \in L^2(\boldsymbol{R})$,若其傅里叶变换 $\hat{\psi}(\omega)$ 满足条件:

$$C_\psi = \int_{\boldsymbol{R}} \frac{|\hat{\psi}(\omega)|^2}{|\omega|} \mathrm{d}\omega < \infty \tag{6.90}$$

则称 $\psi(t)$ 为一个"基本小波"("容许小波"或"母小波"),上式称作小波函数的"容许性条件"。$L^2(\boldsymbol{R})$ 表示满足 $\int_{\boldsymbol{R}} |f(t)|^2 \mathrm{d}t < \infty$ 的函数空间。

小波母函数 $\psi(t)$ 在经过伸缩和平移后可以生成一系列的小波子函数 $\psi_{a,b}(t)$:

$$\psi_{a,b}(t) = \frac{1}{\sqrt{a}} \psi\left(\frac{t-b}{a}\right), \quad a,b \in \boldsymbol{R}, \quad a > 0 \tag{6.91}$$

其中,a 是尺度因子,用以对小波母函数进行尺度缩放;b 是平移因子,用以调整子函数在时间范围内的中心位置。由此带来的影响是改变了小波基函数的分辨率,如此经过伸缩和平移变换,即可对信号在不同的频率范围采用不同的分辨率进行分析。

连续信号 $f(t)$ 在小波基下展开称为"连续小波变换"(CWT),其公式为

$$\mathrm{WT}_f(a,b) = \frac{1}{\sqrt{a}} \int_{\boldsymbol{R}} f(t) \psi^*\left(\frac{t-b}{a}\right) \mathrm{d}t \tag{6.92}$$

其中,$\psi^*\left(\frac{t-b}{a}\right)$ 是 $\psi\left(\frac{t-b}{a}\right)$ 的共轭函数。

CWT 中的参数 a、b、t 都是连续变量,而本节中的 RCS 具有一定的采样频率,属于离散信号,需要对其进行离散小波变换(DWT)。DWT 的系数一般是以二进

制的形式从 CWT 中采样得到的。令 $b=2^j$，$a=k \cdot 2^j$，则离散化的小波函数表达式如下：

$$\psi_{j,k}(t)=2^{-j/2}\psi(2_0^{-j}t-k) \tag{6.93}$$

二进制离散小波变换为

$$\mathrm{WT}_f(j,k)=\frac{1}{2^{j/2}}\int f(t)\psi^*(2_0^{-j}t-k)\mathrm{d}t \tag{6.94}$$

基于小波变换的小波分析用紧支集或快速衰减的小波函数与信号相乘，相当于对信号开了时间-频域窗口，可用图描述小波变换的时频分辨率(图 6.53)。窗口的窗宽和带宽受尺度因子 a 影响，但是对同一个小波母函数，所有小波子函数的窗口面积等于一个定值。当尺度变大时，带宽变宽，窗宽变窄；相反，当尺度变小时，则对应频率变低，带宽变窄，窗宽变宽，这种现象可用海森堡测不准原理解释。

根据小波变换理论，信号可以通过小波函数分解成低频信号 A 与高频信号 D，而低频信号可以继续分解，实现多尺度的分解，对长度为 L 的信号最多可以分解成 $\log_2 L$ 层(图 6.54)。在频域中，低频对应于大尺度，一般是对信号的全景和轮廓信息进行描述；高频对应小尺度，能表征信号中更多的细节信息。在实际应用中，高频信号经常持续时间很短，常以一种短时突变或尖峰的形式出现。一般情况下，高频分量一般是噪声存在的频段，而低频信号则在信号的整个周期内存在，这就为信号的降噪、压缩和特征提取提供了一种有效的方法。

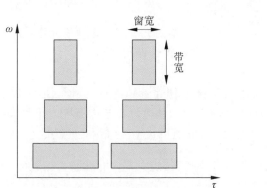

图 6.53　小波变换时频分辨率示意图

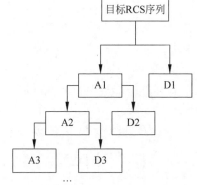

图 6.54　小波分解示意图

常用的小波函数包括哈尔小波(Haar wavelet)、多贝西小波(Daubechies wavelet)、近似对称的紧支集正交小波(Symlet wavelet)、莫莱小波、梅耶小波(Meyer wavelet)等。其中，多贝西小波是由世界著名的小波分析学者多贝西(Daubechies)构造的小波函数，通常简写为 dbN，N 是小波的阶数。小波函数 $\psi(t)$ 和尺度函数 $\phi(t)$ 中的支撑区为 $2N-1$，$\psi(t)$ 的消失矩为 N。dbN 小波具有较好的正则性，即该小波作为稀疏基所引入的光滑误差不容易被察觉，使得信号重构过程比较光滑。dbN 小波的特点是随着阶次 N 的增大消失矩阶数越大，其中消失矩越高，光滑性越好,频域的局部化能力就越强,频带的划分效果越好,但是会使时域紧支撑性减弱,同时计算量大大增加,实时性变差。另外,除 $N=1$ 外,dbN 小波不具有对称性(非线性相位),即在对信号进行分析和重构时会产生一定的相位失真。

小波能量特征是指在对 RCS 序列小波分解的基础上,计算各层重构的小波系数的能量并进行归一化处理,得到小波能量特征向量,与基于 VMD 的归一化能量特征提取步骤类似。本节对第 9 层重构的低频系数和第 1~9 层重构的高频系数计算能量,归一化处理后得到特征向量 $\boldsymbol{W}$:

$$\boldsymbol{W}=[\widetilde{E}_{A9},\widetilde{E}_{D9},\widetilde{E}_{D8},\cdots,\widetilde{E}_{D1}] \tag{6.95}$$

离散小波变换的定义为

$$\mathrm{WT}_f(a,b)=\sum_{n=1}^{N}f(n)\,\psi^*\left(\frac{t-b}{a}\right) \tag{6.96}$$

将平移因子 b 与尺度因子 a 离散化为 $b=1,2,\cdots,N,a=1,2,\cdots,M$,其中 N 为观测序列长度,$M=\mathrm{round}\left(\dfrac{N}{5}\right)$,即将 N 除以 5 后四舍五入取整。令 $\boldsymbol{A}=|WT_f(a,b)|$,则 $\boldsymbol{A}$ 是一个 $M\times N$ 维矩阵,从该矩阵中提取以下统计特征:

1) 最大奇异值

奇异值分解(singular value decomposition,SVD)是线性代数中一种重要的矩阵分解方法。对于 $M\times N$ 维矩阵 $\boldsymbol{A}$,存在一个 $M\times N$ 维酉矩阵,$\boldsymbol{U}$ 和 $N\times N$ 维酉矩阵 $\boldsymbol{V}$,使得:

$$\boldsymbol{A}=\boldsymbol{U}\boldsymbol{\Sigma}\boldsymbol{V}^{\mathrm{H}} \tag{6.97}$$

其中,$\boldsymbol{V}^{\mathrm{H}}$ 表示 $\boldsymbol{V}$ 的共轭转置,$\boldsymbol{\Sigma}$ 是半正定 $M\times N$ 维对角矩阵,其对角元素按顺序排列:$\Sigma_1\geqslant\Sigma_2\geqslant\cdots\geqslant\Sigma_h\geqslant0,h=\min(M,N)$,则最大奇异值 $t_1=\Sigma_1$。

2) 有效秩

在弗罗贝尼乌斯范数(Frobenius)意义下能最佳逼近矩阵 $\boldsymbol{A}$ 的唯一 $M\times N$ 维且秩 $k\leqslant\mathrm{rank}(A)$ 的矩阵由 $A^{(k)}=\boldsymbol{U}\boldsymbol{\Sigma}_k\boldsymbol{V}^{\mathrm{H}}$ 给定,$\boldsymbol{\Sigma}_k$ 是通过在 $\boldsymbol{\Sigma}$ 内令除 k 个最大奇异值以外其他所有奇异值都等于 0 后的对角矩阵。这一最佳逼近的质量由 $\|\boldsymbol{A}-\boldsymbol{A}^{(k)}\|_F=\left[\sum\limits_{i=k+1}^{h}\Sigma_i^2\right]^{1/2}$ 描述,其中 $0\leqslant k\leqslant h$,定义归一化比值:

$$v(k)=\frac{\|\boldsymbol{A}^{(k)}\|_F}{\|\boldsymbol{A}\|_F}=\left[\frac{\Sigma_1^2+\Sigma_2^2+\cdots+\Sigma_k^2}{\Sigma_1^2+\Sigma_2^2+\cdots+\Sigma_h^2}\right]^{1/2},\quad 0\leqslant k\leqslant h \tag{6.98}$$

选择接近 1 的数作为门限值 V_1(本节取 $V_1=0.95$),把 $v(k)$ 大于该门限值的最小 k 值定为矩阵 $\boldsymbol{A}$ 的有效秩 t_2。

3) 均值

$$t_3=\frac{1}{M\times N}\sum_{i=1}^{M}\sum_{j=1}^{N}A(i,j) \tag{6.99}$$

4) 最大值

提取 $\boldsymbol{A}$ 中的最大元素作为特征 t_4。

5) 方差

$$t_5 = \frac{1}{M \times N} \sum_{i=1}^{M} \sum_{j=1}^{N} [A(i,j) - t_3]^2 \tag{6.100}$$

6) 尺度重心

把 A 看作 $M \times N$ 维离散二维数字图像,该图像的尺度重心为

$$t_6 = \frac{\displaystyle\sum_{i=1}^{M} \sum_{j=1}^{N} [i \cdot A(i,j)]}{\displaystyle\sum_{i=1}^{M} \sum_{j=1}^{N} A(i,j)} \tag{6.101}$$

7) 中心矩

$$u_{pq} = \sum_{i=1}^{M} \sum_{j=1}^{N} [(i - t_6)^p (j - t_6)^q \cdot A(i,j)] \tag{6.102}$$

分别令 $(p,q) = (2,2),(2,4),(4,2),(4,4)$,得到 4 个中心距特征:

$$t_7 = u_{22}, \quad t_8 = u_{24}, \quad t_9 = u_{42}, \quad t_{10} = u_{44} \tag{6.103}$$

将以上 10 个特征 $t_1 \sim t_{10}$ 按顺序存入向量,构成小波统计特征向量 $\boldsymbol{T}$:

$$\boldsymbol{T} = [t_1, t_2, t_3, t_4, t_5, t_6, t_7, t_8, t_9, t_{10}] \tag{6.104}$$

4. 统计参数特征

统计参数特征是统计学的基本概念之一,在用数理统计方法研究总体时,人们所关心的实际上并非组成总体的各个个体本身,而主要是考察与它们相联系的某个(或某些)特征。研究有关特征在总体的各个个体间的分布情况,称所要考察的特征为总体的"统计参数特征"。

RCS 中常用的统计参数特征包括以下 4 种类型。

1) 位置特征参数

位置特征参数用以描述目标 RCS 序列的平均位置与特定位置。

均值:

$$\bar{\sigma} = \frac{1}{N} \sum_{k=1}^{N} \sigma_i \tag{6.105}$$

极小值:

$$\sigma_{\min} = \min_{1 \leqslant i \leqslant N} \{\sigma_i\} \tag{6.106}$$

极大值:

$$\sigma_{\max} = \max_{1 \leqslant i \leqslant N} \{\sigma_i\} \tag{6.107}$$

2) 散布特征参数

散布特征参数用以描述目标 RCS 序列在整个实数轴上的分散程度。

极差:

$$\sigma_r = \sigma_{\max} - \sigma_{\min} \tag{6.108}$$

标准差:

$$\sigma_s = \sqrt{\frac{1}{N-1}\sum_{i=1}^{N}(\sigma_i - \bar{\sigma})^2} \tag{6.109}$$

变异系数：

$$\sigma_c = \frac{\sigma_s}{\bar{\sigma}} \tag{6.110}$$

3）分布特征参数

分布特征参数用以描述 RCS 序列总体密度函数的图形特征。

标准偏度系数（度量密度函数的不对称性的参数）：

$$\sigma_g = \frac{1}{\sqrt{6N}}\sum_{i=1}^{N}\frac{(\sigma_i - \bar{\sigma})^3}{\sigma_s^3} \tag{6.111}$$

标准峰度系数（描述了密度函数的峰值与标准正态分布峰值的偏离程度）：

$$\sigma_k = \frac{1}{\sqrt{24N}}\left[\sum_{i=1}^{N}\frac{(\sigma_i - \bar{\sigma})^4}{\sigma_s^4} - 3N\right] \tag{6.112}$$

4）相关特征参数

线性相关系数（表征了序列间的相关性）：

$$r(j) = \sum_{i=1}^{N-j}\left[\frac{(\sigma_i - \bar{\sigma})}{\sigma_s}\right]\left[\frac{(\sigma_{i+j} - \bar{\sigma})}{\sigma_s(N-j)}\right] \tag{6.113}$$

线性时关系数（描述了序列值与时间之间可能存在的线性相关性的强弱）：

$$r_t(i) = \frac{\sqrt{12}}{N}\sum_{i=1}^{N}\left[\frac{(\sigma_i - \bar{\sigma})}{\sigma_s}\right]\left[\frac{i}{N} - \frac{1}{2}\right] \tag{6.114}$$

以上 4 种统计特征参数从不同方面描述了序列的统计特性。其中的位置特征参数与散步特征参数表示简单、计算快捷；对于分布特征参数，不同姿态运动的空间目标 RCS 序列可能呈现分布规律上的差异。因此在本节选择这 3 种特征，包括以下 8 个统计参数：均值 $\bar{\sigma}$、极小值 $\sigma_{\min}$、极大值 $\sigma_{\max}$、极差 σ_r、标准差 σ_s、变异系数 σ_c、偏度系数 σ_g、峰度系数 σ_k，构成特征向量 $\boldsymbol{S}$：

$$\boldsymbol{S} = [\bar{\sigma}, \sigma_{\min}, \sigma_{\max}, \sigma_r, \sigma_s, \sigma_c, \sigma_g, \sigma_k] \tag{6.115}$$

6.2.3.2　基于神经网络分类器的目标识别

1. BP 神经网络

误差反向传播（error back propagation，BP）神经网络是一种具有前馈特征的多层神经网络，包括输入层、隐含层和输出层。相邻层之间完全连接，而同一层的神经元之间无法直接传递信息。输入层和隐含层的连系由网络权值表示，权值的大小代表了两个神经元之间的连接强度；隐含层和输出层的神经元与生物学中的神经元类似，对于上一层神经元传递来的信息须达到一定阈值才能激发响应，低于阈值的信息将被滤除，高于阈值的信息将被整合形成这层神经元的输入。将学习样本输入神经网络后，样本信息从输入层经由隐含层传递到输出层，比较输出层神经元的输出与实际样本的误差,从减少该误差的方向修正网络中的连接权值。在修正过程中,误差从输出层到输入层逆向传播。经过重复多次的修正,误差降低到一定水平后结束神经网络的训练。由于 BP 算法运用了负梯度下降理论,修正总是沿误差下降最快的方向进行。

用于修正误差的学习算法包括最速下降法、动量法、变梯度法、弹性梯度下降法、Levenberg-Marquardt 算法等。经验性结论表明,Levenberg-Marquardt 算法对于包含数百个权值的函数逼近网络,在收敛速度与精度方面均表现良好;弹性梯度下降法不是用于函数逼近时的最优选择,但在模式识别时收敛速度较快。算法的选择需要根据实际应用背景,结合实践来判断,即使对于特定问题,一般也很难从理论上确定哪一种方法训练效果最优。

以三层神经网络为例,用公式表示 BP 神经网络的训练过程:

(1) 神经网络初始化,对网络中所有阈值和权值随机分配数值较小的初始量。

(2) 计算隐含层的输入与输出,采用 Sigmoid 传递函数:

$$\begin{cases} s_j^k = \sum_{i=1}^{n} a_i^k w_{ij} - \theta_j \\ b_j^k = \dfrac{1}{1+\mathrm{e}^{-s_j^k}}, j=1,2,\cdots,p \end{cases} \tag{6.116}$$

其中,p 为输出层神经元数目。

(3) 根据误差反向传播,计算神经网络各层节点的误差。

$$\begin{cases} E_k = \sum_{t=1}^{q} \dfrac{(y_t^k - c_t^k)^2}{2} \\ d_t^k = (y_t^k - c_t^k)c_t^k(1-c_t^k), \quad t=1,2,\cdots,q \\ h_j^k = \left(\sum_{t=1}^{q} d_t^k v_{jt}\right)b_j^k(1-b_j^k), \quad j=1,2,\cdots,q \end{cases} \tag{6.117}$$

其中,c_t^k 为神经网络的输出,E_k 为网络输出的均方误差,d_t^k 为输出层各节点的误差,h_j^k 为隐含层各节点的误差,q 为隐含层神经元数目。

(4) 利用以上误差,按照梯度下降原则和最小均方误差理论修正各层阈值和权值:

$$\begin{cases} v_{jt}(N+1) = v_{jt}(N) + \alpha d_t^k b_j^k \\ \gamma_t(N+1) = \gamma_t(N) - \alpha d_t^k \\ w_{ij}(N+1) = w_{ij}(N) + \beta h_j^k a_i^k \\ \theta_j(N+1) = \theta_j(N) - \beta h_j^k \end{cases} \tag{6.118}$$

其中,N 为修正次数,β 为学习速率。

(5) 循环迭代,直至网络全局误差满足要求或者达到最大训练次数。

本节采用目前较为成熟的 MATLAB 神经网络模式识别工具箱作为分类器，主要结构如图 6.55 所示。

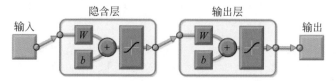

隐含层　　　　　　　输出层

输入　　　　　　　　　　　　　　　　　　　输出

图 6.55　BP 神经网络的结构

其中，输入维数与特征向量中的参数数目一致，输出的维数为 1，输入层的神经元数目为 10，激励函数为 Sigmoid 函数，学习方法为弹性梯度下降法，其余训练参数见表 6.27。validation checks 代表训练时网络的验证误差大于训练误差的次数，用来防止网络过度训练，即在训练过程中，当验证样本的误差曲线连续 6 次迭代不再下降时训练终止。

表 6.27　BP 神经网络训练参数

参 数 名 称	参 数 值
训练循环次数	1000 次
训练精度要求	1×10^{-4}
最小梯度要求	1×10^{-6}
最大训练时间	Inf
validation checks	6

2. 特征提取结果

根据前文所述的特征提取方法，计算两个样本中的每一段 RCS 观测序列的 5 个特征向量：E、D、W、T 和 S。本节以 σ_1 和 σ_2 两组 RCS 序列为例对特征提取结果进行说明。

首先，对样本 1 和样本 2 中的每一段 RCS 序列进行变分模态分解并提取归一化能量特征和盒维数特征，作为下一步目标识别的分类器输入。同样，当模态数设置太少时，信号分解不完全，各模态不具有代表性；若模态数设置太多，则会出现与中心频率相近的模态分量，说明信号过度分解，不仅增大了运算量，还加大了下一步目标识别的难度。与前文采用的 VMD 参数相同，取模态数 $K = 10$，惩罚因子 α 和带宽 τ 使用默认值：$\alpha = 2000, \tau = 0$。序列 σ_1 和 σ_2 的 VMD 分解结果如图 6.56 所示。

σ_1 为失稳旋转目标的 RCS 序列，σ_2 为三轴稳定目标的 RCS 序列。可以看出，σ_1 经 VMD 分解后的第 1 个模态分量相比 σ_2 幅度较低；对于第 2 个模态，σ_1 的幅度较高；第 2~10 个模态幅度差异不大，但 σ_1 各分量的波动起伏更加剧烈。在以上分解结果的基础上计算各模态的归一化能量与盒维数。

图 6.57 以柱状图形式展示了 σ_1 和 σ_2 基于 VMD 的归一化能量特征。虽然两组序列的能量都主要集中在模态 1，但与 σ_2 相比，σ_1 中的模态 2~10 归一化能量

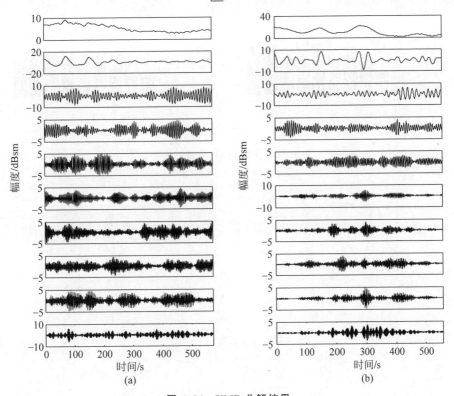

图 6.56 VMD 分解结果

(a)σ_1 的模态分量；(b) σ_2 的模态分量

较高,该结果与图 6.56 中的各模态的幅度与波动程度吻合。

图 6.58 以柱状图形式展示了 σ_1 和 σ_2 基于 VMD 的盒维数特征。可见两组序列中模态 1~3 的盒维数均递增,模态 4~10 的盒维数在某一定值附近波动。这是由于当模态中心频率较低时,模态中的起伏较少,而盒维数是复杂形体不规则性的量度,盒维数较低;图中模态 4~10 的起伏无明显差异,因此盒维数接近。

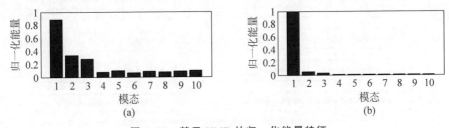

图 6.57 基于 VMD 的归一化能量特征

(a) σ_1 各模态的归一化能量；(b) σ_2 各模态的归一化能量

提取 RCS 序列的小波变换特征,选择 db6 小波(尺度函数与小波函数如图 6.59 所示)对 RCS 序列进行 9 层分解,RCS 序列可以由下列小波系数重构得到,分解结果如图 6.59、图 6.60 所示。

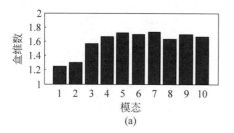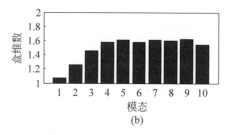

图 6.58 基于 VMD 的盒维数特征

(a) σ_1 各模态的盒维数；(b) σ_2 各模态的盒维数

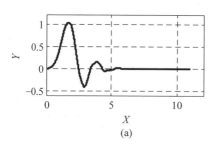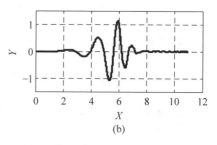

图 6.59 dB6 小波函数

(a) 尺度函数；(b) 小波函数

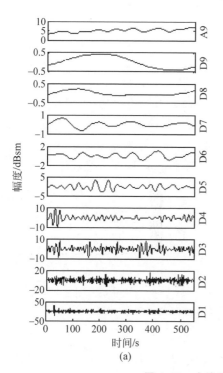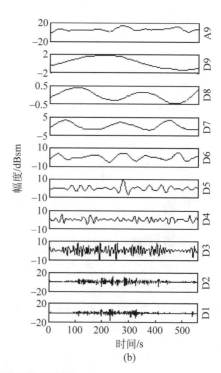

图 6.60 小波系数重构示意图

(a) σ_1 的小波分解结果；(b) σ_2 的小波分解结果

$$f=A_9+D_9+D_8+D_7+D_6+D_5+D_4+D_3+D_2+D_1$$

根据各 RCS 序列的小波分解结果，对 10 个小波重构系数的归一化能量进行计算。σ_1 和 σ_2 的小波能量特征如图 6.61 所示。

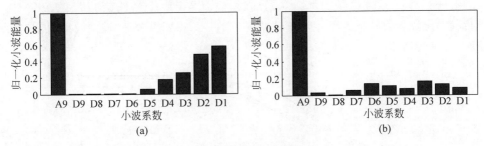

图 6.61　小波能量特征

(a) σ_1 的小波能量；(b) σ_2 的小波能量

分别计算各 RCS 序列的小波统计特征和统计参数特征，构造特征向量 T 和 S。σ_1 和 σ_2 的小波统计特征见表 6.28，统计参数特征见表 6.29。

表 6.28　小波统计特征

	t_1	t_2	t_3	t_4	t_5
σ_1	7.9050×10^3	110	25.3003	181.4954	31.1454
σ_2	1.2081×10^4	111	35.6994	305.8845	49.9913

	t_6	t_7	t_8	t_9	t_{10}
σ_1	62.0424	4.3684×10^{13}	4.3430×10^{18}	9.0332×10^{16}	9.8324×10^{21}
σ_2	56.1791	4.4023×10^{13}	4.2909×10^{18}	6.8028×10^{16}	6.8751×10^{21}

表 6.29　统计参数特征

	$\bar{\sigma}$	$\sigma_{\min}$	$\sigma_{\max}$	σ_r	σ_s	σ_c	σ_g	σ_k
σ_1	5.1339	-16.4660	50.3127	66.7787	7.3072	1.4233	0.6984	6.7699
σ_2	5.9152	-21.9146	29.2153	51.1299	6.1397	1.0380	-0.0885	4.6117

3. 目标识别结果

进行以下两个目标识别实验，绘制各个特征向量对应不同轨道高度的平均识别率曲线：

实验一：在样本 1 中，根据轨道高度的不同将样本分为 10 组，分别对同一轨道高度的特征样本进行 Holdout 交叉验证，随机选取 50% 作为训练集，20% 作为验证集，30% 作为测试集，对每组样本进行 10 次训练，最终识别结果取 10 次训练的平均值。该实验即对已知外形的库属目标识别。

从图 6.62 可以看出，在实验一中，小波能量特征 W 的整体识别率最高，在轨道高度为 200km 时平均识别率偏低，仅为 79.0%；在轨道高度为 1800km 和

2000km 时平均识别率最高,达到 99.9%。基于 VMD 的归一化能量特征 E 的识别率略低于 W,最大值仍出现在 2000km 轨道高度处,达到 99.7%。基于 VMD 的盒维数特征 D 在轨道高度为 200~800km 时,识别效果优于 E,平均识别率高出 0.4%~4.2%;当轨道高度大于 800km 时,识别准确率比 E 低 0.9%~1.9%。相对而言,统计参数特征 S 和小波统计特征 T 的平均识别率较低,识别效果明显不如其他 3 种特征。

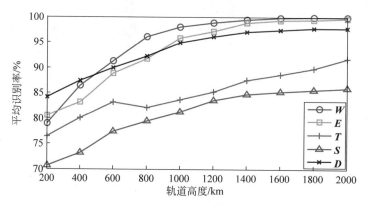

图 6.62　实验一的结果

需要指出的是,在实验过程中,发现当用基于 VMD 的盒维数特征 D 训练神经网络时,识别率最为稳定。在轨道高度为 1400km 时,各特征向量 10 次训练的结果如表 6.30 所示。表中特征 D 的 10 次训练识别率标准差最小,仅为 0.001,说明该特征对于多次独立的神经网络训练表现出较强的鲁棒性。

表 6.30　轨道高度为 1400km 时各特征向量的 10 次训练结果

	1	2	3	4	5	6	7
W	0.992	0.996	0.994	0.995	0.991	0.995	0.996
E	0.988	0.987	0.992	0.981	0.991	0.989	0.987
T	0.844	0.889	0.873	0.870	0.836	0.908	0.896
S	0.831	0.872	0.872	0.854	0.875	0.824	0.839
D	0.970	0.969	0.970	0.971	0.970	0.971	0.970

	8	9	10	平均值	标准差
W	0.996	0.991	0.995	0.994	0.002
E	0.987	0.995	0.988	0.989	0.004
T	0.852	0.898	0.881	0.875	0.024
S	0.812	0.867	0.828	0.847	0.023
D	0.971	0.971	0.968	0.970	0.001

实验二:利用实验一中训练好的神经网络,对样本 2 中相同轨道高度的特征样本进行测试,最终识别结果同样取 10 次训练的平均值。该实验即对未知外形的

非库属目标识别。

从图 6.63 可以看出,在实验二中,各特征的平均识别率相比实验一均有所下降,其中下降最严重的为小波能量特征 W,在轨道高度为 1000km 时,相比实验一,识别率降低了 20.2%。识别率较高的两个特征为基于 VMD 的归一化能量特征 E 与基于 VMD 的盒维数特征 D,E 的识别率范围为 71.8%~99.3%,D 的识别率范围为 80.8%~95.7%。统计参数特征 S 和小波统计特征 T 仍不具有优势,最高识别率仅为 87.6%。

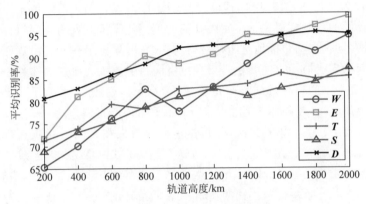

图 6.63　实验二的结果

对比两个实验结果发现,不同特征的识别率曲线的趋势一致,都是随轨道高度的增加呈上升趋势。这是因为当轨道高度较低时,单圈次的 RCS 序列较短(轨道高度为 200km 时序列的平均长度为 167s),包含的信息量不如轨道高度较高时测得的 RCS 序列(轨道高度为 2000km 时序列的平均长度为 1197s);而且在较低轨道的空间目标运行速度较快,相同时间内与地面测站的相对位置变化较大,会对 RCS 序列包含的空间目标真实的姿态变化信息造成干扰。

6.3　基于窄带 RCS 的空间目标姿态异动检测

6.3.1　基于观测几何的空间目标姿态指向状态异动检测

空间目标姿态指向状态异动是指目标在保持三轴稳定运动模式的基础上,在轨运动姿态发生异常变化。卫星承担着对地侦察、遥感等任务,根据不同的任务需求,在轨目标应不断调整姿态,使搭载的有效载荷指向任务区域。因此,对空间目标姿态指向状态的异动检测可以为判断目标动作的意图提供参考。空间目标姿态异动检测可以及时发现目标状态变化,预测其意图、分析其状态,是空间态势感知的重要组成部分。

空间目标动态 RCS 序列与观测几何关系紧密相关,同一目标在不同观测条件下呈现出的 RCS 序列完全不同。当前,基于 RCS 序列的空间目标指向状态异动检测已有部分研究成果,但都没有考虑雷达视线方向变化对 RCS 序列的影响,即忽视了目标与雷达间的观测几何关系。针对上述问题,通过分析观测几何关系对空间目标 RCS 的影响,采用计算动态时间规整(dynamic time warping,DTW)距离的方法筛选与当前观测数据具有相似观测几何关系的历史数据,利用随机森林(random forest,RF)算法选取优质特征构造特征向量,并利用 BP 神经网络分类器对空间目标姿态指向状态进行异动检测。

RCS 序列受雷达视线方向的影响,在分析 RCS 特性数据时需要重点考虑雷达与空间目标间的观测几何关系。观测几何的不同使得雷达观测空间目标的表面不同,致使针对同一空间目标地基雷达获得的 RCS 序列也不一样。由观测几何关系改变而引起的雷达视线方向变化需要在以空间目标质心为原点的惯性坐标系下进行。首先,定义空间目标的质心轨道坐标系 $OXYZ$,如图 6.64 所示。坐标系原点在空间目标质心,$+X$ 轴指向速度方向,$+Z$ 轴由质心指向地心,$+Y$ 轴与 X 轴和 Z 轴正交并满足右手定律。其次,分析雷达视线方向在空间目标质心轨道坐标系下的变化规律,如图 6.65 所示。定义雷达视线方向在 $OXYZ$ 坐标系下的矢量为 **FacInSat**,矢量方向可由 **FacInSat** 在 OXY 平面内的投影与 $+X$ 轴的夹角 a(方位角)和在 $OXYZ$ 坐标系与 $+Z$ 轴的夹角 e(高低角)确定。本节研究的观测几何关系就是 **FacInSat** 在各观测弧段内方位角 a 和高低角 e 的变化规律。

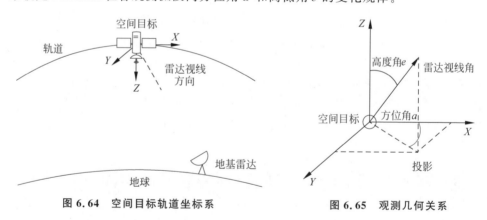

图 6.64　空间目标轨道坐标系　　　　　图 6.65　观测几何关系

在 STK 软件中建立轨道高度为 1000km,倾角为 98°,升交点赤经为 110° 的圆形轨道。观测雷达位置为 100.5°E,29.6°N,观测时间为 2018 年 1 月 1 日 00:00:00.000—2018 年 2 月 1 日 00:00:00.000UTC,其中观测弧段内空间目标的星下点轨迹如图 6.66 所示。从图中可以看出,地球自转造成目标星下点轨迹发生偏移,致使不同观测弧段内对三轴稳定目标雷达视线方向的观测表面发生改变,空间目标在时间和空间尺度上的伸缩平移使得动态 RCS 序列的数值大小和长度产生变化。

在传统空间目标姿态指向状态异动检测方法中,基于 RCS 序列的统计参数特

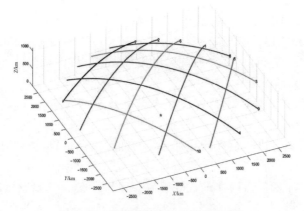

图 6.66　空间目标星下点的轨迹变化

征进行判断是一种较为经典的方法,其机理在于比较不同观测弧段内 RCS 序列的变化趋势,达到快速判断异动的目的,但检测精度还有很大的提升空间。一方面是提取的特征本身对目标指向状态变化不够敏感,另一方面是没有考虑到观测几何关系这种客观因素变化对 RCS 序列产生的影响,忽略了 RCS 序列因数值大小变化及长度伸缩对提取特征造成的干扰。因此,本节采用从历史数据中筛选具有相似观测几何关系 RCS 序列的方法,构建更加精确有效的训练集合,提高异动检测效果。

6.3.1.1　基于 DTW 的相似观测几何关系历史数据筛选

DTW 算法最早用于语音识别领域,是一种通过动态时间规划来计算距离进而判断序列相似度的算法。时序序列间相似度的判断一般都是通过计算距离进行(如欧氏距离、马氏距离),但也都存在只能计算长度相同的序列的问题。DTW 算法是为了处理不等长时间序列间相似度问题而产生的,适用于计算因地球自转而产生时间伸缩变化的空间目标 RCS 序列相似度。针对低轨空间目标观测几何关系变化复杂和数据不等长的特点,本节采用基于 DTW 的历史数据筛选方法。

DTW 算法最早由日本学者 Sakoe 提出,用于解决语音识别中序列不等长的问题。因 DTW 算法具有计算简单、鲁棒性强、识别效果好等特点,后来由 Berndt 和 Clifford 拓展到各领域以处理不等长时序序列。设有两个一维时序序列 $x(i)$,$i=1,2,\cdots,n$ 和 $y(j)$,$j=1,2,\cdots,m$,长度分别为 n 和 m。计算 $n\times m$ 的距离矩阵 $\boldsymbol{D}$:

$$\boldsymbol{D}(i,j)=d(x(i),y(j)) \tag{6.119}$$

其中,d 称为局部距离,表示两时序序列中两点间的距离,这里取欧氏距离,即 $d(x(i),y(j))=[x(i)-y(j)]^2$。

用规整路径 W 来描述两序列间的映射方式:

$$\begin{cases} W=(w_1,w_2,\cdots,w_t) \\ w_t=d(x(i),y(j)) \end{cases} \tag{6.120}$$

其中,w_t 是规整路径 W 上的第 t 个元素,且规整路径 W 长度满足 $t \in [\max(n, m), n+m-1]$。规整路径的示意图如图 6.67 所示。

此外,规整路径还需满足如下条件:

(1) 边界性:两待测时序序列首尾点相对应,即 W 的计算从 $(x(1), y(1))$ 开始,$(x(n), y(m))$ 结束。

(2) 单调性、连续性:对于 W 中的相邻元素 $w_t = dx(x(i), y(j))$,$w_{t-1} = d(x(i)', y(j)')$ 满足 $|x(i) - x(i)'| \in [0,1]$ 和 $|y(j) - y(j)'| \in [0,1]$,任意时刻点只能和相近时刻点进行距离计算且要沿时间轴单调进行,不同时刻点间的映射不能存在交叉。

在满足以上条件后需寻找最优规整路径,以距离之和的最小值作为 DTW 距离,如图 6.68 所示。

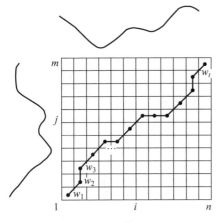

图 6.67　规整路径示意图

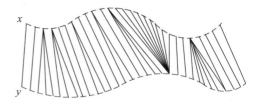

图 6.68　DTW 距离示意图

为求解 DTW 距离,需构建 $n \times m$ 的距离积累矩阵 $\boldsymbol{S}$,$\boldsymbol{S}$ 满足:

$$\begin{cases} \boldsymbol{S}(1,1) = d(x(1), y(1)) \\ \boldsymbol{S}(i,j) = d(x(i), y(j)) + \min(\boldsymbol{S}(i-1,j), \boldsymbol{S}(i,j-1), \boldsymbol{S}(i-1,j-1)) \end{cases}$$

$$(6.121)$$

由前文可知,地基监测雷达与空间目标间的观测几何关系可由雷达视线方向在目标质心坐标系下的方位角 a 和高低角 e 确定,因此搜索与当前观测数据方位角 a、高低角 e 具有相似变化规律的历史观测数据即可完成筛选,流程(图 6.69)如下。

步骤 1　在 STK 软件中建立空间目标轨道坐标系,并通过修改 STK 报表管理器输出雷达视线方向的矢量 **FacInSat** 在空间目标轨道坐标系下的方位角 a 和高低角 e 的动态时序数据。

步骤 2　建立历史观测弧段数据库(动态 RCS 序列数据集、雷达视线方位角数据集 a、雷达视线高低角数据集 e)。

步骤 3　获取当前雷达视线角的方位角 a' 和高低角 e' 下的 RCS 数据。

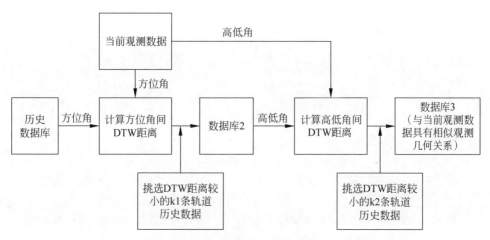

图 6.69　历史数据筛选流程

步骤 4　计算当前观测目标的方位角 a' 与历史数据集 a 中各观测弧段方位角的 DTW 距离,并按距离从小到大排序。筛选出排列在前 k_1 个历史观测弧段的 RCS 序列集和雷达视线高低角数据集组成数据库 2,k_1 是决定数据库 2 大小的参数。

步骤 5　计算当前观测目标高低角 e' 与数据库 2 中各观测弧段高低角的 DTW 距离,并按距离从小到大排序。筛选出排列在前 k_2 个历史观测弧段的 RCS 序列集组成数据库 3,k_2 是决定数据库 3 大小的参数。

步骤 6　当前观测弧段与数据库 3 中的历史观测弧段具有相似观测几何关系,其动态 RCS 序列曲线更加相似。

为了验证历史数据筛选方法的有效性,通过卫星工具箱 STK 设置低轨卫星的轨道参数并对观测情况进行分析。观测雷达位置设定为 100.5°E、29.6°N,卫星轨道是高度为 1000km,倾角为 98° 的圆形轨道,姿态呈三轴稳定对地定向,观测时间为 2018 年 1 月 1 日 00:00:00.000—2018 年 2 月 1 日 00:00:00.000UTC。

图 6.70～图 6.72 分别为同一空间目标历史数据筛选前,位于不同观测弧段内雷达视线方向矢量 **FacInSat** 的方位角、高低角变化曲线及目标的动态 RCS 序列曲线。从图中可以看出,由于空间目标的轨道运动特性不同,观测弧段内雷达与目标间的观测几何关系发生变化,同一目标在三轴稳定姿态下仿真获得的 RCS 序列在时间轴上产生不同程度的伸缩变化,若是直接通过提取 RCS 特征描述曲线的相似程度,将会对异动检测结果造成干扰。

图 6.73～图 6.75 分别为同一空间目标历史数据筛选后,位于不同观测弧段内雷达视线方向矢量 **FacInSat** 的方位角、高低角变化曲线及目标的动态 RCS 序列曲线。从图中可以看出,经过筛选的不同观测弧段雷达视线方向矢量 **FacInSat** 方位角和高低角变化曲线高度近似,实现了前文定义的相似观测几何关系的历史数据筛选,筛选后的同一目标在三轴稳定姿态下仿真获得的 RCS 序列变化趋势的相似程度大大提高。

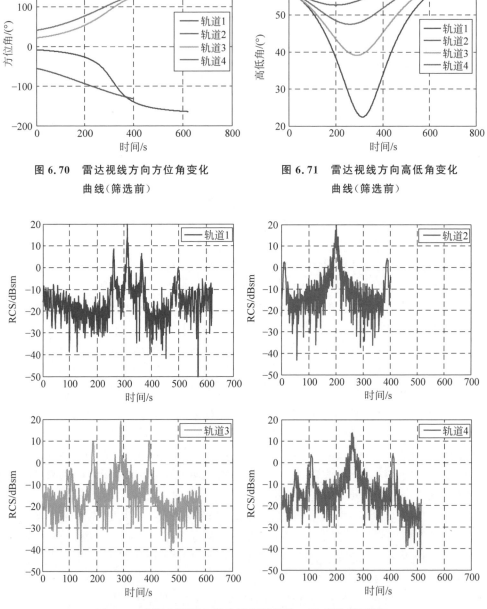

图 6.70　雷达视线方向方位角变化
曲线（筛选前）

图 6.71　雷达视线方向高低角变化
曲线（筛选前）

图 6.72　目标相同指向状态不同弧段的 RCS 曲线（筛选前）

　　对比上述结果可以看出，本节采用方法基于当前观测数据实现了具有相似观测几何关系数据集的筛选，相较于传统方法更具有几何意义和实际的物理意义。

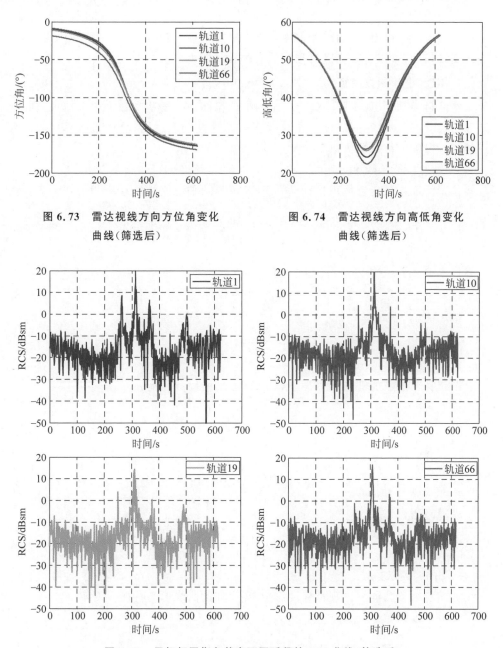

图 6.73 雷达视线方向方位角变化
曲线(筛选后)

图 6.74 雷达视线方向高低角变化
曲线(筛选后)

图 6.75 目标相同指向状态不同弧段的 RCS 曲线(筛选后)

6.3.1.2 空间目标姿态指向状态异动检测

对于空间目标姿态指向状态的异动检测,因其运动模式并未发生变化,诸如小波能量谱、小波包能量谱、变分模态分解能量谱等能量特征难以有效反映异动。在相似观测几何条件下,同一指向状态的空间目标动态 RCS 序列具有较高相似度,因此可以提取 RCS 统计参数特征进行检测。此外,空间目标 RCS 动态序列是非平稳信号,分形特征作为曲线相似性判别的重要特征,与欧氏几何特征相比更适合描述实际信号,可以有效提高对异动状态的检测能力。

1. RCS 统计参数特征

空间目标动态 RCS 序列具有一定的统计特性并在某些参数上得以体现,利用空间目标动态 RCS 序列的统计参数特征可以对目标姿态运动模式进行识别。常用的统计参数特征可分为以下 4 类。

1) 位置特征参数

位置特征参数能够体现目标动态 RCS 序列的平均值和极值。

平均值:

$$\bar{\sigma} = \frac{1}{N}\sum_{k=1}^{N}\sigma_i \tag{6.122}$$

极大值:

$$\sigma_{\max} = \max_{1 \leqslant i \leqslant N}\{\sigma_i\} \tag{6.123}$$

极小值:

$$\sigma_{\min} = \min_{1 \leqslant i \leqslant N}\{\sigma_i\} \tag{6.124}$$

2) 散布特征参数

散布特征参数能够体现目标动态 RCS 序列的离散程度。

极差:

$$\sigma_r = \sigma_{\max} - \sigma_{\min} \tag{6.125}$$

标准差:

$$\sigma_s = \sqrt{\frac{1}{N-1}\sum_{i=1}^{N}(\sigma_i - \bar{\sigma})^2} \tag{6.126}$$

变异系数:

$$\sigma_c = \frac{\sigma_s}{\bar{\sigma}} \tag{6.127}$$

3) 分布特征参数

分布特征参数能够体现目标动态 RCS 序列的曲线形态特征。

标准偏度系数:

$$\sigma_g = \frac{1}{\sqrt{6N}}\sum_{i=1}^{N}\frac{(\sigma_i - \bar{\sigma})^3}{\sigma_s^3} \tag{6.128}$$

标准峰度系数:

$$\sigma_k = \frac{1}{\sqrt{24N}}\left[\sum_{i=1}^{N}\frac{(\sigma_i - \bar{\sigma})^4}{\sigma_s^4} - 3N\right] \tag{6.129}$$

4）相关特征参数

线性相关系数：

$$r(j) = \sum_{i=1}^{N-j} \left[\frac{(\sigma_i - \bar{\sigma})}{\sigma_s} \right] \left[\frac{(\sigma_{i+j} - \bar{\sigma})}{\sigma_s(N-j)} \right] \tag{6.130}$$

线性时关系数：

$$r_t(i) = \frac{\sqrt{12}}{N} \sum_{i=1}^{N} \left[\frac{(\sigma_i - \bar{\sigma})}{\sigma_s} \right] \left[\frac{i}{N} - \frac{1}{2} \right] \tag{6.131}$$

上述特征参数能够从多个角度描述目标动态 RCS 序列的统计特性。位置特征参数和散布特征参数表现较为直观，计算方便快捷，而空间目标姿态运动模式的改变可能引起 RCS 序列分布规律上的变化。因此，本节选择位置特征参数、散布特征参数和分布特征参数构造特征向量。

2. 分形特征

分形理论常被用于异动状态检测识别，对于空间目标而言，在不同指向状态下获得的 RCS 序列分形维数会有一定偏差，因此可以通过提取 RCS 分形特征对目标指向状态进行判断。为简化计算，此处采用单重分形特征中的盒维数特征对空间目标运动状态进行描述。

对于一维曲线 F 采用边长为 σ 的正方形覆盖该曲线，完整覆盖曲线 F 的正方形数目为 $N_\sigma(F)$，则曲线 F 的盒维数定义为

$$F_d = \lim_{\sigma \to 0} \frac{\ln N_\sigma(F)}{-\ln(\sigma)} \tag{6.132}$$

通过研究发现，$N_\sigma(F)$ 与正方形边长 σ 呈反比关系，并满足指数关系：

$$N_\sigma(F) = C \cdot \sigma^{-F_d} \tag{6.133}$$

等号两边互取对数得：

$$\ln N_\sigma(F) = \ln C - F_d \ln \sigma \tag{6.134}$$

盒维数 F_d 为函数的斜率，由于式（6.131）中的极限难以求解，所以需要做近似处理。将包含曲线 F 的平面尽可能以边长足够小的 σ 正方形网格划分，逐步放大为 kσ 网格，其中 $k = 1, 2, \cdots, K$。令 $N_\sigma(F)$ 为 kσ 网格和曲线 F 的交点数量。通过最小二乘法求得函数斜率，即盒维数为

$$F_d = -\frac{K \sum_{k=1}^{K} \ln k\sigma \cdot \ln N_{k\sigma}(F) - \sum_{k=1}^{K} \ln k\sigma \sum_{k=1}^{K} \ln N_{k\sigma}(F)}{K \sum_{k=1}^{K} \ln^2 k\sigma - \left(\sum_{k=1}^{K} \ln k\sigma \right)^2} \tag{6.135}$$

3. 基于随机森林算法的特征选择

在进行特征工程时经常发现，并不是所有提取的特征都能对分类起到很好的

作用,冗余特征会导致分类效率低下、弱化分类器对未知类别的泛化能力,因此需要通过特征选择的方式选出相对有效的特征构建特征向量。

随机森林算法是 Breiman 在 2001 年提出的一种由多棵决策树共同组成的集成学习算法。每颗决策树都相当于一个分类器,假设随机森林拥有 n 个决策树,将训练数据集以随机重抽样的方式分为 n 个样本,经相互独立的决策树进行分类,通过投票选择确定分类结果。随机森林学习的流程如图 6.76 所示。

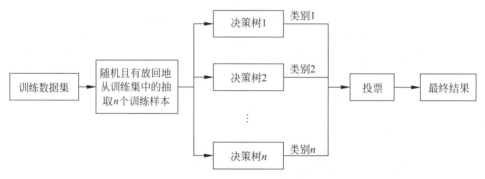

图 6.76　随机森林学习过程流程图

作为一种常用的机器学习算法,随机森林算法能够评估特征对分类结果的重要性,因此本节选用随机森林算法对提取特征进行选择。随机森林算法对特征重要性的评估步骤如下。

步骤 1　由全部提取特征构成数据集,从中以随机重抽样的方式采样从而形成袋内数据,作为训练集;未被采样的数据形成袋外数据,作为决策树分类的测试集。

步骤 2　利用训练集构建随机森林模型,对模型中的每一颗决策树都用相应的测试集来计算它的误差,记为 error1。

步骤 3　在测试集中随机改变某个特征 X 的数值,再次计算它的误差,记为 error2。

步骤 4　若构建的随机森林模型中有 N 颗决策树,则可以得到对于特征 X 的重要性公式:

$$\mathrm{VI} = \sum (\mathrm{error2} - \mathrm{error1})/N \tag{6.136}$$

随机森林算法只能计算特征的重要性,并不能去除冗余特征。冗余特征是指选择 m 个重要性最高的特征并非就是检测效果最好的 m 个特征。为了兼顾单个特征的重要性和冗余特征这两方面采取以下步骤。

步骤 5　在获得数据集中所有特征的重要性 VI 后,将其降序排列并按比例剔除部分特征,构成新的特征集并计算其重要性。

步骤 6　重复步骤 5 直到剩下 m 个特征。

步骤7 每个特征集都对应一个随机森林模型,计算相应的袋外误差率,选出误差率最低的特征集。

随机森林算法能够通过计算选取特征与异动检测结果之间的相关程度判断特征的重要性,最终确定较为有效的特征构建特征向量。

4. BP 神经网络

人工神经网络通过模拟生物神经系统及其信息处理机制,对不确定性问题具备较强的学习能力,已经被广泛应用于目标识别领域。反向传播(back propagation,BP)神经网络是一种按照误差逆向传播算法训练的多层前馈神经网络,其因算法简单、便于实现在雷达识别领域得到了大量应用。

BP 神经网络由输入层、隐含层和输出层构成(图 6.55),可以分为正向传播和反向传播两个训练过程。正向传播以输入层到输出层的方向进行,输入样本经隐含层非线性变换产生输出样本,若输出样本与预期样本不符则进入反向传播,将输出误差经隐含层向输入层反传,调整各层权值使输出误差沿梯度方向下降,训练过程如下。

步骤1 网络参数初始化,随机分配权值和阈值。

步骤2 采用 Sigmoid 函数作为激活函数,计算隐含层的输入、输出:

$$\begin{cases} s_j^k = \sum_{i=1}^n d_i^k w_{ij} - \theta_j \\ b_j^k = \dfrac{1}{1 + e^{-s_j^k}}, j = 1,2,\cdots,p \end{cases} \tag{6.137}$$

其中,p 为输出层所含神经元数目。

步骤3 根据输出误差反向传播,并计算各层神经元的误差。

$$\begin{cases} E_k = \sum_{t=1}^q \dfrac{(y_t^k - c_t^k)^2}{2} \\ d_t^k = (y_t^k - c_t^k)c_t^k(1 - c_t^k), \quad t = 1,2,\cdots,q \\ h_j^k = \left(\sum_{t=1}^q d_t^k v_{jt}\right)b_j^k(1 - b_j^k), \quad j = 1,2,\cdots,q \end{cases} \tag{6.138}$$

其中,c_t^k 为输出样本,y_t^k 为预期样本,E_k 为输出误差,d_t^k 为输出层各神经元误差,h_t^k 为隐含层各神经元误差,q 为隐含层所含神经元数量。

步骤4 利用上述误差按照梯度下降准则和最小均方误差理论对各层参数进行修正。

步骤5 当输出误差满足要求或训练次数达到最大时停止迭代。

本节利用 MATLAB 中的神经网络工具箱构建分类器。

输入层维数等于构造特征向量的维数,输出层维数为1,隐含层神经元数量为10,采用弹性梯度下降算法训练网络,50%作为训练集,20%作为验证集,30%作为测试集。其余训练参数见表 6.31。

表 6.31 BP 神经网络训练参数

参 数 名 称	参 数 值
训练次数	1000 次
训练精度	1×10^{-4}
训练时间	∞
失败次数	6 次
梯度要求	1×10^{-6}

5. 仿真分析

建立如图 6.77~图 6.79 所示的卫星模型,图中标注了每颗卫星在卫星轨道坐标系下的指向状态,卫星均采用三轴稳定对地定向的姿态在轨正常运行。雷达测站的地理位置设定为 100.5°E、29.6°N,卫星轨道是高度为 1000km,倾角为 98°的圆形轨道,观测时间为 2018 年 1 月 1 日 00:00:00.000 至 2019 年 1 月 1 日 00:00:00.000UTC。按照相似观测几何关系筛选方法对仿真数据进行处理,其中 k_1 取 100,k_2 取 60。

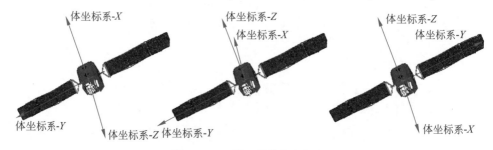

图 6.77 卫星 1 及其指向状态

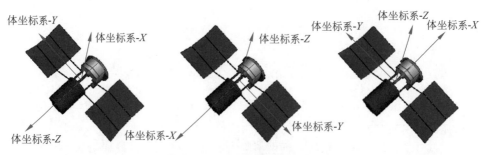

图 6.78 卫星 2 及其指向状态

空间目标 RCS 与雷达视线方向观测表面的形状、材质等属性紧密相关,在相同观测几何关系下,目标不同指向状态受雷达波照射的表面改变,导致相应动态 RCS 序列产生变化,成为判断目标姿态指向状态异动的依据,如图 6.80~图 6.82 所示。

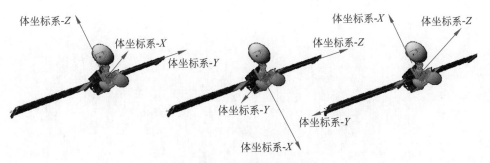

图 6.79 卫星 3 及其指向状态

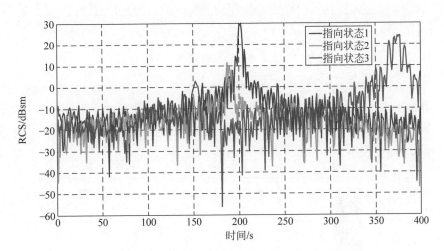

图 6.80 卫星 1 不同指向状态下 RCS 序列

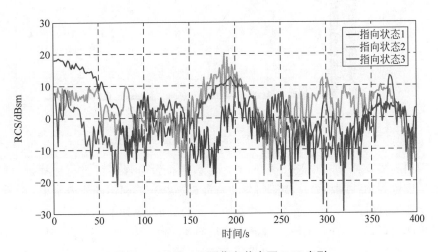

图 6.81 卫星 2 不同指向状态下 RCS 序列

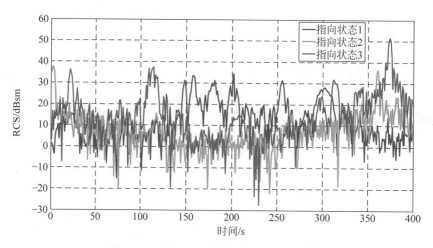

图 6.82　卫星 3 不同指向状态下 RCS 序列

　　为了验证小波能量谱特征、小波包能量谱特征、变分模态分解特征对空间目标姿态指向状态异动的检测效果,分别提取目标在不同指向状态下的能量谱特征,如图 6.83～图 6.85 所示,可以看出上述 3 种变换域能量谱特征对指向状态异动的反映不够显著,不适用于此处的异动检测对象。

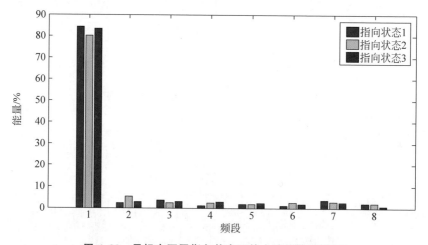

图 6.83　目标在不同指向状态下的小波能量谱特征

　　利用随机森林算法对 RCS 序列统计参数特征及分形特征进行选择。决策树的数量设置为 1000 棵,最佳特征向量的特征设为 5 个。利用随机森林对所有特征的重要性进行排序,每次去除两个重要性最低的特征,得到新的特征向量。重复上述过程两次,得到含有 5 个最优特征的特征向量,如图 6.86～图 6.88 所示。

　　可以看出在各个特征中,空间目标 RCS 序列的标准差、极小值、变异系数、盒维数和偏度系数的重要性较高,有利于对空间目标指向状态进行判别。为了进行对比,此处将经过随机森林算法选择的特征向量记为特征向量 1,将未进行特征选

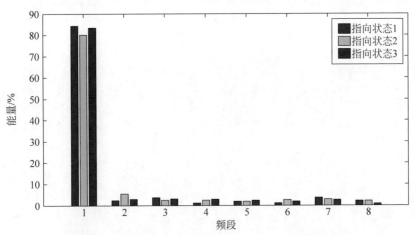

图 6.84　目标在不同指向状态下的小波包能量谱特征

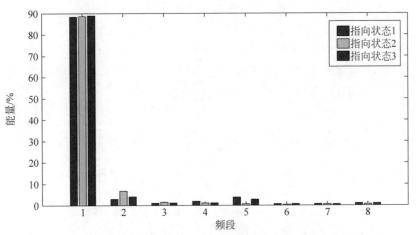

图 6.85　目标在不同指向状态下的变分模态分解能量谱特征

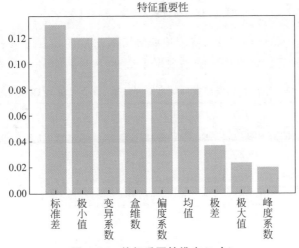

图 6.86　特征重要性排序(9 个)

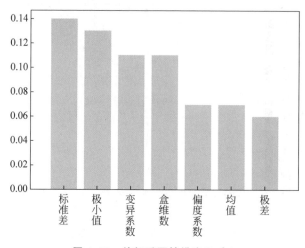

图 6.87　特征重要性排序（7 个）

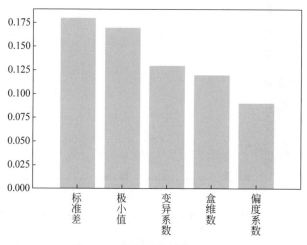

图 6.88　特征重要性排序（5 个）

择的特征向量记为特征向量 2。将上述两种方式选取的特征输入构建的 BP 神经
网络模型，对空间目标姿态指向状态进行异动检测，结果如表 6.32 所示。

表 6.32　空间目标姿态指向状态检测结果（特征向量 1/特征向量 2）

工作状态		卫星 1			卫星 2			卫星 3		
		状态 1	状态 2	状态 3	状态 1	状态 2	状态 3	状态 1	状态 2	状态 3
卫星 1	状态 1	48/45	7/8	7/6						
	状态 2	5/7	47/44	7/8						
	状态 3	7/8	6/8	46/46						

续表

工作状态		卫星1			卫星2			卫星3		
		状态1	状态2	状态3	状态1	状态2	状态3	状态1	状态2	状态3
卫星2	状态1				42/43	9/11	9/7			
	状态2				8/8	45/41	11/8			
	状态3				10/9	6/8	40/45			
卫星3	状态1							43/36	8/9	9/13
	状态2							10/10	41/39	9/10
	状态3							7/14	11/12	42/37

对检测结果进行统计,空间目标姿态指向状态识别的准确率如表 6.33 所示。可以看出经过相似观测几何关系筛选,以随机森林算法选取特征构造特征向量对同一卫星不同指向状态的平均检测率最高可达 78.3%,验证了所提方法的有效性。对比两种不同构造特征向量方法的平均检测率可知(特征向量 1 为 72.9%,特征向量 2 为 69.6%),经过特征选择的特征向量有更好的识别效果,这是因为随机森林算法通过集成学习投票的方式找到了对空间目标指向状态识别更为有效的特征。

表 6.33 空间目标姿态指向状态识别的准确率(特征向量 1/特征向量 2) %

卫星/指向状态	指向状态 1	指向状态 2	指向状态 3
卫星 1	80.0/75.0	78.3/73.3	76.6/76.6
卫星 2	70.0/71.6	75.0/68.3	66.6/75.0
卫星 3	71.6/60.0	68.3/65.0	70.0/61.6

6.3.2 基于无监督学习的空间目标姿态运动模式异动检测

随着姿态控制技术的发展,目前大多数空间目标都采用三轴稳定的姿态运动模式。当姿态控制系统发生故障或燃料耗尽时,空间目标将在摄动力的影响下产生失稳旋转,最终衍化为绕主惯量轴旋转并伴有一定进动和章动的翻滚状态。空间目标 RCS 序列具有相对简单、易处理的优势,通过地基雷达获取目标 RCS 序列对姿态运动模式进行检测是判断目标是否正常工作的一种有效态势感知手段。

目前的主流手段是利用模式识别的方法对空间目标姿态运动模式进行检测,但是存在两点不足。首先,空间目标 RCS 序列是一种非平稳信号,如何从中提取稳健有效的特征对姿态运动模式进行判断是当前研究的重点与难点;其次当前研究多采用有监督学习的方式构建分类器,需要大量已知样本,但在实际工程中由于航天工程的高可靠性,空间目标 RCS 序列存在类间样本数量不均衡的特点,考虑到姿态异动的多样性和对非合作目标的监测,获取训练样本的成本较高。

针对上述问题,本节研究了空间目标 RCS 的统计参数特征、小波变换统计特征,以及小波变换能量特征,提出了一种基于小波包分解(wavelet packet decomposition, WPD)能量谱特征的无监督学习方法,对空间目标姿态运动模式进行异动检测。利用 WPD 对 RCS 序列进行处理,计算各频段的归一化能量构造特征向量。采用单分类支持向量机(one class support vector machine,OCSVM)以无监督学习的方式检测异动,对比分析了不同特征提取方法的优劣,并讨论了轨道高度对异动检测效果的影响。

基于动态 RCS 序列特征提取的异动检测方法是当前研究的主流。RCS 统计参数特征与分形特征难以准确反映目标运动模式的异动。小波变换是一种经典的非平稳信号分析方法,能够凸显不同运动模式下 RCS 序列在各个频段信号的特点,本节将介绍小波变换统计特征、小波变换能量谱特征、WPD 能量谱特征这 3 种广泛应用的特征,从提取变换域特征的角度进行目标运动模式异动检测。

6.3.2.1 小波变换算法分析

常规的信号频谱分析方法难以对非平稳、非线性的信号进行描述。小波变换能够克服常规方法存在的缺点,同时对时域和频域局部化分析,突出信号的细节特征,非常适合 RCS 这种非平稳信号的处理。

小波函数的定义:设函数 $\psi(t) \in L^2(R)$,$L^2(R)$ 为平方可积分空间,$\psi(t)$ 经傅里叶变换后为 $\psi(\omega)$,其满足条件:

$$C_\psi = \int_0^{+\infty} \frac{|\psi(\omega)|^2}{\omega} d\omega < +\infty \qquad (6.139)$$

其中,$\psi(\omega)$ 为母小波,ω 表示频率;式(6.139)也被称为小波函数的"容许性条件"。对母小波进行伸缩和平移变换后可以生成小波子函数 $\psi_{a,b}(t)$:

$$\psi_{a,b}(t) = \frac{1}{\sqrt{a}} \psi\left(\frac{t-b}{a}\right) a, b \in \mathbf{R}, \quad a > 0 \qquad (6.140)$$

其中,$\psi_{a,b}(t)$ 称为"小波基函数";a 表示小波基函数尺度缩放的程度,称为"尺度因子";b 表示时间范围内子函数的中心位置,称为"平移因子"。通过调节尺度因子和平移因子,得到不同分辨率的小波基函数以对信号进行多分辨率分析。

对连续信号 $f(t)$ 以小波基函数进行展开称为"连续小波变换",其表达式为

$$\mathrm{WT}_f(a,b) = \frac{1}{\sqrt{a}} \int_R f(t) \psi^*\left(\frac{t-b}{a}\right) dt, \quad a > 0 \qquad (6.141)$$

其中,ψ^* 表示复共轭,将其进行逆变换得:

$$f(t) = \frac{1}{C_\psi} \int_0^{+\infty} \frac{1}{a^2} da \int_0^{+\infty} W_f(a,b) \psi_{a,b}(t) dt \qquad (6.142)$$

可见 $f(t)$ 能够由 $W_f(a,b)$ 重构得到。动态 RCS 序列属于离散信号,对上述参数 a、b、t 进行离散化处理,设 $b = 2^j$,$a = k \cdot 2^j$,则离散化的小波基函数表示为

$$\psi_{j,k}(t) = 2^{-j/2} \psi(2^{-j}t - k) \qquad (6.143)$$

其中,j 为频域尺度,k 为时域尺度。因此,二进制的离散小波变换定义为

$$\mathrm{WT}_f(j,k) = \frac{1}{2^{j/2}}\int f(t)\psi_{j,k}^*(2^{-j}t-k)\mathrm{d}t \tag{6.144}$$

综上所述,小波变换是一种多分辨率的信号时频分析方法。在分析低频信号时,其时间窗较大;在分析高频信号时,其时间窗较小,这恰恰符合低频信号持续时间长,高频信号持续时间短的自然规律。因此,小波变换在时频分析方面有其他方法不可比拟的优点,被广泛应用于时频分析和目标识别领域。

6.3.2.2 小波变换统计特征

通过将平移因子和尺度因子离散化,取 $b=1,2,\cdots,N,a=1,2,\cdots,M$,将观测数据 $f(n)$ 的离散小波变换定义为

$$\mathrm{WT}_f(a,b) = \sum_{n=1}^{N} f(n)\psi^*\left(\frac{t-b}{a}\right) \tag{6.145}$$

令 $\boldsymbol{A}=|\mathrm{WT}_f(a,b)|$,从 $M\times N$ 维矩阵 $\boldsymbol{A}$ 中提取统计特征如下。

1) 最大奇异值特征

存在 $M\times M$ 维酉阵 $\boldsymbol{U}$ 和 $N\times N$ 维酉阵 $\boldsymbol{V}$ 使矩阵 $\boldsymbol{A}=\boldsymbol{U}\boldsymbol{\Sigma}\boldsymbol{V}^{\mathrm{H}}$,其中 $\boldsymbol{V}^{\mathrm{H}}$ 为 $\boldsymbol{V}$ 的共轭转置;$\boldsymbol{\Sigma}$ 为 $M\times N$ 维对角矩阵且其主对角元素 Σ_{hh} 非负,$h=1,2,\cdots$,$\min(M,N)$;则最大奇异值 $t_1=\max\Sigma_{hh}$。

2) 有效秩特征

从 $\boldsymbol{\Sigma}$ 中挑选前 k 个最大奇异值并将其余奇异值归 0 得到对角矩阵 $\boldsymbol{\Sigma}_k$。在弗罗贝尼乌斯范数(Frobenius form)意义下可以确定逼近矩阵 $\boldsymbol{A}$ 的唯一 $M\times N$ 维且秩 $k\leqslant\mathrm{rank}(\boldsymbol{A})$ 的矩阵 $\boldsymbol{A}^{(k)}$,其中 $\boldsymbol{A}^{(k)}=\boldsymbol{U}\boldsymbol{\Sigma}_k\boldsymbol{V}^{\mathrm{H}}$。最佳逼近质量的定义为

$$\|\boldsymbol{A}-\boldsymbol{A}^{(k)}\|_F = \left[\sum_{i=k+1}^{h}\Sigma_i^2\right]^{1/2} \tag{6.146}$$

其中,$0\leqslant k\leqslant h$,归一化比值的定义为

$$v(k) = \frac{\|\boldsymbol{A}^{(k)}\|_F}{\|\boldsymbol{A}\|_F} = \left[\frac{\Sigma_1^2+\Sigma_2^2+\cdots+\Sigma_k^2}{\Sigma_1^2+\Sigma_2^2+\cdots+\Sigma_h^2}\right]^{1/2},\quad 0\leqslant k\leqslant h \tag{6.147}$$

选择一个约为 1 的数设置为门限值 V_1(此处取 $V_1=0.95$),则把 $v(k)>V_1$ 的 k 的最小值定义为矩阵 $\boldsymbol{A}$ 的有效秩特征 t_2。

3) 均值特征

$$t_3 = \frac{1}{M\times N}\sum_{i=1}^{M}\sum_{j=1}^{N}\boldsymbol{A}(i,j) \tag{6.148}$$

4) 最大值特征

$$t_4 = \max_{\substack{1\leqslant i\leqslant M \\ 1\leqslant j\leqslant N}}\boldsymbol{A}(i,j) \tag{6.149}$$

5) 方差特征

$$t_5 = \frac{1}{M\times N}\sum_{i=1}^{M}\sum_{j=1}^{N}\left[\boldsymbol{A}(i,j)-t_3\right]^2 \tag{6.150}$$

6）尺度重心特征

若将矩阵 $\boldsymbol{A}$ 视为离散的二维数字图像，则该图像的尺度重心为

$$t_6 = \frac{\sum_{i=1}^{M}\sum_{j=1}^{N}[i \cdot \boldsymbol{A}(i,j)]}{\sum_{i=1}^{M}\sum_{j=1}^{N}\boldsymbol{A}(i,j)} \tag{6.151}$$

7）中心矩特征

$$u_{pq} = \sum_{i=1}^{M}\sum_{j=1}^{N}[(i-t_6)^p(j-t_6)^q \cdot \boldsymbol{A}(i,j)] \tag{6.152}$$

分别取 (p,q) 为 $(2,2)$、$(2,4)$、$(4,2)$、$(4,4)$，可以得到 4 个较为稳定的中心矩特征 $t_7 = u_{22}$、$t_8 = u_{24}$、$t_9 = u_{42}$、$t_{10} = u_{44}$。

6.3.2.3　小波变换能量谱特征

小波变换通过构造恰当的小波基函数将信号分解为高频信号 D 和低频信号 A（图 6.89），分解出的低频信号重复上述步骤从而实现对信号的多尺度分解，对长度为 L 的信号最多可以分解为 $\log_2 L$ 层。根据马勒特算法（Mallat algorithm），小波分解的表达式为

$$\begin{cases} c_{g,k} = \sum_{n=1}^{N_1} h_0(n-2k)c_{g-1,n} \\ d_{g,k} = \sum_{n=1}^{N_1} h_1(n-2k)c_{g-1,n} \end{cases} \tag{6.153}$$

其中，n 为小波分解层数；g 为尺度空间；$k = 0,1,\cdots,2^{n-g}$；c 为逼近信号；d 为细节信号；h_0、h_1 分别为低通和高通滤波系数。

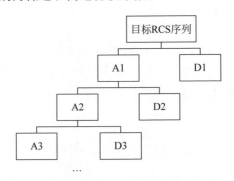

图 6.89　小波分解示意图

在小波变换的基础上计算各个频段的小波重构系数能量并归一化处理，得到小波变换的能量谱特征。对空间目标动态 RCS 序列而言，其所包含的能量频谱分布与目标姿态、大小和形状密切相关。因此，经小波分解后，RCS 在尺度空间上的能量分布是目标的本质特征，可以用于姿态运动模式的异动检测。

6.3.2.4 基于小波包分解的能量谱特征提取方法

小波变换具有多分辨率分析的特点特别适用于非平稳信号的异动检测,但其存在频域分辨率在高频频段较差,时域分辨率在低频频段较差的问题。对此,人们提出了小波包分解的分析方法,其作为小波变换的发展和延伸,不仅继承了小波变换时频局部化的特性,还通过对信号的低频、高频两部分作多尺度分解,使信号中的微弱特征得到显现;最优基选择概念的引入,使其能够选择与信号特征最匹配的基函数以提高分析能力。

WPD 是对小波变换多分辨率分析中的各小波子空间进行分解。设小波子空间为 W_j,尺度子空间为 V_j,构成的子空间为 U_j^n,设 $U_j^1 = W_j$,$U_j^0 = V_j$,$j \in \mathbf{Z}$,则希尔伯特空间下的次分解 $V_{j+1} = V_j + W_j$ 可用 U_j^n 表示为

$$U_{j+1}^0 = U_j^0 \oplus U_j^1, \quad j \in \mathbf{Z} \tag{6.154}$$

定义 U_j^n 的闭包空间函数为 $u_n(t)$,U_j^{2n} 的闭包空间函数为 $u_{2n}(t)$,子空间 V_{-1} 及其基函数展开系数为 $h(k)$,正交基展开系数为 $g(k)$,$g(k) = (-1)^k h(1-k)$,k 为分解尺度,且使 $u_n(t)$ 满足:

$$\begin{cases} u_{2n}(t) = \sqrt{2} \sum_{k \in \mathbf{Z}} h(k) u_n(2t - k) \\ u_{2n+1}(t) = \sqrt{2} \sum_{k \in \mathbf{Z}} g(k) u_n(2t - k) \end{cases} \tag{6.155}$$

当 $n = 0$ 时,$u_0(t)$ 和 $u_1(t)$ 可分别等价为尺度函数和小波函数,序列 $\{u_n(t)\}_{n \in \mathbf{Z}}$ 是 $u_0(t) = \varphi(t)$ 得到的小波包。如果 $g_j^n(t) \in u_j^n$,那么 $g_j^n(t)$ 可以写为

$$g_j^n(t) = \sum_l d_l^{j,n} u(2^j t - l) \tag{6.156}$$

则 WPD 的公式为

$$\begin{cases} d_l^{j+1,2n} = \sum_k h_{k-2l} d_k^{j,n} \\ d_l^{j+1,2n+1} = \sum_k g_{k-2l} d_k^{j,n} \end{cases} \tag{6.157}$$

WPD 在开始时和小波分解一样,将信号分为低频频段和高频频段,但从第二层开始,小波包对低频信号分解的同时对高频信号也进行分解(图 6.91),可见 WPD 相比小波分解对信号的处理更加精细。

低轨空间目标多采用三轴稳定姿态,在该姿态运动模式下,RCS 的能量分布集中低频频段。翻滚空间目标由于星体质量非对称和摄动的影响,在地球引力作用下做复合运动产生多个频率分量,导致其 RCS 在低频频段的能量减少并使其余频段能量增加。WPD 的能量谱可以充分反映目标各频段的能量分布进而对姿态运动模式异动做出判断,是一种较为有效的特征。

将 WPD 的结果以能量的方式表示即被称为"WPD 能量谱",由帕塞瓦尔恒等式可知,原始信号经 WPD 后满足能量关系:

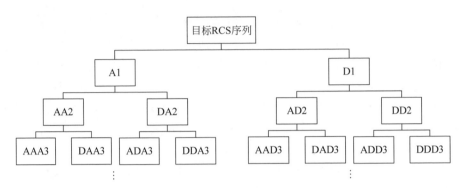

图 6.90　小波包分解示意图

$$\int_{-\infty}^{+\infty} | f(x) |^2 \mathrm{d}x = \sum | C(j,m,k) |^2 \tag{6.158}$$

其中,$f(x)$ 为原始信号,$C(j,m,k)$ 为经 WPD 后第 j 层 k 个节点的系数,m 为小波空间位置标识。由上式可知,WPD 的能量谱可以表示为不同频带内的信号平方和,分解后各个频带的信号能量表示为

$$E_{j,k} = \sum_{m-1}^{N} | C(j,m,k) |^2, \quad k = 0,1,\cdots,2^j - 1 \tag{6.159}$$

其中,N 为原始信号长度。全部由 $E_{j,k}$ 构成的 WPD 能量谱为

$$E = [E_{j,0}, E_{j,1}, \cdots, E_{j,2^j-1}] \tag{6.160}$$

1995 年 Vpanik 和 Cortes 基于传统统计学习理论提出了一种新的机器学习算法——支持向量机(SVM)。SVM 最初主要用于二分类问题,通过有监督学习的方法构建超平面,尽可能地将有相似特征的数据样本归为一类并使分类间隔最大。SVM 的出现较好地填补了神经网络、贝叶斯等机器学习方法在小样本学习问题上的空白。随着 SVM 理论和应用的不断发展,如今已经出现了许多 SVM 分支算法,如 v-SVM、LSSVM 等,其中一种重要的分支算法是单分类支持向量机(OCSVM)算法,它将统计学习理论以 SVM 的形式拓展到无监督学习领域,并在异动检测方面取得了显著的成果。

OCSVM 最早由 Schölkopf 等提出,以估算高维空间的样本分布边界,基于 SVM 的最大分类间隔和超平面分类等思想将此类问题视为一种特殊的二分类问题。因为面对的都是无标记训练数据,所以 OCSVM 把所有训练数据都视为正样本,而仅把高维空间中的原点视为负样本,再以标准 SVM 的思想在高维空间建立超平面,将经非线性映射的训练样本点与原点尽可能得分隔。超平面的表达式为

$$w \cdot \phi(x) - \rho = 0 \tag{6.161}$$

其中,w 为超平面法向量,ϕ 为非线性映射,ρ 为超平面到原点的距离。为了起到最大分类间隔的作用,通过最大化原点到映射样本间的欧氏距离 $\dfrac{\rho}{\|w\|}$ 来构建最优超平面。OCSVM 在二维空间的超平面如图 6.91 所示:

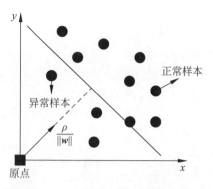

图 6.91　OCSVM 在二维空间的超平面

为提高 OCSVM 的鲁棒性,在超平面的表达式中引入松弛因子 ξ_i,此时 OCSVM 的优化问题变为寻求下式的最小值:

$$\frac{1}{2}\parallel w \parallel^2 + \frac{1}{vl}\sum_{i=1}^{l}\xi_i - \rho, \quad w \cdot \phi(x_i) \geqslant \rho - \xi_i, \quad \xi_i \geqslant 0 \quad (6.162)$$

其中,l 表示训练样本个数,v 表示训练集中的负样本所占比例。

对于正常在轨运行的卫星,其发生姿态运动模式异动的可能性很低,但标记异动数据的代价较高。OCSVM 作为一种无监督机器学习算法可以筛选与训练模型特征不相符的数据,适用于处理类间样本不均衡、缺少标记的问题,因此选择 OCSVM 构建异动检测分类器。

根据实际外形结构特点,仿真 3 种不同的空间目标模型,如图 6.92 所示。

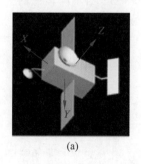 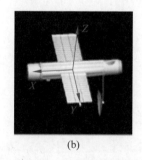 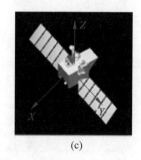

(a)　　　　　　　　　(b)　　　　　　　　　(c)

图 6.92　空间目标模型

(a) 模型 A；(b) 模型 B；(c) 模型 C

通过仿真计算的方式获取空间目标在不同运动模式下多个周期的动态 RCS 序列,对基于 WPD 能量谱特征的无监督异动检测方法进行验证。雷达由于探测距离限制主要用于探测轨道高度为 $200\sim2000\mathrm{km}$ 的低轨空间目标。仿真空间目标在各个轨道的 RCS 序列建立如下数据样本。

每个模型都有 1 种三轴稳定和 5 种失稳翻滚的姿态运动模式:

(1) 绕 Z 轴的旋转速率为 $1.5\mathrm{r/min}$；

（2）绕 Z 轴的旋转速率为 3.5r/min；

（3）绕 Z 轴的旋转速率为 6.5r/min；

（4）绕 Z 轴的旋转速率为 5r/min，进动速率为 3r/min；

（5）绕 Z 轴的旋转速率为 5r/min，进动速率为 5r/min；

（6）Z 轴朝向天底方向，X 轴由轨道面法向约束。

仿真不同轨道高度下（500km、1000km、1500km）的各运动模式数据，轨道根数见表 6.34。

表 6.34　仿真数据轨道根数

轨 道 根 数	参 数 值
半长轴 a	6878.14km、7378.14km、7878.14km
偏心率 e	0
轨道倾角 i	58°
近地点幅角 ω	120°
升交点赤经 Ω	110°
平近地点角 M	0°

观测雷达的位置为 100.5°E、29.6°N。三轴稳定姿态样本的观测时间为 2018 年 1 月 1 日 00:00:00.000—2018 年 2 月 1 日 00:00:00.000UTC，不同转速的失稳翻滚姿态样本观测时间为 2018 年 1 月 1 日 00:00:00.000—2018 年 1 月 10 日 00:00:00.000UTC，雷达采样频率为 1Hz，最小观测角为 15°。图 6.93 分别展示了一段三轴稳定运动模式下的 RCS 序列和一段失稳翻滚运动模式下的 RCS 序列。

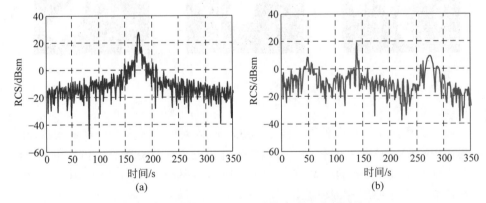

图 6.93　空间目标不同运动模式 RCS 序列对比

（a）三轴稳定运动模式 RCS 序列；（b）失稳翻滚运动模式 RCS 序列

1）WPD 能量谱特征提取流程

步骤 1　选择小波基函数，当前常用的小波基函数有哈尔小波、莫莱小波、多贝西小波系等。根据小波基函数选择的不同，特征提取效果会有很大差别。哈尔函数是最早用到的一组相互正交归一函数集，哈尔小波由哈尔函数衍生而来，其在时域上的波形呈阶梯状导致其频率分辨率较差（哈尔小波下的小波包分解信号如图 6.94 所示）；莫莱小波是高斯包络下的单频复正弦函数，不具备正交性，信号分解后无法进行重构；多贝西小波系较为常用，虽然没有对称性但具有紧支撑正交性，可以进行信号的重构，被广泛应用于序列信号的处理，与其他小波基函数相比更适用于 RCS 特性分析，此处选用 db3 小波作为小波基函数。

步骤 2　选择 WPD 层数，其与异动检测结果紧密相关。若分解层数过少将导致信号分解不够细致，可能提取不到有效特征；若分解层数过多，特征维数将随着底层频段数的增加提升，导致维数灾难的发生。经多次实验发现，当分解层数为 3 时结果较为理想。

步骤 3　计算 WPD 系数，根据步骤 2、步骤 3 设置的参数对 RCS 序列进行 WPD 后在 j 层得到 2^j 个分解系数。

步骤 4　计算 WPD 能量谱，在获得底层各频段的 WPD 系数后由式(6.158)计算各频段能量。

步骤 5　构建特征向量，对计算的各频段能量 $E_{j,k}$ 进行归一化处理，构造特征向量。对能量做归一化处理不仅能够降低构建分类器时大数值特征对小数值特征的支配作用，还可以提升分类器的训练速度。

2）构建单分类支持向量机

步骤 1　划分数据集，将构建特征向量分为训练集和测试集，样本集间相互独立且比例为 7：3，选用训练集中的正常样本构建 OCSVM 分类器。

步骤 2　选择核函数，针对 RCS 序列的非线性、非平稳特点需要选择核函数将其映射至高维特征空间。核函数一般选择径向基核函数，一是因为可以把数据非线性映射到高维空间；二是因为其参数少、训练模型复杂度低。

步骤 3　优化核函数参数，径向基核函数的参数主要有惩罚系数 c 及其自带参数 γ，惩罚系数 c 过大容易过拟合，过小容易欠拟合。参数 γ 决定了数据映射到新的特征空间后的分布。训练集通过十折交叉验证的方式测试分类器，并以准确率为标准优化核函数参数。

步骤 4　异动检测，保存构建好的 OCSVM 模型，将测试集输入构建的 OCSVM 检验效果。

此处所提的无监督学习异动检测算法的流程图如图 6.95 所示。

提取样本中每一段 RCS 序列的 WPD 能量谱特征构造特征向量，并输入 OCSVM 分类器，一段三轴稳定姿态卫星 RCS 序列经 3 层小波包分解后的结果如图 6.96 所示。

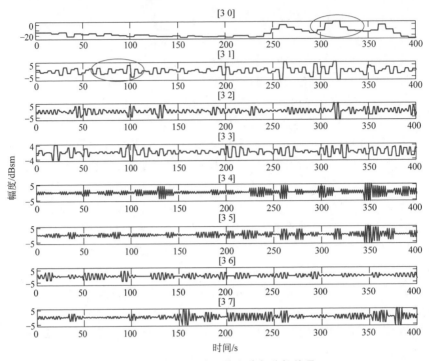

图 6.94　哈尔小波下的小波包分解信号

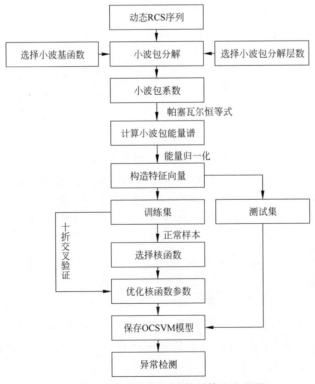

图 6.95　无监督学习异动检测算法流程图

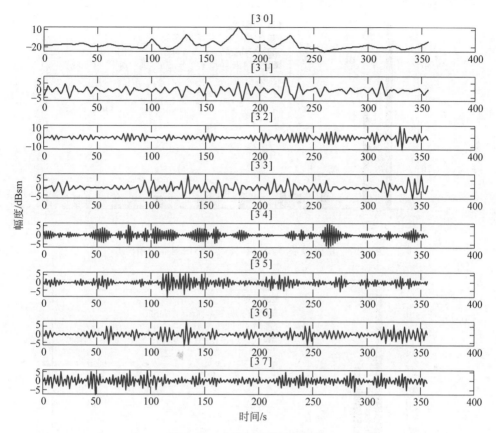

图 6.96　小波包分解重构信号

由 WPD 系数计算 RCS 序列在各频段的能量占比,比较目标在不同运动模式下的 WPD 能量谱分布情况,如图 6.97～图 6.99 所示。可以看出三轴稳定和失稳翻滚目标间的 WPD 能量谱分布差异明显,提取 WPD 能量谱特征可以有效区分空间目标姿态运动模式的异动变化。

为验证上述提出方法的有效性,分别针对三轴稳定姿态目标和姿态失稳目标,以 RCS 统计参数特征、小波变换统计特征和小波变换能量谱特征为识别特征,采用 BP 神经网络进行目标分类识别,将结果与传统方法进行对比。

提取 RCS 统计参数特征,对样本每一段 RCS 序列提取以下 8 个统计特性参数:平均值 $\bar{\sigma}$、极小值 $\sigma_{\min}$、极大值 $\sigma_{\max}$、极差 σ_{r}、标准差 σ_{s}、变异系数 σ_{c}、偏度系数 σ_{g}、峰度系数 σ_{k},构成特征向量:

$$\boldsymbol{\sigma} = \left[\bar{\sigma}, \sigma_{\min}, \sigma_{\max}, \sigma_{r}, \sigma_{s}, \sigma_{c}, \sigma_{g}, \sigma_{k}\right] \tag{6.163}$$

提取小波统计特征:最大奇异值 t_1、有效秩 t_2、平均值 t_3、最大值 t_4、方差 t_5、尺度重心 t_6、中心矩 t_7 和 t_8,构成特征向量:

$$\boldsymbol{T} = \left[t_1, t_2, t_3, t_4, t_5, t_6, t_7, t_8\right] \tag{6.164}$$

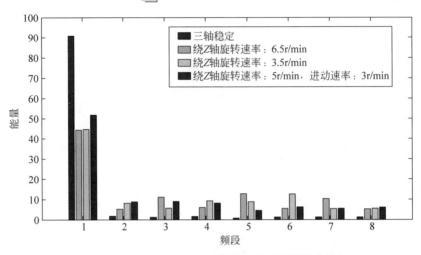

图 6.97　目标 *A* 在不同运动模式下小波包能量谱分布

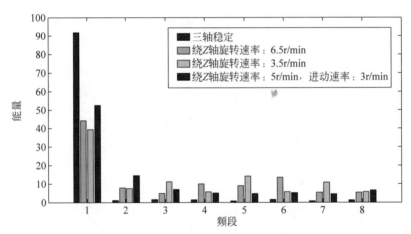

图 6.98　目标 *B* 在不同运动模式下小波包能量谱分布

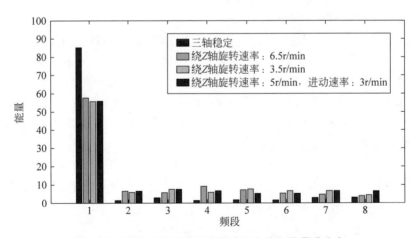

图 6.99　目标 *C* 在不同运动模式下小波包能量谱分布

提取小波能量谱特征,计算各层重构的小波系数的能量并进行归一化处理,此处利用第7层的低频重构系数和各层分解的高频重构系数计算小波能量,构成特征向量:

$$W = \left[W_{A7}, W_{D7}, W_{D6}, W_{D5}, W_{D4}, W_{D3}, W_{D2}, W_{D1} \right] \tag{6.165}$$

利用 MATLAB 神经网络工具箱构建 BP 神经网络作为分类器,其中输入参数的维数与构造特征向量的维数相等,输出维数为1,隐含层神经元数量为10,采用弹性梯度下降算法训练网络,50%作为训练集,20%作为验证集,30%作为测试集。

根据不同轨道高度将样本分为3组,对每种模型分别进行异动检测,并对上述方法的异动检测结果比较分析,每种模型仿真的实验样本个数分布见表6.35。

表 6.35 仿真实验样本数量分布

轨道高度/km	三轴稳定姿态	绕 z 轴旋转速率			绕 z 轴旋转速率 5r/min	
		1.5r/min	3.5r/min	6.5r/min	进动速率 3r/min	进动速率 5r/min
500	79	24	24	24	24	24
1000	122	37	37	37	37	37
1500	145	43	43	43	43	43

分别对上述所提方法和 3 种传统方法进行异动检测分析,结果如表 6.36 所示。可以看出对于空间目标姿态运动模式的异动检测,本节所提方法在检测准确率上分别高出传统检测方法 10.7%、8%、4.4%,且随目标异动程度的增大,检测准确率也上升。对于三轴稳定姿态目标的检测准确率分别提高了 17.5%、17.2%、9.8%,说明该方法在异动检测的虚警率上也有较好的改善作用。

表 6.36 不同检测方法结果对比

异动检测方法	检测准确率/%						
	三轴稳定姿态	绕 z 轴旋转速率			绕 z 轴旋转速率 5r/min		异动检测结果
		1.5r/min	3.5r/min	6.5r/min	进动速率 3r/min	进动速率 5r/min	
小波包分解能量谱特征＋OCSVM	98.5	83.3	85.1	86.8	84.8	87.1	87.6
统计参数特征＋BP 神经网络	79	63.4	78.3	81.7	77.6	81.4	76.9
小波变换统计特征＋BP 神经网络	81.3	71.2	80.2	82.5	79.2	83.2	79.6
小波变换能量特征＋BP 神经网络	88.7	78.7	82.4	84.9	81.3	83.3	83.2

不同轨道高度下各异动检测方法的检测准确率如表 6.37 所示,可以看出各方法的检测准确率变化趋势相同,都随轨道高度的增加而提升。这是因为在低轨时,

目标 RCS 序列的长度较短,所包含的信息量不足,并且低轨空间目标与地基雷达相对空间位置的变化较大,易对动态 RCS 序列包含的姿态信息造成干扰。

表 6.37 　轨道高度对检测率影响

异动检测方式	异动检测准确率/%		
	500km	1000km	1500km
小波包分解能量谱特征＋OCSVM	79.6	84.3	96.9
统计参数特征＋BP 神经网络	72.5	74.8	81.6
小波统计特征＋BP 神经网络	71.2	80.1	86.3
小波能量特征＋BP 神经网络	75.7	81.6	92.6

6.3.3　基于深度学习的空间目标姿态运动模式异动检测

空间目标 RCS 与其形状尺寸、姿态和雷达观测角度等因素有关,是判断目标运动模式的重要依据。由前文可知,在空间目标姿态异动检测的研究中,提取特征质量的好坏直接对检测结果产生影响。特征提取研究常被称为“特征工程”,在传统方法中需要借鉴经验或实验结果来人工提取特征。虽然目前取得了不错的结果,但基于数据提取深层本质特征的问题仍未解决。近年来,随着大数据的产生和计算机硬件的快速发展,深度学习方法在许多领域都取得了很好的研究成果。深度学习利用大量非线性变换对数据进行高层次抽象,通过学习训练自主生成数据中的深层本质特征,简化人工设计提取特征的过程。当前,我国地基监测雷达多采用窄带信号体制,拥有丰富的空间目标 RCS 储备资源,为基于深度学习方法研究RCS 序列提供了良好的数据基础。

基于深度学习研究 RCS 序列的空间目标姿态运动模式异动检测鲜有报道,本节将对此进行初步探索。针对 RCS 序列的时序特性提出了一种基于门控循环单元(gated recurrent unit,GRU)深度循环递归神经网络的空间目标 RCS 异动检测方法。作为传统循环递归神经网络的改进体,GRU 神经网络在时序数据的识别检测、预测上具有良好性能,可以较好地应用于提取 RCS 序列的深层本质特征。考虑到空间目标轨道特性引起的观测数据不等长的问题,本节采用滑动窗口方法对数据进行处理,扩大数据量并有效避免因截断样本而导致信息缺失的问题。为了验证异动检测效果,将所提方法与传统异动检测方法及其他深度神经网络模型进行了对比。

6.3.3.1　深度神经网络分析

深度学习的概念最早由 Geoffrey Hinton 团队于 2006 年在 *Science* 上提出,随后被广泛应用于各大领域,成为当今最为流行的一种机器学习算法。深度神经网络(deep neural networks,DNN)是以人工神经网络为基础构建的,其结构图如图 6.100 所示,其相比于一般传统人工神经网络有如下特点。

(1) 层数差异:传统人工神经网络隐含层层数较少,而 DNN 的隐含层层数少则三四层多则几十层,足够多的隐含层可以保证良好的非线性映射效果,在面对复杂问题时处理能力更强。

(2)学习机制差异:传统人工神经网络主要采用误差反馈传播的方式对网络结构中各权重参数进行优化,但层数的增加会导致反向传播梯度稀疏,因此该方法只适用于浅层网络。DNN采用逐层预训练的方式对每一层的权重参数进行无监督学习,并将训练结果作为下一层的输入,最终获得可以反映数据本质的高级特征属性。

(3)表达能力差异:相比于传统人工神经网络,DNN因为网络层数增加,可以更好地通过复杂函数映射非线性问题,泛化能力更强。

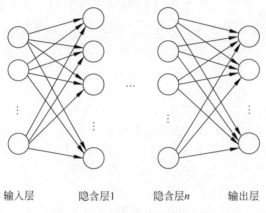

输入层　　　　隐含层1　　　　隐含层n　　　　输出层

图 6.100　深度神经网络结构图

深度学习最大的优势在于利用海量数据训练模型以充分挖掘其中隐藏的信息。空间目标 RCS 受轨道、姿态、尺寸等多种因素影响难以直接通过传统人工神经网络对其映射函数进行表达,需要对 RCS 序列进行特征提取的处理。DNN 的结构特点可以实现对数据本质特征的学习,其中,循环递归型神经网络(recurrent neural network,RNN)常用于时序数据的分类与预测,非常适于处理 RCS 这种一维时序数据。因此,后文将构建深度循环递归型神经网络对 RCS 序列进行处理。

1. RNN 模型

RNN 是传统人工神经网络的改进版,是一种专用于分析时序数据的神经网络,目前已经被广泛用于机器翻译、语音识别等领域。在传统人工神经网络中,每个神经元从接收上一层信息到输出至下一层,相互间没有信息反馈,只能孤立地处理输入样本而无法考虑样本间的关联性,在处理时序数据时往往难以取得好的效果。RNN 主要由输入层、隐含层和输出层组成,与传统人工神经网络模型不同,RNN 隐含层内的神经元相互连接,在对数据进行处理时,输出结果不仅与当前输入有关,还依赖于前一时刻的输入和输出,因此这种网络具有记忆功能,可以较好地处理时序数据。RNN 的结构展开图如图 6.101 所示。

在图 6.101 中,U、V、W 分别为输入层到隐含层、隐含层到输出层、隐含层到隐

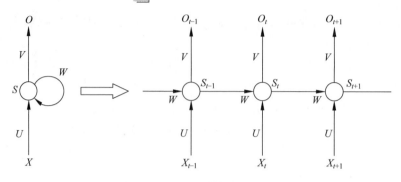

图 6.101　RNN 的结构展开图

含层的权重,X_t 为 t 时刻的输入数据,S_t 为 t 时刻的隐含层记忆状态,O_t 为 t 时刻的输出数据。RNN 训练分为前向传播和反向传播,前向传播的训练过程如下。

当 $t=0$ 时,对权重 U、V、W 进行初始化,$S_0=0$,则:

$$S_1 = \sigma(U \times X_1 + W \times S_0 + \boldsymbol{b}) \tag{6.166}$$

$$O_1 = f(V \times S_1 + \boldsymbol{c}) \tag{6.167}$$

其中,σ、f 表示激活函数,$\boldsymbol{b}$ 和 $\boldsymbol{c}$ 表示偏置向量。随着时间的推进,S_1 作为 $t=0$ 时刻的记忆信息将被用于计算 S_2:

$$S_2 = \sigma(U \times X_2 + W \times S_1 + \boldsymbol{b}) \tag{6.168}$$

$$O_2 = f(V \times S_2 + \boldsymbol{c}) \tag{6.169}$$

以此类推,t 时刻的记忆状态 S_t 和输出 O_t 可以表示为

$$S_t = \sigma(U \times X_t + W \times S_{t-1} + \boldsymbol{b}) \tag{6.170}$$

$$O_t = f(V \times S_t + \boldsymbol{c}) \tag{6.171}$$

RNN 的反向传播与 BP 神经网络传播的算法相似,都是通过梯度下降法不断迭代从而寻找权重最优解。对 RNN 而言,在处理长度为 n 的时序数据时,每一时刻都有损失函数,因此总的损失函数 L 为

$$L = \sum_{t-1}^{n} L_t \tag{6.172}$$

各个权重的梯度计算公式为

$$\begin{cases} \dfrac{\partial L}{\partial V} = \sum_{t=1}^{n} \dfrac{\partial L}{\partial O_t} \times \dfrac{\partial O_t}{\partial V} \\[2mm] \dfrac{\partial L}{\partial c} = \sum_{t=1}^{n} \dfrac{\partial L}{\partial O_t} \times \dfrac{\partial O_t}{\partial c} \\[2mm] \dfrac{\partial L}{\partial W} = \sum_{t=1}^{n} \dfrac{\partial L}{\partial S_t} \times \dfrac{\partial S_t}{\partial W} \\[2mm] \dfrac{\partial L}{\partial U} = \sum_{t=1}^{n} \dfrac{\partial L}{\partial S_t} \times \dfrac{\partial S_t}{\partial U} \\[2mm] \dfrac{\partial L}{\partial b} = \sum_{t=1}^{n} \dfrac{\partial L}{\partial S_t} \times \dfrac{\partial S_t}{\partial b} \end{cases} \tag{6.173}$$

尽管 RNN 对时序数据有较好的处理效果,但研究中发现,其在对较长时序序列进行训练时容易产生梯度消失和梯度爆炸问题,导致距离较远的记忆信息被遗忘,因此需要对 RNN 进行改进。

2. LSTM 模型

针对 RNN 存在的问题,Schmidhuber 和 Hochreiter 在 1997 年提出了长短期记忆网络(long short-term memory,LSTM),并在 2006 年改进为现在的经典结构。LSTM 作为 RNN 的变体构造了一种名为"记忆单元"的新型结构,记忆单元由遗忘门、输入门和输出门组成,增加了神经元的遗忘和记忆功能。LSTM 通过学习参数对之前时间点中的信息有选择地记忆,可有效避免 RNN 在处理长时序数据时出现问题。LSTM 的单元结构如图 6.102 所示。

遗忘门的作用是决定信息在记忆单元中的存储时间,以及是否需要遗忘之前所学习到的信息:

$$f_t = \sigma(W_f \cdot [h_{t-1}, x_t] + \boldsymbol{b}_f) \tag{6.174}$$

输入门的作用是决定学习什么样的新信息:

$$i_t = \sigma(W_i \cdot [h_{t-1}, x_t] + \boldsymbol{b}_i) \tag{6.175}$$

$$\widetilde{C}_t = \tanh(W_C \cdot [h_{t-1}, x_t] + \boldsymbol{b}_C) \tag{6.176}$$

$$C_t = f_t C_{t-1} + i_t \widetilde{C}_t \tag{6.177}$$

输出门的作用是决定输出:

$$O_t = \sigma(W_O \cdot [h_{t-1}, x_t] + \boldsymbol{b}_O) \tag{6.178}$$

$$h_t = O_t \times \tanh(C_t) \tag{6.179}$$

其中,x_t、f_t、i_t、C_t、O_t 分别为 t 时刻的输入、遗忘门算法、输入门算法、记忆单元算法、输出门算法;W_f、W_i、W_C、W_O 为权重;$\boldsymbol{b}$ 为偏置向量;σ 为激活函数。

3. GRU 模型

门控循环单元(GRU)网络模型于 2014 年被首次提出,其本质为循环递归神经网络,是 LSTM 网络的一种改进版。GRU 由重置门和更新门构成,在保留 LSTM 记忆单元功能的同时简化了结构,通过减少参数从而大幅提升了训练速度,因此此处选用 GRU 神经网络构建检测模型。GRU 的结构图如图 6.103 所示。

在图 6.103 中,重置门 r_t 和更新门 z_t 在 t 时刻的状态定义为

$$\begin{cases} r_t = \sigma(W_r x_t + U_r h_{t-1}) \\ z_t = \sigma(W_z x_t + U_z h_{t-1}) \end{cases} \tag{6.180}$$

其中,$\boldsymbol{W}$ 和 $\boldsymbol{U}$ 为权重矩阵,x 为输入数据,状态信息 h_t 和记忆信息 $\tilde{h}_t$ 由下式计算:

$$\begin{cases} h_t = (1 - z_t)h_{t-1} + z_t h_t \\ \tilde{h}_t = \tanh(W_h x_t + U_t(r_t * h_{t-1})) \end{cases} \tag{6.181}$$

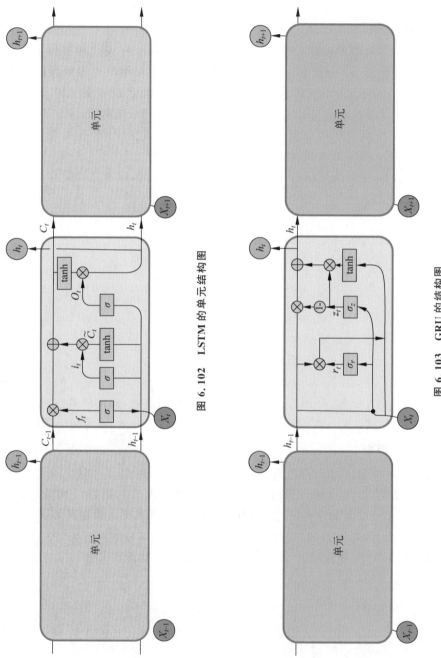

图 6.102　LSTM 的单元结构图

图 6.103　GRU 的结构图

其中，$*$ 表示点乘，$\sigma(x)$ 和 $\tanh(x)$ 为两种不同的激活函数，分别定义为

$$\begin{cases} \sigma(x) = \dfrac{1}{1+\mathrm{e}^{x}} \\ \tanh(x) = \dfrac{1-\mathrm{e}^{2x}}{1+\mathrm{e}^{2x}} \end{cases} \tag{6.182}$$

根据图 6.103 可以看出，新的隐藏状态 h_t 是由 t 时刻的输入 x_t 和上一时刻的隐藏状态 h_{t-1} 综合得到的，同时包含了当前信息和历史信息。其中，重置门 r_t 决定了上一时刻的状态信息 h_{t-1} 对当前记忆信息 h_t 影响的权重，如果当前时刻的隐藏状态与上一时刻不相关，则重置门 r_t 可以阻止状态信息的传递。更新门 z_t 分别控制当前时刻记忆信息 h_t 与上一时刻状态信息 h_{t-1} 的权重。如果 $z_t=0$，那么上一时刻的状态信息将作为当前时刻的状态信息直接输出；如果 $z_t=1$，那么当前时刻的记忆信息将作为当前时刻的状态信息直接输出。

6.3.3.2 GRU 深度神经网络模型构建

由上述分析可知，GRU 深度神经网络在避免梯度消失、梯度爆炸的同时，通过优化记忆单元结构可以提高模型训练效率，适用于 RCS 序列的数据特点。本节基于 GRU 深度神经网络构建空间目标姿态运动模式异动检测模型，旨在利用该模型学习 RCS 序列的本质特征获得更好的检测效果。网络模型的结构与参数直接影响异动检测结果，本节根据已有 GRU 深度神经网络在相关领域的研究经验，主要对模型的输入、网络结构、训练优化算法等部分进行了研究。

1. 模型的输入

考虑到深度学习模型需要大量训练样本，且样本序列长度保持一致，本节采用滑动窗口法对不同观测弧段的 RCS 序列进行划分，该方法不仅可以扩大样本数量，还能有效避免因截断样本而导致的信息缺失。如图 6.104 所示，滑动窗口长度 w 为样本截取长度，滑动步长 m 为滑动窗口每次移动的距离，为保证划分样本间具有关联性，通常设滑动步长小于滑动窗口长度，相邻样本间部分重叠。选择滑动窗口 w 为 300，滑动步长 m 为 50，以实现对 GRU 深度神经网络模型数据集的构建。

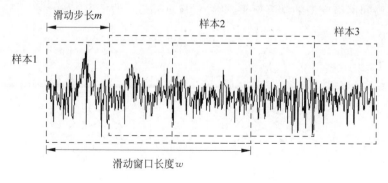

图 6.104 滑动窗口法划分数据

2. 模型的网络结构

从理论上讲,仅含有单层隐含层的神经网络就可以拟合任意一个函数,但需要在隐含层设置足够多的节点且效率较低。构建两个或多个隐含层可以在较少节点的情况下拟合同样复杂的函数并提高效率,但同时也会增加模型的复杂度。

根据本节实验情况构建的 GRU 深度神经网络模型由输入层、4 个隐含层和输出层组成,其中隐含层分为 GRU 隐含层和全连接层,输入层的节点数等于样本输入维数,与 GRU 隐含层和线性函数全连接层共同构成编码模块自主生成深层本质特征。为了使模型训练得更加精确,GRU 隐含层采用双向门控循环单元结构(bidirectional gated recurrent unit,Bid-GRU)学习时序序列完整的前后信息。在特征输出层和输出层之间配置线性修正单元(rectified linear unit,ReLU)函数全连接层使得网络训练时提取的特征更为有效。GRU 网络模型的结构如图 6.105所示。

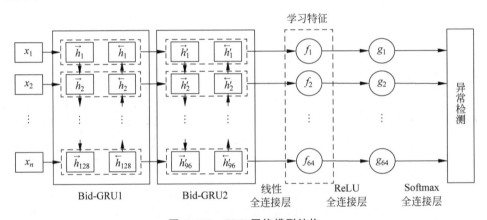

图 6.105　GRU 网络模型结构

本节在隐含层和隐含层、隐含层和输出层间加入了 dropout 结构(图 6.106)。该结构可以按照一定概率忽略部分节点,削弱节点间的联合适应性,迫使网络学习具有更强的鲁棒性和泛化性,从而有效解决网络学习过程中的过拟合问题。根据前人经验和网络模型的学习效果,此处设定 dropout 的概率为 20%。

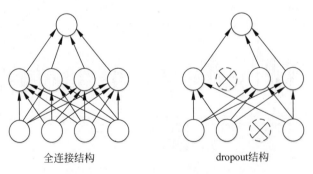

全连接结构　　　　　　　　dropout结构

图 6.106　dropout 结构

3. 激活函数和优化器

目前在深度神经网络中常见的激活函数有很多种,如 Sigmoid、Tanh、ReLU 等,在深度学习研究中发现,与 Sigmoid 和 Tanh 函数相比,ReLU 函数在求解反向传播误差梯度时,计算量小、收敛速度快,并且随着网络结构的加深可以有效避免梯度消失、过拟合等问题,因此此处采用 ReLU 函数作为激活函数。

为了寻求模型的最优解,在训练神经网络时一般会采用梯度下降算法,如标准梯度下降法、批量梯度下降法、随机梯度下降法等,但往往存在训练效率低、容易陷入局部最优解的问题。近年来产生了许多自适应优化算法提升网络训练速度,此处采用对超参数鲁棒性较强的 Adam 作为优化器,其主要根据梯度的一阶矩、二阶矩自适应调节参数学习率,训练公式如下:

$$m_t = \mu \times m_{t-1} + (1-\mu) \times g_t \tag{6.183}$$

$$n_t = v \times n_{t-1} + (1-v) \times g_t^2 \tag{6.184}$$

$$\hat{m}_t = \frac{m_t}{1-\mu^t} \tag{6.185}$$

$$\hat{n}_t = \frac{n_t}{1-v^t} \tag{6.186}$$

$$\Delta\theta_t = -\frac{\hat{m}_t}{\sqrt{\hat{n}_t} + \varepsilon} \times \eta \tag{6.187}$$

其中,m_t、n_t 分别为对梯度的一阶估计和二阶估计。$\hat{m}_t$、$\hat{n}_t$ 分别为校正值,近似为无偏估计。

4. 数据分类

将数据集按 4:1 的比例随机划分为训练集与测试集;从训练集中划分 20% 的样本作为验证集以调整 GRU 深度神经网络的超参数;由训练集对构建的神经网络进行训练,调整网络内的参数和权重;利用验证集对训练网络进行优化;使用测试集对训练好的 GRU 深度神经网络模型检测效果进行验证。

利用 GRU 深度神经网络进行空间目标姿态运动模式异动检测的流程图如图 6.107 所示。

6.3.3.3 仿真分析

1. 仿真环境

仿真环境基于联想 ThinkStation P520 工作站(CPU 的主频为 2.2GHz、内存为 32GB 的 E5-2630,GPU 为 NVIDA Tesla K20c)。此外,基于 Python 3.6 语言,利用 Keras 2.2.4 和 TensorFlow 1.9 作为后端构建 GRU 神经网络模型,以动态 RCS 序列作为输入完成网络的学习训练和测试,进而验证本节方法的有效性。

2. 样本数据构建

卫星模型如图 6.108 所示,轨道根数如表 6.38 所示,雷达测站的地理位置设

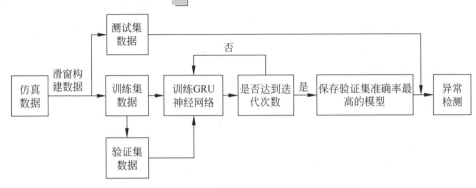

图 6.107　GRU 深度神经网络异动检测流程图

定为 100.5°E、29.6°N,采样频率为 1Hz,雷达可观测的最小高低角为 15°。对地三轴稳定姿态数据观测时间为 2018 年 1 月 1 日 00:00:00.000—2019 年 1 月 1 日 00:00:00.000UTC;翻滚姿态数据观测时间为 2018 年 1 月 1 日 00:00:00.000—2018 年 2 月 1 日 00:00:00.000UTC,仿真数据经滑动窗口技术划分处理后,得到 RCS 正常数据 8657 组,异动数据 3201 组。姿态异动类型如表 6.39 所示,其中,卫星目标绕本体轴 Z 轴自旋,V_p 为自旋速率,V_s 为进动速率,Ω 为章动角。

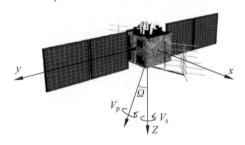

图 6.108　空间目标仿真模型

表 6.38　样本轨道根数

轨 道 根 数	参　数　值
半长轴	7378.14km
偏心率	0
轨道倾角	98°
近地点幅角	120°
升交点赤经	110°
平近地点角	0°

表 6.39　姿态异动类型

类　型	异　动					
V_p/(r/min)	1	1	1	3	3	3
V_s/(r/min)	3	3	5	3	5	5
Ω/(°)	10	20	10	10	10	20

3. 仿真结果

GRU 深度神经网络模型经过 100 个迭代次数时的损失函数和准确率曲线如图 6.109、图 6.110 所示。可以看出训练集和验证集损失函数在训练轮次超过 40 次后基本保持不变且收敛于 0,准确率曲线收敛于 1,证明了所构建的 GRU 深度神经网络模型没有发生欠拟合或过拟合现象,达到了较好的训练效果。

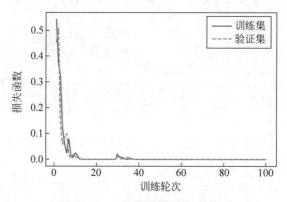

图 6.109　GRU 模型损失函数曲线

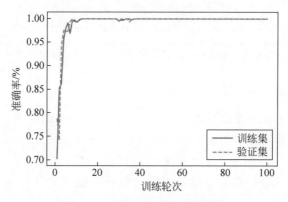

图 6.110　GRU 模型准确率曲线

图 6.111 展示了本节构建模型对动态 RCS 序列的特征学习能力。利用 T-分布随机近邻嵌入(T-distributed stochastic neighbor embedding,TSNE)对 GRU 神经网络输出的特征进行降维可视化,测试集中正常和异动的 RCS 样本数据通过构建模型提取出的特征分离度很高,能够达到良好的异动检测效果。

为验证 GRU 深度神经网络模型对空间目标姿态运动模式的异动检测效果,选取传统方法中广泛使用的 RCS 统计参数特征、小波统计特征和变分模态分解(variational mode decomposition,VMD)能量特征,并以 BP 神经网络作为分类器进行对比实验,结果如表 6.40 所示。可以看出基于 RCS 统计参数特征和小波统计特征的检测准确率偏低,对空间目标姿态异动敏感性较差;VMD 通过对 RCS

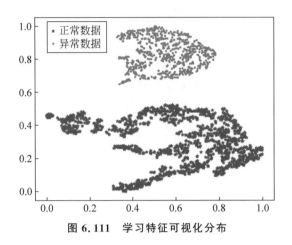

图 6.111　学习特征可视化分布

序列自适应分解,将其精确表示为频率-时间-能量的分布,各模态归一化能量特征能够良好地反映姿态变化,并取得了 82.6% 的准确率;GRU 的学习特征相比 VMD 能量特征使准确率提高了 17.1%,证明深度学习在挖掘数据信息、检测识别方面有巨大优势,能够突破人工提取特征方法中存在的知识瓶颈,自主提取有效的深层本质特征。

表 6.40　空间目标姿态异动检测效果对比

提取特征种类	统计参数特征	小波统计特征	VMD 能量特征	GRU 学习特征
准确率/%	77.5	78.1	82.6	99.7

将构建好的 GRU 深度神经网络模型与相同网络结构下的 LSTM 模型及 RNN 模型相比,检测结果如表 6.41、图 6.112～图 6.114 所示。可以看出本节构建模型在召回率、精确率、识别准确率等评价指标上均高于 RNN 模型,在与 LSTM 模型获得相近识别效果的同时通过优化记忆单元结构的方式节省了训练时间。

表 6.41　深度神经网络模型评价指标对比

网络模型	训练集数量/组	训练轮次	召回率/%	精确率/%	识别准确率/%	训练时间/h
GRU	9486	100	100	99.9	99.9	2.67
RNN	9486	100	96.6	98.5	96.7	1.41
LSTM	9486	100	99.9	99.8	99.8	3.38

此处根据实际应用中雷达设备的使用情况对 RCS 序列分别添加信噪比为 20dB、15dB、10dB、5dB 的高斯白噪声(图 6.115),以验证构建模型在不同强度噪声干扰下的异动检测结果(图 6.116)。可以看出随着噪声干扰增强,检测准确率和 F1 分数均有所下降,但整体仍维持在 97% 以上,证明训练算法有较强的抗干扰性。

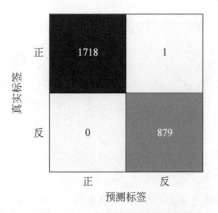

图 6.112　GRU 模型检测结果

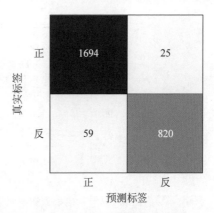

图 6.113　RNN 模型检测结果

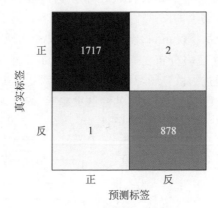

图 6.114　LSTM 模型检测结果

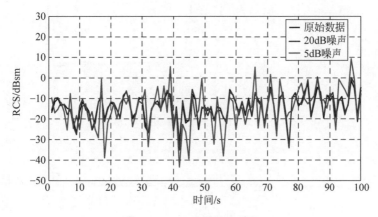

图 6.115　不同信噪比信号

　　将构建的 GRU 深度神经网络检测模型与前文的异动检测方法进行对比,异动数据仿真时间为 2018 年 1 月 1 日 00:00:00.000—2018 年 2 月 1 日 00:00:00.000UTC,

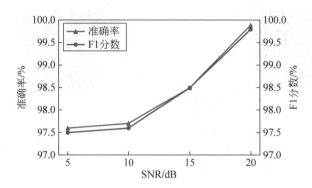

图 6.116　构建模型在不同强度噪声干扰下的异动检测信号

章动角为 $10°$,进动速率为 $3r/min$,自旋速率分别为 $1r/min$、$1.5r/min$、$3r/min$、$3.5r/min$ 和 $6.5r/min$,结果如图 6.117 所示。可以看出异动检测方法在目标章动角和进动速率保持不变的情况下,检测准确率随自旋速率减小而降低,这是由缓慢翻滚导致 RCS 序列能量更多分布在低频,与三轴稳定姿态的 WPD 能量谱特征区分不够显著造成的。通过由监督学习构建的 GRU 深度神经网络模型相比上述方法,对参与训练的异动样本类型有较高的检测准确率,但对未参与训练的异动样本类型检测效果不佳,其应用存在一定局限性。

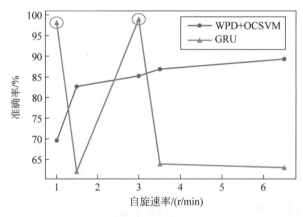

图 6.117　异动检测方法对比

第 7 章

基于高分辨率距离像的目标智能识别

7.1 高分辨率距离像目标识别及其研究现状

随着现代雷达技术的发展,与高分辨率宽带雷达相关的技术愈加成熟,从 HRRP、SAR 像、ISAR 像等宽带雷达数据中可以获得更多的目标结构信息,为 RATR 的研究提供了强有力的数据支撑。如图 7.1 所示,HRRP 通常被描述为各个距离单元中目标散射点返回的复数相干和序列,可以表示散射点复数回波在雷达视线上的投影。它不仅包含目标丰富的结构特征(如散射点分布情况、尺寸大小等),还具有易于获取和处理的优势(与 ISAR 像相比)。因此,HRRP 目标识别在 RATR 领域受到了高度关注,国内外许多单位都对 HRRP 目标识别开展了研究。

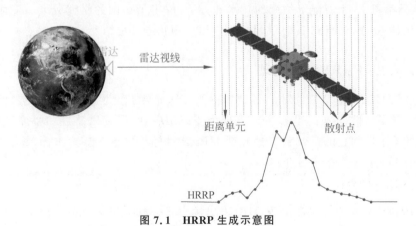

图 7.1 HRRP 生成示意图

国外研究机构对 HRRP 目标识别研究得较早。早在 1988 年,美国陆军导弹司令部就针对飞机类目标开展了 RATR 技术研究,采用的识别途径主要包括短脉冲谐波信号、多普勒调制信号、ISAR 像和 HRRP 等。经过比较后得出结论：HRRP 目标识别是一种很有应用前景的技术。1992 年,RSG12 成员国进行的飞机类目标识别实验和 1993 年的飞机目标图像数据获取实验均表明：对于战斗机和大尺寸飞机,HRRP 目标识别能够取得令人满意的识别效果。20 世纪 90 年代,美国国防先进研究项目局(Defense Advanced Research Projects Agency,DARPA)制订了相关研究计划,其核心内容就包括在复杂环境下获取目标的 HRRP 数据并进行目标识别研究。美国空军研究实验室利用 XPATCH 电磁计算软件建立了 4 类地面目标的 HRRP 数据库,并共享给美国各大高校和研究所等机构作为 HRRP 目标识别基础研究数据集。针对 HRRP 实测数据缺乏问题,美国通用动力公司在 Ku 波段采集了 10 类车辆目标的 HRRP 实测数据,数据分辨率达到了 0.1016m。此外,美国的海军研究实验室、桑迪亚国家重点实验室、麻省理工学院林肯实验室、俄亥俄州立大学、华盛顿大学,以及加拿大渥太华国防研究局等研究机构在 HRRP 目标识别研究上都开展了不少工作。

国内研究机构虽然起步相对较晚,但也取得了比较丰富的研究成果。国内某研究所采用带宽为 400MHz 的逆合成孔径 C 波段实验雷达,采集了 3 种飞机目标("雅克-42""奖状""安-26")的宽带 ISAR 数据,为 HRRP 目标识别研究提供了大量实测数据。国防科技大学建立了暗室以开展缩比模型测量,录取了"F-117""幻影 2000"和某型运输机等多种飞机目标的 HRRP 数据。上述数据和其他仿真数据为国内 RATR 研究奠定了重要的数据基础。在 HRRP 目标识别算法方面,西安电子科技大学、清华大学、国防科技大学、电子科技大学、北京理工大学、南京航天航空大学等高校开展了大量研究,并取得了丰硕的研究成果。

经过 20 多年的发展,目标 HRRP 数据集愈加丰富,HRRP 目标识别研究得到了快速发展,相关学者针对其中的关键问题,提出或采用了许多信号处理、模式识别、机器学习、人工智能等领域的技术和方法,取得了丰硕的研究成果。下面将结合 HRRP 特性,对当前 HRRP 目标识别研究现状进行总结。

7.1.1　HRRP 特性处理

虽然 HRRP 包含目标丰富的结构特征且具有易于获取和处理的优势,但也有独特的数据特性(2.4.1 节),主要表现为姿态敏感性、平移敏感性和幅度敏感性。这 3 种敏感性问题的有效解决是开展 HRRP 目标识别的基础。下面对这 3 种敏感性的常见处理方法进行介绍。

1. 姿态敏感性

HRRP 的姿态敏感性是指,HRRP 会随着目标相对雷达视线角度的变化而变化,该问题是 HRRP 目标识别研究的重要难点,有效克服、解决这一问题有助于提升 HRRP 目标识别的性能。因此,不少相关研究人员对该问题进行了探索研究。角域划分(也称"方位分帧")是缓解 HRRP 姿态敏感性的常用处理方法,该方法首先按照一定的准则对目标全方位观测角域进行划分,再通过提取各个角域内的 HRRP 特征来构建特征模板。当然,最简便的划分策略是以固定间隔对全方位角度进行均匀划分,该划分方法认为各个角域内的 HRRP 服从相同的分布,但是,这对于复杂的雷达目标来说往往是不准确的。为了更加合理地划分雷达观测角域,学者们相继提出了许多不同的自适应角域划分方法,其中研究最多的是基于统计模型的自适应角域划分方法,划分时采用的统计模型包括自适应高斯分类器和高斯过程分类器、联合高斯分布、混合高斯模型、伽马混合模型、因子模型等;但是,基于统计模型角域划分方法会产生众多匹配模板,需要较大的计算量和存储量。此外,HRRP 的相关系数和流形投影也可以用于雷达角域自适应划分。

2. 平移敏感性

HRRP 的平移敏感性是指,目标在距离窗中的具体位置会因为距离窗截取位置的不同而发生改变。在开展 HRRP 目标识别研究时,由于目标在 HRRP 训练样本和测试样本距离窗中位置的不同,导致失配,进而影响了目标识别性能。因此,在开展 HRRP 目标识别研究时,需要克服平移敏感性带来的负面影响。常用的解决方法如下。

（1）HRRP 平移对准,其含义是按照一定准则对 HRRP 进行平移搜索,使平移补偿后的 HRRP 实现最优匹配。在实际应用中,常采用滑动最大相关法和绝对对齐法进行 HRRP 平移对准。其中,滑动最大相关法通过求解 HRRP 间的滑动最大相关系数来求取最佳平移量,进而实现 HRRP 间的平移对准,虽然该方法的精度比较高,但平移搜索操作的计算量很大。绝对对齐法主要包括重心法、零相位绝对对齐法和零线性相位绝对对齐法,与滑动最大相关法相比,绝对对齐法的计算量大大降低,但精度也较低。

（2）提取平移不变特征,与 HRRP 平移对准方法相比,该方法可以避免平移搜索操作,进而降低匹配识别的计算量;同时,提取的平移不变特征还可以应用于设计的分类器,即作为分类器的输入特征数据,以实现 HRRP 的目标识别。典型的平移不变特征有中心矩特征、频谱幅度特征、双谱特征、高阶谱特征等。

3. 幅度敏感性

HRRP 的幅度敏感性是指,在不同测量条件和雷达配置下,即使是对同一目标,宽带 ISAR 获得的所有 HRRP 的幅度也是有差异的。这种敏感性的存在导致 HRRP 在不同测量条件和雷达配置下的尺度标准不尽相同,进而使得在目标识别中难以利用 HRRP 的绝对幅度信息。解决这一问题的常用策略是只利用 HRRP 的相对幅度信息,舍弃其绝对幅度信息,具体处理措施主要包括以下两种:一是基于某种测度准则对 HRRP 进行归一化操作,其中幅度归一化和能量归一化是两种主要方式;二是利用切空间思想来搜索最优的幅度匹配因子。

7.1.2　传统 HRRP 目标识别

传统 HRRP 目标识别研究的重点主要在 HRRP 特征提取与分类算法设计,且二者通常是单独分开进行的。下面分别对 HRRP 特征提取、HRRP 分类算法设计进行介绍。图 7.2 为 HRRP 目标识别研究现状的概况。

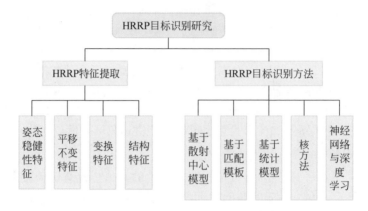

图 7.2　HRRP 目标识别研究现状概况

1. HRRP 特征提取

特征提取是 RATR 研究中非常关键的一个环节,提取特征的质量对目标识别性能有重要影响。特征提取的主要作用体现在:①对原始数据进行降维、压缩,减少识别系统的存储量和运算量,便于工程实现;②去除原始数据中对目标识别任务无用的共性信息,尽可能地只保留能够反映目标本质属性的有效特征,这种有效本质特征的提取有利于提升目标识别性能。一般来说,HRRP 数据的维度较高,数据中往往存在相关、冗余信息,使得直接从原始 HRRP 数据中找出目标的本质属性变得十分困难。因此,HRRP 目标准确识别的实现需要提取 HRRP 数据的有效本质特征。在 HRRP 特征提取方面,学者们已经开展了许多研究工作,根据特征提取重点的不同,主要有以下 4 类。

(1) 姿态稳健性特征,为缓解 HRRP 的姿态敏感性,学者们考虑提取在更大角域内能够保持相对稳定的姿态稳健性特征,使得在采用模板匹配方法时,可以降低所需的模板存储量和匹配运算量。常见的姿态稳健性特征包括散射点强度分布像和均值距离像等,学者在对二者进行对比研究后,得出以下结论:虽然均值距离像在数学上是最优的,但散射点强度分布像包含物理结构信息的稳健性,其应该是推广能力更好的姿态稳健性特征。

(2) 平移不变特征,提取 HRRP 平移不变特征的主要目的是克服其平移敏感性,避免采用平移对准时所需的平移搜索过程,进而能够提高识别算法的效率。在 HRRP 目标识别研究中,常见的平移不变特征包括谱特征和中心矩特征等。谱特征主要有频谱、功率谱、双谱、高阶谱等。虽然这些特征具有平移不变性,但难以实现对 HRRP 的降维、压缩,更多的是充当具有平移不变性的 HRRP 特征表示。因此,特征维数过高是利用上述特征开展 HRRP 目标识别时仍需面临的问题。针对双谱维数较高的问题,学者们提出积分双谱来作为其降维特征,经典的积分双谱包括径向积分双谱、轴向积分双谱和圆周积分双谱等。中心矩特征虽然能够反映 HRRP 的形状特性，但是对波形起伏的变化较为敏感（尤其是高阶矩），因此，一般只有在 HRRP 数据的信噪比很高时，中心矩特征才能较好地应用于目标识别任务。

（3）变换特征，是指通过对事先设定的目标函数进行优化，使得在某种测度准则下获得的特征达到最优。常用的测度准则可以是变换后的误差最小或可分性判据等。在 HRRP 目标识别研究中，典型的特征变换方法包括主成分分析（principle component analysis，PCA）及其核方法、字典学习（dictionary learning，DL）、流形学习（manifold learning，ML）、独立成分分析（independent component analysis，ICA）及其核方法、线性判别分析（linear discriminant analysis，LDA）、小波变换、梅林变换等。这类方法在保证 HRRP 数据尽量不失真的前提下提取其中的特征信息。但是，由于采用的方法基本都为浅层的机器学习算法，数据表示能力有限，不可避免地会损失部分有利于目标识别的信息，这使得 HRRP 变换特征虽然具有一定的目标识别作用，但仍然难以作为准确识别目标所需的本质特征。

（4）结构特征，是指 HRRP 自身结构或通过 HRRP 反映的目标结构，其物理意义一般较为明确，且能够与目标具体的雷达散射结构相对应。长度特征直观地反映了目标在特定观测角度下的径向长度，在一定条件下可以体现在目标 HRRP 的有效数据范围内（HRRP 幅度相对较高的数据宽度）；峰值位置对应着目标强散射点的位置；峰值个数及其相对间隔反映了目标散射点沿雷达视线的分布情况；HRRP 的起伏特征表现了距离单元幅度随目标姿态的变化情况。这类结构特征虽然物理意义明确，但是基本仅限于区分识别结构差异较大的雷达目标，当目标结构较为相似时，此类特征的作用十分有限。

2. 传统 HRRP 目标识别方法

近 20 年间，HRRP 目标识别技术取得了快速发展，有些识别方法侧重于考虑目标特征与宽带雷达 HRRP 特性的关系，如基于散射中心模型的识别方法、基于匹配模板的识别方法等；而有些学者更偏向数据驱动的方式，提出或采用了许多模式识别、机器学习、人工智能等领域的新技术和新算法，来解决 HRRP 目标识别研究中的关键问题。下面对 HRRP 目标识别方法进行介绍。

（1）基于散射中心模型的识别方法，根据散射中心模型，HRRP 客观地描述了目标几何结构的散射特性，不同目标的等效散射中心沿雷达视线的位置和强度分布存在差异。因此，可以基于散射中心模型开展 HRRP 目标识别。该方面的研究工作主要在早期进行，从 HRRP 中提取目标散射中心信息的方法主要包括 Prony 及其修正算法、RELEX 算法、MUSIC 算法、ESPRIT 算法等。该方法通过合理的物理模型定义，将目标几何尺寸形状、结构、电磁特性等融入模型，虽然提取的散射点特征具有明确的物理意义，但是这类物理模型的构建过程通常比较复杂，在推导求解过程中常常会加入松弛和近似假设，且依赖于研究人员对 HRRP 数据的正确认知和长期的经验积累,在缺乏先验知识的情况下性能难以保证。

(2)基于匹配模板的识别方法,模板匹配是目标识别研究中最基本的方法,其将测试样本与模板库中不同目标的特征模板逐一进行匹配,模板库中实现最佳匹配的目标类型即测试样本的识别结果。按照匹配准则的不同,基于模板匹配的目标识别方法包括最大相关系数法、k 近邻方法和最大似然法等。该方法依赖于建立特征模板的准确性和有效性,计算量较大,且识别结果容易受到外界干扰。

(3)基于统计模型的识别方法,其基本流程为:首先,假设 HRRP 训练样本服从某种特定的统计分布;然后,从训练样本中学习获得相应的模型参数;最后,根据统计模型估计测试样本的概率密度函数,并利用贝叶斯分类器完成目标类型的判决。对于 HRRP 目标识别研究,常用的统计模型有高斯模型、伽马模型、伽马混合模型、伽马-高斯混合模型、因子分析模型和隐式马尔可夫模型等。前 4 种模型的优势在于,其需要学习的参数较少,可用于小样本建模,但是较少的参数也使其难以全面描述 HRRP 的统计特性;因子分析模型可以更为精确地对 HRRP 统计建模,但也要求足够充分的训练样本。

(4)核方法,其通过设计引入恰当的核函数,将原始线性不可分的数据嵌入合适的高维特征空间,进而可以采用线性分类器来进行后续的分析与处理。核方法是非线性模式识别问题的一种有效解决途径,不少学者提出或采用这类方法来完成 HRRP 目标识别。支持向量机(SVM)是核方法的典型代表,具有学习收敛速度快且不受特征维数限制的优势,可以有效地解决小样本、非线性等模式识别问题,在 HRRP 目标识别研究上应用广泛。

(5)神经网络,其具备自组织、自适应和自学习的能力,常被用来作为性能优良的分类器。因此,不少学者也采用神经网络模型来开展 HRRP 目标识别研究。

7.1.3 基于深度学习的 HRRP 目标识别方法

随着神经网络研究的逐步深入,深度学习的概念进一步被提出,其基本思想是通过低层特征的组合构建更为抽象的高层表示特征,以挖掘数据的分布式特征表示。与其他传统的分类识别手段相比,深度学习方法不仅可以更好地表示数据的本质特征,而且受益于网络模型的多层结构,其有能力表示大规模数据。深度学习具有强大的数据表示能力,在机器视觉、语音识别、自然语言处理、数据挖掘等方面都取得了显著成果。同样,近几年中,学者们逐渐将深度学习方法应用到 HRRP 目标识别研究中,采用的网络模型主要包括深度卷积神经网络(CNN)、深度循环神经网络(recurrent neural network,RNN)、自编码器(autoencoder,AE)及其变体、深度置信网络(deep belief networks,DBN)。上述研究充分说明,与传统 HRRP 的目标识别方法相比,深度学习方法通过融合特征提取和分类器,基于输入的大量 HRRP 训练样本来学习调整网络参数,克服了人工提取特征的脆弱性和不完整性,能够减少 HRRP 目标识别研究的工作量,提高工作效率。同时,特征提取和分类器互相融合、反馈影响、互相促进,使得深度学习在提取 HRRP 本质特征、提高目标识别准确率等方面具有明显优势。

7.2 卫星目标高分辨 ISAR 数据生成与特性分析

作为一种二维高分辨成像装置,ISAR 通过发射大带宽信号来获得 HRRP,并依靠目标与自身相对转动产生的多普勒信息来提高方位分辨率,进而实现对卫星、飞机、导弹等运动目标的二维成像(ISAR 像)。宽带 ISAR 通过全天候、全天时地获取目标一维 HRRP 和二维高分辨 ISAR 像,进而提供目标大小、形状、结构和姿态等重要信息,因此,基于 ISAR 数据(HRRP 和 ISAR 像)的目标识别成为 RATR 的重要研究方向,学者们对宽带 ISAR 目标识别开展了大量研究。本节首先详细阐述 ISAR 数据生成的基本原理,然后探讨卫星目标几何建模及其 ISAR 数据仿真生成技术,最后对 ISAR 数据的特性进行分析,为后续宽带 ISAR 卫星目标识别研究奠定了理论与数据基础。

7.2.1 ISAR 数据产生的基本原理

宽带 ISAR 能够在径向距离维和多普勒方位维均获得高分辨率,其中径向距离分辨率取决于 ISAR 发射的信号带宽,大带宽信号带来的高距离分辨率使 ISAR 能够获得距离方向上的 HRRP;而横向多普勒分辨率与运动目标相对 ISAR 转动造成的散射点频移有关,距离-多普勒高分辨率的共同提高使得 ISAR 能够对目标二维成像(获得 ISAR 像)。在对复杂运动目标进行 ISAR 成像时,首先利用平动补偿技术将成像几何关系转化为转台模型,然后应用距离-多普勒(range-doppler,RD)原理成像。下面从 RD 原理、目标相对转动来源和 ISAR 成像平面 3 个方面对 ISAR 数据的生成原理进行详细介绍。

7.2.1.1 距离-多普勒原理

正如前文所述,雷达信号带宽的增加,可以提供更高的距离分辨率,使得宽带 ISAR 能够区分不同径向距离的目标散射点,获得 HRRP。理论计算与实测数据分析均已表明,当雷达工作波长远小于目标沿雷达视线的径向尺寸时(位于高频区或光学区),一般可以将目标总的电磁散射近似视为由某些局部位置上的散射所合成的,且通常把这些局部性散射源称为"散射中心"。此时,可以采用散射中心模型来准确描述雷达目标的散射特性。根据理想散射中心模型,当采用宽带 ISAR 对目标进行观测时,距离单元的回波数据可以看作由单元内所有散射中心(亦称为"散射点")的电磁散射相干合成,即

$$x(n) = \sum_{s=1}^{S_n} a_s \phi \left(\Delta t \cdot n - \frac{2R_s}{c} \right) \exp \left(-j 2\pi f_c \frac{2R_s}{c} \right) \tag{7.1}$$

其中,S_n 表示第 n 个距离单元内的散射点个数,a_s 和 R_s 分别为距离单元内第 s 个散射中心的散射强度和到 ISAR 成像中心的径向距离,Δt 为采样间隔,c 为光速,f_c 表示信号的中心频率。$\phi(t)$ 是宽带 ISAR 发射的信号波形,当信号采样频率不低于奈奎斯特采样频率时,可将其近似为常数。

在 ISAR 采集回波数据时,目标相对雷达运动的过程中会发生相对转动。对于运动状态相对稳定的目标来说,在一定的小转角范围内,各散射点不会发生越距离单元徙动(MTRC)的现象。此时,各个距离单元内的散射点不发生变化,且散射强度也可以近似认为保持不变。假设目标横向长度为 L,距离单元长度为 ΔR,则不发生散射点 MTRC 的转角范围为

$$\Delta\theta < \frac{\Delta r}{L} \tag{7.2}$$

一般来说,当利用距离分辨率在亚米级的宽带 ISAR 对目标进行观测时,$\Delta\theta$ 在 $3°\sim5°$。

目标在转动过程中,散射点将发生径向移动,假设在此过程中宽带 ISAR 接受到 M 次回波,且未发生 MTRC 现象。以第 0 次回波作为距离参考,记在第 m 次回波时,第 n 个距离单元内的第 s 个散射点的径向位移为 $\Delta r_{ns}(m)$,则第 n 个距离单元内的第 m 次回波信号可以表示如下:

$$x_n(m) = \sum_{s=1}^{S_n} a_{ns}\exp\left\{-\mathrm{j}\left[\frac{4\pi}{\lambda}\Delta r_{ns}(m) - \phi_{ns}\right]\right\} = \sum_{s=1}^{S_n} a_{ns}\mathrm{e}^{\mathrm{j}\psi_{ns}(m)} \tag{7.3}$$

其中,λ 为波长,a_{ns} 和 $\psi_{ns}(m)$ 分别为第 n 个距离单元内的第 s 个散射点子回波的强度和初始相位。此时,通常将每次回波各个距离单元中目标散射点返回的复数相干和序列描述为 HRRP。由于复数 HRRP 的相位对目标姿态和径向距离的变化非常敏感,具有很大的不确定性,一般很难应用于目标识别任务,故在目前的 HRRP 目标识别中采用实数 HRRP 居多。实数 HRRP 不考虑相位信息,而只利用其中较为稳定的幅值信息,通常定义为目标散射点子回波在雷达视线上投影的矢量和的幅度波形,因此,上述第 m 次回波的实数 HRRP 可以表示如下:

$$\boldsymbol{x}(m) = \left[\mid x_1(m)\mid, \mid x_2(m)\mid, \cdots, \mid x_N(m)\mid\right] \tag{7.4}$$

在进行雷达目标运动分析时,可以将复杂运动目标相对于宽带 ISAR 的运动分解为平动和转动两个分量。在平动过程中,目标姿态相对于雷达视线保持不变,各散射点相对于 ISAR 的距离变化量相同,此时各子回波的多普勒信号一样。也就是说,当目标只有平动时,HRRP 不会随着目标的运动而发生变化,无法在距离-多普勒方向上实现二维高分辨率成像;除了目标位置和运动速度等信息以外,宽带 ISAR 无法获得目标更多的有用信息,难以有效开展目标识别研究。因此,目标的相对转动对于宽带 ISAR 目标识别来说至关重要,当目标发生相对转动时,可以认为它围绕某基准点转动,在完成平动分量补偿后,可将成像几何关系等效为平面转台模型。图 7.3 为卫星目标转台成像几何关系图。

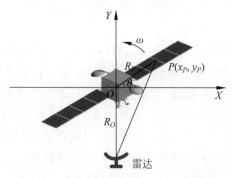

图7.3　卫星目标转台成像几何关系图

在图 7.3 中,雷达波束对准卫星目标,目标围绕的原点为中心 O 点且垂直于 XOY 平面的轴转动,转动角速度为 ω,ISAR 与中心 O 点的距离为 R_O,成像平面坐标为 (x_P, y_P) 的目标散射点 P 到 O 点的距离为 R_P。在 $t=0$ 的初始时刻,P 在成像平面的初始角度为 θ,则散射点 P 与 ISAR 之间的距离可以表示为

$$R = [R_O^2 + R_P^2 + 2R_O R_P \sin(\omega t + \theta)]^{1/2} \tag{7.5}$$

一般情况下,在 ISAR 的探测过程中,其与目标的距离是远远大于目标几何尺寸的(对于在太空中运动的卫星目标更是如此),即满足 $R_O \gg R_P$,此时上式可转变为

$$R = R_O + x_P \sin(\omega t) + y_P \cos(\omega t) \tag{7.6}$$

因此,散射点 P 的多普勒频率可表示为

$$f_P = \frac{2v}{\lambda} = \frac{2\mathrm{d}R(t)}{\lambda\,\mathrm{d}t} = \frac{2\omega[x_P \cos(\omega t) - y_P \sin(\omega t)]}{\lambda} \tag{7.7}$$

在宽带 ISAR 的成像时间内,由于目标的转动角度较小(一般在 $3°\sim5°$),可以近似认为 $\cos(\omega t)\approx 1, \sin(\omega t)\approx 0$,则散射点 P 的多普勒频率可进一步表示为

$$f_P = 2\omega x_P/\lambda \tag{7.8}$$

由式(7.8)可知,不同横向距离的目标散射点的多普勒频率是不同的,在转动角速度和波长一定时,多普勒频率与横向距离成正比。因此,目标散射点的横向多普勒分辨率可以通过横向傅里叶变换来实现,而径向距离分辨率则通过宽带 ISAR 发射大宽带信号获得,这就是传统的距离-多普勒成像原理。宽带 ISAR 径向距离分辨率的计算方式如式(1.29)所示,横向多普勒分辨率 Δr_c 为

$$\Delta r_c = \frac{\lambda}{2\Delta\theta} \tag{7.9}$$

其中,$\Delta\theta$ 为目标总转角。

7.2.1.2　目标相对转动来源

正如前文所述,宽带 ISAR 要成功实现对运动目标二维成像,需要目标形成相对转动。图 7.4 为运动目标与雷达的相对位置关系示意图。该转动既包括目标自

身的转动,也包括目标相对于宽带 ISAR 的切向平动,其中 ξ-η 和 ξ'-η' 坐标固定在目标上,x-y 和 x'-y' 坐标随雷达视线转动。由 7.2.1.1 节可知,目标相对转动的存在使不同横向位置的散射点的多普勒频率有所差异,从而能够实现方位向分辨。宽带 ISAR 正是利用了上述等效转动来实现对运动目标的二维成像的。

从图 7.4 可以看出,若将雷达视线固定不变,则可以认为运动目标存在等效的姿态转动。实际中,当利用宽带 ISAR 对卫星目标进行探测时,卫星将根据轨道运动规律围绕地球运动,且在轨道运动的同时可能存在姿态调整。因此,卫星同时存在相对 ISAR 的切向平动和自身转动,这两者的矢量和构成了总的转动矢量。

7.2.1.3 ISAR 成像平面

在利用宽带 ISAR 对目标进行成像时,我们得到的是目标的二维投影,通常将该投影平面称作"图像投影平面"(IPP),其决定了三维目标在 ISAR 像中的呈现形式。如图 7.5 所示,IPP 由目标相对于雷达的转动矢量方向和雷达视线指向共同决定。假设雷达视线沿 x 轴方向,其矢量表示为 $\boldsymbol{R}$,对应的单位矢量为 $\boldsymbol{i}$;运动目标相对 ISAR 的总转动矢量为 $\boldsymbol{\Omega}_\Sigma$,其引起目标某散射点 P 的速度为 $\boldsymbol{v}$,则该散射点回波的多普勒频率 f_d 可以计算如下:

$$f_\mathrm{d} = \frac{2(\boldsymbol{v} \cdot \boldsymbol{R})}{\lambda} \tag{7.10}$$

同时,假设散射点 P 到目标旋转中心的距离矢量为 $\boldsymbol{r}$,则上式可进一步表示为

$$f_\mathrm{d} = \frac{2(\boldsymbol{\Omega}_\Sigma \times \boldsymbol{r} \cdot \boldsymbol{R})}{\lambda} = \frac{2(\boldsymbol{i} \times \boldsymbol{\Omega}_\Sigma \cdot \boldsymbol{r})}{\lambda} \tag{7.11}$$

其中,IPP 的方向即矢量 $\boldsymbol{i} \times \boldsymbol{\Omega}_\Sigma$ 的方向。

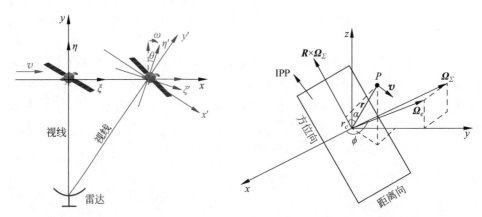

图 7.4 运动目标与雷达的相对位置关系　　　图 7.5 IPP 与视线、$\boldsymbol{\Omega}_\Sigma$ 的关系

如图 7.5 所示,假设 $\boldsymbol{i}$ 与 $\boldsymbol{\Omega}_\Sigma$ 之间的夹角为 ϕ,$\boldsymbol{r}$ 与 $\boldsymbol{i} \times \boldsymbol{\Omega}_\Sigma$ 之间的夹角为 α,则由式(7.11)可以得到:

$$f_{\mathrm{d}} = \frac{2}{\lambda}(\mid \boldsymbol{\Omega}_{\Sigma} \mid \sin\phi \mid \boldsymbol{r} \mid \cos\alpha) \tag{7.12}$$

在垂直于雷达视线的平面上,定义 $\boldsymbol{\Omega}_{\Sigma}$ 的投影分量为有效转动矢量 $\boldsymbol{\Omega}_e$,其同时也垂直于 IPP,且满足 $\mid \boldsymbol{\Omega}_e \mid = \mid \boldsymbol{\Omega}_{\Sigma} \mid \sin\phi$。同样,由图 7.5 可以发现, $\mid \boldsymbol{r} \mid \cos\alpha$ 实际是散射点在 IPP 内的方位向位置 r_c。因此,散射点的多普勒频率可以最终表示为

$$f_{\mathrm{d}} = \frac{2}{\lambda} \mid \boldsymbol{\Omega}_e \mid r_c \tag{7.13}$$

综上,IPP 包含雷达视线且垂直于由雷达视线和 $\boldsymbol{\Omega}_{\Sigma}$ 决定的平面。ISAR 像即目标在 IPP 内的投影,其中距离向与雷达视线平行,方位向在 $\boldsymbol{i} \times \boldsymbol{\Omega}_{\Sigma}$ 方向。

7.2.2　卫星目标几何建模与 ISAR 数据仿真生成

在开展宽带 ISAR 目标特性研究时,通常存在两类 ISAR 数据源。一是利用实测 ISAR 数据,基于不同雷达参数、视角和姿态下的 ISAR 数据(包括 HRRP 和 ISAR 像),开展特征分析和模型建库等有关工作,来研究雷达目标特性。基于实测数据获得的目标特性结果更加精确客观,但数据获取也受到试验和测量条件的限制。二是利用仿真 ISAR 数据,首先利用可靠的电磁仿真软件,对舰船、卫星、飞机等运动目标开展电磁仿真计算,获得目标在不同雷达参数、姿态和成像视角下的雷达回波;然后基于回波数据进行一维 HRRP 生成和二维 ISAR 成像;最后基于这些 ISAR 仿真数据来研究雷达目标特性。与实测试验相比,仿真手段具有经济高效、不受试验条件限制、研制周期短等显著优势,有重要的工程应用与科学研究价值。宽带 ISAR 数据是卫星目标识别技术研究的数据基础,在开展部分实验算法性能检验时,需要具备较为充足完备的 ISAR 数据,而仅依靠当前的实际测量条件难以提供满足实验要求的 ISAR 实测数据。因此,本节主要基于卫星目标三维模型,采用可靠的雷达数据处理与成像应用软件开展电磁仿真计算,以目标仿真回波数据生成的 ISAR 数据作为数据源,开展宽带 ISAR 卫星目标识别技术研究。下面对卫星目标几何建模和 ISAR 数据仿真生成技术进行详细阐述。

7.2.2.1　卫星目标几何建模

目标几何建模是开展宽带 ISAR 数据仿真的基础,三维模型精度对后续电磁散射计算的准确性和 ISAR 数据的质量都有重要影响。当前,可以通过多种软件建立目标三维模型,例如 Multigen Creator、AUTOCAD、Solidworks 等,此处采用 Discreet 公司(后被 Autodesk 公司合并)开发的 3DMAX 三维动画渲染和制作软件,建立卫星目标逼真的三维模型。3DMAX 软件具有建模功能强大、使用方便、渲染功能强大、效果逼真等显著优势,是全球使用人数最多的三维设计建模软件之一。

建立卫星目标三维模型的流程如图 7.6 所示,详细的建模步骤如下。

步骤 1 依据卫星目标参考资料进行模型搭建。首先明确卫星目标的构件种类(如卫星主体、帆板、天线、传感器、载荷等),并按照类别依次制作。在制作过程中,依据收集的卫星目标资料,参照各构件形体,选择立方体、长方体、面片等几何形体进行初步比例建模,然后利用加段、加点、塌陷、挤出等工具进行细节处理。

步骤 2 模型细分,面元数控制。在三维模型制作完成后,将模型整体进行塌陷处理,并利用分布均匀的三角面元对目标各个构件进行细分。考虑到卫星目标 ISAR 的成像要求,此处对所有卫星目标分别进行 5000 和 10000 面元数的细分。

步骤 3 拆分模型,调整面元法向。在完成模型细分后,分别对两种面元数的三维模型进行拆分处理,单独拆分卫星目标主体和其他构件,其中主体表面按不同方向进行拆分,帆板拆分为正反两面。同时,保证所有拆分后的单元元素的法向量一致对外。

步骤 4 背面消隐,坐标归零。针对帆板等特殊部件,对拆分背面进行消隐处理,且对其他构件的非显示面也进行相同操作。在不做特殊要求的情况下,将卫星本体中心设置为三维模型的几何中心,即将模型中心移至 3DMAX 中心。

步骤 5 规范标注,层级命名。将卫星目标主体命名为主体,而其他构件采用层级命名方式进行命名。层级命名为后续赋予材质纹理及输出文件做准备。

步骤 6 赋予材质纹理,输出文件。使用贴图对卫星目标赋予材质纹理,并统一输出为 .max 文件。

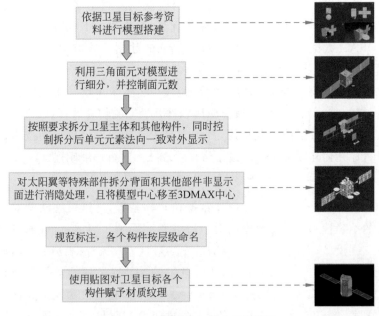

图 7.6 卫星目标三维建模流程图

图 7.7 给出了 COROT 卫星不同角度的真实图片,在使用 3DMAX 软件对 COROT 卫星帆板、本体等部件分别建模后,将所有部件组合成最终的 COROT 卫星三维模型。图 7.8 是 COROT 卫星三维模型的标准视图。采用相同的流程,对本节用到的 24 颗卫星全部建立了逼真的三维模型,其真实图片和对应的三维模型见附录图 A.1,卫星目标三维模型的构建为后续的宽带 ISAR 数据仿真生成和 ISAR 目标识别研究奠定了基础。

图 7.7　COROT 卫星图片

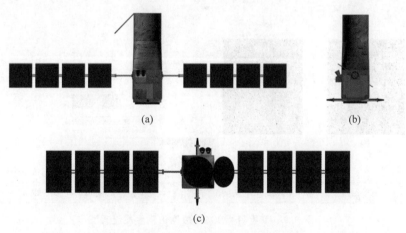

图 7.8　COROT 卫星三维模型的标准视图

(a) 前视图;(b) 侧视图;(c) 顶视图

7.2.2.2　卫星目标 ISAR 数据仿真生成

考虑到获取卫星目标足量实测 ISAR 数据具有一定难度,本节基于卫星目标的实际轨道和逼真三维模型,以及可靠宽带 ISAR 参数,仿真生成卫星目标实用 ISAR 数据(包括 HRRP 和 ISAR 像)。图 7.9 给出了本节 ISAR 数据仿真生成的详细流程,具体步骤如下。

步骤 1　基于收集的卫星目标资料,利用 3DMAX 软件绘制卫星目标的三维模型(附录 A),在建立卫星本体坐标系并赋予材质后,将三维模型.max 文件转化

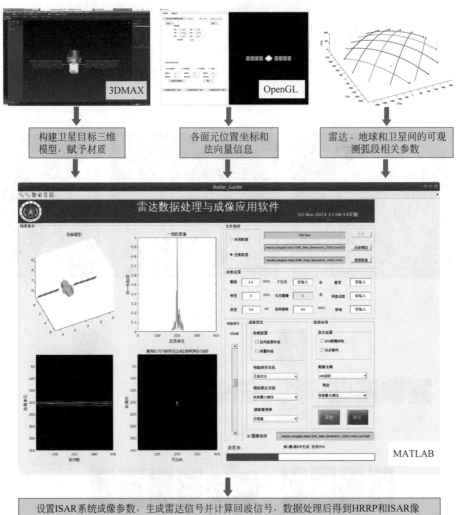

图 7.9　卫星目标 ISAR 数据仿真生成流程图

为 .3ds 格式文件,并采用基于 OpenGL 的 .3ds 三维模型解析软件来获得面元分析结果文件,该文件包含目标模型每个面元的位置坐标和法向量信息(当进一步考虑卫星目标部件情况时,还包括面元所属部件名称信息)。

　　步骤 2　根据宽带 ISAR 参数和卫星目标轨道根数(表 7.1),采用航天领域著名的系统工具箱(STK)软件来建立 ISAR 观测站和卫星轨道,并设置雷达观测角度约束。利用 STK 的报表生成工具,得到 ISAR、地球和卫星目标在可见观测弧段的相对参数,包括仿真时刻点、ISAR 在卫星本体坐标系的位置和速度,以及地球在卫星本体坐标系的位置。

表 7.1　宽带 ISAR 和卫星目标相关参数

雷达参数		经　度		纬　度	俯仰角约束	
		116.41°E		39.9°N	≥20°	
外形种类	卫星名称	半长轴/km	离心率	倾角/(°)	升交点赤经/(°)	近地点幅角/(°)
类别 1	CALIPSO	7051.8	0.0028	98.34	83.06	83.27
	COROT	7123.0	0.0204	90.03	13.64	148.21
	Glory(Aqua)[1]	7080.6	0.0001	98.20	95.21	120.48
	Jason-3	7715.8	0.0008	66.04	98.69	268.03
	KOMPSAT-2	7069.2	0.0007	98.03	23.21	198.61
	OCO-2	7072.9	0.0009	98.32	77.11	159.56
类别 2	CloudSat	7080.5	0.0001	98.23	330.82	91.62
	ICESat	7068.0	0.0019	94.00	149.59	121.71
	Göktürk-1	7063.9	0.0015	98.22	37.42	78.07
	QuickBird 2	6828.0	0.0075	97.05	103.66	276.70
	QuikSCAT	7180.8	0.0001	98.62	101.82	71.64
	SBSS1	6997.5	0.0019	97.91	357.31	115.58
类别 3	ALOS-2	7015.1	0.0014	97.82	239.89	106.83
	Meteor-M-1	7199.2	0.0012	98.52	131.08	89.06
	Radarsat2	7169.0	0.0006	98.60	343.75	92.53
	RISAT-1	6911.6	0.0015	97.62	152.47	41.05
	SAOCOM	6995.6	0.0012	97.84	329.38	138.56
	sentinel-1A	7065.3	0.0023	98.24	150.28	111.24
类别 4	Aqua	7086.0	0.0016	98.31	83.91	76.54
	CBERS-4	7144.0	0.0022	98.50	214.78	114.57
	FY-3	7223.2	0.0014	99.13	124.25	29.25
	GOSAT-2	6992.1	0.0014	97.75	254.04	61.26
	Landsat-7	7068.7	0.0028	98.04	206.37	95.77
	NOAA-20	7209.5	0.0015	98.82	81.26	92.71

注: [1] 卫星发射失败,其轨道参数替换为有相似功能的 Aqua 卫星的轨道

步骤 3　基于上述数据文件,利用 MATLAB 编写的雷达数据处理与成像应用软件,开展可靠的 HRRP 生成和 ISAR 成像。首先,设置 ISAR 系统的实际参数,包括雷达信号载频、带宽、采样率等。然后,基于上述参数选择合适的成像积累时间,将每个可观测弧段划分为多个成像子孔径。最后,基于每次回波数据生成 HRRP,并对每个子孔径进行 ISAR 成像,其详细过程如下:①基于步骤 2 中 ISAR 和卫星目标的观测几何关系,计算卫星三维模型的可见面元和顶点,并进一步计算这些可见面元的雷达散射系数。由于卫星目标在对地观测时具有一定的侧摆能力,有必要考虑卫星侧摆对可见面元的影响。图 7.10(a)~(d)分别显示了卫星目标在正常姿态和侧摆情况下的观测几何和可见面元。②生成宽带雷达信号,并基

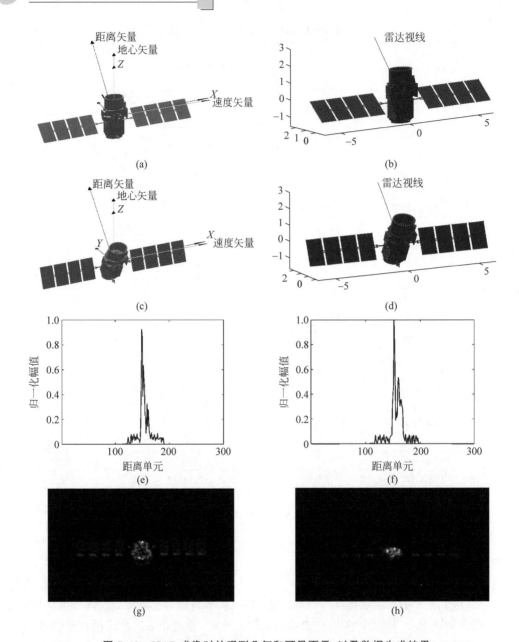

图 7.10 ISAR 成像时的观测几何和可见面元,以及数据生成结果

（a）正常姿态下卫星目标和 ISAR 间的观测几何;（b）正常姿态下卫星目标的可见面元;（c）侧摆时卫星目标和 ISAR 间的观测几何;（d）侧摆时卫星目标的可见面元;（e）正常姿态卫星目标的典型 HRRP;（f）侧摆时卫星目标的典型 HRRP;（g）正常姿态下卫星目标的 ISAR 像;（h）侧摆时卫星目标的 ISAR 像

于各面元到 ISAR 成像中心的距离计算相应的回波信号,这些面元在距离分辨后将位于不同的距离单元内,对各距离单元内所有散射点返回的复数相干和求取幅度,得到实数 HRRP,如图 7.10(e)～(f)所示。③在进行包络对齐和初相校正后,在方位方向上进行傅里叶变换来实现方位分辨,进而获得卫星目标的二维 ISAR 像,如图 7.10(g)~(h)所示。

7.2.3 卫星目标 ISAR 数据特性分析

宽带 ISAR 的数据特性对目标识别性能有重大影响,有效分析并处理 ISAR 数据特性是获得 ISAR 目标识别高准确率的重要基础和前提。下面分别对 HRRP 和 ISAR 像进行特性分析,以为后续 ISAR 目标识别研究提供技术指导。

7.2.3.1 HRRP 特性分析

HRRP 所具有的数据特性主要表现为姿态敏感性、平移敏感性和幅度敏感性。如图 7.11 所示。

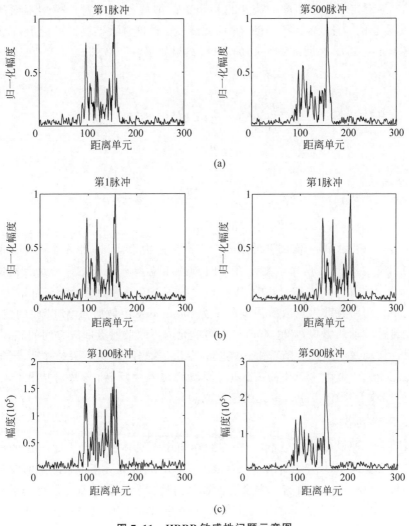

图 7.11 HRRP 敏感性问题示意图

（a）姿态敏感性；（b）平移敏感性；（c）幅度敏感性

1. 姿态敏感性

HRRP 的姿态敏感性是指，HRRP 随着目标相对雷达视线角度和目标姿态的变化而变化（图 7.11(a)所示），造成这一姿态敏感性的主要原因有以下 3 点。

（1）等效散射中心模型敏感于目标姿态。由电磁散射理论可知，目标等效散射中心模型与雷达视线的方向有关，雷达视线的大范围变化将使等效散射中心模型也发生变化。

（2）散射中心在各距离单元内的分布情况取决于目标姿态。当目标相对雷达视线转动的角度超过 $\Delta\theta$ 时，目标各散射点很可能会发生 MTRC 行为，使得同一距离单元内的散射点有所变化，有些散射点迁徙到其他距离单元，其他距离单元的散射点也可能进入，进而导致散射点模型发生变化。

（3）各距离单元的幅度取决于目标姿态。即使是在散射点模型不变的情况下，目标姿态的变化仍会导致 HRRP 的幅度发生改变。在前文的基础上，计算第 n 个距离单元的第 m 次回波 $x_n(m)$ 的功率，结果如下：

$$
\begin{aligned}
\mid x_n(m)\mid^2 &= x_n(m)x_n^*(m) \\
&= \sum_{s=1}^{S_n} a_{ns}^2 + 2\sum_{s=2}^{S_n}\sum_{k=1}^{s-1} a_{ns}a_{nk}\cos[\theta_{nsk}(m)] \\
&= \gamma_n + \xi_n(m)
\end{aligned}
\tag{7.14}
$$

其中，

$$
\begin{aligned}
\theta_{nsk}(m) &= (\varphi_{ns0}-\varphi_{nk0}) - \frac{4\pi}{\lambda}\big[\Delta r_{ns}(m)-\Delta r_{nk}(m)\big] \\
&= \theta_{nsk}(0) + \delta\theta_{nsk}(m)
\end{aligned}
\tag{7.15}
$$

其中，$\theta_{nsk}(m)$ 表示第 m 次回波的第 n 个距离单元中第 s 个和第 k 个两个散射点子回波的相位差，它等于两个散射点在零时刻的相位差 $\varphi_{ns0}-\varphi_{nk0}$ 与此后相位差变化 $\delta\theta_{nsk}(m)$ 之和。在式(7.14)中，距离单元的回波功率由两项组成：①自身项 γ_n 为距离单元内所有散射点散射强度的平方和，在不发生散射点 MTRC 的情况下，它不受目标转动的影响；②$\xi_n(m)$ 是距离单元内不同散射点回波之间的耦合项，会随着目标转动发生变化。随着雷达视线的变化，各散射点发生相对移动，当径向距离的变化量大于宽带 ISAR 的波长时，回波相位发生反转，导致合成相位剧烈变化，从而导致 HRRP 各距离单元的幅度剧烈起伏。

2. 平移敏感性

HRRP 的平移敏感性是指，目标在距离窗中的具体位置会因距离窗的截取位置不同而发生改变（图 7.11(b)）。HRRP 是利用距离窗从宽带 ISAR 回波数据中截取的包含目标在内的且有一定余度的数据向量。余度使得即使很小的平移都会使 HRRP 发生明显改变。在开展 HRRP 目标识别时，由于目标在 HRRP 训练样本和测试样本距离窗中位置的不同，导致失配，进而降低了目标识别性能。

3. 幅度敏感性

HRRP 的幅度敏感性是指,即使是同一目标,在不同测量条件、雷达配置下获得的 HRRP 幅度也是有差异的(图 7.11(c))。由 HRRP 的定义可知,其幅度反映了材质、尺寸、散射结构等目标信息,从这一层面看,可以利用幅度信息开展目标识别。但是,除了与目标自身特性有关外,HRRP 的幅度还受到目标距离、雷达发射功率、收/发天线增益、电波传播环境、雷达系统损耗等因素的影响,上述因素的变化都可能使 HRRP 幅度改变。幅度敏感性导致在不同情况下获得的 HRRP 幅度的尺度标准不同,因此在 HRRP 目标识别中难以利用绝对幅度信息。

7.2.3.2 ISAR 像特性分析

不同于光学图像,宽带 ISAR 像是在实现距离-方位高分辨率后获得的二维稀疏、孤立散射点分布,而且目标散射点的位置、强度与 ISAR 电磁波的带宽、频率、极化方式和成像视角等参数紧密相关,反映了目标尺寸、结构、形状、材质等物理特性。与光学图像相比,ISAR 像有较为独特的数据特点:ISAR 能够全天候、全天时工作,且不受光照、天气等因素影响;ISAR 像是三维目标在距离-多普勒平面上的二维投影,而光学图像是三维目标在光学镜头上的平面投影;ISAR 成像对雷达系统参数和目标姿态角敏感,不同姿态角下的 ISAR 像区别较大,但在一定角度范围内又保持相对稳定。如图 7.12 所示为哈勃望远镜不同姿态下的 ISAR 像。

图 7.12 哈勃望远镜不同姿态下的 ISAR 像

ISAR 像是一种非线性高维数据,它受宽带 ISAR 的系统参数、极化方式、成像视角等复杂且相互制约的因素影响;ISAR 像存在较为严重的斑点噪声和横条干扰现象,对图像质量造成影响;ISAR 像的成像机理使其分辨率与成像距离无关,其距离分辨率取决于发射信号的带宽,横向分辨率需要通过横向定标估计;ISAR 成像采用的是电磁波后向辐射方式,很可能只有强的角反射信息,故其成像形状经常无法反映目标的真实形状,增加了 ISAR 目标解译的难度。如图 7.13 所示为 Quickbird 2 卫星的 ISAR 像。

ISAR 像一般没有复杂的背景,可用于特征提取的信息一般只有强度、相位、极化散射等,而光学图像有颜色、纹理等众多可用信息。此外,ISAR 像也受多方面因素的影响,主要表现在目标散射中心的类型和强度受到成像目标参数和成像雷达参数两个方面的影响。这些影响使 ISAR 像目标识别面临诸如图像旋转敏感性、方位敏感性、平移敏感性等具有挑战性的问题,而散射点的强度和分布能反映目标

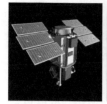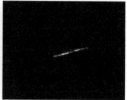

图 7.13 Quickbird 2 卫星 ISAR 像

的几何结构。表 7.2 详细显示了 ISAR 成像需考虑的参数及其带来的影响,图 7.14 是 ISAR 像复杂数据特性示意图。

表 7.2 ISAR 成像影响因素

类　　别	参　　数	影 响 情 况
目标成像参数	几何形状	散射点强度变化,不同散射体的散射强度不同
	运动参数(运动方向、速度等)	影响成像的横向分辨率、聚焦性,部件遮挡等
	目标姿态	姿态敏感性,不同姿态成像差异可能较大
	散射材料(粗糙程度、介电常数)	影响散射点强度
成像雷达参数	信号频率	影响雷达信号的目标穿透和后向散射能力
	极化方式	不同的极化方式会产生不同的后向散射特性
	雷达波入射角	改变成像几何,对目标的散射特征产生重要影响
	成像分辨率	信号带宽决定距离像分辨率,目标转速、成像积累时间等因素影响方位向分辨率

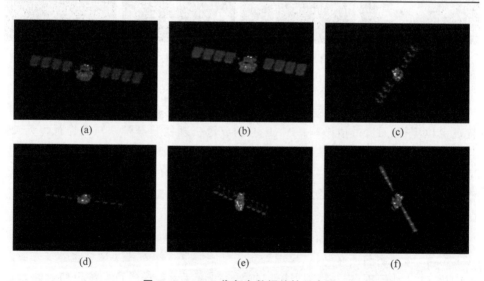

图 7.14 ISAR 像复杂数据特性示意图

(a) 用于对比的 ISAR 像;(b) 未质心归一化的 ISAR 像;(c) 运动方向引起旋转;(d) 雷达参数引起缩放;
(e) 积累时间引起的方位向缩放;(f) 散射中心引起 ISAR 像变化

7.3　基于高分辨率距离像的卫星目标识别技术

高分辨率距离像(HRRP)是各距离单元中目标散射点返回的复数相干和序列,是目标散射点回波在雷达视线上的投影;它包含目标丰富的结构特征信息,如径向尺寸、散射点分布等,且与二维 ISAR 像相比,具有易于获取和处理的优点。因此,在雷达自动目标识别(radar automatic target recognition,RATR)领域中,HRRP 目标识别受到广泛关注。但是,HRRP 的敏感性问题会对 HRRP 目标识别造成不利影响,针对不同的 HRRP 特征表示,如何采用恰当的识别方法提取深层本质特征,进而准确有效地完成目标识别任务,是 HRRP 目标识别研究的关键和主要难点所在。

本节重点研究 HRRP 卫星目标识别问题,研究内容主要包括 HRRP 敏感性缓解、HRRP 深层本质特征提取、HRRP 特征表示对比研究等,以提升 HRRP 卫星目标的识别准确率。针对 HRRP 的敏感性和特征提取问题,本节提出了一种基于数据划分与深度学习技术的 HRRP 卫星目标识别方法。首先,采用设计的卫星目标 HRRP 数据信息挖掘和划分技术,有效地缓解了 HRRP 敏感性问题,有利于提高识别准确率;然后,为提取 HRRP 时序数据的深层本质特征并准确识别目标,本研究充分发挥 GRU 神经网络在时序数据特征提取方面的能力,以及 SVM 在目标分类识别上的优势,设计了一种 GRU-SVM 深度学习模型来实现 HRRP 目标的准确识别。在此基础上,以深度学习方法为支撑,进一步对比研究了不同 HRRP 特征表示的识别性能,并提出了一种基于双谱-谱图特征和 CNN 的目标识别方法,以提升 HRRP 目标识别的准确性和噪声鲁棒性。

7.3.1　卫星目标的 HRRP 数据信息挖掘与划分

HRRP 包含目标丰富的结构特征,但是也存在敏感性(尤其是姿态敏感性)问题,对 HRRP 的目标识别造成了不利影响;此外,在此前的 HRRP 识别研究中,待识别的目标数量不是很多,仅利用 HRRP 也可能获得较为理想的识别准确率。但是,随着待识别目标数量的增加,仅使用 HRRP 开展目标识别很难获得理想的识别性能。因此,本节针对卫星这种空间目标,充分挖掘雷达数据中包含的有效目标识别信息,采用设计的 HRRP 数据划分技术来缓解其姿态敏感性。

目前,数千颗人造卫星围绕地球运动,用于通信导航、信息中继、导弹预警、在轨服务等;其中,观测卫星是空间监视信息系统中需要识别的关键目标。目前,HRRP 目标识别研究的对象大多为地面、海上或航空目标,如坦克、舰船、飞机等,与空间目标识别有关的研究相对较少。卫星目标与上述目标相比的一项显著差异在于不同的运动特性,其运动必须遵循开普勒定律。同时,由于在轨卫星携带的燃料有限,其轨道机动范围受到较大限制,使得其运动轨道保持相对稳定。也就是说,卫星一般是沿着一定的轨道绕地球运动的。如图 7.15(a)所示,卫星轨道主要由以下参数描述。

(1) 半长轴(a):远地点或近地点到轨道中心的距离,描述卫星轨道的大小;

(2) 偏心率(e):描述卫星轨道的形状;

(3) 倾角(i):轨道平面与地球赤道平面的夹角,决定卫星的可访问区域;

(4) 升交点赤经(Ω):卫星轨道的升交点与春分点之间的角距,其中升交点为卫星由南向北运行时,与地球赤道面的交点;

(5) 近地点辐角(ω):轨道近地点和升交点之间对地心的张角。

基于上述参数,卫星轨道高度的变化范围计算如下:

$$\begin{cases} H_{max} = a \cdot (1+e) - R_e \\ H_{min} = a \cdot (1-e) - R_e \end{cases} \tag{7.16}$$

其中,H_{max}、H_{min} 分别指卫星运动的最大、最小轨道高度,R_e 为地球半径。此时,当卫星轨道半长轴给定时,可以计算卫星运动一周的轨道高度差 ΔH($\Delta H = H_{max} - H_{min}$)随偏心率 e 的变化,结果如图 7.15(b)所示。可以看出,只有当偏心率足够小时,轨道高度对卫星目标识别才具有实用价值。为此,需要进一步调查现有观测卫星的偏心率分布。UCS 卫星数据库详细统计了目前环绕地球运行的卫星,其中,观测卫星偏心率和远地点高度的统计结果如图 7.15(c)、(d)所示。结果表明,大多数观测卫星的偏心率都低于 0.01,特别是光学或雷达成像卫星,偏心率基本都很低。因此,本节引入轨道高度作为识别观测卫星目标明显且有用的特征,将轨道高度信息用于 HRRP 数据的划分。

对于非合作卫星目标而言,轨道参数不一定是已知信息,且由于地球摄动等因素,轨道参数不可能保持长期不变。因此,在实际应用中,难以利用轨道参数来计算卫星轨道高度。然而,当采用雷达探测目标后,卫星轨道高度的测量就变得较为容易。目标距离和位置测量是雷达的一项基本功能,宽带 ISAR 在获得 HRRP 的同时,可以测量卫星目标与 ISAR 之间的斜距,并且获得雷达的实时观测角度。基于雷达地理位置及其测量数据,在进行多次坐标变换后,可以得到卫星在各条 HRRP 测量时刻的轨道高度。

此外,宽带 ISAR 观测的俯仰角和方位角也是重要且有用的信息。在 HRRP 目标识别研究中,有效地利用宽带 ISAR 观测角度信息能够带来不少益处,如减少搜索范围和计算量、缓解 HRRP 姿态敏感性、提高目标识别率。我们已对 HRRP 角域划分研究现状进行了分析,其中等间隔和基于统计模型的划分方法都存在缺点。有学者通过引入 HRRP 相关系数来度量 HRRP 的相似性,在一定程度上可以依据相关性有效划分 HRRP,但是,它只是简单地引入了 HRRP 的一阶统计信息,对角域划分来说作用有限。除此以外,其他信息也有助于度量 HRRP 的相似性并应用于 HRRP 数据划分,例如角度距离。因此,此处将充分挖掘宽带雷达 HRRP

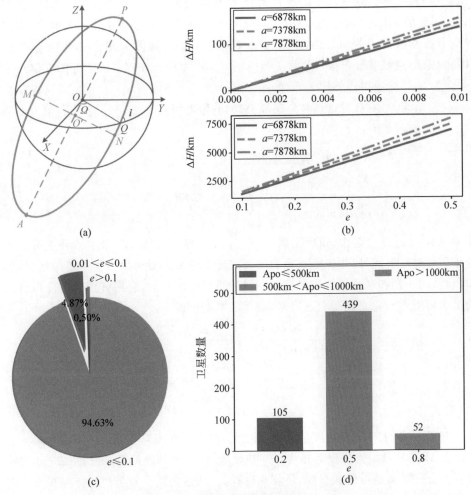

图 7.15　观测卫星轨道描述与统计结果

（a）卫星轨道参数描述；（b）长半轴一定时，轨道高度差随偏心率的变化；（c）观测卫星轨道偏心率统计；（d）观测卫星远地点高度（Apo）统计

数据蕴含的对卫星目标识别有用的信息。首先，引入轨道高度作为观测卫星的一个明显且易获取的特征，用于 HRRP 数据的初始划分；然后，利用宽带 ISAR 观测角度信息对各轨道高度的 HRRP 数据作进一步划分，得到不同轨道高度、不同观测角域的多个 HRRP 数据簇。下面详细介绍本研究提出的宽带 ISAR 观测角域划分方法。

对于宽带 ISAR 观测角域划分问题，针对 HRRP 数据设计了一种新的距离（相似性）度量方式，即归一化角距离除以相关系数（normalized angular distance divided by correlation coefficient，NADDCC），这种 HRRP 距离度量既包含获得 HRRP 数据时的角度距离信息，又包含 HRRP 之间的相关系数，可以更好地度量

HRRP 的相似性。基于这一度量方式，首次采用层次聚类方法来完成 HRRP 数据划分，以缓解 HRRP 的姿态敏感性，提高 HRRP 的目标识别准确率。同时，散射点强度分布像有助于提高 HRRP 的姿态稳定性，故此处可采用连续测量获得的HRRP 散射点强度分布像。假设$\boldsymbol{\mu}_i = [\mu_i(1), \mu_i(2), \cdots, \mu_i(D)]$是观测方位角为$\theta_i$、仰角为$\varepsilon_i$的散射点强度分布像，$\boldsymbol{\mu}_j = [\mu_j(1), \mu_j(2), \cdots, \mu_j(D)]$是观测方位角为$\theta_j$、仰角为$\varepsilon_j$的散射点强度分布像，它们的角度距离$d_{\text{angles}}(\boldsymbol{\mu}_i, \boldsymbol{\mu}_j)$和相关系数$\rho(\boldsymbol{\mu}_i, \boldsymbol{\mu}_j)$表示如下：

$$\begin{cases} d_{\text{angles}}(\boldsymbol{\mu}_i, \boldsymbol{\mu}_j) = \sqrt{(\theta_i - \theta_j)^2 + (\varepsilon_i - \varepsilon_j)^2} \\ \rho(\boldsymbol{\mu}_i, \boldsymbol{\mu}_j) = \dfrac{\boldsymbol{\mu}_i \boldsymbol{\mu}_j^{\text{T}}}{\|\boldsymbol{\mu}_i\|_2 \|\boldsymbol{\mu}_j\|_2} = \dfrac{\sum\limits_{n=1}^{D} [\mu_i(n)\mu_j(n)]}{\|\boldsymbol{\mu}_i\|_2 \|\boldsymbol{\mu}_j\|_2} \end{cases} \tag{7.17}$$

相关系数$\rho(\boldsymbol{\mu}_i, \boldsymbol{\mu}_j)$越大，角度距离$d_{\text{angles}}(\boldsymbol{\mu}_i, \boldsymbol{\mu}_j)$越小，HRRP 散射点强度分布像的相似性越高。此外，用于层次聚类的距离度量通常需要满足一些必要的性质，如非负性、同一性和对称性。为了使上述两种距离作用相同，它们分别通过除以各自的最大值来归一化。基于上述因素，设计距离度量如下：

$$\begin{aligned} \text{dist}(\boldsymbol{\mu}_i, \boldsymbol{\mu}_j) &= \frac{d_{\text{angles}}(\boldsymbol{\mu}_i, \boldsymbol{\mu}_j)/\max(d_{\text{angles}})}{\rho(\boldsymbol{\mu}_i, \boldsymbol{\mu}_j)/\max(\rho)} \\ &= \frac{\sqrt{(\theta_i - \theta_j)^2 + (\varepsilon_i - \varepsilon_j)^2} \cdot \|\boldsymbol{\mu}_i\|_2 \|\boldsymbol{\mu}_j\|_2 \cdot \max(\rho)}{\sum\limits_{n=1}^{D} [\mu_i(n)\mu_j(n)] \cdot \max(d_{\text{angles}})} \end{aligned} \tag{7.18}$$

　　基于上述 HRRP 距离度量方式，使用层次聚类算法自下而上的聚类策略。首先以各 HRRP 散射点强度分布像作为初始聚类簇，然后在算法操作的每个步骤中找到并合并距离最近的数据簇，重复此过程，直到达到预设聚类簇数。层次聚类过程总结如下，其中 $\boldsymbol{C}$ 和 $\boldsymbol{M}$ 分别表示聚类数据簇和距离矩阵。

层次聚类算法

输入：HRRP 散射点强度分布像样本集 $S = \{\boldsymbol{\mu}_1, \boldsymbol{\mu}_2, \cdots \boldsymbol{\mu}_m\}$；

　　距离度量 $d_{\text{avg}}(C_i, C_j) = \dfrac{1}{|C_i||C_j|} \sum\limits_{\boldsymbol{\mu}_i \in C_i} \sum\limits_{\boldsymbol{\mu}_j \in C_j} \text{dist}(\boldsymbol{\mu}_i, \boldsymbol{\mu}_j)$；

　　聚类簇数 k；

过程：for $j = 1, 2, \cdots, m$ do

　　　　$C_j = \{\boldsymbol{\mu}_j\}$

　　　end for

　　　for $i = 1, 2, \cdots, m$ do

　　　　for $j = i+1, \cdots, m$ do

　　　　　$\boldsymbol{M}(i, j) = d_{\text{avg}}(C_i, C_j)$

$$\boldsymbol{M}(j,i) = \boldsymbol{M}(i,j)$$

　　　　　end for

　　　end for

　　设置当前聚类簇数：$q = m$

　　while $q > k$ do

　　　　找到两个距离最近的数据簇 C_{i^*} 和 C_{j^*}；

　　　　合并 C_{i^*} 和 C_{j^*}：$C_{i^*} = C_{i^*} \bigcup C_{j^*}$；

　　　　for $j = j^* + 1, j^* + 2, \cdots, q$ do

　　　　　　将 C_j 更名为 C_{j-1}

　　　　end for

　　　　删除矩阵 $\boldsymbol{M}$ 的第 j^* 行和第 j^* 列

　　　　for $j = i + 1, \cdots, q - 1$ do

　　　　　　$\boldsymbol{M}(i^*, j) = d_{\mathrm{avg}}(C_{i^*}, C_j)$

　　　　　　$\boldsymbol{M}(j^*, i) = \boldsymbol{M}(i^*, j)$

　　　　end for

　　　　$q = q - 1$

　　end while

输出：数据簇 $\boldsymbol{C} = \{C_1, C_2, \cdots, C_k\}$

7.3.2　HRRP 卫星目标识别的 GRU-SVM 模型

在卫星目标 HRRP 数据信息挖掘和划分的基础上，为更加准确有效地完成 HRRP 卫星目标识别，仍需进一步研究 HRRP 特征提取问题，并利用提取的特征完成目标分类识别。本节不仅结合 7.3.1 节中的 HRRP 数据信息挖掘与划分技术，探讨 HRRP 数据划分对卫星目标识别的影响，还利用深度学习方法进行 HRRP 深层本质特征提取。针对可以认定为时序数据的 HRRP 设计 GRU 神经网络，用于提取 HRRP 高度可分性的特征，并采用分类性能优良的线性 SVM 分类器完成卫星目标识别任务。同时，线性 SVM 也用于比较不同数据划分条件和特征提取方法，进而可以反映数据划分对 HRRP 卫星目标识别的作用，以及 GRU 神经网络在 HRRP 时序数据深层本质特征提取上的优势。下面介绍 GRU-SVM 深度模型的设计，以及详细的实验结果及其分析。

7.3.2.1　GRU-SVM 深度学习模型设计

对于卫星这种大尺寸复杂目标来说，它在宽带 ISAR 视线方向上的投影会被划分成多个距离单元，实数 HRRP 是各距离单元中目标散射中心的复数回波相干和的幅值序列。根据散射中心模型，当卫星目标旋转时，不同距离单元的散射点按照相同方式旋转，使得邻近距离单元之间的回波幅值具有一定的相关性；此外，获得 HRRP 前的回波加窗处理和实测 HRRP 的多次反射现象也会加强邻近距离单元回波幅值的相关性。因此，HRRP 各距离单元之间存在一定的时序相关性，可以被认为是一种时序数据,本节考虑采用适用于时序数据的深度神经网络来提取 HRRP 深层本质特征。在众多深度神经网络中,循环神经网络(RNN)结构独特,被广泛应用于处理时序数据,其常见的应用包括行为识别、场景标记和语言处理等,并取得了较好的效果。但是,研究表明,简单常规的 RNN 在网络训练时存在梯度消失问题,使得数据序列中距离较远的梯度在学习中不起作用,难以学习数据中的长期依赖信息。针对该问题,长短期记忆(long short-term memory,LSTM)和门控循环单元(gated recurrent unit,GRU)结构被设计用于学习时序数据的长期依赖。与 LSTM 结构相比,GRU 不仅仍保留了 LSTM 对梯度消失问题的抵抗力,而且内部结构更加简单,更新隐藏状态所需的计算量更少,训练速度更快。因此,本研究设计使用 GRU 深度神经网络来提取 HRRP 时序数据的深层本质特征。

　　GRU 的结构示意图如图 7.16 所示,其结构中只有两种门,即更新门 z 和重置门 r。更新门用于控制前一时刻的状态信息被代入当前状态中的程度,更新门越大,前一时刻的状态信息代入越多;而重置门控制前一状态有多少信息被写入当前的候选隐藏状态 $\tilde{h}_t$ 上,重置门越小,前一状态的信息被写入得越少,以前的状态信息就越容易被遗忘。

　　更新门 z_t 和重置门 r_t 的定义如下:

$$\begin{cases} z_t = \sigma(\boldsymbol{W}_z \boldsymbol{x}_t + \boldsymbol{U}_z \boldsymbol{h}_{t-1}) \\ r_t = \sigma(\boldsymbol{W}_r \boldsymbol{x}_t + \boldsymbol{U}_r \boldsymbol{h}_{t-1}) \end{cases} \tag{7.19}$$

其中,$\boldsymbol{W}$ 和 $\boldsymbol{U}$ 为权值矩阵,$\boldsymbol{x}$ 表示输入数据。GRU 中的隐藏状态 $\boldsymbol{h}_t$ 和候选隐藏状态 $\tilde{\boldsymbol{h}}_t$ 可以分别通过下式计算得到:

$$\begin{cases} \boldsymbol{h}_t = (1-z)\boldsymbol{h}_{t-1} + z_t \tilde{\boldsymbol{h}}_t \\ \tilde{\boldsymbol{h}}_t = \tanh(\boldsymbol{W}_h \boldsymbol{x}_t + \boldsymbol{U}_r (r_t * \boldsymbol{h}_{t-1})) \end{cases} \tag{7.20}$$

其中,$*$ 表示点积。$\sigma(\cdot)$ 和 $\tanh(\cdot)$ 是两种不同的激活函数,且定义如下:

$$\sigma(\cdot) = \frac{1}{1 + e^x}$$

$$\tanh(\cdot) = \frac{1 - e^{2x}}{1 + e^{2x}} \tag{7.21}$$

　　此处,基于 GRU 结构设计了适用于 HRRP 时序数据的深度学习模型,即 GRU 神经网络,并将其与线性 SVM 分类器相结合,从而设计了一种能够端到端训练的 GRU-SVM 模型,并将其首次用于 HRRP 目标识别研究。GRU-SVM 模型的网络结构示意图如图 7.17 所示,该模型由两部分组成:GRU 神经网络和线性 SVM 分类器。GRU 神经网络由输入层、4 层隐含层和输出层组成。其中,隐含层包括 GRU 隐含层和全连接层(dense layer)。同时,输入层、2 层 GRU 隐含层和 1 层全连接层共同构成编码器模块,此处将编码器模块的输出定义为 GRU 神经网络提取的特征向量。为了使 GRU 神经网络训练更加准确,在 GRU 隐含层中采用

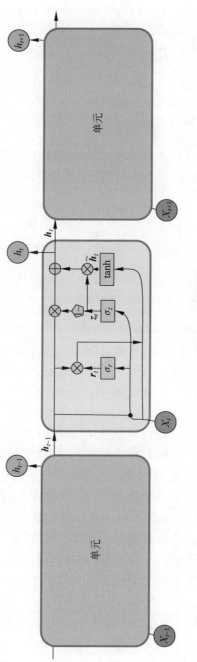

图 7.16 GRU 结构示意图

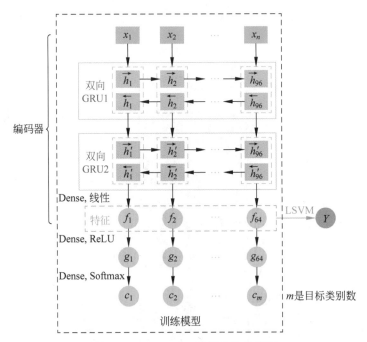

图 7.17　GRU-SVM 模型结构示意图

双向结构；此外，为了提取 HRRP 的深层本质特征，在编码器模块后连接 2 层全连接层，其中输出层采用 Softmax 激活函数来输出卫星分类概率，也就是说，GRU 神经网络采用监督学习的方式进行训练。采用 Softmax 分类器来训练 GRU 神经网络的原因在于，Softmax 是一个优良的多分类器，其对应的交叉熵损失函数与 SVM 分类器的合页损失函数相比，对 GRU 神经网络输出的分类结果更加敏感，这意味着在训练过程中网络总是在优化自身参数来降低交叉熵损失。因此，Softmax 分类器的利用可以使编码器模块提取的特征更具有可分性。

　　通过网络训练后，GRU 神经网络的编码器模块能够输出固定长度的特征向量，SVM 分类器以该特征向量作为输入，并产生分类识别结果。SVM 的目标是寻找最优超平面，以便在给定的数据集中分离特征数据。尽管 SVM 开发之初只是针对二分类问题，后来经过改进后也常用于多分类问题，例如使用核技巧、采用 One-Vs-One 策略等。核技巧是通过应用核函数将线性模型转换为非线性模型，它将对输入特征进行非线性变换。此处采用 One-Vs-One 策略并使用线性 SVM 分类器对多个卫星目标进行识别，线性 SVM 分类器主要有两方面的作用：①线性 SVM 分类器经过特征提取和相应标签训练后，对于测试数据有出色的泛化性能；②线性 SVM 分类器可以作为判断不同方法提取 HRRP 特征质量好坏的简单基线，因为它不做任何特征提取和变换。对于 Softmax 分类器来说，由于网络中非线性激活函数的存在，它并不适用来比较提取特征的质量。GRU-SVM 模型采用的线性激活函数 $\phi(\cdot)$、ReLU 激活函数 $\varphi(\cdot)$ 和 Softmax 激活函数 $\psi(\cdot)$ 的定义

如下:

$$\phi(\bullet) = \sum_i x_i w_i + b$$

$$\varphi(\bullet) = \max(0, x)$$

$$\psi(\bullet) = \frac{e^{x_j}}{\sum\limits_{k=1}^{K} e^{x_k}} \tag{7.22}$$

7.3.2.2 识别方法的整体框架与步骤

通过前文的分析,本节提出一种基于数据划分和 GRU-SVM 深度学习模型的 HRRP 卫星目标识别方法,其整体框架如图 7.18 所示。从图中可以看出,这一识别框架主要包括 3 大部分,即训练过程、测试过程,以及其中使用的方法和技术。利用轨道高度和宽带 ISAR 观测角域划分技术来实现 HRRP 数据划分,包括训练数据集样本的划分与测试数据集样本的匹配。在此基础上,以划分的不同 HRRP 训练数据簇作为 GRU 神经网络的输入,通过网络训练提取 HRRP 的深层本质特征;而测试数据的分类识别结果可以通过训练好的 GRU 神经网络和线性 SVM 分类器得到。

详细的识别步骤如下。

步骤 1 按照一定比例,将所有 HRRP 数据划分为训练集和测试集;

步骤 2 利用 HRRP 数据包含的斜距和观测角度信息,计算卫星目标在获得各条 HRRP 训练数据时的轨道高度,并将它们划分到多个轨道高度范围内,进而完成 HRRP 训练数据的初始划分;

步骤 3 在此基础上,针对不同轨道高度范围的 HRRP 训练数据,采用层次聚类的宽带 ISAR 角域划分方法来进一步划分数据,在不同轨道高度范围内得到多个 HRRP 训练数据簇;

步骤 4 将得到的不同轨道高度范围的多个 HRRP 训练数据簇作为 GRU 神经网络的输入,开展 GRU 神经网络的网络训练,训练完成后获得相应的 GRU 神经网络模型;同时,将 GRU 神经网络编码器模块输出的 HRRP 特征向量和其对应的标签输入线性 SVM 分类器,进而找到卫星目标分类问题的多个最优超平面;

步骤 5 按照相同方法计算 HRRP 测试数据的轨道高度,根据其轨道高度和观测角度,将 HRRP 测试数据匹配到它所属的 HRRP 训练数据簇中,并采用对应的 GRU 神经网络模型提取测试 HRRP 的特征向量,利用线性 SVM 模型来完成 HRRP 测试数据的分类识别。

7.3.2.3 实验结果与分析

前文已对识别方法进行了详细介绍,本节将开展测试实验来获得该方法的识别性能。在完成 HRRP 训练数据划分和 GRU-SVM 模型训练的基础上,根据 7.3.2.2 节所述的测试过程,得到提出方法对 HRRP 测试数据的识别准确率。此外,此处还进行了不同条件和识别方法的卫星目标识别性能测试实验,以说明提出方法的优势。

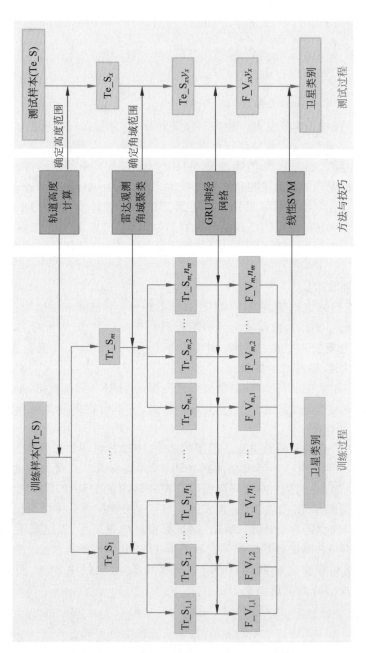

图 7.18　识别方法整体框架

1. 雷达 HRRP 数据生成与划分

本测试实验使用的数据为 10 颗卫星的可靠仿真雷达 HRRP 数据,它们由中心频率为 10GHz、带宽为 1GHz 的 X 波段 ISAR 仿真得到。卫星和 ISAR 系统的主要参数如表 7.3 所示,生成 HRRP 数据的详细流程如图 7.19 所示。简要来说,首先根据卫星和 ISAR 系统的参数,计算它们之间的观测关系;然后计算雷达散射截面面积和回波,进而得到 HRRP 数据。在本实验中,每个卫星目标均有 70000 个 HRRP 样本数据,其中每条 HRPP 都为 300 维向量。在利用 HRRP 识别卫星目标之前,采用能量归一化方法和包络对齐方法来对 HRRP 进行预处理,以应对 HRRP 的幅度敏感性和平移敏感性问题。依据神经网络学习训练时常用的数据划分比例,80% 的 HRRP 数据将用作训练集,其他数据用作测试集。通过轨道高度计算和观测角域聚类对 HRRP 训练数据进行数据划分。图 7.20 显示了最终的数据划分结果,可以看到,本实验将这 10 颗卫星的轨道高度划分为 3 个范围,即 $H_{Sat} \leqslant 500$km、$500 < H_{Sat} \leqslant 1000$km 和 $H_{Sat} > 1000$km;同时,针对每个轨道高度范围的 HRRP 数据,采用提出的基于 NADDCC 距离度量的层次聚类方法,得到多个 HRRP 数据簇。需要说明的是,由于连续测量得到的 HRRP 数据的观测角度所差无几,此处将 700 个连续 HRRP 数据设定为相同的观测角度,这样通过确定 HRRP 测试数据所属的轨道高度和角域范围,就可以确定它们将归属于哪一个数据簇。

表 7.3 卫星和 ISAR 系统相关参数

ISAR 系统参数	中心频率	10GHz	带宽	1GHz
	经度	115°	纬度	30.5°
	高程	0		

卫星	远地点高度/km	偏心率	倾角/(°)
No.1	390～425	8.1×10^4	51.6
No.2	300～320	1.0×10^7	51.0
No.3	310～322	1.1×10^3	54.5
No.4	721～730	5.0×10^3	57.0
No.5	630～643	2.1×10^4	97.8
No.6	615～624	2.2×10^4	97.9
No.7	670～682	1.1×10^3	98.1
No.8	1045～1165	1.3×10^3	63.4
No.9	1094～1112	3.5×10^3	123.0
No.10	1347～1355	3.2×10^4	58.0

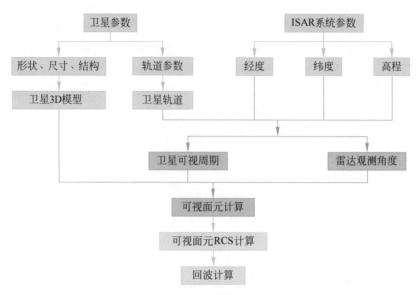

图 7.19　卫星目标 HRRP 数据生成流程图

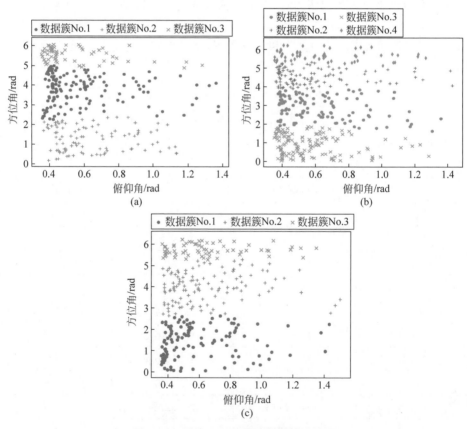

图 7.20　雷达 HRRP 训练数据划分结果

(a) $H_{Sat}\leqslant 500km$；(b) $500km<H_{Sat}\leqslant 1000km$；(c) $H_{Sat}>1000km$

2. GRU 神经网络训练评估

在完成 HRRP 训练数据划分后,以这些聚类 HRRP 数据簇作为输入,进行 GRU 神经网络训练。在开展 GRU 神经网络训练时,为了使网络训练得更快、更准确,运用下列深度神经网络训练技巧:

(1) 将其中 20% 的训练数据用作验证集,用于调整网络中的超参数;

(2) 在两个 GRU 隐含层后应用 dropout 技术,以避免网络训练过程中可能存在的过拟合问题,并将 dropout 值设为 0.25;

(3) 在每一层之后插入批标准化,来加速网络训练。

对于多分类问题,经常采用识别准确度、交叉熵损失 Loss_{CC} 和平均绝对误差 (mean absolute error, MAE) 损失 Loss_{MAE} 来评价神经网络的训练效果,它们的定义如下:

$$\text{accuracy} = \frac{N}{M}$$

$$\text{Loss}_{\text{CC}} = -\sum_{i=1}^{M} \sum_{j=1}^{m} (y_{ij} \cdot \log \hat{y}_{ij})$$

$$\text{Loss}_{\text{MAE}} = \frac{1}{M} \sum_{i=1}^{M} |y_i - \hat{y}_i| \tag{7.23}$$

其中,M 为当前 HRRP 训练样本的总数,N 为预测正确的 HRRP 样本数。$\hat{y}_i$ 表示第 i 个 HRRP 样本的预测值,而 y_i 表示 HRRP 样本的期望值。m 为目标类别数且通常大于或等于 3。在 GRU 神经网络训练前,为了能有效地降低损失函数值,进而提高目标识别准确率,需要选择合适的优化器。Adam 优化器结合了先前深度学习优化器 Adagard 和 RMSProp 的主要优势,在深度神经网络的训练过程中常常具有很好的效果。因此,本研究使用 Adam 优化器并设定初始学习率为 0.001。当设定的评价指标无法进一步优化时,Adam 优化器的学习率会成倍下降。图 7.21 显示了 GRU 神经网络 100 次迭代次数的训练记录,从图中可以看出,随着迭代次数的增加,HRRP 训练集和验证集的识别精度得到提高,并最终收敛到较高精度。相应地,它们的交叉熵损失和 MAE 损失随之降低。这证实了当以不同的 HRRP 训练数据簇作为输入时,GRU 神经网络的训练效果都很好。

在此基础上,可以得到一系列利用不同 HRRP 训练数据簇训练好的 GRU 神经网络模型。依据 7.3.2.2 节的识别方法,首先计算 HRRP 测试数据的轨道高度、匹配观测角域,进而确定使用哪个 GRU 神经网络模型提取它们的深层本质特征;然后利用相应已经训练好的线性 SVM 分类器来进行识别测试,获得 HRRP 测试数据的卫星目标识别结果。所有 HRRP 测试数据的识别结果混淆矩阵如图 7.22 所示,表 7.4 列出了相应的识别准确率。可以看出,通过计算轨道高度和匹配观测角域,所有 HRRP 测试数据均能正确地分配到相应的 GRU-SVM 模型上,而且提出方法可以很好地识别这 10 颗卫星目标,整体识别率高达 99.2%。

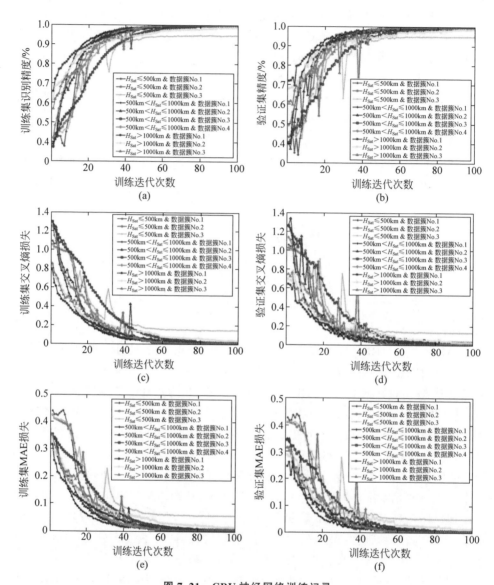

图 7.21 GRU 神经网络训练记录

（a）训练集识别精度；（b）验证集识别精度；（c）训练集交叉熵损失；（d）验证集交叉熵损失；

（e）训练集 MAE 损失；（f）验证集 MAE 损失

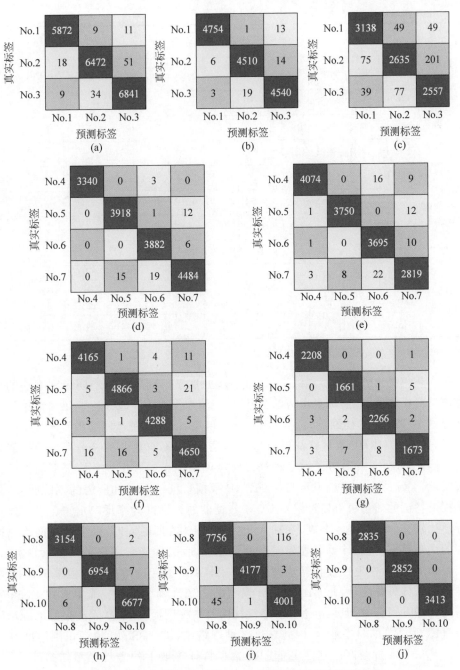

图7.22 不同训练模型针对HRRP测试数据的识别混淆矩阵

(a)~(c)为轨道高度满足 $H_{Sat} \leqslant 500km$ 的识别混淆矩阵;(d)~(g)为轨道高度满足 $500km < H_{Sat} \leqslant$ 1000km 的识别混淆矩阵;(h)~(j)为轨道高度满足 $H_{Sat} > 1000km$ 的识别混淆矩阵

(a)数据簇 No.1;(b)数据簇 No.2;(c)数据簇 No.3;(d)数据簇 No.1;(e)数据簇 No.2;(f)数据簇 No.3;(g)数据簇 No.4;(h)数据簇 No.1;(i)数据簇 No.2;(j)数据簇 No.3

表 7.4　GRU-SVM 识别方法的识别准确率

轨道高度/km	数据簇	卫星识别准确率/%										总识别率/%
		No. 1	No. 2	No. 3	No. 4	No. 5	No. 6	No. 7	No. 8	No. 9	No. 10	
(0,500]	No. 1	99.7	98.9	99.4	/[1]	/	/	/	/	/	/	
	No. 2	99.7	99.6	99.5	/	/	/	/	/	/	/	
	No. 3	97.0	90.5	95.7	/	/	/	/	/	/	/	
(500, 1000]	No. 1	/	/	/	99.0	99.7	99.8	99.2	/	/	/	
	No. 2	/	/	/	99.4	99.7	99.7	98.8	/	/	/	99.2
	No. 3	/	/	/	99.6	99.4	99.8	99.2	/	/	/	
	No. 4	/	/	/	100	99.6	99.7	98.9	/	/	/	
(1000, ∞)	No. 1	/	/	/	/	/	/	/	99.9	99.9	99.9	
	No. 2	/	/	/	/	/	/	/	98.5	99.9	98.9	
	No. 3	/	/	/	/	/	/	/	100	100	100	

注:[1]表示在相应数据簇中没有该卫星

在获得提出方法的识别结果后,进一步开展了不同条件和不同识别方法的性能测试对比实验,以验证提出方法的优势。前文已经简要地分析了几种常见循环神经网络(RNN)的优缺点,包括 GRU 神经网络、LSTM 神经网络和常规的 RNN,但是,在卫星 HRRP 数据特征提取这一问题上,仍不清楚各种神经网络的性能如何。因此,此处首先开展了这 3 种循环神经网络在不同数据划分情况下的性能比较实验,关注于它们提取卫星目标 HRRP 数据特征的质量和所需的训练时间,其中提取特征的质量可以通过线性 SVM 分类器的识别准确率反映出来。为了能更好地比较它们的训练复杂度,在输入相同 HRRP 数据的同时,保证神经网络以同样的训练数据规模、计算资源和网络参数进行训练,性能测试结果如表 7.5 所示。实验结果表明,在上述 3 种循环神经网络中,GRU 神经网络提取的卫星 HRRP 数据特征最具可分性,因此 GRU-SVM 模型的识别准确率最高。简单常规 RNN 所需的训练时间最少,但是由于其网络结构限制和梯度消失问题,无法很好地表示卫星目标 HRRP 的时序数据,因此在这 3 种网络中,RNN-SVM 模型识别的准确率最低。LSTM 神经网络在卫星 HRRP 数据特征提取上的表现也不如 GRU 神经网络,且由于 LSTM 结构复杂,同等条件下需要的训练时间最长。因此,考虑上述实验的结果,选择 GRU 神经网络作为卫星 HRRP 时序数据的特征提取器,且后文只开展 GRU 神经网络和其他常用特征提取方法的性能对比实验。

表7.5 3种循环神经网络的性能比较结果

方法	轨道高度/km	数据簇	卫星识别准确率/%										总识别率/%
			No.1	No.2	No.3	No.4	No.5	No.6	No.7	No.8	No.9	No.10	
GRU-SVM	(0,500]	No.2	99.7	98.9	99.4	/¹	/	/	/	/	/	/	99.6
RNN-SVM			70.2	43.5	86.8	/	/	/	/	/	/	/	66.9
LSTM-SVM			96.7	93.7	97.7	/	/	/	/	/	/	/	96.0
GRU-SVM	(500,1000]	No.1	/	/	/	99.0	99.7	99.8	99.2	/	/	/	97.8
RNN-SVM			/	/	/	99.1	82.9	87.5	80.7	/	/	/	86.9
LSTM-SVM			/	/	/	99.4	86.3	88.2	79.7	/	/	/	87.7
GRU-SVM	(1000,∞)	No.3	/	/	/	/	/	/	/	100	100	100	100
RNN-SVM			/	/	/	/	/	/	/	97.6	93.0	90.0	93.3
LSTM-SVM			/	/	/	/	/	/	/	96.1	99.4	93.1	96.0
GRU-SVM	(1000,∞)	No.2	/	/	/	/	/	/	/	99.0	99.9	98.7	99.2
RNN-SVM			/	/	/	/	/	/	/	86.7	93.9	55.3	78.7
LSTM-SVM			/	/	/	/	/	/	/	97.4	99.8	96.6	97.9
GRU-SVM	×	No.2	99.6	97.4	92.0	98.1	94.6	95.0	89.0	97.8	99.6	97.1	95.8
RNN-SVM			88.1	73.6	78.6	88.2	81.0	77.5	61.4	89.6	85.7	78.2	79.5
LSTM-SVM			95.9	93.9	83.6	90.4	86.9	80.9	69.3	87.5	98.1	87.9	87.0

方法	高度/km	数据簇	训练数据规模	次数	CPU	GPU	训练时间
GRU	(0,500]	No.2	55440 HRRP	100	E5-2630 32G	NVIDIA Quadro P4000	21h 36min 16s
RNN							20h 29min 36s
LSTM							43h 59min 28s
GRU	(500,1000]	No.1	62720 HRRP	100	E5-2680 256G	GTX 1080 Ti	26h 32min 11s
RNN							16h 01min 13s
LSTM							32h 52min 36s
GRU	(1000,∞)	No.3	36400 HRRP	100	E5-2630 32G	NVIDIA Quadro P4000	33h 11min 04s
RNN							19h 43min 53s
LSTM							30h 51min 39s
GRU	(1000,∞)	×	84000 HRRP	100	E5-2680 256G	GTX 1080 Ti	30h 34min 00s
RNN							17h 17min 48s
LSTM							36h 08min 35s

续表

方法	高度/km	数据簇	训练数据规模	次数	CPU	GPU	训练时间
GRU							37h 43min 18s
RNN	×	No. 2	86800 HRRP	100	E5-2680 256G	GTX 1080 Ti	22h 08min 34s
LSTM							42h 37min 34s

注：[1]表示在相应数据簇中没有该卫星；[2]表示没有应用该方法或技巧

　　为进一步说明提出方法的效果与优势，开展了不同数据划分条件和识别方法的性能测试实验。4 种深度学习网络（GRU 神经网络、卷积神经网络（CNN）、自编码器（AE）和降噪自编码器（denoising autoencoder，DAE））和 3 种浅层模型（主成分分析（PCA）、字典学习（DL）和流形学习（ML））被用来作为 HRRP 数据的特征提取器，同样采用线性 SVM 模型对卫星目标进行分类识别。为保证性能比较的公平性，这些网络部分层的层数应尽可能相同，例如 GRU 隐含层、CNN 层和编码/解码层；这 7 种特征提取方法可以将 300 维的 HRRP 样本降到相同的维数，如本实验中的 64 维。表 7.6 展示了这 7 种方法在不同数据划分条件下的详细识别准确率，相应的统计对比结果如图 7.23 所示。由此可以得出以下结论：在这 7 种识别方法中，计算轨道高度和匹配宽带 ISAR 观测角域都能提高 HRRP 卫星目标识别的准确率；且在同时使用的情况下对识别准确率的提升效果最佳，这也验证了本识别方法中 HRRP 数据划分的有效性；与后 6 种方法相比，GRU-SVM 对这 10 颗卫星均有很好的识别性能。因此，无论是计算轨道高度还是匹配宽带 ISAR 观测角域，GRU-SVM 的整体识别率在这 7 种识别方法中几乎都是最高的。

表 7.6　不同识别方法在不同数据划分条件下的 HRRP 卫星目标识别准确率

方法	轨道高度/km	数据簇	卫星识别准确率/%										总识别率/%
			No.1	No.2	No.3	No.4	No.5	No.6	No.7	No.8	No.9	No.10	
GRU-SVM	√[1]	√	99.1	97.4	99.7	99.7	99.6	99.8	99.1	99.1	99.9	99.6	99.2
	√	×[2]	93.3	82.3	94.5	99.7	96.4	98.6	94.4	99.0	99.9	97.3	95.4
	×	√	97.2	82.8	89.4	97.7	89.3	92.4	84.8	93.8	99.5	90.7	91.7
	×	×	63.6	41.0	73.3	85.1	70.8	89.0	56.8	57.4	90.8	48.9	67.6
CNN-SVM	√	√	98.9	93.8	97.4	99.6	95.0	95.4	88.4	99.7	99.1	97.4	96.6
	√	×	97.3	88.1	96.6	98.8	90.4	93.7	81.2	93.3	99.2	88.9	93.1
	×	√	97.2	83.6	83.3	98.5	85.9	92.7	78.5	94.3	98.7	91.8	90.4
	×	×	76.9	82.6	82.0	78.6	70.1	70.6	70.8	77.6	63.0	59.1	72.6
AE-SVM	√	√	86.4	83.9	77.1	86.3	85.8	75.9	70.2	81.5	98.3	88.4	83.3
	√	×	81.0	85.0	79.0	76.0	83.0	70.0	64.0	72.0	93.0	82.0	77.9
	×	√	77.2	67.7	52.3	76.7	63.8	58.1	57.6	53.1	85.4	54.6	63.9
	×	×	69.0	57.0	43.0	64.0	49.0	43.0	40.0	39.0	78.0	43.0	52.0
DAE-SVM	√	√	85.3	80.4	73.0	88.1	75.1	76.7	69.8	78.5	95.6	79.0	80.0
	√	×	81.0	74.0	72.0	77.0	70.0	69.0	62.0	71.0	92.0	69.0	73.6
	×	√	73.6	58.6	45.4	77.8	51.8	56.3	53.0	50.8	76.5	53.3	60.3
	×	×	64.0	46.0	39.0	66.0	39.0	47.0	40.0	38.0	70.0	42.0	49.0

续表

方法	轨道高度/km	数据簇	卫星识别准确率/%										总识别率/%
			No. 1	No. 2	No. 3	No. 4	No. 5	No. 6	No. 7	No. 8	No. 9	No. 10	
PCA-SVM	√	√	89.4	84.5	77.7	90.2	85.9	79.8	77.7	81.9	97.5	91.0	86.7
	√	×	83.0	77.0	77.0	76.0	82.0	70.0	66.0	74.0	93.0	82.0	77.6
	×	√	79.1	64.6	52.1	78.0	64.5	54.9	55.4	50.8	75.7	66.5	66.0
	×	×	71.0	48.0	38.0	66.0	51.0	44.0	46.0	38.0	82.0	51.0	54.0
DL-SVM	√	√	87.4	80.0	75.2	89.4	76.4	76.0	74.4	78.5	96.9	85.0	81.2
	√	×	82.0	75.0	70.0	77.0	72.0	67.0	60.0	72.0	92.0	75.0	74.9
	×	√	74.4	53.8	47.3	77.3	55.7	53.1	56.5	51.9	77.2	57.4	60.6
	×	×	65.0	39.0	34.0	65.0	45.0	42.0	42.0	37.0	73.0	42.0	49.0
ML-SVM	√	√	87.6	83.4	79.1	92.6	80.1	80.2	75.2	79.7	97.0	81.3	83.6
	√	×	83.0	78.0	74.0	82.0	74.0	73.0	67.0	72.0	93.0	73.0	77.3
	×	√	74.3	62.7	54.0	82.7	56.3	57.3	56.3	52.8	78.1	59.2	63.3
	×	×	68.0	47.0	43.0	74.0	44.0	47.0	44.0	38.0	73.0	46.0	53.0

注：[1]表示应用了该方法或技巧；[2]表示没有应用该方法或技巧

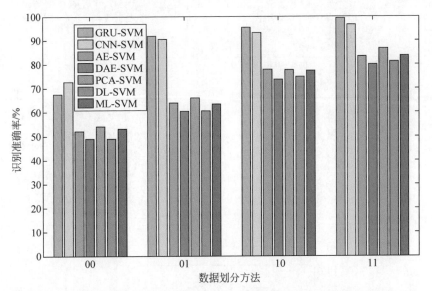

图 7.23　7 种识别方法在不同数据划分条件下的 HRRP 卫星目标识别结果统计图

横坐标第 1 个数字表示是否进行了轨道高度计算,第 2 个数字表示是否进行了宽带 ISAR 观测角域匹配,例如"10"表示使用了轨道高度计算但是没有运用宽带 ISAR 观测角域匹配

虽然线性 SVM 的分类识别结果在一定程度上可以证明 GRU 神经网络提取 HRRP 特征的有效性与优势,但仍希望进一步显示这 7 种特征提取方法所提取到的特征分布。因此,此处采用特征降维可视化技术,将 64 维特征数据映射到二维或三维。此时,就可以很直观地看到特征分布。图 7.24 显示了这 7 种方法针对一个 HRRP 训练数据簇($H_{\text{Sat}}>1000\text{km}$、数据簇 No.3)的降维特征分布情况。从图 7.24(a)可以看出,不同卫星目标通过 GRU 神经网络提取的 HRRP 特征相互分

离,是最佳的特征分布结果,而其他特征提取方法的降维特征在不同卫星目标之间或多或少都有交叉。这证实了 GRU 神经网络提取的特征更为有效、更具有可分性。

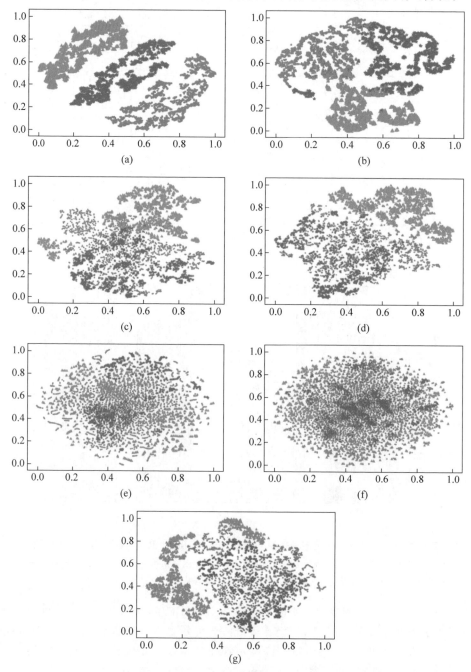

图 7.24 7 种方法提取 HRRP 特征的降维分布

(a) GRU 神经网络;(b) 卷积神经网络;(c) 自编码器;(d) 降噪自编码器;
(e) 主成分分析;(f) 字典学习;(g) 流形学习

7.3.3 基于不同 HRRP 特征表示的卫星目标识别对比研究

HRRP 目标识别是以 HRRP 或其他特征表示作为数据支撑,从中提取有效特征并利用分类算法完成目标识别的过程。在目前的 HRRP 目标识别研究中,常见的特征表示有原始(实数)HRRP 及其频谱幅度、功率谱、积谱、谱图等。特征提取与分类器设计是雷达自动目标识别(RATR)的两大关键问题,而有效的 HRRP 特征表示是实现高度可分性特征提取和目标准确识别的前提和重要基础。因此,本节以深度学习作为识别方法,重点研究以不同 HRRP 特征表示的卫星目标识别性能,以发掘 HRRP 目标识别研究中的最佳特征表示。

7.3.3.1 HRRP 数据的不同特征表示

在当前的 HRRP 目标识别研究中,常用的信号处理方法大体可分为时域分析、频域分析和时频分析 3 类,不同的信号分析方法将产生不同的特征表示。其中,时域分析和频域分析是信号处理领域中的 2 个重要观察面,时域分析以时间轴为坐标来表示动态信号的关系,较为形象与直观;而频域分析把信号转变为以频率轴为坐标表示,过程更为简练,剖析问题也更为深刻方便;时频分析将时域、频域相联合,可以提供时变非平稳信号时间域和频率域的联合分布信息,进而表示信号的局部信息。下面将介绍 HRRP 目标识别研究中常用的时域、频域和时频特征表示。

1. HRRP 时域特征表示

复数 HRRP 的相位对目标的姿态和距离变化非常敏感,具有较大的不确定性,在 HRRP 目标识别研究中难以应用,这使得实数 HRRP 成为 HRRP 目标识别研究中应用最多的表示方式,可以认为其是最为原始的时域特征表示。

2. HRRP 频域特征表示

基于时域 HRRP 信号进行傅里叶变换,即可得到实数 HRRP 的频域表示。在 HRRP 目标识别中,应用得较为广泛的频域特征表示有频谱幅度、功率谱、积谱、双谱等。其中,频谱幅度、功率谱是与平移无关的向量,可以作为一种平移不变特征,且能够有效地克服 HRRP 的平移敏感性;积谱包含了 HRRP 频谱的幅度谱和相位谱信息,信息较前三者更为丰富;双谱是现代信号处理高阶统计分析中应用最广泛的特征,不仅能够表述信号的幅值和相位信息,还具有平移不变性和对高斯有色噪声的免疫性,但也受限于二维模板匹配的计算复杂性,早期研究常采用积分双谱特征表示。下面分别介绍这几种频域特征表示:

1) 频谱幅度与功率谱

对于表示为 $x = [x(0), x(1), \cdots x(N-1)]$ 的实数 HRRP,其傅里叶变换为

$$X(\omega) = \sum_{n=0}^{N-1} x(n) e^{-j\omega n} \tag{7.24}$$

可以将复数序列 $X(\omega)$ 分别表示为实虚部和幅度相位,表达式分别如式(7.25)和式(7.26)所示。此时,$|X(\omega)|$ 和 $\theta(\omega)$ 分别表示幅度、相位随频率的变化,称为 HRRP 的"幅度谱"和"相位谱"。

$$X(\omega) = X_R(\omega) + jX_I(\omega) \tag{7.25}$$

$$X(\omega) = |X(\omega)| e^{j\theta(\omega)} \tag{7.26}$$

对于 HRRP 这种时域信号,除了幅度谱信息之外,还有一种重要信息是功率随频率分布的关系,即功率谱密度,简称为"功率谱"。对于功率有限的 HRRP 信号,其功率谱估计通常采用基于傅里叶变换和自相关函数的方法(自相关法),仍将实数 HRRP 表示为 $\boldsymbol{x} = [x(0), x(1), \cdots, x(N-1)]$,则其自相关函数的定义如下:

$$R(m) = \frac{1}{N} \sum_{n=0}^{N-m-1} x(n)x(n+m) \tag{7.27}$$

其中,m 称为自相关函数的"延迟变量"。在计算出信号的自相关函数后,可以采用傅里叶变换估计出信号的功率谱,即

$$P_{xx}(f) = \sum_{m=-M}^{M} R(m) e^{-j2\pi fm} \tag{7.28}$$

其中,m 的取值区间为 $[-M, M]$。

2) 积谱

考虑到目标信息除了体现在 HRRP 幅度谱外,还可能包含于相位谱。因此,在 HRRP 幅度谱的基础上,为了进一步引入相位谱信息,学者采用积谱特征开展 HRRP 目标识别。积谱的定义为功率谱与群时延的乘积,它结合了幅度和相位信息,其中相位信息采用群时延形式,群时延的定义为相位一阶导数的负值,即

$$\tau_p(\omega) = -\frac{d\theta(\omega)}{d\omega} \tag{7.29}$$

此外,上式还可表示为

$$\begin{aligned} \tau_p(\omega) &= -\operatorname{Im} \frac{d\log X(\omega)}{d\omega} \\ &= -\frac{X_R(\omega)X'_I(\omega) - X_I(\omega)X'_R(\omega)}{|X(\omega)|^2} \end{aligned} \tag{7.30}$$

其中,Im 表示取虚部运算,上标"'"表示对 ω 求导数。

令 $Y(\omega)$ 为序列 $nx(n)$ 的傅里叶变换,则有:

$$Y(\omega) = \sum_{n=0}^{N-1} nx(n) e^{-j\omega n} = jX'(\omega) \tag{7.31}$$

综上可得群时延如下:

$$\tau_p(\omega) = -\frac{X_R(\omega)Y_R(\omega) + X_I(\omega)Y_I(\omega)}{|X(\omega)|^2} \tag{7.32}$$

此时,表示为功率谱与群时延乘积的积谱 $Q(\omega)$ 为

$$Q(\omega) = -|X(\omega)|^2\tau_p(\omega) = X_R(\omega)Y_R(\omega) + X_I(\omega)Y_I(\omega) \tag{7.33}$$

3) 双谱

双谱是现代信号处理高阶统计分析中应用广泛的特征,通常定义为三阶累积量的二维离散傅里叶变换,即对于确定的离散时间信号 $x(k)$,其双谱 $B(\omega_1, \omega_2)$ 为

$$B(\omega_1, \omega_2) = \sum_{m=-\infty}^{\infty} \sum_{n=-\infty}^{\infty} C_{3x}(m, n)e^{-j(\omega_1 m + \omega_2 n)} \tag{7.34}$$

其中,$C_{3x}(m, n)$ 是 $x(k)$ 的三阶累积量:

$$C_{3x}(m, n) = \sum_k x^*(k)x(k+m)x(k+n) = E\{x^*(k)x(k+m)x(k+n)\} \tag{7.35}$$

其中,上标"$*$"表示复数共轭。

在信号双谱估计方面,本研究采用非参数估计的直接估计法来计算 HRRP 的双谱特征表示,计算过程如下。

步骤1 将 HRRP 样本数据 $[x(0), x(1), \cdots, x(N-1)]$ 分为 K 段,且每段含 M 个数据样,记作 $x^{(k)}(0), x^{(k)}(1), \cdots, x^{(k)}(M-1)$,其中 $k=1, 2, \cdots, K$,这里允许两段相邻数据之间有重叠。

步骤2 计算离散傅里叶变换系数:

$$X^{(k)}(\lambda) = \frac{1}{M}\sum_{n=0}^{M-1} x^{(k)}(n)e^{-j2\pi n\lambda/M} \tag{7.36}$$

其中,$\lambda = 0, 1, \cdots, \dfrac{M}{2}$;$k = 1, 2, \cdots, K$。

步骤3 计算系数的三重相关:

$$\hat{b}_k(\lambda_1, \lambda_2) = \frac{1}{\Delta_0^2} \sum_{i_1=-L_1}^{L_1} \sum_{i_2=-L_2}^{L_2} X^{(k)}(\lambda_1+i_1)X^{(k)}(\lambda_2+i_2)X^{(k)}(-\lambda_1-\lambda_2-i_1-i_2) \tag{7.37}$$

其中,$k = 1, \cdots, K$;$0 \leqslant \lambda_2 \leqslant \lambda_1$;$\lambda_2 + \lambda_1 \leqslant \dfrac{f_s}{2}$。其中,$f_s$ 为数据的采样频率,$\Delta_0 = \dfrac{f_s}{N_0}$,$N_0$ 与 L_1 应满足 $M = (2L_1+1)N_0$。

步骤4 由 K 段双谱估计的平均值给出数据的双谱估计:

$$\hat{B}_D(\omega_1, \omega_2) = \frac{1}{K}\sum_{k=1}^{K} \hat{b}_k(\omega_1, \omega_2) \tag{7.38}$$

其中,$\omega_1 = \dfrac{2\pi f_s}{N_0}\lambda_1$,$\omega_2 = \dfrac{2\pi f_s}{N_0}\lambda_2$。

从上述双谱定义和计算公式容易得出,HRRP 双谱具有平移不变性,且与频谱幅度和功率谱特征相比,双谱特征在包含幅度信息的同时,还保留了除线性相位以

外的所有相位信息,从信息损失的角度来看具有相对优势;而且,由于高斯有色噪声的高阶累积量为 0,且累积量具有可加性,双谱可以抑制加性高斯有色噪声,进而在一定程度上可以抑制高斯噪声的干扰。因此,在低信噪比时,双谱特征仍可以较为有效地提取 HRRP 信号特征。但是,双谱是二维数组,数据量与一维 HRRP 相比显著增加,传统 HRRP 目标识别方法若直接使用全双谱,很可能使得计算量显著增加而导致维数灾难。因此,正如前文所述,相关学者提出了若干积分双谱特征表示形式,使得双谱变为一维数组;但是,这也丢失了部分信息,影响了目标识别效果。

3. HRRP 时频特征表示

时频分析是一种处理非平稳信号的方法,它通过使用时域和频域的二维联合分布,聚焦信号的局部统计性能,进而能够精确地描述非平稳信号。时频分析可以分为线性变换和非线性变换两大类,本研究采用线性变换中的短时傅里叶变换(short-time fourier transform,STFT)及其谱图,对实数 HRRP 进行特征表示。

对于离散信号 $x(k)$,其 STFT 可以通过下式表示:

$$\text{STFT}(m,\omega) = \sum_{n=-\infty}^{\infty} x(k)w(k-m)e^{-j\omega k} \tag{7.39}$$

其中,$w(\cdot)$ 为窗函数。在获得信号 $x(n)$ 的 STFT 表示后,其谱图为 STFT 的幅值平方,即

$$\text{spectrogram}\{x(k)\}(m,\omega) = |\text{STFT}(m,\omega)|^2 \tag{7.40}$$

HRRP 谱图能够表示小段距离单元中 HRRP 的局部特性,显示频率分布随时间(HRRP 距离单元)的变化情况,较好地描述 HRRP 的变化情况。但是,与全双谱类似,HRRP 的谱图也是一种二维数组(时间为横坐标,频率为纵坐标),在利用 HRRP 谱图开展目标识别时也同样面临数据维数问题。

在前文介绍 HRRP 多种特征表示的基础上,此处依据上述计算方式,获得了卫星目标 HRRP 时域、频域和时频域的特征表示,考虑到 HRRP 的幅度敏感性,特征表示均已进行归一化处理,结果如图 7.25 所示;其中,双谱分别采用幅度谱和相位谱显示。

7.3.3.2 基于双谱-谱图特征和卷积神经网络的 HRRP 卫星目标识别

前文已对 HRRP 特征表示进行了详细介绍,本节将重点探索不同 HRRP 特征表示对卫星目标识别的作用,以寻找这项任务中优良的 HRRP 特征表示。与传统识别方法相比,深度学习方法在提取 HRRP 本质特征和分类识别上具有更好的效果,因此,本节采用深度学习方法来对比研究不同 HRRP 特征表示的目标识别性能。深度学习方法自 2006 年提出以来,应用于众多领域并获得了迅速发展;卷积神经网络(CNN)是其中的一个重要方向,在图像识别、语音识别、人脸识别等领域均有成熟应用。对于全双谱、谱图这类与图像相似的特征表示,CNN 的出现为解决其目标识别问题开辟了新的思路,本节将研究结合全双谱、谱图和 CNN 的 HRRP 目

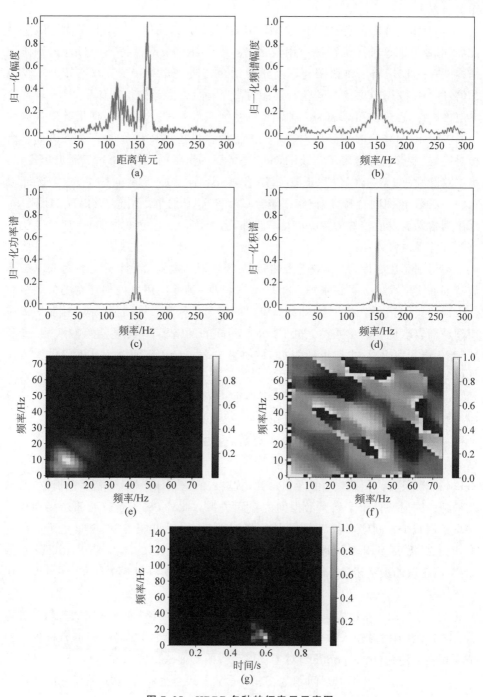

图 7.25　HRRP 多种特征表示示意图

（a）实数 HRRP；（b）频谱幅度；（c）功率谱；（d）积谱；（e）双谱幅度；（f）双谱相位；（g）谱图

标识别方法。

在 HRRP 目标识别研究中,实数 HRRP 及其频谱幅度、功率谱、积谱这类一维特征,以及谱图这种二维特征应用较多,基于 HRRP 全双谱特征的目标识别研究基本没有;此外,将二维谱图与深度学习结合的研究相对较少。双谱特征不仅包含信号的许多信息(幅度与相位),还能对高斯有色噪声起到抑制作用,具有较强的噪声鲁棒性,理论上可以成为一种优良的特征表示方式。此外,与傅里叶变换这种全局表示相比,作为时频分析方法之一的谱图在描述 HRRP 的局部特性方面具有相对优势,能够较好地表示实数 HRRP 的特征。受彩色图像 RGB 三通道启发,本节将双谱幅度、双谱相位和谱图相结合,设计了一种新的实数 HRRP 特征表示——双谱-谱图联合特征,该特征包含目标 HRRP 的丰富信息,为提升 HRRP 目标识别效果奠定了较好的数据基础;此外,由于该特征包含双谱信息,理论上也具有较好的噪声鲁棒性。

在识别算法方面,本节基于上述双谱-谱图联合特征,设计了能够提取深层本质特征并实现准确分类识别的 CNN。CNN 是一种专门用来处理具有类似网格结构数据的典型深度学习方法,例如一维时间序列数据和二维图像数据,其在诸多应用领域都表现优异。不同类型的 CNN 有不同的网络层,一般均含有输入层、卷积层、池化层和输出层,本节设计的 CNN 如图 7.26 所示,下面介绍其网络结构与设计思路。

(1) 输入层:不同类型的 CNN 可以处理不同维度的数据,其中二维 CNN 对应于双谱-谱图的多通道二维数组输入;此外,输入特征标准化有利于提升 CNN 的学习效率和表现,输入数据通常需要进行标准化处理。因此,本研究对所有双谱-谱图特征数据均进行幅度归一化。

(2) 卷积层:采用滑动的卷积运算,从输入的双谱-谱图特征表示中提取特征,获得特征映射并保留了像素数据间的空间关系。此外,它还通过局部连接和权值共享机制减少了网络参数,降低了网络模型复杂度。为提升 CNN 对非线性映射的拟合能力,需要使用非线性函数作为网络层的激活函数,本节采用 ReLU 作为 CNN 隐含层的激活函数,不仅可以克服 CNN 训练时的梯度消失问题,还可以加快训练速度。

(3) 池化层:池化操作的主要目的是保留主要特征,减少下一层的参数和计算量;同时,使网络对输入数据具有一定程度的平移不变性,提高网络的鲁棒性。本节采用最大池化(max pooling)对卷积层获得的特征映射降采样。

(4) 输出层:目标识别问题的 CNN 通常采用全连接层连接平铺后的卷积特征,并采用相应的激活函数进行目标分类识别。对于本节的多分类识别问题,采用 Softmax 作为输出层的激活函数,输出的单元节点数对应目标类别数。

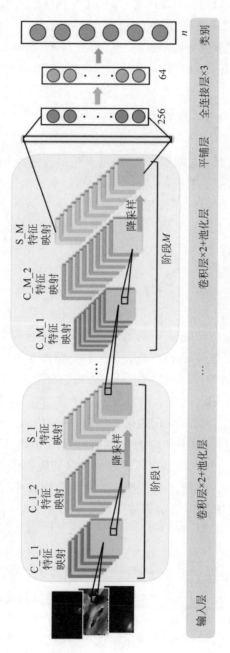

图 7.26 设计的 CNN 示意图

　　一般来说,深度学习中网络的层数增加,可以提升其数据表示能力,进而提取更为抽象的目标本质特征。考虑到对于 CNN 而言,卷积层和池化层是其特征提取功能的核心模块,为探索双谱-谱图特征对不同 CNN 网络结构的适用性,本节将两层卷积层和一层池化层定义为一个阶段(stage),研究在不同 HRRP 特征表示下 CNN 阶段数目对目标识别性能的影响。此外,为使 CNN 的训练更加准确,在平铺层后添加 3 个全连接层,并将倒数第 2 层的输出(64 个节点)定义为 CNN 提取的特征。

7.3.3.3　实验结果与对比分析

　　采用 6 种卫星的实测 HRRP 数据,每种卫星的 HRRP 数量为 12000 条,且数据维度均为 300。在计算双谱与谱图特征时,需要选取合适的 STFT 段长、段重叠数和 FFT 长度,以确保双谱、谱图数据维度保持一致,从而构造与彩色图像类似的双谱-谱图联合特征表示。为此,在计算双谱时,上述 3 个参数依次选取为 30、15、150;在计算谱图时,则依次为 30、23、75,并最终获得双谱幅度、双谱相位、谱图联合特征,其维度为 $(38, 38, 3)$。此外,由于 CNN 输入标准化的需要,对 3 个参数均进行了幅度归一化。

　　以双谱-谱图数据作为输入,开展了不同阶段数(M)CNN 的学习训练。本实验的系统环境为 Ubuntu 18.04 Lts,计算资源为 E5-2680 256G CPU 和 GTX 1080Ti GPU,同时基于以 Tensorflow 为后端的 Keras 深度学习库进行程序开发和训练测试。为使网络训练得更加准确,使用了一些深度学习训练技巧,包括划分 20% 的训练数据作为验证集,以调整网络的超参数;在卷积层、全连接层后采用 dropout 技术,以克服网络训练过拟合问题等。对于多卫星识别这种多分类问题,使用交叉熵损失作为训练时需要优化的代价函数,并利用 Adam 优化算法不断优化降低该损失。基于双谱-谱图特征,3 种不同阶段数的 CNN 训练记录如图 7.27 所示。可以看出,在网络训练初期,训练集损失和验证集损失随训练次数的增加而下降,而训练精度和验证精度不断提升,训练后期均趋于稳定并保持在良好值。双谱-谱图特征在这 3 种网络的训练下均表现优良,对 CNN 网络具备一定的适应性。

　　在完成不同阶段数的 CNN 训练后,可以获得多个网络模型。此时,将测试数据输入即可获取其识别结果。图 7.28 显示了 3 种阶段数 CNN 的识别混淆矩阵,可以看出,提出的识别方法可以有效识别这 6 种卫星,虽然识别准确率存在些许差异,但整体识别准确率都较高。

　　为进一步验证双谱-谱图联合特征表示的优势,开展了基于不同 HRRP 特征和不同阶段数 CNN 的卫星目标识别实验(每种组合的实验次数均为多次)。首先对比分析双谱-谱图特征、谱图特征和双谱特征在不同阶段数 CNN 网络下的识别效

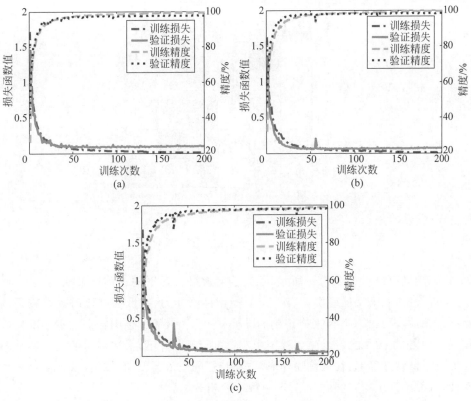

图 7.27　基于双谱-谱图特征的不同阶段数 CNN 训练记录

(a) $M=1$；(b) $M=2$；(c) $M=3$

	No.1	No.2	No.3	No.4	No.5	No.6
No.1	2286	49	15	2	0	11
No.2	42	2351	45	2	0	19
No.3	11	38	2462	0	0	11
No.4	1	6	3	2336	0	1
No.5	0	0	0	2	2363	0
No.6	1	14	8	0	1	2320

真实标签 / 预测标签

(a)

	No.1	No.2	No.3	No.4	No.5	No.6
No.1	2296	46	14	1	0	6
No.2	41	2355	45	2	0	16
No.3	9	40	2463	0	0	10
No.4	0	7	3	2336	0	1
No.5	0	0	0	0	2365	0
No.6	1	11	0	0	0	2332

真实标签 / 预测标签

(b)

图 7.28　基于双谱-谱图特征的不同阶段数 CNN 识别混淆矩阵

(a) $M=1$；(b) $M=2$；(c) $M=3$

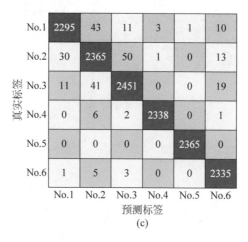

图 7.28（续）

果,识别准确率结果如表 7.7 所示,不同信噪比(SNR)下的识别结果如图 7.29 所示,可以看出,双谱特征确实具有一定的噪声抑制能力,在低信噪比时具有较强的噪声鲁棒性,但其经 CNN 网络识别的准确率上限并不高;谱图特征的识别准确率较好,但其识别效果也容易受到噪声影响;在同等条件下,上述两者的联合特征不仅提高了识别准确率,在低信噪比时,双谱特征的引入还增加了联合特征的噪声鲁棒性,从而验证了本方法中双谱-谱图特征的相对优势。

表 7.7　3 种特征的不同阶段数 CNN 识别结果

特征表示	阶段数目	平均识别率/%						总体识别率/%
		No. 1	No. 2	No. 3	No. 4	No. 5	No. 6	
双谱-谱图特征	1	96.5	95.5	97.3	99.6	99.9	99.1	98.0
	2	97.2	96.2	97.8	99.6	99.9	99.2	98.3
	3	97.3	96.7	97.5	99.6	99.9	99.1	98.2
谱图特征	1	93.1	92.2	95.9	99.2	99.9	96.8	96.2
	2	94.0	91.8	95.5	99.2	99.9	97.2	96.2
	3	94.4	92.3	95.7	99.7	99.9	97.4	96.5
双谱特征	1	76.6	73.9	82.0	98.7	93.2	91.4	86.2
	2	83.7	77.1	87.9	99.5	96.7	94.8	89.6
	3	79.5	75.0	85.8	99.5	96.8	95.6	88.7

对于 HRRP 目标识别研究的常用特征表示,利用 CNN 方法进一步开展对比分析实验。对于双谱、谱图及其联合特征这类二维数组表示,仍采用上述二维

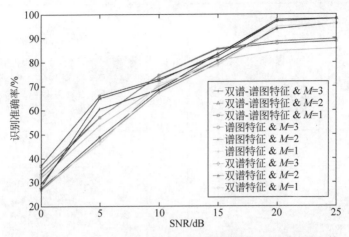

图 7.29   不同 SNR 下 3 种特征不同阶段数的 CNN 识别结果比较

CNN 识别方法;而对于实数 HRRP、频谱幅度、功率谱、积谱这 4 种一维数组表示,则采用类似的一维 CNN 识别方法,且控制 CNN 网络结构参数的一致性。图 7.30 显示了在不同信噪比下,7 种 HRRP 特征与 CNN 方法结合后的卫星目标识别准确率。可以看出,在一维数组特征中,实数 HRRP 的表现较为出色,在不同信噪比下其识别准确率基本都高于功率谱、频谱幅度和积谱特征;但是,与二维数组特征,尤其是与提出的双谱-谱图特征相比,在低信噪比时的识别效果仍有差距,基于双谱-谱图特征与 CNN 的识别方法在不同信噪比下均获得了更好的识别准确率。此外,为进一步展示双谱-谱图特征的优势,采用特征降维可视化技术将 CNN 提取的 64 维特征进行降维可视化,7 种特征的识别结果如图 7.31 所示。可以看出,双谱-谱图特征表示经 CNN 提取的特征具有更好的可分性。

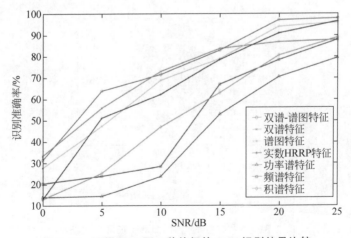

图 7.30   不同 SNR 下 7 种特征的 CNN 识别结果比较

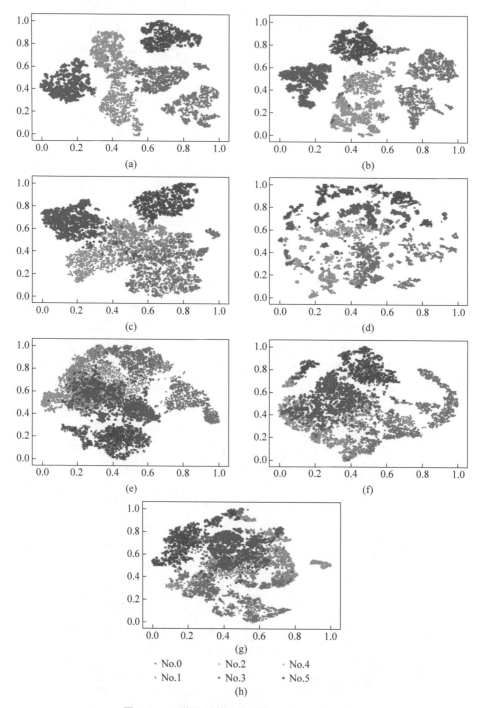

图 7.31　7 种特征的 CNN 提取特征可视化结果

（a）双谱-谱图特征；（b）谱图特征；（c）双谱特征；（d）包络特征；（e）频谱幅度特征；

（f）功率谱特征；（g）积谱特征；（h）公共图例

SNR＝20dB

第 8 章

基于高分辨ISAR复图像的目标智能识别

8.1 基于深度学习的 ISAR 像卫星目标识别技术

高分辨率距离像(HRRP)、ISAR 像和 SAR 图像是宽带雷达目标识别的常用特性数据,其中 HRRP 和 ISAR 像是实现运动目标识别(如卫星、飞机目标识别等)的重要数据来源。HRRP 是目标散射中心在宽带 ISAR 视线方向的一维投影,而 ISAR 像是通过在距离和方位向获得高分辨率后对运动目标进行二维成像而得到的。与 HRRP 相比,ISAR 像可以提供丰富的形状、结构和运动信息,相关研究受到了雷达自动目标识别(RATR)领域的广泛关注。但是,与 SAR 图像识别有所不同,ISAR 目标通常是非合作的,由于未知目标运动参数、宽带 ISAR 成像参数等的变化,ISAR 像具有独特的内在数据特性,其目标识别研究面临诸如成像投影面(IPP)敏感性、图像旋转敏感性、方位敏感性、平移敏感性等具有挑战性的问题,给基于 ISAR 像的目标准确识别带来较大困难。

为解决 ISAR 像内在的旋转、缩放和平移敏感性问题,学者们围绕目标鲁棒特征提取、目标形变模板、目标图像形变校正等几个方面开展了深入研究。在鲁棒特征提取方面,Tien 等假设目标散射中心的分布固定不变,利用主要散射中心的共面特性来计算几何不变交叉比。但是,在实际情况中,宽带 ISAR 观测角度的变化会改变散射中心分布而导致各向异性,使得上述技术难以实际应用;学者利用二维傅里叶变换和极变换投影来分别提取 ISAR 像的平移不变特征和旋转、缩放等特征,它们需要 ISAR 像的训练和测试样本之间共享相同的方位缩放系数。但是,在实际复杂观测条件下,这一前提很难满足。对于基于形变模板的 ISAR 像目标识别,McGirr 等利用原型模板来描述船类目标的先验信息(如代表性的轮廓和边缘),并建立了一组可能的形变变换,利用贝叶斯方法匹配形变模板和 ISAR 像。

但是,对于空间目标来说,由于 IPP 的时变未知,很难获得足够的先验信息。在 ISAR 像的形变校正方面,方位定标为 ISAR 像目标识别奠定了基础,近年来获得了广泛关注。但是,相关技术的成功应用严格依赖于瞬时斜距模型、距离单元内主要散射中心的数量和多普勒调频率,在实际情况中可能难以满足。此外,即使可以实现准确的方位定标,由于有效旋转矢量方向未知,恢复目标的真实形状和尺寸仍然困难。从上述内容可以看出,学者们已就 ISAR 像的形变问题开展部分研究,但是大多数研究仍然只能使用传统的雷达目标识别方法或是 ISAR 成像原理。少有研究考虑采用深度学习技术来解决 ISAR 像的形变鲁棒目标识别问题。

针对上述问题和难点,开展卫星目标 ISAR 像的形变鲁棒识别技术研究,克服 ISAR 像的形变给目标识别造成的不利影响,提升 ISAR 像发生形变时的卫星目标识别准确率。受人类视觉系统和李群正则坐标的启发,本章提出一种基于深度极变换器-环形卷积神经网络(polar transformer-circular convolutional neural network,PT-CCNN)的目标识别方法,以克服 ISAR 像内在未知形变对目标识别造成的不利影响。首先,从 ISAR 成像几何出发,分析阐述 IPP 对散射中心分布的影响和 ISAR 像的数据特性,并建立 ISAR 像形变仿射模型;然后,构建卫星目标大规模 ISAR 像的形变数据集,为后续目标识别实验奠定数据基础;最后,从等变性理论出发,分析传统 CNN 和群卷积的等变性,有针对性地设计具有平移不变性和旋转缩放等变性的深度网络模型,并开展 ISAR 像卫星目标识别验证对比实验。

8.1.1　ISAR 像形变建模与数据集构建

8.1.1.1　ISAR 像形变建模

与 SAR 图像识别不同,ISAR 的目标通常是非合作的,目标在机动时将产生未知的复杂阵列流形,这不仅使得 IPP 和散射中心分布快速变化(IPP 敏感性),还将导致有效旋转矢量时刻变化,从而难以准确估计目标状态,增加了方位定标的难度。此外,由于运动方向、ISAR 带宽、成像积累角/时间、距离方位采样率等参数的变化,ISAR 像目标识别面临诸如图像旋转敏感性、方位敏感性、平移敏感性等具有挑战性的问题。概括来说,ISAR 像的数据特性主要有以下两个方面:一方面,ISAR 像反映目标主要散射中心的后向散射系数,它会随 IPP 快速变化且呈现较强的各向异性;另一方面,即使是在相同的 IPP 下,同一目标的 ISAR 像也会随雷达带宽和成像积累角/时间变化,给 ISAR 像的鲁棒特征提取带来较大的困难。ISAR 像具有复杂的数据特性,是 ISAR 像目标识别研究需要聚焦的重要问题。图 8.1 为 ISAR 的成像投影面和图像形变示意图。

针对上述问题,首先分析 ISAR 像形变的起因,并建立其形变仿射模型。首先从目标 ISAR 成像的几何关系入手,图 8.1(a)为经平动补偿的参考坐标系 XYZ,其中 O 是目标等效旋转中心,L_{LOS} 是雷达视线,r_P 是目标上散射点 P 的位置矢量;$\boldsymbol{\Omega}$ 是运动目标三维转动矢量,它可以通过俯仰、偏航、滚转这 3 种旋转矩阵来

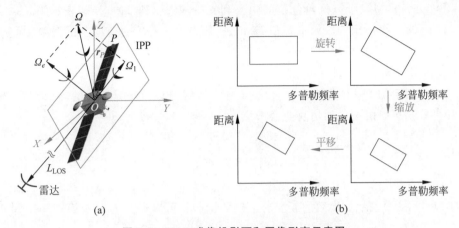

图 8.1 ISAR 成像投影面和图像形变示意图

(a) 有效旋转矢量和成像投影面；(b) IPP 内的 ISAR 像形变

描述。在由 $\boldsymbol{\Omega}$ 和 L_{LOS} 确定的平面内，将三维转动矢量 $\boldsymbol{\Omega}$ 分解为互相垂直的有效转动矢量 $\boldsymbol{\Omega}_e$ 和 $\boldsymbol{\Omega}_t$。其中，$\boldsymbol{\Omega}_e$ 引起散射中心的多普勒频率变化，进而获得 ISAR 成像所需的方位分辨率。如图 8.1(a)所示，ISAR 像投影面垂直于 $\boldsymbol{\Omega}_e$ 并包含 L_{LOS}。与 SAR 成像不同，ISAR 目标的转动矢量 $\boldsymbol{\Omega}$ 一般是未知的，且对于复杂运动的机动目标来说，其参数 $\boldsymbol{\Omega}$ 变化更加迅速，时变的投影面改变了 ISAR 成像的散射中心分布，进而产生各向异性，这一现象对飞机、卫星等人造目标来说更为明显。

在 ISAR 成像过程中，距离分辨率通过发射大时宽-带宽乘积的波形获得，而方位分辨率则通过转台模型中散射中心间的多普勒频率差异获得。对于散射中心 P，其线速度为 $\boldsymbol{\Omega}_e \times \boldsymbol{r}_P$，径向分量为 $\boldsymbol{\Omega}_e \times \boldsymbol{r}_P \cdot L_{\text{LOS}}$，其中"×"表示矢量叉积，"·"是矢量内积。因此，其多普勒频率可以计算如下：

$$f_{\text{dP}} = \frac{2}{\lambda} (\boldsymbol{\Omega}_e \times \boldsymbol{r}_P \cdot L_{\text{LOS}}) \tag{8.1}$$

其中，λ 是宽带 ISAR 载波频率的波长。由于 $|\boldsymbol{\Omega}_e|$ 未知，只能获得 ISAR 像投影面内的目标散射中心分布，但无法实现方位尺度定标。在对非合作目标成像时，雷达视线、目标方位、系统带宽、有效转动矢量 $|\boldsymbol{\Omega}_e|$ 等的变化，总是会引起 ISAR 成像时观测条件的改变，导致 ISAR 像训练集、测试集样本间的缩放、旋转，目标反射情况难以统一，因此，同一目标的 ISAR 像间也会发生各种图像形变。在实际应用中，由于难以从实测 ISAR 数据中精确估计目标运动参数 $|\boldsymbol{\Omega}_e|$，给 ISAR 像目标识别带来了巨大挑战。因此，针对上述 ISAR 像内在形变特性带来的困难，开发具有强鲁棒性的 ISAR 像目标识别技术是雷达自动目标识别(RATR)领域中的一项重要课题。

为解决目标各向异性引起的 ISAR 像形变问题，将观测角度划分为小段，即 $\{(\theta_m - \Delta\theta_m, \theta_m + \Delta\theta_m), (\varphi_n - \Delta\varphi_n, \varphi_n + \Delta\varphi_n)\}$。其中，$\theta_m$ 和 $\Delta\theta_m$ 分别表示第 m

$(m \in [1,2,\cdots,M])$个方位角分段的中心和支持域,φ_n 和 $\Delta\varphi_n$ 分别表示第 $n(n \in [1,2,\cdots,M])$个仰角分段的中心和支持域。假设每个分段对应固定的散射中心分布,即在 ISAR 像投影面中具有相同的目标散射模型 Ψ_{mn},可以通过选择$\{\Psi_{mn}\}$的 ISAR 像来生成训练样本和测试样本。

对于固定的 ISAR 像投影面,目标上任意散射中心 $P(x_P^s, y_P^s)$ 的图像旋转、缩放和平移都可以由一系列仿射变换来描述,如图 8.1(b)所示,即

$$\begin{pmatrix} x_P^t \\ y_P^t \\ 1 \end{pmatrix} = \boldsymbol{T} \begin{pmatrix} x_P^s \\ y_P^s \\ 1 \end{pmatrix} \tag{8.2}$$

其中,(x_P^t, y_P^t) 表示变换后的新坐标,仿射矩阵 $\boldsymbol{T}$ 可以通过 3 个变换矩阵的乘积计算得到,即

$$\boldsymbol{T} = \boldsymbol{T}_{\text{tr}} \cdot \boldsymbol{T}_{\text{sc}} \cdot \boldsymbol{T}_{\text{r}} \tag{8.3}$$

上述 3 个变换矩阵的计算方式如下:

$$\boldsymbol{T}_{\text{tr}} = \begin{bmatrix} 1 & 0 & S_{13} \\ 0 & 1 & S_{23} \\ 0 & 0 & 1 \end{bmatrix}, \quad \boldsymbol{T}_{\text{sc}} = \begin{bmatrix} \beta_{11} & 0 & 0 \\ 0 & \beta_{22} & 0 \\ 0 & 0 & 1 \end{bmatrix}, \quad \boldsymbol{T}_{\text{r}} = \begin{bmatrix} \cos\alpha & \sin\alpha & 0 \\ -\sin\alpha & \cos\alpha & 0 \\ 0 & 0 & 1 \end{bmatrix}$$

$$\tag{8.4}$$

其中,S_{13}、S_{23} 分别是距离、多普勒频率的平移,β_{11} 是由 ISAR 发射信号带宽决定的距离向尺度因子,β_{22} 是由波长和有效旋转矢量$|\boldsymbol{\Omega}_e|$ 共同确定的方位向尺度因子,α 是顺时针方向的旋转角度。

由于用于训练、测试的 ISAR 像可能是在不同甚至未知的观测条件下产生的,难以精确估计上式中的仿射参数,进而增加了 ISAR 像目标识别的难度。在先前的研究中,为提升 ISAR 像目标识别的准确率,通常会进行 ISAR 像预处理,例如计算二维 ISAR 像的质心,并将目标移动到图像中心。但是,即使在 ISAR 像目标识别前进行了质心归一化预处理,仅仅通过与识别环节相脱离的质心计算,仍然很难实现所有 ISAR 像的准确质心归一化,这意味着在式(8.4)中的参数 S_{13} 和 S_{23} 仍表示一些距离和多普勒频率的平移。这种与识别环节相脱离的图像预处理操作可能并不是最佳选择。此外,不少研究对 ISAR 像进行了幅值归一化,以消除由观测角度和 ISAR 发射功率等变化造成的幅度敏感性。这意味着,在 ISAR 像的目标识别研究中,学者们更加聚焦于 ISAR 像的目标识别算法设计。

8.1.1.2　卫星目标 ISAR 像深度学习数据集构建

正如前文所述,宽带 ISAR 成像参数(如信号载频、带宽、成像积累时间等)将影响目标的 ISAR 成像,使得 ISAR 像发生形变,并对 ISAR 的像目标识别造成负面影响。为证实所提方法在后续应对图像形变方面的有效性和鲁棒性,基于 6 个卫星目标生成几种不同成像参数下的 ISAR 像数据,本实验有 4 组成像参数,它们

的信号载频、带宽和成像积累时间分别为 10GHz、12GHz、14GHz、14GHz、1GHz、1.5GHz、2GHz、2GHz，20s、15s、10s、20s。在相同观测几何下，CALIPSO 卫星在上述 4 组条件下的 ISAR 像如图 8.2 所示。可以看出，ISAR 像在距离和方位向上均存在图像形变。至此，我们得到了卫星目标的 ISAR 像样本，生成了原始 ISAR 像数据集，其中每一组都由特定的信号载频、带宽和成像积累时间组成。

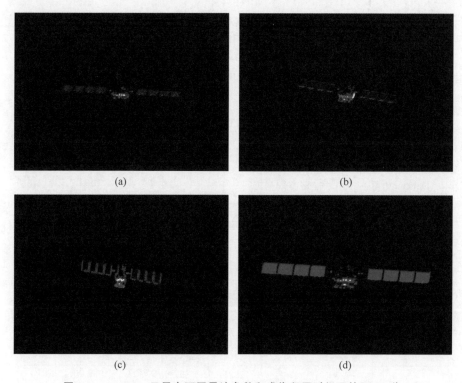

图 8.2　CAIPSO 卫星在不同雷达参数和成像积累时间下的 ISAR 像

（a）载频为 10GHz、带宽为 1GHz、积累时间为 20s；（b）载频为 12GHz、带宽为 1.5GHz、积累时间为 15s；
（c）载频为 14GHz、带宽为 2GHz、积累时间为 10s；（d）载频为 14GHz、带宽为 2GHz、积累时间为 20s

在具备 ISAR 像仿真数据的基础上，进一步准备卫星目标大规模 ISAR 像的形变数据集，为后续基于深度学习的 ISAR 像卫星目标识别实验奠定数据基础。对深度学习算法开展以下 4 个方面的实验：ISAR 像旋转、缩放和平移的鲁棒性评估，以及对不同成像条件下仿真生成的 ISAR 像的识别性能评估。对于前 3 个实验，选择信号载频为 14GHz、带宽为 2GHz、成像积累时间为 20s 的 ISAR 像作为数据基础，并利用前一半的 ISAR 像来训练网络模型，后一半用于网络模型测试。此外，将 30% 的 ISAR 像训练样本用作验证集，来调整网络超参数和确定网络训练最佳参数。根据 ISAR 像是否旋转、缩放、质心归一化，可以得到多种 ISAR 像数据集，如表 8.1 所示。对于训练和验证样本，将目标各个 ISAR 像逆时针旋转 0°、90°、180° 和 270°（如果有必要的话），或是以缩放因子 0.7、0.85、1.0 和 1.15 来缩放各个

ISAR 像(如果有必要的话);而对于测试样本,将目标各个 ISAR 像逆时针旋转 $0°$、$60°$、$120°$、$180°$、$240°$和 $300°$,或是以缩放因子 0.7、0.8、0.9、1.0、1.1 和 1.2 来缩放每个 ISAR 像。这意味着,ISAR 像的训练样本和验证样本的数量将增加至原始数量的 4 倍,ISAR 像测试样本的数量将增加至 6 倍。质心归一化和未归一化的 ISAR 像的尺寸分别为 $120×120$ 和 $200×200$。

表 8.1　几种 ISAR 像数据集的样本组数量

数据集	用途	变换[1]			卫星名称					
		R	S	C	CALIPSO	COROT	Glory	Jason-3	KOMPSAT-2	OCO-2
TestRotation_Center_Dataset	训练	×	×	√	307	323	326	317	309	307
	验证	×	×	√	143	127	124	133	141	143
	测试	√	×	√	3054	2634	2958	2970	2962	2958
AllRotation_Center_Dataset	训练	√	×	√	1228	1292	1304	1268	1236	1228
	验证	√	×	√	572	508	496	532	564	572
	测试	√	×	√	3054	2634	2958	2970	2962	2958
TestRotation_NoCenter_Dataset	训练	×	×	×	313	318	310	312	310	326
	验证	×	×	×	137	132	140	138	140	124
	测试	√	×	×	2958	2966	2964	2970	2970	2964
AllRotation_NoCenter_Dataset	训练	√	×	×	1252	1272	1240	1248	1240	1304
	验证	√	×	×	548	528	560	552	560	496
	测试	√	×	×	2958	2966	2964	2970	2970	2964
TestScaling_Center_Dataset	训练	×	×	√	307	323	326	317	309	307
	验证	×	×	√	143	127	124	133	141	143
	测试	×	√	√	3054	2634	2958	2970	2962	2958
AllScaling_Center_Dataset	训练	×	√	√	1228	1292	1304	1268	1236	1228
	验证	×	√	√	572	508	496	532	564	572
	测试	×	√	√	3054	2634	2958	2970	2962	2958
TestScaling_NoCenter_Dataset	训练	×	×	×	1252	1272	1240	1248	1240	1304
	验证	×	×	×	548	528	560	552	560	496
	测试	×	√	×	2958	2966	2964	2970	2970	2964
AllScaling_NoCenter_Dataset	训练	×	√	×	307	323	326	317	309	307
	验证	×	√	×	143	127	124	133	141	143
	测试	×	√	×	3054	2634	2958	2970	2962	2958
Central Practical Dataset	训练			√	1244	1233	1249	1262	1231	1253
	验证			√	538	549	516	520	551	529
	测试			√	1855	1851	1855	1857	1860	1858
Non-Central Practical Dataset	训练			×	1254	1220	1230	1265	1243	1260
	验证			×	528	562	535	517	539	522
	测试			×	1861	1859	1862	1862	1863	1861

注:[1] R、S 和 C 分别表示图像旋转、缩放和质心归一化

8.1.2 基于 PT-CCNN 的 ISAR 像形变鲁棒卫星目标识别方法

为解决 ISAR 像的内在未知形变问题,本节提出一种深度极变换器-环形卷积神经网络(PT-CCNN)来实现 ISAR 像的形变鲁棒目标识别。受人类视觉系统和李群正则坐标的启发,首先利用传统 CNN 来预测对数极坐标变换的原点,然后采用极变换器模块将形变 ISAR 像变换为对数极坐标表示,使得提出的 PT-CCNN 具有平移不变性和旋转缩放等变性。在此基础上,针对具有环绕结构的对数极坐标表示,进一步采用环形卷积神经网络(circular convolutional neural network,CCNN)来提取更加有效和高判别力的特征。下面从等变性理论分析、PT-CCNN 结构两方面,对提出方法进行详细讨论。

8.1.2.1 等变性理论分析

1. 卷积网络的等变性分析

等变性理论在滤波器表示中广泛应用,因为其可以预测给定输入变换的滤波器响应。假设 G 为变换群,$L_g I$ 是对图像 I 群作用后的结果。当式(8.5)成立时,映射 Φ 对群 G 的作用是等变的。具体地说,就是由变换 g 对输入图像 I 进行变换(形成 $L_g I$)后再通过映射 Φ 得到的结果,与先利用 Φ 映射 I 再变换表示的结果是相同的:

$$\Phi(L_g I) = L'_g(\Phi(I)) \tag{8.5}$$

其中,运算 L_g 和 L'_g 不要求相同,但是必须满足:对于任意两个变换 g 和 h,有 $L(gh) = L(g)L(h)$,即 L 是群 G 的线性变换。利用事先准备的 L'_g 来使运算应用在式(8.5)左右两边的不同空间。可以看出,当 L'_g 对于所有 g 都是恒等变换时,不变性成为一种特殊的等变性。

对于图像分类,$g \in G$ 可以看作图像形变,Φ 可以认为是一种从输入图像到特征表示(类似于 CNN 层输出)的映射。传统 CNN 从自身的卷积和相关运算中继承了平移等变性,且与卷积核无关。这意味着输入图像的平移将导致 CNN 特征映射的相应平移。但是,常规 CNN 对其他变换(如旋转)并不等变,这带来了 CNN 的脆弱性,且与人类视觉系统存在较大差异。详细的 CNN 等变分析如下。在第 l 层,常规 CNN 以堆叠的特征映射 $f: \mathbb{Z}^2 \to \mathbb{R}^{K^l}$ 作为输入,并利用 K^l 个滤波器 $\phi^i: \mathbb{Z}^2 \to \mathbb{R}^{K^l}$ 对其进行卷积或相关运算:

$$[f * \phi^i](x) = \sum_{y \in \mathbb{Z}^2} \sum_{k=1}^{K^l} f_k(y) \phi^i_k(x - y)$$

$$[f \star \phi^i](x) = \sum_{y \in \mathbb{Z}^2} \sum_{k=1}^{K^l} f_k(y) \phi^i_k(y - x) \tag{8.6}$$

在 CNN 的计算过程中,如果在前向传播过程中应用卷积(*)运算,则在反向传播计算梯度时应用相关(★)运算;反之亦然。在前向传播过程中利用相关运算,并将 2 种运算统称为"卷积"。基于上述公式,将 y 替换为 $y+t$,且为了表示清晰而省略特征映射求和,对式(8.6)进行推导,从下列推导结果可以看出,平移后再卷积的结果与卷积后再平移的结果相同。

$$
\begin{aligned}
\big[\big[L_t f\big]\bigstar\phi\big](x) &= \sum_y f(y-t)\phi(y-x) \\
&= \sum_y f(y)\phi(y+t-x) \\
&= \sum_y f(y)\phi(y-(x-t)) \\
&= \big[L_t[f\bigstar\phi]\big](x)
\end{aligned}
\tag{8.7}
$$

这意味着"相关是平移群的等变映射"。采用类似的计算过程,可以得到卷积同样具有相似结论,即 $[L_t f] * \phi = L_t[f * \phi]$。尽管卷积运算对平移等变,但是它对采样点阵的其他等距变换并不等变。例如,图像旋转后用固定滤波器卷积的结果不同于先卷积后旋转的结果,其详细的证明过程如式(8.8)所示,其中应用了 L_r 的定义($L_r f(x) = f(r^{-1}x)$)且将 y 替换为 ry。

$$
\begin{aligned}
\big[\big[L_r f\big]\bigstar\phi\big](x) &= \sum_{y\in\mathbf{Z}^2}\sum_k L_r f_k(y)\phi_k(y-x) \\
&= \sum_{y\in\mathbf{Z}^2}\sum_k f_k(r^{-1}y)\phi_k(y-x) \\
&= \sum_{y\in\mathbf{Z}^2}\sum_k f_k(y)\phi_k(ry-x) \\
&= \sum_{y\in\mathbf{Z}^2}\sum_k f_k(y)\phi_k(r(y-r^{-1}x)) \\
&= \sum_{y\in\mathbf{Z}^2}\sum_k f_k(y)L_{r^{-1}}\phi_k(y-r^{-1}x) \\
&= f\bigstar[L_{r^{-1}}\phi](r^{-1}x) \\
&= L_r[f\bigstar[L_{r^{-1}}\phi]](x)
\end{aligned}
\tag{8.8}
$$

从式(8.8)可以看出,旋转图像 $L_r f$ 和滤波器 ϕ 的相关运算结果与原始图像 f 和逆向旋转滤波器 $L_{r^{-1}}\phi$ 卷积后再进行旋转的结果相同。因此,当发生类似图像旋转的形变时,传统 CNN 并不具有等变性,这类形变可能会对图像分类识别性能造成负面影响。

如何将传统 CNN 平移等变的固有特性应用到其他群呢?关键在于将平移卷积扩展到群卷积。在传统 CNN 中,卷积是通过滤波器平移后与特征映射进行点积计算得到的,如果将平移换为群 G 中更为广泛的变换,即可得到群卷积的定义。注意到,群 CNN 第一层的输入图像 f 和滤波器 ϕ 都是平面 $\mathbf{Z}^2$ 的函数,但是特征映

射 $f \bigstar \phi$ 是离散群 G 的函数。因此,滤波器 ϕ 也必须是 G 上的函数,这使得第一层后的所有层的相关运算与第一层的运算有些许差异,第一层和后续层的群卷积计算如下:

$$[f \bigstar \phi](g) = \sum_{y \in \mathbf{Z}^2} \sum_k f_k(y) \phi_k(g^{-1}y)$$

$$[f \bigstar \phi](g) = \sum_{h \in G} \sum_k f_k(h) \phi_k(g^{-1}h) \tag{8.9}$$

基于上述公式,可以采用完全类似于式(8.7)的方法,推导群卷积相关运算的等变性,其中利用 h 替换 uh:

$$
\begin{aligned}
\big[[L_u f] \bigstar \phi\big](g) &= \sum_{h \in G} \sum_k f_k(u^{-1}h) \phi(g^{-1}h) \\
&= \sum_{h \in G} \sum_k f(h) \phi(g^{-1}uh) \\
&= \sum_{h \in G} \sum_k f(h) \phi\big((u^{-1}g)^{-1}h\big) \\
&= \big[L_u[f \bigstar \phi]\big](g) \tag{8.10}
\end{aligned}
$$

因此,可以得出结论,群卷积总是群等变。

2. 典型相似变换的等变性

在上述等变理论分析的基础上,讨论如何将群卷积应用到典型的二维相似变换(2-D similarity transformation,SIM(2)),它由平移、旋转和缩放组成,可以认为是一种特殊的仿射变换。相似变换 ρ 对平面 $\mathbb{R}^2$ 上的点 x 的作用可以表示为

$$\rho x \rightarrow sRx + t, \quad s \in \mathbb{R}^+, \quad R \in \mathrm{SO}(2), \quad t \in \mathbb{R}^2 \tag{8.11}$$

其中,SO(2)是旋转群。

为了利用传统 CNN 中的平面卷积,可以将相似变换 $\rho \in \mathrm{SIM}(2)$ 分解为 $\mathbb{R}^2$ 上的平移 t 和 $\mathrm{SO}(2) \times \mathbb{R}^+$ 内的缩放旋转,之后,SIM(2)的等变性可以通过以下两个步骤获得:首先,学习得到缩放旋转中心并将原始图像平移至该中心;然后,将平移后的图像变换到正则坐标,使得 $\mathrm{SO}(2) \times \mathbb{R}^+$ 的作用等同于平移作用。此时,标准卷积等同于 SIM(2)群卷积。第一步可以看作平移变换器的一个实例,平移滤波器的学习方式是输出质心为分类模板全局平移的最佳近似值。当 t_0 是实际平移量时,图像变换 $L_t I = I(t - t_0)$ 将原始图像上的群作用简化为缩放旋转。

在反向平移原始图像后,在新得到的图像(记为 $I^0 = I(x - t_0)$)上进行 $\mathrm{SO}(2) \times \mathbb{R}^+$ 卷积,第一层和后续层的卷积运算表示如下:

$$[I \bigstar \phi](r) = \sum_{x \in \mathbf{R}^2} \sum_k I_k^0(x) \phi_k(r^{-1}x)$$

$$[f \bigstar \phi](s) = \sum_{h \in \mathrm{SO}(2) \times \mathbf{R}^+} \sum_k f_k(h) \phi_k(s^{-1}h) \tag{8.12}$$

其中，$r,s \in SO(2) \times \mathbb{R}^{+}$。对于这种卷积运算，需要对索引位置进行大量内积运算，这对于 $\frac{\pi}{2}$ 旋转的情况可能有效，但是对于更为一般的缩放旋转来说却未必可行。

受人类视觉系统和李群正则坐标启发，将原始图像 $I(x,y)$ 变换到对数极坐标 $(e^{\varepsilon}\cos(\theta), e^{\varepsilon}\sin(\theta))$，并表示变换图像为 $\lambda(\varepsilon,\theta)$ 以克服上述索引问题，其计算方法如下：

$$\begin{cases} \varepsilon = \ln(\sqrt{(x-x_0)^2 + (y-y_0)^2}) \\ \theta = \arctan((y-y_0)/(x-x_0)) \end{cases} \tag{8.13}$$

其中，(x_0,y_0) 是原始图像 $I(x,y)$ 的原点坐标。从上述公式可以看出，对数极坐标表示图像定义在 $SO(2) \times \mathbb{R}^{+}$，将其记为 $\lambda(s)$，其中 (ε,θ) 仅仅是 $s \in SO(2) \times \mathbb{R}^{+}$ 的参数化形式。正则坐标带来的好处在于，将图像进行极坐标变换后，群卷积作用可以等效为平面/平移卷积。注意到 $s^{-1}r = \varepsilon_r - \varepsilon, \theta_r - \theta$，则式（8.12）可以表示为

$$[f \bigstar \phi](s) = \sum_{h \in SO(2)\mathbb{R}^{+}} \sum_{k} f_k(h)\phi_k(s^{-1}h) = \sum_{\varepsilon,\theta} \sum_{k} \lambda_k(\varepsilon,\theta)\phi_k(\varepsilon_r - \varepsilon, \theta_r - \theta)$$

$$\tag{8.14}$$

正如图 8.3 所示，原始 ISAR 像沿原点的旋转和缩放分别变为对数极坐标表示的垂直和水平平移。对数极坐标的主要优势在于，它将平面 $\mathbb{R}^2$ 上的图像旋转和缩放转变为对数极坐标 (ε,θ) 上的空间平移，因此可以提供有效的 $SO(2) \times \mathbb{R}^{+}$ 离散化。

概括来说，针对 ISAR 目标识别中的图像形变问题，下列步骤可以用来实现等变性（不变性）：

（1）利用平移卷积网络提取 ISAR 像特征，并自动选取最后一层特征映射的质心作为 ISAR 像的目标中心，进而将原始 ISAR 像平移至该中心；

（2）将平移后的 ISAR 像变换到对数极坐标，使得 $SO(2) \times \mathbb{R}^{+}$ 的群作用等效于空间平移；

（3）采用 CNN 来提取对数极坐标表示的深层特征，进而实现形变鲁棒 ISAR 像的目标识别。

8.1.2.2　PT-CCNN 结构

基于上述分析，本节将详细介绍提出的 PT-CCNN 网络结构。如图 8.4 所示，PT-CCNN 由 3 部分组成，包括极原点预测器、极变换器模块和环形卷积神经网络（CCNN）。首先，将 ISAR 像输入全卷积网络和极原点预测器，得到热图；然后，将热图的质心坐标和原始 ISAR 像输入极变换器模块，以质心坐标作为原点进行对数极坐标变换，使得上述对数极坐标变换对图像平移具有不变性，而原始 ISAR 像的旋转和缩放变为空间平移。针对具有环绕结构的对数极坐标表示，采用更为合

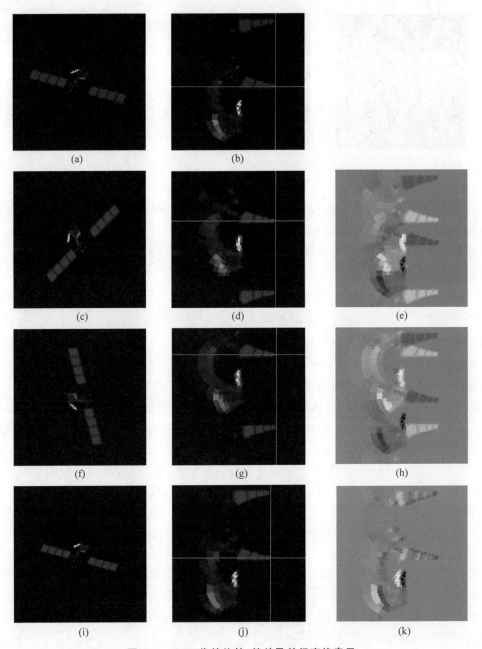

图 8.3 ISAR 像的旋转、缩放及其极变换表示

对数极坐标图像中的蓝线和绿线显示了它们在垂直和水平方向上的平移

(a) 原始 ISAR 像；(b) 图(a)的极坐标变换表示；(c) 原始 ISAR 像旋转 60°；(d) 图(c)的极坐标变换表示；(e) 图(d)与图(b)的差异；(f) 原始 ISAR 像旋转 120°；(g) 图(f)的极坐标变换表示；(h) 图(g)与图(b)的差异；(i) 原始 ISAR 像缩放 0.8；(j) 图(h)的极坐标变换表示；(k) 图(j)与图(b)的差异；(l) 原始 ISAR 像缩放 1.2；(m) 图(k)的极坐标变换表示；(n) 图(l)与图(b)的差异

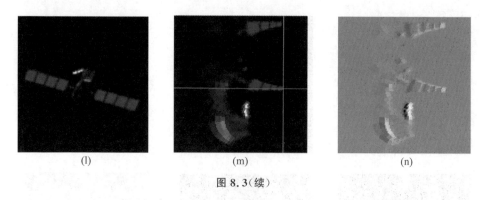

(l)　　　　　　　　　(m)　　　　　　　　　(n)

图 8.3(续)

适的 CCNN 来提取有效深层图像特征。PT-CCNN 的基础模块由卷积层、批标准化和 ReLU 构成,其中,卷积层包含若干大小为 3×3 的滤波器。该网络通过利用最大池化技术和增加滤波器数量来降低特征映射尺寸和增加特征维度,之后提取输入图像的深度本质特征。下面分别介绍 PT-CCNN 的 3 个模块。

1. 极原点预测器

极原点预测器以原始 ISAR 像作为输入,输出极坐标变换的原点坐标。通过训练神经网络来预测图像坐标并非易事,已有学者尝试利用全连接层来直接回归出图像坐标,但效果不佳。另一种更好的方式是预测热图并选取它们的最大值(argmax),但是使用 argmax 会产生与梯度相关的问题,即在反向传播过程中除了某个点外,其他位置的梯度都是 0,这妨碍了网络的学习训练。通常预测热图的方法是优化依据真实热图而计算出的损失,在这种情况下,在选取 argmax 点前就已有监督,因此不需要计算 argmax 相对于前一层的梯度。

此处,极坐标变换的原点坐标并非先验监督信息,必须通过网络自身的学习训练获得,这意味着必须要得到输出坐标相对于热图的梯度。为了避免 argmax 运算引起的梯度传播问题,极原点预测器把热图的质心作为输入 ISAR 像的极坐标变换原点;由于质心相对于热图的梯度对于所有点来说都是常数且非零,开展该预测器的学习训练具备可行性。如图 8.4(b)所示,极原点预测器由一系列基础模块组成,其中每个基础模块都由线性卷积层、批标准化和 ReLU 组成,且部分模块采用最大池化技术来实现对特征映射的降采样,最终利用由单个大小为 1×1 的滤波器构成的卷积层来生成单层特征映射(没有批标准化和 ReLU 激活),并将该单层特征映射的质心作为极坐标变换的原点。

2. 极变换器模块

极变换器模块以原始 ISAR 像和极原点预测器生成的极变换原点坐标作为输入,进而生成输入 ISAR 像的对数极坐标表示。与空间变换网络(spatial transformer networks,STN)类似,极变换器模块采用了一种可微分图像采样器。该采样器基于采样点集 $\Gamma_\theta(G)$ 和输入特征映射 U,生成采样输出特征映射 V。在 $\Gamma_\theta(G)$ 内的每

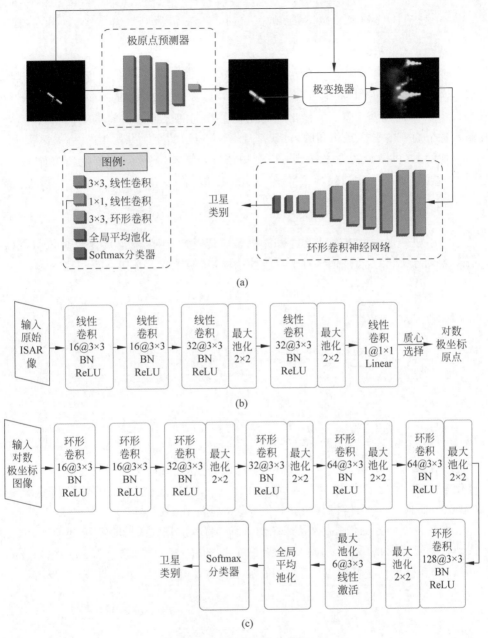

图 8.4 PT-CCNN 网络结构

（a）PT-CCNN 整体结构；（b）极原点预测器结构；（c）环形卷积神经网络结构

个坐标(x_i^s, y_i^s)定义了输入的空间位置，并利用采样核来获得输出V上特定像素的值。假设输入特征映射U和输出特征映射V的尺寸分别为$(H \times W \times C)$和$(H' \times W' \times C)$，则采样计算可以表示如下：

$$V_i^c = \sum_n^H \sum_m^W U_{nm}^c k(x_i^s - m;\ \varPhi_x) k(y_i^s - n;\ \varPhi_y),\quad \forall i \in [1,2,\cdots,H'W'],$$

$$\forall c \in [1,2,\cdots,C] \tag{8.15}$$

其中，$\varPhi_x$ 和 $\varPhi_y$ 是通用采样核 $k(\cdot)$ 的参数，它们定义了插值方法（如双线性插值）；U_{nm}^c 是输入特征映射 U 在 c 通道、(n,m) 像素位置处的值；V_i^c 表示在 c 通道、(x_i^t, y_i^t) 位置处像素 i 的输出。为了在采样期间保持通道间的空间一致性，对输入各个通道的采样是相同的，也就是说，每个通道的变换方式相同。

　　理论上，可微分图像采样器可以利用任意采样核，只要其能够定义相对 x_i^s 和 y_i^s 的梯度。此处采用双线性采样核，式（8.15）变为

$$V_i^c = \sum_n^H \sum_m^W U_{nm}^c \max(0,1-|\,x_i^s - m\,|)\max(0,1-|\,y_i^s - n\,|) \tag{8.16}$$

　　为了使得损失可以通过上述采样机制实现反向传播，有必要定义输出特征映射 V 相对于 U 和 G 的梯度，对于双线性采样，其偏导数计算如下：

$$\frac{\partial V_i^c}{\partial U_i^c} = \sum_n^H \sum_m^W \max(0,1-|\,x_i^s - m\,|)\max(0,1-|\,y_i^s - n\,|)$$

$$\frac{\partial V_i^c}{\partial x_i^s} = \sum_n^H \sum_m^W U_{nm}^c \max(0,1-|\,y_i^s - n\,|)\begin{cases} 0, & |\,m - x_i^s\,| \geqslant 1 \\ 1, & m \geqslant x_i^s \\ -1, & m < x_i^s \end{cases}$$

$$\frac{\partial V_i^c}{\partial y_i^s} = \sum_n^H \sum_m^W U_{nm}^c \max(0,1-|\,x_i^s - m\,|)\begin{cases} 0, & |\,n - y_i^s\,| \geqslant 1 \\ 1, & n \geqslant y_i^s \\ -1, & n < y_i^s \end{cases} \tag{8.17}$$

这使得损失梯度不仅能回传到输入特征映射 U，还能回传到采样格点坐标 $\varGamma_\theta(G)$；而且，这一采样机制能够非常高效地应用在 GPU 上。

　　在具备可微分图像采样器的基础上，为了将其应用在对数极坐标变换中，需要找到目标规则网格 (x_i^t, y_i^t) 对应的源采样点 (x_i^s, y_i^s)。根据式（8.13），源采样点 (x_i^s, y_i^s) 和极坐标变换原点 (x_0, y_0) 有如下计算关系：

$$\begin{cases} x_i^s = x_0 + r_s \cos(\theta) \\ y_i^s = y_0 + r_s \sin(\theta) \end{cases} \tag{8.18}$$

其中，r_s 和 θ 是具有尺度变化的半径长度和极角，它们的计算方式如下：

$$\begin{cases} r_s' = e^{(x_i^t + 1)/2\cdot \ln R_{\max}} \\ r_s = \dfrac{r_s' - 1}{R_{\max} - 1} \cdot \dfrac{2 \cdot W_{\max}}{W} \\ \theta = (y_i^t + 1) \cdot \pi \end{cases} \tag{8.19}$$

其中，x_i^l 和 y_i^l 是目标规则网格里的归一化坐标值，其归一化范围为 $[-1,1]$。此时，r_s'、r_s 和 θ 的取值范围分别变为 $[1,R_{\max}]$、$[0,2 \cdot R_{\max}/W]$ 和 $[0,2\pi]$。W 是输入宽度，$W_{\max}$ 是原始 ISAR 像各像素到原点的最大距离的水平分量，并设置为 $\sqrt{2} \cdot W/2$。

3. 环形卷积神经网络（CCNN）

CNN 是一种专门用于处理网格数据（如一维时序数据、二维 RGB 图像、三维点云等）的特殊人工神经网络。在传统 CNN 中，卷积层通过计算大小为 $(H \times W \times C)$ 的输入特征映射 F_l 和大小为 $((2 \cdot M+1) \times (2 \cdot N+1) \times C)$ 的核 K 的线性卷积，得到输出特征映射 F_{l+1}。以 0 作为起始索引，线性卷积的计算如下：

$$F_{l+1}(i,j) = (F_l * K)_s(i,j)$$
$$= \sum_{c=0}^{C-1} \sum_{m=-M}^{M} \sum_{n=-N}^{N} F_l(s_i \cdot i - m, s_j \cdot j - n, c) \cdot K(m+M, n+N, c)$$

$$(8.20)$$

其中，s_i 和 s_j 表示步长，可以用来实现输入降采样。为输出多通道的特征映射 F_{l+1}，可以利用不同的卷积核重复上述卷积运算。如果输入图像中的点 (y,x) 到图像边界的距离小于对应方向的卷积核半径，则卷积核的感受野将超出图像边界。在这种情况下，要么不生成输出而使特征映射收缩（通常称作"Valid 卷积"），要么对输入图像进行扩充（通常称作"Same 卷积"）。由于特征映射收缩会限制卷积层堆叠数量，典型的卷积层在特征映射 F_l 的边界填充足够多的 0，以保持输出特征映射 F_{l+1} 的尺寸恒定；同时，0 的填充会导致滤波器响应失真，使得边界处的特征映射未必反映的是输入图像真正的特征。

从上述对数极坐标变换的定义和分析可以看出，对数极坐标表示具有轴向周期性。也就是说，当增加旋转角度来逐渐旋转输入图像时，对数极坐标表示在垂直方向上逐渐平移，且到达第一行或最后一行时环绕至另一侧；当增加缩放因子来逐渐缩放输入图像时，对数极坐标表示在水平方向上逐渐平移。因此，对数极坐标表示在垂直方向上应该看作圆柱而不是矩形，0 的填充对这一类型的表示来说并不理想，因为第一行的上一行应该是最后一行，而不是一行零向量。为此，采用环形卷积层来解决上述问题，它也是 CCNN 的基本要素。CCNN 和传统 CNN 基本相同，只是将线性卷积层替换为环形卷积层。图 8.4(c) 展示了 CCNN 的网络结构，其特征学习模块由一系列基础模块组成，每个基础模块都由环形卷积层、批标准化和 ReLU 组成，且部分模块采用最大池化技术来降采样特征映射。CCNN 的最后一层环形卷积层的通道数量与目标类别数量相同，采用全局平均池化和 Softmax 分类器来实现目标识别。由于环形卷积层在 CCNN 中起着关键作用，下面将对其进行详细介绍。

对于类似对数极坐标表示的环绕结构型数据，其特征提取更适合采用环形卷积而不是线性卷积。与式(8.20)稍有不同,环形卷积利用环形维度上索引的模除法进行卷积计算,对于有着两个环形维度的图像来说,其环形卷积计算如下:

$$F_{l+1}^{circ}(i,j)=(F_l^{cir}*K)_s(i,j)$$

$$=\sum_{c=0}^{C-1}\sum_{m=-M}^{M}\sum_{n=-N}^{N}F_l(\mod(s_i\cdot i-m),$$

$$\mod(s_j\cdot j-n),c)\cdot K(m+M,n+N,c) \quad (8.21)$$

环形卷积层利用特征映射另一侧的刚好足够的内容来填充特征映射边界,以避免特征映射收缩。这意味着,在每一层都利用了正确的图像内容而不是0。这种层的智能环形填充避免了使用0填充时引起的核权重压缩,因此,卷积核在特征映射的边界和内部有相同的行为。环形卷积可以应用于任意维度的数据,且能和线性卷积相结合。例如,对于旋转图像的对数极坐标表示图像,可以在垂直方向上应用环形卷积而在水平方向上应用0填充的线性卷积。下面展示了水平环形卷积和垂直线性卷积结合算法的详细步骤,它可以为其他类型的卷积组合提供参考。

水平环形卷积 & 垂直线性卷积的算法

输入:特征映射 $I\in R^{H_I\times W_I}$。

过程:

1. 确定填充宽度 p_{left}、p_{right}、p_{top} 和 p_{bottom};

如果步长 $s=1$,$p_{left}=p_{right}=p_{top}=p_{bottom}=N$,$N$ 是核半径;

如果步长 $s>1$,填充宽度会因为程序框架不同而不同,例如 Tensorflow 的填充规则如下:

$$p_H=\begin{cases}\max(k_H-s_H,0), & H_I\mod s_H=0\\\max(k_H-H_I\mod s_H,0), & 其他\end{cases}$$

$$p_W=\begin{cases}\max(k_W-s_W,0), & W_I\mod s_W=0\\\max(k_W-W_I\mod s_W,0), & 其他\end{cases}$$

然后,$p_{top}=\lfloor p_H/2\rfloor$,$p_{bottom}=p_H-p_{top}$,$p_{left}=\lfloor p_W/2\rfloor$,$p_{right}=p_W-p_{left}$。

2. 从输入的右侧和左侧分别裁剪宽度为 p_{left} 的填充 P_{left} 和宽度为 p_{right} 的填充 P_{right},然后将它们与输入相连接:

$$P_{left}=I_{0:H_I-1,(W_I-p_{left}):W_I-1}$$

$$P_{right}=I_{0:H_I-1,0(p_{right}-1)}$$

$$I_{padded\ left\text{-}right}=[P_{left}\quad I\quad P_{right}]$$

3. 在连接图像的顶部和底部进行0填充:

$$I_{padded}=\begin{bmatrix}0_{top}\in 0^{p_{top}\times(p_{left}+W_I+p_{right})}\\I_{padded\ left\text{-}right}\\0_{bottom}\in 0^{p_{bottom}\times(p_{left}+W_I+p_{right})}\end{bmatrix}$$

4. 在上述特征映射 I_{padded} 上,进行步长为 s 的有效线性卷积。

输出:特征映射 F。

8.1.3　实验结果与对比分析

本节将开展 ISAR 像卫星目标识别实验来验证 PT-CCNN 网络模型的形变鲁棒性,对不同网络模型进行识别性能测试实验,得到它们的识别精度并证明所提方法的有效性和优势,并通过可视化结果进一步证实所提方法的效果。实验的系统环境为 Ubuntu 18.04 Lts,计算资源为 E5-2680 250G CPU 和 GTX 1080 Ti GPU,并基于以 Tensorflow 为后端的深度学习库 TFLearn 进行程序开发和训练测试。基于表 8.1 列出的 ISAR 像形变数据集,开展大量卫星目标识别实验来测试不同网络模型对 ISAR 像旋转、缩放和平移的鲁棒性。所有的网络模型都采用 Adam 优化器进行训练,且学习率为 0.01。

8.1.3.1　用于对比的网络模型

为了证明本节所提网络各部分的作用,利用不同的网络模型来比较 ISAR 像的目标识别性能。

传统 CNN(traditional CNN,T-CNN):由序列卷积层、全局平均池化层和 Softmax 组成。T-CNN 的结构参数与图 8.4(c)中的 CCNN 相同,但是它的卷积层是线性卷积层而不是环形卷积层,且输入图像是原始 ISAR 像而不是相应的对数极坐标图像;

极变换卷积神经网络(polar CNN,PCNN):其结构与 T-CNN 一样,但是输入图像是极坐标变换图像,这些图像是在网络训练前以原始 ISAR 像中心进行对数极坐标变换得到的。PT-CCNN 和 PCNN 的不同之处在于,PT-CCNN 通过网络学习训练来获得极坐标变换原点,而不是将其固定为图像中心;

极变换器-卷积神经网络(polar transformer-CNN,PT-CNN):同样有极原点预测器和极变换器模块,但是其分类网络是上述的 T-CNN,而不是 CCNN。也就是说,PT-CNN 没有应用环形卷积层;

极变换器-环形卷积神经网络(PT-CCNN):本节提出的网络模型,前文已有详细介绍。由于环形卷积可能应用在水平方向、垂直方向或是两者都有,将这 3 种情况下的网络模型分别记为 PT-CCNN-H、PT-CCNN-V 和 PT-CCNN-HV。

8.1.3.2　ISAR 像形变识别结果分析

1. ISAR 像旋转的识别结果分析

为评估所提方法对 ISAR 像旋转的鲁棒性,利用表 8.1 中的 4 个相关数据集来训练测试上述 4 种网络模型。由于绕图像原点的旋转对应对数极坐标表示的垂直平移,选择 PT-CCNN-V 网络作为此处的网络模型。其识别精度如表 8.2 所示。基于这些识别结果,可以得到以下结论。

(1) T-CNN 对 4 个 ISAR 像旋转数据集的识别准确率相对较低,尤其是在未进行训练数据增强的情况下,这说明了 T-CNN 的确对图像旋转变换不具备等变性；

（2）无论 ISAR 像是否进行质心归一化预处理，PT-CNN 都获得了比 T-CNN 和 PCNN 更高的识别准确率，这验证了对数极坐标表示的旋转等变性和鲁棒性；

（3）由于垂直方向的环形卷积更适合处理行向周期数据，PT-CCNN-V 在 4 个 ISAR 像旋转数据集中都获得了高于 T-CNN、PCNN 和 PT-CNN 的识别准确率。

表 8.2 4 种网络模型在 4 个 ISAR 像旋转数据集下的识别性能

ISAR 像数据集	网络模型	卫星识别准确率/%						总体识别准确率/%
		CALI PSO	COROT	Glory	Jason-3	KOMP SAT-2	OCO-2	
TestRotation_ Center_Dataset	T-CNN	41.1	30.0	20.3	50.3	75.2	34.1	42.1
	PCNN	48.2	43.5	45.1	88.4	61.4	61.2	58.2
	PT-CNN	77.2	57.9	49.6	80.1	82..6	95.3	74.1
	PT-CCNN-V	86.3	75.7	62.1	77.7	88.2	98.4	81.6
AllRotation_ Center_Dataset	T-CNN	52.4	59.1	56.2	74.6	58.4	95.8	66.1
	PCNN	74.6	72.9	66.4	91.7	90.9	91.3	81.4
	PT-CNN	92.0	85.8	76.4	95.7	94.3	97.4	90.3
	PT-CCNN-V	91.6	86.1	73.7	96.7	98.0	96.8	90.6
TestRotation_ NoCenter_ Dataset	T-CNN	40.4	25.5	19.8	48.0	63.2	51.2	41.4
	PCNN	21.0	19.7	25.8	40.5	80.8	35.0	37.2
	PT-CNN	84.2	81.0	75.3	88.7	92.0	86.4	84.6
	PT-CCNN-V	84.3	77.6	88.1	96.8	91.5	96.1	90.7
AllRotation_ NoCenter_ Dataset	T-CNN	57.0	57.9	40.8	73.7	77.7	73.6	63.4
	PCNN	33.2	31.8	35.2	59.5	70.9	64.4	49.2
	PT-CNN	96.2	82.4	84.7	92.4	91.1	97.6	90.7
	PT-CCNN-V	96.7	82.0	90.7	93.0	94.8	95.5	92.1

2. ISAR 像缩放的识别结果分析

正如前文所述，ISAR 带宽和成像积累时间的变化将导致 ISAR 像在距离和方位向的缩放。为了证实所提网络模型对 ISAR 像缩放的鲁棒性，利用表 8.1 中 4 个 ISAR 像的缩放数据集来训练测试上述 4 种网络模型。由于沿 ISAR 像的原点缩放变成了对数极坐标表示的水平平移，选择 PT-CCNN-H 作为所提模型。表 8.3 显示了相应的识别结果，从中可以得到与 ISAR 像旋转相似的结论。

（1）T-CNN 对 4 个 ISAR 像缩放数据集的识别准确率相对较低，尤其是在没有训练数据增强的情况下，这说明了传统 CNN 对 ISAR 像缩放变换的确不具备等变性；

（2）无论 ISAR 像是否进行质心归一化预处理，PT-CNN 都获得了比 T-CNN 和 PCNN 更高的识别准确率，这验证了对数极坐标表示的缩放等变性和鲁棒性；

（3）由于水平方向的环形卷积更适合处理列向平移数据，并避免了 0 填充导致的滤波器响应失真,因此,PT-CCNN-H 在 4 个 ISAR 数据集上的识别准确率都高于 T-CNN、PCNN 和 PT-CNN。

表 8.3　4 种网络模型在 4 个图像缩放数据集上的识别性能比较

ISAR 数据集	模型	卫星识别准确率/%						总体识别准确率/%
		CALI PSO	COROT	Glory	Jason-3	KOMP SAT-2	OCO-2	
TestScaling_Center_Dataset	T-CNN	46.9	32.8	45.3	55.9	71.4	74.8	54.9
	PCNN	63.7	57.9	82.4	74.7	74.7	90.4	74.2
	PT-CNN	91.7	70.4	67.4	68.5	79.5	98.4	79.6
	PT-CCNN-H	86.4	67.8	83.2	74.3	85.1	97.6	82.7
AllScaling_Center_Dataset	T-CNN	81.6	79.0	83.0	84.0	82.7	90.8	83.6
	PCNN	86.5	82.2	87.0	89.6	86.0	93.0	87.4
	PT-CNN	91.7	91.1	90.0	92.3	86.0	98.9	91.7
	PT-CCNN-H	86.0	89.3	94.3	98.4	88.6	99.0	92.6
TestScaling_NoCenter_Dataset	T-CNN	42.7	42.4	29.9	43.8	62.2	81.8	50.5
	PCNN	31.9	9.6	23.2	42.5	57.9	55.1	36.7
	PT-CNN	95.6	71.4	74.8	79.8	86.4	98.1	84.3
	PT-CCNN-H	95.9	77.1	90.7	93.3	92.6	98.0	91.3
AllScaling_NoCenter_Dataset	T-CNN	45.0	40.0	30.2	49.9	69.8	87.6	53.7
	PCNN	33.1	35.3	30.0	58.8	66.8	61.2	47.5
	PT-CNN	96.0	71.1	78.1	91.1	87.4	99.5	87.2
	PT-CCNN-H	91.8	86.8	89.2	91.5	88.9	99.0	91.2

3. ISAR 像平移的识别结果分析

与 ISAR 像平移有关的实验结果如表 8.2 和表 8.3 所示(包括 4 组质心归一化和未归一化 ISAR 像数据集的识别对比结果),可以得到以下分析和结论。

(1) T-CNN 在 ISAR 像质心归一化情况下的识别准确率高于未质心归一化的识别准确率,这说明质心归一化预处理确实在一定程度上能够提升传统 CNN 的识别准确率;

(2) 在进行 ISAR 像质心归一化预处理的情况下,由于 ISAR 像中的目标已大致居中,此时将 ISAR 像的中心作为对数极坐标变换原点较为合理,这使得 PCNN 获得了比 T-CNN 更高的识别准确率。但是,PT-CNN 和 PT-CCNN 的识别准确率仍比 PCNN 高出不少,说明即使 ISAR 像大致居中,仍有可能通过训练带有极原点预测器的网络模型来找到不同于 ISAR 像中心的变换原点,使得得到的对数极坐标表示更具判别力;

(3) 在未进行 ISAR 像质心归一化预处理的情况下,PCNN 的识别准确率明显低于 T-CNN,再次印证了预测最佳对数极坐标变换原点的重要性。在此情况下,PC-CNN 和 PT-CCNN 的识别准确率仍明显高于 T-CNN 和 PCNN,说明本方法的极原点预测器对提升 ISAR 像的目标识别性能具有重要作用。

4. 实用 ISAR 数据集的结果分析

在现实情况中,ISAR 像训练和测试数据集的信号载频、雷达带宽和成像积累时间很可能并不一致,进而使得 ISAR 像产生了各式各样的仿射变换。为分析 PT-CCNN 的形变鲁棒性,建立 2 个实用 ISAR 像数据集,即表 8.1 列出的 Central Practical Dataset 和 Non-Central Practical Dataset。在这 2 个 ISAR 像数据集中,信号载频、带宽和积累时间分别为 14GHz、2GHz、20s 和 12GHz、1.5GHz、15s 的 ISAR 像作为训练样本和验证样本;而信号载频、带宽和积累时间分别为 14GHz、2GHz、10s 和 10GHz、1GHz、20s 的 ISAR 像作为测试样本。也就是说,本研究中的训练样本、验证样本和测试样本并不来自相同的 ISAR 像数据组,我们希望提出的深度学习网络模型不只是函数拟合,而是对其他成像条件下的 ISAR 像也有很好的泛化识别性能。除了对比上述 4 种模型,还对比了先前研究中常用的深度学习 ISAR 像目标识别方法。图 8.5 展示了 9 种不同网络模型的识别混淆矩阵,表 8.4 显示了相应的识别准确率。可以发现,稀疏编码器(SE)和卷积自编码器(CAE)的识别准确率相对较低,因为它们并没有采用应对图像形变的技术,而且其特征提取与目标分类两大过程相互分离。STN 的识别准确率并不高,且比基于的对数极坐标表示的方法的识别准确率更低,说明学习 ISAR 像变换参数并非易事,其比学习得到的对数极坐标表示更加困难。此外,PT-CCNN 在这两个 ISAR 像的数据集中都获得了最高的识别准确率,再次验证了所提方法的有效性和优势。

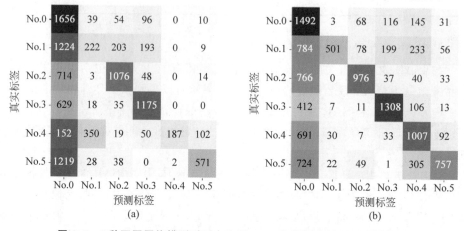

图 8.5 9 种不同网络模型对两个实用 ISAR 像数据集的识别混淆矩阵

Central Practical Dataset 识别精度: (a) SE; (b) CAE; (c) STN; (d) T-CNN; (e) PCNN; (f) PT-CNN; (g) PT-CCNN-H; (h) PT-CNN-V; (i) PT-CCNN-HV

Non-Central Practical Dataset 识别精度: (j) SE; (k) CAE; (l) STN; (m) T-CNN; (n) PCNN; (o) PT-CNN; (p) PT-CCNN-H; (q) PT-CCNN-V; (r) PT-CCNN-HV

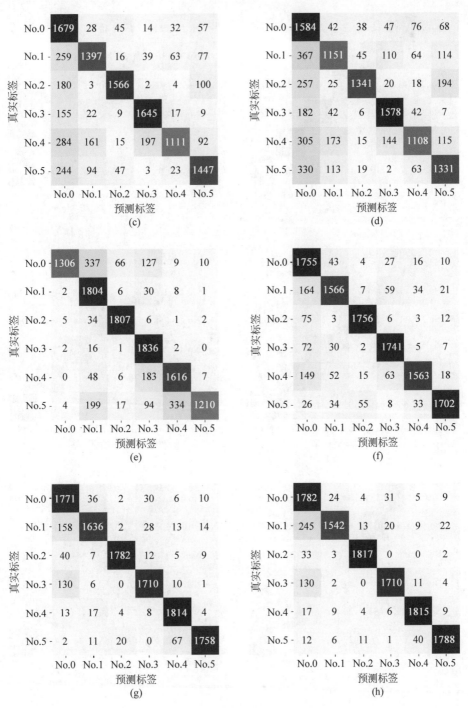

图 8.5（续）

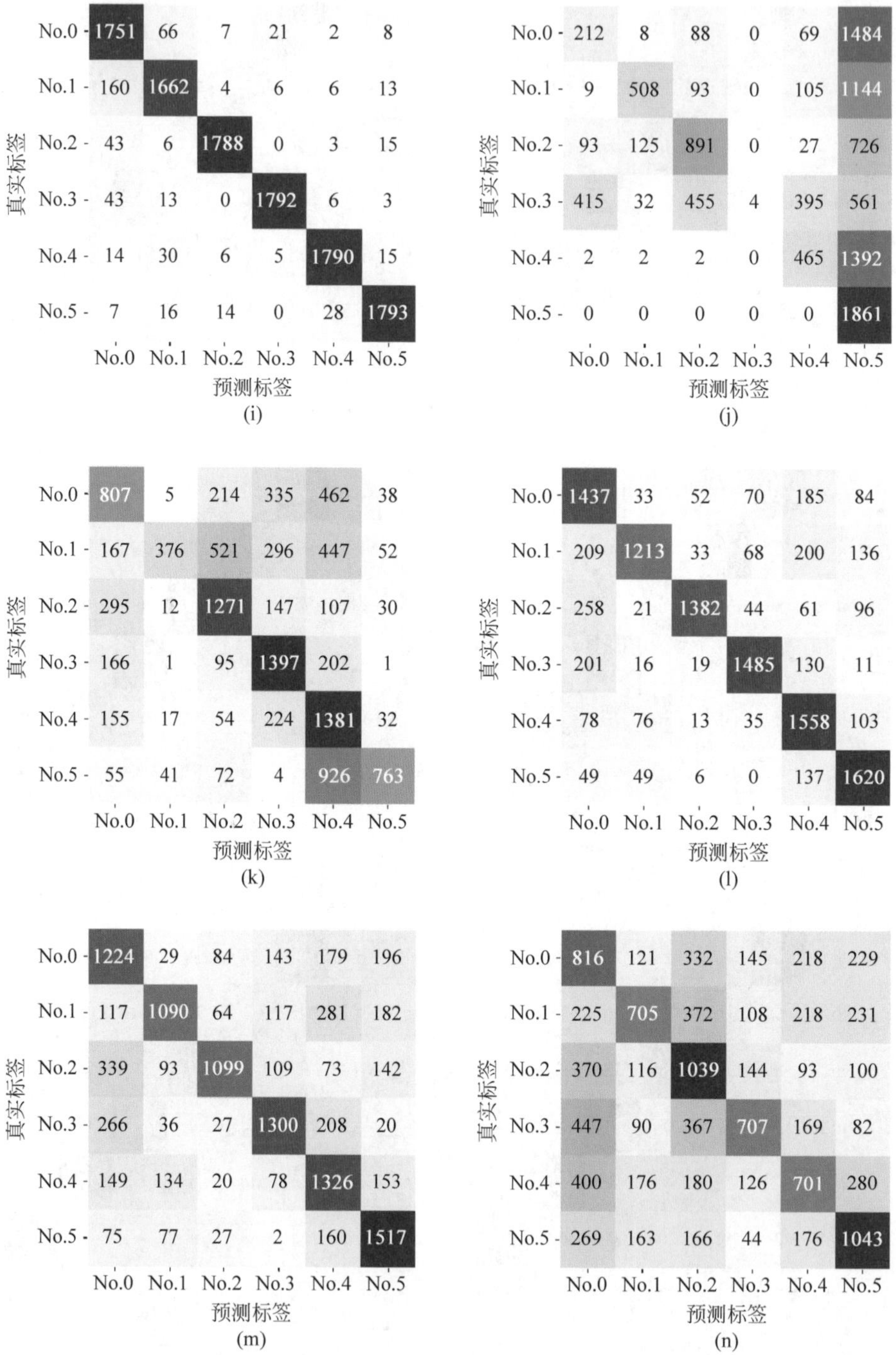

图 (i)

真实标签	No.0	No.1	No.2	No.3	No.4	No.5
No.0	1751	66	7	21	2	8
No.1	160	1662	4	6	6	13
No.2	43	6	1788	0	3	15
No.3	43	13	0	1792	6	3
No.4	14	30	6	5	1790	15
No.5	7	16	14	0	28	1793

预测标签
(i)

图 (j)

真实标签	No.0	No.1	No.2	No.3	No.4	No.5
No.0	212	8	88	0	69	1484
No.1	9	508	93	0	105	1144
No.2	93	125	891	0	27	726
No.3	415	32	455	4	395	561
No.4	2	2	2	0	465	1392
No.5	0	0	0	0	0	1861

预测标签
(j)

真实标签	No.0	No.1	No.2	No.3	No.4	No.5
No.0	807	5	214	335	462	38
No.1	167	376	521	296	447	52
No.2	295	12	1271	147	107	30
No.3	166	1	95	1397	202	1
No.4	155	17	54	224	1381	32
No.5	55	41	72	4	926	763

预测标签
(k)

真实标签	No.0	No.1	No.2	No.3	No.4	No.5
No.0	1437	33	52	70	185	84
No.1	209	1213	33	68	200	136
No.2	258	21	1382	44	61	96
No.3	201	16	19	1485	130	11
No.4	78	76	13	35	1558	103
No.5	49	49	6	0	137	1620

预测标签
(l)

真实标签	No.0	No.1	No.2	No.3	No.4	No.5
No.0	1224	29	84	143	179	196
No.1	117	1090	64	117	281	182
No.2	339	93	1099	109	73	142
No.3	266	36	27	1300	208	20
No.4	149	134	20	78	1326	153
No.5	75	77	27	2	160	1517

预测标签
(m)

真实标签	No.0	No.1	No.2	No.3	No.4	No.5
No.0	816	121	332	145	218	229
No.1	225	705	372	108	218	231
No.2	370	116	1039	144	93	100
No.3	447	90	367	707	169	82
No.4	400	176	180	126	701	280
No.5	269	163	166	44	176	1043

预测标签
(n)

图 8.5(续)

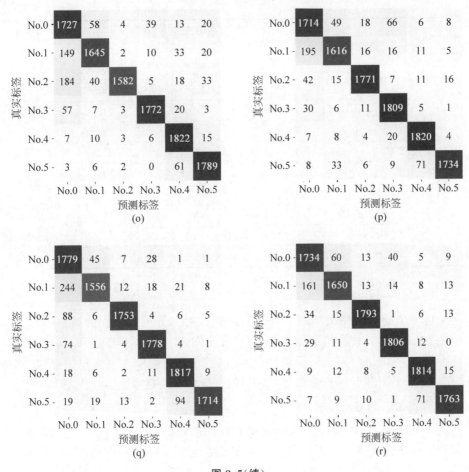

图 8.5（续）

表 8.4　9种网络模型在两个实用 ISAR 像数据集下的识别性能

ISAR 像数据集	模型	卫星识别准确率/%						整体识别准确率/%
		CALIPSO	COROT	Glory	Jason-3	KOMP SAT-2	OCO-2	
Central Practical Dataset	SE	89.3	12.0	58.0	63.3	10.0	30.7	43.9
	CAE	80.4	27.1	52.8	70.4	54.1	40.7	54.3
	STN	90.5	75.5	84.4	88.6	59.7	77.9	79.4
	T-CNN	85.4	62.2	72.3	85.0	59.6	71.6	72.7
	PCNN	70.4	97.5	97.4	98.9	86.9	65.1	86.0
	PT-CNN	94.6	84.6	94.7	93.8	84.0	91.6	90.5
	PT-CCNN-H	95.5	88.4	96.1	92.1	97.5	94.6	94.0
	PT-CNN-V	96.1	83.3	98.0	92.1	97.6	96.2	93.9
	PT-CCNN-HV	94.4	89.8	96.4	96.5	96.2	96.5	95.0

续表

ISAR 像数据集	模型	卫星识别准确率/%						整体识别准确率/%
		CALIPSO	COROT	Glory	Jason-3	KOMP SAT-2	OCO-2	
Non-Central Practical Dataset	SE	11.4	27.3	47.9	0.2	25.0	100	35.3
	CAE	43.4	20.2	68.3	75.0	74.1	41.0	53.7
	STN	77.2	65.3	74.2	79.8	83.2	87.1	77.9
	T-CNN	66.0	58.9	59.2	70.0	71.3	81.6	67.9
	PCNN	43.8	37.9	55.8	40.0	37.6	56.0	44.7
	PT-CNN	92.8	88.5	85.0	95.2	97.8	96.1	92.6
	PT-CCNN-H	92.1	86.9	95.1	97.2	97.7	93.2	93.7
	PT-CNN-V	95.6	83.7	94.1	95.5	97.5	92.1	93.1
	PT-CCNN-HV	93.2	88.8	96.3	97.0	97.4	94.7	94.6

8.1.3.3 可视化与讨论

为进一步说明 PT-CCNN 网络模型的优势,对部分网络中间的结果进行可视化。一方面,通过可视化网络激活来证明 PT-CCNN 的平移不变性和旋转、缩放等变性。另一方面,通过对全局平均池化层的输出(此处称其为网络模型提取的"特征")进行降维,并进行可视化来显示它们的可分性和判别力。

1. 网络激活可视化

图 8.6 展示了部分极原点预测结果和相应的对数极坐标图像。可以看出,极原点预测器能够找到合适的对数极坐标变换原点,且对数极坐标变换确实表现出如前文所述的性质。同时,通过对 CCNN 里多个卷积层的特征映射进行可视化来进一步说明该性质是否在网络更深层中同样保持。图 8.7 展示了输入 ISAR 像在进行不同旋转、缩放和平移时若干卷积层的激活情况。可以看出,旋转和缩放等变性,以及平移不变性的确在 PT-CCNN 的序列卷积层中依然保持。

2. 特征降维可视化

虽然上述 9 种网络模型在 2 个实用 ISAR 像数据集的识别结果可以在一定程度上说明它们提取特征的质量,但仍期望进一步展示这些方法提取特征的分布情况。因此,利用特征降维可视化技术将高维特征数据映射到二维或三维空间。此时,可以直观地看出各方法提取特征的分布情况。图 8.8 显示了这 9 种网络模型在 2 个实用 ISAR 像数据集上提取特征的降维分布情况。可以看出,PT-CCNN 能够将不同卫星目标的降维特征尽可能分开,这表明其具有最好的特征分布结果。但是,其他方法提取到的不同种类卫星目标特征之间有更多的交叉重叠。因此,可以证实 PT-CCNN 提取的特征更为有效、更具有判别力。

综上所述,从以上 4 个方面的实验结果可以发现,PT-CCNN 网络模型在多个

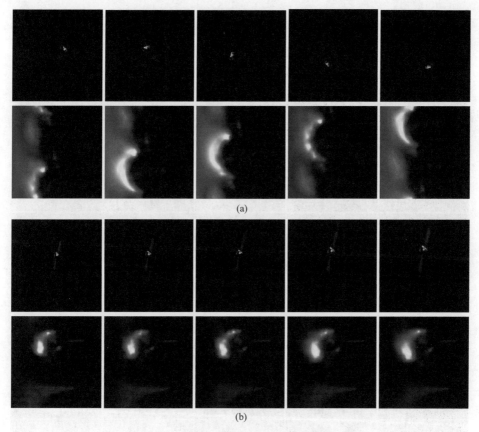

图 8.6 极原点预测和对数极坐标变换结果

(a) ISAR 像间隔 60°旋转序列及其相应的对数极坐标表示；(b) 缩放因子从 0.8 增加到 1.2(间隔 0.1)
的 ISAR 像缩放，以及相应的对数极坐标表示

(a)和(b)的第 1 行和第 2 行分别表示输入 ISAR 像，以及相应学习到的对数极坐标表示，其中预测极原
点用绿点显示。可以看到，对数极坐标表示是如何对 ISAR 像平移具有不变性的，以及原始 ISAR 像的
旋转和缩放是如何变为以对数极坐标表示空间平移的

形变 ISAR 像数据集上都获得了最高的识别准确率，尤其是和那些基于 CNN 的传统方法相比。以上对比实验证实了本方法的优势，表现如下。

(1) PT-CCNN 可以实现端到端训练，因此能够同时自动完成特征提取和目标分类，并获得更好的识别性能；

(2) 在 PT-CCNN 模型中，极原点预测器能够准确地学习 ISAR 像目标的质心，通过极变换模块得到正确的对数极坐标表示，使模型能够具备平移不变性和旋转缩放等变性，因此 PT-CCNN 能够克服 ISAR 像的形变对目标识别的负面影响；

(3) 由于 CCNN 更加适合提取具有环绕结构的对数极坐标表示的特征，模型的识别准确率得到进一步提升。

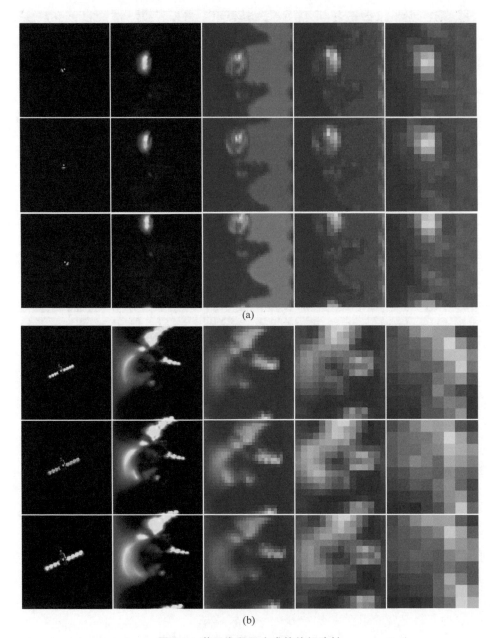

(a)

(b)

图 8.7　若干卷积层生成的特征映射

（a）旋转 ISAR 像的卷积激活；（b）缩放 ISAR 像的卷积激活

每一列从左至右分别为带有预测极原点的输入 ISAR 像、对数极坐标表示，以及图 8.4(c)中第 5 个～第 7 个环形卷积层的对应激活

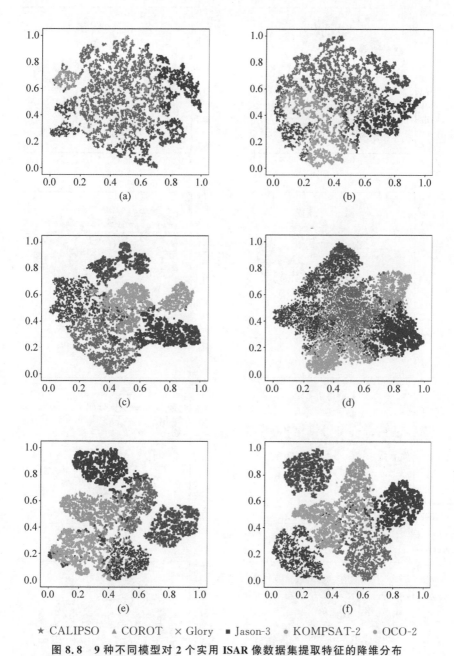

★ CALIPSO ▲ COROT ✕ Glory ■ Jason-3 ● KOMPSAT-2 ● OCO-2

图 8.8 9 种不同模型对 2 个实用 ISAR 像数据集提取特征的降维分布

Central Practical Dataset 识别精度：(a) SE；(b) CAE；(c) STN；(d) T-CNN；(e) PCNN；(f) PT-CNN；
(g) PT-CCNN-H；(h) PT-CCNN-V；(i) PT-CCNN-HV；

Non-Central Practical Dataset 识别精度：(j) SE；(k) CAE；(l) STN；(m) T-CNN；(n) PCNN；
(o) PT-CNN；(p) PT-CCNN-H；(q) PT-CCNN-V；(r) PT-CCNN-HV

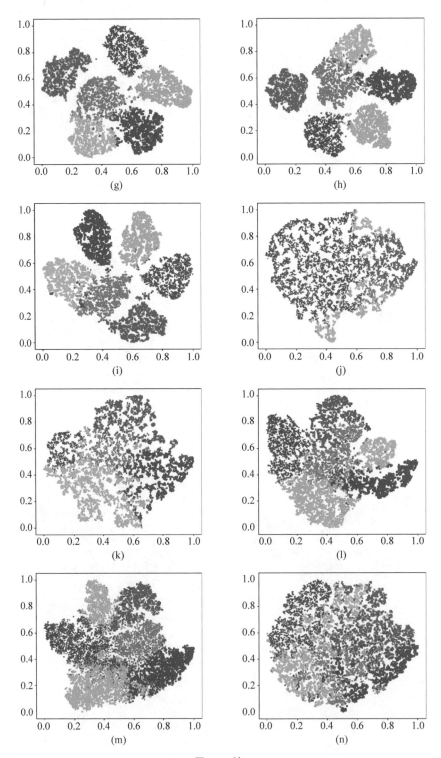

图 8.8（续）

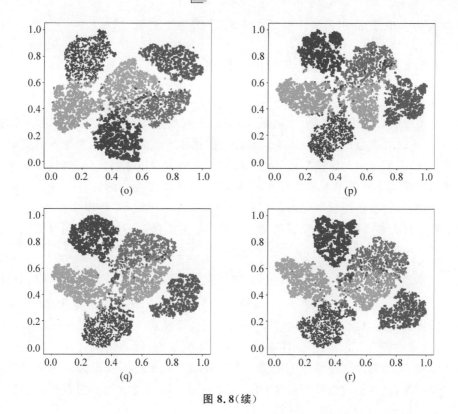

图 8.8（续）

8.2　基于少样本学习的 ISAR 像卫星目标识别

　　由于空间目标 ISAR 成像环境受到观测条件的限制,很可能只能获得少量 ISAR 像,尤其是对于新入轨或变轨的卫星目标。因此,如何基于少量 ISAR 像样本,准确地泛化识别新类别目标,是 ISAR 像目标智能识别领域中的一项重要课题。基于上述 ISAR 像卫星目标智能识别需求,本节重点开展基于少样本学习的 ISAR 像卫星目标识别技术研究,旨在通过输入少量 ISAR 像样本,使学习训练后的模型能够准确有效地实现对新类别卫星目标的泛化识别。本节以少样本学习中性能良好的度量学习作为基本方法,首次探索基于度量的少样本识别方法在 ISAR 像目标识别领域的应用,并提出一种基于三元组-中心损失的少样本分类特征表示学习方法,在模型训练过程中引入额外的损失,以期得到鲁棒性强和判别力高的特征表示。首先,本节对少样本分类问题及其学习训练过程进行详细阐述,并重点介绍其中的卫星目标 ISAR 像少样本数据集的构建过程,突出强调少样本目标识别研究在数据规模、数据集构建和训练方式等多方面的独特特点;然后,基于研究的方法与思路,对当前几种主流的基于度量的少样本分类识别方法进行分析介绍;最后,在回顾三元组损失和中心损失这两种代表性损失函数的基础上,进一步设计三元组-中心损失,并引入少样本分类模型的网络训练过程。

8.2.1 少样本分类及其数据集构建

8.2.1.1 少样本分类问题表述

在传统的分类识别问题中,训练、验证和测试数据集的标签集通常是相同的,也就是说,这 3 类数据集由相同类别目标的数据样本组成。但是,少样本分类问题并非如此,它需要在网络模型训练完成后实现对新类别目标数据的识别,即少样本分类希望在训练数据集上训练好的网络模型,对其他新类别的目标也具有好的识别泛化能力,这也是少样本学习的优势和难点所在。因此,在数据集准备方面,用于少样本分类学习的训练、验证和测试数据的标签集是不同的,相互间并无类别交叉。具体来说,在少样本图像识别问题中,对于给定数据集 $D = \{(x_i, y_i), y_i \in L\}_{i=1}^{N}$,将其划分为 3 部分,即 $D_{\text{train}} = \{(x_i, y_i), y_i \in L_{\text{train}}\}_{i=1}^{N_{\text{train}}}$、$D_{\text{val}} = \{(x_i, y_i), y_i \in L_{\text{val}}\}_{i=1}^{N_{\text{val}}}$ 和 $D_{\text{test}} = \{(x_i, y_i), y_i \in L_{\text{test}}\}_{i=1}^{N_{\text{test}}}$。其中,$x_i$ 与 y_i 分别表示第 i 张输入图像的原始数据(或特征向量)与标签信息,标签集 L_{train}、L_{val} 和 L_{test} 互不相交,且三者并集为 L。而且,少样本分类模型在训练、验证和测试过程中所用的数据样本较少,无需像深度学习方法要求的那样输入成千上万张图像样本来进行网络模型训练,其 3 类数据集中各个目标拥有的图像数量通常为一两百张。少样本学习任务描述示意图如图 8.9 所示。

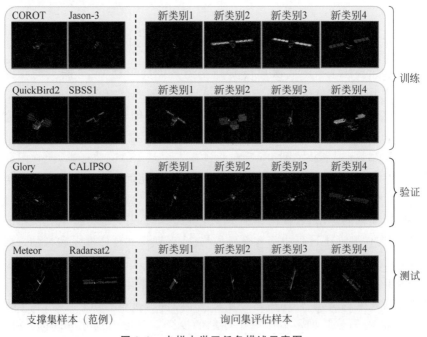

图 8.9 少样本学习任务描述示意图

少样本分类通常采用情景(episode)元学习的方式来开展训练,它将各个分类子任务设置为相应的情景任务 $\{\Gamma_i\}_{i=1}^{N_{episodic}}$,且每个情景任务 Γ_i 都由一组标签已知的支撑集 S_i 和标签未知的询问集 Q_i 组成。假设少样本分类学习采用的是 C-way K-shot 方式,也就是说,在每个情景任务中,从上述 3 类数据集中随机选择的支撑集实例数据包含 C 种类别标签,且每个类别都包含 K 个数据,即单个情景任务的支撑集数据共有 $C\times K$ 个样本。具体来说,在每个情景元训练任务中,首先从训练数据集 D_{train} 的标签集 L_{train} 中随机确定 C 种类别标签,然后从 D_{train} 中为每类随机选择 K 个数据样本构成支撑集,最后再从 D_{train} 中选择这 C 类数据的若干样本构成询问集。此外,在少样本情景元的训练过程中,一般也会为验证数据集 D_{val} 准备相应的支撑集和询问集,其构成方式与训练数据集的支撑集、询问集相同,区别在于这两种数据集的样本是来自验证数据集 D_{val} 中的新类别目标数据,主要目的是在训练过程中确定能够实现验证数据样本最佳识别泛化的网络模型。在网络模型的训练阶段,将构建几万个甚至更多的情景任务来训练少样本分类模型,即情景元训练;而在测试阶段,也采用同样的方式为测试数据集 D_{test} 构建支撑集和询问集,其作用是在模型训练完成后,获得最佳验证模型最终在测试数据上的识别性能。

8.2.1.2　卫星目标 ISAR 像少样本数据集构建

在 8.2.1.1 节的基础上,本节将构建卫星目标 ISAR 像的少样本数据集,为后续少样本分类识别实验奠定数据基础。与前文 ISAR 像深度学习的数据集构建方式类似,本节的 ISAR 像少样本数据集有相同的数据来源,即也基于前文卫星目标 ISAR 成像方法,对卫星目标生成几种不同成像参数下的 ISAR 像数据;同样,总共有 4 组成像参数,它们的信号载频、带宽和成像积累时间分别为 10GHz、12GHz、14GHz、14GHz,1GHz、1.5GHz、2GHz、2GHz,20s、15s、10s、20s。由于少样本分类学习需要较多的目标类别,在各组 ISAR 成像参数条件下,对所有卫星目标(24个)均仿真获得 1~2 条可观测弧段的 ISAR 像数据样本,且不考虑卫星侧摆。最后,本研究构建的少样本 ISAR 像数据集共包含 24 类卫星目标的 ISAR 像样本,每类卫星目标都有 241 张 ISAR 像,也就是说,该卫星目标 ISAR 像的少样本数据集总共有 5784 张 ISAR 像,且所有 ISAR 像均经过质心归一化预处理,尺寸为 120×120。

在数据集划分方面,根据 8.2.1.1 节介绍的少样本分类问题数据集划分要求,并按照常见的少样本数据集划分惯例——训练、验证、测试数据集的目标类别数之比为 2:1:1,本研究从这 24 类卫星目标的 ISAR 像数据中,分别划分 12 类、6 类、6 类目标的 ISAR 像样本作为训练、验证、测试数据集。为测试本研究提出方法在多种划分情况下的识别性能,对上述卫星目标 ISAR 像少样本数据集共进行了 4 次划分,首先将卫星目标名称的顺序打乱,然后按一定规则选择相应卫星目标的 ISAR 像样本成为训练、验证和测试数据。表 8.5 展示了这 4 种 ISAR 像的数据划分情况，从中可以直观地看出各划分情况下，用于训练、验证和测试的 ISAR 像及其类别标签。

表 8.5　卫星目标 ISAR 像数据集划分情况

划分情况	训练数据集卫星目标				验证数据集卫星目标		测试数据集卫星目标	
情况 1								
情况 2								
情况 3								
情况 4								

8.2.2 基于三元组-中心损失的少样本分类特征表示学习

与深度学习方法类似,少样本分类特征表示的质量直接影响识别性能的好坏。在特征表示学习过程中,端到端训练的深度学习或少样本学习网络通常事先设置指定的损失函数与优化算法,通过优化降低损失函数来实现特征提取与分类识别。对于分类任务来说,Softmax损失(如交叉熵损失)是常用的损失函数,其只关注找到分离不同类别的决策边界,而不考虑特征映射表示的类内紧凑程度,使得实际提取的特征可能并不具有足够的判别力,尤其是对更具挑战的少样本分类任务而言。因此,本研究提出一种基于三元组-中心损失的少样本分类特征表示学习,首先回顾2种代表性的损失函数——三元组损失(triplet loss)和中心损失(center loss);然后分析这2种损失的优势并将其结合,设计得到三元组-中心损失(triple-center loss,TCL);最后将这一损失引入基于度量的少样本分类识别方法,以期在模型训练过程中得到更具高判别力的特征表示,并在验证、测试数据集中获得更好的泛化识别性能。图8.10为所提方法的示意图。下面从基于度量的少样本分类识别方法和三元组-中心损失两方面分别进行详细介绍。

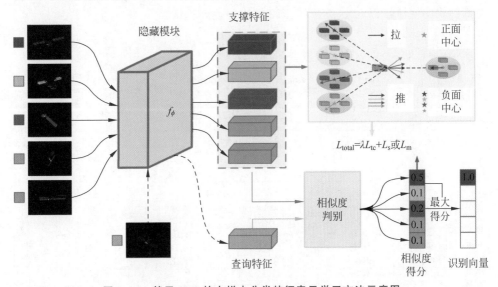

$$L_{\text{total}} = \lambda L_{\text{tc}} + L_{\text{s}} \text{ 或 } L_{\text{m}}$$

图 8.10 基于 TCL 的少样本分类特征表示学习方法示意图

8.2.2.1 基于度量的少样本分类识别方法

由少样本识别研究的现状可以发现,基于度量的少样本分类算法具有端到端训练、学习快速有效等优势,因此本研究重点考虑这类少样本识别方法。本节将详细介绍当前主流的基于度量的少样本分类识别方法(如匹配网络、原型网络、关系网络等),并将其作为本研究提出方法的对比基线,以验证提出方法的有效性与优势。基于度量的少样本图像识别模型,一般由特征嵌入模块 f_ϕ 和相似性度量模块组成,前者以图像样本作为输入数据并得到其特征映射,后者对特征映射进行相似性度量,并计算询问集样本与支撑集样本的相似度分数,进而实现对询问集样本的识别。下面对这两大模块分别进行详细介绍:

1. 特征嵌入模块 f_ϕ

一般来说,与深度学习图像识别方法类似,少样本图像识别方法同样也采用基于 CNN 的特征嵌入模块来获得图像的特征表示。在目前基于度量的少样本识别方法中,通常采用 Conv4、ResNet18 和 ResNet34 3 种网络的特征提取模块来作为自身的特征嵌入模型,对于图像尺寸较小的数据集(一般尺寸不大于 100×100),最大池化运算只在 Conv4 前两次卷积操作后应用,由于本研究的卫星目标 ISAR 像尺寸为 120×120,为降低特征嵌入模块 f_ϕ 得到的特征映射尺寸,以防特征维数过高带来较大的计算负担,在 4 次卷积操作后均应用最大池化操作,本研究采用的 Conv4、ResNet18 和 ResNet34 的网络结构图如图 8.11 所示。可以看到,3 种网络分别由 4 层、17 层和 33 个卷积模块构成(ResNet 特征映射模块缺少最后的全连接层,故卷积模块数量差 1),除 ResNet 网络的第一个卷积模块外,3 种网络的其他卷积模块的滤波器尺寸均为 3×3,Conv4 卷积模块的滤波器数量均为 64,而 ResNet 卷积模块的滤波器以 64、128、256、512 的次序逐渐递增。

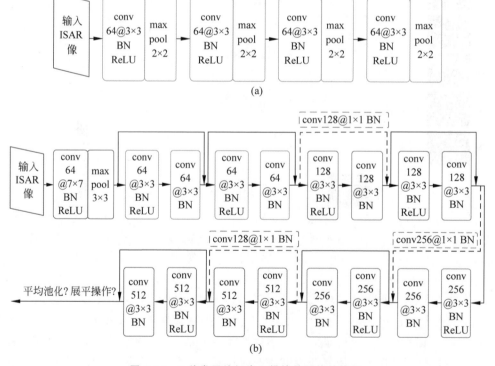

图 8.11　3 种常用特征嵌入模块的网络结构图

(a) Conv4；(b) ResNet18；(c) ResNet34

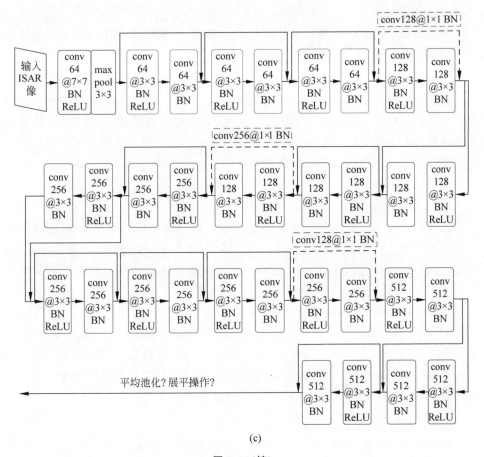

(c)

图 8.11（续）

2. 主流相似性度量模块

当前主流的基于度量的少样本识别方法（如匹配网络、原型网络和关系网络等）在利用 CNN 实现特征提取的基础上,都提出了相应的特征表示相似性度量模块,这里将它们分别称为"匹配模块"、"原型模块"和"关系模块"。3 种经典的相似性度量模块对少样本识别性能的提升起到了重要作用,下面对 3 种模块进行详细介绍。

1) 匹配模块

匹配模块由记忆网络、度量模块和注意力模块 3 部分组成。其中,记忆网络利用简单的双向 LSTM 来进一步处理特征嵌入模块 f_ϕ 得到的支撑集样本特征,使得这些特征能够包含上下文信息;度量模块使用余弦距离相似性度量,并在注意力模块中使用 Softmax 层输出识别结果。在模型训练过程中,支撑集图像和询问集图像先同时输入特征嵌入模块 f_ϕ 进行特征提取,然后将这些特征进一步输入注意力网络进行处理,最后依靠距离度量和注意力模块来得到询问集图像的最终预测值。

2) 原型模块

原型模块采用欧氏距离来计算特征嵌入模块 f_ϕ 输出的询问集、支撑集图像特征的相似性距离,计算公式可表述为 $-\|f_\phi(x_q)-f_\phi(x_s)\|^2$。其中,$f_\phi(x_q)$、$f_\phi(x_s)$ 分别表示询问集图像特征和支撑集图像原型特征的平铺向量。在支撑集图像特征原型计算方面,对于 1-shot 分类来说,由于在一次情景任务中每类目标只选取一张图像作为支撑集样本,某一类的原型特征就是该类单个支撑集图像的特征;对于 5-shot 分类而言,同一类所有支撑集图像(5 张)特征的平均值即相应类别的原型特征。询问集图像特征与类别原型特征之间的欧氏距离能够表示询问集图像和类别间的不相似程度。

3) 关系模块

关系模块由 2 个卷积模块和 2 个全连接层组成,每个卷积模块均由卷积层、批标准化层和 ReLU 激活层组成。其中,卷积层由尺寸为 3×3 的 64 个滤波器构成,在卷积模块后紧跟着尺寸为 2×2 的最大池化。第 1 个、第 2 个全连接层后分别采用 ReLU 激活和 Sigmoid 激活。在模型训练过程中,首先将每个类别的原型(该类支撑集图像特征的平均值)与询问集图像特征进行连接,得到关系对;然后将这些特征对输入关系模块,计算询问集图像与每类的相似度分数。基于相似度分数,关系网络可以利用 Sigmoid 或是 Softmax 函数作为激活函数,进而采用均方误差(mean square error,MSE)或是 Softmax 损失作为目标函数,本研究将这两种关系网络分别称为"Relation Network"和"Relation Network-Softmax"。

8.2.2.2   三元组-中心损失

在少样本分类任务中,获得输入数据的高判别力特征表示对实现高性能识别至关重要。在上述基于度量的少样本分类方法中,通常先利用 CNN 来获得特征映射表示,再采用相似度量模块来衡量询问集样本与支撑集样本间的相似性,并通过优化 Softmax 损失 L_s 或均方误差(mean square error,MSE)损失 L_m 来实现网络模型的训练。但是,这种方式得到的特征表示实际上并不具有足够的判别力,因为它们只关注找到分离不同类别的决策边界,而不考虑特征映射表示的类内紧凑程度。正如图 8.12(a)所示,虽然两类样本可以由决策边界分离,但存在显著的类内变化。为了应对上述问题,学者们提出了许多深度度量学习算法。这里,首先介绍 2 种具有代表性的损失函数,即三元组损失和中心损失;之后,基于上述损失推导得到三元组-中心损失;最后,将三元组-中心损失与度量学习损失相结合,以期得到更具高判别力的特征表示,进而实现更为有效准确的少样本分类识别。

1. 三元组损失 L_{tp}

顾名思义,三元组损失是在训练样本的三元组 (x_a^i, x_+^i, x_-^i) 中计算得到的。其中,(x_+^i, x_a^i) 有相同的类别标签,而 (x_-^i, x_a^i) 有不同的类别标签,通常称 x_a^i 为三元组的"锚"。从直观角度看,三元组损失致力于找到这样一种特征嵌入空间——在

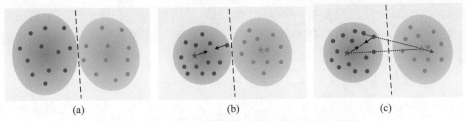

图 8.12　不同损失函数优化后的特征分布示意图

（a）Softmax 损失；（b）中心损失＋Softmax 损失；（c）三元组-中心损失＋Softmax 损失

该空间中,相同类别样本(x_+^i 与 x_a^i)间的距离至少比不同类别样本(x_-^i 与 x_a^i)间的距离小一定的阈值 m。具体来说,三元组损失可以计算如下:

$$L_{tp} = \sum_{i=1}^{N} \max(0, m + D(f_\phi(x_a^i), f_\phi(x_+^i)) - D(f_\phi(x_a^i), f_\phi(x_-^i)))$$

(8.22)

其中,$f_\phi(\cdot)$表示神经网络的特征嵌入输出,$D(\cdot)$是 2 个输入向量间的距离度量,N 是训练数据集中的三元组数目,i 表示第 i 个三元组。

当训练数据集规模变大时,三元组的数目呈三次方的趋势增长,使得实际训练时间也相应增加;而且,三元组损失的性能高度依赖于硬三元组(hard triplet)的挖掘,这通常也非常耗时;同时,如何定义好的硬三元组至今仍是开放性的研究问题。上述因素使得将三元组损失应用于实际训练存在一定挑战性。

2. 中心损失 L_c

在面部识别研究中,学者提出中心损失 L_c 来补偿 Softmax 损失,如图 8.12(b)所示,该损失通过学习得到各类特征表示的中心特征,并试图将同一类特征表示尽可能拉近到相应的中心特征。一般来说,中心损失可以表示如下:

$$L_c = \frac{1}{2}\sum_{i=1}^{N} D(f_\phi(x_i), c_{y_i}) = \frac{1}{2}\sum_{i=1}^{N} \| f_\phi(x_i) - c_{y_i} \|_2^2 \qquad (8.23)$$

其中,$c_{y_i} \in \mathbb{R}^d$ 是类 y_i 的 d 维中心特征,函数 $D(\cdot)$表示平方欧氏距离。

在训练过程中,中心损失促使同类实例样本尽可能靠近相应的可学习类别中心。但是,由于参数化中心的迭代更新只是基于小批量样本而不是整个数据集,中心更新过程并不稳定。因此,在少样本分类学习训练过程中,通常将中心损失 L_c 与 Softmax 损失 L_s 或 MSE 损失 L_m 联合在一起,联合损失的表达式为

$$L_{sc} = L_s + \lambda L_c = -\sum_{i=1}^{N}\log\frac{e^{s(x_i)}}{\sum_{j=1}^{n}e^{s(x_j)}} + \frac{\lambda}{2}\sum_{i=1}^{N}D(f_\phi(x_i), c_{y_i})$$

$$L_{mc} = L_m + \lambda L_c = \sum_{i=1}^{N}\sum_{j=1}^{M}(\text{Sigmoid}(s(x_i)) - \mathbf{1}[y_i == y_j]) + \frac{\lambda}{2}\sum_{i=1}^{N}D(f_\phi(x_i), c_{y_i})$$

(8.24)

其中,$s(\cdot)$表示度量模型输入的相似性分数,λ是权衡中心损失L_c和 Softmax 损失L_s、MSE 损失L_m的超参数;$1[\cdot]$在满足条件时输出为 1,不满足时输出为 0。

3. 三元组-中心损失 L_{tc}

虽然中心损失L_c与 Softmax 损失L_s的联合监督致力于最小化类内变化,并在面部识别研究中能够获得良好的表现,但是,正如图 8.12(c)所示,即使类内变化很小,类间特征簇仍可能很接近甚至重叠,这是由于它并没有明确地考虑类间特征的可分性。对于三元组损失而言,它可以直接用来完成最终任务的网络优化,但是会遇到三元组构建复杂性的问题。本研究受上述 2 种代表性损失的启发,推导得到三元组-中心损失并将其引入少样本学习训练过程,以期能够有效地学习高判别力特征。

设计三元组-中心损失L_{tc}的目的在于同时利用三元组损失L_{tp}和中心损失L_c的优势,即同时有效地将特征表示的类内距离最小化和类间距离最大化。假设情景元训练的数据集$L_c\{(x_i,y_i)\}_{i=1}^m$包含m个样本,其标签$y_i\in\{1,2,\cdots,|Y|\}$,正如 8.2.2.1 节所述,这些数据样本通过特征嵌入模块f_ϕ得到d维特征向量。在三元组-中心损失中,假设相同类别输入图像的特征共享同一个中心向量,可以得到中心向量集$C=\{c_1,c_2,\cdots,c_{|Y|}\}$。其中,$c_y\in\mathbb{R}^d$表示标签为$y$的数据样本的中心向量,$|Y|$是中心数目。与中心损失$L_c$类似,在每个情景迭代训练任务中,基于批量图像样本来更新参数化中心,三元组-中心损失L_{tc}的定义如下:

$$L_{tc}=\sum_{i=1}^{N}\max\left(0,m+D(f_\phi(x_i),c_{y_i})-\min_{j\neq y_i}D(f_\phi(x_i),c_j)\right) \quad (8.25)$$

其中,$D(\cdot)$表示平方欧氏距离函数。正如图 8.12(c)所示,三元组-中心损失L_{tc}使样本特征与它们相应中心向量的距离至少比这些样本与它们的最近负中心(其他类别$C/\{c_{y_i}\}$的中心)小阈值m。

为计算输入图像特征嵌入表示和相应中心的反向传播梯度,作如下符号规定:假设$q_i=\underset{j\neq y_i}{\arg\min}\,D(f_\phi(x_i),c_j)$是一个整数索引,它表明了第$i$个图像样本的最近负中心,$\widetilde{L}_i$表示第$i$个图像样本的三元组-中心损失,且计算方式如下:

$$\widetilde{L}_i=\max\left(0,m+D(f_\phi(x_i),c_{y_i})-\min_{j\neq y_i}D(f_\phi(x_i),c_j)\right) \quad (8.26)$$

式(8.25)中第i个图像样本的三元组-中心损失相对特征嵌入的导数$\partial L_{tc}/\partial f_\phi(x_i)$,以及相对第$j$个中心的导数$\partial L_{tc}/\partial c_j$可以计算如下:

$$\frac{\partial L_{tc}}{\partial f_\phi(x_i)}=\left(\frac{\partial D(f_\phi(x_i),c_{y_i})}{\partial f_\phi(x_i)}-\frac{\partial D(f_\phi(x_i),c_{q_i})}{\partial f_\phi(x_i)}\right)\cdot\mathbf{1}[\widetilde{L}_i>0]$$

$$=(c_{q_i}-c_{y_i})\cdot\mathbf{1}[\widetilde{L}_i>0] \quad (8.27)$$

$$\frac{\partial L_{tc}}{\partial c_j} = \frac{\sum_{i=1}^{N} (f_\phi(x_i) - c_j) \cdot \mathbf{1}[\widetilde{L}_i > 0] \cdot \mathbf{1}[y_i = j]}{1 + \sum_{i=1}^{N} \mathbf{1}[\widetilde{L}_i > 0] \cdot \mathbf{1}[y_i = j]} -$$

$$\frac{\sum_{i=1}^{N} (f_\phi(x_i) - c_j) \cdot \mathbf{1}[\widetilde{L}_i > 0] \cdot \mathbf{1}[q_i = j]}{1 + \sum_{i=1}^{N} \mathbf{1}[\widetilde{L}_i > 0] \cdot \mathbf{1}[q_i = j]} \tag{8.28}$$

其中,$\mathbf{1}[\cdot]$的含义与上述公式相同,当条件满足时输出为1,不满足时输出为0。

Softmax 损失 L_s 关注将样本映射到对应标签,而三元组-中心损失 L_{tc} 旨在直接应用度量学习至特征映射学习过程。与中心损失 L_c 不同,三元组-中心损失 L_{tc} 可以独立使用,但是,也可以联合 Softmax 损失 L_s、MSE 损失 L_m,来实现更具高判别力的特征映射,联合损失的计算公式如下:

$$L_{stc} = L_s + \lambda L_{tc}$$

$$= -\sum_{i=1}^{N} \log \frac{e^{s(x_i)}}{\sum_{j=1}^{n} e^{s(x_j)}} + \lambda \sum_{i=1}^{N} \max(0, m + D(f_\phi(x_i), c_{y_i}) - \min_{j \neq y_i} D(f_\phi(x_i), c_j))$$

$$L_{mtc} = L_m + \lambda L_{tc}$$

$$= \sum_{i=1}^{N} \sum_{j=1}^{M} (\text{Sigmoid}(s(x_i)) - \mathbf{1}[y_i == y_j]) +$$

$$\lambda \sum_{i=1}^{N} \max(0, m + D(f_\phi(x_i), c_{y_i}) - \min_{j \neq y_i} D(f_\phi(x_i), c_j)) \tag{8.29}$$

其中,λ 是权衡三元组-中心损失 L_{tc} 和 Softmax 损失 L_s、MSE 损失 L_m 的超参数,此处取值为1。

8.2.3 实验结果与对比分析

8.2.3.1 实验条件与配置

为探索基于度量的少样本分类模型对卫星目标 ISAR 像的识别性能,本节基于3种主流的基于度量的少样本学习方法,即匹配网络、原型网络和关系网络,在不同数据集划分、不同特征嵌入模块和不同损失函数条件下开展性能测试实验,得到相应的目标识别准确率。本节基于卫星目标 ISAR 像少样本数据集开展实验验证,并对实验结果进行对比分析。本实验中的 Python 程序采用基于 Torch-1.0.1 的深度学习框架,硬件配置为 Intel Core E5-2680 256G CPU 和 GTX 1080Ti GPU。

实验配置如表 8.6 所示,与少样本光学图像识别任务类似,在情景集、询问集样本准备方面,采用经典的 5-way 1-shot 和 5-way 5-shot 任务。其中,在 5-way 1-shot 分类任务中,5类卫星目标都各有 1 张支撑集图像。

有 15 张询问集 ISAR 像样本。也就是说,在每次情景迭代的训练、验证、测试过程中,各类卫星目标均有 15 张询问集 ISAR 像参与其中,即该任务中的每个情景共有 $5\times15+5\times1=80$ 张 ISAR 像样本,询问集 ISAR 像样本数目的增加是为了使每次的迭代情景任务计算得到的损失函数和识别准确率更加准确,这有利于少样本分类模型的训练、验证与测试;在 5-way 5-shot 分类任务中,5 类卫星目标都各有 5 张支撑集 ISAR 像样本和 10 张询问集 ISAR 像样本,即该任务中每个情景共有 $5\times10+5\times5=75$ 张 ISAR 像样本。

所有少样本分类模型的训练过程均采用情景元训练机制,共有 40000 个情景任务,且每个情景任务都需要构建相应的支撑集和询问集。在训练过程中,采用初始学习率为 0.001 的 Adam 优化算法对相应损失进行优化,且每经过 8000 个情景任务训练后学习率降低为原来的一半。在测试过程中,从卫星目标 ISAR 像少样本测试数据集中,随机构建 1000 个情景任务进行识别测试,并计算它们的平均识别准确率,及其对应的 95% 置信空间,即 $\mathrm{Mean}\pm1.96\times\mathrm{Std}/\sqrt{1000}$,其中 Mean 和 Std 分别表示 1000 次识别结果的平均准确率和标准差,进而获得少样本分类模型对新类别卫星目标 ISAR 像的识别准确率。

表 8.6　卫星目标 ISAR 像少样本识别实验配置

实验配置			
	匹配网络	原型网络	关系网络
输入 ISAR 像尺寸	$1\times120\times120$		
特征嵌入模块 f_ϕ	Conv4/ResNet18/ResNet34		
特征映射尺寸	$64\times7\times7/512\times4\times4/512\times4\times4$		
相似度量模块	匹配模块	原型模块	关系模块
优化器	Adam 优化算法(初始学习率为 0.001)		
原始损失函数	NLL 损失	交叉熵损失	MSE 损失/交叉熵损失
附加损失函数	无/三元组损失/中心损失/三元组-中心损失		
训练情景数量	40000		
测试情景数量	1000		
批处理尺寸	16		

8.2.3.2　识别结果与对比分析

在前文的实验条件与配置基础上,本节将充分开展 ISAR 像卫星目标少样本识别实验,得到在不同分类任务(5-way 1-shot/5-way 5-shot)的情况下,不同网络模型(包括特征嵌入模块和相似性度量模块)在不同数据集划分情况和损失函数下对卫星目标 ISAR 像的识别性能,并对实验结果进行对比分析。在实验过程中,首先根据数据集划分情况和分类任务,对 24 类卫星目标的 ISAR 像数据进行划分,并为每个情景元训练、验证和测试任务准备好相应的支撑集样本和询问集样本,在确定好相应的特征嵌入模块、相似性度量模块和损失函数后,以各个情景元训练任务的支撑集、询问集样本作为输入,对少样本网络模型进行学习训练,即利用

Adam算法优化降低相应的损失函数,使得网络模型能较好地识别训练样本。同时,每间隔一定数量的情景元训练任务,以验证数据集的支撑集、询问集样本作为输入;检验训练模型在验证数据集上的泛化识别性能,以确定验证数据集的最佳泛化识别性能模型,为后续测试数据集的最佳少样本分类模型选择提供依据。

在完成少样本网络模型训练后,选择在验证数据集上获得最佳识别性能的模型,并利用该模型对测试数据集进行泛化识别,得到多个情景元测试任务的识别准确率后,计算平均识别准确率和置信度。本研究的所有网络模型都在不同条件下开展了3次实验,并选取其中最佳的识别结果作为其最终识别结果,表8.7和表8.8分别给出了在两种不同分类任务中,不同的少样本分类模型(特征嵌入模块和相似性度量模块)在不同的数据划分情况和损失函数下的识别精度。图8.13是其中两种条件下的少样本识别混淆矩阵,且都给出了不同损失函数下的识别情况;需要说明的是,由于每个情景元测试任务的询问集ISAR像样本数量较少,单独一次测试任务的混淆矩阵并不具备代表性,很可能出现识别准确率与平均识别准确率相比过高或过低的情况,因此,为了更加准确地表现网络模型对目标测试ISAR像样本的识别性能,本研究汇总了所有1000个元测试任务的询问集ISAR像样本的正确标签和预测标签,并以识别百分比的方式展现所有询问集ISAR像样本的混淆矩阵。此外,为了更加直观地对比分析不同网络模型在不同条件下的实验结果,图8.14显示了在以ResNet18作为特征嵌入模块的情况下,不同网络模型的识别性能对比结果。

表 8.7 不同条件下的少样本分类模型识别精度(5-way 1-shot)

模型	原始分类损失	特征嵌入模块	附加损失	5-way 1-shot 识别精度/%			
				条件 1	条件 2	条件 3	条件 4
原型网络	Softmax	Conv4	/	61.45±0.52	58.47±0.58	67.43±0.53	48.09±0.57
			三元组损失	61.63±0.60	59.61±0.55	67.35±0.57	49.63±0.55
			中心损失	62.30±0.52	61.80±0.53	68.46±0.56	51.66±0.51
			三元组-中心损失	63.56±0.56	62.51±0.57	69.22±0.58	53.05±0.60
		ResNet18	/	68.68±0.58	58.12±0.53	70.10±0.53	49.60±0.57
			三元组损失	69.04±0.56	58.15±0.55	69.54±0.56	49.61±0.61
			中心损失	69.66±0.53	59.11±0.63	70.34±0.55	49.78±0.55
			三元组-中心损失	70.04±0.63	60.02±0.57	71.12±0.56	51.44±0.57
		ResNet34	/	63.68±0.62	57.50±0.56	69.97±0.53	53.04±0.63
			三元组损失	63.56±0.51	57.87±0.54	70.23±0.52	53.08±0.56
			中心损失	63.78±0.54	58.56±0.62	70.99±0.58	54.02±0.61
			三元组-中心损失	65.45±0.61	59.44±0.57	71.45±0.61	53.78±0.54

续表

模型	原始分类损失	特征嵌入模块	附加损失	5-way 1-shot 识别精度/%			
				条件 1	条件 2	条件 3	条件 4
匹配网络	Softmax	Conv4	/	63.56±0.56	61.83±0.56	69.89±0.50	50.69±0.57
			三元组损失	63.73±0.53	61.89±0.49	70.11±0.49	51.42±0.53
			中心损失	64.43±0.57	62.34±0.53	70.87±0.56	51.97±0.54
			三元组-中心损失	65.45±0.59	62.11±0.60	71.35±0.60	51.88±0.59
		ResNet18	/	69.73±0.62	60.93±0.59	67.82±0.55	46.60±0.60
			三元组损失	69.83±0.58	61.44±0.57	68.11±0.54	48.12±0.56
			中心损失	70.44±0.53	61.93±0.54	68.75±0.60	50.67±0.62
			三元组-中心损失	71.59±0.56	62.47±0.61	69.46±0.62	51.79±0.58
		ResNet34	/	63.03±0.65	61.71±0.56	71.42±0.53	51.60±0.63
			三元组损失	63.72±0.62	62.03±0.57	71.23±0.56	51.46±0.56
			中心损失	63.81±0.57	62.47±0.63	71.96±0.62	51.95±0.61
			三元组-中心损失	65.85±0.54	63.84±0.56	71.55±0.56	51.64±0.55
关系网络	MSE	Conv4	/	57.84±0.60	59.78±0.57	70.25±0.53	51.77±0.60
			三元组损失	58.52±0.62	60.27±0.59	70.11±0.61	51.97±0.53
			中心损失	58.88±0.58	60.69±0.66	70.97±0.57	52.62±0.59
			三元组-中心损失	59.81±0.57	62.51±0.58	70.31±0.63	53.73±0.64
		ResNet18	/	58.18±0.64	60.04±0.61	65.66±0.57	53.80±0.63
			三元组损失	58.01±0.56	59.53±0.56	65.62±0.56	53.56±0.58
			中心损失	58.84±0.61	60.58±0.61	65.98±0.64	54.85±0.54
			三元组-中心损失	60.63±0.59	61.97±0.65	66.85±0.62	54.26±0.58
		ResNet34	/	59.22±0.63	61.48±0.57	65.57±0.58	53.39±0.67
			三元组损失	60.42±0.64	62.03±0.61	66.32±0.56	53.21±0.62
			中心损失	60.87±0.57	62.00±0.57	67.42±0.62	53.63±0.58
			三元组-中心损失	60.54±0.52	61.74±0.58	66.89±0.61	54.81±0.56
	Softmax	Conv4	/	60.50±0.60	59.61±0.55	69.71±0.55	51.44±0.60
			三元组损失	60.71±0.56	60.42±0.62	70.47±0.58	51.21±0.57
			中心损失	61.24±0.62	60.96±0.54	71.26±0.61	52.57±0.57
			三元组-中心损失	62.36±0.58	61.85±0.58	70.46±0.56	53.55±0.56
		ResNet18	/	63.56±0.65	61.67±0.58	70.58±0.59	52.00±0.64
			三元组损失	64.15±0.58	61.78±0.54	70.76±0.57	52.75±0.59
			中心损失	64.57±0.57	62.01±0.61	70.54±0.58	52.63±0.54
			三元组-中心损失	64.10±0.61	62.75±0.54	71.86±0.68	53.73±0.63

续表

模型	原始分类损失	特征嵌入模块	附加损失	5-way 1-shot 识别精度/%			
				条件 1	条件 2	条件 3	条件 4
关系网络	Softmax	ResNet34	/	61.21±0.66	61.24±0.58	68.15±0.52	49.32±0.60
			三元组损失	61.73±0.58	61.46±0.65	68.65±0.54	49.86±0.61
			中心损失	61.99±0.59	62.04±0.56	69.76±0.65	50.75±0.58
			三元组-中心损失	63.86±0.56	62.63±0.61	70.75±0.61	51.66±0.54

表 8.8 不同条件下的少样本分类模型识别精度(5-way 5-shot)

模型	原始分类损失	特征嵌入模块	附加损失	5-way 5-shot 识别精度/%			
				条件 1	条件 2	条件 3	条件 4
原型网络	Softmax	Conv4	/	84.39±0.33	76.26±0.41	80.53±0.37	67.65±0.38
			三元组损失	85.41±0.35	77.46±0.33	84.61±0.39	67.86±0.42
			中心损失	86.39±0.41	77.53±0.42	85.88±0.42	67.97±0.37
			三元组-中心损失	88.34±0.32	79.23±0.31	86.96±0.38	69.92±0.41
		ResNet18	/	86.18±0.30	73.87±0.40	81.42±0.32	66.00±0.43
			三元组损失	86.11±0.39	73.97±0.37	81.75±0.44	66.48±0.41
			中心损失	88.54±0.35	75.94±0.43	82.54±0.43	67.76±0.33
			三元组-中心损失	88.44±0.32	78.75±0.34	84.64±0.31	68.41±0.35
		ResNet34	/	85.77±0.32	74.08±0.37	80.97±0.33	66.16±0.42
			三元组损失	86.13±0.41	74.42±0.36	81.77±0.34	66.43±0.35
			中心损失	86.54±0.32	75.22±0.35	83.97±0.32	68.65±0.37
			三元组-中心损失	88.31±0.37	78.97±0.41	85.11±0.42	68.41±0.42

续表

模型	原始分类损失	特征嵌入模块	附加损失	5-way 5-shot 识别精度/%			
				条件 1	条件 2	条件 3	条件 4
匹配网络	Softmax	Conv4	/	80.02±0.37	68.32±0.44	79.33±0.36	61.03±0.44
			三元组损失	80.24±0.34	69.43±0.43	80.42±0.43	63.06±0.41
			中心损失	82.69±0.45	70.55±0.41	81.33±0.41	64.72±0.34
			三元组-中心损失	83.75±0.43	72.56±0.35	83.96±0.47	65.87±0.42
		ResNet18	/	78.53±0.43	72.38±0.42	82.11±0.35	67.89±0.43
			三元组损失	79.74±0.35	73.15±0.35	83.44±0.42	68.97±0.44
			中心损失	80.97±0.43	75.47±0.38	84.73±0.44	69.44±0.34
			三元组-中心损失	83.32±0.44	76.58±0.42	84.52±0.36	69.24±0.43
		ResNet34	/	78.20±0.41	70.88±0.46	79.56±0.41	65.06±0.43
			三元组损失	79.46±0.34	74.35±0.34	81.65±0.43	67.54±0.35
			中心损失	82.56±0.44	75.66±0.35	83.58±0.41	68.32±0.44
			三元组-中心损失	83.26±0.35	75.54±0.43	84.42±0.34	69.74±0.43
关系网络	MSE	Conv4	/	72.67±0.42	66.53±0.48	77.24±0.39	63.06±0.42
			三元组损失	75.28±0.35	68.56±0.34	79.53±0.43	64.86±0.35
			中心损失	77.75±0.43	69.86±0.43	80.45±0.31	66.63±0.41
			三元组-中心损失	79.95±0.38	71.41±0.35	81.48±0.36	67.43±0.31
		ResNet18	/	69.98±0.52	69.43±0.47	81.24±0.37	59.02±0.44
			三元组损失	71.48±0.51	71.75±0.43	83.63±0.43	63.21±0.34
			中心损失	73.21±0.35	74.37±0.31	84.33±0.33	65.47±0.43
			三元组-中心损失	75.37±0.43	75.65±0.43	85.74±0.45	65.21±0.36

续表

模型	原始分类损失	特征嵌入模块	附加损失	5-way 5-shot 识别精度/%			
				条件1	条件2	条件3	条件4
关系网络	MSE	ResNet34	/	69.86±0.51	69.93±0.47	77.06±0.48	62.20±0.43
			三元组损失	72.43±0.45	73.23±0.36	79.41±0.35	63.38±0.43
			中心损失	74.38±0.41	74.55±0.46	81.11±0.39	64.53±0.35
			三元组-中心损失	75.66±0.53	75.77±0.35	82.47±0.43	66.87±0.46
	Softmax	Conv4	/	75.71±0.39	69.85±0.43	81.30±0.36	61.25±0.42
			三元组损失	78.95±0.33	72.43±0.34	84.22±0.45	63.44±0.43
			中心损失	79.98±0.34	73.55±0.36	85.32±0.41	64.04±0.46
			三元组-中心损失	79.86±0.53	74.88±0.45	85.11±0.31	65.11±0.37
		ResNet18	/	75.25±0.41	71.58±0.47	84.80±0.34	66.41±0.44
			三元组损失	78.22±0.43	72.99±0.43	85.55±0.34	68.49±0.35
			中心损失	79.66±0.45	73.22±0.33	85.43±0.37	69.57±0.35
			三元组-中心损失	81.44±0.37	75.66±0.45	85.44±0.45	69.43±0.38
		ResNet34	/	75.73±0.49	69.41±0.53	78.40±0.42	64.74±0.42
			三元组损失	79.55±0.36	73.11±0.52	80.79±0.50	66.32±0.34
			中心损失	81.47±0.46	75.97±0.35	81.38±0.46	67.48±0.36
			三元组-中心损失	82.69±0.35	75.47±0.45	84.78±0.36	69.84±0.37

No.0: Glory　No.1: Meteor　No.2: OCO-2
No.3: COROT　No.4: Jason-3　No.5: RISAT-1

真实标签 / 预测标签

	No.0	No.1	No.2	No.3	No.4	No.5
No.0	0.45	0.18	0.15	0.08	0.02	0.12
No.1	0.14	0.39	0.24	0.12	0.02	0.10
No.2	0.10	0.18	0.52	0.15	0.02	0.02
No.3	0.07	0.17	0.35	0.30	0.08	0.03
No.4	0.06	0.09	0.14	0.19	0.46	0.07
No.5	0.09	0.12	0.04	0.03	0.03	0.69

(a)

No.0: Meteor　No.1: Jason-3　No.2: Glory
No.3: COROT　No.4: RISAT-1　No.5: OCO-2

	No.0	No.1	No.2	No.3	No.4	No.5
No.0	0.48	0.05	0.11	0.08	0.15	0.14
No.1	0.08	0.50	0.05	0.23	0.01	0.12
No.2	0.14	0.05	0.55	0.06	0.11	0.10
No.3	0.10	0.24	0.06	0.38	0.02	0.19
No.4	0.23	0.02	0.15	0.02	0.50	0.08
No.5	0.15	0.10	0.08	0.14	0.06	0.48

(b)

No.0: Glory　No.1: Jason-3　No.2: COROT
No.3: RISAT-1　No.4: OCO-2　No.5: Meteor

	No.0	No.1	No.2	No.3	No.4	No.5
No.0	0.59	0.01	0.03	0.16	0.08	0.13
No.1	0.03	0.53	0.25	0.02	0.09	0.08
No.2	0.04	0.20	0.41	0.02	0.22	0.11
No.3	0.17	0.02	0.03	0.59	0.04	0.15
No.4	0.09	0.07	0.19	0.03	0.45	0.17
No.5	0.11	0.04	0.08	0.15	0.14	0.48

(c)

No.0: Meteor　No.1: COROT　No.2: Jason-3
No.3: OCO-2　No.4: RISAT-1　No.5: Glory

	No.0	No.1	No.2	No.3	No.4	No.5
No.0	0.43	0.07	0.03	0.16	0.17	0.15
No.1	0.08	0.52	0.16	0.21	0.01	0.02
No.2	0.04	0.23	0.58	0.11	0.02	0.01
No.3	0.17	0.21	0.09	0.40	0.04	0.09
No.4	0.19	0.01	0.02	0.04	0.59	0.15
No.5	0.15	0.02	0.01	0.09	0.14	0.59

(d)

No.0: Jason-3　No.1: GOSAT2　No.2: Landsat-7
No.3: G-1　No.4: Glory　No.5: ALOS-2

	No.0	No.1	No.2	No.3	No.4	No.5
No.0	0.88	0.00	0.01	0.08	0.00	0.03
No.1	0.00	0.79	0.18	0.00	0.02	0.01
No.2	0.05	0.25	0.62	0.00	0.07	0.01
No.3	0.03	0.00	0.00	0.96	0.00	0.00
No.4	0.00	0.01	0.03	0.00	0.77	0.19
No.5	0.03	0.01	0.03	0.01	0.24	0.68

(e)

No.0: Glory　No.1: Landsat-7　No.2: G-1
No.3: GOSAT2　No.4: Jason-3　No.5: ALOS-2

	No.0	No.1	No.2	No.3	No.4	No.5
No.0	0.80	0.03	0.00	0.02	0.00	0.14
No.1	0.05	0.78	0.00	0.15	0.02	0.01
No.2	0.01	0.01	0.87	0.00	0.09	0.02
No.3	0.00	0.08	0.00	0.89	0.02	0.00
No.4	0.00	0.04	0.08	0.00	0.82	0.05
No.5	0.21	0.02	0.00	0.00	0.07	0.69

(f)

图 8.13　2 种条件下的少样本识别混淆矩阵

5-way 1-shot 分类任务中,以 ResNet18 作为特征嵌入模块,在条件 4 数据划分情况下,匹配网络的识别混淆矩阵:(a) Softmax;(b) Triplet+Softmax;(c) Center+Softmax;(d) Triplet-Center+Softmax;
5-way 5-shot 分类任务中,以 ResNet34 作为特征嵌入模块,在条件 3 数据划分情况下,关系网络的识别混淆矩阵:(e) Softmax;(f) Triplet+Softmax;(g) Center+Softmax;(h) Triplet-Center+Softmax

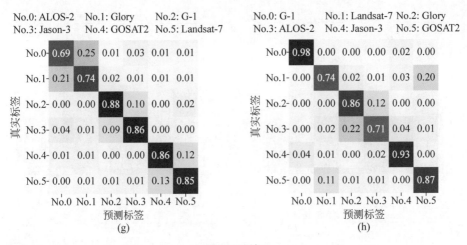

No.0: ALOS-2　No.1: Glory　No.2: G-1
No.3: Jason-3　No.4: GOSAT2　No.5: Landsat-7

No.0: G-1　No.1: Landsat-7　No.2: Glory
No.3: ALOS-2　No.4: Jason-3　No.5: GOSAT2

图 8.13（续）

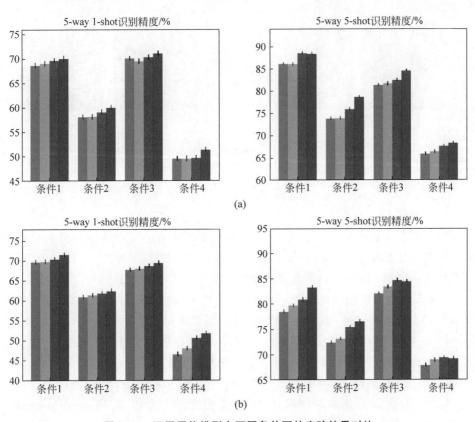

图 8.14　不同网络模型在不同条件下的实验结果对比

（a）原型网络；（b）匹配网络；（c）关系网络；（d）关系网络-Softmax

以 ResNet18 作为特征嵌入模块，在不同数据划分和损失函数下的实验结果对比

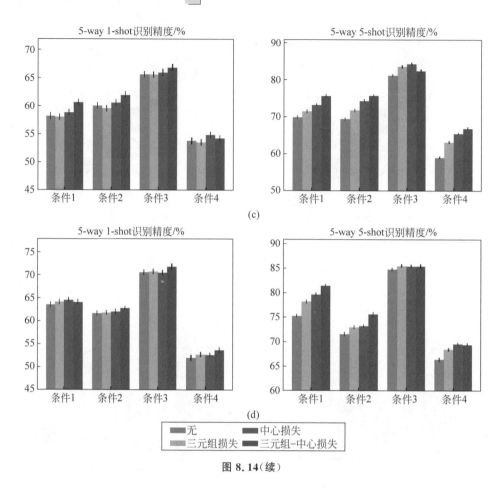

图 8.14(续)

基于上述识别结果进行对比分析,可以得出以下结论。

(1) 在其他条件相同的情况下,少样本网络模型在 5-way 5-shot 分类任务下的识别精度普遍高于 5-way 1-shot,而置信空间(标准差)小于 5-way 1-shot,说明卫星目标支撑集 ISAR 像样本数量的增加有利于提升少样本分类的识别性能。

(2) 在其他条件相同的情况下,卫星目标 ISAR 像的数据集划分对本研究的少样本识别性能影响较大,这是由于待识别的 24 类卫星目标大致有 4 种结构外形,它们的 ISAR 像样本有较强的相似性,而同一卫星目标的 ISAR 像又差异较大(可认为是细粒度少样本目标识别)。因此,当测试数据集的卫星目标具有相似结构外形时(如条件 4),少样本识别模型的识别精度有所降低;

(3) 在其他条件相同的情况下,采用不同特征嵌入模块(Conv4/ResNet18/ResNet34)的少样本分类模型的识别性能差别不大,网络层数较少的 Conv4 和层数较多的 ResNet34 在提取 ISAR 像特征方面的作用基本相同,说明特征嵌入模块对本研究的少样本识别性能影响较小;

(4) 对于本研究采用的基于度量的少样本分类识别方法,在模型情景元训练过程中引入额外的损失（如三元组-中心损失）能够提升卫星目标 ISAR 像的少样本识别精度，这也在一定程度上说明，在模型训练过程中，额外损失的引入的确能够使模型提取的特征具有可分性和判别力。

8.2.3.3　可视化与讨论

为进一步说明本研究提出的少样本分类特征表示学习方法的优势，此处对少样本分类模型提取的特征进行可视化，以展示它们的可分性和判别力。图 8.15 显示了在两种不同的条件下，在优化不同的损失函数后，少样本分类模型提取的 5 类卫星目标 ISAR 像测试样本的特征降维可视化情况，由于在每个情景元测试任务中只有不到 100 张 ISAR 像样本参与识别测试，因此，与数据样本规模较大的深度学习方法相比，少样本学习的特征降维图中的特征点少了很多。由图 8.15 可以得出以下结论。

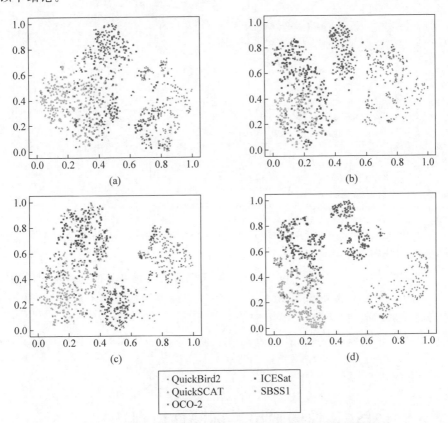

图 8.15　两种条件下不同损失优化训练得到的特征降维分布

5-way 1-shot 分类任务中，以 Conv4 作为特征嵌入模块，在条件 2 数据划分情况下，原型网络在不同损失下提取特征分布情况：(a) Softmax；(b) Triplet＋Softmax；(c) Center＋Softmax；(d) Triplet-Center＋Softmax；

5-way 5-shot 分类任务中，以 Conv4 作为特征嵌入模块，在条件 1 数据划分情况下，关系网络在不同损失下提取特征分布情况：(e) Softmax；(f) Triplet＋Softmax；(g) Center＋Softmax；(h) Triplet-Center＋Softmax

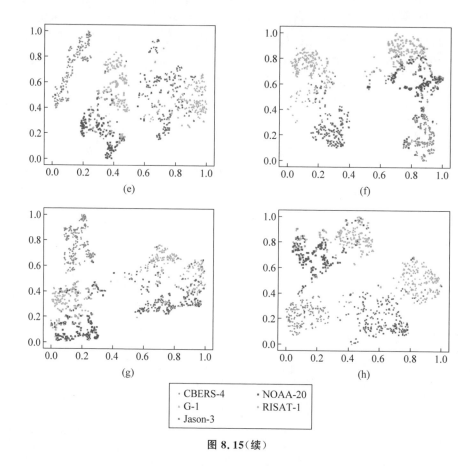

· CBERS-4   · NOAA-20
· G-1   · RISAT-1
· Jason-3

图 8.15（续）

（1）在 5-way 5-shot 分类任务下，少样本分类模型特征嵌入模块提取的 ISAR 像样本特征分布优于对应的 5-way 1-shot 分类任务的特征分布，说明支撑集 ISAR 像样本数量的增加，确实有利于特征嵌入模块提取出具有可分性和判别力的特征；

（2）在其他条件相同的情况下，引入额外的损失函数有利于提取具有可分性和判别力的特征，尤其是三元组-中心损失的引入，使得提取的同类卫星目标 ISAR 像样本特征更加聚集，而不同类别卫星目标 ISAR 像的样本特征的可区分性更强。

8.3 基于 ISAR 像的卫星目标部件识别

正如前文所述，利用二维高分辨率 ISAR 像不仅可以识别卫星目标类别型号，还能够识别卫星目标部件。因此，本节重点研究 ISAR 像卫星目标部件识别的技术。首先，在考虑采用监督学习方法时，ISAR 像目标部件识别研究需要以部件标注的 ISAR 像作为其实验数据支撑；而且，当采用深度学习方法时，更是需要大量的部件标注 ISAR 像样本用于网络训练。因此,在开展 ISAR 像卫星目标部件识别研究之前,必须考虑设计合适的标注方法来获得准确的部件标注 ISAR 像数据。其次,与光学图像相比,ISAR 像有独特的数据特性,这使得 ISAR 像部件识别研究存在不少难点;同时,作为雷达自动目标识别中的一项较为前沿的研究课题(目前未见相关研究文献),如果仅简单地将当前光学图像的有关方法(如语义分割方法)直接移植到 ISAR 像部件识别的研究中,识别效果很可能不尽如人意,需要设计适合 ISAR 像目标部件识别的新方法。

针对上述问题和难点,本节首先采用设计的标注方法来实现卫星目标 ISAR 像部件的自动标注,为卫星目标仿真生成大量的部件标注 ISAR 像样本,进而构成相应的部件标注 ISAR 像数据集,为后续 ISAR 像卫星目标部件识别研究奠定数据基础。此外,以 ISAR 像数据特性为理论指导,详细分析了卫星目标 ISAR 像部件识别的难点,以指导上述卫星目标部件标注 ISAR 像数据集的构建。最后,基于 ISAR 像数据特性和部件识别难点,本研究提出一种基于语义分割和掩模匹配的 ISAR 像部件识别新方法,用于实现卫星目标 ISAR 像的部件识别,并进行实验验证和结果对比分析。

8.3.1 ISAR 像部件标注数据准备

ISAR 像部件识别研究的开展,需要部件标注 ISAR 像样本作为数据支撑,尤其是在采用监督学习方法时。为此,本节将重点介绍本研究的部件标注 ISAR 像数据准备工作。首先,对设计的卫星目标 ISAR 像部件自动标注方法进行详细说明,并仿真生成准确的卫星目标部件标注 ISAR 像样本。然后,详细分析 ISAR 像部件识别研究的难点,作为卫星目标部件标注 ISAR 像数据集准备的指导理论。最后,选择合适的卫星目标,并为其仿真生成的相应部件标注 ISAR 像样本,构成部件标注 ISAR 像的数据集。

8.3.1.1 ISAR 像部件自动标注技术

在卫星目标 ISAR 数据仿真生成的基础上,本节将进一步详细介绍本研究设计的 ISAR 像部件自动标注技术。卫星目标的可靠实用 ISAR 像的仿真生成依赖于提供卫星目标和宽带 ISAR 的准确信息,包括利用 3DMAX 三维模型制作软件和 3ds 三维模型解析软件产生卫星目标的三维模型和面元信息,采用系统工具箱(STK)软件产生 ISAR、地球和卫星之间可观测弧段的相关参数等。基于上述准确可靠的信息,采用基于 MATLAB 的雷达数据处理与成像应用软件仿真生成卫星目标的雷达回波,进而形成相应的 HRRP 和 ISAR 像。在上述 ISAR 数据的仿真生成过程中,并未对卫星目标各部件的面元有所区分,因此,获得的 ISAR 像也难以表现且标注卫星目标的各个部件。

通常,在不考虑 ISAR 像部件识别的情况下(如 ISAR 像目标辨识),利用上述方法得到的 ISAR 像可以满足 ISAR 目标辨识需求。但是,当需要进一步识别目标部件时,仅仅依靠未标注部件的 ISAR 像可能难以实现部件级别的识别,只能考虑采用弱监督学习或是无监督学习方式,大大增加了识别难度;此外,手动标注大量的 ISAR 像部件费时费力,且由于 ISAR 像存在复杂的数据特性,标注的准确度难以保证,尤其是对于那些部件类别数目多且分布复杂的目标。因此,在具备卫星目标足够信息的条件下,本研究将采用设计的自动标注技术来实现卫星目标 ISAR 像的部件标注。图 8.16 是 ISAR 像卫星目标部件自动标注的流程图,其详细步骤如下。

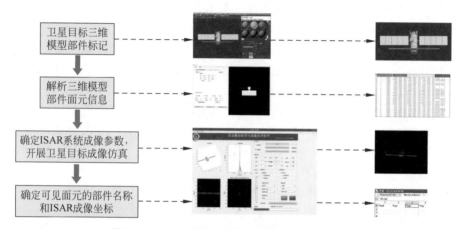

图 8.16　ISAR 像卫星目标部件自动标注流程图

步骤 1　卫星目标三维模型部件标记。本节采用 3DMAX 软件绘制卫星目标的可靠三维模型,在此基础上,进一步利用该软件对卫星目标各个部件的面元进行标注,并将标注好的三维模型文件(.max 格式)转换输出成.3ds 格式。图 8.17 显示了 2 颗卫星三维模型的部件标注情况,表 8.9 是本研究采用的卫星部件名称标注规范。

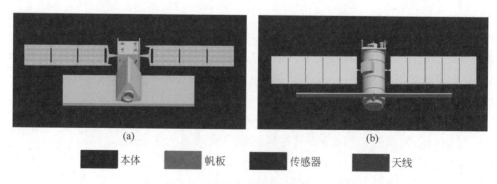

图 8.17　2 颗卫星三维模型的部件标注情况
3DMAX 软件中的模型颜色显示受灯光照明影响,和图例颜色略有不同
(a) RISAT-1;(b) Meteor-M-1

表 8.9 卫星部件名称标注规范

部件中文名称	英文全称	英文缩写
太阳能帆板	Solar Panel	Sop
本体	Body	Bod
天线	Antenna	Ant
对接机构	Docking Mechanism	Dom
望远镜	Telescope Lens	Tel
喷管	Nozzle	Noz
载荷	Payload	Pay
传感器	Sensor	Sen
资源舱	Resource Module	Rem
实验舱	Test Module	Tem

步骤 2 解析三维模型各部件面元信息。采用基于 OpenGL 的 3ds 三维模型面元解析软件，对步骤 1 获得的部件标注三维模型进行面元解析，解析的文件信息不仅包含各个面元在卫星本体坐标系下的位置坐标和法向量矢量，还有各个面元所属的部件名称。图 8.18 显示了 RISAT-1 卫星的面元解析文件。

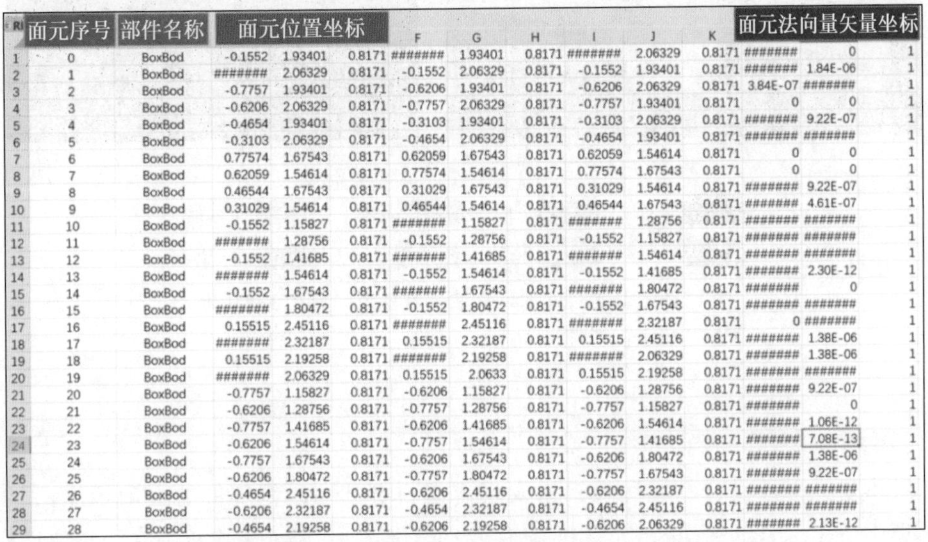

Rl	面元序号	部件名称	面元位置坐标			F	G	H	I	J	K	面元法向量矢量坐标		
1	0	BoxBod	-0.1552	1.93401	0.8171	#######	1.93401	0.8171	#######	2.06329	0.8171	#######	0	1
2	1	BoxBod	#######	2.06329	0.8171	-0.1552	2.06329	0.8171	-0.1552	1.93401	0.8171	#######	1.84E-06	1
3	2	BoxBod	-0.7757	1.93401	0.8171	-0.6206	1.93401	0.8171	-0.6206	2.06329	0.8171	3.84E-07	#######	1
4	3	BoxBod	-0.6206	2.06329	0.8171	-0.7757	2.06329	0.8171	-0.7757	1.93401	0.8171	0	0	1
5	4	BoxBod	-0.4654	1.93401	0.8171	-0.3103	1.93401	0.8171	-0.3103	2.06329	0.8171	#######	9.22E-07	1
6	5	BoxBod	-0.3103	2.06329	0.8171	-0.4654	2.06329	0.8171	-0.4654	1.93401	0.8171	#######	#######	1
7	6	BoxBod	0.77574	1.67543	0.8171	0.62059	1.67543	0.8171	0.62059	1.54614	0.8171	0	0	1
8	7	BoxBod	0.62059	1.54614	0.8171	0.77574	1.54614	0.8171	0.77574	1.67543	0.8171	0	0	1
9	8	BoxBod	0.46544	1.67543	0.8171	0.31029	1.67543	0.8171	0.31029	1.54614	0.8171	#######	9.22E-07	1
10	9	BoxBod	0.31029	1.54614	0.8171	0.46544	1.54614	0.8171	0.46544	1.67543	0.8171	#######	4.61E-07	1
11	10	BoxBod	-0.1552	1.15827	0.8171	#######	1.15827	0.8171	#######	1.28756	0.8171	#######	#######	1
12	11	BoxBod	#######	1.28756	0.8171	-0.1552	1.28756	0.8171	-0.1552	1.15827	0.8171	#######	#######	1
13	12	BoxBod	-0.1552	1.41685	0.8171	#######	1.41685	0.8171	#######	1.54614	0.8171	#######	#######	1
14	13	BoxBod	#######	1.54614	0.8171	-0.1552	1.54614	0.8171	-0.1552	1.41685	0.8171	#######	2.30E-12	1
15	14	BoxBod	-0.1552	1.67543	0.8171	#######	1.67543	0.8171	#######	1.80472	0.8171	#######	0	1
16	15	BoxBod	#######	1.80472	0.8171	-0.1552	1.80472	0.8171	-0.1552	1.67543	0.8171	#######	#######	1
17	16	BoxBod	0.15515	2.45116	0.8171	#######	2.45116	0.8171	#######	2.32187	0.8171	0	#######	1
18	17	BoxBod	#######	2.32187	0.8171	0.15515	2.32187	0.8171	0.15515	2.45116	0.8171	#######	1.38E-06	1
19	18	BoxBod	0.15515	2.19258	0.8171	#######	2.19258	0.8171	#######	2.06329	0.8171	#######	1.38E-06	1
20	19	BoxBod	#######	2.06329	0.8171	0.15515	2.0633	0.8171	0.15515	2.19258	0.8171	#######	#######	1
21	20	BoxBod	-0.7757	1.15827	0.8171	-0.6206	1.15827	0.8171	-0.6206	1.28756	0.8171	#######	9.22E-07	1
22	21	BoxBod	-0.6206	1.28756	0.8171	-0.7757	1.28756	0.8171	-0.7757	1.15827	0.8171	#######	0	1
23	22	BoxBod	-0.7757	1.41685	0.8171	-0.6206	1.41685	0.8171	-0.6206	1.54614	0.8171	#######	1.06E-12	1
24	23	BoxBod	-0.6206	1.54614	0.8171	-0.7757	1.54614	0.8171	-0.7757	1.41685	0.8171	#######	7.08E-13	1
25	24	BoxBod	-0.7757	1.67543	0.8171	-0.6206	1.67543	0.8171	-0.6206	1.80472	0.8171	#######	1.38E-06	1
26	25	BoxBod	-0.6206	1.80472	0.8171	-0.7757	1.80472	0.8171	-0.7757	1.67543	0.8171	#######	9.22E-07	1
27	26	BoxBod	-0.4654	2.45116	0.8171	-0.6206	2.45116	0.8171	-0.6206	2.32187	0.8171	#######	#######	1
28	27	BoxBod	-0.6206	2.32187	0.8171	-0.4654	2.32187	0.8171	-0.4654	2.45116	0.8171	#######	#######	1
29	28	BoxBod	-0.4654	2.19258	0.8171	-0.6206	2.19258	0.8171	-0.6206	2.06329	0.8171	#######	2.13E-12	1

图 8.18 RISAT-1 卫星目标的面元解析文件

步骤 3 确定 ISAR 系统的成像参数，开展卫星目标 ISAR 成像仿真。与 7.2.2.1 节类似，基于步骤 2 获得的卫星目标面元信息，以及 STK 软件仿真得到的卫星目标可观测弧段信息，采用基于 MATLAB 的雷达数据处理与成像应用软件对卫星目标进行 ISAR 成像，包括明确 ISAR 系统成像参数，根据成像时间(角度)将可观测弧段划分为多个成像子孔径，计算可见面元及其散射系数，以及生成 ISAR 宽带信号和卫星目标回波，并利用回波信息进行距离-多普勒成像。

步骤 4　确定可见面元的部件名称和 ISAR 成像坐标。在步骤 2 和步骤 3 的基础上,可以确定卫星目标三维模型可见面元的部件名称;同时,根据各个面元在径向、方位向上与目标成像中心间的距离,以及 ISAR 成像的距离单元长度和多普勒分辨率,能够获得各个面元在 ISAR 像中的坐标,进而得到目标各个部件在 ISAR 像中的像素分布情况,实现卫星目标 ISAR 像部件的自动标注。图 8.19 给出了部分卫星部件标注的三维模型和典型 ISAR 像。

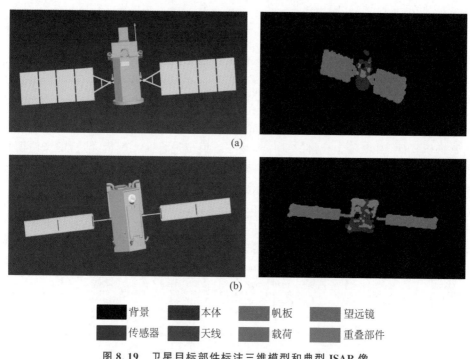

(a)

(b)

■ 背景　　■ 本体　　■ 帆板　　■ 望远镜
■ 传感器　　■ 天线　　■ 载荷　　■ 重叠部件

图 8.19　卫星目标部件标注三维模型和典型 ISAR 像
3DMAX 软件中的模型显示受灯光照明影响,和图例颜色略有不同
(a) Glory;(b) OCO-2

8.3.1.2　ISAR 像部件识别难点分析

本研究采用设计的标注技术来实现卫星目标 ISAR 像部件的自动标注,无须烦琐的手工标注也能得到大量准确有效的部件标注 ISAR 像样本,为卫星目标 ISAR 像部件识别研究奠定了数据基础。但是,由于 ISAR 像有独特的复杂数据特性,卫星目标 ISAR 像的部件识别仍面临许多难点,主要体现在如下方面。

ISAR 是通过在距离、方位向上获得高分辨率来实现对目标二维成像的,这使得 ISAR 像表现为三维目标在距离-多普勒平面上的二维投影。因此,当卫星目标部件数量多且分布情况复杂时,不同部件的可见面元很可能会出现在 ISAR 像中的相同位置,此时在部件标注 ISAR 像中会产生部件重叠现象,可以将此视为增加了新部件——"重叠部件"。此外,在不同的观测角度和卫星姿态下,部件重叠情况仍有较大差异,图 8.20 给出了 SAOCOM 卫星部件标注的三维模型,以及不同观测视角下的部件标注 ISAR 像,从中可以看出,同一卫星目标的 ISAR 像部件标注情况依然有较大的差异。

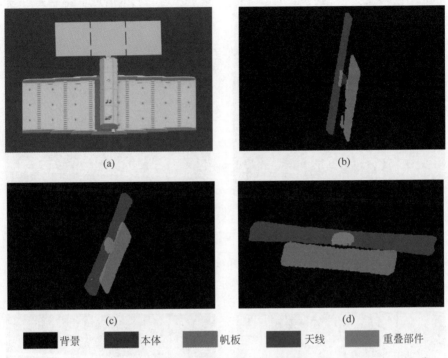

(a)　　　　　　　　　　　　　　(b)

(c)　　　　　　　　　　　　　　(d)

■ 背景　　■ 本体　　■ 帆板　　■ 天线　　■ 重叠部件

图 8.20　SAOCOM 卫星部件标注三维模型和不同观测视角下的部件标注 ISAR 像

3DMAX 软件中的模型显示受灯光照明影响,和图例颜色略有不同

(a) 部件标注三维模型;(b) ISAR 观测视角一;(c) ISAR 观测视角二;(d) ISAR 观测视角三

ISAR 成像采用的是电磁波后向辐射方式,很可能只有强的角反射信息,故其成像形状经常无法反映目标的真实形状,存在 ISAR 像部件缺失的现象,这增加了卫星目标 ISAR 部件识别研究的难度。此外,与光学图像相比,ISAR 像一般没有复杂背景,可用于特征提取的信息通常只有强度、相位、极化散射等,而没有光学图像颜色、纹理等众多可用信息。后向辐射方式还使得同一部件在不同的 ISAR 像中的幅值不尽相同,信号强度动态变化。图 8.21 是 CALIPSO 卫星部件标注三维模型和 ISAR 像,从中可以看出,部件缺失现象在 ISAR 成像过程中经常存在。

ISAR 像是一种非线性高维数据,其受雷达参数、成像参数等复杂且相互制约的因素影响。ISAR 系统的信号带宽、载频和采样频率,以及 ISAR 成像积累时间(角度)都对 ISAR 像的形成产生影响,使得 ISAR 像发生缩放和形变,同一目标 ISAR 像的部件标注情况也存在较大的差异,这增加了 ISAR 像目标部件识别的难度。图 8.22 是 COROT 卫星部件的标注模型,以及在不同成像条件下的部件标注 ISAR 像,从中可以看出同一目标 ISAR 像的部件标注差异。

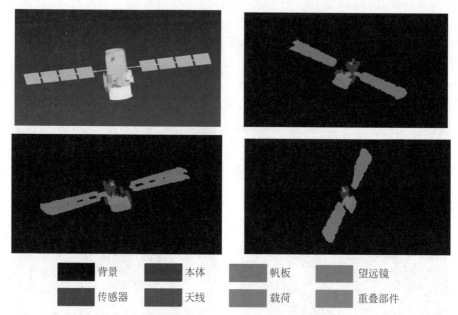

	背景		本体		帆板		望远镜
	传感器		天线		载荷		重叠部件

图 8.21　CALIPSO 卫星部件标注三维模型和 ISAR 像

3DMAX 软件中的模型显示受灯光照明影响,和图例颜色略有不同

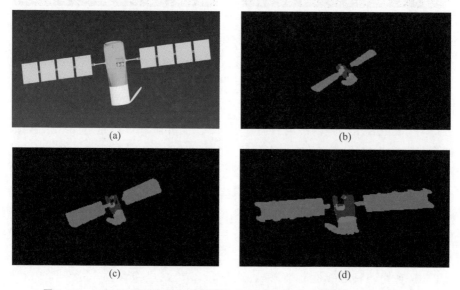

图 8.22　COROT 卫星部件标注模型和不同成像条件下的部件标注 ISAR 像

3DMAX 软件中的模型显示受灯光照明影响,和图例颜色略有不同

(a) COROT 卫星部件标注三维模型;(b) 载频为 10GHz、带宽为 1GHz、积累时间为 20s;(c) 载频为 10GHz、带宽为 1GHz、积累时间为 20s;(d) 载频为 10GHz、带宽为 1GHz、积累时间为 20s

　　ISAR 像部件识别可以认为是一项 ISAR 像语义分割任务,当前主流的光学图像语义分割算法一般利用深度学习技术,并已设计了众多深度学习网络模型来完成上述任务。在采用深度学习方法开展语义分割时,对于卫星目标来说,其 ISAR 像部件识别研究还存在其他困难。一方面,受宽带 ISAR 距离、方位分辨率的约束,卫星目标的 ISAR 像尺寸受到限制。此外,对于外形尺寸较小的卫星目标来说,其所有部件占据的 ISAR 像像素很少,而背景占据的像素很可能远远多于部件。但是,对于卫星目标部件识别而言,更希望卫星目标各个部件占据更多像素,而不是不太关注的 ISAR 像目标背景(无效信息)。这种类别间像素占比差距大的问题给卫星目标 ISAR 像的部件识别带来了一定的挑战。另一方面,卫星目标各个部件的尺寸差距较大。一般来说,在卫星目标的常见部件中,帆板和本体的尺寸更大,而本体上挂载的传感器、载荷等相对尺寸更小。由于上述 ISAR 像数据特性的存在,尺寸很小的部件只能占据很少的 ISAR 像像素,甚至可能完全没有(部件缺失或部件重叠)。此时,想要进一步识别小部件是相当困难的。

8.3.1.3　ISAR 像部件识别目标及其数据准备

　　从 8.3.1.2 节可以发现,由于 ISAR 像存在固有的数据特性,且每个卫星目标及其部件在尺寸和分布状况等方面有自身特点,实现卫星目标 ISAR 像部件的准确识别并非易事。为增加 ISAR 像中卫星目标的像素数目,需要提高 ISAR 成像时的距离、方位分辨率,也就是降低距离、方位方向上的单元长度,这需要提高 ISAR 发射信号的带宽并增加成像积累角度(时间)。此外,ISAR 系统参数和成像参数的不同会导致 ISAR 像发生形变和缩放。因此,为避免参数变化带来的负面影响,在本研究的卫星目标部件标注 ISAR 像数据仿真生成中,只采用同一种 ISAR 系统参数和成像参数。也就是说,在 ISAR 像部件识别数据集的准备过程中,不再利用多种参数对卫星目标 ISAR 成像,而只仿真生成信号载频为 14GHz、带宽为 2GHz、成像积累时间为 20s 条件下的部件标注 ISAR 像。一般来说,在卫星的所有部件中,除了本体、帆板等大尺寸部件外,还有许多更小的部件(如挂载在本体上的载荷、传感器等),由于 ISAR 像有独特的数据特性,会发生部件叠加或缺失等现象。因此,本研究只考虑卫星本体、帆板等大尺寸部件的识别,而不考虑小尺寸部件的识别。

　　通过上述分析内容,本研究在卫星目标的选择上,遵循以下两个原则:①卫星整体尺寸应尽可能大,以增加目标在 ISAR 像中的像素数目;②卫星部件数量不是太多且分布情况不是特别复杂。因此,在 24 个卫星目标里,本研究选择识别 Meteor-M-1 和 RISAT-1 卫星的部件,它们的三维模型部件标注如图 8.23 所示,这是它们典型的部件标注 ISAR 像。从中可以看出,虽然它们的 ISAR 像也或多或少存在部件缺失和重叠现象,但是部件类别数目不多,分布情况也不是特别复杂。

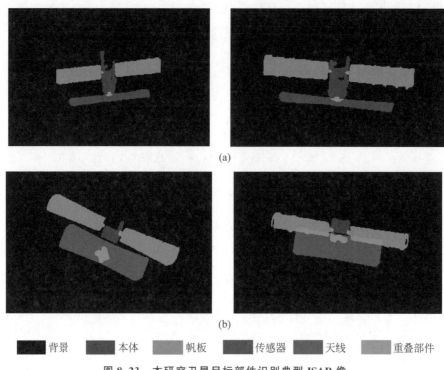

(a)

(b)

█ 背景 █ 本体 █ 帆板 █ 传感器 █ 天线 █ 重叠部件

图 8.23 本研究卫星目标部件识别典型 ISAR 像
3DMAX 软件中的模型显示受灯光照明影响,和图例颜色略有不同
(a) Meteor-M-1;(b) RISAT-1

8.3.2 基于语义分割和掩模匹配的 ISAR 像部件识别方法

针对上述 ISAR 像部件识别难点,本研究提出一种基于语义分割和掩模匹配的 ISAR 像部件识别方法,其示意图如图 8.24 所示。该方法主要包括 2 个网络模型:ISAR 像语义分割网络——U-Net,以及掩模匹配网络——孪生网络(siamese network)。其中,U-Net 语义分割网络主要是用来输出 ISAR 像测试样本的二分类掩模(mask),即 ISAR 像卫星目标(前景)和 ISAR 像背景;而孪生网络以部件标注 ISAR 像数据集样本的二值掩模和 ISAR 像测试样本的二分类掩模作为输入,输出 ISAR 像测试样本二分类掩模与数据集各个 ISAR 像样本二值掩模的特征向量之间的距离,并根据距离大小来确定掩模的最佳匹配,进而以最佳匹配 ISAR 像的部件标注标签作为测试 ISAR 像样本的部件标签,实现 ISAR 像的卫星目标部件识别。下面分别对本研究设计的 ISAR 像语义分割网络模型和掩模匹配网络模型进行详细介绍。

8.3.2.1 ISAR 像语义分割网络模型设计

目前,学者们一般采用深度神经网络模型开展光学图像语义分割研究,且设计

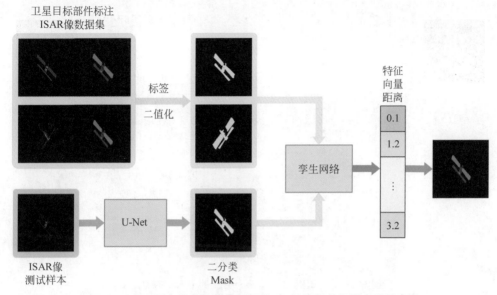

图 8.24　基于语义分割和掩模匹配的 ISAR 像部件识别方法示意图

提出了多种网络结构来实现图像语义分割。在这些成功应用的语义分割网络模型中,基于全卷积的 U-Net 采用压缩路径和扩展路径的对称 U 形结构,在单通道医学图像分割任务中取得了较好的成绩。因此,对于单通道 ISAR 像的部件识别(语义分割)任务,本研究将采用 U-Net 来实现卫星目标 ISAR 像语义分割。需要说明的是,本节先只考虑 ISAR 像卫星目标与背景的初步分割识别(二分类语义分割),而暂时不考虑 ISAR 像卫星各个部件的识别(8.3.2.2 节)。

U-Net 的网络结构如图 8.25 所示,它以单通道 ISAR 像作为输入,输出相应的二分类语义分割结果。网络的左侧是由卷积和最大池化(max pooling)构成的一系列降采样操作(称为"压缩路径"),该路径由 4 个模块组成,每个模块使用 2 次滤波器大小为 3×3 的相同(same)卷积和 1 次滤波器大小为 2×2 的最大池化运算,使得 ISAR 像每经过 1 个模块后,图像尺寸降低为原来的一半;此外,每次降采样后的特征映射通道数翻倍(依次为 64、128、512、1024)。因此,原始尺寸为 320×320 的 ISAR 像在多次降采样操作后,特征映射的尺寸变为 20×20,而特征通道数由 1 变为 1024。网络的右侧称为"扩展路径",它同样由 4 个模块组成,每个模块开始之前先通过上卷积(up-conv)操作将特征映射的尺寸翻倍,同时将通道数减半,然后将得到的特征映射结果和左侧对称压缩路径的特征映射相连接(跳跃连接,skip connection),并对连接合并后的特征映射进行同样的相同卷积。由于本节先只考虑 ISAR 像卫星目标前景和背景之间的区分,是一种二分类语义分割任务,所以最后输入通道数为 2 的特征映射。

8.3.2.2　ISAR 像掩模匹配网络模型设计

在具备 ISAR 像语义分割网络模型后,可以预测得到卫星目标 ISAR 像的二

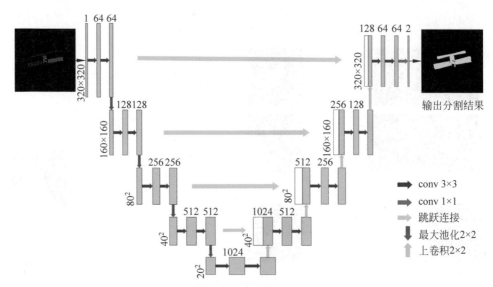

图 8.25　ISAR 像二分类语义分割的 U-Net 网络结构

分类掩模。在此基础上,还需要将其与部件标注 ISAR 像数据集中的样本进行掩模匹配,才能预测 ISAR 像测试样本的部件标签,实现 ISAR 像部件识别。在人脸识别、指纹识别、签名验证等应用场景中,计算样本相似度的孪生网络均已成功使用。因此,本研究设计了一种基于孪生网络的掩模匹配模型。孪生网络是利用 2 个人工神经网络构建的耦合框架。它以 2 个样本作为输入,利用特征提取模块将其表示为高维嵌入空间的特征向量,通过比较样本特征向量间的距离来确定样本的相似程度。随着深度学习技术的兴起,当前的孪生网络通常具有深度结构,可由卷积神经网络、循环神经网络等组成,其中图像相似性的度量一般利用卷积神经网络来提取其深层有效特征。

　　本研究设计的 ISAR 像掩模匹配孪生网络模型如图 8.26 所示,其以 2 张卫星目标 ISAR 像二值掩模作为输入样本(尺寸为 320×320),通过 5 次滤波器尺寸为 3×3 的卷积运算和 5 次滤波器尺寸为 2×2 的最大池化运算,使得输出特征映射的尺寸降低至 8×8,其中所有卷积运算的输出通道数均为 64,即最终提取的特征映射尺寸为 $64 \times 8 \times 8$。之后,将得到的特征映射平铺,并利用 2 次全连接层将特征向量依次变为 500 维和 10 维。最后,利用特征向量距离度量模块(本研究采用欧氏距离度量)计算 2 张输入掩模图像的相似性程度。需要强调的是,2 张输入图像的特征提取模块具有相同的网络结构,且共享网络参数。因此,在网络模型相同的情况下,可以利用其特征向量的距离来度量原始图像的相似性。

　　在开展孪生网络模型训练时,还需要设计恰当的损失函数,在降低损失函数的过程中使得网络模型参数最优。本研究采用对比损失(contrastive loss)函数,它可以有效地处理孪生网络中成对数据之间的关系,其表达式如下:

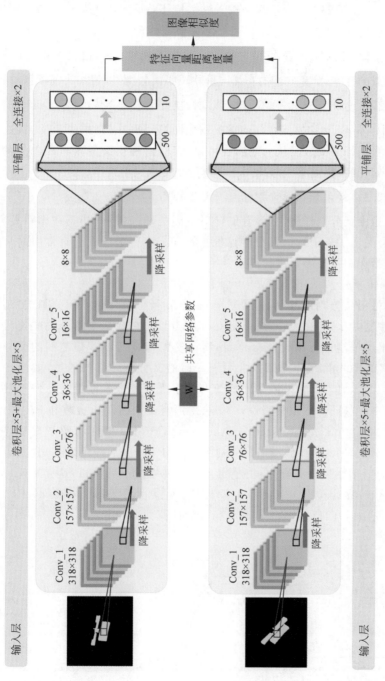

图 8.26 ISAR 像掩模匹配孪生网络结构

$$\text{CL} = \frac{1}{2N} \sum_{n=1}^{N} \left[yd^2 + (1-y)\max(\text{margin} - d, 0)^2 \right] \tag{8.30}$$

其中，$d = \| \boldsymbol{x}_1 - \boldsymbol{x}_2 \|^2$ 表示两个输入样本特征向量的欧氏距离，y 为两个输入样本是否匹配的标签，其中 $y=1$ 代表样本相似或匹配，$y=0$ 则代表不匹配，margin 为设定的阈值(本研究设置为 1)。当 $y=1$(样本相似) 时，损失函数只有 $\sum yd^2$，即原本相似的样本，如果它们的特征向量欧氏距离较大，则说明当前模型参数不佳，损失需要加大；而当 $y=0$(样本不相似) 时，损失函数为 $\sum (1-y)\max(\text{margin} - d,$ $0)^2$；若当样本不相似时，其特征向量的欧氏距离反而小，则损失会变大，这正好符合孪生网络训练的要求。从上述内容可以发现，这种损失函数非常适合表示为对样本的匹配程度，也能够很好地用于训练特征提取网络模型。

8.3.2.3 语义分割评价指标与损失函数

在图像语义分割任务中，学者们针对不同的任务情形(如类别比例失衡数据、稀疏分割)提出了若干种语义分割评价指标和损失函数。下面对常用的几种语义分割评价指标和损失函数进行简要介绍。

1) 评价指标

在图像语义分割任务中，通常采用 Jaccard 指标来评估图像分割结果，这一指标也称为"交并比"(intersection-over-union, IoU)，它是 2 个集合的交集与并集之比，对于语义分割任务来说，表示为预测标签集与真实标签集之间的交并比。此外，基于各个像素的评价指标也常用于评估语义分割结果的质量，如像素准确率(pixel accuracy, PA)，它是语义分割图像中正确预测像素数量与总像素数量的比值。对于多标签图像数据集来说，一般会对所有类别的 IoU 分数和 PA 进行平均，即平均交并比(mean intersection-over-union, MIoU)和平均像素准确率(mean pixel accuracy, MPA)。假设语义分割图像共计有 $k+1$ 种像素类别(其中包含背景类别)，p_{ij} 表示属于类别为 i 的像素被预测为类别 j 的数目，这样来说，p_{ii} 表示真正(true positives, TP)，p_{ij} 和 p_{ji} 分别表示为假正(false positives, FP)和假负(false negatives, FN)，此时上述评价指标的计算方式如下:

$$\text{PA} = \frac{\sum_{i=0}^{k} p_{ii}}{\sum_{i=0}^{k} \sum_{j=0}^{k} p_{ij}}, \quad \text{MPA} = \frac{1}{k+1} \sum_{i=0}^{k} \frac{p_{ii}}{\sum_{j=0}^{k} p_{ij}}$$

$$\text{IoU} = \frac{\sum_{i=0}^{k} p_{ii}}{\sum_{i=0}^{k} \sum_{j=0}^{k} p_{ij} + \sum_{i=0}^{k} \sum_{j=0}^{k} p_{ji} - \sum_{i=0}^{k} p_{ii}}, \quad \text{MIoU} = \frac{1}{k+1} \sum_{i=0}^{k} \frac{p_{ii}}{\sum_{j=0}^{k} p_{ij} + \sum_{j=0}^{k} p_{ji} - p_{ii}}$$

$$\tag{8.31}$$

2) 损失函数

(1) 交叉熵损失(cross entropy loss,CE loss)

交叉熵损失通常用来度量给定随机变量或事件的概率分布差异,被广泛用于分类任务,也包括像素级别分类的语义分割任务。它通过增加 KL 散度来作为概率分布 $\hat{P}$ 和 P 之间的距离度量,表达式如式(8.32)所示。它使得分类器能够对每个类别 i 量化出预测概率分布 $\hat{P}$ 和原始分布 P 之间的偏差。

$$CE = -\sum_i P_i \log \hat{P}_i \tag{8.32}$$

(2) 权重交叉熵损失(weighted cross entropy loss,WCE loss)

当数据集的图像像素包含的类别比例不平衡时,分类器往往会更多地关注有最大样本数量的类别,使得分类性能偏向于特定的类别。在语义分割研究中,各种类别的像素数量很可能大不相同,这在类别不平衡时是经常发生的。为了解决上述问题,利用权重交叉熵损失是常用的做法,权重交叉熵损失是标准交叉熵损失的变体,其带着额外的类别权重参数 w_i,且可以表示如下:

$$WCE = -\sum_i w_i P_i \log \hat{P}_i \tag{8.33}$$

其中,w_i 与类别 i 的像素个数成反比。

(3) Dice 损失(Dice loss)

在计算机视觉领域中,Dice 系数被广泛用来计算两张图像的相似性,其被进一步改进成损失函数,即 Dice 损失,其表达式为

$$D(P,\hat{P}) = 1 - \frac{2P\hat{P}+1}{P+\hat{P}+1} \tag{8.34}$$

其中,P 是分割图像真实标签,而 $\hat{P}$ 是分割图像预测标签。在分子和分母中都加1,是为了确保在某些特殊情况下(如 $P_i=\hat{P}_i=0$),上述损失函数仍然能够有定义。

(4) 焦点损失(focal loss,FL)

焦点损失是权重交叉熵损失的新变体,如式(8.35)所示,其重要特点是将权重系数构建为神经网络预测置信度的函数。通过这一做法,预测准确度低(难以预测)的类别将会比容易预测的类别获得更高的损失。

$$FL = -\sum_i \alpha_i (1-\hat{P}_i)^\gamma \log \hat{P}_i \tag{8.35}$$

其采用两个附加比例系数 $-\alpha$ 和 γ 来控制权重。当 $\gamma=0$ 时,焦点损失转变成权重交叉熵损失,其中 α 是类别权重系数;当 $\gamma \geq 1$ 时,权重系数 $(1-\hat{P}_i)^\gamma$ 随着 $\hat{P}_i$ 的增加而增加;当 $\gamma<1$ 时,权重系数 $(1-\hat{P}_i)^\gamma$ 随着 $\hat{P}_i$ 的增加而减小。因此,当某类的 $\hat{P}_i$ 比较小时,它的权重系数会变大,从而增加了该类对损失函数的贡献。为了避免权重系数过大,比例系数 $-\alpha$ 可以用来降低权重。

(5) Lovasz-Softmax 损失(Lovasz-Softmax loss)

在图像语义分割任务中,通常采用 Jaccard 指标(IoU)来评估图像分割结果,与像素准确率相比,IoU 对小目标给予了恰当的关注,且对假负进行了正确计数,是一种较为合适的语义分割评价指标。为此,学者们考虑在神经网络训练过程中直接优化 IoU 损失,并提出了一种新的语义分割损失函数,即 Lovasz-Softmax 损失。假设 p 和 $\hat{p}$ 分别是真实标签和预测标签向量,则类别 c 的 Jaccard 指标定义如下:

$$J_c(\boldsymbol{p},\hat{\boldsymbol{p}}) = \frac{|\{\boldsymbol{p}=c\} \cap \{\hat{\boldsymbol{p}}=c\}|}{|\{\boldsymbol{p}=c\} \cup \{\hat{\boldsymbol{p}}=c\}|} \tag{8.36}$$

这一指标给出了真实标签和预测标签集合的交集与它们并集的比例,且数值范围在[0,1]。则在经验风险最小化过程中应用的相应损失函数为

$$\Delta_{J_c}(\boldsymbol{p},\hat{\boldsymbol{p}}) = 1 - J_c(\boldsymbol{p},\hat{\boldsymbol{p}}) \tag{8.37}$$

此外,对于 Jaccard 损失这类次模函数,进一步提出了采用 Lovasz 扩展来高效地实现损失函数最小化。

8.3.3　实验结果与对比分析

本节将开展卫星目标 ISAR 像部件识别实验验证,包括 ISAR 像语义分割网络模型和掩模匹配网络模型的训练记录和实验结果,以及与其他经典图像语义分割模型结果的对比分析,以突显本研究提出的卫星目标 ISAR 像部件识别方法的优势。

8.3.3.1　网络模型训练评估

本研究提出的 ISAR 像部件识别方法主要包括 2 个网络模型,即语义分割和掩模匹配模型,在开展网络训练之前,需要对卫星目标部件标注 ISAR 像进行数据划分。将各个卫星目标的所有部件标注 ISAR 像平均分成 2 部分,即 ISAR 像测试样本和部件标注已知的 ISAR 像数据集(可以看作 ISAR 像匹配数据库)。其中,ISAR 像测试样本只用在孪生网络模型的测试阶段,而由于 ISAR 像匹配数据库中样本的部件标注标签是已知的,可以用在 U-Net 网络的训练、测试阶段,以及孪生网络的训练阶段。下面对 U-Net 语义分割模型和孪生掩模匹配模型的训练过程进行详细介绍。

在 U-Net 语义分割网络训练时,将所有 ISAR 像样本按 7∶3 的比例划分为 ISAR 像训练样本和测试样本,并将其中 30% 的 ISAR 像训练样本用作验证集,以调整网络训练的超参数,确定最佳网络模型参数。所有 ISAR 像样本的尺寸均为 320×320,在训练样本、验证样本的采集过程中,设置批量样本数(batch size)为 8。由于本研究设计的 U-Net 语义分割网络只是输出 ISAR 像的二分类掩模(mask),采用的损失函数为二元交叉熵(binary cross entropy)损失函数,其表达式同式(8.33)所示,可利用初始学习率为 0.001 的 Adam 优化算法来降低这一损失。U-Net 网

络模型 100 个周期的训练过程记录如图 8.27 所示,从中可以看出,当 U-Net 模型在 Meteor-M-1 和 RISAT-1 2 颗卫星的 ISAR 像上进行训练时,训练损失和验证损失都随着训练周期的增加而降低,训练样本和验证样本的像素识别准确率都逐渐提升,且损失和识别准确率在后期都逐步平缓,说明本研究的 U-Net 模型训练良好。

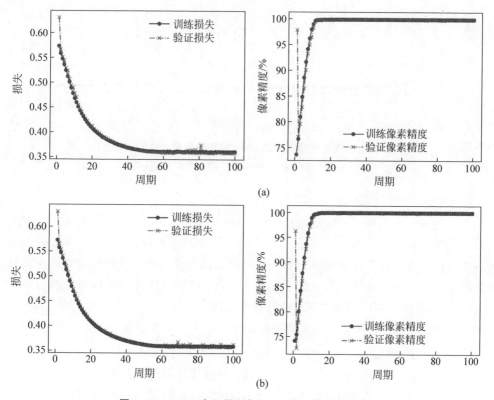

图 8.27 U-Net 在卫星目标 ISAR 像上的训练记录
(a) Meteor-M-1 卫星 ISAR 像语义分割训练记录;(b) RISAT-1 卫星 ISAR 像语义分割训练记录

在开展孪生掩模匹配网络模型训练时的一项重要工作是成对构建 ISAR 像二值掩模匹配样本对(包括匹配样本对和不匹配样本对)。在本研究的样本对构建过程中,对 ISAR 像二值掩模样本随机旋转一个小角度(2°以内),并将其作为它的匹配 ISAR 像二值掩模(标签 $y=1$);同时,随机选择其他 ISAR 像的二值掩模样本,将其随机旋转一个较大的角度,并将其作为它的不匹配 ISAR 像二值掩模样本(标签 $y=0$)。自此,就成功构建了成对的匹配和不匹配 ISAR 像二值掩模样本。所有 ISAR 像二值掩模样本的尺寸均为 320×320,且在样本采集时批量样本数为 8。本研究采用损失函数为对比损失,并利用学习率为 0.001 和动量为 0.9 的随机梯度下降(stochastic gradient descent,SGD)优化算法,来降低训练损失值以优化孪生网络参数。孪生网络在 Meteor-M-1 和 RISAT-1 2 颗卫星 ISAR 像二值掩模样本上的训练记录如图 8.28 所示。从中可以看出,经过 100 个周期的训练后,对比损失函数值逐渐下降并趋于平缓(接近 0),说明本研究的孪生网络模型训练良好。

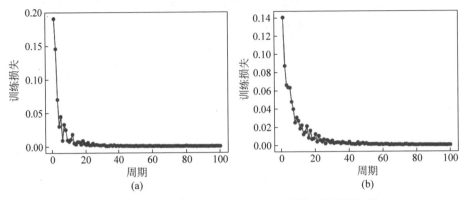

图 8.28　孪生网络在卫星目标 ISAR 像掩模上的训练记录

(a) Meteor-M-1; (b) RISAT-1

8.3.3.2　实验结果

在完成 2 种网络模型的训练后,将 ISAR 像测试样本和匹配数据库中的 ISAR 像二值掩模样本分别输入 U-Net 语义分割模型和孪生掩模匹配模型,可以得到相应的 ISAR 像二分类掩模预测结果、ISAR 像二值掩模匹配结果和最终的部件识别结果。下面从 ISAR 像二分类语义分割结果和 ISAR 像掩模匹配与部件识别结果 2 个层面,详细介绍本研究提出方法的实验结果。

1. ISAR 像二分类语义分割实验结果

8.3.3.1 节以 ISAR 像的训练样本和验证样本为输入数据,已经对 ISAR 像语义分割 U-Net 模型进行了网络训练,得到了参数优化后的二分类 U-Net 语义分割模型。本节将划分的 ISAR 像测试样本作为输入,来测试上述模型的二分类语义分割性能。表 8.10 给出了 U-Net 模型在 ISAR 像测试样本上的二分类语义分割结果,图 8.29 是其中的典型示例。从中可以看出,对于 Meteor-M-1 和 RISAT-1 卫星的 ISAR 像,U-Net 模型都能够非常准确地进行二分类语义分割,即区分 ISAR 像目标和 ISAR 像背景,像素识别准确率和交并比 2 个语义分割评价指标都很高。

表 8.10　U-Net 对 ISAR 像的二分类语义分割结果

卫星目标	像素识别准确率 PA/%	交并比(IoU)
Meteor-M-1	99.94	0.9961
RISAT-1	99.94	0.9974

2. ISAR 像掩模匹配与部件识别结果

由前文可知,本研究已经获得了二分类语义分割性能优异的 U-Net 模型,可以

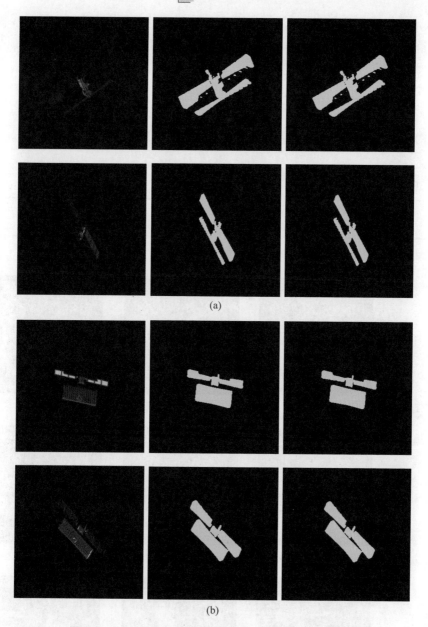

图 8.29 U-Net 语义分割 ISAR 像(二分类)中的典型示例

从左至右,3 列图像依次为 ISAR 像,及其二分类语义分割真实掩模和预测掩模

(a) Meteor-M-1;(b) RISAT-1

较为准确地预测 ISAR 像测试样本的二分类掩模,进而为 ISAR 像掩模匹配和部件识别奠定基础。将 U-Net 预测的 ISAR 像测试样本二分类掩模和部件标注数据集 ISAR 像样本的二值掩模,同时输入训练好的孪生网络,可以得到这一测试样本掩模与 ISAR 像部件标注数据集所有样本二值掩模之间的相似度,并将最相似

ISAR 像的部件标签作为 ISAR 像测试样本的预测部件标签。表 8.11 和表 8.12 分别给出了本方法对 Meteor-M-1 和 RISAT-1 2 颗卫星 ISAR 像测试样本的部件识别评价指标,以及部件识别结果示例,从中可以发现,本研究提出方法的平均像素准确率(MPA)和平均交并比(MIoU)都比较高,具备有效性和可行性。

表 8.11　卫星目标 ISAR 像部件识别指标结果

卫星目标	MPA/%	IoU_{cls0}	IoU_{cls1}	IoU_{cls2}	IoU_{cls3}	IoU_{cls4}	MIoU
Meteor-M-1	97.32	0.9731	0.7139	0.7211	0.5724	0.4293	0.6820
RISAT-1	97.79	0.9811	0.7519	0.6541	0.7625	0.5788	0.7457

表 8.12　卫星目标 ISAR 像部件识别结果示例

Meteor-M-1	ISAR 像	二分类掩模	多分类掩模
真实情况		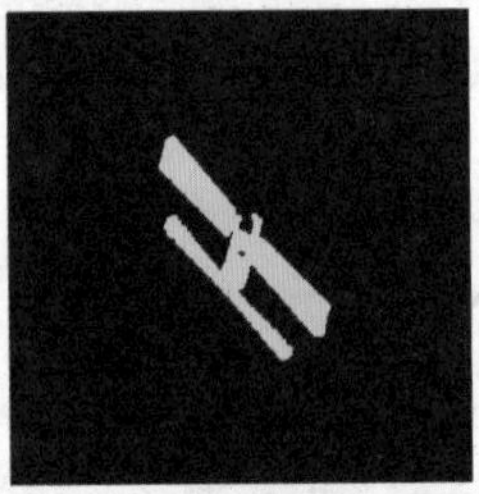	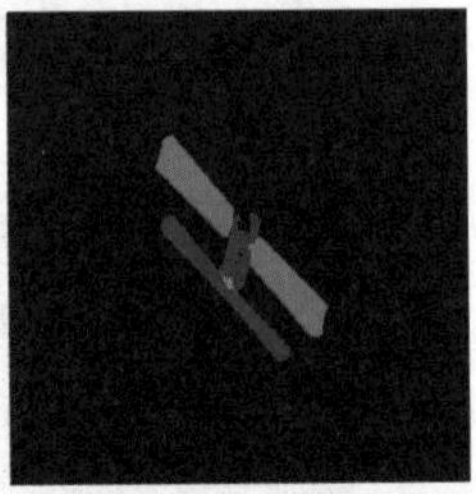
匹配/预测	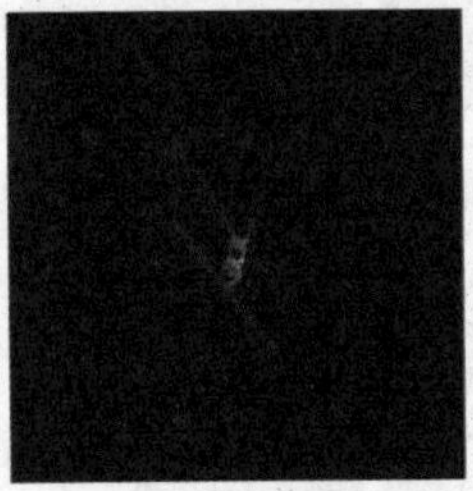		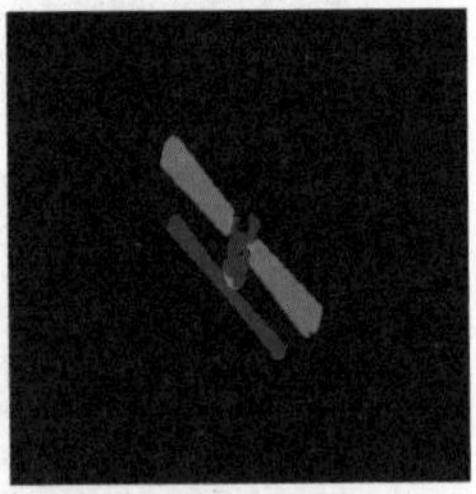
真实情况	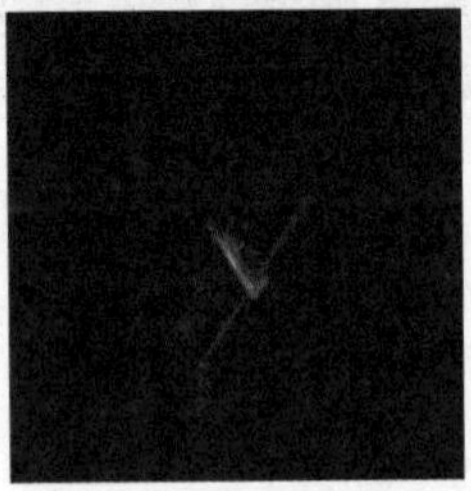		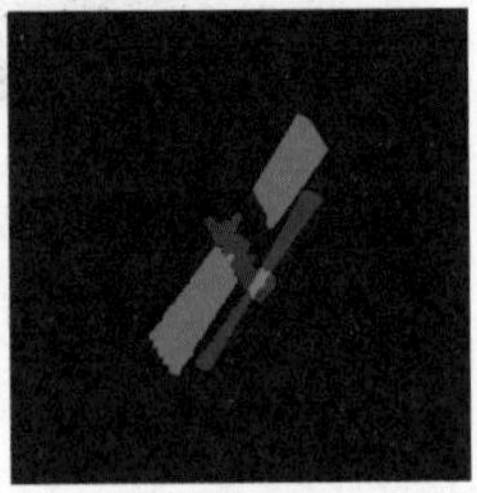

续表

Meteor-M-1	ISAR 像	二分类掩模	多分类掩模
匹配/预测			

RISAT-1	ISAR 像	二分类掩模	多分类掩模
真实情况			
匹配/预测			
真实情况			
匹配/预测			

8.3.3.3　对比分析与讨论

为进一步说明本研究提出方法的优势,本节采用当前经典的光学图像语义分割神经网络模型(如 DeepLab v3＋、U-Net、PSPNet)开展卫星目标 ISAR 像的部件识别研究;对于每种语义分割网络模型,都利用初始学习率为 0.001、动量为 0.9 的随机梯度下降算法来优化损失函数,包括交叉熵损失、Dice 损失、焦点损失和 Lovasz-Softmax 损失。表 8.13 给出了 4 种不同方法在不同损失函数优化下对 Meteor-M-1 和 RISAT-1 卫星 ISAR 像部件识别的性能,图 8.30 是典型的 ISAR 像部件识别结果示例。通过实验结果对比可以看出,无论采用何种损失函数来优化上述 3 种精度语义分割神经网络模型(DeepLab v3＋、U-Net、PSPNet),它们对卫星目标 ISAR 像的语义分割性能都不理想(U-Net 相对来说还能够识别 ISAR 像的大致轮廓,这也是本研究采用 U-Net 来完成 ISAR 像二分类语义分割的原因之一),而本研究提出的方法能够较为准确地识别 ISAR 像中的卫星部件,具有相对优势。

表 8.13　不同方法的卫星目标 ISAR 像部件识别性能

卫星目标	网络模型	损失函数	MPA/%	IoU_{cls0}	IoU_{cls1}	IoU_{cls2}	IoU_{cls3}	IoU_{cls4}	MIoU
Meteor-M-1	DeepLab v3＋	交叉熵损失	92.1	0.922	0.286	0.0	0.0	0.003	0.242
		Dice 损失	91.8	0.918	0.0	0.0	0.0	0.0	0.184
		焦点损失	92.1	0.922	0.312	0.0	0.0	0.007	0.248
		Lovasz-Softmax 损失	72.7	0.744	0.343	0.100	0.061	0.038	0.257
	U-Net	交叉熵损失	92.0	0.921	0.231	0.0	0.0	0.003	0.231
		Dice 损失	92.0	0.922	0.252	0.0	0.0	0.007	0.236
		焦点损失	92.0	0.921	0.227	0.0	0.0	0.007	0.231
		Lovasz-Softmax 损失	73.3	0.754	0.224	0.091	0.065	0.004	0.235
	PSPNet	交叉熵损失	92.1	0.922	0.313	0.003	0.0	0.003	0.248
		Dice 损失	92.0	0.922	0.242	0.0	0.0	0.0	0.233
		焦点损失	92.1	0.922	0.298	0.0	0.0	0.002	0.244
		Lovasz-Softmax 损失	74.2	0.757	0.347	0.113	0.066	0.052	0.267
	所提方法	二元交叉熵损失 对比损失	97.3	0.973	0.714	0.721	0.572	0.429	0.682
RISAT-1	DeepLab v3＋	交叉熵损失	92.7	0.937	0.081	0.007	0.236	0.049	0.262
		Dice 损失	92.1	0.921	0.0	0.0	0.0	0.0	0.184
		焦点损失	92.6	0.938	0.072	0.006	0.256	0.047	0.264
		Lovasz-Softmax 损失	80.9	0.830	0.169	0.077	0.229	0.089	0.279
	U-Net	交叉熵损失	92.9	0.938	0.098	0.004	0.290	0.038	0.274
		Dice 损失	91.8	0.918	0.001	0.002	0.0	0.01	0.186
		焦点损失	92.8	0.937	0.110	0.005	0.272	0.036	0.272
		Lovasz-Softmax 损失	80.0	0.826	0.146	0.059	0.161	0.076	0.253

续表

卫星目标	网络模型	损失函数	MPA/%	IoU_{cls0}	IoU_{cls1}	IoU_{cls2}	IoU_{cls3}	IoU_{cls4}	MIoU
RISAT-1	PSPNet	交叉熵损失	93.0	0.938	0.113	0.010	0.272	0.062	0.283
		Dice 损失	92.2	0.926	0.147	0.0	0.002	0.0	0.215
		焦点损失	92.9	0.937	0.125	0.009	0.265	0.007	0.281
		Lovasz-Softmax 损失	80.0	0.821	0.173	0.075	0.210	0.105	0.277
	所提方法	二元交叉熵损失对比损失	97.8	0.981	0.752	0.654	0.763	0.579	0.746

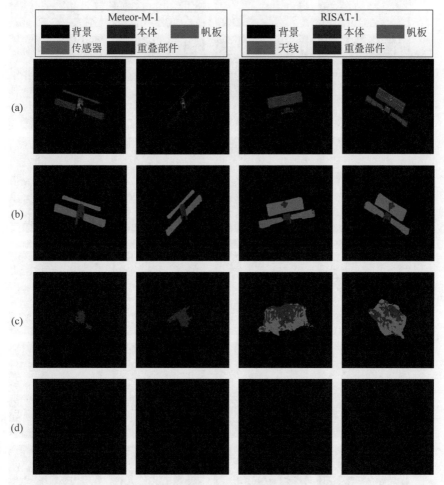

图 8.30　不同方法的部件识别典型结果示例

(a) ISAR 像；(b) 真实标签；(c) DeepLab v3+ & Cross Entropy；(d) DeepLab v3+ & Dice；
(e) DeepLab v3+ & Focal；(f) DeepLab v3+ & Lovasz-Softmax；(g) U-Net & Cross Entropy；
(h) U-Net & Dice；(i) U-Net & Focal；(j) U-Net & Lovasz-Softmax；(k) PSPNet & Cross
Entropy；(l) PSPNet & Dice；(m) PSPNet & Focal；(n) PSPNet & Lovasz-Softmax；(o) 所提方法

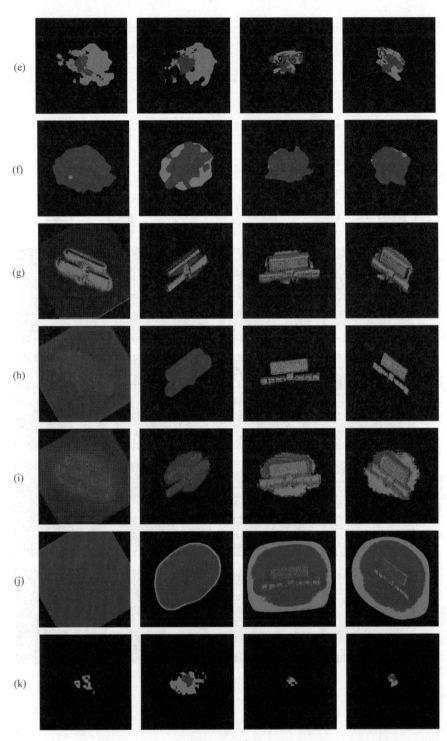

图 8.30(续)

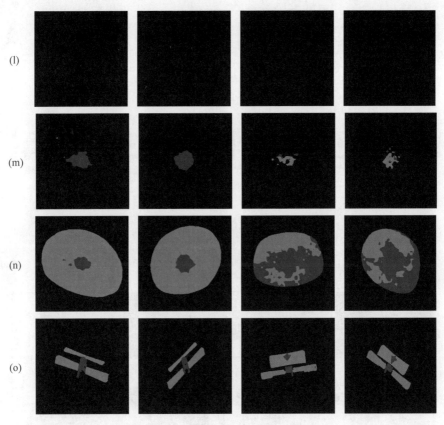

图 8.30(续)

ISAR 像部件识别存在一些难点,本研究主要体现如下:与光学图像相比,
ISAR 像一般没有复杂背景,可用于特征提取的信息通常只有强度、相位、极化散射
等,没有光学图像颜色、纹理等众多可用信息,而且后向辐射方式还使得同一部件
在不同的 ISAR 像中的幅值不尽相同,信号强度的动态变化,使得光学图像语义分
割模型难以发现卫星目标各个部件的 ISAR 像幅值规律。因此,当采用上述光学
图像语义分割经典网络模型来开展 ISAR 像语义分割时,分割性能并不理想。此
外,本研究提出的方法还可以通过增加卫星目标部件标注 ISAR 像数据集的样本
数量,例如采用 ISAR 像旋转、缩放、翻转等方式来进行数据增强,实现 ISAR 像测
试样本与数据集样本的最优匹配,进而进一步提升所提方法的部件识别性能,最终
成功应用于卫星目标 ISAR 像的部件识别任务。

24颗卫星光学图片和三维模型

7.2.2.1 节提到的 24 颗卫星目标的真实图片和其对应的三维模型如图 A.1 所示。

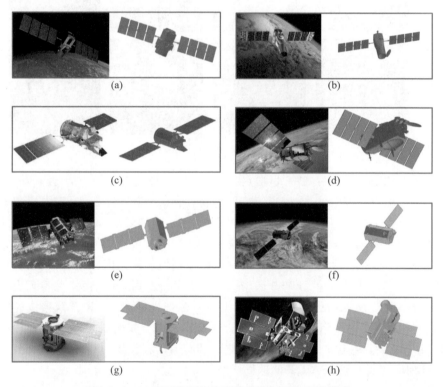

图 A.1 24 颗卫星目标的真实图片和对应三维模型

(a) CALIPSO; (b) COROT; (c) Glory; (d) Jason-3; (e) KOMPSAT-2; (f) OCO-2;
(g) CloudSat; (h) ICESat; (i) G-1(Göktürk-1); (j) QuickBird 2; (k) QuickSCAT; (l) SBSS1;
(m) ALOS-2; (n) Meteor-M-1; (o) RadarSat2; (p) RISAT-1; (q) SAOCOM; (r) sentinel-1A; (s) Aqua; (t) CBERS-4; (u) FY-3; (n) GOSAT-2(删除其中一帆板); (w) LandSat-7;
(x) NOAA-20

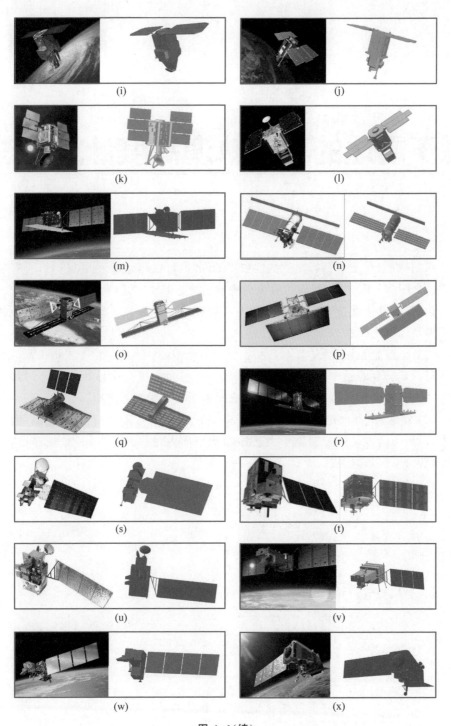

图 A. 1（续）

基于雷达的卫星轨道高度计算方法

ISAR 在获得卫星目标宽带特性数据的同时,可以测量每个雷达脉冲时刻卫星与雷达之间的斜距,并记录雷达自身的观测角度。基于上述测量数据,经过多次坐标变换后,可以计算各 HRRP 对应的卫星轨道高度。图 B.1 显示了坐标转换图。主要涉及以下坐标系。

(1) 地心直角坐标系:其原点 O_E 位于地球中心;$O_E X_E$ 位于赤道平面,指向格林尼治天文台的子午线;$O_E Z_E$ 轴垂直于赤道面,与地球自转轴重合,指向北极。$O_E Y_E$ 轴位于赤道平面上,其方向满足右手直角坐标系准则。

(2) 雷达体(直角)坐标系:其原点 S 位于雷达站;$S X_S$ 轴位于雷达站的地平面内,并指向南方;$S Y_S$ 轴位于雷达站的地平面内,指向东方;$S Z_S$ 轴穿过雷达站,沿着铅垂线指向天顶。

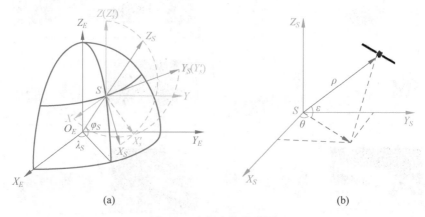

图 B.1　坐标变换示意图

(a) 雷达体坐标系变换到地心直角坐标系;(b) 雷达极坐标系变换到雷达体直角坐标系

详细的坐标转换过程如下。

(1) 雷达极坐标系到雷达体(直角)坐标系的转换

将卫星目标在雷达极坐标系中的坐标设为$(\rho, \theta, \varepsilon)$，其中$\rho$为卫星到雷达站的斜距。$\theta$和$\varepsilon$分别代表雷达观测方位角和俯仰角，这些参数可以在雷达测量过程中得到。卫星目标在雷达体(直角)坐标系中的坐标(x_1, y_1, z_1)可以按下式计算：

$$\begin{cases} x_1 = \rho \cdot \cos\theta \cdot \cos\varepsilon \\ y_1 = \rho \cdot \sin\theta \cdot \cos\varepsilon \\ z_1 = \rho \cdot \sin\varepsilon \end{cases} \tag{B-1}$$

(2) 大地坐标系到地心直角坐标系的转换

设定雷达站的大地坐标为$(\lambda_S, \varphi_S, H)$。其中，$\lambda_S$、$\varphi_S$、$H$分别代表雷达站的经度、纬度和高程，这些参数对某个确定雷达站来说是已知的，则其在地心直角坐标系中的对应坐标(x', y', z')可按下式计算：

$$\begin{cases} x' = (N + H) \cdot \cos\lambda_S \cdot \cos\varphi_S \\ y' = (N + H) \cdot \sin\lambda_S \cdot \cos\varphi_S \\ z' = [N \cdot (1 - e^2) + H] \cdot \sin\varphi_S \end{cases} \tag{B-2}$$

(3) 雷达体(直角)坐标系到地心直角坐标系的转换

设卫星目标在雷达体(直角)坐标系中的坐标为(x_1, y_1, z_1)，在地心直角坐标系中的坐标为(x_e, y_e, z_e)，则换算公式为

$$\begin{bmatrix} x_e \\ y_e \\ z_e \end{bmatrix} = \boldsymbol{R}_{\mathrm{T}} \begin{bmatrix} x_1 \\ y_1 \\ z_1 \end{bmatrix} + \begin{bmatrix} x' \\ y' \\ z' \end{bmatrix} \tag{B-3}$$

其中，$\boldsymbol{R}_{\mathrm{T}}$为旋转矩阵，且计算如下：

$$\boldsymbol{R}_{\mathrm{T}} = \begin{bmatrix} \sin\varphi_S \cos\lambda_S & -\sin\lambda_S & \cos\varphi_S \cos\lambda_S \\ \sin\varphi_S \sin\lambda_S & \cos\lambda_S & \cos\varphi_S \sin\lambda_S \\ -\cos\varphi_S & 0 & \sin\varphi_S \end{bmatrix} \tag{B-4}$$

当卫星坐标在地心直角坐标系中的坐标已知时，很容易计算卫星的轨道高度，其计算公式如下：

$$H_{\mathrm{Sat}} = \sqrt{(x_e)^2 + (y_e)^2 + (z_e)^2} - R_{\mathrm{e}} \tag{B-5}$$

参 考 文 献

[1] 马建光,张杰.聚焦新战略空间——俄罗斯成立空天军的战略考量[J].军事文摘,2015,(21):15-17.

[2] 南博一.外媒:美国天空司令部将于 8 月 29 日正式成立[EB/OL].[2024-04-29].https://www.thepaper.cn/newsDetail_forward_4216072? spm=C73544894212.P59792594134.0.0.

[3] 唐霁.法国宣布将成立太空军事指挥部[EB/OL].[2024-04-29].http://www.xinhuanet.com/world/2019.07/14/c_1124750447.htm?baike.

[4] 苑基荣.印度成功发射月球探测器,人类将首次在月球南端附近着陆[EB/OL].[2024-04-29].https://wap.peopleapp.com/article/4406681/4276062.

[5] 倪书爱.空间目标双基地 ISAR 成像同步技术的研究[D].北京:北京理工大学,2006.

[6] WILEY C A. Synthetic aperture radar [J]. IEEE Transactions on Aerospace and Electronic Systems,2007,21(3):440-443.

[7] BROWN W M. Synthetic aperture radar [J]. IEEE Transactions on Aerospace and Electronic Systems,1967,3(2):217-229.

[8] 史仁杰.雷达反导与林肯实验室[J].系统工程与电子技术,2007,29(11):1781-1799.

[9] ELSON B M. Krems facility supports advanced technology [J]. Aviation Week & Space Technology,1980,(7):52-54.

[10] SAAD T A. The story of the MIT Radiation Laboratory [J]. IEEE Aerospace and Electronic Systems Magazine,1990,5(10):46-51.

[11] ANDREWS S E,YOHO P K,BANNER G P,et al. Radar open system architecture for Lincoln space surveillance activities[C]//Proceedings of the 2001 (2000) Space Control Conference. MIT Lincoln Laboratory,USA.[S. l. : s. n.],2001:1-13.

[12] WEISS H G. The Millstone and Haystack radars [J]. IEEE Transactions on Aerospace and Electronic Systems,2001,37(1):365-379.

[13] WILLIAM M B,ANTONIO F P. Histroy of Haystack [J]. Lincoln Laboratroy Journal,2014,21(1):4-7.

[14] AVENT R K,SHEHON J D,BROWN P. The ALCOR C-band imaging radar [J]. IEEE Antennas and Propagation Magazine,1996,38(3):16-27.

[15] AUSHERMAN D A,KOZMA A,WALKER J L,et al. Developments in radar imaging [J]. IEEE Transactions on Aerospace and Electronic Systems,1984,20(4):363-399.

[16] CAMP W W,MAYHAN J T,O'DONNELL R M. Wideband radar for ballistic missile defense and range-Doppler imaging of satellites [J]. Lincoln Laboratroy Journal,2000,12(2):267-280.

[17] BILL D. Wideband radar [J]. Lincoln Laboratory Journal,2010,18(2):87-88.

[18] MIT Lincoln Laboratroy 2007 Annual Report [R/OL].[2024-04-29].https://archive.ll.mit.edu/publications/.

[19] KEMPKES M A,HAWKEY T J,GAUDREAU M P J,et al. W-Band transmitter upgrade for the Haystack ultrawideband satellite imaging radar (HUSIR) [C]//Proceedings of

2006 IEEE International Vacuum Electronics Conference. Monterey, USA. Piscataway: IEEE, 2006: 551-552.

[20] CZERWINSKI M G, USOFF J M. Development of the Haystack ultrawideband satellite imaging radar [J]. Lincoln Laboratroy Journal, 2014, 21(1): 28-44.

[21] ABOUZAHRA M D, AVENT R K. The 100-kW millimeter-wave radar at the Kwajalein atoll [J]. IEEE Antennas and Propagation Magazine, 1994, 36(2): 7-19.

[22] STAMBAUGH J J, LEE R K, CANTRELL W H. The 4 GHz bandwidth millimeter-wave radar [J]. Lincoln Laboratory Journal, 2012, 19(2): 64-76.

[23] KEVIN M C, JEAN E P, JOSEPH T M. Ultra-Wideband coherent processing [J]. Lincoln Laboratroy Journal, 1997, 10(2): 203-222.

[24] MEHRHOLZ D. Radar observation in low earth orbit [J]. Advances in Space Research, 1997, 19(2): 203-212.

[25] MEHRHOLZ D. Radar technique for the characterization of meter-sized objects in space [J]. Advances in Space Research, 2001, 28(9): 1259, 1268.

[26] Fraunhofer FHR. Long-term analysis of the attitude motion of the defunct ENVISAT [R/OL]. [2024-04-29]. https://www.fhr.fraunhofer.de/en/businessunits/space/long-term-analysis-of-the-attitude-motion-of-the-defunct-satellite-ENVISAT.html.

[27] FRAUNHOFER FHR. Researchs at Fraunhofer monitor re-entry of Chinese space station Tiangong-1 [R/OL]. [2024-04-29]. https://www.fhr.fraunhofer.de/en/press-media/press-releases/reentry_tiangong-1.html.

[28] CHEN C C, ANDREWS H C. Target-motion-induced radar imaging [J]. IEEE Transactions on Aerospace and Electronic Systems, 1980, 16(1): 2-14.

[29] CHEN C C, ANDREWS H C. Multifrequency imaging of radar turntable data [J]. IEEE Transactions on Aerospace and Electronic Systems, 1980, 16(1): 15-22.

[30] GOODMAN R, NAGY W, WILHELM J, et al. A high fidelity ground to air imaging radar system [C]//Proceedings of 1994 IEEE National Radar Conference. Atlanta, USA. Piscataway: IEEE, 1994: 29-34.

[31] VOLES R. Resolving revolutions: Imaging and mapping by modern radar [J]. IEE Proceeding F - Radar and Signal Processing, 1993, 140(1): 1-11.

[32] CHEN V C. Adaptive time-frequency ISAR processing [J]. SPIE Proceedings - Radar Processing, Technology, and Applications, 1996, 2845: 133-140.

[33] CHEN V C, LI F, HO S S, et al. Micro-Doppler effect in radar-phenomenon, model and simulation study [J]. IEEE Transactions on Aerospace and Electronic Systems, 2006, 42(1): 2-21.

[34] LI J, LING H. Application of adaptive chirplet representation for ISAR feature extraction from targets with rotating parts [J]. IEE Proceedings-Radar, Sonar and Navigation, 2003, 150(4): 284-291.

[35] HU X, TONG N, HE X, et al. 2D superresolution ISAR imaging via temporally correlated multiple sparse Bayesian learning [J]. Journal of the Indian Society of Remote Sensing, 2017, 46(5): 1-7.

[36] RAJ R G, RODENBECK C T, LIPPS R D, et al. A multilook processing approach to 3-D ISAR imaging using phased arrays [J]. IEEE Geoscience and Remote Sensing Letters,

2018,15(9):1412-1416.

[37] CHEN V C,LIU B. Hybrid SAR/ISAR for distributed ISAR imaging of moving targets [C]//Proceddings of 2015 IEEE Radar Conference. Arlington,USA. Piscataway:IEEE, 2015:658,663.

[38] PADGETT M J,BOYD R W. An introduction to ghost imaging:Quantum and classical [J]. Philosophical Transactions of The Royal Society A,2016,375(2099):20160233.

[39] 喻洋. 太赫兹雷达目标探测关键技术研究[D]. 成都:电子科技大学,2016.

[40] 吕亚昆. 空间目标天基逆合成孔径激光雷达成像关键技术研究[D]. 北京:航天工程大学,2019.

[41] HUANG D,LEI Z,XING M,et al. Doppler ambiguity removal and ISAR imaging of group targets with sparse decomposition [J]. IET Radar Sonar and Navigation,2017,10(9):1711-1719.

[42] 吴敏. 逆合成孔径雷达提高分辨率成像方法研究[D]. 西安:西安电子科技大学,2016.

[43] 保铮,邓文彪,杨军. ISAR 成像处理中的一种运动补偿方法[J]. 电子学报,1992,20(6):3-8.

[44] 朱兆达,叶蓁如,邬小青. 一种超分辨距离多普勒成像方法[J]. 电子学报,1992,20(7):1-6.

[45] 毛引芳,吴一戎,张永军,等. 以散射质心为基准的 ISAR 成像的运动补偿[J]. 电子科学学刊,1992,14(5):532-536.

[46] 哈尔滨工业大学电子工程研究所,逆合成孔径雷达文集(一)[M]. 哈尔滨:哈尔滨工业大学电子工程研究所,1989.

[47] 哈尔滨工业大学电子工程研究所,逆合成孔径雷达文集(二)[M]. 哈尔滨:哈尔滨工业大学电子工程研究所,1990.

[48] 刘永坦. 雷达成像技术[M]. 哈尔滨:哈尔滨工业大学出版社,2014.

[49] 邢孟道,保铮,李真芳,等. 雷达成像算法进展[M]. 北京:电子工业出版社,2014.

[50] 冯德军,王雪松,肖顺平,等. 弹道目标中段雷达成像仿真研究[J]. 系统仿真学报,2004,16(11):2511-2513.

[51] 西陆东方军事. 中国雷达对国际空间站的最新成像图曝光[EB/OL]. [2024-04-29]. http://club.xilu.com/emas/msgview-821955-2667139.html.

[52] DOERRY A W. Synthetic aperture radar processing with polar formatted subapertures [C]//Proceedings of 1994 28th Asilomar Conference on Signals,Systems and Computers. Pacific Grove,USA. Piscataway:IEEE,1994:1210-1215.

[53] WALKER,J,L. Range-Doppler imaging of rotating objects [J]. IEEE Transactions on Aerospace and Electronic Systems,1980,16(1):23-52.

[54] 舒明敏. ISAR 快速 CBP 成像算法研究[J]. 微波学报,2014,30(6):31-35.

[55] LI Z,YAN Z,SHANG W,et al. Fast adaptive pulse compression based on matched filter outputs [J]. IEEE Transactions on Aerospace and Eletronic Systems,2015,51(1):548,564.

[56] 何兴宇,童宁宁,胡晓伟. 基于解线调 ISAR 成像与散射中心匹配的弹道目标识别[J]. 火力与指挥控制,2015,(2):6-8.

[57] 许稼,彭应宁,夏香根,等. 空时频检测前聚焦雷达信号处理方法[J]. 雷达学报,2014,3(2):129,141.

[58] JAIN A,PATEL I. SAR/ISAR imaging of a non-uniformly rotating target [J]. IEEE

Transactions on Aerospace and Electronic Systems,1992,28(1)：317-320.

[59] XIONG D,WANG J,ZHAO H,et al. Modified polar format algorithm for ISAR imaging [C]//Proceedings of 2015 IET International Radar Conference,Hangzhou,China. [S. l.]：IET,2015：1-7.

[60] BERIZZI F,MESE E D,DIANI M,et al. High-resolution ISAR imaging of maneuvering targets by means of the range instantaneous Doppler technique：Modeling and performance analysis [J]. IEEE Transactions on Image Processing,2001,10(12)：1880-1890.

[61] 常雯,李增辉,杨健. 基于迭代 Radon-Wigner 变换的 FMCW-ISAR 目标速度估计及速度补偿[J]. 清华大学学报：自然科学版,2014,(4)：464-468.

[62] CEXUS J C,TOUMI A,COUDERC Q. Quantitative measures in ISAR image formation based on time-frequecy representations[C]//Proceedings of 2017 International Conference on Advanced Technologies for Signal and Image Processing (ATSIP). Piscataway：IEEE,2017：1-5.

[63] 肖达. 浮空器载逆合成孔径雷达飞机目标成像技术研究[D]. 哈尔滨：哈尔滨工业大学,2016.

[64] 姜敏敏,罗文茂,张业荣. 应用 FRFT 的调频步进 ISAR 低信噪比成像方法[J]. 微波学报,2017,33(5)：87-92.

[65] LI Y,FU Y,ZHANG W. Distributed ISAR subimage fusion of nonuniform rotating target based on matching Fourier transform [J]. Sensors,2018,18(6)：1806.

[66] 王超. 基于信号处理新方法的机动目标 ISAR 成像算法研究[D]. 哈尔滨：哈尔滨工业大学,2015.

[67] LV Y,WANG Y,WU Y,et al. A novel inverse synthetic aperture radar imaging method for maneuvering targets based on modified Chirp Fourier transform [J]. Applied Science,2018,8(12)：2443.

[68] LV X,BI G,WANG C,et al. Lv's distribution：Principle,implementation,properties,and performance [J]. IEEE Transactions on Signal Processing,2011,59(8)：3576-3591.

[69] KANG B S,RYU B H,KIM K T. Efficient determination of frame time and length for ISAR imaging of targets in complex 3D motion using phase nonlinearity and discrete polynomial phase transform [J]. IEEE Sensors Journal,2018,18(14)：5739,5752.

[70] 李东,占木杨,粟嘉,等. 一种基于相干积累 CPF 和 NUFFT 的机动目标 ISAR 成像新方法[J]. 电子学报,2017,45(9)：2225-2232.

[71] LI D,ZHAN M,ZHANG X,et al. ISAR imaging of nonuniformly rotating target based on the multicomponent CPS model under low SNR environment [J]. IEEE Transactions on Aerospace and Electronic Systems,2017,53(3)：1119,1135.

[72] ZHENG J,SU T,ZHU W,et al. ISAR imaging of targets with complex motions based on the Keystone time-chirp rate distribution [J]. IEEE Geoscience and Remote Sensing Letters,2014,11(7)：1275-1279.

[73] ZHENG J,SU T,ZHANG L,et al. ISAR imaging of targets with complex motion based on the chirp rate-quadratic chirp rate distribution [J]. IEEE Transactions on Geoscience and Remote Sensing,2014,52(11)：7276-7289.

[74] HOU Y,SUN J,GUO R,et al. Research of sparse signal time-frequency analysis based on compressed sensing [C]//Proceedings of 2013 IET International Radar Conference. Xi'

an,China.［S. l.］：IET,2013：1-4.

[75]　WHITELONIS N, HAO L. Radar signature analysis using a joint time-frequency distribution based on compressed sensing ［J］. IEEE Transactions on Antennas and Propagation,2014,62(2)：755-763.

[76]　CORRETJA V, GRIVEL E, BERTHOUMIEU Y, et al. Enhanced Cohen class time-frequency methods based on a structure tensor analysis：Applications to ISAR processing ［J］. Signal Processing,2013,93(7):1813-1830.

[77]　芮力,钱广红,张国庆,等.基于自适应最优核时频分布理论的 ISAR 成像方法[J].电光与控制,2014,21(7)：46-50.

[78]　HAN N,XIA M,CHEN G,et al. High azimuth resolution imaging algorithm for space targets bistatic ISAR based on linear prediction ［C］//Proceedings of 2013 3rd International Conference on Consumer Electronics, Communications and Networks. Xianning,China. Piscataway：IEEE,2014：335-338.

[79]　凌牧,袁伟明,邢文革.基于 AR-CAPON 联合谱估计的超分辨 ISAR 成像算法[J].现代雷达,2009,31(12)：32-34.

[80]　KOUSHIK A R,SHRUTHI B S,RAJESH R,et al. A root-music algorithm for high resolution ISAR imaging ［C］//Proceedings of 2016 IEEE International Conference on Recent Trends in Electronics, Information and Communication Technology (RTEICT). Bangalore,India. Piscataway：IEEE,2017：522-526.

[81]　KIM H,MYUNG N H. ISAR imaging method of radar target with short-term observation based on ESPRIT ［J］. Journal of Electromagnetic Waves and Applications,2018,32(8)：1040-1051.

[82]　GIUSTI E, CATALDO D, BACCI A, et al. ISAR imaging resolution enhancement：Compressive sensing versus state-of-the-art super-resolution techniques ［J］. IEEE Transactions on Aerospace and Electronic Systems,2018,54(4)：1983-1997.

[83]　WANG G,BAO Z. The minimum entropy criterion of range alignment in ISAR motion compensation ［C］//Proceedings of Radar 97. Edinburgh, UK.［S. l.］：IET, 1997：236-239.

[84]　赵会朋,王俊岭,高梅国,等.基于轨道误差搜索的双基地 ISAR 包络对齐算法[J].系统工程与电子技术,2017,39(6)：1235-1243.

[85]　张佳佳,姜卫东.嵌套并行的包络对齐方法研究[J].数字技术与应用,2015,(8):98-99.

[86]　邹璐,李潺,张勇强,等.逆合成孔径雷达成像包络对齐的迭代改进方法[J].微型机与应用,2013,32(16)：74-76.

[87]　WANG J,KASILINGAM. Global range alignment for ISAR ［J］. IEEE Transactions on Aerospace and Electronic Systems,2003,39(1)：351-357.

[88]　ZHU D,WANG L,TAO Q,et al. ISAR range alignment by minimizing the entropy of the average range profile ［C］//Proceedings of 2006 IEEE Conference on Radar. Verona, USA. Piscataway：IEEE,2006：813-818.

[89]　保铮,邢孟道,王彤.雷达成像技术[M].北京：电子工业出版社,2005.

[90]　BERIZZI F, MARTORELLA M, HAYWOOD B. A survey on ISAR autofocusing techniques ［C］//Proceedings of 2004 International Conference on Imaging Processing (ICIP04). Singapore,Singapore. Piscataway：IEEE,2004：9-12.

[91] STEINBERG B D. Microwave imaging of aircraft [J]. Proceedings of the IEEE,1988, 76(12):618.623.

[92] 朱兆达,邱晓晖.用改进的多普勒中心跟踪法进行 ISAR 运动补偿[J].电子学报,1997, 25(3):65-69.

[93] LI X,LIU G,NI J. Autofocusing of ISAR images based on entropy minimization [J]. IEEE Transactions on Aerospace and Electronic Systems,1999,35(4):1240-1251.

[94] MARTORELLA M,BERIZZI F,HAYWOOD B. Contrast maximization based technique for 2-D ISAR autofocusing [J]. IEE Proceedings- Radar, Sonar and Navigation,2005, 152(4):253-262.

[95] WAHL D E,EICHEL P H,GHIGLIA D C,et al. Phase gradient autofocus-a robust tool for high-resolution SAR phase correction [J]. IEEE Transactions on Aerospace and Electronic Systems,1994,30(3):827-835.

[96] 邱晓晖,HENG W C A,YEO S Y.成像快速最小熵相位补偿方法[J].电子与信息学报, 2004,26(10):1656-1660.

[97] 邓云凯,王宇,杨贤林,等.基于对比度最优准则的自聚焦优化算法研究[J].电子学报, 2006,34(9):1742-1744.

[98] SNARSKI C A. Rank one phase error estimation for range-Doppler imaging [J]. IEEE Transactions on Aerospace and Electronic Systems,1996,32(2):676-688.

[99] WANG L,ZHU D,ZHU Z. Improvements of ROPE in ISAR motion compensation [C]// Proceedings of 2007 1st Asian & Pacific Conference on Synthetic aperture radar. Huangshan,China,Piscataway:IEEE,2008:735-738.

[100] 左潇丽.空间目标 ISAR 成像及定标技术研究[D].南京:南京航空航天大学,2017.

[101] MARTORELLA M. Novel approach for ISAR image cross-range scaling [J]. IEEE Transactions on Aerospace and Electronic Systems,2008,44(1):281-294.

[102] PARK S H,KIM H T,KIM K T. Cross-range scaling algorithm for ISAR images using 2-D Fourier transform and polar mapping [J]. IEEE Transactions on Geoscience and Remote Sensing,2011,49(2):868,877.

[103] LIU L,ZHOU F,TAO M,et al. Cross-range scaling method of inverse synthetic aperture radar image based on discrete polynomial-phase transform [J]. IET Radar,Sonar and Navigation,2015,(3):333-341.

[104] 李宁,汪玲.一种改进的 ISAR 图像方位向定标方法[J].雷达科学与技术,2012,10(1): 74-81.

[105] YEH C,XU J,PENG Y,et al. Cross-range scaling for ISAR based on image rotation correlation [J]. IEEE Geoscience and Remote Sensing Letters,2009,6(3):597-601.

[106] XU Z,ZHANG L,XING M. Precise cross-range scaling for ISAR images using feature registration [J]. IEEE Geoscience and Remote Sensing Letters,2014,11(10):1792-1796.

[107] 王昕.ISAR 图像方位向定标方法研究[D].南京:南京航空航天大学,2011.

[108] 太阳谷.美国 X-37B 空天飞机——穿梭于空间的幽灵[R/OL].[2024-04-29].http:// www.equipinfo.com.cn/.

[109] LO R E,WOLF D M. The Sanger-concept-A fully reusable winged launch vehicle [J]. Earth-Oriented Applications of Space Technology,1987,7(4):24199.

[110] 康开华.英国"云霄塔"空天飞机的最新进展[J].国际太空,2014,(7):42-50.

[111] 张斌,许凯,徐博婷,等.俄罗斯高超音速武器展露锋芒[J].军事文摘,2018,423(15)：39-42.

[112] 黄小红,邱兆坤.目标高速运动对宽带一维距离像的影响及补偿方法研究[J].信号处理,2002,18(6)：487-490.

[113] LIU Y,ZHANG S,ZHU D. A novel speed compensation method for ISAR imaging with low SNR [J]. Sensors,2015,15(8)：18402.

[114] 王瑜,秦忠宇,文树梁.高分辨雷达去斜处理一维距离像速度补偿技术[J].系统工程与电子技术,2004,26(12)：1757-1759.

[115] TIAN B,LU Z,LIU Y,et al. High velocity motion compensation of IFDS data in ISAR imaging based on adaptive parameter adjustment of matched filter and entropy minimization [J]. IEEE Access,2018,6：34272-34278.

[116] 尹治平,张东晨,王东进,等.基于 FRFT 距离压缩的高速目标 ISAR 成像[J].中国科学技术大学学报,2009,39(9)：944-948.

[117] 陈春晖,张群,顾福飞,等.基于参数化稀疏表征高速目标 ISAR 成像方法[J].华中科技大学学报：自然科学版,2017,45(2)：67-71.

[118] 金光虎,高勋章,黎湘,等.基于 Chirplet 的逆合成孔径雷达回波高速运动补偿算法[J].宇航学报,2010,31(7)：1844-1849.

[119] SIMON M P,SCHUH M J,WOO A C. Bistatic ISAR images from a time-domain code [J]. IEEE Antennas and Propagation Magazine,1995,37(5)：25-32.

[120] YATES G,HORNE A M,BLAKE A P,et al. Bistatic SAR iamge formation [C]//EUSAR 2004,Germany.

[121] MARTORELLA M. Bistatic ISAR image formation in presence of bistatic angle changes and phase synchronisation errors [C]//Proceedings of 7th European Conference on Synthetic Aperture Radar (EUSAR 2008). Friedrichshafen,Germany. [S. l.]：VDE,2008：1-4.

[122] MARTORELLA M,PALMER J,HOMER J,et al. On bistatic inverse synthetic aperture radar [J]. IEEE Transactions on Aerospace and Electronic Systems, 2007, 43 (3)：1125-1134.

[123] CHEN V C,DES ROSIERS A, LIPPS R. Bi-static ISAR range-Doppler imaging and resolution analysis [C]//Proceedings of 2009 IEEE Radar Conference. Pasadena,USA. Piscataway：IEEE,2009：1-5.

[124] MARTORELLA M. Analysis of the robustness of bistatic inverse synthetic aperture radar in the presence of phase synchronisation errors [J]. IEEE Transactions on Aerospace and Electronic Systems,2011,47(4)：2673-2689.

[125] MARTORELLA M,PALMER J,BERIZZI F,et al. Advances in bistatic inverse synthetic aperture radar [C]//Proceedings of 2009 International Radar Conference "Surveillance for a Safer World" (RADAR 2009). Bordeaux,France. Piscataway：IEEE,2009：1-6.

[126] CATALDO D, MARTORELLA M. Bistatic ISAR distortion mitigation via super-resolution [J]. IEEE Transactions on Aerospace and Electronic Systems,2018,54(5)：2143-2157.

[127] SUN S,YUAN Y,JIANG Y. Bistatic ISAR imaging method for maneuvering targets [J]. Journal of Applied Remote Sensing,2016,10(4)：045016.

[128] AI X,ZENG Y,WANG L,et al. ISAR imaging and scaling method of precession targets in wideband T/R-R bistatic radar [J]. Progress in Electromagnetics Research M,2017, 53: 191-199.

[129] KANG M,KANG B, LEE S, et al. Bistatic-ISAR distortion correction and range and cross-range scaling [J]. IEEE Sensors Journal,2017,17(16): 5068-5078.

[130] BAE J,KANG B,LEE S,et al. Bistatic ISAR image reconstruction using sparse-recovery interpolation of missing data [J]. IEEE Transactions on Aerospace and Electronic Systems,2016,52(3): 1155-1167.

[131] KANG B, BAE J, KANG M, et al. Bistatic-ISAR cross-range scaling [J]. IEEE Transactions on Aerospace and Electronic Systems,2017,53(4): 1962-1973.

[132] CHAI S,CHEN W. Bistatic ISAR signal modelling and image analysis [C]//Proceedings of 2013 Asia-Pacific Conference on Synthetic Aperture Radar (APSAR). Tsukuba, Japan. Piscataway: IEEE,2013: 510-512.

[133] 张瑜. 空间目标双基地 ISAR 成像畸变分析[C]//第四届高分辨率对地观测学术年会. 中国,武汉. 北京: 中国科学院高分重大专项管理办公室,2017:1247-1259.

[134] GUO B,SHANG C. Research on bistatic ISAR coherent imaging of space high speed moving target [C]//Proceedings of 2014 IEEE Workshop on Electronics,Computer and Applications. Ottawa,Canada. Piscataway: IEEE,2014: 205-209.

[135] ZHANG S S,SUN S B,ZHANG W,et al. High resolution bistatic ISAR image formation for high-speed and complex motion targets [J]. IEEE Journal of Selected Topics in Applied Earth Observations and Remote Sensing,2015,8(7): 3520-3531.

[136] 朱小鹏,颜佳冰,张群,等. 基于双基 ISAR 的空间高速目标成像分析[J]. 空军工程大学学报,2011,12(6): 44-49.

[137] 韩宁,尚朝轩,董健. 空间目标双基地 ISAR 一维距离像速度补偿方法[J]. 宇航学报, 2012,33(4): 505-513.

[138] 马少闯,何强,郭宝峰. 孔径目标双基地 ISAR 速度补偿研究[J]. 军械工程学院学报, 2016,28(2): 37-46.

[139] BORISON S L,BOWLING S B,CUOMO K M. Super-resolution methods for wideband radar [J]. Lincoln Laboratory Journal,1992,5(3): 441-461.

[140] LIU J,CHEN Y, GAO L, et al. High resolution process based on interpolation and extrapolation in random step frequency radar [C]//Proceedings of 2017 International Applied Computational Electromagnetics Society Symposium (ACES). Suzhou,China. Piscataway: IEEE,2017: 1-2.

[141] 韩宁,尚朝轩,董健. 小转角下空间目标双基地 ISAR 二维成像算法[J]. 传感器与微系统,2011,30(11): 138-141.

[142] ZHANG Y. Super-resolution passive ISAR imaging via the RELAX algorithm [C]// Proceedings of 2016 9th International Symposium on Computational Intelligence and Design (ISCID). Hangzhou,China. Piscataway: IEEE,2016: 65-68.

[143] REN X,QIAO L,QIN Y,et al. Sparse regularization based imaging method for inverse synthetic aperture radar [C]//Proceedings of 2016 Progress in Electromagnetic Research Symposium (PIERS). Shanghai,China. Piscataway: IEEE,2016: 4348-4351.

[144] HASHEMPOUR H R,MASNADI-SHIRAZI M A, ARAND B A. Compressive sensing

ISAR imaging with LFM signal［C］//Proceedings of 2017 Iranian Conference on Electrical Engineering (ICEE). Tehran,Iran. Piscataway：IEEE,2017：1869-1873.

［145］ CANDES E,BECKER S. Compressive sensing：Principles and hardware implementations ［C］//Proceedings of 2013 European Solid-State Circuits Conference (ESSCIRC). Bucharest,Romania. Piscataway：IEEE,2013：22-23.

［146］ DONOHO D, REEVES G. The sensitivity of compressed sensing performance to relaxation of sparsity ［C］//Proceedings of 2012 IEEE International Symposium on Information Theory. Cambridge,USA. Piscataway：IEEE,2012：2211-2215.

［147］ CANDES E J,ROMBERG J K,TAO T. Stable signal recovery from incomplete and inaccurate measurements ［J］. Communications on Pure and Applied Mathematics,2006, 59：1207-1223.

［148］ 刘记红,徐少坤,高勋章,等.压缩感知雷达成像技术综述［J］.信号处理,2011,27(2)： 251-260.

［149］ YOON Y S,AMIN M G. High resolution through-the-wall radar imaging using extended target model ［C］//Proceedings of 2008 IEEE Radar Conference. Rome, Italy. Piscataway：IEEE,2008：6968A.

［150］ ENDER J. On compressive sensing applied to radar ［J］. Signal Processing,2010,90(5)： 1402-1414.

［151］ YARDIBI T,LI J,STOICA P,et al. Source localization and sensing：A nonparametric iterative adaptive approach based on weighted least squares ［J］. IEEE Transactions on Aerospace and Electronic Systems,2010,46(1)：425-443.

［152］ TAN X,ROBERTS W, LI J, et al. Sparse learning via iterative minimization with application to MIMO radar imaging ［J］. IEEE Transactions on Signal Processing,2011, 59(3)：1088-1101.

［153］ ZHUANG Y,XU S, CHEN Z, et al. ISAR imaging with sparse pulses based on compressed sensing ［C］//Proceedings of 2016 Progress in Electromagnetic Research Symposium (PIERS). Shanghai,China. Piscataway：IEEE,2016：2066-2070.

［154］ RAO W,LI G, WANG X, et al. Adaptive sparse recovery by parametric weighted L_1 minimization for ISAR imaging of uniformly rotating targets ［J］. IEEE Journal of Selected Topics in Applied Earth Observations and Remote Sensing, 2013, 6 (2)： 942-952.

［155］ LI J,XING M,WU S. Application of compressed sensing in sparse aperture imaging of radar ［C］//Proceedings of 2009 2nd Asian-Pacific Conference on Synthetic Aperture Radar. Xi'an,China. Piscataway：IEEE,2009：1119-1122.

［156］ PANG L,ZHANG S, TIAO X. Robust two-dimensional ISAR imaging under low SNR via compressed sensing ［C］//Proceedings of 2014 IEEE Radar Conference. Cincinnati, USA. Piscataway：IEEE,2014：846-849.

［157］ XU H,BAI X,ZHAO J,et al. Adaptive noise depression CSISAR imaging via OMP with CFAR thresholding ［C］//Proceedings of 2016 IEEE International Geoscience and Remote Sensing Symposium (IGARSS). Beijing, China. Piscataway：IEEE, 2016： 4992-4995.

［158］ XU G,YANG L, BI G, et al. Enhanced ISAR imaging and motion estimation with parametric and dynamic sparse Bayesian learning [J]. IEEE Transactions on Computational Imaging,2017,3(4)：940-952.

[159]　ZOU Y,GAO X,LI X. A block sparse Bayesian learning based ISAR imaging method [C]//Proceedings of 2016 IEEE International Geoscience and Remote Sensing Symposium (IGARSS). Beijing,China. Piscataway：IEEE,2016：1011-1014.

[160]　XU X,LI J. Ultrawide-band radar imagery from multiple incoherent frequency subband measurement [J]. Journal of Systems Engineering and Electronices, 2011, 22（3）：398-404.

[161]　SHENG J,ZHANG L,XU G,et al. Coherent processing for ISAR imaging with sparse aperture [J]. Science China Information Sciences,2012,55(8)：1989-1909.

[162]　张磊. 高分辨 SAR/ISAR 成像及误差补偿技术研究[D]. 西安：西安电子科技大学,2012.

[163]　YE W,YEO T S,BAO Z. Weighted least-squares estimation of phase errors for SAR/ISAR autofocus [J]. IEEE Transactions on Geoscience and Remote Sensing,1999,37(5)：2487-2494.

[164]　LIU Q,WANG Y. A fast eigenvector-based autofocus method for sparse aperture ISAR sensors imaging of moving target [J]. IEEE Sensor Journal,2019,19(4)：1307-1319.

[165]　ZHANG S,LIU Y,LI X. Autofocusing for Sparse Aperture ISAR Imaging Based on Joint Constraint of Sparsity and Minimum Entropy [J]. IEEE Journal of Selected Topics in Applied Earth Observations and Remote Sensing,2017,10(3)：998-1011.

[166]　ONHON N O,CETIN M. A sparsity-driven approach for joint SAR imaging and phase error correction [J]. IEEE Transactions on Image Processing,2012,21(4)：2075-2088.

[167]　XU G,CHEN Q,ZHANG S,et al. A novel autofocusing algorithm for ISAR imaging based on sparsity-driven optimization [C]//Proceedings of 2011 IEEE CIE International Conference on Radar. Chengdu,China. Piscataway：IEEE,2011：1470-1474.

[168]　DU X,DUAN C,HU W. Sparse Representation Based Autofocusing Technique for ISAR Images [J]. IEEE Transactions on Geoscience and Remote Sensing, 2013, 51（3）：1826-1835.

[169]　ZHAO L,WANG L,BI G,et al. An autofocus technique for high-resolution inverse synthetic aperture radar imagery [J]. IEEE Transactions on Geoscience and Remote Sensing,2014,52(10)：6392-6403.

[170]　ZHANG S,LIU Y,LI X,et al. Joint sparse aperture ISAR autofocusing and scaling via modified Newton method-based variational Bayesian inference [J]. IEEE Transactions on Geoscience and Remote Sensing,2019,57(7)：4857-4869.

[171]　ZHANG S S,SUN S B,ZHANG W,et al. High-resolution bistatic ISAR image formation for high-speed and complex-motion targets [J]. IEEE Journal of Selected Topics in Applied Earth Observations and Remote Sensing,2015,8(7)：3520-3531.

[172]　龚旻,谭杰,李大伟,等. 临近空间高超声速飞行器黑障问题研究综述[J]. 宇航学报,2018,39(10)：4-15.

[173]　王洋,金胜,黄璐. 空间目标双基地雷达 ISAR 成像技术研究[J]. 雷达科学与技术,2015,10(5)：485-489.

[174]　QIAN L,XU J,XIA X G,et al. Wideband-scaled Radon-Fourier transform for high-speed

radar target detection [J]. IET Radar Sonar and Navigation, 2014, 8(5): 501-512.

[175] 刘爱芳,朱晓华,陆锦辉,等.基于解线调处理的高速运动目标 ISAR 距离像补偿[J].宇航学报,2004,25(5): 541-545.

[176] ZHANG L, SHENG J, DUAN J, et al. Translational motion compensation for ISAR imaging under low SNR by minimum entropy [J] Journal on Advances in Signal Processing, 2013, (1): 33.

[177] KANAKARAJ S, NAIR M S, KALADY S. SAR image super resolution using importance sampling unscented Kalman filter [J]. IEEE Journal of Selected Topics in Applied Earth Observation and Remote Sensing, 2018, 11(2): 562-571.

[178] LI M, DONG Y, WANG X. Image fusion algorithm based on gradient pyramid and its performance evaluation [J]. Applied Mechanics and Materials, 2014, 525: 715-718.

[179] ZHU X, HE F, YE F, et al. Sidelobe suppression with resolution maintenance for SAR images via sparse representation [J]. Sensors, 2018, 18(5): 1589.

[180] 柴守刚.运动目标分布式雷达成像技术研究[D].合肥:中国科学技术大学,2014.

[181] 吴亮.复杂运动目标 ISAR 成像技术研究[D].长沙:国防科学技术大学,2012.

[182] PELEG S, PORAT B. Linear FM signal parameter estimation from discrete-time observations [J]. IEEE Transactions on Aerospace and Electronic Systems, 1991, 27(4): 607-616.

[183] WANG M, CHAN A, CHUI C. Linear frequency-modulated signal detection using Radon-ambiguity transform [J]. IEEE Transactions on Signal Processing, 1998, 46(3): 571-586.

[184] LU H, ZHANG S, KONG L. Linear frequency-modulated signal detection using imaging [C]//Proceedings of 2012 Second International Conference on Intelligent System Design and Engineering Application, Sanya, China. Piscataway: IEEE, 2012: 69-72.

[185] WANG L, MA H, ZHAO L, et al. Parameters estimation of linear FM signal based on matching Fourier transform [C]//Proceedings of 2008 IEEE International Conference on Industrial Technology. Chengdu, China. Piscataway: IEEE, 2008: 1-4.

[186] YANG P, LIU Z, JIANG W. Parameter estimation of multi-component chirp signals based on discrete chirp Fourier transform and population Monte Carlo [J]. Signal Image Video Processing, 2015, (5): 1137-1149.

[187] LI H, QIN Y, JIANG W, et al. Performance analysis of parameter estimation algorithm for LFM signals using quadratic phase function [C]//Proceedings of 2009 International Conference on Wireless Communications and Signal Processing. Nanjing, China. Piscataway: IEEE, 2009: 1-4.

[188] SERBES A. On the estimation of LFM signal parameters: Analytical formulation[J]. IEEE Transactions on Aerospace and Electronic Systems, 2018, 54(2): 848-860.

[189] KANG M S, LEE S J, LEE S H, et al. ISAR imaging of high-speed maneuvering target using gapped stepped-frequency waveform and compressive sensing [J]. IEEE Transactions on Signal Processing, 2017, 25(10): 5043-5056.

[190] DU Y, JIANG Y, ZHOU W. An accurate two-step ISAR cross-range scaling method for earth-orbit target [J]. IEEE Geoscience and Remote Sensing Letters, 2017, 14(11): 1893-1897.

[191] PELEG S,PORAT B. Estimation and classification of polynomial-phase signals [J]. IEEE Transactions on Information Theory,1991,37(2):422-430.

[192] PELEG S, PORAT B. Linear FM signal parameter estimation from discrete-time observations [J]. IEEE Transactions on Aerospace and Electronic Systems,1991,27(4):607-616.

[193] 刘渝. 快速解线调技术[J]. 数据采集与处理,1999,14(2):175-178.

[194] NAGAJYOTHI A,RAJESWARI K R. Modelling of LFM spectrum as rectangle using steepest descent method [J]. International Journal of Computer Applications,2013,69(16):13-17.

[195] LAO G,YIN C,YE W,et al. A frequency domain extraction based adaptive joint time frequency decomposition method of the maneuvering target radar echo [J]. Remote Sensing,2018,10(2):266.

[196] PELEG S, FRIEDLANDER B. The discrete polynomial-phase transform [J]. IEEE Transactions on Signal Processing,1995,43(8):1901-1914.

[197] KHWAJA A S,CETIN M. Compressed sensing ISAR reconstruction considering highly maneuvering motion [J]. Electronics,2017,6(1):21.

[198] ZHANG L,WANG H,QIAO Z. Resolution enhancement for ISAR imaging via improved statistical compressive sensing [J]. Eurasip Journal on Advances in Signal Processing,2016(1):80.

[199] WU M,ZHANG L, XIA X G,et al. Phase adjustment for polarimetric ISAR with compressive sensing [J]. IEEE Transactions on Aerospace and Electronic Systems,2016,52(4):1592-1606.

[200] ZHOU H, ALEXANDER D, LANGE K. A quasi-Newton acceleration for high-dimensional optimization algorithms [J]. Statistics & Computing,2011,21(2):261-273.

[201] CHONG E K P,ZAK S H. An introduction to optimization[M]. 4th ed. New York：John Wiley & Sons,2016.

[202] LIU Y,ZOU J,XU S,et al. Nonparametric rotational motion compensation technique for high-resolution ISAR imaging via golden section search [J]. Progress in Electromagnetics Research M,2014,36:67-76.

[203] LIU L, QI M, ZHOU F. A novel non-uniform rotational motion estimation and compensation method for maneuvering targets ISAR imaging utilizing particle swarm optimization [J]. IEEE Sensor Journal,2017,18(1):299-309.

[204] 董明慧. ISAR 成像电磁模拟的研究[D]. 西安：西安电子科技大学,2012.

[205] 张智,莫翠琼,祝强. 基于 FEKO 的二维散射中心建模[J]. 航天电子对抗,2011,27(2):55-57.

[206] XU G,XING M,ZHANG L,et al. Sparse aperture ISAR imaging and scaling for maneuvering targets [J]. IEEE Journal of Selected Topics in Applied Earth Observations and Remote Sensing. 2014,7(7):2942-2956.

[207] 李少东,杨军,马晓岩. 基于压缩感知的 ISAR 高分辨成像算法[J]. 通信学报,2013,34(9):150-157.

[208] ZHAO G,WANG Z,WANG Q,et al. Robust ISAR imaging based on compressive sensing from noisy measurements [J]. Signal Processing,2012,92(1):120-129.

[209] CANDES E, ROMBERG J, TAO T. Robust uncertainty principles: Exact signal reconstruction from highly incomplete frequency information [J]. IEEE Transactions on Information Theory, 2006, 52(2): 489-509.

[210] JIN J, GU Y, MEI S. A stochastic gradient approach on compressive sensing signal reconstruction based on adaptive filtering framework [J]. IEEE Journal of Selected Topics in Signal Processing, 2010, 4(2): 409-420.

[211] CHEN Y, GUAN G, LI X. Compressive sensing signal reconstruction using L_0-norm normalized least mean fourth algorithms [J]. Circuits Systems and Siangl Processing, 2017, 37(4): 1724-1752.

[212] ZHANG S, LIU Y, LI X, et al. Fast ISAR cross-range scaling using modified Newton method [J]. IEEE Transactions on Aerospace and Electronic Systems, 2018, 54(3): 1355-1367.

[213] FENG J, ZHANG G. High resolution ISAR imaging based on improved smoothed L_0 norm recovery algorithm [J]. KSII Transactions on Internet and Information Systems, 2015, 9(12): 5103-5115.

[214] 李少东, 陈文峰, 杨军, 等. 任意稀疏结构的多量测向量快速稀疏重构算法研究[J]. 电子学报, 2015, 43(4): 708-715.

[215] 彭军伟, 韩志韧, 游行远, 等. 冲击噪声下任意稀疏结构的 MMV 重构算法[J]. 哈尔滨工程大学学报, 2017, 38(11): 1806-1811.

[216] 陈文峰, 李少东, 杨军. 任意稀疏结构的复稀疏信号快速重构算法及其逆合成孔径雷达成像[J]. 光电子激光, 2015, 26(4): 797-804.

[217] CHEN W. Simultaneously sparse and low-rank matrix reconstruction via nonconvex and nonseparable regularization [J]. IEEE Transactions on Signal Processing, 2018, 66(20): 5313-5323.

[218] OYMAK S, JALALI A, FAZEL M, et al. Simultaneously structured models with application to sparse and low-rank matrices [J]. IEEE Transactions on Information Theory, 2015, 61(5): 2886-2908.

[219] ANKIT P, IVAN S. Improved sparse low-rank matrix estimation [J]. Signal Processing, 2017, 139: 62-69.

[220] MOHAMMADREZA M, MASSOUD B, ARASH A, et al. Recovery of low-rank matrices under affine constraints via a smoothed rank function [J]. IEEE Transactions on Signal Processing, 2014, 62(4): 981-992.

[221] 盛佳恋. ISAR 高分辨成像和参数估计算法研究[D]. 西安: 西安电子科技大学, 2016.